51单片机应用开发66例（视频点拨版）

刘艳伟　李亮亮　黄　志　编著

電子工業出版社
Publishing House of Electronics Industry
北京•BEIJING

内 容 简 介

本书介绍了 66 个 51 单片机应用开发实例，并且提供了相应的实例电路图和 C51 代码。每个实例基本采用如下模式进行讲解：设计思路—器件介绍—硬件设计—程序设计—经验总结—知识加油站。实例中既有前期的开发设想，又有后期的开发经验总结，可以让读者掌握每个实例的开发全过程。本书的实例大部分配有电路图、代码，相关讲解视频可通过华信教育资源网下载观看，建议有一定 51 单片机知识基础的读者根据本书提供的实例进行相应的程序开发和硬件设计。

本书基于单片机内部资源和外部模块介绍应用开发实例，简单直观，通俗易懂，可作为高等学校“单片机”课程设计的参考用书，也可供广大单片机应用系统开发人员参考。

图书在版编目（CIP）数据

51 单片机应用开发 66 例：视频点拨版 / 刘艳伟，李亮亮，黄志编著. —北京：电子工业出版社，2024.6

ISBN 978-7-121-47935-9

Ⅰ. ①5… Ⅱ. ①刘… ②李… ③黄… Ⅲ. ①单片微型计算机 Ⅳ. ①TP368.1

中国国家版本馆 CIP 数据核字（2024）第 102049 号

责任编辑：张剑（zhang@phei.com.cn）　　特约编辑：田学清
印　　刷：大厂回族自治县聚鑫印刷有限责任公司
装　　订：大厂回族自治县聚鑫印刷有限责任公司
出版发行：电子工业出版社
　　　　　北京市海淀区万寿路 173 信箱　　邮编：100036
开　　本：787×1092　1/16　印张：32.5　字数：832 千字
版　　次：2024 年 6 月第 1 版
印　　次：2024 年 6 月第 1 次印刷
定　　价：128.00 元

凡所购买电子工业出版社图书有缺损问题，请向购买书店调换。若书店售缺，请与本社发行部联系，联系及邮购电话：（010）88254888，88258888。

质量投诉请发邮件至 zlts@phei.com.cn，盗版侵权举报请发邮件至 dbqq@phei.com.cn。

本书咨询联系方式：zhang@phei.com.cn。

前　言

行业背景

单片机是指将微处理器、存储器和输入/输出接口等部件集成在一个芯片上的单片式计算机。小到电子玩具、电子手表，大到智能仪表、工业控制和航空航天等高精尖技术行业都有单片机的广泛应用。51 单片机是一种基础入门的单片机，也是一种应用广泛的单片机。随着电子信息技术的不断发展，嵌入式应用的范围越来越广，51 单片机的应用开发变得更加简单、灵活和高效，51 单片机应用开发技术已经成为嵌入式领域不可或缺的应用技术。

关于本书

本书通过 66 个常用的 51 单片机应用开发实例，从各个方面讲解 51 单片机开发技术。所选实例均是 51 单片机应用开发的实际案例，实例不但注重对 51 单片机开发过程中软/硬件知识的讲解，而且着重阐述了实际应用开发过程，并对一些技术要点进行了回顾和总结。

本书不细分章节，按照 66 个实例来讲解，全部实例涵盖了 51 单片机应用开发的软/硬件必备知识和单片机接口扩展、存储器扩展、输入/输出、串口通信等基本知识。通过选取具有代表性的实用电子、传感器控制、智能仪表、电气控制、数据处理、通信控制、总线技术、网络技术、仪器仪表及控制设备等综合实例，来讲解在 51 单片机应用开发过程中绘制电路图、编写 C51 程序的方法。本书中的实例配有关键知识点讲解视频，通过视频，读者可以很容易地掌握每个实例的开发要点和难点。

本书对 66 个实例进行了详细的讲解和分析，适合具有一定 51 单片机知识基础的读者阅读。需要指出的是，实践出真知，再好的理论也需要与实践相结合，建议读者在阅读本书的基础上，根据本书提供的实例进行一定的实际硬件设计和 C51 程序开发，这样不但能够快速理解本书讲解的内容，而且会更加容易地掌握 51 单片机开发技术。

本书特色

- 略过基础知识的讲解，将 C51 语言和 51 单片机硬件基础知识蕴含于各个实例中。
- 从实际应用角度出发，通过 66 个常见实例，讲解了 51 单片机应用开发过程。涉及硬件电路的实例都给出了电路图（为与软件保持一致，本书未对用软件绘制的电路图中的图形符号及文字符号进行修改，请读者在实际应用中按照现行国家标准进行绘图），并在一定程度上给出了关键代码。
- 书中的 66 个实例均有相应的讲解视频。读者可以访问华信教育资源网，下载本书的配套资源（含程序代码、电路原理图、讲解视频）。

本书由刘艳伟、李亮亮、黄志编著，严雨参与编写。由于编著者的经验和水平有限，书中难免有疏漏之处，敬请广大读者批评指正。

编著者

目　录

实例 01　简易电子琴

设计思路

本实例介绍了一种使用单片机实现简易电子琴的设计方法，利用单片机实现音乐播放，电路简单，控制方便。音乐由不同的乐音组成，不同的乐音对应不同的频率，产生有规律频率的信号就可以得到相应的乐音。本实例利用单片机的定时器、计数器产生音频脉冲，获得不同音阶的乐音。系统外部设置 8 个按键作为琴键，可以通过按键控制蜂鸣器发出不同音阶的乐音，从而演奏出简单的音乐。

器件介绍

单片机应用系统中最常用的输入方式是按键输入。按键可采用多种方式与单片机连接，如独立式接法、行列矩阵式接法、专用芯片连接等。由于本实例中单片机的可用引脚较多，为简化设计，采用独立式接法，即在单片机的一个 I/O 口上接一个按键，采用排电阻作为 8 个按键的外接上拉电阻。

硬件设计

利用单片机实现电子琴演奏的实质是将不同按键和有特定频率的方波信号对应起来，先通过定时器、计数器产生频率不同的信号，再通过功率放大电路将信号送到蜂鸣器的线圈，驱动蜂鸣器发出乐音。下面简单介绍一下乐音的特性。乐音实际上是有固定频率的信号。在音乐理论中，把一组乐音按音调高低的次序排列起来就成了音阶，即 do、re、mi、fa、so、la、xi。高音 do 的频率正好是中音 do 频率的 2 倍，而且音阶中各音的频率跟 do 的频率之比都是整数。

为了发出具有某一特定频率的乐音，可以控制单片机的一个 I/O 口产生具有该频率的方波信号，电流经过功率放大电路放大后驱动蜂鸣器发出该乐音。对于方波信号的产生，可以启用单片机的定时器进行计时，产生溢出中断。当中断发生时，将输出引脚的电平取反，重新载入计数初值。

因此，正确设置定时器的工作模式和计数初值是发出乐音的基础。例如中音 do，其频率是 523Hz，周期为 T=1/523≈0.001912s=1912μs，半个周期为 956μs。根据单片机计数器的计数周期，就可以算出计数初值。例如，假设采用的单片机计数器的一个计数周期需要 12 个时钟周期，当采用 12MHz 晶体振荡器（简称晶振）时，一个计数周期即 1μs。要定时 956μs，只需设置其计数初值为计数器最大计数值减去 956 即可。对应不同的按键，调节计数器的溢出时间，即可输出频率不同的乐音，这样就实现了简易电子琴的设计。

形成每个乐音音高的频率是固定的，表 1-1 列出了 C 大调及其上下共 16 个乐音的频率与计数初值（设晶振频率为 12MHz）。

表 1-1　C 大调及其上下共 16 个乐音的频率与计数初值对照表

音	频率（Hz）	周期（μs）	半周期（μs）	十六进制数	计 数 初 值
低音 so	392	2251	1275.5	4FC	FB03
低音 la	440	2273	1136.5	471	FB83
低音 xi	494	2024	1012	3F4	FC0B
中音 do	523	1912	956	3BC	FC43
中音 re	587	1704	852	354	FCAB
中音 mi	659	1517	758.5	2F7	FD08
中音 fa	698	1433	716.5	2CD	FD32
中音 so	784	1276	638	27E	FD81
中音 la	880	1136	568	238	FDC7
中音 xi	988	1012	506	1FA	FE05
高音 do	1046	956	478	1DE	FE21
高音 re	1175	851	425.5	1AA	FE55
高音 mi	1318	759	379.5	17C	FE83
高音 fa	1397	716	358	166	FE99
高音 so	1568	638	319	13F	FEC0

该简易电子琴的硬件电路较简单，通过 P1 口进行按键扫描，从 P0.1 引脚输出方波信号，经三极管放大后驱动蜂鸣器发出声响。简易电子琴的硬件电路如图 1-1 所示。

图 1-1 只列出了简易电子琴的硬件电路，未包含其他设计电路，读者可根据需要调整单片机口线的应用，扩展系统功能。

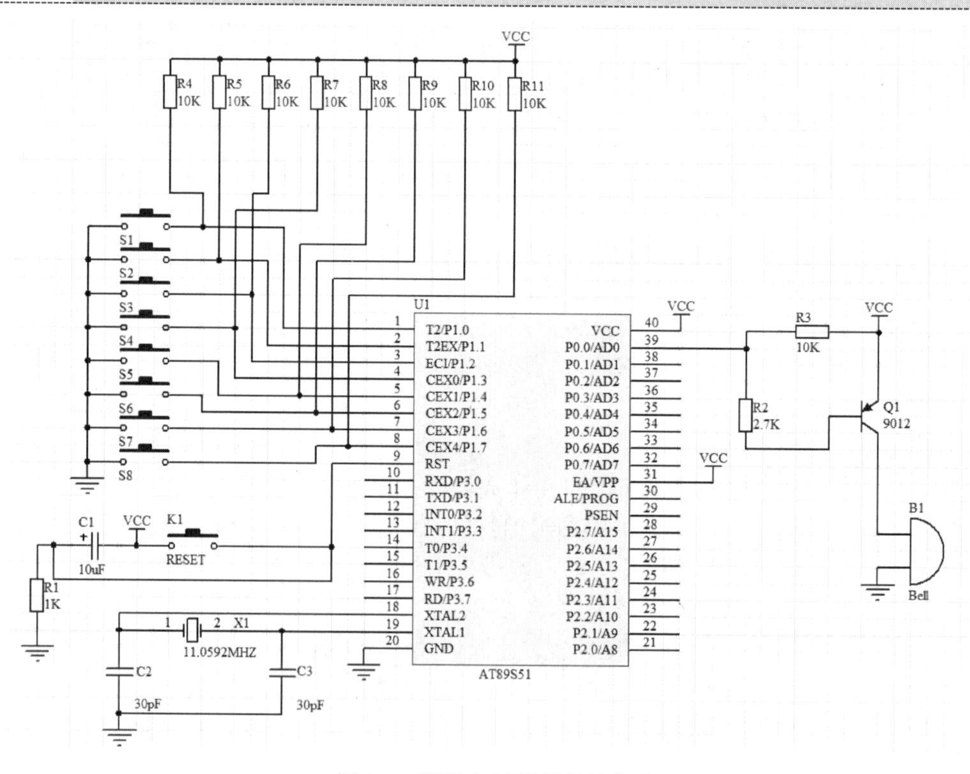

图 1-1　简易电子琴的硬件电路

程序设计

系统程序主要包括按键扫描及键值处理模块、定时器控制模块。简易电子琴的主程序流程如图 1-2 所示。主程序首先调用键值读取函数 Get_Key()读取键值，并返回键值索引，然后调用函数 Play()启动或停止蜂鸣器。

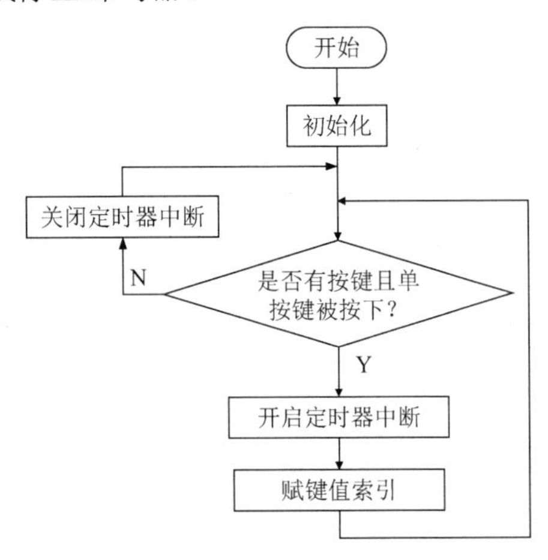

图 1-2　简易电子琴的主程序流程

主程序代码如下。

```
#include <reg52.h>
#include <stdio.h>
#define uchar unsigned char
#define uint  unsigned int
sbit buz=P0^1;
uchar keycode;
/*音阶对应的计数初值*/
uint toneh[8]={ 0xfc43,0xfcab,0xfd08,0xfd32,0xfd81,0xfdc7,0xf05e,0xfe21};
uchar keymode[8]={ 0xfe,0xfd,0xfb,0xf7,0xef,0xdf,0xbf,0x7f};
void main()
{
     Sys_Init();
     do
     {
         keycode=Get_Key(); /*返回键值索引*/
         Play(keycode);
     }
}
```

根据系统采用的晶振频率和所用单片机计数器的计数周期计算音阶对应的计数初值，存储在数组中供程序使用。

Get_Key()为键值读取函数。系统按键采用单线单键结构，程序采用扫描方式读取键值。程序扫描到按键后并不直接返回键值，而是查找键值表 keymode[]，获取并返回键值索引 i。

这样处理方便后续程序将键值转换为该按键对应的计数初值。Get_Key()的代码如下。

```
uchar Get_Key()                    /*读取键值，并将其转换为对应的键值索引*/
{
      uchar temp,i;
      P1=0xff;
      temp=P1;
      for (i=0;i<8;i++)
      {
          if (temp==keymode[i])  return i;
      }
      return (8);                  //若无正确对应的键值，则忽略
}
```

系统初始化函数 Sys_Init()用于设定定时器 T1 的工作模式，开启总中断。Sys_Init()的代码如下。

```
void Sys_Init()
{
      TMOD=0x10;                   /*启动 T1*/
      EA=1;                        /*开启总中断*/
      ET1=1;                       /*允许 T1 中断*/
     P1=0xff;                      /*设置 P1 口为输入模式*/
}
```

函数 Play()根据 Get_Key()返回的键值索引，决定是否开启 T1。在 T1 中断服务程序中，通过取反 P0.1 引脚控制蜂鸣器发声。Play()的代码如下。

```
void Play(uchar key)
{
      if (key==8)                  /*无键按下或多键按下，不响应*/
      {
          TR1=0;
          buz=0;
      }
      else
      {
          TR1=1;                   /*有键按下，开启 T1 中断*/
          keycode=key;             /*键值索引赋值*/
      }
}
```

T1 主要用于生成音阶对应的信号频率。在 T1 中断服务程序 timer0()中，将 P0.1 引脚取反后输出方波信号，通过对 T1 重新赋计数初值生成不同的信号频率。timer0()的代码如下。

```
void timer0(void) interrupt 3  using  1     /*T1 中断服务程序*/
{
      buz= !buz;
```

```
        TH1=toneh[keycode]/256;  /*获取各按键对应的信号频率所需的计数初值高位*/
        TL1=tonel[keycode]%256;  /*获取各按键对应的信号频率所需的计数初值低位*/
    }
```

经验总结

本实例实现了一个简易电子琴，并给出了硬件电路及软件程序。在程序设计中，通过键盘处理函数读取键值，返回键值索引。根据键值索引决定是否启动 T1 运行。在 T1 中断服务程序中，根据键值索引对 T1 重新赋计数初值，并对蜂鸣器驱动引脚电平取反获得相应频率的方波信号，从而实现乐音输出。

本实例体现了简易电子琴发声的基本原理和设计方法。读者可以对该设计进行功能扩展，如增加按键，实现更多音阶的输入和响应；设置功能选择键，增设播放预存电子音乐的功能等。

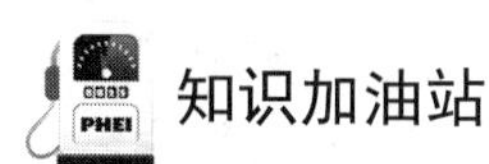

知识加油站

定时器主要用于定时或对外部信号进行计数。使用时，其输入的时钟脉冲信号是由晶振的输出经过 12 分频后得到的，所以定时器可以看作单片机机器周期的计数器。当其用于对外部信号进行计数时，接相应的输入引脚，当检测到输入引脚上的电平由高跳变到低时，计数值加 1。当定时时间到时，定时器会发出中断请求，在中断服务程序中重新设置计数初值，定时器就能不间断地运行，从而形成周期性定时，产生对应频率的方波信号。

实例 02　四路抢答器

设计思路

抢答器是为智力竞赛参赛者答题时进行抢答而设计的一种优先判决器，广泛应用于各种知识竞赛、文娱活动等场合。实现抢答器功能的方式有很多，可以采用模拟电路、数字电路、模拟电路与数字电路相结合的方式，但这些电路的制作过程复杂，而且准确性与可靠性不高，成品面积大，安装、维护困难。本实例介绍了一种利用 8051 单片机作为核心部件进行逻辑控制及信号产生的四路抢答器。

四路抢答器的功能：主持人提出问题后，按下启动按键。参赛者要在最短的时间内对问题做出判断，并按下抢答按键回答问题。当第一个参赛者按下抢答按键后，在显示器上显示此参赛者的号码并进行声音提示，同时对其他抢答按键进行封锁，使其不起作用。若有参赛者在可以抢答之前按下抢答按键，应该有违规提示。四路抢答器还具有定时抢答功能，定时时间可由主持人设定。在抢答过程中，倒计时显示定时时间，若在定时时间内没有参赛者抢答，则本题作废。回答完或超时后，主持人按下清除按键（启动按键）将四路抢答器恢复初始状态，以便开始下一轮抢答。

器件介绍

单片机应用系统中常用的显示方式是 LED（发光二极管）数码管显示，其驱动方式较多，本实例采用专用 LED 驱动芯片 MAX7219。MAX7219 是一种四线串口的共阴极显示驱动器，它可以连接 8 个 LED 数码管，也可以连接 64 只独立的 LED。它内部集成了 B 型 BCD 编码器、多路扫描回路、段码驱动器，还有一块 8 × 8 可独立寻址的静态 RAM 来存储显示数据。在向内部静态 RAM 写入数据时，用户可以选择编码或不编码。MAX7219 与 SPI、QSPI、MICROWIRE 相兼容。

MAX7219 采用 DIP 或 SO 封装，其引脚排列如图 2-1 所示，其引脚功能如表 2-1 所示。

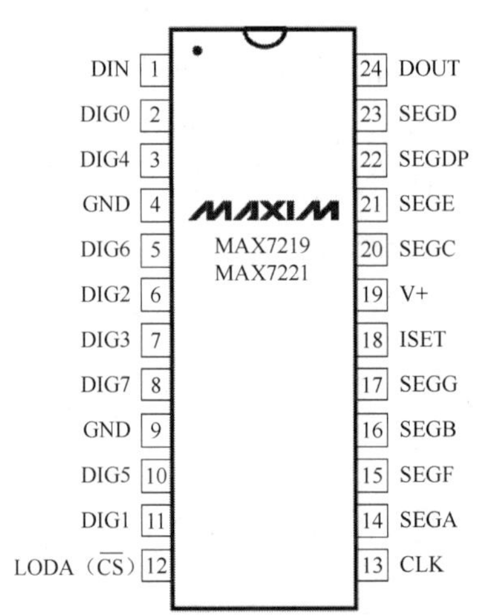

图 2-1　MAX7219 的引脚排列

表 2-1　MAX7219 的引脚功能

引　脚	名　称	功　能
1	DIN	串行数据输入引脚
2、3、5～8、10、11	DIG0、DIG4、DIG6、DIG2、DIG3、DIG7、DIG5、DIG1	8 个 LED 数码管驱动阴极输出
4、9	GND	芯片地

续表

引　脚	名　称	功　能
12	LOAD($\overline{CS}$)	输入数据锁定引脚，最后输入的 16 位数据在 LOAD 端的上升沿被锁定
14～17、20～23	SEGA、SEGF、SEGB、SEGG、SEGC、SEGE、SEGDP、SEGD	驱动 LED 数码管对应的段
18	ISET	通过将一个电阻连接到电源来提高段电流
19	V+	芯片正极，+5V
24	DOUT	串行数据输出引脚
13	CLK	时钟脉冲输入引脚，最大频率为 10MHz。在时钟脉冲的上升沿，数据移入内部移位寄存器；在时钟脉冲的下降沿，数据从 DOUT 端输出

MAX7219 采用 SPI 与微处理器相连，其串行时序如图 2-2 所示。

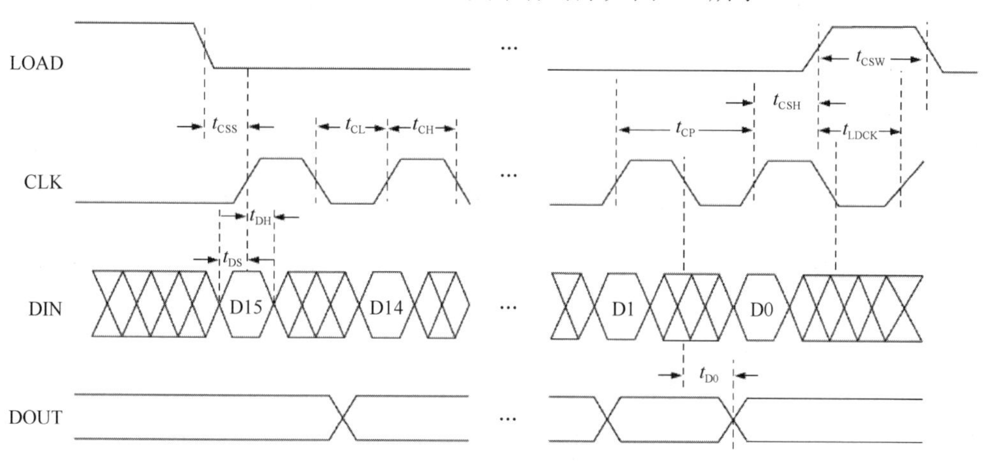

图 2-2　MAX7219 的串行时序

微处理器每次要向 MAX7219 传送 16 位二进制数 D15～D0，串行数据格式如表 2-2 所示。

表 2-2　串行数据格式

D15	D14	D13	D12	D11	D10	D9	D8	D7	D6	D5	D4	D3	D2	D1	D0
×	×	×	×	地址				MSB			数据				LSB

硬件设计

根据系统功能，硬件电路可分为 LED 数码管显示电路、时间设定电路、按键电路、声音提示电路及单片机电路等。四路抢答器的硬件电路如图 2-3 所示。

1. LED 数码管显示电路

LED 数码管显示电路由 1 片 MAX7219 和 3 个 LED 数码管组成。LED 数码管是共阴极数码管，3 个阴极分别与 MAX7219 的 DIG0 引脚、DIG1 引脚、DIG2 引脚相接。流过 LED 数码管的电流由 R9 控制，本实例中约为 130mA。MAX7219 的 DIN 引脚、CLK 引脚、LOAD

引脚分别与单片机的 P24 引脚、P22 引脚、P23 引脚相接。DS1 用于显示按键者的编号，DS2、DS3 在倒计时时显示剩余时间，如果有参赛者犯规抢答，DS2～DS3 显示“FF”。

2．时间设定电路

以拨码开关 U3 的状态作为倒计时时间的选择信号。拨码开关上有 4 个开关，这 4 个开关的一端接地，另一端分别与单片机的 P37（INT1）引脚、P36（INT0）引脚、P35（T1）引脚、P34（T0）引脚相接，倒计时时间分别为 10s、8s、6s、4s。设置时间时，P37 引脚的优先级最高，P34 引脚的优先级最低。

3．按键电路

系统按键采用独立式接法。S1～S4 为抢答按键，S5 为启动按键（清除按键）。

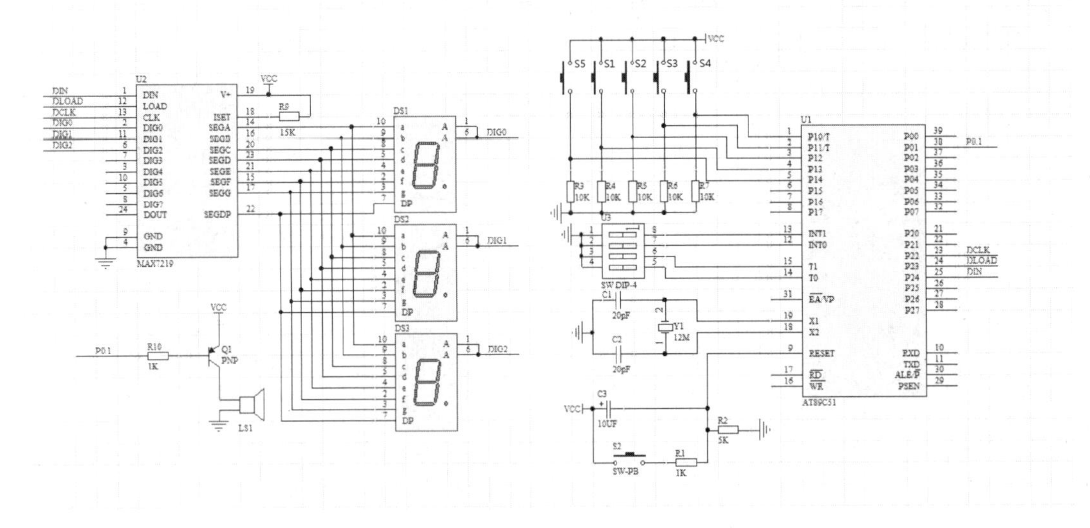

图 2-3　四路抢答器的硬件电路

4．声音提示电路

声音提示电路由蜂鸣器和三极管构成。该电路在主持人发出可以抢答信号、有参赛者按下抢答按键、倒计时时间到 3 种情况下驱动蜂鸣器发声。

5．单片机电路

单片机电路根据按键输入控制数码管显示或蜂鸣器发声。该电路通过读取 P37～P34 引脚的状态决定倒计时时间；通过读取 P14～P10 引脚的状态获得按键情况；通过 P24～P22 引脚控制 LED 数码管，以显示按键者的号码和倒计时剩余时间；通过 P01 引脚控制蜂鸣器。

程序设计

四路抢答器的工作过程如下。

（1）主持人通过拨码开关选定倒计时时间，默认为 10s。主持人按下启动按键之后，蜂鸣器响一声，开始倒计时，DS2 和 DS3 显示倒计时剩余时间，DS1 显示“0”。

（2）若有参赛者率先在规定时间内按下抢答按键，则蜂鸣器响一声，DS1 显示该参赛者的编号。

（3）若在主持人未按下启动按键时，有参赛者抢答，则蜂鸣器响一声，DS1 显示犯规者的编号，DS2～DS3 显示“FF”，以指示有参赛者犯规。

（4）若在规定时间内无参赛者按下抢答按键，则 DS1 显示“0”，DS2～DS3 显示“EE”。

（5）在答题完毕后，主持人需按下清除按键，3 个 LED 数码管全部显示“0”，四路抢答器恢复初始状态，进入下一轮抢答。

四路抢答器的程序分为显示程序、按键扫描程序、报警程序及主程序等。

1. 显示程序

显示程序主要通过 MAX7219 实现，此处不再具体介绍，只给出所引用子程序的功能介绍。

```
void delay_20ms(void)                          //延时 20ms
    void max7219_reset(void)                   //初始化 MAX7219
    void write_reg(uchar reg,uchar sdata)      //写入命令
    void write_digit(uchar digit,uchar number) //显示数字
    void send_data(uchar byte)                 //MAX7219 的驱动程序
    void display_time(void)                    //显示倒计时剩余时间
```

2. 按键扫描程序

按键扫描程序的主要功能是扫描键盘，读取按键值，程序包括检测主持人是否按下启动按键，检测按下抢答按键的参赛者号码，以及对抢答按键进行处理的子程序。

control_key()用于检测主持人是否按下启动按键。当其检测到单片机 P37 引脚变为低电平后，延时去抖。程序返回 1，说明主持人按下了启动按键；否则，程序返回 0。control_key()的代码如下。

```
bit control_key(void)           //检测主持人是否按下启动按键
{
      if(S5==1)                 //如果 S5 为高电平，说明主持人没有按下启动按键
          return 1;             //返回 1，表示主持人没有按下启动按键
      else                      //如果 S5 为低电平，说明主持人可能按下启动按键
          delay_20ms();         //延时 20ms 去抖
      if(S==1)                  //若 20ms 后 S5 变为高电平，则刚检测到的信号是干扰信号
          return 1;             //返回 1
      else                      //若 20ms 后仍为低电平，则确认主持人按下了启动按键
          return 0;             //返回 0
}
```

子程序 get_key_num()用于检测按下抢答按键的参赛者号码。其读取 P1 口的值，按照 P10～P13 的顺序逐个检测，当某个引脚为低电平时，表明有抢答按键被按下。get_key_num()的代码如下。

```
uchar get_key_num()             //检测按下抢答按键的参赛者号码
{
      uchar key_state=0;
      key_state=P1;
      key_state&=0x0f;          //读取 P1 口的低四位
      if(key_state==0x0f)       //若均为高电平，说明无参赛者按下抢答按键
```

```
        return 0;                                   //返回 0
    else
    {
        key_state^=0xff;
        if(key_state&0x01) return 1;            //如果 S1 被按下，返回 1
     else if(key_state&0x02) return 2;          //如果 S2 被按下，返回 2
        else if(key_state&0x04) return 3;       //如果 S3 被按下，返回 3
        else return 4;                          //如果 S4 被按下，返回 4
    }
}
```

子程序 key_handle()用于对抢答按键进行处理。当参赛者按下抢答按键时，其控制数码管显示参赛者号码，并控制蜂鸣器发声。key_handle()的代码如下。

```
void key_handle(uchar key_number)               //对抢答按键进行处理
{
    write_digit(DIGIT0,key_number);             //显示按键者号码
    buz_on();
}
```

3. 报警程序

报警程序的主要功能是控制蜂鸣器发声，包括以下子程序。

子程序 buz_on()用于控制蜂鸣器发声 500ms，代码如下。

```
void buz_on(void)
{
    uchar i;
    BUZ=0;                                      //开蜂鸣器
    for(i=1;i<=25;i++)                          //延时 500ms
        delay_20ms;
    BUZ=1;                                      //关蜂鸣器
}
```

子程序 foul_handle()用于参赛者犯规时的报警处理。其调用 write_digit()函数显示犯规者号码，同时控制蜂鸣器发声，代码如下。

```
void foul_handle(uchar key_number)              //犯规处理
{
     write_digit(DIGIT0,key_number);            //显示犯规者号码
     write_digit(DIGIT1,0x0f);                  //显示“FF”
     write_digit(DIGIT2,0x0f);
     buz_on();                                  //蜂鸣器发声
}
```

子程序 time_over_handle()用于处理超时情况。主持人按下启动按键后，若预设的倒计时时间到，仍然没有参赛者按下抢答按键，则子程序调用相关函数显示 0，同时控制蜂鸣器发声，代码如下。

```
void time_over_handle(void)                     //超时处理
{
```

```
    write_digit(DIGIT0,0x0);                    //显示“0”
    write_digit(DIGIT1,0x0e);                   //显示“EE”
    write_digit(DIGIT2,0x0e);
    buz_on();                                   //蜂鸣器发声
}
```

4．主程序

主程序主要调用相关子程序实现系统初始化、按键扫描、信息显示等功能。

子程序 set_time()根据拨码开关状态设置倒计时时间，代码如下。

```
uchar set_time(void)                            //根据拨码开关状态设置倒计时时间
{
    uchar intr_counter;
    if(P3^5==0) intr_counter=160;               //倒计时时间设置为 8s
    else if (P3^4==0) intr_counter=120;         //倒计时时间设置为 6s
    else if (P3^3==0) intr_counter=80;          //倒计时时间设置为 4s
    else intr_counter=200;                      //若没有设置,则倒计时时间默认为 10s
    return intr_counter;
}
```

子程序 init_t0()用于初始化定时器 T0。T0 工作于方式 1，16 位定时器模式，定时时间为 50ms。init_t0()的代码如下。

```
void init_t0(void)
{
      TMOD=0x01;                                //配置 T0 为工作方式 1，16 位定时器
      TH0=TIMER_HBYTE;                          //配置定时时间为 50ms
      TL0=TIMER_LBYTE;
      EA=1;                                     //使能 CPU 中断
      ET0=1;                                    //使能 T0 溢出中断
      TR0=1;                                    //T0 运行
}
```

子程序 isr_t0()是 T0 的中断服务程序。当定时时间到时，该程序被执行，重新装载 T0 的计数初值，并判断倒计时时间是否到。isr_t0()的代码如下。

```
void isr_t0(void) interrupt 1                   //T0 中断服务程序
{
      TH0=TIMER_HBYTE;                          //定时时间为 50ms
      TL0=TIMER_LBYTE;
      intr_counter--;                           //中断次数
      if(intr_counter==0)                       //倒计时时间到
      {
            time_over_flg=1;                    //设置超时标志
            TR0=0;                              //禁止 T0 运行
      }
}
```

四路抢答器主程序的流程图如图 2-4 所示。

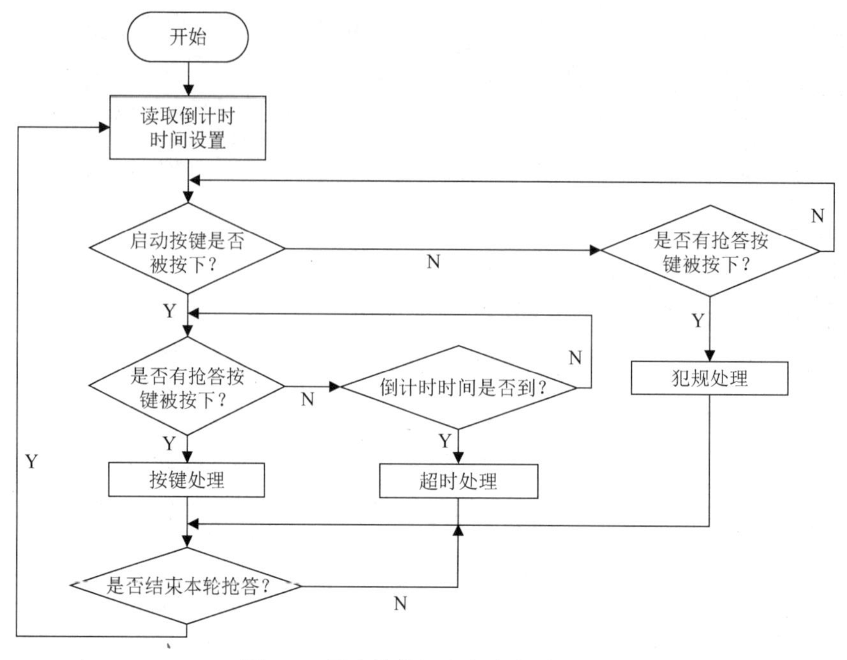

图 2-4　四路抢答器主程序的流程图

四路抢答器主程序的代码如下。

```
#include <reg51.h>
typedef unsigned char uchar;
sbit LE=P1^4;
sbit KEY5=P3^7;
sbit DIN=P2^4;                      //定义 P24 引脚控制 MAX7219 的串行数据输入引脚
sbit LOAD=P2^3;                     //定义 P23 引脚控制 MAX7219 的输入数据锁定引脚
sbit CLK=P2^2;                      //定义 P22 引脚控制 MAX7219 的时钟脉冲输入引脚
sbit BUZ=P0^1;
#define TIMER_HBYTE -50000/256      //定时 50ms
#define TIMER_LBYTE -50000%256
uchar intr_counter;                 //设定的时间，用需要产生的中断次数表示
uchar bdata byte;                   //在 bdata 区定义一个变量，便于位操作
sbit byte_7=byte^7;
bit foul_flg;                       //犯规标志
bit time_over_flg;                  //超时标志
bit key_flg;                        //按键标志
void max7219_reset(void);           //初始化 MAX7219
void write_reg(uchar,uchar);        //向控制寄存器写数据
void write_digit(uchar,uchar);      //向字型寄存器写数据
void send_data(uchar);              //底层的硬件驱动
uchar set_time(void);               //函数功能：设置倒计时时间
bit control_key(void);              //函数功能：检测主持人是否按下启动按键
uchar get_key_num(void);            //函数功能：检测按下抢答按键的参赛者号码
void display_time(void);            //函数功能：显示倒计时剩余时间
void foul_handle(uchar);            //函数功能：犯规处理
void key_handle(uchar);             //函数功能：按键处理
```

```
void time_over_handle(void);                //函数功能：超时处理
void init_t0(void);                         //函数功能：初始化 T0
void delay_20ms(void);                      //函数功能：延时 20ms 去抖
void buz_on(void)                           //函数功能：蜂鸣器发声 500ms
void main(void)
{
    uchar key_number;
    max7219_reset();                        //初始化 MAX7219
    while(1)
    {
        foul_flg=0;                         //设置初始环境
        time_over_flg=0;
        TR0=0;                              //禁止 T0 运行
        write_digit(DIGIT0,LED_code[0x0]);  //上电后，3 个数码管全部显示 0
        write_digit(DIGIT1,LED_code[0x0]);
        write_digit(DIGIT2,LED_code[0x0]);
        while((control_key()==1)&&(foul_flg==0))
        {                                   //如果主持人没有按下启动按键
            key_number=get_key_num();       //检查是否有参赛者犯规
            if(key_number==0)               //如果没有，进行下一次循环
                continue;
            else                            //如果有参赛者犯规
            {
                foul_handle();              //犯规处理
                foul_flg=1;                 //设置犯规标志
            }
        }
        if(foul_flg==1)                     //如果有参赛者犯规
        {
            while(control_key()==1);    //等待主持人按下清除按键，以进入下一轮抢答
            continue;                   //主持人按下清除按键后，进入下一轮抢答
        }
        else                            //如果没有参赛者犯规，主持人允许答题
        {
            intr_counter=set_time();    //读取倒计时时间
            init_t0();                      //T0 开始计时
            buz_on();                   //蜂鸣器发声 500ms
            while(time_over_flg==0&&key_flg==0)
            {
                key_number=get_key_num(); //检测规定时间内是否有抢答按键被按下
                if(key_number!=0)           //如果有
                {
                    key_handle(key_number);   //按键处理
                    key_flg=1;              //设置按键标志
                    TR0=0;                  //T0 停止运行
                }
                else                        //如果没有，那么循环检测
```

```
                    {
                        display_time();          //显示剩余时间
                        continue;
                    }
                }
                if(key_flg==1)                   //如果有参赛者在规定时间内答题
                {
                    while(control_key()==1);
                                        //等待主持人按下清除按键，以进入下一轮抢答
                    continue;           //主持人按下清除按键后，进入下一轮抢答
                }
                else                    //倒计时时间到，仍无参赛者按下抢答按键
                {
                    time_over_handle();          //超时处理
                     while(control_key()==1);
                     //等待主持人按下清除按键，以进入下一轮抢答
                    continue;           //主持人按下清除按键后，进入下一轮抢答
                }
            }
        }
    }
```

经验总结

本实例设计了一个四路抢答器。在硬件电路中，采用 MAX7219 驱动 LED 数码管显示。在程序中，通过读取键盘获得按键值，根据系统所处的模式控制 LED 数码管显示及蜂鸣器发声。T0 每隔 50ms 中断一次，用于答题倒计时。

本实例给出了一个四路抢答器的硬件电路及程序设计方法。读者可以对本实例进行功能扩展，如增加按键数量以增加参赛者人数，加入语音芯片以实现语音提示，加入通信接口以实现单片机管理多个抢答器等。

知识加油站

在 CPU 与外设（外部设备）交换信息时，快速的 CPU 和慢速的外设之间存在矛盾，为解决这个矛盾出现了中断。

当 CPU 正在处理某项事务时，如果内部或外部发生了紧急事件，要求 CPU 停止处理正在处理的事务转而处理该紧急事件，待处理完成后再回到被中断的地方继续处理中断的事务，这个过程称为中断，向 CPU 提出中断请求的是中断源。每一个中断源都有一个中断请求标志位与其对应，这些中断请求标志位设置在特殊功能寄存器 TCON 和 SCON 中。中断允许寄存器中各响应位按要求清零或置 1，实现该中断源的允许中断或禁止中断。

TCON 是定时器 T0 和 T1 的控制寄存器，当定时器从计数初值开始加 1 计数到产生溢出时，由硬件将 TF1 置 1；当 CPU 响应中断时，由硬件将 TF1 复位。

实例 03　电子调光灯

设计思路

电子调光灯应用广泛。目前常见电子调光灯的调光方式主要有 3 种：第 1 种是改变晶闸管的导通角；第 2 种是利用变压器调节供电电压；第 3 种是利用电位器直接分压。较理想的方式是通过改变晶闸管的导通角实现调光。

晶闸管调光的原理是利用可调电阻改变电容的充放电速度，从而改变晶闸管的导通角，控制电子调光灯在交流电源一个正弦周期内的导通时间，进而达到调光的目的。

本实例主要采用双向晶闸管实现调光。使用者通过按键控制电子调光灯开、关，通过按键控制灯光的亮度。

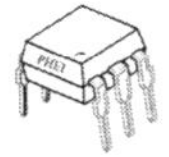

器件介绍

双向晶闸管直接接在 220V 交流电路中，但是单片机采用低电压供电，因此需要采用一定的隔离措施，将 220V 强电与 5V 弱电隔离。本实例使用 MOC3021 作为强电与弱电的隔离器。

MOC3021 是美国摩托罗拉公司推出的器件，输入与输出采用光电隔离，绝缘电压可达 7500V，最大触发电流为 15mA。

MOC3021 可以用于驱动工作电压为 220V 的交流双向晶闸管，也可以直接驱动小功率负载，还适用于电磁阀及电磁铁控制、电机驱动、温度控制、固态继电器控制、交流电源开关控制等场合。MOC3021 能用 TTL 电平驱动，它很容易与微处理器接口连接，对各种自动控制设备进行实时控制。

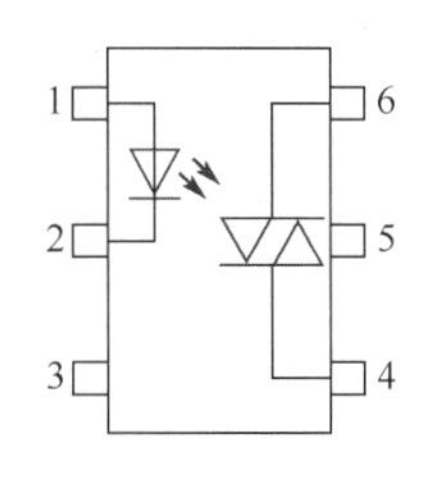

图 3-1　MOC3021 的引脚

MOC3021 采用 DIP-6 封装形式，其引脚如图 3-1 所示。1、2 引脚为输入端，输入级是一只砷化镓红外 LED；4、6 引脚为输出端，输出级为光控双向晶闸管；3、5 引脚为空脚。当砷化镓红外 LED 发射红外光时，触发光控双向晶闸管导通。MOC3021 的典型应用电路如图 3-2 所示。

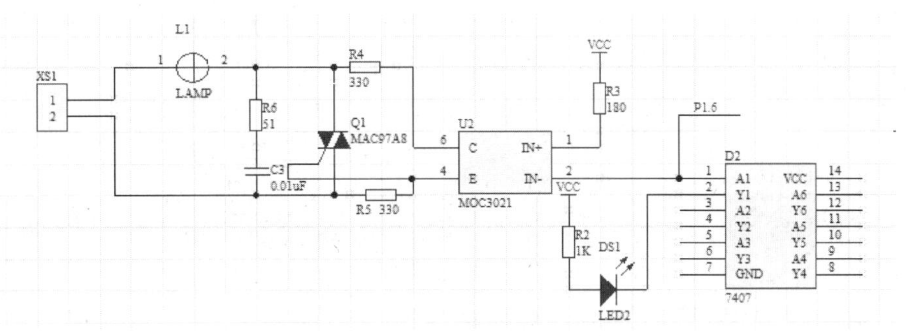

图 3-2　MOC3021 的典型应用电路

硬件设计

本实例通过单片机控制双向晶闸管的导通角来实现调光，如图 3-3 所示。整个电路主要包括双向晶闸管控制电路及过零检测电路。

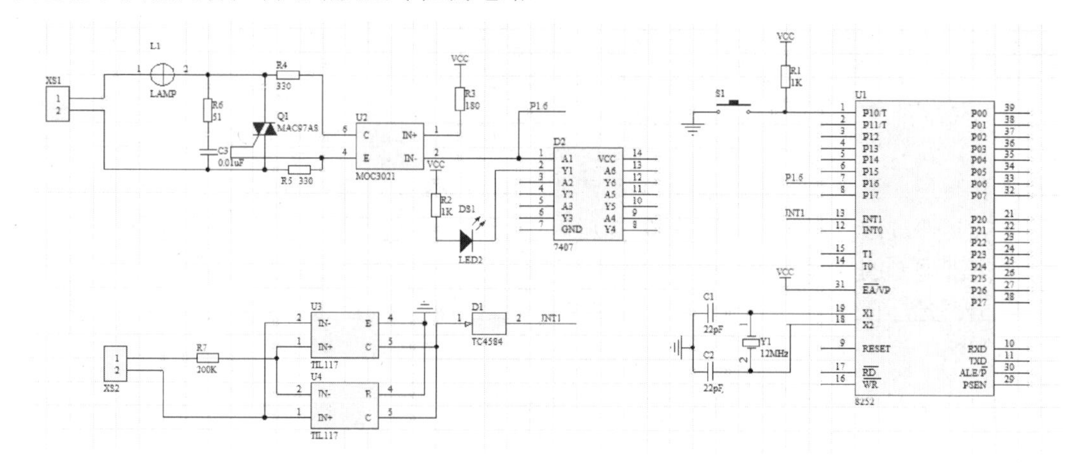

图 3-3　电子调光灯电路

MOC3021 是光电耦合器，用于可靠驱动双向晶闸管并实现强电与弱电的隔离。单片机的 P16 引脚负责驱动 MOC3021，控制双向晶闸管导通和关断。在电子调光灯的主回路中，灯与双向晶闸管串联，双向晶闸管导通角的变化会改变灯光亮度。XS1 是外部 220V 交流电源的接入口。

为了精确控制双向晶闸管的导通角，电子调光灯电路中还加入了过零检测电路。交流电源从 XS2 引入并送入两片光电耦合器 TIL117，两片光电耦合器 TIL117 的输入端是反相的。这样使得交流电压过零时，无论是由正电压变为负电压还是由负电压变为正电压，都能够在光电耦合器的输出端 C 上得到一个正向阶跃信号。其经过施密特触发器 TC4584 整形并反相输出到单片机的 INT1 引脚上，作为中断触发信号。单片机根据此信号获得交流电压每个正弦周期内的两个过零点。

程序设计

如前文所述，电子调光灯的核心是通过单片机控制双向晶闸管的导通角来实现调光。在交流电压的每个过零点，通过过零检测电路向单片机的 INT1 引脚发出中断触发信号，单片机获得控制周期的起点信号，控制双向晶闸管关断，并启动定时器。在定时器定时结束后才改变双向晶闸管控制端口的驱动信号，导通双向晶闸管。假设定时器的定时时间为 T，则在交流电压的一个正弦周期 20ms 内，双向晶闸管导通的时间为 20ms−2T。

电子调光灯的主要功能由子程序 Check()和子程序 ServiceINT1()实现。子程序 Check()的功能是进行按键响应。该程序对按键的处理包括去抖及区分长时间按下、短时间按下，从而设置相应的标志位，为灯光控制决策提供依据。Check()的代码如下。

```
/*-----------------------------------------*/
```

```
void Check(void)
{
    LIGHT_KEY=HIGH;
    /*确保各输入引脚处于输入状态*/
    if(LIGHT_KEY==LOW)
    {
        if(LIGHT_KEYold==HIGH)
        {
            delay6ms();
            if(LIGHT_KEY==LOW)          /*调光键被按下，"LOW"为有效电平*/
            {
                if(LIGHT_KEYcounter>DEVIBRATE_FACTOR)
                {
                    LIGHTKeyPress=1;
                    LIGHT_KEYold=LOW;
                    LIGHT_KEYcounter=0;
                }
                else LIGHT_KEYcounter++;
            }
            else LIGHT_KEYcounter=0;
        }
        else
        {
            LIGHTKeyPress=1;
            LIGHT_KEYcounter=0;
        }
    }
    else
    {
        if(LIGHT_KEYold==LOW)
        {
            delay6ms();
            if(LIGHT_KEY==HIGH)          /*调光键被松开*/
            {
                if(LIGHT_KEYcounter>DEVIBRATE_FACTOR)
                {
                    LIGHTKeyPress=0;
                    LIGHT_KEYold=HIGH;
                    LIGHT_KEYcounter=0;
                }
                else LIGHT_KEYcounter++;
            }
            else LIGHT_KEYcounter=0;
        }
        else
        {
            LIGHTKeyPress=0;
```

```
                LIGHT_KEYcounter=0;
            }
        }
}
```

外部中断响应子程序 ServiceINT1()的功能是根据按键状态进行电子调光灯的亮灭或灯光的调节处理。按键的响应机制：当短时间按下按键（按下时间大于 6ms，否则认为是抖动，不予处理）时，电子调光灯在开和关两种状态下切换；当长时间按下按键时，电子调光灯进入调光状态，灯光先由暗到亮，再由亮到暗。ServiceINT1()的代码如下。

```
/*----------------------------------------------*/
ServiceINT1()  interrupt 2  using 1
{
      /*过零检测时间到*/
      TR2=0;
      LIGHT=HIGH;
      /*电子调光灯触发端关闭*/
      if(LIGHTKeyPress==1)                      /*调光键被按下*/
      {
          LIGHTKeyPressOld=1;
          if(LIGHTState==0)                     /*电子调光灯处于开关状态*/
          {
              if(LIGHTNum>=0x32)                /*调光键长时间被按下*/
              {
                  LIGHTState=1;
                  /*电子调光灯切换至调光状态*/
                  LIGHTLevel|=0x10;
                  LIGHTNum=0;
              }
              else LIGHTNum++;
          }
          else                                  /*电子调光灯处于调光状态*/
          {
              if(LIGHTSwitch==0)
              {
                  if(LIGHTNum>=0x42)
                  {
                      LIGHTSwitch=1;
                      LIGHTNum=0;
                  }
                  else LIGHTNum++;
              }
              else
              {
                  if(LIGHTDimmer==0)            /*进入调亮灯光环节*/
                  {
                      if(LIGHTValue>0xffe0) /*0xffe0是灯光最亮时的定时器计数限度*/
```

```
                LIGHTDimmer=1;
                /*设置调暗灯光标志*/
                else LIGHTValue+=0x13;
                /*增加定时器初值*/
            }
            else                                    /*进入调暗灯光环节*/
            {
                if(LIGHTValue<0xe000) /*0xe000是灯光最暗时的定时器计数限度*/
                {
                    LIGHTDimmer=0;
                    /*设置调亮灯光标志*/
                    LIGHTSwitch=0;
                    LIGHTNum=1;
                }
                else LIGHTValue-=0x13;
                /*减小定时器初值*/
            }
        }
    }
}
else                                                /*调光键已抬起*/
{
    if(LIGHTKeyPressOld==1)                         /*调光键刚抬起*/
    {
        LIGHTKeyPressOld=0;
        LIGHTNum=0;
        if(LIGHTState==0)                           /*调光键抬起前为开关状态*/
        {
            if(LIGHTSwitch==0)
            {
                LIGHTSwitch=1;
                /*将电子调光灯设置为开*/
                LIGHTLevel|=0x10;
            }
            else
            {
                LIGHTSwitch=0;
                /*将电子调光灯设置为关*/
                LIGHTLevel&=0xef;
            }
        }
        else                                        /*调光键抬起前为调光状态*/
        {
            LIGHTState=0;
            /*电子调光灯恢复为开关状态*/
            LIGHTLevel&=0x10;
            if(LIGHTValue>0xe000)
```

```
                    LIGHTLevel+=(LIGHTValue-0xe000)/0x01fe;
                    else LIGHTLevel+=0;
                    LIGHTValucH=LIGHTValuc>>8;
                    LIGHTValueL=LIGHTValue&0xff;
                    EX0=1;
                }
            }
        }
        LIGHTValueH=LIGHTValue>>8;
        /*打开本次过零周期的定时器*/
        LIGHTValueL=LIGHTValue&0xff;
        TH2=LIGHTValueH;
        TL2=LIGHTValueL;
        TR2=1;
}
```

主程序主要用于初始化系统，调用相关子程序实现系统功能，代码如下。

```
#include "reg52.h"
#define LOW  0                              /*低电平*/
#define HIGH 1                              /*高电平*/
#define DEVIBRATE_FACTOR     0x03           /*去抖因子*/
sbit LIGHT=P1^6;
/*调光灯触发端*/
sbit LIGHT_KEY=P1^0;
/*调光键*/
typedef unsigned char uint8;
typedef unsigned int  uint16;
bit   LIGHT_KEYold;
/*按键去抖变量*/
bit   LIGHTState;
/*调光标志位，0：开关状态；1：调光状态*/
bit   LIGHTSwitch;
/*开灯标志位*/
bit   LIGHTKeyPress;
/*当前时刻按键状态*/
bit   LIGHTKeyPressOld;
/*前一时刻按键状态*/
bit   LIGHTDimmer;
/*调光过程，0：渐亮；1：渐暗*/
uint8 LIGHTValueH,LIGHTValueL;
/*调光定时器计数初值*/
uint8 LIGHT_KEYcounter;
/*去抖计数*/
uint8 LIGHTNum;
/*按键时长计数值*/
uint8 LIGHTLevel;
/*调光灯亮度等级*/
```

```
uint16 idata LIGHTValue;
/*定时器初值*/
/*函数定义*/
void  Initialize(void);
/*初始化单片机*/
void  Check();
/*检查按键和电子调光灯所处的状态*/
void  delay6ms(void);
/*延时 6ms*/
void main(void)
{
    Initialize();
    do
    {
        Check();
    }
    while(1);
}
void Initialize(void)
{
    T2CON=0x00;          //T2 用于驱动电子调光灯
    PT0=1;
    IT1=1;
    TR0=0;
    TR2=0;
    ET0=1;
    ET2=1;
    EX1=1;
    EA=1;
    EX0=1;
    LIGHTState=0;
    LIGHTSwitch=0;
    LIGHTNum=0;
}
/*----------------------------------------------*/

void delay6ms(void)
{
    int delaycnt;
    for(delaycnt=0;delaycnt<=460;delaycnt++);
}
/*----------------------------------------------*/
void ServiceTimer2() interrupt 5 using 1
{
    if(LIGHTSwitch==1)
    LIGHT=LOW;           //触发电子调光灯
    TR2=0;
```

```
        TF2=0;
    }
```

经验总结

在电子调光灯电路中，最核心的部分是在灯泡供电电路中串入双向晶闸管。通过改变双向晶闸管的导通角调节灯光的亮度。在本实例调光控制的实现过程中，启用了单片机的一个定时器和一个外部中断引脚。在单片机外部中断触发时，即交流电压的过零点时刻，启动定时器计时，并关断双向晶闸管。当定时器计数值溢出，进入定时器中断后，双向晶闸管导通，灯泡获得电压而发亮。当再次到达过零点时刻时，关断双向晶闸管，如此反复。因此，随着按键的控制，改变定时器计数初值，即可改变双向晶闸管的导通角，从而实现调光。

本实例介绍的电子调光灯电路的调光基本原理和不采用单片机的普通调光灯电路是相同的，但由于加入了单片机控制，使得灯光调节可以控制得更加精确，实现多级、分级控制；另外，可以在本实例的基础上加入红外传输模块或其他无线通信模块，实现灯光的无线遥控；更进一步地，可以将其作为智能家居控制系统中的一个可控部分，利用网络或电话线等实现远程控制。

知识加油站

51 单片机的外部中断可以用程序设置为电平触发或跳变触发。若 TCON 中的 ITx 位为 0，则外部中断为电平触发，由 INTx 引脚上检测到的低电平触发；若 ITx 位为 1，则外部中断为跳变触发，即在两个周期内，若前一个周期在外部中断引脚上检测到高电平，而后一个周期在外部中断引脚上检测到低电平，则置位 TCON 寄存器中的中断请求标志位 IEx。

实例04　数码管时钟

设计思路

随着社会的发展及科技的进步，各种方便生活的电子产品开始进入人们的生活，数码管时钟就是其中之一。它已经成为人们日常生活中的必需品，广泛应用于个人家庭及车站、码头、剧院、办公室等公共场所，给人们的生活、学习、工作、娱乐带来了极大的方便。本实例使用时钟芯片 PCF8563，设计了一种具有时间、日期显示，系统设置及闹钟设置的数码管时钟。

本实例采用 PCF8563 作为实时时钟/日历芯片，采用 ZLG7290 作为键盘及数码管扫描显示驱动，以蜂鸣器为闹铃。具体功能如下。

① 时间、日期显示：系统时间采用 24 小时制。正常情况下，系统显示当前的时间，通过切换键可以在时间显示与日期显示间切换。例如，当前系统时间是 12 点 20 分 22 秒，显示格式为 12-20-22，当用户按下切换键时，系统切换到日期显示，如显示 07-10-30，再次按下切换键，系统回到时间显示。

② 闹铃功能：当系统时间与用户设置的闹铃时间一致时，闹铃报警。报警时有声、光提示，时间为 1min。在报警过程中，可以按下任意键取消报警。

③ 系统设置功能：用户可以对系统的时间、日期及闹铃时间进行设置。用户连续按下 SET 键，依次进入日期设置、时间设置、闹铃设置。日期、时间分别采用 6 位数表示，闹铃时间采用 4 位数表示。设置日期时，从年份的十位开始，设置时间、闹铃时间时，从小时的十位开始。通过 ADD 键、SUB 键对数值进行加、减调整；当长按 ADD 键或 SUB 键不放时，其值快速加或减。通过 NEXT 键，在各个数位间移动。

根据以上功能分析可知，系统分为键盘模块、显示模块、闹铃模块、时钟模块、电源模块、复位模块和单片机模块。系统模块图如图 4-1 所示。

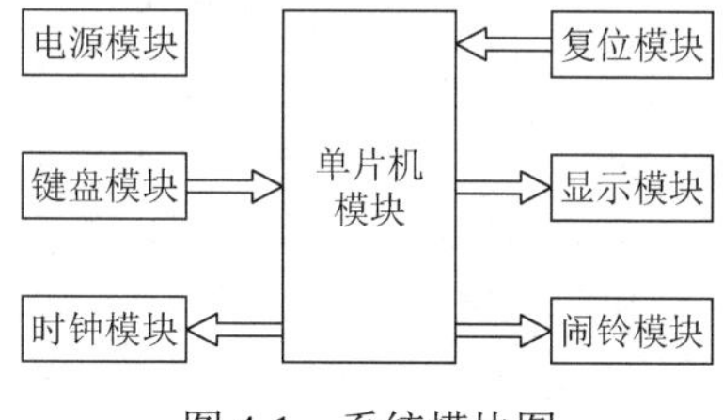

图 4-1　系统模块图

器件介绍

目前，绝大多数时钟系统都采用专用时钟芯片计时。本实例采用 PHILIPS 公司生产的时钟芯片 PCF8563。它内部有 16 个 8 位寄存器、1 个自增的地址寄存器、1 个定时器、1 个报警器和 1 个 400kHz 的 I^2C 总线接口。它能提供年、月、日、星期、小时、分钟、秒信息，采用 I^2C 总线协议设计，与单片机的连接十分简单。

PCF8563 具有以下特性。

① 在 32.768kHz 的晶振下工作，提供年、月、日、星期、小时、分钟、秒信息。

② 具有世纪标志。

③ 工作电压范围：1.0～5.5V。

④ 低休眠电流：典型值为 0.25μA（V_{DD}=3.0V，Temp=25℃）。

⑤ 具有 400kHz 的 I^2C 接口（V_{DD}=1.8～5.5V）。

⑥ 可编程时钟输出，频率为 32.768kHz、1024Hz、32Hz、1Hz。

⑦ 具有报警和定时功能。

⑧ 具有掉电检测器。

⑨ 内部集成振荡器。

⑩ 具有片内电源复位功能。

⑪ I^2C 总线从地址：读，0A3H；写，0A2H。

⑫ 具有开漏中断引脚。

PCF8563 的引脚描述如表 4-1 所示。

表 4-1　PCF8563 的引脚描述

符　号	引　脚　号	描　述
OSCI	1	晶振输入
OSCO	2	晶振输出
$\overline{INT}$	3	中断输出（开漏；低电平有效）
VSS	4	地
SDA	5	串行数据 I/O
SCL	6	串行时钟输入
CLKOUT	7	时钟输出（开漏）
VDD	8	正电源

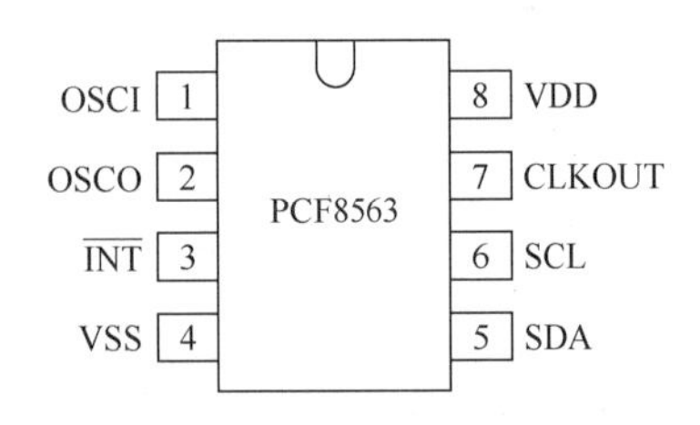

图 4-2　PCF8563 的引脚排列

PCF8563 的引脚排列如图 4-2 所示。

PCF8563 内部有 16 个 8 位寄存器，从 00 开始编址，地址范围是 00H～0FH。在这些寄存器中并不是所有的位都可用。地址为 00H、01H 的寄存器作为控制/状态寄存器，地址为 02H～08H 的寄存器作为时钟寄存器，地址为 09H～0CH 的寄存器作为报警寄存器，地址为 0DH 的寄存器用于控制 CLKOUT 引脚的输出频率，地址为 0EH 和 0FH 的寄存器分别作为定时器控制寄存器和定时器寄存器。报警方式可以是分钟报警、小时报警、日报警、星期报警等。当 PCF8563 内部某个时钟寄存器被读出时，其他时钟寄存器的内容被锁存，这样可以避免在读取时间的过程中时钟寄存器内部发生变化。

通过读/写 PCF8563 中的寄存器，可以实现读/写时间、日期及报警值。PCF8563 中的寄存器分为两类：一类是控制 PCF8563 工作的寄存器，如表 4-2 所示；另一类是用于时间、日期计数的寄存器，如表 4-3 所示。

表 4-2　控制/状态寄存器概况表

地　址	寄存器名称	bit7	bit6	bit5	bit4	bit3	bit2	bit1	bit0
00H	控制/状态寄存器 1	TEST1	0	STOP	0	TESTC	0	0	0
01H	控制/状态寄存器 2	0	0	0	TI/TP	AF	TF	AIE	TIE

表 4-3　计数寄存器概况表

地　址	寄存器名称	bit7	bit6	bit5	bit4	bit3	bit2	bit1	bit0
02H	秒寄存器	VL	BCD 码格式，00～59						
03H	分钟寄存器	–	BCD 码格式，00～59						
04H	小时寄存器	–	–	BCD 码格式，00～59					
05H	日寄存器	–	–	BCD 码格式，01～31					
06H	星期寄存器	–	–	–	–		0～6		
07H	月/世纪寄存器	C	–	–	BCD 码格式，01～12				
08H	年寄存器	BCD 码格式，00～99							
09H	分钟报警寄存器	AE	BCD 码格式，00～59						
0AH	小时报警寄存器	AE	–	BCD 码格式，00～23					
0BH	日报警寄存器	AE	–	BCD 码格式，01～31					
0CH	星期报警寄存器	AE	–	–			0～6		

控制/状态寄存器 1 主要用于控制时钟的运行，地址为 00H，其格式如表 4-4 所示。

表 4-4　控制/状态寄存器 1 的格式

bit	符　号	描　述
7	TEST1	0：普通模式；1：EXT_CLK 测试模式
5	STOP	0：时钟运行；1：时钟停止运行
3	TESTC	0：电源复位功能失效；1：电源复位功能有效
6、4、2、1、0	0	默认值为 0

控制/状态寄存器 2 主要用于中断控制，包含定时器中断的允许位、报警中断的允许位及中断请求标志位，地址为 01H，其格式如表 4-5 所示。

表 4-5　控制/状态寄存器 2 的格式

bit	符　号	描　述
7、6、5	0	默认值为 0
4	TI/TP	0：INT 电平有效；1：INT 脉冲有效
3	AF	当报警发生时，AF 置 1
2	TF	当定时器倒计时结束时，TF 置 1
1	AIE	0：不允许报警中断；1：允许报警中断
0	TIE	0：不允许定时器中断；1：允许定时器中断

秒寄存器用于存放当前时间的秒数值，采用 BCD 码格式，最高位用于指示时钟/日历数据是否可靠。该寄存器的地址为 02H，其格式如表 4-6 所示。

表 4-6　秒寄存器的格式

bit	符　号	描　述
7	VL	0：时钟/日历数据可靠；1：时钟/日历数据不可靠
6～0	<秒>	秒数值，BCD 码格式，00～59

分钟寄存器用于存放当前时间的分钟数值，采用 BCD 码格式，地址为 03H，其格式如表 4-7 所示。

表 4-7　分钟寄存器的格式

bit	符　号	描　述
7	—	无用位
6～0	<分钟>	分钟数值，BCD 码格式，00～59

小时寄存器用于存放当前时间的小时数值，采用 BCD 码格式，地址为 04H，其格式如表 4-8 所示。

表 4-8　小时寄存器的格式

bit	符　号	描　述
7～6	—	无用位
5～0	<小时>	小时数值，BCD 码格式，00～23

日寄存器用于存放当前日期的日数值，采用 BCD 码格式。PCF8563 根据当前月份自动设置日的最大值，大月为 31，小月为 30，二月为 28，闰年的二月为 29。该寄存器的地址为 05H，格式如表 4-9 所示。

表 4-9　日寄存器的格式

bit	符　号	描　述
7～6	—	无用位
5～0	<日>	日数值，BCD 码格式，01～31

月/世纪寄存器用于存放当前日期的月数值，最高位为世纪指示位。该寄存器采用 BCD 码格式，地址为 07H，格式如表 4-10 所示。

表 4-10　月/世纪寄存器的格式

bit	符　号	描　述
7	C	0：指定年寄存器的值为 20××；1：指定年寄存器的值为 19××
6～5	—	无用位
4～0	<月>	月数值，BCD 码格式，01～12

年寄存器用于存放当前日期的年数值，采用 BCD 码格式，地址为 08H，其格式如表 4-11 所示。

表 4-11　年寄存器格式表

bit	符　号	描　述
7～0	<年>	年数值，BCD 格式，00～99

PCF8563 有多种报警方式，可以采用分钟报警、小时报警、日报警及星期报警。每种报警方式由对应的寄存器控制，报警寄存器的格式一致，最高位 AE 表示该报警方式是否有效，其余位表示报警数值，采用 BCD 码格式。当报警寄存器中写入合法的分钟、小时、日或星期报警数值且相应的 AE 为 0 时，若当前的时间数值与之相等，则标志位 AF 置 1，AF 值必须由软件清零。若 AE 为 1，则相应的报警将被忽略。各报警寄存器的格式分别如

表 4-12～表 4-14 所示。

表 4-12　分钟报警寄存器的格式

bit	符　号	描　述
7	AE	0：分钟报警有效；1：分钟报警无效
6～0	<分钟报警>	分钟报警数值，BCD 格式，00～59

表 4-13　小时报警寄存器的格式

bit	符　号	描　述
7	AE	0：小时报警有效；1：小时报警无效
6～0	<小时报警>	小时报警数值，BCD 格式，00～23

表 4-14　日报警寄存器的格式

bit	符　号	描　述
7	AE	0：日报警有效；1：日报警无效
6～0	<日报警>	日报警数值，BCD 格式，00～31

硬件设计

数码管时钟的硬件电路如图 4-3 所示，主要包括键盘显示电路、时钟电路、报警电路及单片机电路等。

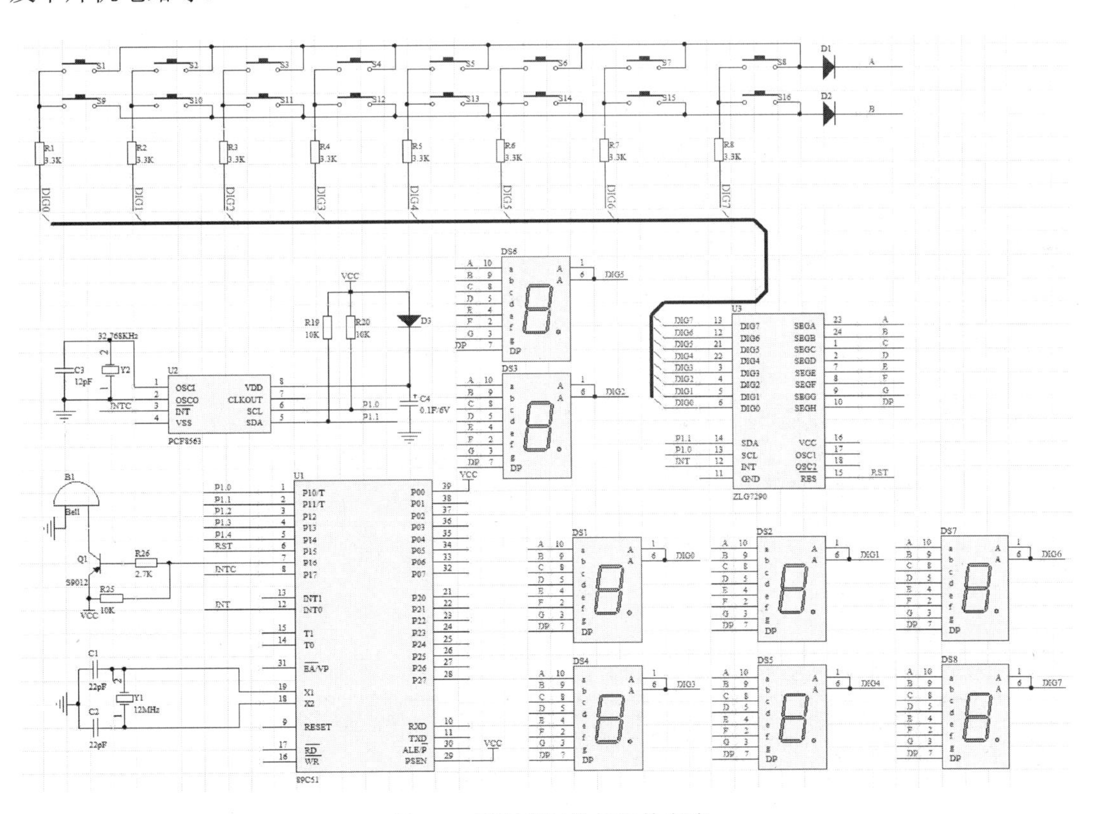

图 4-3　数码管时钟的硬件电路

键盘显示电路主要由ZLG7290外接按键、共阴极数码管等组成。ZLG7290外接按键主要包括数字键、控制键共16个按键，分为2行8列，分别接ZLG7290的SEGA、SEGB、DIG0～DIG7引脚，按键S1～S16的键值分别是1～16。时间、日期采用8位分时显示方式，只需8个数码管。这8个数码管的a～dp段分别接ZLG7290的SEGA～SEGDP引脚，8个阴极分别接ZLG7290的DIG0～DIG7引脚。

时钟电路主要由PCF8563组成，采用I^{2}C接口与单片机连接。报警电路由三极管Q1及蜂鸣器B1等组成。单片机采用89C51，复位电路采用阻容复位方式。

S1～S10为数字键1～9和0；S11为切换键，切换日期、时间显示；S12、S13分别为左移位键和右移位键，在修改日期、时间时使用；S14为启用/停止闹铃功能键；S15为取消键；S16为确认键。

程序设计

该数字管时钟实现的功能包括日期显示、时间显示、闹铃设置、日期和时间修改。在主程序中，根据不同的显示标志显示不同的信息，在日期、时间修改状态下，修改位的数值以闪烁方式显示。数码管时钟程序的代码如下。

```
#include "reg51.h"
#include "I2C.C";
#define PCF8563  0xA2        /*定义PCF8563的地址*/
#define ZLG7290  0x70        /*定义ZLG7290的地址*/
#define WRADDR  0x00         /*定义写单元首地址*/
#define uint unsigned int
#define uchar unsigned char
sbit KEY_INT=P3^2;
/*定义ZLG7290 INT引脚*/
sbit RST=P1^5;
/*定义ZLG7290 RES引脚*/
sbit Alarm_INT=P1^;
/*定义PCF8563 起闹中断引脚*/
sbit Buzz=P1^6;
/*定义蜂鸣器信号引脚*/
sbit I2C_SCL = P1^0;
//定义I2C总线时钟信号
sbit I2C_SDA = P1^1;
//定义I2C总线数据信号
uchar  rd[7],key,wd[5];
uchar disp_buf[8];
uchar  idata ad1[8]=
{
      0,0,0,0,0,0,31,31
};
ad2[8]=
{
```

```
    0,0,31,0,0,31,0,0
};
/*起闹时间*/
uchar  i,j,m,n,t,chg;
/*中间变量*/
uchar  disp_type_flag;
disp_tem;
disp_rd;
disp_ad;
/*显示标志*/
uchar  modif_flag,alarm_mod,alarm_bit;
alarm_flag;
/*修改标志*/
uint  alarm_time;
/*响闹时间长度*/
/*********************************************************************/
```

I²C 总线函数放在 I2C.C 文件中。限于篇幅，本程序内不列出其源代码，只给出函数原型，读者可在广州致远电子股份有限公司的官方网站下载程序包。I²C 总线函数及其功能如表 4-15 所示。

表 4-15 I²C 总线函数及其功能

函　　数	功　　能
void I2C_Init()	I²C 总线初始化函数
void I2C_Delay()	模拟 I²C 总线延时
void I2C_Start()	产生 I²C 总线的起始条件
void I2C_Stop()	产生 I²C 总线的停止条件
void I2C_PutAck(bit ack)	主机产生应答位（应答或非应答）
bit I2C_GetAck()	读取从机应答位（应答或非应答）
unsigned char I2C_Read()	从从机中读取 1 字节的数据
void I2C_Write(unsigned char dat)	向 I²C 总线写 1 字节的数据
bit I2C_Puts()	主机通过 I²C 总线向从机发送多字节的数据
bit I2C_Gets()	主机通过 I²C 总线从从机接收多字节的数据

其中，函数 I2C_Puts()、I2C_Gets()的参数较多，具体介绍如下。

```
/**********************************************************************/
bit I2C_Puts(
unsigned char SlaveAddr,     //从机地址
unsigned char Subaddr,       //从机子地址
unsigned char size,          //数据大小（以字节计）
unsigned char *dat           //要发送的数据
);
/*****************************************************************/
bit I2C_Gets(
unsigned char SlaveAddr,     //从机地址
unsigned char Subaddr,       //从机子地址
```

```
    unsigned char size,            //数据大小（以字节计）
    unsigned char *dat             //接收到的数据
    );
```

init()为初始化程序，其功能包括设置数字管时钟上电时的起始时间，设定起闹控制，设定定时器的工作方式，初始化后续程序中要用到的中间变量，具体代码如下。

```
void init(void)
{
     /*初始化时间为 12:30:00，日期为 2005.02.23*/
     uchar td[9]={ 0x00,0x12,0x00,0x30,0x12,0x23,0x03,0x02,0x05 } ;
     uchar flash_t=0x33;                                    /*闪烁时间数组*/
     uchar alarm_c=0x80;                                    /*起闹控制，屏蔽星期起闹*/
     RST=0;
     I2C_Delay();
     RST=1;
     Alarm_INT=1;
     TMOD=0x11;                                             /*设定定时器的工作方式*/
     I2C_Puts(PCF8563,0x00,0x09,td);                        /*写入初始化时间、日期*/
     I2C_Puts(ZLG7290, 0x0c,0x01,& flash_t);                /*写入闪烁频率*/
     I2C_Puts(PCF8563, 0x0c,0x01,& alarm_c);                /*写入报警设置*/
     disp_type_flag=1;
     /*初始化后显示日期*/
     modif_flag=0;
     /*清零各种标志*/
     alarm_mod=0;
     alarm_bit=0;
}
```

以下是 ZLG7290 的数码管显示及键盘扫描的控制子程序中涉及的函数。

函数 SendCmd()向 ZLG7290 发送显示指令，该函数利用了 I^2C 总线函数中的多字节发送函数 I2C_Puts()传递显示指令，代码如下。

```
void SendCmd(uchar Data1,uchar Data2)
{
     uchar Data[2];
     Data[0]=Data1;
     Data[1]=Data2;
     I2C_Puts(ZLG7290,0x07,2,Data);
     I2C_Delay();
}
/******数码管（低位开始）显示 num 个指定字节函数******/
void SendBuf(uchar *disp_buf,uchar num)
//num<8，对应显示缓存区，若 num≥8，则地址编号无效
{
     uchar k;
     for(k=0;k<num;k++)
     {
```

```
        SendCmd(0x60+k,*disp_buf);
        disp_buf++;
    }
}
/***********************读取键值函数*******************/
uchar GetKey(void)
{
    uchar  rece;
    I2C_Gets(ZLG7290+1,0x01,0x01,&rece); //从 01 寄存器中读取键值
    return rece;
}
```

函数 display_time()是控制 ZLG7290 显示时间和闪烁功能的函数，该函数利用数码管（低位开始）显示 num 个指定字节函数 SendBuf()实现时间显示，具体代码如下。

```
void display_time(uchar *sd,uchar n)
{
     /*取时（十位数大于 1 的小时数被屏蔽）*/
    disp_buf[0]=(sd[0]%16);
    disp_buf[1]=(sd[0]/16);
    disp_buf[2]=31;
    /*不显示该位*/
    disp_buf[3]=(sd[1]%16);
    disp_buf[4]=(sd[1]/16);
    disp_buf[5]=31;
    disp_buf[6]=(sd[2]%16);
    disp_buf[7]=(sd[2]/16);
    if(n!=-1)        /*闪烁控制*/
    {
        disp_buf[n]|=0x40;
        disp_buf[n+1]=0x40;
    }
    SendBuf(disp_buf,8);
}
/******ZLG7290 显示日期函数和闪烁控制（默认为 21 世纪，星期不显示）函数******/
void display_date(uchar  *sd,char n)
{
    disp_buf[0]=(sd[0]%16);
    disp_buf[1]=(sd[0]/16);
    disp_buf[2]=31;
    disp_buf[3]=((sd[2]%16)+0x80);
    disp_buf[4]=(sd[2]/16);
    disp_buf[5]=31;
    disp_buf[6]=((sd[3]%16)+0x80);
    disp_buf[7]=(sd[3]/16);
    if(n!=-1)
    {
        disp_buf[n]|=0x40;
```

```
            disp_buf[n+1]|=0x40;
        }
        SendBuf(disp_buf,8);
    }
    /******修改日期（年、月、日）高位数码管的显示内容函数******/
    void chgdat_bit_h(uchar n)
    {
        uchar changeh,chgd;
        chgd=6-(n-1)*n/2;
        changeh=key%10;
        rd[chgd]&=0x0F;
        changeh<<=4;
        changeh&=0xF0;
        rd[chgd]|=changeh;
    }
    /******修改时间（小时、分钟、秒）高位数码管的显示内容函数******/
    void chgtim_bit_h(uchar n)
    {
        uchar changeh;
        changeh=key%10;
        rd[6-n]&=0x0F;
        changeh<<=4;
        changeh&=0xF0;
        rd[6-n]|=changeh;
    }
    /******修改日期（年、月、日）低位数码管的显示内容函数*******/
    void chgdat_bit_l(uchar n)
    {
        uchar changel,chgd;
        chgd=6-(n-1)*n/2;
        key=GetKey();
        changel=key%10;
        rd[chgd]&=0xF0;
        changel&=0x0F;
        rd[chgd]|=changel;
    }
    /******修改时间（小时、分钟、秒）低位数码管的显示内容函数******/
    void chgtim_bit_l(uchar n)
    {
        uchar changel;
        key=GetKey();
        changel=key%10;
        rd[6-n]&=0xF0;
        changel&=0x0F;
        rd[6-n]|=changel;
    }
    /******将由数码管显示的报警时间值转换为 PCF8563 所需报警数值的函数******/
```

```
uchar clocktrans(uchar i)
{
     uchar clk_l,clk_h;
     clk_l=ad1[i];
     clk_h=ad1[i+1];
     clk_h<<=4;
     clk_h&=0x70;
     /*AE=0，报警有效*/
     clk_l&=0x0F;
     clk_l|=clk_h;
     return(clk_l);
}
/*********将数码管显示的倒计时数转换为 PCF8563 所需的定时器计数值的函数**********/
uchar timetrans(void)
{
     // uchar k,tt;
     uint sum=0;
     sum=ad2[7]*36000+ad2[6]*3600+ad2[4]*600+ad2[3]*60+ad2[1]*10+ad2[0];
     return(sum);
}
```

以下是蜂鸣器响闹控制函数的代码，在该函数中，利用变量 alarm_flag 传递不同的响闹状态和要求。

```
/*****************蜂鸣器响闹控制函数******************/

void buzz(void)
{
     uchar valid=0x00;
     if(alarm_flag==1)                 /*响闹初始化*/
     {
        EA=1;
        ET1=1;
        TH1=-800/256;
        /*写入 T1 计数初值*/
        TL1=-800%256;
        TR1=1;
        Buzz=1;
        alarm_flag=2;
        alarm_time=0;
     }
     else if(alarm_flag==2)            /*正常起闹*/
     {
        if(alarm_time>=10000)          /*响闹时间到*/
        {
           EA=0;
           ET1=0;
           TR1=0;
```

```
                valid=0x00;
                I2C_Puts(PCF8563, 0x01,0x01,& valid);
                Alarm_INT=1;
            }
        }
        else if (alarm_flag==3)         /*取消起闹*/
        {
            EA=0;
            ET1=0;
            TR1=0;
            valid=0x00;
            I2C_Puts(PCF8563, 0x01,0x01,& valid);
            Alarm_INT=1;
        }
}
```

函数 timer1()为 T1 的中断处理函数。该函数负责产生蜂鸣器信号并重置 T1 计数初值。

```
void timer1(void) interrupt 3
{
    Buzz=!Buzz;
    TH1=-800/256;
    TL1=-800%256;
    alarm_time++;
}
```

函数 enter()是确认键处理函数。该函数根据 modif_flag 和 alarm_mod 两个标志变量决定响应执行的任务。

```
void enter(void)
{
    uchar k,clock[5],timer_t[3],valid=0x00;
    if(modif_flag==1||modif_flag==2)        /*修改日期确认*/
    {
        wd[0]=0x05;
        wd[1]=rd[3];
        wd[2]=0x07;
        wd[3]=rd[5];
        wd[4]=rd[6];
        I2C_Start();
        /*将修改值写入寄存器*/
        I2C_Write(PCF8563);
        I2C_Write(0x05);
        I2C_Write(wd[1]);
        I2C_Delay();
        I2C_Puts(PCF8563,0x07,0x02,&wd[3]);
        modif_flag=3;
        disp_type_flag=1;
        n=0;
```

```
        j=1;
    }
    else if(modif_flag==3||modif_flag==4) /*修改时间确认*/
    {
        wd[0]=0x02;
        for(k=1;k<4;k++)
        wd[k]=rd[k-1];
        I2C_Puts(PCF8563,wd[0],0x03,&wd[2]);
        /*将修改值写入寄存器*/
        disp_type_flag=1;
        n=0;
        j=1;
    }
    else if(alarm_mod==1)                         /*时钟控制起闹设定确认*/
    {
        clock[0]=0x09;
        for(k=1;k<4;k++)
        {
            clock[k]=clocktrans(2*(k-1));
            /*时钟控制时间转换*/
        }
        valid=0x02;
        I2C_Puts(PCF8563,clock[0],0x03,&clock[2]);
        /*写入起闹时间*/
        I2C_Start();
        /*使能时钟控制起闹功能*/
        I2C_Write(PCF8563);
        I2C_Write(0x01);
        I2C_Write(valid);
        I2C_Delay();
        disp_type_flag=1;
        alarm_mod=0;
    }
    else if(alarm_mod==2)                         /*时间控制起闹设定确认*/
    {
        timer_t[0]=0x0E;
        timer_t[1]=0x82;
        timer_t[2]=timetrans();
        /*时钟控制时间转换*/
        valid=0x01;
        I2C_Puts(PCF8563,timer_t[0],0x02,&timer_t[1]);
        /*写入起闹时间*/
        I2C_Puts(PCF8563,0x01,0x01,valid);
        /*使能时间控制起闹功能*/
        I2C_Start();
        I2C_Write(PCF8563);
        I2C_Write(0x01);
```

```
            I2C_Write(valid);
            I2C_Delay();
            disp_typc_flag=1;
            alarm_mod=0;
        }
}
```

函数 cancel()是取消键处理函数。该函数根据 modif_flag 和 alarm_mod 两个标志变量，决定响应执行的任务。

```
/*****************取消键处理函数*******************/
void  cancel(void)
{
        uchar k;
        if(modif_flag==1||modif_flag==2)        /*取消修改日期*/
        {
            disp_type_flag=1;
            modif_flag=1;
            n=1;
            j=1;
        }
        else if(modif_flag==3||modif_flag==4) /*取消修改时间*/
        {
            disp_type_flag=2;
            modif_flag=3;
            n=4;
            j=4;
        }
        else if(alarm_mod==1)                   /*取消设定时钟控制起闹*/
        {
            for(k=0;k<6;k++)
            ad1[k]=0;
            alarm_bit=1;
            j=0;
        }
        else if(alarm_mod==2)                   /*取消设定时间控制起闹*/
        {
            for(k=0;k<3;k++)
            {
                ad2[3+k]=0;
                ad2[3+k+1]=0;
            }
            i=0;
            j=0;
        }
        else if(alarm_flag==2)                  /*取消响闹*/
        alarm_flag=3;
}
```

函数 numkey_manage()是数字键处理函数，其在函数 key_manage()中被调用。该函数根据 modif_flag 和 alarm_mod 两个标志变量分别进行时间和时钟控制、时间控制的修改操作，具体代码如下。

```
void numkey_manage(void)
{
    if(modif_flag==1)                               /*取消日期十位*/
    {
        chg=6-2*n;
        /*计算闪烁位*/
        chgdat_bit_h(n);
        modif_flag=1;
        n++;
        i++;
        if(n==4)
        {
            disp_type_flag=6;
            /*全闪烁显示，等待确认*/
            display_date(rd+3,-1);
            modif_flag=1;
            /*未确认，继续修改“日”*/
            n=3;
        }
    }
    else if(modif_flag==3)                          /*修改时间十位*/
    {
        chg=-3*n+18;
        chgtim_bit_h(n);
        modif_flag=4;
        disp_rd=0;
        i=n;
    }
    else if(modif_flag==4)                          /*修改时间个位*/
    {
        chg=-3*n+18;
        chgtim_bit_l(n);
        modif_flag=3;
        disp_rd=0;
        n++;
        i++;
        if(n>6)
        {
            disp_type_flag=6;
            display_time(rd,-1);
            modif_flag=3;
            n=6;
        }
```

```
        }
        else if (alarm_mod==1)                              /*时钟控制修改*/
        {
            if(alarm_bit==1)                                /*修改十位*/
            {
                ad1[5-2*j]=key%10;
                alarm_bit=2;
            }
            else if(alarm_bit==2)                           /*修改个位*/
            {
                ad1[4-2*j]=key%10+0x80;
                alarm_bit=1;
                /*修改下一个十位*/
                j++;
                if(j==3)
                j=0;
            }
        }
        else if(alarm_mod==2)                               /*时间控制修改*/
        {
            ad2[7-3*j-m]=key%10;
            m++;
            if(m==2)
            {
                m=0;
                j++;
            }
            if(j==3)
            j=0;
        }
    }
```

函数 key_manage()是按键处理函数。该函数根据 key 的数值，决定执行的操作或设置相应的标志位，其他功能函数根据这些标志位执行相应的操作，具体代码如下。

```
void key_manage(void)
{
    if(key==0x08)                                       /*切换键被按下*/
    {
        alarm_mod=0;
        alarm_bit=0;
        modif_flag=0;
        i=1;
        n=1;
        m=0;
        j=0;

        switch(t)
```

```
        {
            case 1: disp_type_flag=1;
            /*显示日期*/
            t++;
            break;
            case 2: disp_type_flag=2;
            /*显示时间*/
            t++;
            break;
            case 3: disp_type_flag=3;
            /*显示温度*/
            t=1;
            disp_tem=1;
            break;
            default:break;
        }
    }
    else if(key==0x0c)                          /*修改日期/时间键被按下*/
    {
        alarm_mod=0;
        /*禁止修改起闹时间*/
        alarm_bit=0;
        disp_rd=1;
        /*动态显示时间*/
        j=0;
        m=0;

        switch(i)
        {
            case 1: disp_type_flag=4;
            /*切换到修改“年”*/
            modif_flag=1;
            n=1;
            i++;
            break;
            case 2: disp_type_flag=4;
            /*切换到修改“月”*/
            n=2;
            i++;
            break;
            case 3: disp_type_flag=4;
            /*切换到修改“日”*/
            n=3;
            i++;
            break;
            case 4: disp_type_flag=5;
            /*切换到修改“小时”*/
```

```
            modif_flag=3;
            n=4;
            i++;
            break;
            case 5: disp_type_flag=5;
            /*切换到修改“分钟”*/
            n=5;
            i++;
            break;
            case 6: disp_type_flag=5;
            /*切换到修改“秒”*/
            n=6;
            i=1;
            break;
            default:break;
        }
    }
    else if(key==0x0D)                              /*时间控制起闸设定键被按下*/
    {
        i=1;
        n=1;
        j=0;
        m=0;
        modif_flag=0;
        /*禁止修改日期时间*/
        disp_type_flag=7;
        /*切换到起闸时间显示*/
        disp_ad=2;
        alarm_mod=2;
        /*设置时间控制设定标志*/
        alarm_flag=1;
        alarm_time=0;
    }
    else if(key==0x0E)                              /*时钟控制起闸设定键被按下*/
    {
        i=1;
        n=1;
        j=0;
        m=0;
        modif_flag=0;
        /*禁止修改日期、时间*/
        disp_type_flag=7;
        disp_ad=1;
        alarm_mod=1;
        /*设置时钟控制设定标志*/
        alarm_flag=1;
        alarm_time=0;
```

```
        /*清零响闹时间*/
    }
    else if(key<=0x0A)                          /*按下数字键*/
    {
        numkey_manage();
    }
    else if(key==0x10)                          /*按下确认键*/
    {
        enter();
    }
    else if(key==0x0F)                          /*按下取消键*/
    {
        cancel();
    }
}
```

主程序首先进行初始化工作，然后进入 while(1)的死循环。在该循环内部，通过判断 disp_type_flag 的数值，决定显示信息，响应按键输入中断和响闹中断，执行相应的处理。主程序的代码如下。

```
void main(void)
{
    uchar nondis[8]=
    {
        31,31,31,31,31,31,31,31
    };
    /*数码管全灭*/
    uchar flash_c[3]=
    {
        0x07,0x70,0xFF
    };
    /*闪烁控制数组*/
    uchar temp=0x02;
    /*读取时间寄存器首地址*/
    init();
    /*初始化*/
    while(1)
    {
        if(1)
        {
            if(disp_type_flag==1)           /*正常显示日期*/
            {
                I2C_Gets(PCF8563+1,temp,0x07,rd);
                I2C_Delay();
                display_date(rd+3,-1);
            }
            else if(disp_type_flag==2)      /*正常显示时间*/
            {
```

```
        I2C_Gets(PCF8563+1,temp,0x07,rd);
        I2C_Delay();
        display_time(rd,-1);
    }
    else if(disp_type_flag==3)
    /*显示温度，本实例中未包含该模块，读者可自行扩展*/
    {
        if(disp_tem==1)                 /*使数码管全灭*/
        {
            SendBuf(nondis,8);
            disp_tem=0;
        }
    }
    else
    if(disp_type_flag==4)               /*日期指定位闪烁显示*/
    {
        chg=6-2*n;
        display_date(rd+3,chg);
    }
    else if(disp_type_flag==5)          /*时间指定位闪烁显示*/
    {
        if(disp_rd==1)
        {
            I2C_Gets(PCF8563+1,temp,0x07,rd);
        }
        chg=-3*n+18;
        display_time(rd,chg);
    }
    else if(disp_type_flag==6)          /*日期、时间全闪烁显示*/
    {
        I2C_Puts(ZLG7290,flash_c[0],0X02,&flash_c[1]);
    }
    else if(disp_type_flag==7)          /*起闹时间显示*/
    {
        if(disp_ad==1)                  /*时钟控制方式*/
        SendBuf(ad1,8);
        else if(disp_ad==2)             /*时间控制方式*/
        SendBuf(ad2,8);
    }
}
if(KEY_INT==0)                          /*有按键被按下*/
{
    key=GetKey();                       /*获取键值*/
    key_manage();
}
if(Alarm_INT==0)                        /*起闹时间到*/
{
```

```
                buzz();
            }
        }
    }
```

经验总结

在程序设计过程中，时间读取、时间显示都不难，只要读者掌握了 $\mathrm{I^2C}$ 总线的传输时序，正确进行 $\mathrm{I^2C}$ 总线控制，就能实现。本实例的难点在于键盘处理部分。由于数码管时钟具有时间设置、闹钟设置等功能，因此键盘处理逻辑比较复杂。本实例在程序中引入了多个标志位，记录系统当前状态，对键盘的响应就是通过判断各个标志位的状态来决定响应策略的。

PCF8263 和 ZLG7290 的引入使得该数码管时钟具有走时准确、显示效果丰富等特点；时间设置和闹钟设置功能使得数码管时钟具有良好的可用性。另外，读者可以继续扩展其他外设，如温度传感器，采集环境温度，并在数码管时钟上进行显示，进一步体现多功能的特点。

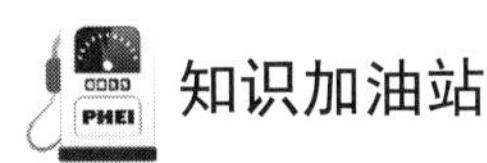

知识加油站

数码管是单片机的常用设备，它是由若干只 LED 组成的，当 LED 导通时，相应的一个点或一个段被点亮，控制不同组合的 LED 导通，可以显示出各种字符。

点亮数码管有静态点亮和动态点亮两种方法。静态点亮是指当显示一个字符时，相应的 LED 恒定导通或截止。这种方法使每一位都需要由一个 8 位输出口控制，占用硬件多；动态点亮是指一位接着一位地轮流点亮。

实例 05　LCD 时钟

设计思路

与数码管显示器件相比，LCD（液晶显示器）具有功耗低、信息量大、美观等特点，因此基于 LCD 的数字时钟应用广泛。本实例介绍一款 LCD 时钟，其采用 PCF8563 构成时钟电路，具有时间显示及系统设置等功能。

器件介绍

LCD 时钟的显示部分采用 OCM4X8C。OCM4X8C 是 128 × 64 点阵的汉字图形型 LCD，可显示汉字及图形，内置 GB2312 编码一、二级汉字库（16 × 16 点阵）、128 个字符（8 × 16 点阵）及 64 × 256 点阵显示 RAM（GDRAM）。OCM4X8C 可与 CPU 直接连接，也可采用另外两种方式连接 CPU。OCM4X8C 具有多种功能，如光标显示、画面移位、睡眠模式等。

（1）OCM4X8C 的特点。

① 电源：+2.7～+5V。OCM4X8C 内部自带−10V 电源，用于提供其自身的驱动电压。

② 显示范围：128（列）× 64（行）点阵。

③ OCM4X8C 提供了 4 位并行、8 位并行、2 线串行、3 线串行多种接口方式。

④ 占空比为 1/64。

⑤ 工作温度为−10～+60℃，储存温度为−20～+70℃。

OCM4X8C 的典型供电电压为 5V，工作电流为 7mA，自带 LCD 驱动负电源输出。其可显示范围为 128 × 64 点阵，分为左右两个半屏，每个半屏分为 8 页，每页有 64 列，每列有 8 个点。每列的 8 个点对应 GDRAM 中的 1 字节数据，且每列最下面 1 位为 MSB（最高有效位），最上面 1 位为 LSB（最低有效位），即该 GDRAM 中的字节数据由低到高的各个数据位对应显示屏上某一列由高到低的 8 个点。若要显示某点，只需将该点对应字节数据的相应位置 1 即可。

（2）OCM4X8C 的引脚及功能。

OCM4X8C 有 20 只引脚，其引脚名称及功能如表 5-1 所示。

表 5-1　OCM4X8C 的引脚名称及功能

引 脚 号	引 脚 名 称	引 脚 功 能
1	VSS	电源地
2	VDD	电源电压，+5.0V
3	NC	悬空引脚
4	RS(CS)	高电平：DB7～DB0 为数据；低电平：DB7～DB0 为指令
5	R/$\overline{W}$ (SID)	高电平：读数据；低电平：写指令或数据
6	E(SCLK)	芯片使能信号，高电平有效
7～14	DB0～DB7	数据位 0～数据位 7
15	PSB	通信模式选择引脚

续表

引 脚 号	引 脚 名 称	引 脚 功 能
16	NC	悬空引脚
17	RET	复位信号，低电平复位
18	NC	悬空引脚
19	BL+	背光电源正极
20	BL−	背光电源负极

（3）指令。

通过指令可以控制 OCM4X8C 在指定位置上显示数据或图像，OCM4X8C 指令表如表 5-2 所示。

表 5-2　OCM4X8C 指令表

指令名称	控制信号		指令代码								说　明
	RS	$R/\overline{W}$	DB7	DB6	DB5	DB4	DB3	DB2	DB1	DB0	
清除显示	0	0	0	0	0	0	0	0	0	1	将 DDRAM 填满“20H”，并且设定 DDRAM 的地址计数器（AC）到“00H”
地址归位	0	0	0	0	0	0	0	0	1	X	设定 DDRAM 的地址计数器（AC）到“00H”并且将游标移到开头原点位置；这个指令并不改变 DDRAM 的内容
进入点设定	0	0	0	0	0	0	0	1	I/D	S	在读取和写入资料时，设定游标移动方向及指定显示的移位
显示状态开关	0	0	0	0	0	0	1	D	C	B	D=1：整体显示 ON； C=1：游标 ON； B=1：游标位置 ON
显示移位控制	0	0	0	0	0	1	S/C	R/L	X	X	设定游标的移动及显示的控制位元；这个指令并不改变 DDRAM 的内容
功能设定	0	0	0	0	1	DL	X	RE	X	X	DL=1（必须设为 1）； RE=1：扩充指令集动作； RE=0：基本指令集动作
设置 CGRAM 地址	0	0	0	1	AC5	AC4	AC3	AC2	AC1	AC0	设定 CGRAM 地址到地址计数器（AC）
设置 DDRAM 地址	0	0	1	AC6	AC5	AC4	AC3	AC2	AC1	AC0	设定 DDRAM 地址到地址计数器（AC）
读取状态字	0	1	BUSY	AC6	AC5	AC4	AC3	AC2	AC1	AC0	读取忙碌标志（BF）可以确认内部动作是否完成，同时可以读出地址计数器（AC）的值
写显示数据	1	0	数据								写入资料到内部 RAM（DDRAM/CGRAM/IRAM/GDRAM）
读显示数据	1	1	数据								从内部 RAM（DDRAM/CGRAM/IRAM/GDRAM）读取资料

硬件设计

LCD 时钟的硬件电路主要由时钟电路和显示电路构成。图 5-1 所示为 PCF8563 应用电路。电解电容 C4 在系统断电时为 PCF8563 供电，保证 PCF8563 正常计时。采用 51 单片机的普通 I/O 口（P1.4/P1.5，以 P1.5 引脚为数据线，以 P1.4 引脚为时钟线）模拟实现 PCF8563 的 I^2C 总线时序。

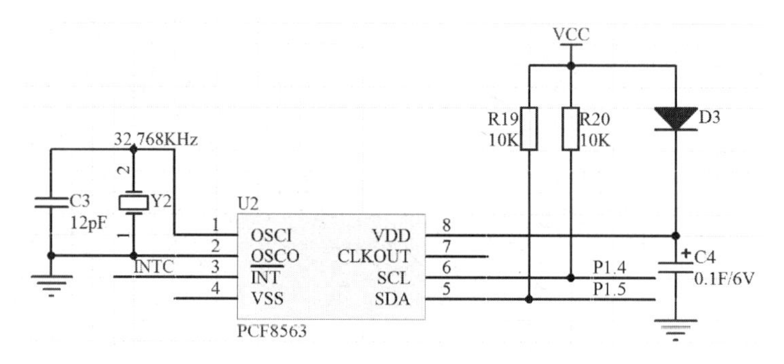

图 5-1　PCF8563 应用电路

电容 C3 的电容量为 1～20pF。

在本系统中，OCM4X8C 采用三线串行方式与 CPU 连接，PSB 引脚接地，使其处于串行通信模式。其通信端口分别为 E(SCLK)、R/$\overline{W}$(SID)、RS(CS)。如图 5-2 所示，复位引脚 RET 接高电平，处于无效状态；背光供正极 BL+通过跳线（Jumper）连接至电源正极，可根据环境控制背光灯亮灭。

图 5-2 只画出了 AT89S51 与 OCM4X8C 的连接，晶振、复位电路等均未画出，读者可参考图 5-1，将 PCF8563 连接到单片机的 P1.4 和 P1.5 引脚。

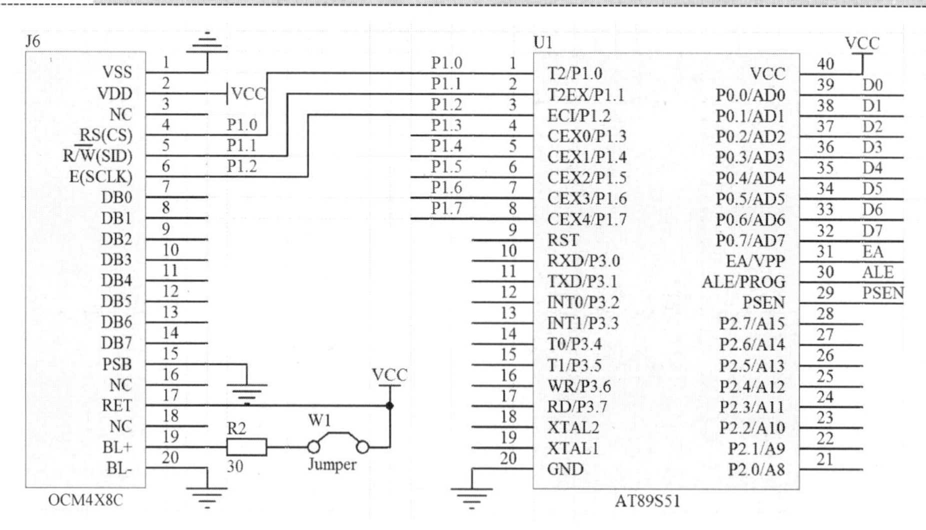

图 5-2　LCD 时钟的电路原理图

程序设计

LCD 时钟的功能较简单，主要为实时显示日期、时间。整个程序由时钟子程序、显示子程序及主程序构成。主程序通过时钟子程序读取 PCF8563 的时间，通过显示子程序在 LCD 上显示。

1. 时钟子程序

PCF8563 采用了 I²C 总线协议，该协议的相关函数在前文中已介绍过，此处只列出函数名称及其功能，如表 5-3 所示。

表 5-3　I²C 总线函数名称及其功能

函　数	功　能
void I2C_Init()	I²C 总线初始化函数
void DD()	模拟 I²C 总线延时
void Start()	产生 I²C 总线的起始条件
void Stop()	产生 I²C 总线的停止条件
void WriteACK(int ack)	主机产生应答位（应答或非应答）
bit WaitACK()	读取从机应答位（应答或非应答）
unsigned char Readbyte()	从从机中读取 1 字节的数据
void writebyte(int wdata)	向 I²C 总线写 1 字节的数据
void writeData()	主机通过 I²C 总线向从机发送多字节的数据
uchar ReadData()	主机通过 I²C 总线从从机接收多字节的数据

函数 P8563_Read()从 PCF8563 中读取时间，并将其存储到 g8563_Store[]缓冲区中，代码如下。

```
void P8563_Read()
{
    int time[7];
    time[0]=ReadData(0x02);
    time[1]=ReadData(0x03);
    time[2]=ReadData(0x04);
    time[3]=ReadData(0x05);
    time[4]=ReadData(0x06);
    time[5]=ReadData(0x07);
    time[6]=ReadData(0x08);
    g8563_Store[0]=time[0]&0x7f; //秒
    g8563_Store[1]=time[1]&0x7f; //分钟
    g8563_Store[2]=time[2]&0x3f; //小时

    g8563_Store[3]=time[3]&0x3f; //日
    g8563_Store[4]=time[4]&0x07; //星期
    g8563_Store[5]=time[5]&0x1f; //月
    g8563_Store[6]=time[6]&0xff; //年
}
//将时间存储到内部缓冲区，便于外部调用

void P8563_gettime()
```

```
{
      P8563_Read();
      if(g8563_Store[0]==0)
      P8563_Read();
      /*如果秒=0，那么为了防止时间发生变化，再读一次*/
}
```

函数 P8563_settime()用于设置 PCF8563 的日期、时间，代码如下。

```
//写入时间修改值
void P8563_settime()
{
      int i;
      for(i=2;i<=8;i++)
      {
          writeData(i,g8563_Store[i-2]);
      }
}
//初始化 PCF8563
void P8563_init()
{
      int i;
      if((ReadData(0xa)&0x3f)!=0x8) //检查是否第一次启动，若是，则初始化时间
      {
          for(i=0;i<=6;i++) g8563_Store[i]=c8563_Store[i];
          //初始化时间
          P8563_settime();
          writeData(0x0,0x00);
          writeData(0xa,0x8);
          //8:00 报警
          writeData(0xd,0x00);
          //输出脉冲无效
      }
}
```

2. 显示子程序

显示子程序主要完成时间的显示。由于本实例中的 LCD 与 CPU 采用了三线串行方式，因此数据发送程序遵循 LCD 的串行数据发送协议。

```
/*************************************
名称：Delay()
功能：软件延时函数，用于 LCD 显示输出时序控制
输入参数：Cn
输出参数：无
*************************************/
void Delay(uchar Cn)
{
      uchar i;
      for(i=Cn;i>0;i--);
}
```

函数 LCD_SendByte()的功能是向 LCD 串行发送 8 位数据，该函数是 LCD 操作的底层程序。输入参数：Data；输出参数：无。具体代码如下。

```
void LCD_SendByte(uchar Data)
{
    uchar i;
    for(i=0;i<8;i++)
    {
        LCD_SCLK=0;
        if((Data<<i)&0x80)
        {
            LCD_SID=1;
        }
        else
        {
            LCD_SID=0;
        }
        Delay(20);
        LCD_SCLK=1;
        Delay(20);
    }
}
```

函数 SPIWR()根据 LCD 的串行数据发送协议，向 LCD 发送一组有具体意义的数据。在 LCD 串行通信时，1 字节指令或数值的写入需要发送 3 字节数据：第 1 个字节为同步字段，表明操作类型是读还是写，后续数据是指令还是数值；第 2 个字节取数据的高四位加上同步字段送出：第 3 个字节取数据的低四位加上同步字段送出。输入参数：RW、RS、Wdata；输出参数：无。具体代码如下。

```
void SPIWR(uchar RW,uchar RS,uchar Wdata)
{
    LCD_CS=1;
    Delay(20);
    LCD_SendByte(0xF8|(RW<<2)|(RS<<1));
    LCD_SendByte(Wdata&0xF0);
    LCD_SendByte((Wdata<<4)&0xF0);
    LCD_CS=0;
    Delay(20);
}
```

以下是运用 SPIWR()完成写指令、写数据的子程序。

```
/***************************************
名称：LCD_WrCommand()
功能：写指令子程序
输入参数：command，要写入 LCD 的指令
输出参数：无
***************************************/
void LCD_WrCommand(uchar command)
{
```

```
    SPIWR(0,0,command);
}
/*************************************
名称：LCD_WrData()
功能：写数据子程序
输入参数：wrdata，要写入 LCD 的数据
输出参数：无
*************************************/
void LCD_WrData(uchar wrdata)
{
    SPIWR(0,1,wrdata);
}
```

函数 LCD_Displayp()的功能是显示字符串并自动换行。输入参数：CharLocation、p[]；输出参数：无。具体代码如下。

```
void LCD_Displayp(uchar CharLocation,uchar p[])
{
    uchar i,lie=0,hang,j;
    if( CharLocation<0x88)
    {
       hang=0;
    }
    //定位行地址:第一行
    else if(CharLocation<0x90)
    {
       hang=2;
    }
    //定位行地址:第三行
    else if( CharLocation<0x98)
    {
       hang=1;
    }
    //定位行地址:第二行
    else
    {
       hang=3;
    }
    //定位行地址:第四行
    lie=0x0f&CharLocation;
    //定位列地址
    if(lie>0x07)
    {
       lie=lie-0x08;
    }
    i=lie*2;
    //-----------------------
    LCD_WrCommand(CharLocation);
```

```
    // ------定位显示起始地址
    while(*p!='\n')
    {
        j=*p;
        LCD_WrData(j);
        p++;
        i++;
        if(i==0x10)
        {
            i=0;
            hang++;

            switch(hang)
            {
                case 0:LCD_WrCommand(0x80);
                break;
                case 1:LCD_WrCommand(0x90);
                break;
                case 2:LCD_WrCommand(0x88);
                break;
                case 3:LCD_WrCommand(0x98);
                break;
                default:break;
            }

            if (hang>3)
            {
                LCD_WrCommand(0x80);
                hang=0;
            }
        }
    }
}
```

3. 主程序及其他相关子程序

主程序首先调用相关子程序完成 LCD、PCF8563 等芯片的初始化；然后不断调用 P8563_gettime()读取时间、日期，调用 LCD_Displayp()加以显示。主程序代码如下。

```
#include <reg51.h>              //文件包含，将头文件 reg51.h 包括进来
#include <iic.h>
#define LCD_CS      p1^0        //RS(CS)引脚接 P1.0 引脚
#define LCD_SID     p1^1        //R/W(SID)引脚接 P1.1 引脚
#define LCD_SCLK    p1^2        //E(SCLK)引脚接 P1.2 引脚
#define SDA         p1^5        //以 P1.5 引脚为数据线
#define SCL         p1^4        //以 P1.4 引脚为时钟线
unsigned int data_out;
int g8563_Store[7];
```

```
//时间交换区，声明全局变量/
int c8563_Store[7]=
{
      0x00,0x54,0x19,0x24,0x04,0x08,0x06
}
;
//写入时间初值
char r1[16]=
{
      "    年  月  日 "
}
;
//各行显示内容
char r2[16]=
{
      "      星期      "
}
;
char r3[16]=
{
      " 小时  分钟  秒 "
}
;
char week[7][2]=
{
      "日","一","二","三","四","五","六"
}
//**************************************************
void main()
{
       LCD_WrCommand(0x0030); //初始化 OCM4X8C
       LCD_WrCommand(0x0001); //基本指令集
      //清除显示屏，把 DDRAM 的地址计数器调整为 00H
      LCD_WrCommand(0x0003);
      //把 DDRAM 的地址计数器调整为 00H，游标回原点，该功能不影响 DDRAM 的内容
      LCD_WrCommand(0x000c);
      P8563_init();
      while(1)
      {
          LCD_Displayp(0x80,r1);
          LCD_Displayp(0x88,r2);
          LCD_Displayp(0x90,r3);
          P8563_gettime();
          transform();
      }
}
```

定义上述字符串时，应将空格考虑在内，每行显示信息最多为 16 个字符或 8 个汉字。

子程序 transform()用于数据换算处理，将从 PCF8563 中读取的时间、日期转换成 LCD 显示值，并存储在数组 r1[]、r2[]、r3[]中，代码如下。

```
//*******************数据换算处理**********************
int transform()
{
     int w;
     r3[11]=(g8563_Store[0]&0x000f)+'0';
     r3[10]=((g8563_Store[0]&0x0070)>>4)+'0';
     r3[7]=(g8563_Store[1]&0x000f)+'0';
     r3[6]=((g8563_Store[1]&0x0070)>>4)+'0';
     r3[3]=(g8563_Store[2]&0x000f)+'0';
     r3[2]=((g8563_Store[2]&0x0030)>>4)+'0';
     w=g8563_Store[4]&0x0007;
     r2[10]=week[w][0];
     r2[11]=week[w][1];
     r1[11]=(g8563_Store[3]&0x000f)+'0';
     r1[10]=((g8563_Store[3]&0x0030)>>4)+'0';
     r1[7]=(g8563_Store[5]&0x000f)+'0';
     r1[6]=((g8563_Store[5]&0x0010)>>4)+'0';
     r1[3]=(g8563_Store[6]&0x000f)+'0';
     r1[2]=((g8563_Store[6]&0x00f0)>>4)+'0';
}
```

经验总结

LCD 时钟的硬件电路主要由 PCF8563 时钟电路及 OCM4X8C 显示电路构成。整个程序由时钟子程序、显示子程序及主程序等构成。主程序通过时钟子程序读取 PCF8563 的时间，通过显示子程序在 LCD 上显示。

由于硬件电路中未加入键盘控制部分，因此不具有时钟设置、闹钟设置等功能，读者可以参考前面实例中的数码管时钟添加键盘、通信等功能，使 LCD 时钟更加完善。

知识加油站

51 机器语言指令分为单字节指令和双字节指令，单字节指令占用 1 字节，双字节指令占用 2 字节。一条汇编语言指令分为 4 个区段，分别是标号段、操作码段、操作数段和注释段。4 个区段主要用分隔符隔开，标号段和操作码段用冒号“:”隔开，操作码段和操作数段用空格隔开，操作数段和注释段用分号“;”隔开。如果操作数段有两个及两个以上操作数，各个操作数用逗号“,”隔开。

实例 06　语音录放系统

设计思路

本实例设计的是一个语音录放系统，该系统能够接收上位机从串口发来的控制指令，根据指令执行录音、放音等操作。在本实例中，语音的录放通过单片机与语音芯片 ISD4004 的配合来实现，所以对 ISD4004 的应用是重点。

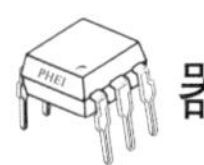

器件介绍

ISD4004 的工作电压为 3V，采用 CMOS 工艺，内含晶振、防混淆滤波器、平滑滤波器、音频放大器、自动静噪及高密度多电平闪烁存储阵列。ISD4004 采用多电平直接模拟量存储技术，每个采样值直接存储在片内的闪存中，因此能够非常真实、自然地再现语音、音乐、音调和效果声。其采样频率为 4.0kHz、5.3kHz、6.4kHz 或 8.0kHz，频率越低，录放时间越长，而音质越差。片内信息存储于闪存中，可在断电情况下保存 100 年（典型值），反复录音 10 万次。

ISD4004 的所有操作必须由微控制器控制，操作命令可通过串口（SPI 或 Microwire）送入。存储空间可以“最小段长”为单位任意组合分段或不分段，由于其采用多段信息存储方式，以及内在的存储管理机制，因此可实现灵活的录放功能。

在本实例中，ISD4004 工作于 SPI。SPI 协议是一个同步串行数据传输协议，协议规定微控制器的 SPI 移位寄存器在 SCLK 下降沿动作，因此 ISD4004 在 SCLK 上升沿锁存 MOSI 引脚的数据，在 SCLK 下降沿将数据送至 MISO 引脚。SPI 协议的内容如下。

① 所有串行数据传输开始于 $\overline{SS}$ 下降沿。

② $\overline{SS}$ 端在传输期间必须保持低电平，在两条指令之间保持高电平。

③ 数据在 SCLK 上升沿移入，在 SCLK 下降沿移出。

④ $\overline{SS}$ 端变为低电平，输入指令和地址后，ISD4004 才能开始录放操作。

⑤ 指令格式是 8 位控制码<16 位地址码>。

⑥ ISD4004 的任何操作（含快进）若遇到 EOM（信息结束）或 OVF（存储空间结束），则产生一个中断，该中断状态在下个 SPI 周期开始时被清除。

⑦ 当使用“读”指令使中断状态位移出 ISD4004 的 MISO 引脚时，控制及地址数据应同步从 MOSI 端移入，因此要注意移入的数据是否与器件当前进行的操作兼容。当然，也允许在一个 SPI 周期里，同时执行“读”指令和开始新的操作（移入的数据与器件当前进行的操作可以不兼容）。

⑧ 所有操作在 SPI 控制寄存器的运行位（RUN）置 1 时开始，置 0 时结束。

⑨ 所有指令都在 $\overline{SS}$ 上升沿开始执行。

表 6-1 列出了 ISD4004 的指令。

表 6-1　ISD4004 的指令

指　　令	8 位控制码<16 位地址码>	指 令 摘 要
POWERUP	00100×××<××××××××××××××××>	上电：等待 T_{PUD}，器件开始工作
SET PLAY	11100×××<A15～A0>	从指定地址开始放音，后面必须跟 PLAY 指令使放音继续
PLAY	11110 ×××<××××××××××××××××>	从当前地址开始放音，直至 EOM 或 OVF
SET REC	10100×××<A15～A0>	从指定地址开始录音，后面必须跟 REC 指令使录音继续
REC	10110×××<××××××××××××××××>	从当前地址开始录音，直至 OVF 或停止
SET MC	11101×××<A15～A0>	从指定地址开始快进，后面必须跟 MC 指令使快进继续
MC	11111×××<××××××××××××××××>	执行快进，直至 EOM。若再无信息，则进入 OVF 状态
STOP	0×110×××<××××××××××××××××>	停止当前操作
STOPPWRDN	0×01××××<××××××××××××××××>	停止当前操作并掉电
RINT	0×110×××<××××××××××××××××>	读状态：OVF 和 EOM

使用 ISD4004 时需注意，上电后器件延时 T_{PUD}（以 8kHz 的频率采样时，约为 25ms）后才能开始工作。因此，用户发出上电指令后，必须等待 T_{PUD}，才能发出一条指令。

硬件设计

本实例的硬件电路以 AT89S52 单片机为核心，通过 ISD4004 进行语音录制，通过 LM386 对语音进行放大与播放，通过 ICL232 芯片与上位机进行通信。语音录放系统的电路原理图如图 6-1 所示。

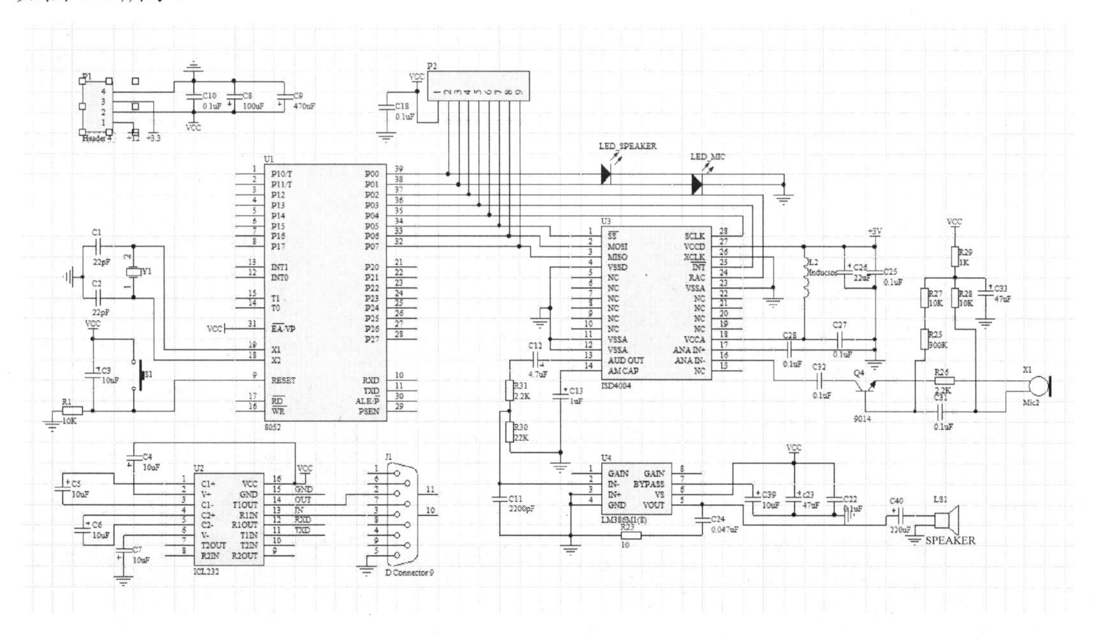

图 6-1　语音录放系统的电路原理图

录音电路主要由 ISD4004、麦克风 X1 及相关外围电路构成。声音信号被 X1 转换成电信号，经电容 C31 耦合，三极管 Q4 放大后由 ANA IN−引脚进入 ISD4004，由 ISD4004 进行采样和保存。放音电路由 ISD4004、LM386 等构成。声音信号由 ISD4004 的 AUD OUT 引脚输出，经电容耦合后送入 LM386，放大后由 VOUT 引脚输出并驱动扬声器发声。

程序设计

根据系统要求，程序主要实现接收上位机发送的指令，并按照要求进行录/放音。因此，程序主要包括 ISD4004 控制子程序、串口通信子程序和主程序等。主程序的操作流程如图 6-2 所示。

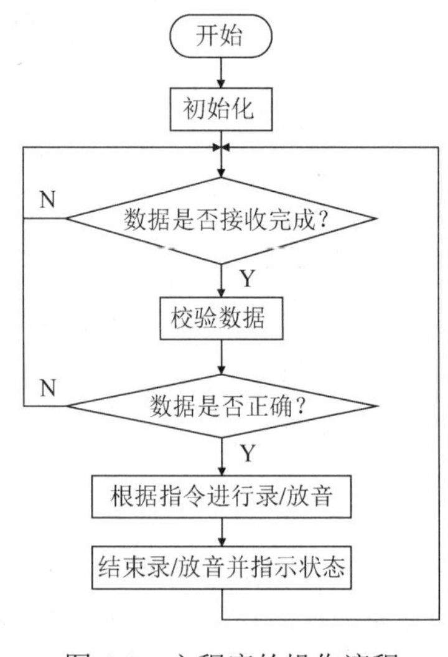

图 6-2　主程序的操作流程

单片机与上位机间的通信由串口完成，本实例根据需要定义数据通信协议，读者可将其作为参考，也可自行定义指令代码及数据通信协议。

主程序首先初始化系统，然后调用串口通信子程序获得上位机指令，根据指令调用 ISD4004 控制子程序实现录音和放音。主程序的代码如下。

```
#include "reg52.h"
typedef unsigned char uchar;
typedef unsigned int uint;
/*ISD4004 的指令*/
#define POWERUP          0x20        //上电指令
#define SETPLAY          0xE0        //从指定地址开始放音指令
#define SETREC           0xA0        //从指定地址开始录音指令
#define PLAY             0xF0        //从当前地址开始放音指令
#define REC              0xB0        //从当前地址开始录音指令
#define STOPPLAY         0x70        //停止放音指令
#define STOPREC          0x30        //停止录音指令
/*定时器的时间常数及相关定义*/
#define BAUDH            0xFD        //用于产生波特率的定时器的计数初值高 8 位
#define BAUDL            0xFD        //用于产生波特率的定时器的计数初值低 8 位
```

```
#define TIMEMS50H         0x4C       //16 位定时器高 8 位:50ms
#define TIMEMS50L         0x00       //16 位定时器低 8 位:50ms
#define TIMEMS5H          0xEE       //16 位定时器高 8 位:5ms
#define TIMEMS5L          0x00       //16 位定时器低 8 位:5ms
#define TIMER0NULL          0        //T0 分时复用:闲置模式
#define TIMER0SER           1        //T0 分时复用:串口超时
#define TIMEROTHERS         2        //T0 分时复用:其他类型超时
/*时间延时常数*/
#define DELAYPLAY           6        //播放语音前的延时
#define DELAYPLAY1          8        //摘机后，播放语音前的延时
#define TIMEDELAY1MS      115        //延时 1ms
#define TIMEDELAY50MS    9200        //延时 50ms
#define TIMEDELAY50US      30        //延时 50μs
#define MAX_BELLCALL      120        //等待下一个振铃的最大时间间隔为 20*6
#define SPEAKER_ON          1
#define MIC_ON             1
#define SPEAKER_OFF         0
#define MIC_OFF            0
/*语音地址和时间间隔*/
#define ADDR3               0        //时长为 3min 的语音的首地址
#define ADDR4             500        //时长为 4min 的语音的首地址
#define ADDR5             550        //时长为 5min 的语音的首地址
#define ADDR8             650        //时长为 8min 的语音的首地址
#define ADDR10            750        //时长为 10min 的语音的首地址
#define ADDR20           1050        //时长为 20min 的语音的首地址
#define ADDREX           2150        //扩展区的语音的首地址
#define SECONDS3           18        //两条时长为 3min 的语音的地址间隔
#define SECONDS4           25        //两条时长为 4min 的语音的地址间隔
#define SECONDS5           33        //两条时长为 5min 的语音的地址间隔
#define SECONDS8           50        //两条时长为 8min 的语音的地址间隔
#define SECONDS10          60        //两条时长为 10min 的语音的地址间隔
#define SECONDS20         110        //两条时长为 20min 的语音的地址间隔
#define SECONDSEX          15        //两条扩展区的语音的地址间隔
/*其他*/
#define LOW                0         //低电平
#define HIGH               1         //高电平
#define MAXWORDS           10        //录音的最大条数
sbit ISD_CS=P0^5;                    //ISD4004 的片选引脚
sbit ISD_SCK=P0^4;                   //ISD4004 的时钟信号引脚
sbit ISD_SI=P0^6;                    //ISD4004 的输入引脚
sbit ISD_SO=P0^7;                    //ISD4004 的输出引脚
sbit ISD_INT=P0^3;                   //ISD4004 的中断引脚
/*其他 I/O 口*/
sbit LINE_INT0=P3^2;                 //外部中断 0 的输入引脚
sbit LED_Mic=P0^1;                   //指示录音的 LED
sbit LED_Speaker=P0^0;               //指示放音的 LED
bit Finish_Recv;                     //串口接收完毕标志
```

```
uchar Rec_Ser[18];                        //串口接收数据缓存区
uchar Tra_Ser[10];                        //串口发送数据缓存区
uchar Flag_Test;                          //串口接收数据校验标志位
uchar Num_RecSer,Num_TraSer;
uchar Len_RecSer,Len_TraSer;
uchar Count_Bellin,Count_Bell;
uchar Type_Timer0;
uchar idata New_Words,Now_RecWords;
uchar idata Number_Device;
uint  Addr_Rec,Addr_Play;
uint  Count_Timer0;
uint  Numi;
void Service_Timer0(void);
void Service_Serial(void);
void Service_Rec(void);
void Ini_ISD(void);
void Delay50ms(void);                     //延时 50ms
void Delay1ms(void);                      //延时 1ms
void Delay50us(void);                     //延时 50μs
void Play_Voice(uint);                    //放音函数
void Record_Voice(uint);                  //录音函数
void ISD_WriteSpi(uchar);                 //ISD4004 的 SPI 写函数
void ISD_OneCode(uchar);                  //向 ISD4004 发送单字节指令的函数
void ISD_MultiCode(uint,uchar);           //向 ISD4004 发送多字节指令的函数
/*-------------------------------------*/
void main()
{
     bit Flag_Play=0;
     uchar Delayi;
     uint Time;
     Delay50ms();
     Ini_ISD();                           //初始化 ISD4004
     TMOD=0x21;                           //设置 T1 为方式 2，T0 为方式 1
     SCON=0x50;                           //串口工作于方式 1，串口接收允许
     PCON=0x00;
     IT0=1;
     IE=0x93;
     IP=0x12;
     TH1=0xFD;
     TL1=0xFD;
     TR1=1;
     LED_Speaker=SPEAKER_OFF;             //使扬声器指示灯熄灭
     LED_Mic=MIC_OFF;                     //熄灭麦克风指示灯
     Now_RecWords=MAXWORDS-1;
     while(1)
     {
         if(Finish_Recv==1)               //串口接收数据完成
```

```
        Service_Rec();                          //校验串口接收到的数据
        if(Flag_Test==1)                        //校验正确，串口接收到的数据有效
        {
            //进行录音和放音
            Flag_Play=0;
            Flag_Test=0;
            LED_Mic=MIC_OFF;
            LED_Speaker=SPEAKER_OFF;            //根据数据通信协议发送串口信息
            Tra_Ser[0]=0x04;
            Tra_Ser[1]=0x01;
            Len_TraSer=Tra_Ser[2]=0x04;
            Tra_Ser[3]=0x09;
            SBUF=Tra_Ser[0];
            Delay50ms();
            if (Rec_Ser[2]==CMDRECORD)
                mrecordvoice();
            else
              mplayvoice();
         }
        }
      }
```

mrecordvoice()为录音程序。在上位机通过串口发来的数据中，第 2 个字节是录音时间，可以是 3s、5s、8s、10s 及 20s；第 3 个字节是录音指令；第 4 个字节是序号。录音程序根据录音时间及序号计算本次录音的存储位置，根据录音时间设置定时时间，向 ISD4004 发送录音指令启动录音，定时时间到，停止录音。mrecordvoice()的代码如下。

```
   void mrecordvoice()
   {
              switch(Rec_Ser[1])
              {
                  case 1:
                  Addr_Rec=Rec_Ser[3]*SECONDS3+ADDR3;       //录音 3s
                  Time=3000;
                  break;
                  case 2:                                   //录音 5s
                  Addr_Rec=Rec_Ser[3]*SECONDS5+ADDR5;
                  Time=5000;
                  break;
                  case 3:                                   //录音 8s
                  Addr_Rec=Rec_Ser[3]*SECONDS8+ADDR8;
                  Time=8000;
                  break;
                  case 4:                                   //录音 10s
                  Addr_Rec=Rec_Ser[3]*SECONDS10+ADDR10;
                  Time=10000;
                  break;
```

```
                case 5:
                Addr_Rec=Rec_Ser[3]*SECONDS20+ADDR20;
                Time=20000;
                break;
            }
                LED_Mic=MIC_ON;                          //麦克风指示灯亮
                LED_Speaker=SPEAKER_OFF;                 //扬声器指示灯灭
                Record_Voice(Addr_Rec);                  //开始录音
                for(Numi=0;Numi<Time;Numi++)
                Delay1ms();
                ISD_OneCode(STOPREC);                    //结束录音
                LED_Mic=MIC_OFF;                         //麦克风指示灯灭
                for(Numi=0;Numi<6;Numi++)
                    Delay50ms();
                LED_Mic=MIC_OFF;
                LED_Speaker=SPEAKER_OFF;
}
```

mplayvoice()为放音程序。与 mrecordvoice()一样，在上位机通过串口发来的数据中，第 2 个字节是放音时间，第 3 个字节是放音指令，第 4 个字节是序号。mplayvoice()根据放音时间及序号计算放音数据在存储器中的位置，向 ISD4004 发送放音指令启动放音，放音结束后，发送停止指令。mplayvoice()的代码如下。

```
void  mplayvoice()
{
    switch(Rec_Ser[1])
        {
                case 6:
                Addr_Play=Rec_Ser[3]*SECONDS3+ADDR3;
                //放音 3s
                Flag_Play=1;
                //设置放音标志位
                break;
                case 7:
                Addr_Play=Rec_Ser[3]*SECONDS5+ADDR5;
                //放音 5s
                Flag_Play=1;
                break;
                case 8:
                Addr_Play=Rec_Ser[3]*SECONDS8+ADDR8;
                //放音 8s
                Flag_Play=1;
                break;
                case 9:
                Addr_Play=Rec_Ser[3]*SECONDS10+ADDR10;
                //放音 10s
                Flag_Play=1;
```

```
                break;
                case 0:
                Addr_Play=Rec_Ser[3]*SECONDS20+ADDR20;
                //放音 20s
                Flag_Play=1;
                break;
                default:break;
            }
            if(Flag_Play==1)                //放音
            {
                LED_Speaker=SPEAKER_ON;
                Play_Voice(Addr_Play);
                while(ISD_INT==1);
                //放音完毕
                Delay50ms();
                ISD_OneCode(STOPPLAY);
                //停止放音
                Delay50ms();
                LED_Speaker=SPEAKER_OFF;
            }
            for(Numi=0;Numi<6;Numi++)
            Delay50ms();
            LED_Mic=MIC_OFF;
            LED_Speaker=SPEAKER_OFF;
    }
```

在通信过程中，为了保证数据传输的准确性，通常需要遵循一定的协议。函数 Service_Rec()的功能是对串口接收到的数据进行校验并处理，代码如下。

```
    void Service_Rec(void)
    {
        uchar i;
        uint Datasum=0;
        Finish_Recv=0;
        Flag_Test=0;
        Len_RecSer= Len_RecSer;
        for(i=0;i<Len_RecSer-1;i++)
        Datasum=Datasum+Rec_Ser[i];
        Datasum=Datasum%256;
        if(Datasum==Rec_Ser[Len_RecSer-1])     //校验串口接收到的数据
        {
            if(Rec_Ser[0]==4)
            {
                Flag_Test=1;
            }
        }
    }
```

上位机每发送一个指令需要通过串口发送多个数据，这些数据不一定是连续发送的，因此下位机的串口程序需要具有超时控制功能。当下位机接收到第一个数据时，启动定时。若定时时间到，下位机未收到指定个数的数据，则这次传输超时。此时下位机应该重新等待接收第一个数据。函数 Service_Timer0()的功能是对串口数据传输进行超时控制，代码如下。

```
void Service_Timer0()  interrupt 1 using 1
{
      if(Type_Timer0==TIMER0SER)          //串口传输超时
      {
         Type_Timer0=0;
         Num_RecSer=0;
      }
      else                                //不是串口任务
      {
         if(Type_Timer0==TIMEROTHERS)     //其他超时控制，读者可自定义
         {
             if(Count_Timer0<MAX_BELLCALL)
             {
                 Count_Timer0++;
                 TH0=TIMEMS50H;
                 TL0=TIMEMS50L;
             }
             else
             {
                 Count_Bellin=0;
                 Type_Timer0=0;
             }
         }
      }
}
```

函数 Service_Serial()的功能是对串口收发中断进行处理。在本实例中，发送数据和接收数据都采用中断方式。由于 AT89S52 发送数据和接收数据共用一个中断，因此中断服务程序要对其加以区分。Service_Serial()的代码如下。

```
void Service_Serial() interrupt 4 using 2
{
      if(RI==1)                           //接收中断
      {
          RI=0;
          Rec_Ser[Num_RecSer]=SBUF;
          //存储接收数据
          Num_RecSer++;
          if(Num_RecSer== Len_RecSer)
          //接收完成，Rec_Ser[2]为串口本次接收到的字节数
          {
```

```
            Finish_Recv=1;
            Num_RecSer=0;
        }
        else
        {
            Type_Timer0=TIMER0SER;
            //启动定时器，串口传输超时控制
            TH0=TIMEMS5H;
            //定时 5ms
            TL0=TIMEMS5L;
            TR0=1;
        }
    }
    else
    {
        if(TI==1)                                //发送中断
        {
            TI=0;
            Num_TraSer++;
            if(Num_TraSer==Len_TraSer)
            {
                Num_TraSer=0;
            }
            else
            {
                SBUF=Tra_Ser[Num_TraSer];
            }
        }
    }
}
/*---------------------------------------*/
```

本实例使用了很多延时函数，以下为不同时长的延时函数，便于在程序中调用，代码如下。

```
void Delay50ms(void)
{
    uint num;
    for(num=0;num<TIMEDELAY50MS;num++);
}
void Delay1ms(void)
{
    uint num;
    for(num=0;num<TIMEDELAY1MS;num++);
}
void Delay50us(void)
{
    uchar num;
```

```
        for(num=0;num<TIMEDELAY50US;num++);
    }
```

程序设计的关键是对 ISD4004 的操作。ISD4004 有许多指令，这些指令通过 SPI 传给 ISD4004。AT89S52 没有 SPI，因此需要用程序模拟 SPI。函数 ISD_WriteSpi()的功能是模拟 SPI 向 ISD4004 发送 1 字节数据，代码如下。

```
void ISD_WriteSpi(uchar WData)
{
      uchar num;
      ISD_SCK=1;
      for(num=0;num<8;num++)
      {
          if((WData&0x01)==1)
          ISD_SI=1;
          else ISD_SI=0;
          ISD_SCK=0;
          WData=WData>>1;
          ISD_SCK=1;
      }
}
/*--------------------------------------*/
```

函数 ISD_OneCode()的功能是向 ISD4004 发送单字节指令，代码如下。

```
void ISD_OneCode(uchar CCode)
{
      ISD_CS=0;
      //单字节指令
      ISD_WriteSpi(CCode);
      //适用于 POWERUP、STOPPLAY、STOPREC、PLAY、REC
      ISD_CS=1;
}
/*--------------------------------------*/
```

函数 ISD_MultiCode()的功能是向 ISD4004 发送多字节指令，代码如下。

```
void ISD_MultiCode(uint Addr,uchar CCode)
{
      uchar Addrl,Addrh;
      Addrl=(uchar)(Addr&0x00ff);
      Addrh=(uchar)((Addr&0xff00)>>8);
      ISD_CS=0;
      //三字节指令，适用于 SETPLAY、SETREC
      ISD_WriteSpi(Addrl);
      ISD_WriteSpi(Addrh);
      ISD_WriteSpi(CCode);
      ISD_CS=1;
}
```

函数 Ini_ISD()的功能是初始化 ISD4004，代码如下。

```
void Ini_ISD(void)
{
    ISD_OneCode(POWERUP);
    Delay50ms();
    ISD_OneCode(POWERUP);
    Delay50ms();
    Delay50ms();
}
/*---------------------------------------*/
```

函数 Play_Voice()的功能是对 ISD4004 进行放音控制，播放 Addrp 指定地址的语音。Play_Voice()调用 ISD_MultiCode()向 ISD4004 发送设置放音地址指令，再发送放音指令，代码如下。

```
void Play_Voice(uint Addrp)
{
    ISD_OneCode(STOPPLAY);
    Delay50ms();
    ISD_MultiCode(Addrp,SETPLAY);
    Delay50ms();
    Delay50ms();
    ISD_OneCode(PLAY);
}
```

函数 Record_Voice()的功能是对 ISD4004 进行录音控制，向 Addrr 指定的地址存储语音，代码如下。

```
void Record_Voice(uint Addrr)
{
    ISD_MultiCode(Addrr,SETREC);        //发送设置录音地址指令
    Delay50ms();
    ISD_OneCode(REC);                   //开始录音
}
```

经验总结

本实例设计的语音录放系统根据上位机发送的指令，执行录/放音。单片机接收到指令后，首先进行指令译码，明确要执行的操作，然后执行对应的操作。

在串口接收数据过程中，引入了一种简单的数据传输校验机制，保证数据传输的正确性。校验方法：假设本轮串口接收到 N 字节数据，则把前 N-1 字节的数据相加，将得到的和除以 256 后与最后 1 字节数据相比较，若相同，则数据传输正确；若不同，则数据传输错误，抛弃本轮接收到的数据，不做处理。这是单片机和上位机之间自行约定的一种数据传输校验机制。

串口接收到数据的第 3 个字节，即 Rec_Ser[2]为指令字节，指出了本次指令要求的是录音还是放音，以及其时间长短。本系统使用 ISD4004 时，划分了 3s 区、5s 区。串口接收数据的第 4 个字节 Rec_Ser[3]是序号。ISD4004 与单片机间的通信遵守 SPI 总线协议，按照 ISD4004 的指令，编写了单字节指令和多字节指令的发送函数。主程序根据串口接收到的指令进行录/放音。

本实例设计的语音录放系统是作为智能家庭安防系统中的一个组件使用的，因此控制指令从串口接收获得。读者可以扩展使用键盘功能，改为由键盘发送指令，设计一个语音录放模块。

知识加油站

C51 编辑器中有 2 个位数据类型，即 sbit 和 bit。

bit 是 C51 编辑器的一种扩充数据类型，利用它可以定义一个位标量，但不能定义位数组和位指针。它的值是一个二进制位，不是 0 就是 1。

sbit 也是 C51 编辑器的一种扩充数据类型，利用它可以访问芯片内部 RAM 的可寻址位或特殊功能寄存器的可寻址位。

实例 07　电子标签

设计思路

电子标签辅助拣货系统是目前在仓储中心广泛应用的产品，它是一种提高传统物流作业质量和作业效率的有效工具。该系统用于仓储中心，作为拣货人员的信息提示手段，有助于提高物流管理自动化和准确度。各个电子标签与主控制器和上位机间采用特定网络技术通信，实现无纸化办公和货物自动管理。

电子标签辅助拣货系统实现的功能：主控计算机负责数据库管理和订单信息发送。当有订单需要处理时，主控计算机向主控制器发送订单信息。主控制器通过 RS-485 网络将数据发送到各个电子标签，各个电子标签根据自己的 ID 进行响应。若 ID 吻合，则表明此次数据是发给本电子标签的，该电子标签解读数据，显示货物信息。拣货人员按指定数量拣货后，按确认键即可。电子标签内设有 EEPROM，可保存货物信息。若货物的库存不足，则拣货人员按键进行缺货报告。整个过程由主控计算机进行实时监控，电子标签辅助拣货系统由主控计算机、主控制器、数据传输网络、电子标签等部分组成。本实例只介绍工作在各个货架上的电子标签的实现方法。

器件介绍

本系统主控制器与电子标签间的通信依靠 RS-485 网络实现。RS-485 标准兼容了 RS-422 且其技术性能更加先进。它采用平衡差分传输技术，每路信号都使用双端以地为参考点的正/负信号线，即 D+、D−，两线采用多点半双工通信方式。硬件电路中使用了 MAX1487。

MAX1487 是 MAXIM 公司推出的一款 RS-485 驱动芯片。它采用+5V 电源供电，当供电电流为 500μA 时，传输速率可达 2.5Mbit/s。其内部差分系统的抗干扰能力强，MAX1487 可检测低至 200mV 的信号，是一种高速、低功耗、方便控制的异步通信接口芯片。它适用于半双工通信，通信线上最多可挂 128 个收发器。MAX1487 的引脚及内部结构如图 7-1 所示。

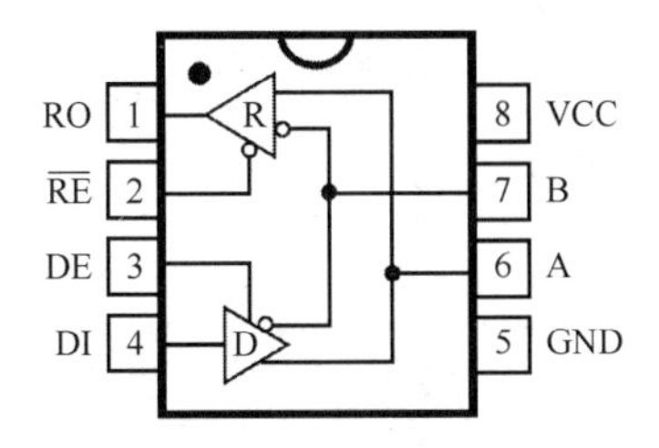

图 7-1　MAX1487 的引脚及内部结构

MAX1487 的引脚功能如表 7-1 所示。

表 7-1　MAX1487 的引脚功能

引 脚 号	引 脚 名 称	功　能
1	RO	接收器输出引脚
2	$\overline{RE}$	接收器输出使能
3	DE	驱动器输出使能
4	DI	驱动器输入引脚
5	GND	电源地
6	A	接收器同相输入端和驱动器同相输出端
7	B	接收器反相输入端和驱动器反相输出端
8	VCC	电源正极

硬件设计

电子标签由单片机电路、按键与显示电路、存储器电路和 RS-485 通信接口等部分组成，其硬件电路如图 7-2 所示。

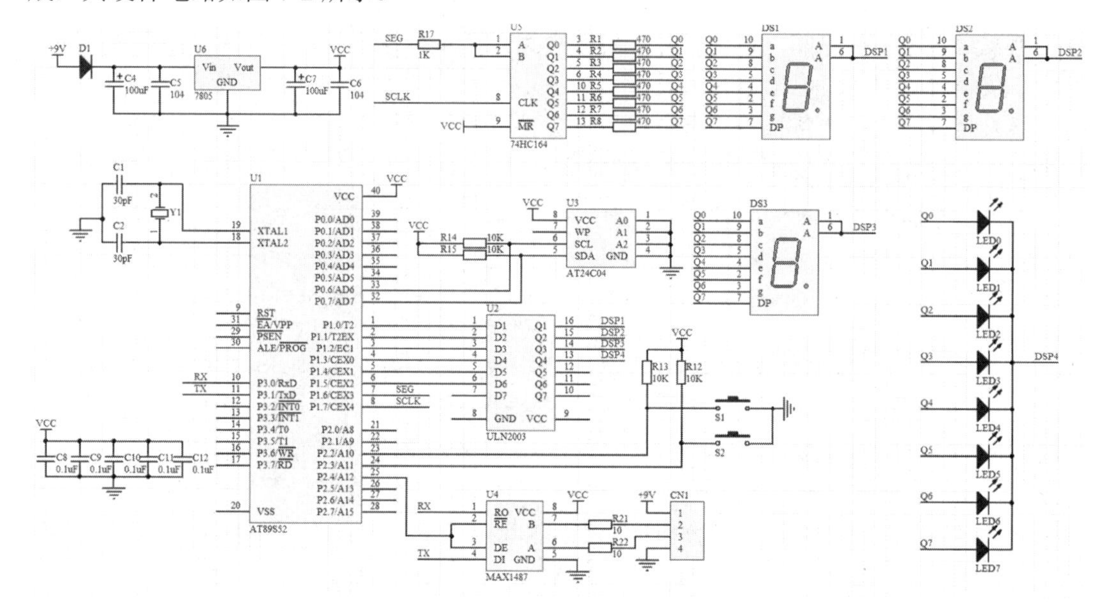

图 7-2　电子标签的硬件电路

通信芯片选用 MAX1487，实现 RS-485 总线信号传输。为了保存货物数量、本机 ID 等数据信息，扩展了基于 I^2C 总线的 EEPROM 芯片 AT24C04。数码管显示采用动态扫描法，驱动器采用 ULN2003，段码输送依靠串入并出的数据锁存器 74HC164 实现。电子标签由外部+9V 电源供电，使用 7805 稳压芯片产生+5V 电源。

程序设计

电子标签上电后，首先执行自检程序，显示本机 ID，该 ID 在电子标签辅助拣货系统中是唯一的。上位机发送指令也以此 ID 为目标。上位机群发指令，各电子标签根据 ID 判断，若一致，则响应该指令；若不一致，则放弃该指令。接收到指令后，电子标签根据通信协议确定要显示的信息，若为拣货信息，则拣货人员将指定数量的货物取走，并按下确认键，电子标签报告给上位机，并停止显示。若为其他指令，如信息更新或库存查询，则电子标签对 EEPROM 中的信息进行读取、更新等操作。因此，电子标签程序分为显示程序、按键程序、通信程序、存储程序及主程序等部分。

存储程序用于操作 AT24C04。AT24C04 采用 I^2C 总线协议，其相关函数在前面的实例中有详细介绍，此处只列出函数名称及功能，如表 7-2 所示。

表 7-2　I^2C 总线函数及其功能

函　数	功　能
void I2C_Init()	I^2C 总线初始化函数
void Start_I2c()	产生 I^2C 总线的起始条件
void Stop_I2c()	产生 I^2C 总线的停止条件
void WriteACK(int ack)	主机产生应答位（应答或非应答）
bit WaitACK()	读取从机应答位（应答或非应答）
uchar RcvByte()	从从机中读取 1 字节的数据
void SendByte(uchar c)	向 I^2C 总线写 1 字节的数据
bit ISendStr()	主机通过 I^2C 总线向从机发送多字节数据
uchar IRcvStr()	主机通过 I^2C 总线从从机接收多字节数据

显示程序用于控制数码管显示相关信息。单片机通过 74HC164 输出段码，通过 ULN2003 输出位码。函数 shift164()用于向 74HC164 输入段码，代码如下。

```
void shift164(uchar num)
{
    uchar i;
    for(i=0;i<8;i++)
    {
        pin_clk=0;
        pin_sin=num&0x80;
        pin_clk=1;
        num <<=1;
    }
}
```

数码管采用动态显示方法，函数 displed()用于刷新数码管，其通过调用 shift164()使 3 个数码管逐位显示，代码如下。

```
void displed(uchar *temp_data)
{
    uchar jjj;
    for(jjj=0x00;jjj<0x04;jjj++)
     {          dp_num=0x00;
                dp_num=led_lable[temp_data[jjj]];        //获取显示码
                    pin_dsp4=0;
                    pin_dsp3=0;
                    pin_dsp2=0;
                    pin_dsp1=0;
```

```
                if((point_flash_timer>=120)&&(jjj==0))
                     dp_num=dp_num|0x80;          //显示小数点
                         shift164(dp_num);
                    switch(jjj)                   //选通要显示的数码管
                    {
                    case 0:                       //个位码
                          if(!point_flash_timer) point_flash_timer=1;
                            pin_dsp3=1;
                            break;
                     case 1:                      //十位码
                            pin_dsp2=1;
                            break;
                     case 2:                      //百位码
                            pin_dsp1=1;
                            break;
                     case 3:
                            pin_dsp4=1;
                            break;
                  }
                  delay_ms(2);
     }
}
```

函数 led_show_num()的功能是显示本机 ID 或显示数据，代码如下。

```
void led_show_num (uchar id_num)
{     uchar ds_i=0,jjj=0,temp_data[4];
      temp_data[0]=0x0a;
      temp_data[1]=0x0a;
      temp_data[2]=0x0a;
      temp_data[3]=0x0a;
      switch (id_num)                              //指令任务分类
      {
        case 0x00:      //开机且已设置 ID 或接收到显示指令时调用
               temp_data[2]=0x0b;                  //减号，表示当前显示为 ID
               temp_data[1]=my_id[0];              //十进制数高位
               temp_data[0]=my_id[1];              //十进制数低位
               break;
        case 0x01:                                 //接收到拣货数据后调用
             if((data_pick[3]!=0x00)||(data_pick[4]!=0x00)||(data_pick[5]!=0x00))
              {  temp_data[3]=0x0d;                //灯的数据
                temp_data[0]=data_pick[5];         //货物数据低位
              }
              if(data_pick[3]!=0x00)
                  temp_data[2]=data_pick[3];       //货物数据高位
              if (data_pick[4]!=0x00)
                  temp_data[1]=data_pick[4];       //货物数据中位
              break;
```

```
        }
            Displed(temp_data);
    }
```

函数 Led_show()是显示处理函数。该函数周期性地被调用，用于维持数码管的正常显示。该函数根据系统所处状态调用 led_show_num()显示不同信息，代码如下。

```
void Led_show(void)
{
     if(data_p_flag)                              //显示状态
        {
            if(data_p_ok)                         //若显示状态完成
         {  led_show_num(0x04);                   //关闭数码管和灯
            data_p_flag=0;                        //将拣货数据显示标志清零
            data_p_ok=0;                          //将拣货数据完成标志清零
         }
     }
     else                                         //当 data_p_flag!=1 时，电子标签空闲
     {
       if(show_id_bit)                            //若有显示 ID 指令
       {
           led_show_num(0x00);                    //显示 ID
           if(!delay_timer)                       //若时间到
           {
               led_show_num(0x03);                //关闭数码管
               show_id_bit=0;                     //将显示 ID 标志清零
           }
       }
       else if(show_s_flag==1)                    //若有显示库存数据指令
           {
            led_show_num(0x02);                   //显示零散的货物数量，库存数据低位
            if(!delay_timer)                      //若显示时间到
               {
                  led_show_num(0x03);             //关闭数码管
                  show_s_flag=0;                  //将库存数据显示标志清零
               }
           }
     }
}
```

程序中多处需要延时，延时函数 delay_ms()根据输入参数延迟相应的时间，代码如下。

```
void delay_ms (unsigned char delay_num)
{ uchar delay_i,delay_j;
    if (delay_num>0xff)
         delay_num=0xff;
   for (delay_j=0;delay_j<=delay_num;delay_j++)
   {  if((!reset_bit)&&((delay_j%20)==0))
         feeding_dog();
```

```
    for (delay_i=0;delay_i<=100 ; delay_i++);
   }
}
```

函数 key_operating()负责处理键盘操作，根据 data_p_flag 标志产生处理决策，代码如下。

```
void key_operating(void)
{  // uint temp1,temp2;
      key_loop_timer=0;
      if(data_p_flag)                              //若正在显示拣货数据
        if(pin_key2==0)                            //功能键被按下，有两种情况
            {
          delay_ms(2);                             //延时
             if(pin_key2==0)                       //确认功能键被按下
         {
           key_loop_timer=0;
              while((pin_key2==0)&&(key_loop_timer<1000))
                {
                if((key_loop_timer% 200)==0)
                     feeding_dog();
               }                                   //抬起
            if((pin_key1)&&(pin_key2))    //两键均抬起
                {
                 if(!data_m_flag)             //若是第 1 次按下功能键
                data_m_flag=1;  //置缺货状态，定时器接到此信号后，发送指令
                 else
                 if(data_m_flag==1)          //若是第 2 次按下功能键
                 data_m_flag=0;
                }
         }
        }                                          //显示拣货数据完毕
}
```

本实例的关键在于通信程序的设计。通信程序负责接收上位机发出的指令，根据指令完成相应操作。函数 in_out_put()的功能是处理串口收发中断，代码如下。

```
void in_out_put(void) interrupt 4 using 3
{     uchar receive_tmp;
      if(RI)
      {
         RI=0;
         io_busy=1;
         receive_tmp=SBUF;
         if(!receive_head_bit)
         {
            if(receive_tmp==0xbb)
            {
```

```
                receive_head_bit=1;
                xor_byte=receive_tmp;
                }
            }
            io_busy=0;
        }else
        {  TI=0;
            feeding_dog();
            while(send_bytes>0)
              {  TI=0;
                SBUF =send_buf[--send_bytes];
                 while(TI==0) ;
                  TI=0;
                }
             pin_1487=0;
             send_buf[0]=0x00;
             send_buf[1]=0x00;
             send_buf[2]=0x00;
           }
}
```

函数 rec_msg()是接收数据处理函数。该函数对串口接收到的数据进行检验并处理，首先判断接收到的 ID 是否与本机 ID 吻合，若吻合，则进行后续处理，否则放弃本包数据，代码如下。

```
void rec_msg(void)
{         uchar i;
          if(receive_buf[1]==(my_id[0]*10+my_id[1])) //若接收到 ID 与本机 ID 吻合
          {   feeding_dog();
                         if(data_p_flag==0)
                         data_p_flag=1;
                         pin_1487=1;
                         TI=1;
          }
                      for(i=0;i<6;i++)
                      receive_buf[i]=0;                         //串口接收缓存区清零
                      rec_style=0;
}
```

函数 feeding_dog()负责重置看门狗定时器，避免溢出，代码如下。

```
void feeding_dog(void)
{
WDTRST=0x01E;
WDTRST=0x0E1;
}
```

函数 timer2()是定时器 T2 中断处理函数，用于定时刷新数码管显示，代码如下。

```
void timer2(void)  interrupt 5  using 1
{                 TF2=0;
                  TR2=0;
                Led_show();  //数码管显示
                TR2=1;
}
/******设置 T0 的键盘扫描延时******/
void timer0(void)  interrupt 1  using 2
{     //定时 2ms
      TH0=0xf8;
      TL0=0xcd;
      TR0=0;                         //停止计数
      loop_timer++;
      key_loop_timer++;
      if((!reset_bit)&&((loop_timer %2)==0))
         feeding_dog();
     if(point_flash_timer)    //小数点延时计数一周期时长
         if(point_flash_timer++>200)
         point_flash_timer=0;
         TR0=1;                      //开始计数
}
```

电子标签的部分主程序流程如图 7-3 所示。

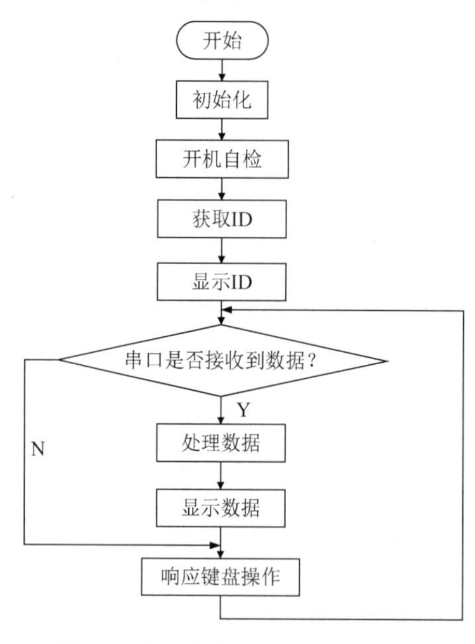

图 7-3　电子标签的部分主程序流程

主程序代码如下。

```
//电子标签源程序   AT89S52  11.0592MHz   MAX1487 9600bit/s
// by WJH,ZYH,ZP
#include <reg52.h>
#include <intrins.h>
```

```
#include <stdio.h>
#include <VI2C.C>
#define  _Nop()  _nop_()
#define uchar unsigned char
#define uint  unsigned int
#define i2_addr   0xa0                  //芯片地址
//#define id_addr  0x00                 //ID 存储子地址
//#define st_addr  0x02                 //库存数据存储子地址
```

硬件引脚定义如下。

```
sfr  WDTRST=0x0a6;
sfr  T2MOD=0xc9;
sbit pin_1487 = P2^4;
sbit pin_key1 = P2^2;
sbit pin_key2 = P2^3;
sbit pin_dsp1 = P1^0;
sbit pin_dsp2 = P1^1;
sbit pin_dsp3 = P1^2;
sbit pin_dsp4 = P1^3;
sbit pin_clk = P1^7;
sbit pin_sin = P1^6;
```

键盘、数码管及灯相关变量定义如下。

```
unsigned char code led_lable[]=     //数码管段码表
{
     0x3f,0x06,0x5b,0x4f,0x66,      //(LED=0～4) 数字 0～4
     0x6d,0x7d,0x07,0x7f,0x6f,      //(LED=5～9) 数字 5～9
     0x00,                          //( LED=0AH ) 空=数码管不显示
     0x40,                          //( LED=0BH ) 负号
     0x08,                          //( LED=0CH ) 下画线
     0x5e,                          //( LED=0dH ) 显示字母 d
     0x73                           //( LED=0eH ) 显示字母 p
};
uchar Led_data[4];  //显示缓存数据：0 代表显示十位；1 代表显示个位；2 代表显示百位
uchar led_turn;                     //当前数码管
uchar bdata dp_num;                 //送显临时变量
sbit  dp7=dp_num^7;                 //送显临时变量最高位
bit ack;                            //应答位
bit show_id_bit=0;                  //显示本机 ID
uchar bit_55=0;                     //显示 55
uint delay_timer=0;                 //显示延时
```

拣货信息缓冲区定义如下。

```
bit  data_p_flag=0;                 //拣货数据显示标志：1 为拣货数据到达
bit data_p_ok=0;                    //拣货数据完成标志：1 为完成
uchar show_s_flag=0;          //库存数据显示标志：0 为无显示；1 为显示库存数据
uchar data_m_flag=0;     //缺货状态标志：0 为不缺货；1 为置缺货状态，等待确认；2 为缺货
```

```
uchar idata data_pick[6];   //货物数据
uchar  idata data_store[6]; //库存数据：前两位表示箱数；后三位表示零散的货物数量
```

串口变量及相关设置定义如下。

```
uchar  idata receive_buf[6];    //串口接收缓存区
uchar rec_buf_i;                //接收变量
uchar idata send_buf[3];
bit receive_flag=0;             //接收了新数据，需要处理
bit io_busy=0;                  //串口状态：1 表示串口忙；0 表示串口空闲
uchar send_bytes=0;             //发送的字节数
uchar com_in_last,com_in;       //串口变量
uchar receive_bytes;            //应接收的字节数
uchar rec_style=0;              //接收任务号码
uchar xor_byte;                 //校验
bit receive_pass_bit=0;         //接收通过位
bit receive_head_bit=0;         //接收数据头
```

其他变量定义如下。

```
uchar my_id[2];                 //本机 ID
bit id_set_bit=0;               //设置本机 ID 标志
bit id_set_ok=0;                //设置本机 ID 完成标志
uint id_flash_timer=0;          //本机 ID 闪烁时长
uint point_flash_timer=0;       //小数点闪烁时长
uint loop_timer=0;              //循环计数
uint key_loop_timer=0;          //按键延时
bit reset_bit=0;                //上电复位货物状态标志
/****************************************************************/
uchar  my_sdt;
```

主程序对各部分初始化后，即进入按键处理和数据接收处理的相应程序，代码如下。

```
void main()
{
     //初始化
      EA=0;
     P1=0xff;
     P2=0xff;
     delay_ms2(1);
     P1=0x00;
     P2=0xec;
     //===================== 1. 初始化串口、定时器
     SCON=0x50;   //设置串口的工作模式为方式 1，10 位异步收发器，允许接收
     TMOD=0x21;
     PCON=0x00;   //串口工作在低速模式
     TI=0;
     RI=0;
     TH1=0xfd;   //晶振频率为 11.0592MHz 时，T1 的自动重装值
     TL1=0xfd;
```

```
        TH0=0xf8;
        TL0=0xcd;
  //设置 T2
      T2CON=0x00;                    //设置 T2 为自动重装模式
      T2MOD=0x00;
      RCAP2H=0xed;
      RCAP2L=0xe0;                   //定时时间为 10ms
  //启动看门狗
      WDTRST=0x01E;
      WDTRST=0x0E1;
  //重置看门狗定时器
      delay_ms2(10);
      feeding_dog();//
      TR2=1;                         //启动 T2
      ET2=1;                         //开 T2 中断
      TR1=1;                         //启动 T1
      TR0=1;                         //启动 T0
      IP=IP|0x12;
      ET0=1;                         //开 T0 中断，不开 T1 中断
      EA=1;
    //===================== 2. 开机自检
      P1=0x00;
      pin_dsp4=0;
      pin_dsp3=0;
      pin_dsp2=0;
      pin_dsp1=0;
      led_turn=0;
      my_id[0]=0x0;
      my_id[1]=0x0;
      RcvStr(i2_addr,st_addr,data_store,6);  //从 EEPROM 获取 ID，十进制数
      delay_ms2(2);
      RcvStr(i2_addr,id_addr,my_id,2);         //从 EEPROM 获取 ID，十进制数
        if((my_id[0]==0)&&(my_id[1]==0)||((my_id[0]==0xff)&&(my_id[1]==0xff)))
           id_set_bit=1;
           //本机 ID 尚未设置，设置本机 ID 标志位，本实例未包括本机 ID 设置函数
      else
      {
            show_id_bit=1;
            delay_timer=1;
      }
      while(show_id_bit);
      pin_dsp4=0;
      pin_dsp3=0;
      pin_dsp2=0;
      pin_dsp1=0;
      reset_bit=0;
      my_sdt=0xd0;                   //上电后所有货物为初始状态
```

```
        ES=1;
       while(1)
       {
              if(receive_flag) //若有数据接收
              {  receive_flag=0;
                 rec_msg();     //处理接收数据
              }
              delay_ms2(1);
              if(reset_bit==1)
              {    data_p_flag=0;
                   my_sdt=0xd0; //上电后所有货物为初始状态
                   delay_ms2(5000);
              }
              key_operating();
         }
   }
```

经验总结

在本实例中，电子标签的显示部分依靠 Led_show()实现。该函数根据输入参数和不同的标志位决定当前的显示类型，如显示本机 ID、显示拣货量、显示库存数据、显示缺货信息等。它调用 led_show_num()作为底层函数，实现具体的数据显示。

本实例具有较好的系统设计示范性。当系统功能较多时，虽然硬件电路简单，容易实现，但是程序要做到层次分明却不容易。好的程序能够弥补硬件的缺陷或不足，使系统应用更加人性化。本实例还可以扩展蜂鸣器进行信息提示，或者扩展语音芯片进行语音提示，感兴趣的读者可自行扩展。

知识加油站

51 单片机内部 RAM 的 20H～2FH 为位寻址区域，这 16 个单元的每一位都有一个位地址，位地址为 00H～7FH，位寻址区域的每一位都可以由程序直接进行位处理。

实例 08　电子指纹锁

设计思路

随着电子技术的发展和信息时代的到来，指纹识别技术已经被广泛地应用在社会生活的各个方面。指纹的采集方式也已经从数百年前签字画押发展到如今利用先进的指纹传感器件将指纹图像以数字化方式采集并存储。现阶段大多数自动指纹识别应用系统都是基于活体指纹的，本实例将着重介绍指纹识别模块。

电子指纹锁的具体工作流程如下。

开启电源，电子指纹锁开始上电并完成初始化。单片机实时检测电源电压是否正常，若电源电压过低，则向用户发出更换电池警报；若电源电压正常，则提示用户将手指放在指纹仪上，对采集的指纹图像进行搜索匹配。若匹配成功，则向执行机构供电，电动机正转，将锁打开，并延迟一段时间，以保证用户有足够的时间开门后将门关上。然后电动机反转，将门重新上锁。

通过功能设置可以采取指纹认证 + 密码的工作方式，用户设置的密码经加密后存储在单片机的 EEPROM 中。另外在规定时间内，若没有接收到用户的命令，则系统强制断电退出；若在命令期间没有让指纹识别模块工作，则可以强制其进入掉电状态。这些措施使得电池的使用寿命大大延长。

器件介绍

指纹识别模块的种类有很多，下面对两种常见的指纹识别模块进行简单的介绍。

1. 电容式指纹传感器 FPS200

FPS200 由 256 × 300 个电容传感器阵列组成，其分辨率高达 500dpi，工作电压为 3.3～5V，内部有 8 位 ADC。FPS200 的结构框图如图 8-1 所示。

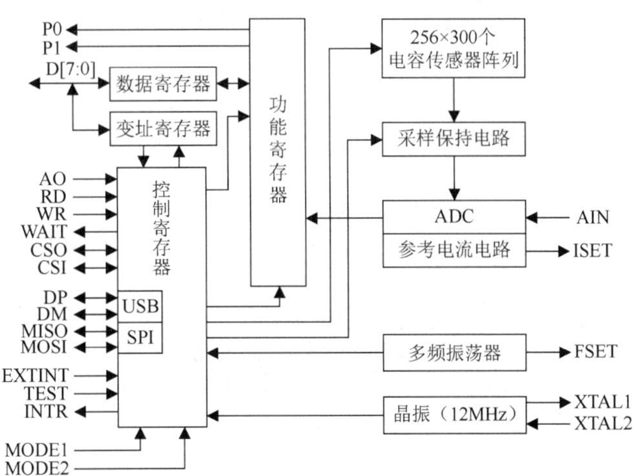

图 8-1　FPS200 的结构框图

FPS200 是一种基于电容充放电原理的触摸式 CMOS 传感器，其外表是绝缘表面，电容传感器阵列的每一点都是一个金属电极，手指则充当电容的另一电极，而两者之间的传感面形成电容两电极之间的介电层。由于指纹的脊和谷与另一电极之间的距离不同，因此电容传感器阵列的各个电容的电容量不同，这样，电容量阵列值实际上就描述了一幅指纹图像。

FPS200 的每一列都有两组采样保持电路。指纹采集按行实现：先选定一行，对该行所有电容充电，并用一组采样保持电路保存电压值；然后放电，用另一组采样保持电路保存剩余电压值。两组电压值通过内置的 8 位 ADC，便可以获得具有灰度等级的指纹图像。

2. SM-2 系列电感式指纹识别模块

SM-2 系列电感式指纹识别模块由高速 DSP、SRAM 和 Flash 芯片等部分构成。它可以和与之相配套的指纹传感器板构成一个独立的指纹识别系统，或者可以作为一个完整的外设使用。SM-2 系列电感式指纹识别模块现已推出 SM-2A、SM-2B、SM-20、SM-21、SM-201 等产品，下面简单介绍 SM-2B 指纹识别模块。

SM-2B 指纹识别模块以 DSP 为处理中心，基本集成了指纹处理方面的所有过程。SM-2B 指纹识别模块在无上位机（计算机或单片机）的情况下，可独立实现指纹录入、图像处理、特征提取、模板生成、模板存储、指纹比对（1∶1）或指纹搜索（1∶*N*）等功能。它具有以下优点。

① 用户无须了解指纹处理的具体原理。

② 在硬件方面，其基本相当于指纹傻瓜模块。

③ 在软件方面，其指令集丰富，相当于一个（指纹）函数库。

另外，该模块提供了命令、独立两种工作模式，且独立模式与命令模式的指纹模板存储区在物理、逻辑上完全分开。具体情况如下。

① 在独立模式下，其使用超级指纹保护，可存储 64 枚指纹。

② 在命令模式下，其使用验证设备口令保护，可存储 512 枚指纹。

本实例介绍一种基于单片机 LPC932 的电子指纹锁的设计。它是在 SM-2B 指纹识别模块的基础上开发的一种新型电子指纹锁，最多可以存储 512 枚指纹，远超过其他指纹锁的指纹容量，它还可以将用户的特定信息存储在 EEPROM 中，使其应用起来更加方便。

 硬件设计

电子指纹锁的系统原理图如图 8-2 所示，电子指纹锁的控制核心是 LPC932，其体积小、功耗低，本身具有 512 字节的 EEPROM 存储空间，能满足设计要求。电子指纹锁的工作过程：LPC932 通过串口向 SM-2B 指纹识别模块发送指令或接收相应的操作信息。当用户的指纹被确认后，它将接收到 SM-2B 指纹识别模块发来的身份确认消息及相应的用户 ID，随后，LPC932 根据程序运行结果，控制执行机构动作，电子指纹锁打开或报警。

电子指纹锁的硬件连接如图 8-3 所示。SM-2B 指纹识别模块是核心组成部分，它集成了指纹图像处理和识别算法。在本实例中，LPC932 通过串口向指纹识别模块发送指令，使其按照工作流程工作。

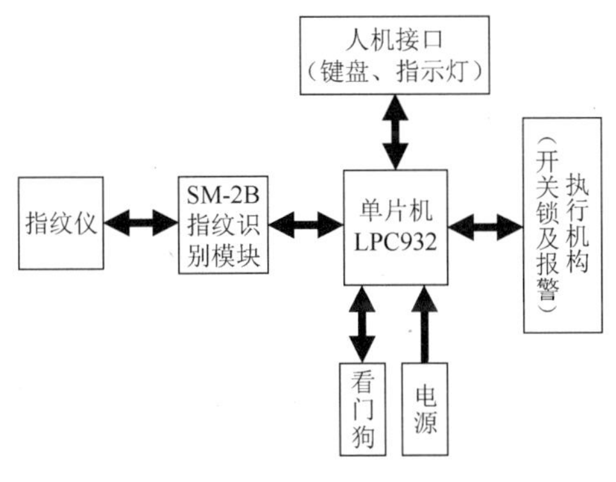

图 8-2　电子指纹锁的系统原理图

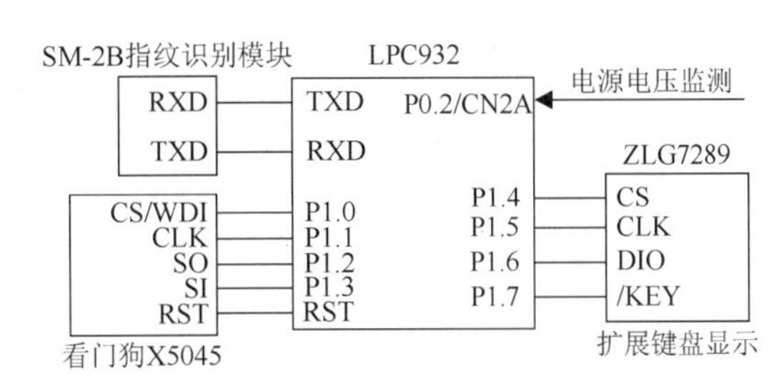

图 8-3　电子指纹锁的硬件连接

（1）I/O 口扩展：本实例涉及键盘、指示灯及蜂鸣器等人机接口，LPC932 中的 I/O 口显然不够用，所以需要进行 I/O 口扩展，这里采用 ZLG7289。ZLG7289 是具有 SPI 功能，可同时驱动 8 位共阴极数码管或 64 只独立 LED 的智能显示驱动芯片，该芯片还可连接 64 键的键盘矩阵。单片即可完成 LED 显示、键盘接口等全部功能。这样在本实例中仅占用单片机的 4 个 I/O 口便可实现人机接口。

（2）数据存储：关键数据的存储使用的是 LPC932 内部自带的 512 字节 EEPROM。当然，也可以将其存储到看门狗芯片 X5045 的 EEPROM 中。

（3）看门狗电路：X5045 是带有串行 EEPROM 的 CPU 监控器，单片机通过 SPI 总线与其进行通信。X5045 通过检测 WDI 引脚的输入信号来判断单片机是否正常工作。在设定的定时时间内，单片机必须在 WDI 引脚上产生一个由高到低的电平变化，否则 X5045 将产生一个复位信号。X5045 内部的一个控制器中有两个可编程位，其决定了定时周期。单片机可通过指令来改变两位的值，从而改变 X5045 的定时时间。

X5045 对电压的要求比较严格，当电压较低时，单片机无法将数据写入或读出。本实例利用 LPC932 的电压比较中断功能对系统的电源电压进行监测，一旦系统的电源电压过低，LPC932 将发生中断，并报警提示，从而保证了系统的正常工作。

（4）执行机构驱动电路：执行机构用小型的直流电动机进行驱动。由于单片机的驱动能力极其有限，所以需要对单片机的输出进行驱动放大。本实例采用 L298 芯片，它是一种双全桥驱动器，可以接受 TTL 电平，用于驱动感性负载。

程序设计

程序设计分可为两部分：指纹管理部分和密码管理部分。在系统上电后，首先进行系统初始化，包括单片机自身、键盘扩展芯片、看门狗电路及指纹识别模块的初始化；然后系统开始正常工作，检测用户的指纹或密码输入，同时要满足用户对指纹、密码的管理需求。程序采用 C 语言进行编程，电子指纹锁的程序流程如图 8-4 所示。

系统的工作核心是 SM-2B 指纹识别模块，它几乎包含了对指纹进行处理的所有操作。单片机与 SM-2B 指纹识别模块的通信方式为异步半双工通信，默认波特率为 57600bit/s，可通过指令将其设置为 115200bit/s 或 38400bit/s。数据传送格式为 10 位，第 1 位以低电平 0 作为起始位，接着是 8 位数据位（低位在前）和 1 位停止位，无校验位。

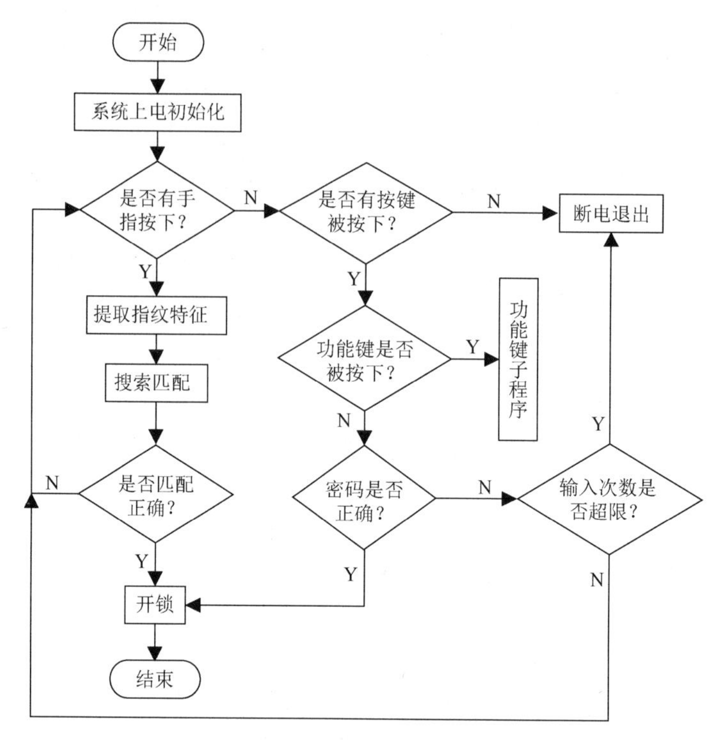

图 8-4　电子指纹锁的程序流程

设置单片机传输速率的子程序的代码如下。

```
    void clk_init() reent rant using 0
    {
        PCON =0x80;
        EA = 1;
        ET0 = 1;
        TMOD = 0x21;
        //T1 用于串口波特率的设置，T0 用于超时设置
        TH0 = 0x00;
        TL0 = 0x00;
        /*将 T0 设置成 16 位定时器，将 T1 设置成 8 位自动装入时间常数的定时器，时间常数最大为
65.536ms*/
        TR0 = 1;
    }
```

单片机与指纹识别模块的通信，以及对指令、数据、结果的接收和发送都采用帧的形式进行，通信数据帧格式：包标识 + 地址码保留字 + 包长度 + 包内容 + 校验和，如图 8-5 所示。

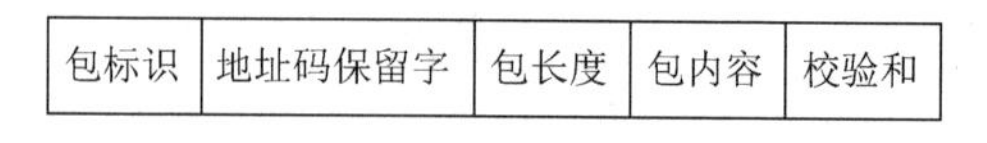

图 8-5　通信数据帧格式

若单片机在规定时间内没有接收到数据，则强行退出接收程序，然后重新接收数据。指纹识别模块与单片机的工作频率非常快，不会影响整个系统的工作。接收数据程序的代

码如下。

```
void Rev_data(unsigned char j)
{
    unsigned char i = 1;
    j++;

    while(i<j)
    {
        max_t = 0;

        while(RI == 0)
        {
            if (max_t > 6) break;
            //max_t 防止程序在接收数据时陷入死循环
        }
        RI = 0;
        Comd[i] = SBUF;
        //Comd[i]为数据接收暂存区
        i++;
    }
}
```

发送数据程序与接收数据程序相似，这里不再赘述。

由于单片机和指纹识别模块通过一串数据帧传递指令，因此在编写程序时利用数组存储从指纹识别模块接收到的数据，如用数组 Rev[]来存储接收到的数据，如图 8-6 所示。

单片机通过串口向指纹识别模块发送指令而后又等待接收数据时，经常丢失一两个字节或第一个字节有误，这样导致数组 Rev[]中的数据可能如图 8-7 所示。

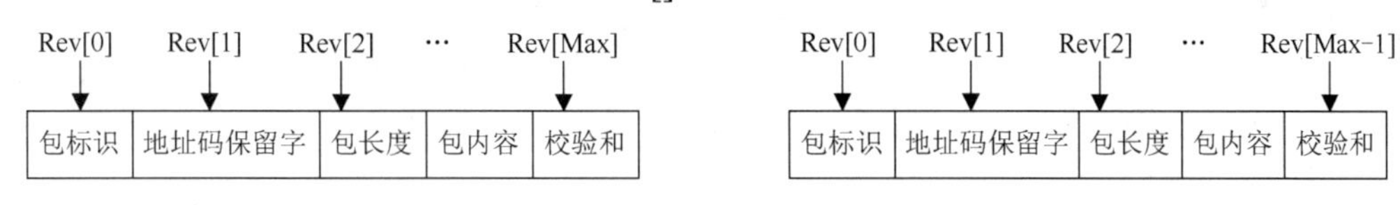

图 8-6　保存接收到的数据　　　　图 8-7　Rev[]中数据的可能情况

这样接收到的数据不完整，如果还是将数组中的数据与数据帧中的数据一一比较，那就无法正确判断此刻指纹识别模块的工作状态。如何根据这些不完整的数据来判断指纹识别模块的工作状态呢？根据指纹识别模块的通信协议可知，数据帧中的大部分数据都相同，只有一两个关键字不同且其在数据帧的中间部分，所以先根据指纹识别模块工作状态的几种可能情况在数组 Rev[]中搜索对应的一两个关键字，这样就可以正确判断指纹识别模块的工作状态了。

经验总结

本实例设计的电子指纹锁在使用时需要注意以下问题。

（1）在读/写看门狗或操作其中的 EEPROM 时偶尔会失败。

因为电擦写 EEPROM 时，器件对于电源电压的要求比较高，一旦电源电压过低，就会引起数据写入失败。有些重要信息的写入或擦除失败会引起整个工作过程紊乱，出现逻辑错误。本实例采用的解决方法是利用 LPC932 的电压比较中断功能，对电源电压进行实时监测，一旦电源电压过低，LPC932 就可发生中断，电子指纹锁停止工作，并报警通知用户更换电池。

（2）耗电量过大。

电子指纹锁受使用场所、条件限制，使得它对电池的要求特别苛刻。为了延长电池的使用寿命，应增加对电池的使用管理。本实例采用的方法是中断计时法，即在一段时间内用户如果没有按键或按上指纹，则使电子指纹锁断电退出，单片机进入掉电状态，或者强制指纹识别模块进入休眠状态，它的好处是可以在程序中根据需求调整时间。另外，在驱动电动机的选择上，应按照功耗低、电压要求不高的原则进行选用，这样也可以大大降低整个系统的功耗，延长电池的使用寿命。

（3）单片机和指纹识别模块有时不能协调工作。

指纹识别模块内部包含 DSP，固化了指纹模板数据及指纹识别算法程序。单片机与指纹识别模块通过串口通信来协同工作。指纹识别模块本身带有许多外设，当电子指纹锁上电启动时，单片机向指纹识别模块发送指令，如果此刻指纹识别模块未准备好工作，则电子指纹锁往往陷于死机状态。本实例采用的方法是重复发送指令，等待延时，这样在指纹识别模块初始化完成后即可与单片机协同工作，避免死机。

另外，单片机是通过向指纹识别模块发送指令对指纹识别模块进行控制的，同时通过接收指纹识别模块返回的数据判断指纹识别模块的工作状态，由于串口通信是高速传输的，所以单片机有时不能完整地接收到指纹识别模块返回的数据。也就是说，单片机在接收指纹识别模块返回的数据时会丢失开始或最后的一两个字节。这样就不容易确认指纹识别模块的工作状态，本实例采用的解决方法是对单片机接收的一连串数据进行关键字搜索，这样即使丢失一两个字节也不会影响对指纹识别模块工作状态的判断。

本实例采用 LPC932，其优点是功耗低、体积小，并且内部集成了 EEPROM 和电源电压监测电路等重要功能模块，有利于实现系统小型化，而且安装简便、使用方便；不足之处是它的工作性能依赖于所采用的指纹识别模块。

知识加油站

LPC932 是恩智浦公司生产的 3.3V 供电的 Flash 型单片机，适用于许多高集成度、低成本的场合。LPC932 的指令集与 89C51 完全一样，指令执行时间只需要 2～4 个时钟周期，执行速度是 80C51 的 6 倍。虽然 LPC932 的功能很多，但最多只有 18 个 I/O 口，限制了它在复杂系统上的应用。

实例 09　DS18B20 测温系统

设计思路

温度是日常生活中经常要测量的一个物理量，但多数温度传感器的输出都是一个变化的模拟电压，不能与计算机采集系统直接连接，需要先完成转换，再输入计算机，比较麻烦。数字温度传感器解决了这个问题，它可以直接把温度转换为相应的数字量。目前，常见的数字温度传感器有美国 Dallas 半导体公司的 DS18××系列数字温度传感器和美国 AD 公司的 AD74××数字温度传感器。

DS18××系列包括 DS1820、DS18B20、DS1822。其中 DS18B20 的编程实现相对比较容易。具体实现过程：首先，对所有 DS18B20 进行初始化；接着，依次发送跳过 ROM 指令和温度转换指令，启动所有 DS18B20 进行温度转换；然后，重新对所有 DS18B20 进行初始化并发送匹配 ROM 指令；最后，依次对所有 DS18B20 进行读数。读数流程：首先，发送第 1 个 DS18B20 的序列号，等温度转换完成后，发送读 ROM 指令，读取第 1 个 DS18B20 的低温和高温数值；接着，重新对 DS18B20 进行初始化和 ROM 匹配；然后，发送第 2 个 DS18B20 的序列号，等温度转换完成后，发送读 ROM 指令，读取第 2 个 DS18B20 的低温和高温数值；重复以上过程，便实现了对所有在线 DS18B20 的操作。

DS18B20 采用独特的 1-Wire 总线（单总线）接口方式，支持多节点，使分布式温度传感器的设计大大简化。测温时无须任何外围元器件，可以通过数据线直接供电，具有超低功耗工作方式。测温范围为−55～+125℃，精度为 0.5℃，可直接将温度转换值以 16 位二进制数的方式串行输出，大大提高了测温系统的可靠性，因此特别适用于单线多点测温系统。

器件介绍

DS18B20 采用 3 脚 PR35 封装或 8 脚 SOIC 封装，其内部结构框图如图 9-1 所示，主要包括 4 个数据部件。

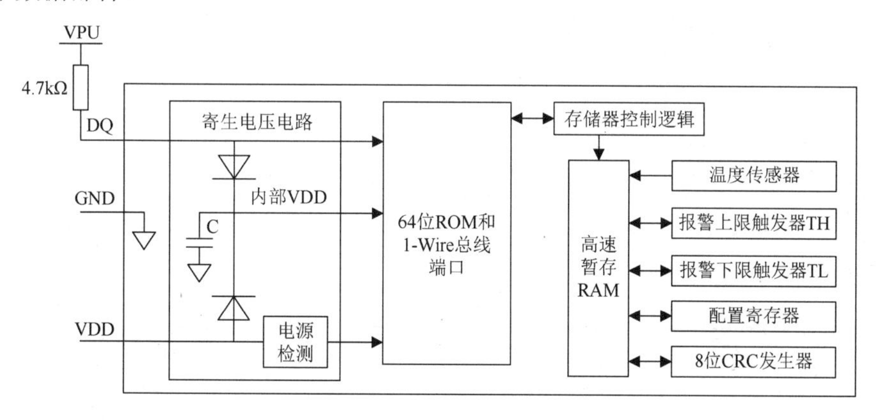

图 9-1　DS18B20 的内部结构框图

（1）64 位 ROM：用于存储 DS18B20 本身的 64 位长序号，具体结构如图 9-2 所示。低

8 位是产品类型编号，中间是每个器件唯一的序列号，共有 48 位，高 8 位是前 56 位的 CRC（循环冗余码），这也是多个 DS18B20 可以采用一根线进行通信的原因。

（2）非易失性温度报警触发器 TH 和 TL，可通过程序写入用户设置的温度报警上限、下限。

（3）高速暂存 RAM：DS18B20 的内部存储器包括一个高速暂存 RAM 和一个非易失的可电擦除的 EEPROM，其中 EEPROM 用于存储温度报警上限、下限，数据先被写入调整暂存 RAM，经校验后再传给 EEPROM；而高速暂存 RAM 中的第 5 个字节为配置寄存器，它的内容用于确定温度的数字转换分辨率，DS18B20 工作时按配置寄存器中的数字转换分辨率将温度转换为相应精度的数值。配置寄存器字节各位的定义如图 9-3 所示。

8位CRC	48位序列号	8位产品类型编码（10H）
MSB　LSB	MSB　LSB	MSB　LSB

图 9-2　64 位 ROM 的具体结构

TM	R1	R0	1	1	1	1	1

图 9-3　配置寄存器字节各位的定义

低 5 位一直都是 1。TM 是测试模式位，用于设置 DS18B20 处于工作模式还是处于测试模式，在 DS18B20 出厂时，该位被设置为 0，用户不要改动。R1 和 R0 决定温度转换的精度位数，即数字转换分辨率，具体设置如表 9-1 所示（在 DS18B20 出厂时，R1 和 R0 均被设置为 1）。

表 9-1　R1 和 R0 的具体设置

R1	R0	数字转换分辨率	温度转换所需时间/ms
0	0	9	93.75
0	1	10	187.50
1	0	11	375.00
1	1	12	750.00

由表 9-1 可知，设定的数字转换分辨率越高，温度转换所需要的时间就越长。因此，在实际应用中，要在数字转换分辨率和温度转换时间之间权衡考虑。

高速暂存 RAM 除配置寄存器外，还有其他 8 个字节，其分配如图 9-4 所示。其中，温度转换值存储于第 1～2 个字节；温度报警上限、下限分别存储于第 3～4 个字节；第 6～8 个字节保留，表现为全逻辑 1；第 9 个字节是前面所有字节的 CRC，可用于保证通信正确。

温度转换值低位	温度转换值高位	TH	TL	配置寄存器	保留	保留	保留	CRC
LSB								MSB

图 9-4　高速暂存 RAM 其他字节的分配

当 DS18B20 接收到温度转换指令后，启动转换。转换完成后的温度转换值以 16 位带符号扩展的二进制补码形式存储在高速暂存 RAM 的第 1～2 个字节。单片机可通过单线接口读取该数据，读取时低位在前，高位在后，温度转换值以 0.062 5℃/LSB 形式表示。温度转换值格式如图 9-5 所示。

	bit 7	bit 6	bit 5	bit 4	bit 3	bit 2	bit 1	bit 0
LSB	2^3	2^2	2^1	2^0	2^{-1}	2^{-2}	2^{-3}	2^{-4}

	bit 15	bit 14	bit 13	bit 12	bit 11	bit 10	bit 9	bit 8
MSB	S	S	S	S	S	2^6	2^5	2^4

图 9-5　温度转换值格式

对应的温度计算：当符号位 S = 0 时，直接将二进制数转换为十进制数；当 S = 1 时，先将补码变换为原码，再计算十进制数。表 9-2 所示为部分温度值。

表 9-2　部分温度值

温度/°C	二进制输出表示	十六进制输出表示
+ 125	0000011111010000	7FD0H
+ 85	0000010101010000	0550H
+ 25.0625	0000000110010001	0191H
+ 10.125	0000000010100010	00A2H
+ 0.5	0000000000001000	0008H
0	0000000000000000	0000H
− 0.5	1111111111111000	FFF8H
− 10.125	1111111101011110	FF5EH
− 25.0625	1111111001101111	FE6FH
− 55	1111110010010000	FC90H

DS18B20 完成温度转换后，就将测得的温度 T 与温度报警上限、温度报警下限进行比较，若 T > 温度报警上限或 T < 温度报警下限，则将该器件内的报警标志置位，并对单片机发出的报警搜索指令做出响应。

（4）CRC 发生器：在 64 位 ROM 的最高有效字节中存储有 CRC。DS18B20 根据 64 位 ROM 的前 56 位来计算 CRC，并和存入 DS18B20 的 CRC 做比较，以判断 DS18B20 收到的数据是否正确。CRC 计算公式如下。

$$\mathrm{CRC} = X^8 + X^5 + X^4 + 1$$

式中，X^8、X^5、X^4 分别为第 8 位、第 5 位、第 4 位数据。

DS18B20 同样用此公式产生一个 8 位 CRC，把这个值提供给总线控制器用于校验传输的数据。在使用 CRC 进行数据传输校验的任何情况下，总线控制器必须用此公式计算出一个 CRC，和存储在 DS18B20 的 64 位 ROM 中的 CRC 或其内部的 8 位 CRC（当读高速暂存 RAM 时，作为第 9 个字节读出来）进行比较。CRC 的比较及是否进行下一步操作完全由总线控制器决定。当在 DS18B20 中存储的或由其计算出的 CRC 和总线控制器计算出的值不相符时，DS18B20 内部并没有能阻止指令进行的电路。

单线 CRC 可以用一个由移位寄存器和异或门构成的多项式发生器来产生，如图 9-6 所示。

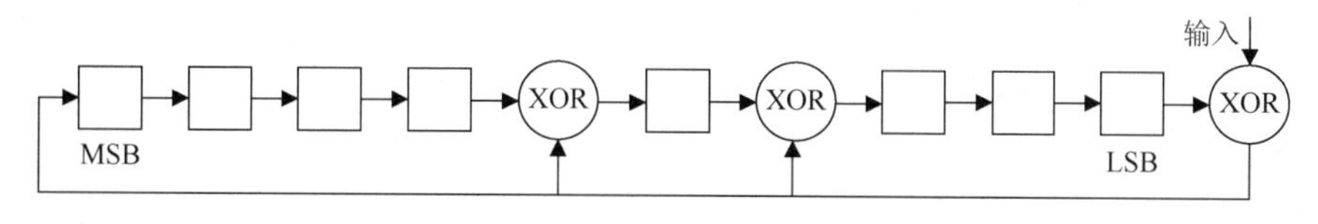

图 9-6　单线 CRC 的产生原理图

移位寄存器的各位都被初始化为 0，然后从产品类型编码的最低有效位开始，一次一位移入移位寄存器，8 位产品类型编码都进入以后，序列号再进入，48 位序列号都进入后，移位寄存器中就存储了 CRC。移入 8 位 CRC 会使移位寄存器清零。

硬件设计

DS18B20 有两种工作方式：寄生电源工作方式和外接电源工作方式。在两种工作方式下，DS18B20 与单片机的接口电路分别如图 9-7（a）和图 9-7（b）所示。图 9-7（a）中的 DS18B20 采用寄生电源工作方式，其 VDD 端和 GND 端均接地。图 9-7（b）中的 DS18B20 采用外接电源工作方式，其 VDD 端由+3～+5.5V 电源供电。P1.2 引脚用于单片机与 DS18B20 的通信。

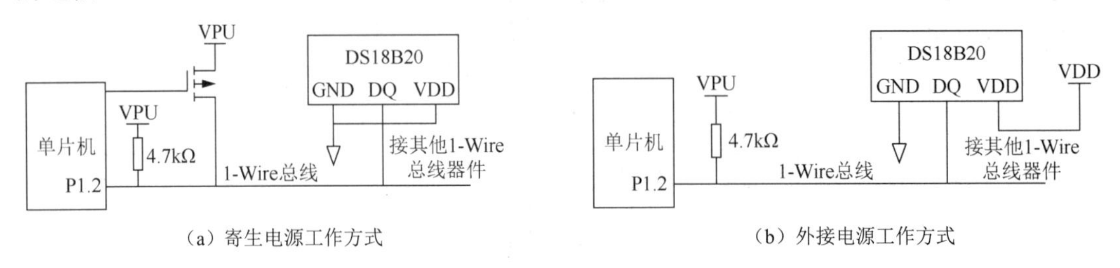

（a）寄生电源工作方式　　（b）外接电源工作方式

图 9-7　DS18B20 的工作方式

程序设计

1. DS18B20 的操作指令

DS18B20 是一种可编程的数字温度传感器，它的工作是靠单片机向它发送控制指令进行的。在工作过程中，DS18B20 和计算机之间的协议主要有初始化、ROM 操作指令、RAM 操作指令，分别说明如下。

（1）初始化：1-Wire 总线上的所有处理均从初始化开始。初始化是通过单片机向 DS18B20 发送一个有时间宽度要求的初始化脉冲实现的。只有完成初始化后，才可以进行读/写操作。

（2）ROM 操作指令：单片机检测到 DS18B20 的存在后，便可以向 DS18B20 发送 ROM 操作指令，这些指令及作用如下。

① 读 ROM 指令（指令字为[33H]）：读 DS18B20 中的 64 位 ROM 操作指令，每个 DS18B20 内部都有唯一的 64 位长序号，该序号存储在 64 位 ROM 中。这条指令在总线上只有 1 个 DS18B20 时使用。如果一根总线上有 2 个或 2 个以上 DS18B20，则在使用该指令时可能会造成所有 DS18B20 都企图响应该指令，从而产生数据冲突。

② 匹配 ROM 指令（指令字为[55H]）：当单片机需要对众多在线 DS18B20 中的某一个进行操作时，首先要发出匹配 ROM 指令，紧接着单片机提供 64 位长序号，匹配这个序号的 DS18B20 将响应该指令，随后的操作指令就是针对该 DS18B20 的。

③ 跳过 ROM 指令（指令字为[CCH]）：跳过 ROM 指令即为不必读 64 位 ROM，随后的操作指令是针对所有 DS18B20 的。这样，单片机在发出跳过 ROM 指令之后，再发出一个温度转换指令，即可启动所有 DS18B20 进行温度转换。经过一段时间，通过匹配 ROM 指令，逐一读取每个 DS18B20 的温度数据。显然，通道数越多，这种方法的省时效果就越明显。需要注意的是，并不是所有指令都适合放在此指令之后。

④ 搜索 ROM 指令（指令字为[F0H]）：如果总线控制器不知道在这根 I/O 线上的

DS18B20 数量，或者不知道 64 位长序号，此时用搜索 ROM 指令可以识别这根 I/O 线上所有 DS18B20 和 64 位长序号。使用这条指令前，最好已经知道单个 DS18B20 的长序号。

⑤ 报警搜索指令（指令字为[ECH]）：如果已经设置了温度报警上限、下限，那么当测得的温度高于上限或低于下限时，TH 或 TL 将被置位，此时用报警搜索指令，产生过温度报警的 DS18B20 就会响应该指令，由此就可以找到温度过限的 DS18B20。

（3）RAM 操作指令：主要用于对 DS18B20 进行读、写、启动等操作。DS18B20 中有 8 个 RAM，和温度测量有关的主要是前 4 个。其中，第 1 个字节是温度转换值的低 8 位寄存器，第 2 个字节是温度转换值的高 8 位寄存器，第 3 个字节是温度报警值的上限寄存器，第 4 个字节是温度报警值的下限寄存器。通过下述指令对它们进行操作。

① 写 RAM 指令（指令字为[4EH]）：写 RAM 指令通常用于向 DS18B20 的温度报警值的上限寄存器、下限寄存器中写温度报警限值，如果不用于写入温度报警限值，也可以用作其他用途。

② 读 RAM 指令（指令字为[BEH]）：读 RAM 指令用于读 DS18B20 的 8 个 RAM，通常从第 1 个字节开始读，一直顺序读到第 9 个字节。如果不需要读这么多字节，中途发出复位信号可中断该操作。

③ 温度转换指令（指令字为[44H]）：温度变换指令发出后，DS18B20 开始进行温度转换。转换完毕后，DS18B20 把测得的温度存入编号为 0 和 1 的两个 8 位 RAM。

④ 复制 RAM 指令（指令字为[48H]）：该指令用于把 DS18B20 中的温度报警限值存入非易失的 EEPROM。

⑤ 重新调出指令（指令字为[B8H]）：该指令用于把 EEPROM 中的温度报警限值调入 RAM。

⑥ 读电源指令（指令字为[B4H]）：发出该指令后，DS18B20 将提供其工作模式信息，如果是寄生电源工作方式，则返回“0”，如果是外接电源工作方式，则返回“1”。

2．DS18B20 的程序设计

DS18B20 的硬件接口虽然简单，但其是以相对复杂的接口编程为代价的。DS18B20 与 51 单片机的接口协议是通过严格的时序来实现的，DS18B20 中数据的写入和读取都是通过单片机读/写特定的时间暂存器来完成的。控制程序如下。

（1）常量、变量定义：为方便程序设计，应先进行函数声明、引脚及相关变量定义，具体代码如下。

```
#include <reg52.h>
#define st_ZH 0x44                                  //启动温度转换
#define RD_EEPROM 0xBE                              //读 ROM 指令
#define JP_ROM 0xCC                                 //跳过 ROM 指令
unsigned char TMPH,TMPL;
sbit DQ = P1^2;
```

（2）延时子程序：延时子程序经常会在程序中被调用，以下是一个通用延时子程序，可实现$(24 + N \times 16)\mu s$延时，只要根据实际情况改变 N 的取值，即可进行延时修改，具体代码如下。

```
//函数名称：delay()
```

```
//入口参数：N
//函数功能：实现(24+N×16)μs 延时
//假设系统采用 11.0592MHz 晶振
//-------------------------------------------------------------------------
void delay(unsigned int N)
{
    inti;
    for(i = 0;i<N;i++);
}
```

（3）DS18B20 初始化子程序：DS18B20 的初始化必须严格按照 DS18B20 数据手册中的时序图进行设计，以下是根据 DS18B20 数据手册编写的 DS18B20 初始化子程序代码。

```
//函数名称：Init()
//返回参数：dev_rdy
//函数功能：初始化 DS18B20
//-------------------------------------------------------------------------
unsigned char Init(void)
{
    unsigned char dev_rdy;
    DQ = 0;
    delay(30);
    DQ = 1;
    delay(3) ;
    dev_rdy = DQ;
    delay(20);
    return(dev_rdy);
}
```

（4）读/写 1 位数据子程序：DS18B20 是 1-Wire 总线芯片，读/写数据是按位进行移位的，必须严格遵守 DS18B20 数据手册中的时序图要求。读/写 1 位数据子程序的代码如下。

```
//函数名称：RD_bit()
//函数功能：读 1 位数据
//返回参数：DQ
//-------------------------------------------------------------------------
unsigned char RD_bit()
{
    unsigned char j;
    DQ = 0;
    DQ = 1;
    for(j = 0;j<3;j++);
    return(DQ);
}
//-------------------------------------------------------------------------
//函数名称：WR_bit()
//函数功能：写 1 位数据
//入口参数：xbit
```

```
//-----------------------------------------------------------------------
void WT_bit(unsigned xbit)
{
     DQ = 0;
     if(xbit ==1)
     DQ = 1;
     delay(5);
     DQ = 1;
}
```

（5）读/写 1 字节数据子程序的代码如下。

```
//-----------------------------------------------------------------------
//函数名称：RD_byte()
//函数功能：读 1 字节数据
//返回参数：value
//-----------------------------------------------------------------------
unsigned char RD_byte()
{
    unsigned char i,j,value;
    j = 1;
    value = 0;
    for(i = 0;i<8;i++)
    {
        if(RD_bit())
        {
            value = value + (j<<i);
        }
        delay(6);
    }
    return(value);
}
//-------------------------------------------------------
//函数名称：WT_byte()
//函数功能：写 1 字节数据
//入口参数：x
//-------------------------------------------------------
unsigned char WT_byte(unsigned char x)
{
    unsigned char i,t;
    for(i = 0;i<8;i++)
    {
        t = x>>i;
        t = t&0x01;
        WT_bit(t);
        delay(5);
    }
}
```

（6）DS18B20 数据读/写主程序的代码如下。

```
//--------------------------------------------------
//函数名称：main()
//--------------------------------------------------
void main()
{
    Init();                                    //DS18B20 初始化
    WT_byte(JP_ROM);                           //写跳过 ROM 指令
    WT_byte(st_ZH);                            //写温度转换指令
    Init();
    WT_byte(JP_ROM);                           //写跳过 ROM 指令
    WT_byte(RD_EEPROM);                        //写读 ROM 指令
    TMPH = RD_byte();
    TMPL= RD_byte();                           //读温度转换结果
}
```

经验总结

DS18B20 在实际应用中应注意以下几方面的问题。

（1）较低的硬件开销需要相对复杂的软件进行补偿。

（2）虽然从理论上讲，DS18B20 支持 1-Wire 总线、多节点方式，但实际应用中并非可以挂任意个 DS18B20。尤其是当 1-Wire 总线上所挂的 DS18B20 达到一定数量以后，必须要想办法解决 1-Wire 总线的驱动问题。

（3）DS18B20 测温系统中采用的 1-Wire 总线不能太长。

（4）在 DS18B20 测温系统的程序中，向 DS18B20 发出温度转换指令后，程序总要等待 DS18B20 的应答信号，若某个 DS18B20 接触不良或断线，则当程序读到该 DS18B20 时，将没有返回信号，影响整体程序的正常运行。

（5）在条件允许的情况下，DS18B20 测温系统最好采用屏蔽 4 芯双绞线，其中一组为地线和信号线（1-Wire 总线），另一组分别接 VDD 端和 GND 端。

知识加油站

一个数在计算机中的二进制表示形式叫作这个数的机器数，机器数是带符号的。在计算机中，机器数的最高位存储符号，正数为 0，负数为 1。原码、反码、补码是计算机存储一个数的编码方式。

原码：符号位加上真值的绝对值，即用最高位表示符号，其余位表示值。

反码：正数的反码是其本身；负数的反码是在其原码的基础上，符号位不变，其余位取反。

补码：正数的补码与原码相同；负数的补码是其反码加 1。计算机中的数字以补码方式储存。

实例 10　宽带数控放大器

宽带放大器是指工作频率的上限与下限之比远大于 1 的放大电路，通常也把相对频带宽度大于 20%～30%的放大器列入此类。这类电路主要用于对视频信号、脉冲信号或射频信号的放大。

设计思路

宽带数控放大器主要由宽带放大部分、控制单元和供电电源三大部分组成。

宽带放大部分常采用可变增益宽带放大器 AD603 来提高增益，利用高速宽带视频放大器 AD818 扩大 AGC（自动增益控制）范围。

单片机 AT89S52 是整个宽带数控放大器的核心，其接收用户按键信息以控制增益，实现增益步进调节，即对 AD603 的增益控制电压进行控制，使用数码管显示增益，通过键盘输入增益预置值，单片机根据实际要求对其进行运算，并根据运算结果做出相应的反应。单片机外围电路与 DAC0832 相连，D/A（数模转换）部分由 DAC0832 和两片 LM358 组成。

增益预置值由键盘输入，经过单片机运算后送至 DAC0832 转换成 0～1V 的增益控制电压。DAC8032 是 8 位 D/A 转换器，8 位数据可以表示 256 种状态，只取前 200 种，对应 40dB 的增益，步进精度为 40/200 = 0.2dB。具体的实现过程：首先，由键盘输入增益预置值；接着，单片机根据实际要求对增益预置值进行运算，并根据运算结果做出相应的反应；然后，DAC0832 将增益预置值转换成对应的增益控制电压，并由 LM358 对其进行调整，使其能够满足需求；最后，将增益控制电压输出到放大电路并且调节放大电路，使放大电路产生相应的变化，改变放大增益，从而实现增益步进调节。

器件介绍

AD603 是美国 AD 公司生产的高性能、低噪声、90MHz、增益线性连续可调的集成运放，常用于 RF/IF（射频/中频）的 AGC、视频增益控制、A/D 输入调整、信号测量等领域。其引脚如图 10-1 所示，以下是它的一些具体参数。

引脚	左侧	右侧	引脚
1	GPOS	VPOS	8
2	GNEG	VOUT	7
3	VINP	VNEG	6
4	COMM	FDBK	5

图 10-1　AD603 的引脚

电源电压：± 7.5V。

输入信号幅度：+ 2V。

增益控制电压：± *V*s。

功耗：400mW。

工作温度范围：AD603A，－40～85℃；AD603S，－55～+ 125℃。

存储温度：－65～150℃。

AD603 各引脚的功能如表 10-1 所示。

表 10-1　AD603 各引脚的功能

引　脚	符　号	功　能	引　脚	符　号	功　能
1	GPOS	增益控制输入（高）	5	FDBK	连接反馈网络
2	GNEG	增益控制输入（低）	6	VNEG	负电源电压输入
3	VINP	放大器输入	7	VOUT	放大器输出
4	COMM	放大器地	8	VPOS	正电源电压输入

当 5 脚和 7 脚短接时，AD603 的增益可由下式计算：

$$\text{增益（dB）} = 40V_G + 10 \qquad (10\text{-}1)$$

式中，增益为－10～+30dB；V_G为增益控制电压，单位为伏（V）。

当 5 脚和 7 脚断开时，增益公式为

$$\text{增益（dB）} = 40V_G + 30 \qquad (10\text{-}2)$$

式中，增益为+10～+50dB。

若在 5 脚和 7 脚之间接入电阻，则增益在两者之间。增益控制接口的输入阻抗很高，在多通道或级联应用中，一个增益控制电压可以驱动多个运放；增益控制接口具有差分输入能力，可根据信号电平和极性选择合适的控制方案。

AD603 的内部结构分为 3 部分，分别为无源输入衰减器、增益控制界面和固定增益放大器。其内部由 *R*-2*R* 梯形电阻网络和固定增益放大器构成，加在 *R*-2*R* 梯形电阻网络输入端的信号经衰减后，由固定增益放大器输出，衰减量由加在增益控制接口的参考电压决定。而这个参考电压可通过单片机运算并控制 D/A 转换器输出增益控制电压得来，从而实现较精确的数控。

由图 10-2 可知，*R*-2*R* 梯形电阻网络的衰减范围，即增益范围为 0～42.14dB，输入信号并不直接加到放大器输入端，而是加到 *R*-2*R* 梯形电阻网络的输入端，这样就保证了以下两点。

① 固定增益放大器的输入为一个弱信号，信号的失真将很小。

② 带宽的设置与增益的调节相对独立。

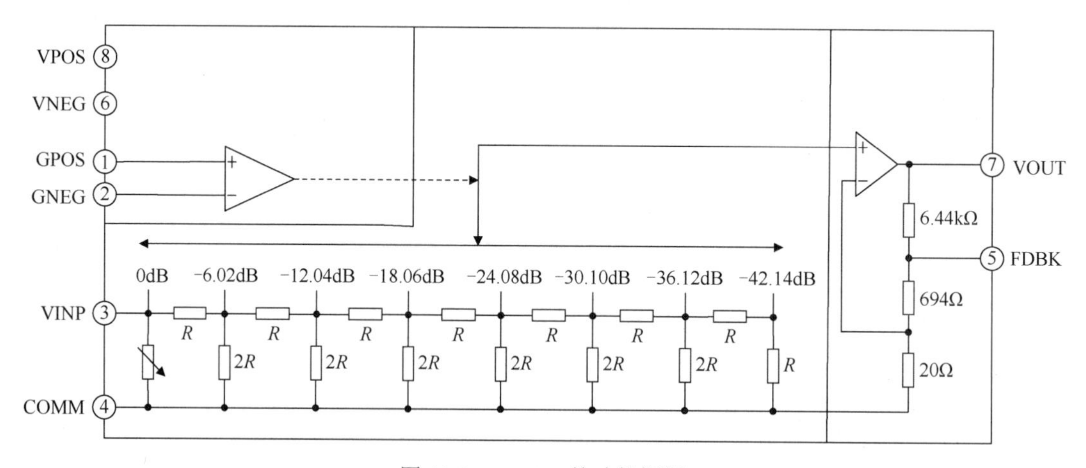

图 10-2　AD603 的功能框图

增益控制接口通过增益控制电压 $V_G = V_{GPOS} - V_{GNEG}$ 来控制片内的精确调节器，进而控制输入信号的衰减量 G_A，增益控制接口的电压增益转换率为 42.14dB/V，即约为

23.73mV/dB，线性转换曲线如图 10-3 所示。对于 V_{GPOS} 与 V_{GNEG}，只要求其不超过电源电压，增益的调整与其自身电压无关，而仅与其差值 V_G 有关，并且 GPOS 端和 GNEG 端之间的输入电阻高达 50MΩ，即输入电流很小，片内控制电路对提供增益控制电压的外围电路影响很小。以上特点使得 AD603 适合构成程控增益放大器。

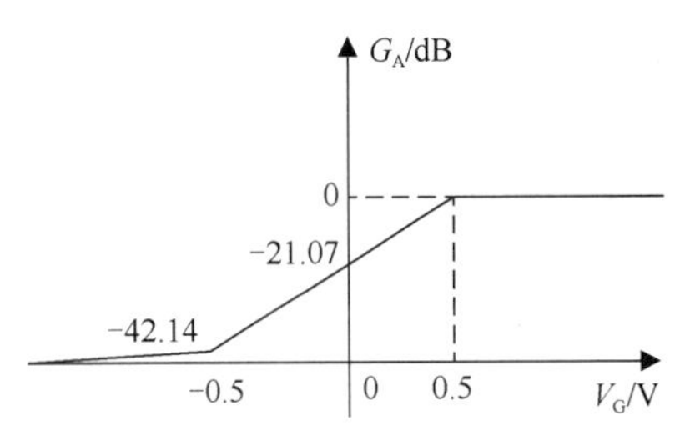

图 10-3 线性转换曲线

固定增益放大器通过在 5 脚与 7 脚之间外加电阻实现运放的增益与带宽设置，当减小外部电阻的阻值并加大负反馈时，增益减小而带宽增大；反之，则增益增大而带宽减小。其增益可由下式决定：

$$G_F = 20\lg\left(1 + \frac{694 + 6440 // R}{20}\right) \tag{10-3}$$

式中，R 为外加电阻的阻值；G_F 为固定增益放大器的增益。

当 R=0Ω 时，固定增益放大器的增益/带宽值为 31.07dB/90MHz，当 R=∞时，则为 51.07dB/9MHz，考虑 R-2R 梯形电阻网络的衰减量，AD603 的整体增益为

$$G = G_A + G_F = 42.14(R(V_G) - 0.5) + G_F$$

$$R(V_G) = \begin{cases} V_G & (-0.5 \leqslant V_G \leqslant 0.5) \\ -0.5 & (V_G < -0.5) \\ 0.5 & (V_G > 0.5) \end{cases} \tag{10-4}$$

可见，单级 AD603 可提供高达 42.14dB 的动态增益范围，且增益可调，易于调控。

AD603 典型的应用方法有 3 种，如图 10-4 所示。

① 当带宽为 90MHz 时，其增益范围为− 10～ + 30dB。

② 当带宽为 30MHz 时，其增益范围为 0～ + 40dB。

③ 当带宽为 9MHz 时，其增益范围为 + 10～ + 50dB。

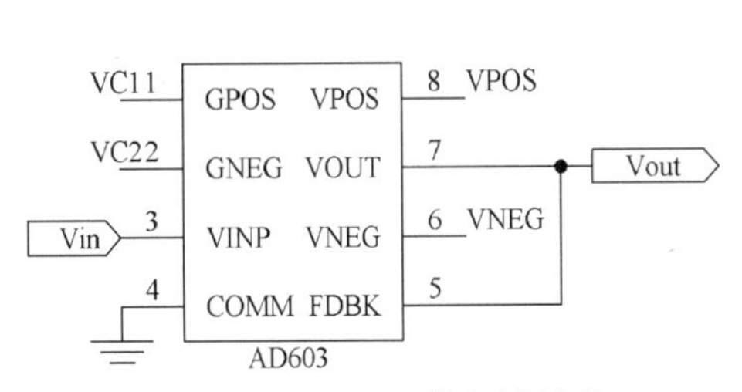

（a）−10～+30dB、90MHz 带宽应用电路

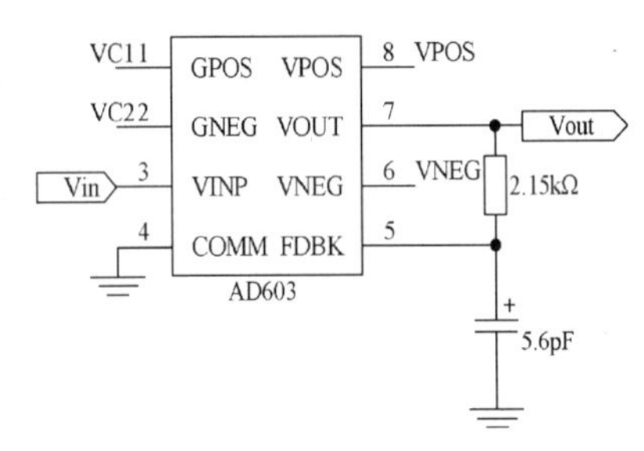

（b）0～+40dB、30MHz 带宽应用电路

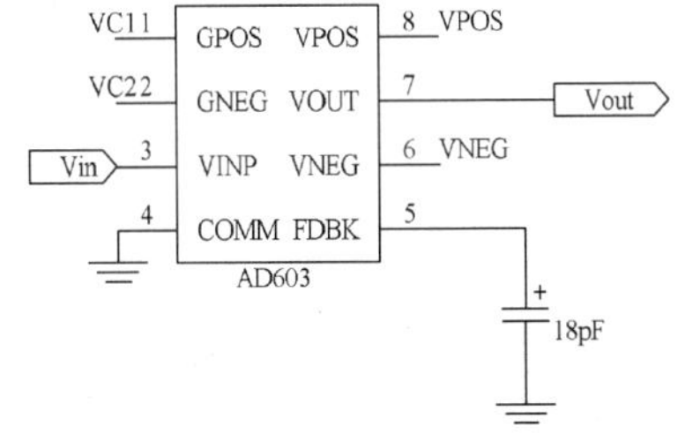

（c）+10～+50dB、9MHz 带宽应用电路

图 10-4 AD603 的典型应用方法

硬件设计

宽带数控放大器的硬件电路主要由单片机 AT89S52、D/A 转换器 DAC0832、2 片 LM358、增益线性连续可调的集成运放 AD603、键盘模块、供电电源、多片串/并转换芯片 74LS164 和同样片数的七段数码管等部分组成，其原理框图如图 10-5 所示。

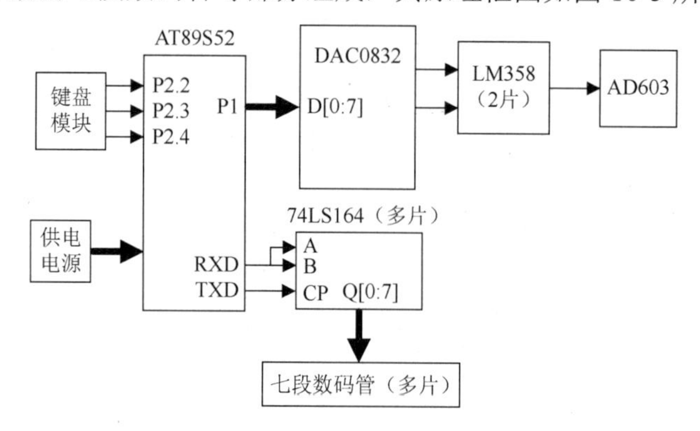

图 10-5　宽带数控放大器的原理框图

程序设计

宽带数控放大器的程序流程如图 10-6 所示。

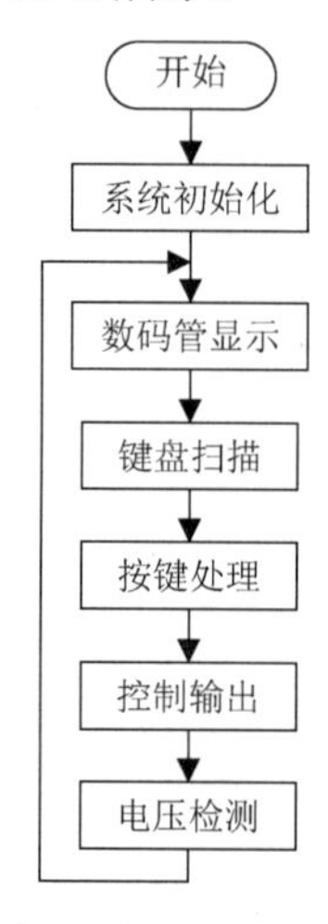

图 10-6　宽带数控放大器的程序流程

根据宽带数控放大器程序流程就可以很容易地编写出该宽带数控放大器的 C 语言程序，这里不再赘述。

经验总结

在宽带数控放大器的设计过程中，AD603 的应用需要注意以下几点。

（1）供电电压一般为 ± 5V，最大不得超过 ± 7.5V。

（2）在 ± 5V 供电情况下，加在放大器输入端 VINP 的额定电压有效值为 1V，峰值为 ± 1.4V，最大不超过 ± 2V，因此要想扩大测量范围，AD603 前面必须加一级衰减电路；输出电压峰值的典型值可达 ± 3.0V，因此 AD603 后面通常要加一级放大电路才能连接 D/A 转换器。

（3）AD603 的 GPOS 端和 GNEG 端所加的电压必须非常干净，否则将使增益不稳定，从而增加放大信号的噪声。

（4）信号地必须直接连在 AD603 的 4 脚，否则大阻抗将造成 AD603 的精度降低。

知识加油站

做好系统的抗干扰设计是保证宽带数控放大器可靠、稳定工作的前提，具体涉及以下几方面。

（1）将输入部分和增益控制部分装在屏蔽盒中或其他具有良好屏蔽功能的器皿当中，避免级间干扰和高频自激。

（2）输入部分电源靠近屏蔽盒就近接 1000μF 左右的电解电容，屏蔽盒内接高频瓷片电容，这样可以有效地避免低频自激。

（3）将所有信号耦合用电解电容的两端并接高频瓷片电容，以防止高频增益下降。

（4）构建闭路环：在输入部分，将整个运放用较粗的地线包围或接地敷铜，可吸收高频干扰信号，减少噪声。在增益控制部分也采用了此方法。

（5）数模隔离：数字部分和模拟部分尽量分开，尤其是各控制信号，最好采用电感对其进行隔离。

实例 11　超声波测距装置

设计思路

超声波测距是一种利用超声波的可定向发射、指向性好等特性，结合电子计数等微电子技术来实现的非接触式检测方式。超声波测距装置在使用中不受光线、电磁波、粉尘等因素影响，且其信息处理简单、成本低、速度快，在避障、车辆的定位与导航、液位测量等领域应用广泛。

本实例利用超声波的反射特性，结合单片机的定时器和中断功能，检测障碍物的距离，并将其显示在数码管上，从而完成了一个简单的超声波测距装置设计。

器件介绍

超声探头有多种结构形式，可分成直探头（接收纵波）、斜探头（接收横波）、表面波探头（接收表面波）、收发一体式探头、收发分体式双探头等。超声波传感器包括通用型、宽频带型、耐高温型、密封防水型等多种类型。常见的超声波传感器有收发一体式和收发分体式两种。其中，收发一体式超声波传感器就是发射传感器和接收传感器为一体的传感器，既可发送超声波，又可接收超声波；收发分体式超声波传感器是发射传感器用于发送超声波，接收传感器用于接收超声波的传感器。

在超声波测距装置中，若超声波的频率太低，则外界的杂音干扰较多；若超声波的频率太高，则其在传播的过程中衰减较大，检测距离较短，分辨力较高，可根据实际情况进行选用。本实例采用 40kHz 收发分体式超声波传感器，其由一只发射传感器 UCMT40K1 和一只接收传感器 UCMR40K1 组成。

硬件设计

超声波测距装置的硬件电路主要包括 3 部分：发射电路、检测电路、显示电路，其结构框图如图 11-1 所示。发射电路采用单片机输出的频率约为 40kHz 的方波脉冲信号，同时开启单片机内部定时器 T0。通常情况下，单片机输出端口的驱动能力较弱，为增大测量距离可在发射电路上增加功率放大电路。从接收探头传来的超声回波很微弱（几十毫伏级），又存在较强的噪声，所以必须增加放大电路和抑制噪声电路。

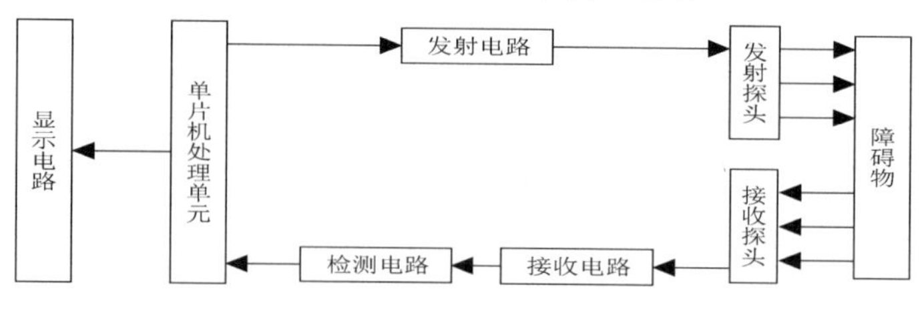

图 11-1　超声波测距装置的结构框图

放大电路输出的信号是连续的正弦叠加信号，而单片机所能接收的中断响应信号常为下降沿脉冲信号，故需要在放大电路后增加比较电路，将正弦叠加信号转换成方波脉冲信号，将方波脉冲信号的负跳变作为单片机的中断输入，提示单片机已接收到超声波信号，使内部计数器停止计时。

显示电路可采用多种方式，LCD、数码管等都可以，本实例采用 3 位动态显示。数据×××表示×××cm。

1．发射电路的设计

发射电路设计的主要目的是提高输入发射探头的电压及其功率。本实例用单片机的 P1.0 引脚发射一组方波脉冲信号，其输出波形稳定可靠，但输出电流和输出功率很低，不能够推动发射探头发出具有足够强度的超声波信号，所以此处加入一个单电源乙类互补对称功率放大电路，如图 11-2 所示。

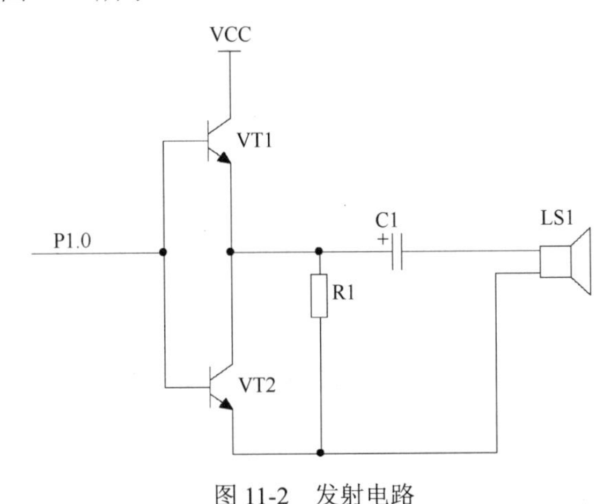

图 11-2　发射电路

发射电路采用 12V 电源、100μF/50V 电解电容、45Ω 负载电阻，功率管选用 2SC1815 和 2SA1015，2SC1815 集电极与发射极之间的最高耐压 V_{CEO} 为 50V。

2．接收电路的设计

接收电路主要包括 2 部分：前置放大电路和带通滤波电路。

前置放大电路的作用是对有用的信号进行放大，并抑制其他的噪声和干扰，从而达到最大信噪比，如图 11-3 所示。

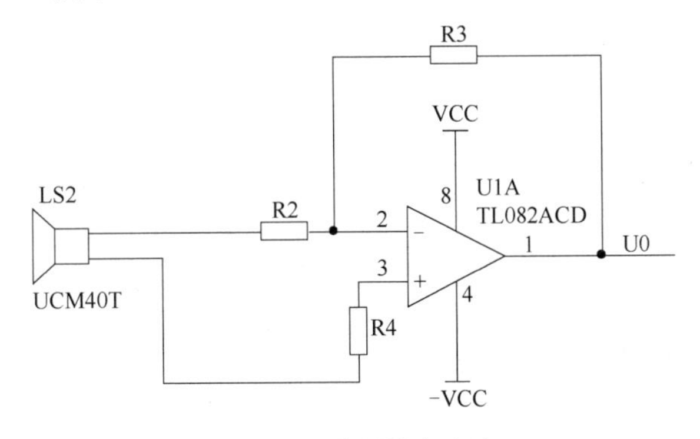

图 11-3　前置放大电路

在本实例中，$R_2 = 1\text{k}\Omega$，$R_3 = 200\text{k}\Omega$，$R_4 = 1\text{k}\Omega$，即前置放大电路将信号放大 200 倍。

在接收探头接收的信号中，除障碍物反射的回波外，还混有杂波和干扰脉冲等噪声，而前置放大电路在放大有用信号的同时，会将一部分噪声放大，并没有提高输入信号的信噪比。噪声主要包括 50Hz 的工频干扰，以及处于高频段的接收探头的内部噪声。可用运放构成一个带通滤波电路，保留 40kHz 的有用信号，滤除噪声，如图 11-4 所示。

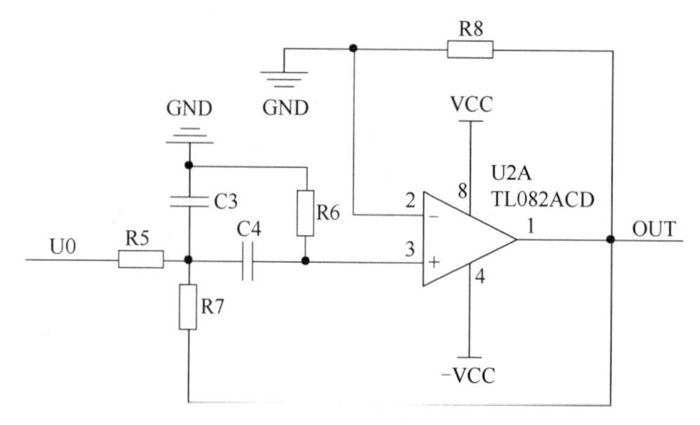

图 11-4　带通滤波电路

从工程实践的角度考虑，与运放两个输入端相连的外接电阻必须满足平衡条件，即 $R_6 = R_8 // R_7 = 2R = 8\text{k}\Omega$。由此可得，$R_7 = 12.8\text{k}\Omega$，$R_8 = 21.3\text{k}\Omega$。

3．检测电路的设计

检测电路要求每次接收的信号都能被准确地鉴别出来，通常利用比较器将输入信号与某一固定电平进行比较，通过输出不同的电平来产生上升沿或下降沿，从而转换成数字脉冲触发单片机的外部中断引脚。检测电路如图 11-5 所示。由于 LM393 是开漏输出，所以在输出端接入上拉电阻 R9。电容 C5 起简单滤波作用。R11、R10 分压得到参考电压。由于经过滤波后的输出是 5V 左右连续叠加信号，所以分别取 $R_{11} = 20\text{k}\Omega$，$R_{10} = 1\text{k}\Omega$，参考电压为 238mV。

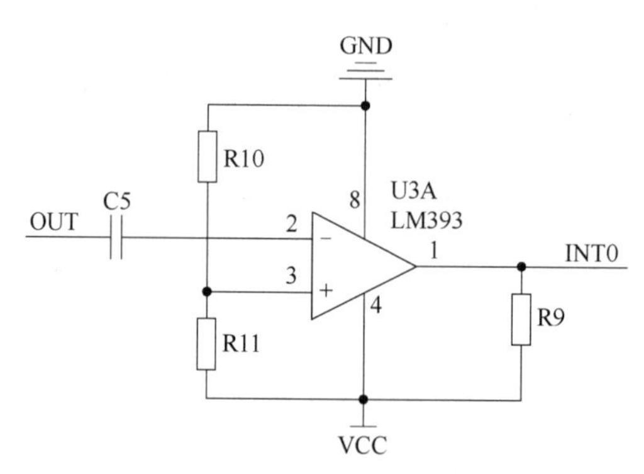

图 11-5　检测电路

程序设计

程序主要实现以下 3 个功能：信号的发射控制、数据处理和显示输出。为了得到距离值，要读出此时计数器的计数值（信号发射与信号接收之间的时间差），计数值与距离值之

间的转换公式为 $S = 0.5 \times v \times T = 0.5 \times 344 \times T = 172 \times T$。式中，$T$ 为信号发射到信号接收间的时间差；v 为超声波在空气中的传播速度。由于单片机按照十六进制数形式进行运算，所以得出的结果并不能直接显示，需要进行转换。数据处理主要包括计数值与距离值的换算，以及十六进制数与十进制数的转换。

超声波测距装置的程序可以分为主程序、外部中断服务程序和 T0 中断服务程序，它们的流程图分别如图 11-6～图 11-8 所示。

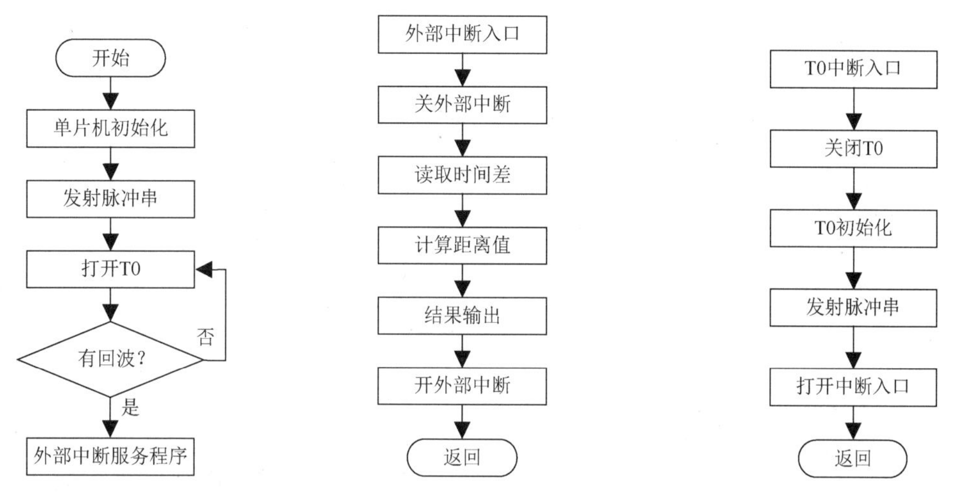

图 11-6　主程序流程图　　图 11-7　外部中断服务程序流程图　　图 11-8　T0 中断服务程序流程图

在单片机初始化及调用外部中断服务程序后，打开 T0 开始计时，程序进入外部中断响应的等待。程序初始化主要指 T0 的初始化，代码如下。

```
/*-----------------
文件名称:Ultra_Sonic.C
功能：用超声波测量障碍物距离，并在数码管上显示
说明：障碍物需要能反射超声波
------------------*/
#include <reg51.h>
#define P1_0  P1^0
void  main()
{
 TMOD = 0X01;                              //将 T0 初始化为方式 1
 TL0 = 0X00;
 TH0 = 0X00;
 ET0 = 1;                                  //开 T0 中断
 IT0 = 1;                                  //设置外部中断边沿触发
 EX0 = 1;                                  //打开外部中断
 EA = 1;                                   //打开总中断
 TR0 = 1;                                  //打开 T0
 while(1);                                 //等待外部中断
}
/*********************************
```

```
函数名称：INT0_SVC()
功能：外部中断服务程序，通过计算得到相应的距离值，同时将其转换为十进制数，显示输出
说明：无
入口参数：无
返回值：无
**********************************/
void  INT0_SVC()  interrupt 0
{
  unsigned char datl,dath;
  unsigned int dat;
  EX0 = 0;                                    //关闭总中断
  datl = TL0;
  dath = TH0;                                 //读取时间值 T
  dat = dath*256 + datl;                      //计算得到十六进制数
  dat = MULD(dat);                            //乘法子程序
  dat = ADJ(dat);                             //转换为十进制数
  DISP(DAT);                                  //显示输出
}
/**********************************
函数名称：TIM0_SVC()
功能：T0 中断服务程序，发射脉冲串
说明：由于 51 单片机的定时器最多为 16 位，所以当测量的距离太远时，定时器就会产生溢出，必
      须对溢出中断进行相应的设置才能使单片机正常工作
入口参数：无
返回值：无
**********************************/
void  TIM0_SVC()  interrupt  1
{
 EX0 = 0;
 TR0 = 0;
 TL0 = 0;
 TH0 = 0;
 TR0 = 1;
 EX0 = 1;
 P1_0 = 1;                                    //发射脉冲串
 P1_0 = 0;
}
```

经验总结

超声波测距作为非接触式测量方法，已经在很多领域得到应用。本实例设计的超声波测距装置在空气中的测量距离为 0～4m。测量时要求被测障碍物的表面比较光滑、平坦，超声波能够被反射回来。经试验，此装置的线性度、稳定性和重复性都比较好。若需进一步提高超声波测距装置的精度，可通过扩展温度传感器，测量环境温度，计算出当时的超声波速度，进而计算距离。

知识加油站

超声波测距利用超声波遇到障碍物会反射的特性，根据发射超声波和接收回波的时间差计算出发射点和障碍物之间的实际距离。测距公式为

$$L = C \times T$$

式中，L 是测量的距离；C 是超声波在空气中的传播速度；T 为从发射超声波到接收回波所用时间的一半。

超声波是一种频率较高的声音，指向性强，其在空气中的传播速度已知是实现超声波测距的基本条件。

实例 12　数字气压计

设计思路

数字气压计较传统的水银气压计有许多优点。传统的水银气压计必须进行器差、温度、纬度重力、高度重力等手工校正，且具有汞害、读数烦琐、视差等问题。数字气压计很好地解决了精度、可靠性等关键问题，不需要任何校正，可连接计算机进行打印。本实例设计了一款高精度的数字气压计。

器件介绍

在本实例中，传感器采用利用微细加工技术及晶片叠合技术制成的硅集成气压传感器（以下简称气压传感器），经过老化并根据线性、温漂、迟滞及稳定性等指标严格筛选出性能优异的传感器，以满足要求。气压传感器包括由 4 个压敏元件组成的桥式电路，并集成温度补偿电路、恒流源激励电路，可把气压值转换成差分电压信号。

气压传感器输出的差分电压信号有较大的共模电压，故本实例的放大电路采用仪表放大器 AD620，以取得较大的输入电阻及较高的共模抑制比，调整 AD620 以适应气压增益的需要，使测量时可把信号放大到接近 A/D 转换器的满量程。另外，本实例采用 12 位 A/D 转换器 TLC2543，其 A/D 转换精度可以达到 12 位，气压测量值可以精确到 0.01MPa。

硬件设计

数字气压计的硬件电路主要包括放大电路、A/D 转换电路、显示电路、键盘和通信电路等，其系统框图如图 12-1 所示。

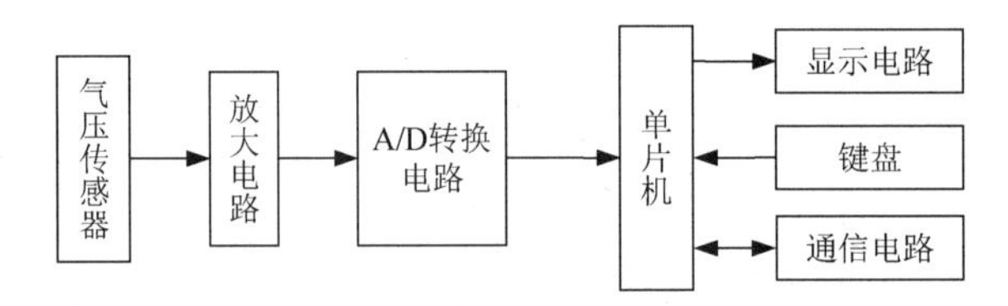

图 12-1　数字气压计的系统框图

1．放大电路的设计

气压传感器输出差分电压信号，其值为 0～20mV，且存在较大的共模电压。放大电路需要将其放大至 0～2.5V（A/D 转换电路的参考电压为 2.5V），且要求具有较高的共模干扰抑制能力。AD620 的增益为 1～1000，增益调节只需要使用一只电阻 R4。仪表放大器具有普通放大器所不具备的较高的共模干扰抑制能力，故放大电路可采用 AD620 完成。放大电路如图 12-2 所示。

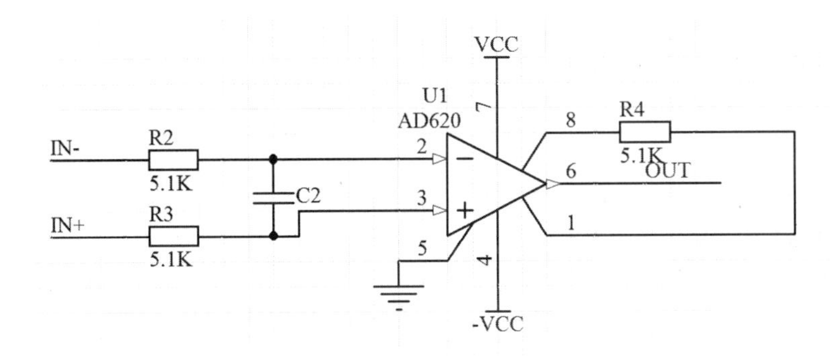

图 12-2　放大电路

2．A/D 转换电路的设计

A/D 转换电路如图 12-3 所示，气压传感器输出的差分电压信号经 AD620 放大后传送至 TLC2543 的通道 0。通过基准电压源 TL431 产生 2.5V 的基准电压，DATAIN、$\overline{CS}$、I/OCLK 和 DATAOUT 引脚直接与单片机 I/O 口连接。通过编程即可完成 A/D 转换，具体见程序设计部分。

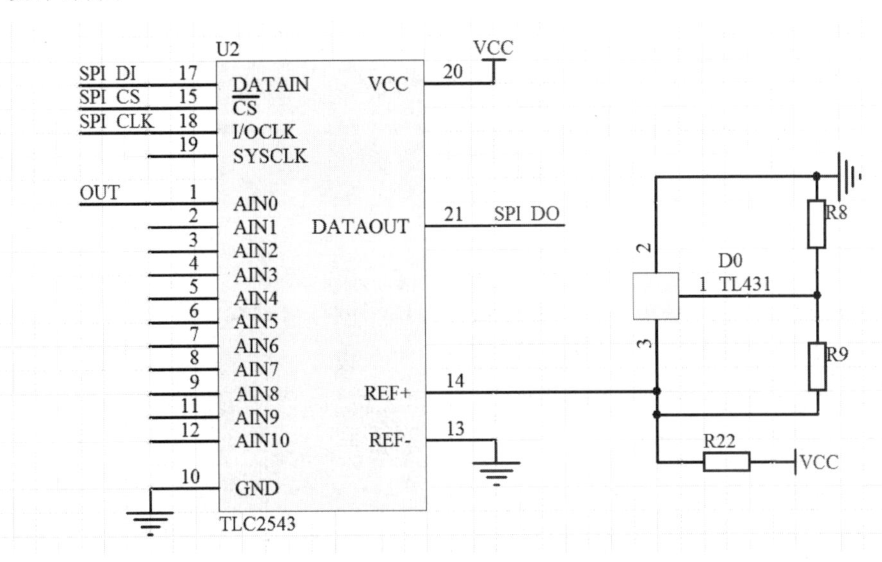

图 12-3　A/D 转换电路

3．显示电路、键盘的设计

显示电路及键盘部分采用 ZLG7289 串行连接数码管及键盘管理器件完成。ZLG7289 是广州周立功单片机发展有限公司自行设计，具有 SPI 功能，可同时驱动 8 位共阴极数码管或 64 只独立 LED 的智能显示驱动芯片。该芯片可连接多达 64 键的键盘矩阵，单片即可完成数码管显示、键盘接口的全部功能。显示电路、键盘的原理图如图 12-4 所示。扩展 5 个按键，分别是确定、返回、设置、加和减，完成对波特率、小数点位的设置（小数点位为 0～5）。ZLG7289 的 CS、CLK 和 DIO 引脚通过上拉电阻与单片机 I/O 口连接，通过编程完成对 ZLG7289 的操作，进而完成数据的显示、循环、闪烁等，ZLG7289 的 INT 引脚与单片机的 INT0 引脚相连，有按键被按下将引起单片机中断。R11 与 C7 组成阻容复位电路，上电后完成对 ZLG7289 的复位。

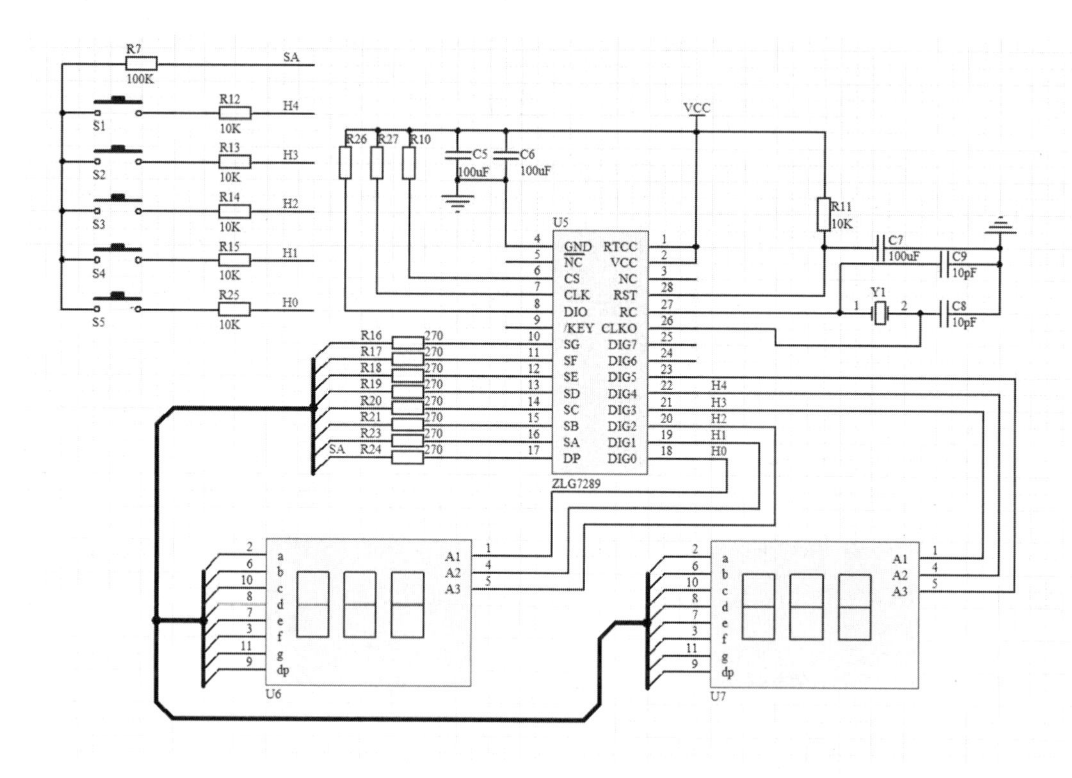

图 12-4　显示电路、键盘的原理图

程序设计

本实例的程序主要包括主程序、A/D 转换程序、键盘显示程序 3 部分。主程序主要完成对当前气压值的采集显示，当有按键中断时，进入设置子程序；当接收到发送气压值指令时，将当前气压值以压缩 BCD 码的形式传送至上位机。主程序的部分子程序代码如下。

ZLG7289 的相关程序代码如下。

```
/*－－－－－－－－－－－－－－－－
文件名称：ZLG7289.C
功能：ZLG7289 按键检测、显示驱动程序
－－－－－－－－－－－－－－－－－－*/
#include <reg52.h>
sbit ZLG7289_pinCS = P1^2;      //片选信号，低电平有效
sbit ZLG7289_pinCLK = P1^3;     //时钟信号，上升沿有效
sbit ZLG7289_pinDIO = P1^4;     //数据信号，双向
sbit ZLG7289_pinINT = P3^2;     //键盘中断请求信号，低电平（下降沿）有效
extern void ZLG7289_cmd(char cmd);
extern void ZLG7289_cmd_dat(char cmd, char dat);
#define ZLG7289_Reset() ZLG7289_cmd(0xA4)
#define ZLG7289_Test() ZLG7289_cmd(0xBF)
#define ZLG7289_SHL() ZLG7289_cmd(0xA0)
#define ZLG7289_SHR() ZLG7289_cmd(0xA1)
#define ZLG7289_ROL() ZLG7289_cmd(0xA2)
```

```
#define ZLG7289_ROR() ZLG7289_cmd(0xA3)
extern void ZLG7289_Download(unsigned char mod, char x, bit dp, char dat);
#define ZLG7289_Flash(x) ZLG7289_cmd_dat(0x88,(x))
#define ZLG7289_Hide(x) ZLG7289_cmd_dat(0x98,(x))
#define ZLG7289_SegOn(seg) ZLG7289_cmd_dat(0xE0,(seg))
#define ZLG7289_SegOff(seg) ZLG7289_cmd_dat(0xC0,(seg))
extern char ZLG7289_Key() reentrant;
extern void ZLG7289_Init(unsigned char t);
unsigned char ZLG7289_Delay_t;
/********************************
宏定义：ZLG7289_ShortDelay()
功能：短延时
说明：延时(ZLG7289_Delay_t*2 + 2)个机器周期
入口参数：无
返回值：无
*********************************/
#define ZLG7289_ShortDelay() {unsigned char t = ZLG7289_Delay_t;while
( --t != 0 );}

/********************************
宏定义：ZLG7289_LongDelay()
功能：长延时
说明：延时(ZLG7289_Delay_t*12 + 8)个机器周期
入口参数：无
返回值：无
*********************************/
#define ZLG7289_LongDelay(){unsigned char t = ZLG7289_Delay_t*6;while
( --t != 0 );}

/********************************
函数名称：ZLG7289_SPI_Write()
功能：向 SPI 总线写入 1 字节数据
入口参数：dat 为要写入的数据
返回值：无
*********************************/
void ZLG7289_SPI_Write(char dat)  reentrant
{
    unsigned char  t = 8;
    do
    {
        ZLG7289_pinDIO = (bit)(dat & 0x80);
        dat <<= 1;
        ZLG7289_pinCLK = 1;
        ZLG7289_ShortDelay();
        ZLG7289_pinCLK = 0;
        ZLG7289_ShortDelay();
    } while( --t != 0 );
```

```
}

/*********************************
函数名称：ZLG7289_SPI_Read()
功能：从 SPI 总线读取 1 字节数据
入口参数：无
返回值：读取到的 1 字节数据
*********************************/
char  ZLG7289_SPI_Read()  reentrant
{
    char dat;
    unsigned char t = 8;
    ZLG7289_pinDIO = 1;      //在读取数据之前将 DIO 引脚置 1，以切换到输入状态
    do
    {
        ZLG7289_pinCLK = 1;
        ZLG7289_ShortDelay();
        dat <<= 1;
        if( ZLG7289_pinDIO ) dat++;
        ZLG7289_pinCLK = 0;
        ZLG7289_ShortDelay();
    } while( --t != 0 );
    return dat;
}

/*********************************
函数名称：ZLG7289_cmd()
功能：执行 ZLG7289 纯指令
入口参数：cmd 为指令字
返回值：无
*********************************/
void ZLG7289_cmd(char cmd)
{
    char sav = IE;
    IE &= 0xFA;                 //关闭外部中断
    ZLG7289_pinCS = 0;
    ZLG7289_LongDelay();
    ZLG7289_SPI_Write(cmd);
    ZLG7289_pinCS = 1;
    ZLG7289_LongDelay();
    IE = sav;                   //恢复中断寄存器 IE 的值
}

/*********************************
函数名称：ZLG7289_cmd_dat()
功能：执行 ZLG7289 带数据指令
入口参数：cmd 为指令字，dat 为数据
```

```
返回值：无
**********************************/
void ZLG7289_cmd_dat(char cmd, char dat)
{
    char sav = IE;
    IE &= 0xFA;                //关闭外部中断
    ZLG7289_pinCS = 0;
    ZLG7289_LongDelay();
    ZLG7289_SPI_Write(cmd);
    ZLG7289_LongDelay();
    ZLG7289_SPI_Write(dat);
    ZLG7289_pinCS = 1;
    ZLG7289_LongDelay();
    IE = sav;                  //恢复中断寄存器 IE 的值
}

/**********************************
函数名称：ZLG7289_Download()
功能：下载数据到 ZLG7289
入口参数：mod=0 表示下载数据且按方式 0 译码
         mod=1 表示下载数据且按方式 1 译码
         mod=2 表示下载数据但不译码
         x 为数码管编号（横坐标），取值为 0～7
         dp=0 表示小数点不亮
         dp=1 表示小数点亮
         dat 为要显示的数据
返回值：无
**********************************/
void  ZLG7289_Download(unsigned char mod, char x, bit dp, char dat)
{
    code char ModDat[3] = {0x80,0xC8,0x90};
    char d1;
    char d2;
    if ( mod > 2 ) mod = 2;
    d1 = ModDat[mod];
    x &= 0x07;
    d1 |= x;
    d2 = dat & 0x7F;
    if ( dp ) d2 |= 0x80;
    ZLG7289_cmd_dat(d1,d2);
}

/**********************************
函数名称：ZLG7289_Key()
功能：执行 ZLG7289 键盘指令
说明：若返回 0xFF，则表示没有按键被按下
入口参数：无
```

```
返回值：返回读到的按键值 0～63
*********************************/
char  ZLG7289_Key()  reentrant
{
    char key;
    ZLG7289_pinCS = 0;
    ZLG7289_LongDelay();
    ZLG7289_SPI_Write(0x15);
    ZLG7289_LongDelay();
    key = ZLG7289_SPI_Read();
    ZLG7289_pinCS = 1;
    ZLG7289_LongDelay();
    return key;
}

/*********************************
函数名称：ZLG7289_Init()
功能：初始化 ZLG7289
说明：t 的取值可以参照公式 t>=5*f1/f2，f1 表示单片机中晶振的频率，f2 表示 ZLG7289 中
     晶振的频率
入口参数：t 为 SPI 总线的延时值，取值为 1～40（超出范围可能导致错误）
返回值：无
*********************************/
void  ZLG7289_Init(unsigned char  t)
{
    unsigned char x;
    ZLG7289_pinCS = 1;                              //I/O 口初始化
    ZLG7289_pinCLK = 0;
    ZLG7289_pinDIO = 1;
    ZLG7289_pinINT = 1;
    ZLG7289_Delay_t = t;                            //延时初始化
    for (x = 0; x<8; x++)                           //点亮所有数码管
    {
          ZLG7289_Download(1,x,1,8);
    }
}
```

TLC2543 的相关程序代码如下。

```
/*-----------------
文件名称：TLC2543.C
功能：TLC2543 的驱动程序
-----------------*/
#include <intrins.H>
#include "tlc2543.h"

/*********************************
函数名称：TLC2543_init()
```

```
功能：初始化 TLC2543 端口
入口参数：无
返回值：无
*********************************/
void  TLC2543_init()
{
   TLC2543_clk = 0;
   TLC2543_din = 0;
   TLC2543_dout = 1;
   TLC2543_cs = 0;                      //初始化端口
   TLC2543_clk = 0;                     //设置时钟为低电平
   TLC2543_cs = 1;                      //设置片选信号为高电平
}

/*********************************
函数名称：TLC2543()
功能：读取 TLC2543 转换数据
说明：rank 为下一次要读取的通道
入口参数：无
返回值：无
*********************************/
unsigned int TLC2543(unsigned char  rank)
{
  unsigned char mode,i;
  unsigned int dat;
  TLC2543_clk = 0;                      //设置时钟为低电平
  TLC2543_cs = 0;                       //设置片选信号为低电平
  rank = rank<<4;
  mode = rank;                          //设置 TLC2543 为单极性模式
  for (i = 0;i<12;i++)
  {
    dat =dat<<1;
     if (TLC2543_dout) dat++;           //读取数据
    TLC2543_din = (bit)(mode&0x80); //模式选择
     mode = mode<<1;
    TLC2543_clk = 1;                    //设置时钟为高电平
    TLC2543_clk = 0;                    //设置时钟为低电平
   }
   dat& = 0x0fff;
   TLC2543_cs = 1;                      //设置片选信号为低电平
   return dat;
}
/*********************************
函数名称：filter_2543()
功能：读取 TLC2543 的转换值并进行滤波处理
入口参数：rank 为要读取的通道，取值为 0～4
返回值：返回处理后的转换值
```

```
*********************************/
unsigned int filter_2543(unsigned char  rank)
{
   unsigned int idata read[21];      //转换后的数据存储空间
   unsigned char i = 20;             //读取 A/D 转换的次数
   while(i)
   {
   wtd = 0;wtd = 1;
   read[i] = TLC2543(rank);          //读取 9 次 A/D 转换的数据
   i--;
   }
   read[20] = 0;                     //第一次读取的数据，有时会是错误的
   for(i = 1;i<20;i++)               //把剩余的 8 个数据连加
   {
    read[20] = read[i] + read[20];
   }
   return read[20]/19;               //取平均数
}
```

经验总结

本实例设计的数字气压计的精度可以达到 0.01MPa，并且显示直观、系统稳定、成本低廉。若需要进一步提高数字气压计的精度，可以考虑增加温度检测模块，总结出温度与压力的关系，进行温度补偿。

知识加油站

共模信号在双端输入时是指两个相同的信号。采用差分放大电路可以抑制共模信号，差分放大电路又称为差动放大电路，只对差分信号进行放大。差分放大电路还能够有效减小电源波动和三极管由温度变化引起的零点漂移，通常作为多级放大器的前置级电路使用。

实例 13　数字电压表

设计思路

数字万用表（DVM）是一个具有数字显示功能的多量程仪表，它是测量仪表中最常用的工具，本实例将介绍一种基于单片机的量程为 0～20V 的数字电压表。

数字电压表的系统框图如图 13-1 所示。通过分压网络将需要采集的电压信号分为 0～5V 和 5～20V 两个范围，0～5V 的电压信号将直接进入 A/D 转换电路进行测量，5～20V 的电压信号再次通过分压网络进行分压，使其变为 0～5V，然后进入 A/D 转换电路进行测量，单片机采集 A/D 转换电路的输出结果，通过算法计算得到所测得的电压，然后将其送入显示电路进行显示。

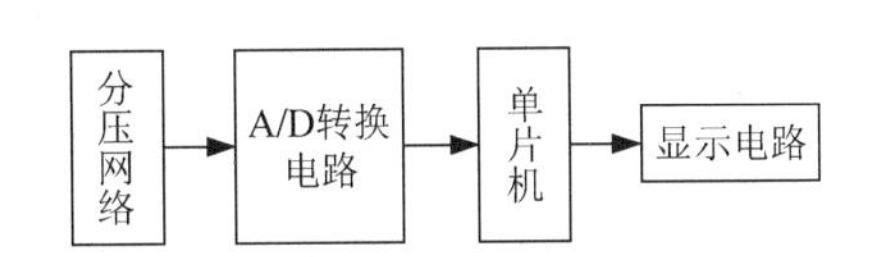

图 13-1　数字电压表的系统框图

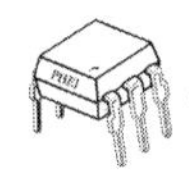

器件介绍

ADC0809 是美国国家半导体公司生产的 CMOS 工艺 8 通道 8 位逐次逼近式 A/D 转换器。其内部有一个 8 通道多路开关，可以根据地址码锁存译码后的信号，只选通 8 路模拟输入信号中的一个进行 A/D 转换。其主要特性如下。

① 有 8 路模拟量输入通道，8 位逐次逼近式 A/D 转换器，即分辨率为 8 位。

② 具有转换起停控制端。

③ 转换时间为 100μs（当时钟频率为 640kHz 时）、130μs（当时钟频率为 500kHz 时）。

④ 单个+5V 电源供电。

⑤ 模拟输入电压为 0～＋5V，不需零点和满刻度校准。

⑥ 工作温度为－40～＋85℃。

⑦ 低功耗，约为 15mW。

硬件设计

数字电压表的硬件电路由 3 部分组成：电压信号采集电路、A/D 转换电路、显示电路。

1. 电压信号采集电路

如图 13-2 所示，电压信号经 SIGNAL 端对地输入。R3、R4 对输入信号进行分压；Q2 和电阻 R7、R8 构成 1.25V 的基准电压源；LM393 构成比较器，当正端输入大于负端输入时，输出高电平（＋5V），当正端输入小于负端输入时，输出低电平（0V）；K1 为常闭继电器；Q1 构成开关电路，当 LM393 输出高电平时，Q1 导通，电流经 R2 和 Q1 集电极流向 K1 绕组，从而关断 K1。

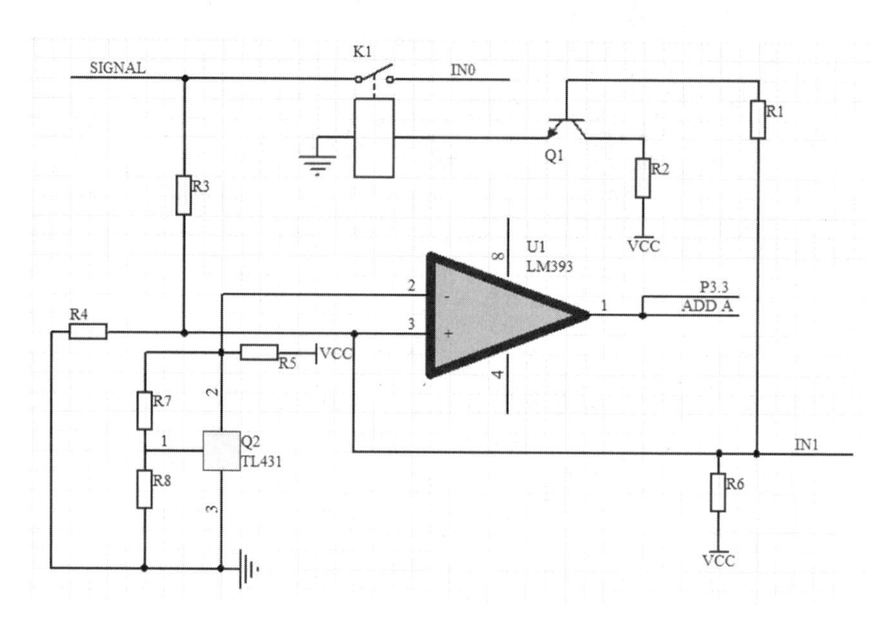

图 13-2　电压信号采集电路

通过上述分析我们不难得出：当输入信号小于 5V 时，R4 两端的电压小于 1.25V，LM393 输出低电平，Q1 截止，K1 导通，输入信号直接传递至 ADC0809 的通道 0；当输入信号大于 5V 而小于 20V 时，R4 两端的电压大于 1.25V，LM393 输出高电平，Q1 导通，K1 截止，输入信号经 R3、R4 分压后，转变为 0～5V 信号传递至 ADC0809 的通道 1。同时，单片机的 P3.3 引脚和 ADC0809 的 ADD A 引脚变为高电平。

2. A/D 转换电路

A/D 转换电路由 ADC0809 构成。ADC0809 是一款 8 位逐次逼近式 A/D 转换器，含有 8 路模拟量输入通道、地址译码锁存器、输出三态锁存器，脉冲启动，转换时间为 100μs。A/D 转换电路如图 13-3 所示（图中单片机的部分其他电路未画出），ADC0809 的数据端口与单片机 P1 口连接，时钟信号通过单片机的 ALE 引脚产生，参考电压为 + 5V、0V。

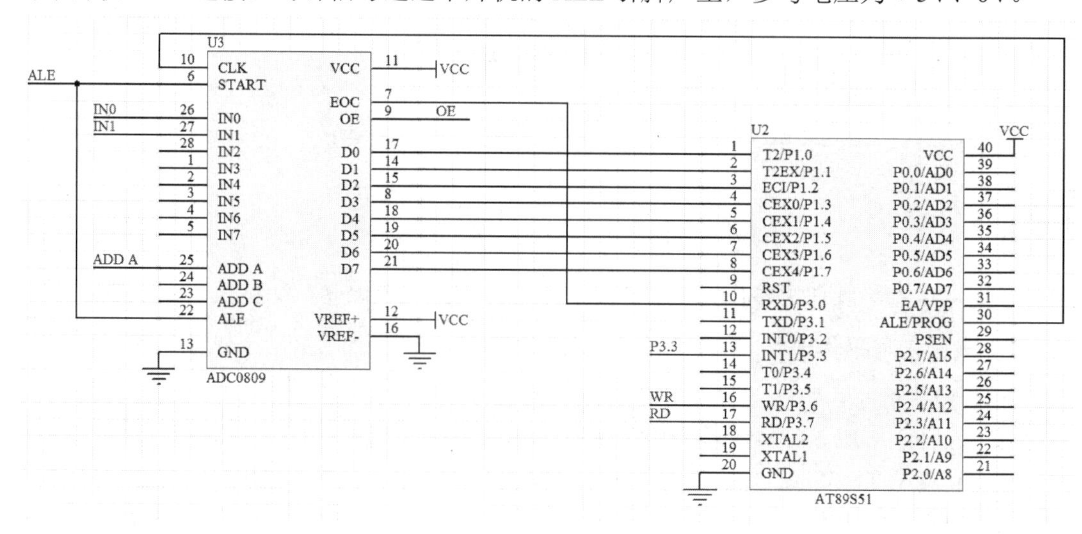

图 13-3　A/D 转换电路

3. 显示电路

显示电路采用 4 位动态显示方式，数据端口与单片机 P0 口相连，地址选通端为 P2.0、P2.1、P2.2、P2.3。

程序设计

数字电压表的代码如下。

```
/*-----------------
文件名称：DVM.C
功能：测量电压
说明：测量范围为 0～20V，0～5V 和 5～20V 自动切换
--------------------*/
#include <AT89X52.H>
unsigned char code dispbitcode[ ] = {0x77,0xbb,0xdd,0xee};
unsignedcharcodedispcode[ ] = {0x3f,0x06,0x5b,0x4f,0x66,0x6d,0x7d,0x07,0x7f,0x6f,0x00};
unsigned char dispbuf[8] = {0,0,0,0,0,0,0,0};
unsigned char dispcount = 0,flag;
unsigned char getdata;
unsigned int temp;
sbit ST = P3^6;
sbit OE = P3^7;
sbit EOC = P3^0;
sbit DA = P3^5;

void  main(void)
{
  unsigned char i,j,k;
  while(1)
  {
   ST = 1;
   ST = 0;
   ST = 1;
    if(EOC ==1)
     {
     OE = 0;
      getdata = P1;
      OE = 1;
      temp = getdata;
      temp = temp*100;
     if(DA ==1)
        {
         temp = temp/51;
           temp = temp*4;
        }
```

```
    }
    Else
       {
        temp = temp/51;
       }
      for(i = 0;i<8;i++)
       {
        dispbuf[i] = 0;
       }
       i = 0;
       while(temp/10)
       {
         dispbuf[i] = temp%10;
         temp = temp/10;
         i++;
       }
       dispbuf[i] = temp;
       for(k = 0;k< = 3;k++)
       {
        P0 = dispcode[dispbuf[k]];
        P2 = dispbitcode[k];
        if(k ==2)
        P0 = P0 | 0x80;
        for(j = 0;j< = 110;j++) {}
        }
    }
}
```

经验总结

本实例设计的数字电压表可用于简单的电压测量，成本低，实现容易，测量精度可以达到 0.1%，即 20mV。ADC0809 为 8 通道 A/D 转换器，只需进行简单的外围电路设计就可增加对电阻、电流的测量功能。单片机尚有 I/O 口剩余，可方便地扩展其他功能，如语音播报等。

知识加油站

A/D 转换器能把输入的模拟信号转换成数字信号，这样微处理器可以从传感器或其他模拟信号中获取信息。

双积分 A/D 转换器具有转换精度高、抗干扰性好、价格便宜等优点，但转换速度慢，多应用于数字仪表中。

逐次逼近式 A/D 转换器在转换精度、速度和价格方面都适中。

并行 A/D 转换器多应用于编码电路，是一种高速 A/D 转换器。

实例 14　称重显示仪表

设计思路

称重显示仪表广泛应用于建筑、化工、超市、道路等行业，其主要技术指标是精度。采用普通的 8 位 A/D 转换器，其转换精度只能达到 1/256，若测量 1000kg 的物体，其误差最小约为 4kg，这不能满足我们对大质量物体的测量要求，本实例介绍一种基于 24 位 A/D 转换器 AD7730 的高精度称重显示仪表，在采用 1000kg 量程时，其测量精度可以达到 0.1kg。

器件介绍

本实例中的传感器采用 JLBS-S 型拉力传感器，其将箔式应变片贴在合金钢弹性体上，具有测量精度高、稳定性高、温漂小、输出对称性好、结构紧凑的特点。其内部采用惠斯登电桥结构，输出电压为 2mV，即传感器的供电电压每增加 1V，传感器信号输出端的满量程输出就增加 2mV。在本实例中，我们提供 10V 供电电压，其传感器信号的输出电压范围为 0～20mV。

A/D 转换器采用 ADI 公司推出的一款高分辨率 A/D 转换器 AD7730，其具有双通道差分模拟输入、24 位无失码、21 位有效分辨率、± 0.0018%线性误差等特点。由于 AD7730 采用∑-Δ 转换技术，量化噪声被移至 A/D 转换器的频带以外，因此其特别适合用于宽动态范围内低频信号的 A/D 转换，具有优良的抗噪声性能。输入信号分为有极性与无极性两种，当无极性输入时，输入信号的范围为 0～20mV、0～40mV、0～60mV、0～80mV；当有极性输入时，输入信号的范围为 0～± 10mV、0～± 20mV、0～± 30mV、0～± 40mV。本实例中选择的输入信号为无极性信号，范围为 0～20mV。

硬件设计

称重显示仪表的硬件电路主要包括 A/D 转换电路、键盘、显示电路、存储电路，其系统框图如图 14-1 所示。

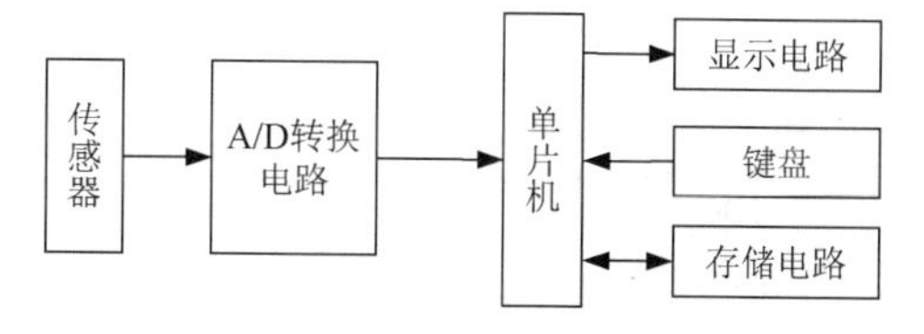

图 14-1　称重显示仪表的系统框图

1．A/D 转换电路

传感器输出的 0～20mV 差分信号通过 S＋端和 S−端输入 AD7730，转换结束后，$\overline{\text{RDY}}$ 引脚将持续输出低电平，此引脚与单片机的 P1.6 引脚相连，以便检测其状态。R1、R2 与 C5 组成低通滤波电路对差分信号进行滤波。

AD7730 的 DIN 引脚、DOUT 引脚、SCK 引脚为口，分别与单片机的 P1.3 引脚、P1.4 引脚、P1.5 引脚连接，通过编程完成与单片机的数据传递。$\overline{\text{CS}}$ 为片选引脚，当 $\overline{\text{CS}}$ 引脚出现一次高低电平的跳变时，将启动转换，此引脚与单片机的 P2.0 引脚连接。TL431 产生 2.5V 基准电压。$\overline{\text{RESET}}$ 引脚与单片机的 P1.7 引脚相连，如图 14-2 所示。

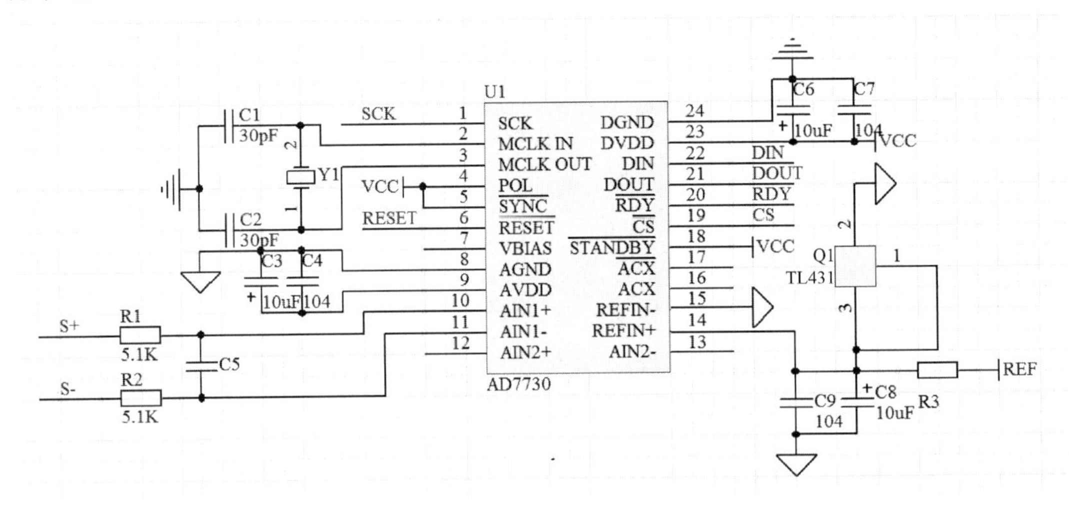

图 14-2　A/D 转换电路

2．显示电路

显示电路采用 ZLG7289 完成详细设计，其占用单片机的 INT0 引脚、P1.0 引脚、P1.1 引脚、P1.2 引脚。

3．存储电路

存储电路采用 I^2C 总线 EEPROM 24C02 完成详细设计。其中，I^2C 总线的串行时钟线 SCK、串行数据线 SDA 分别与单片机的 P2.1 引脚、P2.2 引脚相连，主要完成对系统波特率、皮重 AD 值、校称 AD 值等信息的存储。

程序设计

称重显示仪表的程序主要包括主程序、按键中断子程序、通信中断子程序，主程序的流程如图 14-3 所示。

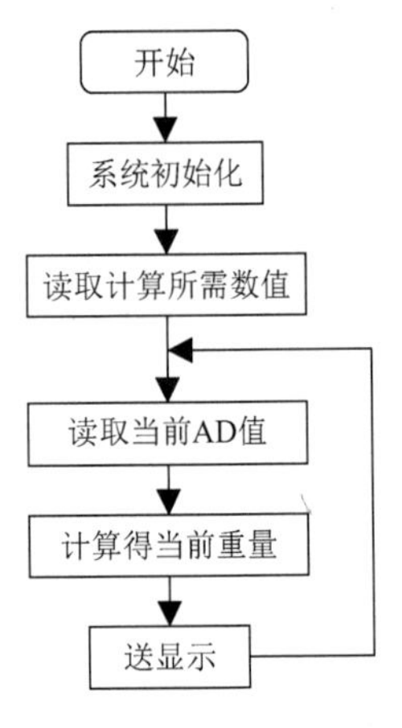

图 14-3　主程序的流程

系统上电后，首先初始化各项参数；然后读取皮重 AD 值（没有任何物体放入时所读取的 A/D 转换的值）、校称 AD 值（校称时所读取的 A/D 转换的值）和校称值（校称时输入的实际物体的质量），读取当前 AD 值后，通过公式计算得到当前质量；最后送往数码管进行显示。

$$当前质量 = \frac{（当前AD值 - 皮重AD值）\times 校称值}{（校称AD值 - 皮重AD值）}$$

AD7730 的操作程序代码如下。

```
/*-----------------
文件名称：weight.C
功能：测量、显示高精度质量
------------------*/
#include <reg52.h>
sbit AD7730_CS = P2^0;
sbit AD7730_SCLK = P1^3;
sbit AD7730_DIN = P1^4;
sbit AD7730_DOUT = P1^5;
sbit AD7730_RDY = P1^6;
sbit AD7730_RST = P1^7;
void WriteByteToAd7730(unsigned char WriteData);
unsigned char ReadByteFromAd7730(void);
void Ad7730_Ini(void);
long ReadAd7730ConversionData(void);
/********************************
函数名称：WriteByteToAd7730()
功能：AD7730 写寄存器函数
入口参数：WriteData 为要写入的数据
返回值：无
********************************/
void WriteByteToAd7730(unsigned char WriteData)
{
   unsigned char i;
   AD7730_CS = 0;
   for(i = 0;i<8;i++)
   {
      AD7730_SCLK = 0;
      if(WriteData&0x80)AD7730_DIN = 1;
      else AD7730_DIN = 0;
      WriteData = WriteData<<1;
      AD7730_SCLK = 1;
    }
    AD7730_DIN = 0;
    AD7730_CS = 1;
}

/********************************
函数名称：ReadByteFromAd7730()
功能：AD7730 读寄存器函数
```

```
入口参数：无
返回值：从 AD7730 中读出的数据
********************************/
unsigned char ReadByteFromAd7730(void)
{
   unsigned char i;
   unsigned char ReadData;
   AD7730_CS = 0;
   AD7730_DIN = 0;
   ReadData = 0;
   for(i = 0;i<8;i++)
   {
      AD7730_SCLK = 0;
      ReadData = ReadData<<1;
      if(AD7730_DOUT)ReadData+ = 1;
      AD7730_SCLK = 1;
   }
   AD7730_CS = 1;
   return(ReadData);
}
/*AD7730 初始化函数*/
/********************************
函数名称：Ad7730_Ini()
功能：初始化 AD7730
入口参数：无
返回值：无
********************************/
void Ad7730_Ini(void)
{
    unsigned char i;
    WriteByteToAd7730(0x03);  /*写通信寄存器，下一次对滤波寄存器进行操作*/
    WriteByteToAd7730(0x80);
    WriteByteToAd7730(0x00);
    WriteByteToAd7730(0x10);  /*50Hz 频率输出转换值，CHOP 模式*/
    WriteByteToAd7730(0x04);  /*写通信寄存器，下一次对 DAC 寄存器进行操作*/
    WriteByteToAd7730(0x20);  /*输入 2.5V 基准电压*/
    WriteByteToAd7730(0x14);
    i = ReadByteFromAd7730();  /*读 DAC 寄存器，判断数据是否正确*/
    WriteByteToAd7730(0x02);  /*写通信寄存器，下一次对模式寄存器进行操作*/
    WriteByteToAd7730(0xb1);
    WriteByteToAd7730(0x10);  /*写模式寄存器，电压为 0～20mV，输入 2.5V 基准电压*/
    while(AD7730_RDY)RstWDT();/*等待 RDY 信号*/
    WriteByteToAd7730(0x02);  /*写通信寄存器，下一次对模式寄存器进行操作*/
    WriteByteToAd7730(0x91);
    WriteByteToAd7730(0x10);  /*进行零刻度校准*/
    while(AD7730_RDY)RstWDT();/*等待 RDY 信号*/
```

```
    WriteByteToAd7730(0x02);  /*写通信寄存器，下一次对模式寄存器进行操作*/
    WriteByteToAd7730(0x31);
    WriteByteToAd7730(0x10);
    while(AD7730_RDY)RstWDT();
  }
/********************************
函数名称：ReadAd7730ConversionData()
功能：读 A/D 转换结果
入口参数：无
返回值：A/D 转换结果
********************************/
long ReadAd7730ConversionData(void)
{
   long ConverData;
   WriteByteToAd7730(0x21);      /*写通信寄存器，下一次对数据寄存器进行操作*/
   AD7730_DIN = 0;
   while(AD7730_RDY)RstWDT();    /* 等待 RDY 信号*/
   if(!AD7730_RDY)
   {
       ConverData = 0;
       ConverData = ReadByteFromAd7730();
       ConverData = ConverData<<8;
       ConverData = ReadByteFromAd7730() + ConverData;
       ConverData = ConverData<<8;
       ConverData = ReadByteFromAd7730() + ConverData;
   }
   /* 读取 A/D 转换结果*/
   WriteByteToAd7730(0x30);/*结束读操作*/
   return(ConverData);
}
//主程序
main()
{
  long dat;
  AD7730_RST = 0;
  AD7730_RST = 1;
  Ad7730_Ini()
  while(1)
  dat = ReadAd7730ConversionData();
}
```

经验总结

本实例设计的称重显示仪表的优点在于精度高、系统稳定，能很好地满足大量程称重系统的设计要求，缺点在于 AD7730 的价格偏高。

知识加油站

分辨率是 A/D 转换器的主要技术指标，通常用数字量的位数来表示，如 8 位、10 位、12 位、16 位分辨率等。若分辨率为 8 位，则表示它可以对全量程的 $1/2^8 = 1/256$ 的增量做出反应。分辨率越高，对输入量微小变化的反应越灵敏。

量程是所能转换的电压范围，如 0～5V、0～10V 等。

精度有绝对精度和相对精度两种表示方法，常用数字量的位数作为度量绝对精度的单位。精度和分辨率是不同的概念，精度是指转换后所得结果相对于实际值的准确度，分辨率是指对转换结果有影响的最小输入量。

实例 15　车轮测速系统

设计思路

本实例采用红外传感器将转速转变为脉冲，然后将脉冲数据交由单片机处理，单片机计算一定时间内脉冲的个数，将计数值转变为速度值，并送至数码管显示。

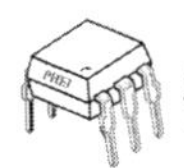

器件介绍

本实例中的红外传感器采用一对红外发射管和红外接收管，当红外发射管、红外探测器都正常工作时，LM339 的负输入端 4 为低电平，输出端 2 为高电平；当红外探测器被外物挡住时，红外探测器不工作，LM339 的负输入端 4 为高电平，输出端 2 为低电平。将单片机设置为外部中断下降沿触发有效，实现中断触发功能。

硬件设计

车轮测速系统的原理图如图 15-1 所示。

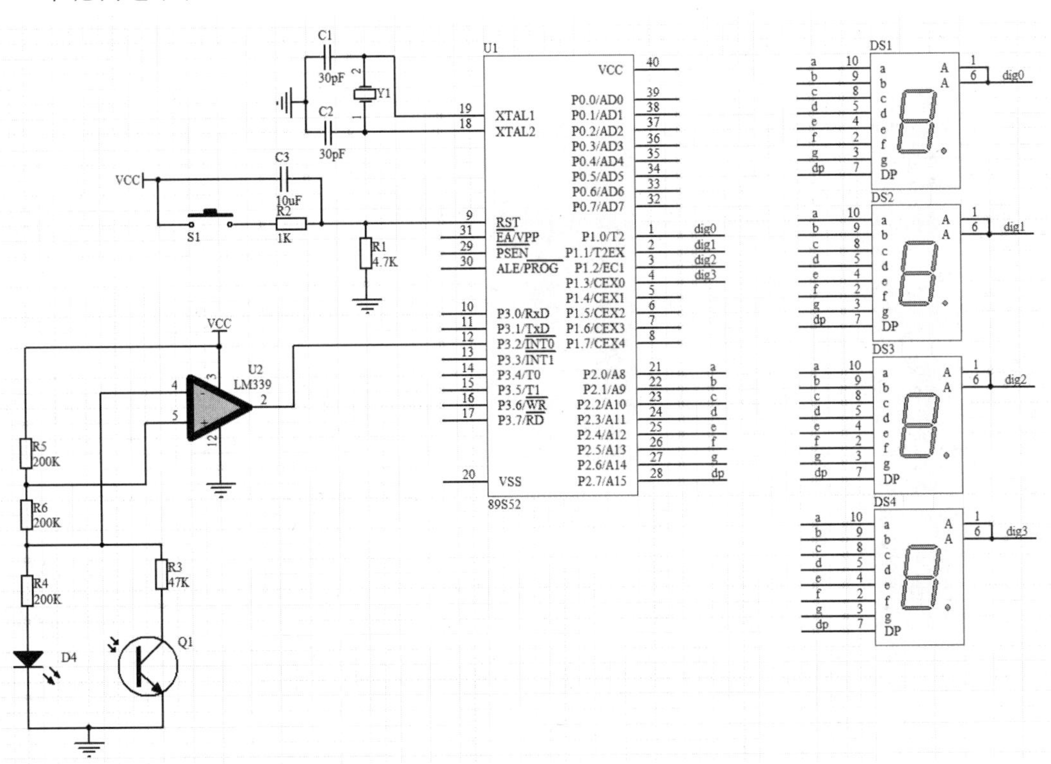

图 15-1　车轮测速系统的原理图

程序设计

本实例的测速原理为根据相邻两个红外探测器的圆弧长度和通过这段圆弧所需的时间来计算速度。通过圆弧所需的时间正好是连续两个脉冲的时间间隔，即连续两次中断的时间间隔。具体程序代码如下。

```
/*-----------------
文件名称：speed.C
功能：车轮测速
说明：系统主时钟频率为 6MHz，定时间隔为 512μs
-------------------*/
#include <reg51.h>
    unsigned char  K = 100;      //相邻两个红外探测器之间的圆弧长度，预设为 100mm
    unsigned int  t0_num = 0;         //T0 的中断次数计数值
    unsigned int  speed;              //计算出的速度，单位为 km/h
    unsigned char  int0_flag = 0;    //int0 的中断标志位
    unsigned char  t0_max = 65000;  //T0 的最大中断次数，防止当车轮不转时，数据溢出
//主程序
void  main()
 {
    //初始化中断，下降沿触发有效
    EA = 0;
    IT0 = 1;
    EX0 = 1;
    //初始化 T0 为方式 2，8 位自动重载方式。在主时钟频率为 6MHz 时，定时间隔为 512μs
    TMOD = 0x02;
    TL0 = 0xff;
    TH0 = 0xff;
    //开启中断
    EA = 1;
    while(1)
    {
        if(int0_flag ==2)                //若连续中断两次，则进行速度计算
              {
              speed =  (K*3600) /(t0_num*512); //计算速度
              disp(speed,0);         //显示速度
              t0_num = 0;
              int0_flag = 0;
              EA = 1;
          }
    }
 }

/*********************************
函数名称：int0_fun() interrupt 0
功能：int0 中断处理函数
说明：设置 int0_flag 的值，并根据 int0_flag 的值启动或关闭 T0
入口参数：无
```

```
返回值：无
*********************************/
 void int0_fun()  interrupt 0
 {
      if(int0_flag ==0)
             {
                  TR0 = 1;
             }
             int0_flag++;
             if(int0_flag ==2)
                  {
                  TR0 = 0;
                  EA = 0;
         }
 }

 /*********************************
函数名称：t0_fun()  interrupt 1
功能：T0 溢出中断的中断服务函数
说明：对 t0_num 进行递增，并判断是否达到最大值
入口参数：无
返回值：无
*********************************/
 void t0_fun()  interrupt 1
 {
     t0_num++;
     if(T0 ==t0_max)
        {
              int0_flag = 2;
              TR0 = 0;
              EA = 0;
         }
 }
```

经验总结

本实例设计的车轮测速系统可用于转速测量，也可用于线性速度测量、频率测量、计数等，稍微改变程序也可进行位移测量。其结构简单、易于实现、成本低。

知识加油站

逐次逼近比较型 A/D 转换器的输入电压 V_{in} 和输出电压 V_o 在比较器中进行比较，若 V_{in} 不等于 V_o，则对输出数字量加以调整，直到 $V_{in} = V_o$ 为止。

首先对最高位数字进行调整，设置最高位为 1，进行转换、比较、判断。若 $V_{in} < V_o$，则将该位调整为 0；若 $V_{in} > V_o$，则表明最高位设为 1 是对的。然后按照该方式对较低位依次进行调整测试。对于 N 位 A/D 转换器，共需要进行 N 次调整。

实例 16　电源切换系统

设计思路

医院、银行、化工厂、消防、军事设施等不允许断电的重要场合都要求配备两路电源来保证供电的可靠性，这就需要一种能在两路电源之间进行可靠转换的电源切换系统，以保证当某路正在使用的电源出现故障时能自动切换到另一路正常电源上，实现连续供电或使断电时间在允许的范围内。

本实例设计的电源切换系统实现了两路交流电源的自动切换。在正常情况下，系统由主电源供电；当主电源发生故障时，由电源切换系统将系统电源切换至备用电源上；当主电源恢复正常时，再自动将系统电源切换到主电源上。

器件介绍

继电器是一种根据电气量（如电压、电流等）或非电气量（如热、时间、压力、转速等）的变化接通或断开电路，以实现自动控制和保护电力拖动装置的电器。继电器一般由感测机构、中间机构和执行机构 3 部分组成。感测机构把感测到的电气量或非电气量传递给中间机构，将它与额定的整定值进行比较，当达到整定值时，中间机构使执行机构动作，从而接通或断开电路。

继电器的种类有很多，按用途不同可分为控制继电器和保护继电器等；按输入信号的性质不同可分为电压继电器、电流继电器、时间继电器、速度继电器、压力继电器和温度继电器等；按工作原理不同可分为电磁式继电器、感应式继电器、热继电器和电子式继电器等；按动作时间不同可分为瞬时继电器和延时继电器等。

在继电器实现动作控制的过程中，为了安全地使用继电器，需要注意继电器的主要技术参数。SSR50DA 是 FOTEK 公司推出的一款固态继电器。它采用阻燃工程塑料外壳，环氧树脂灌封，螺纹引出端接线，具有结构强度高、耐冲击、抗震动性强、输入端驱动电流小等特点。SSR50DA 的外观如图 16-1 所示，内部结构如图 16-2 所示。

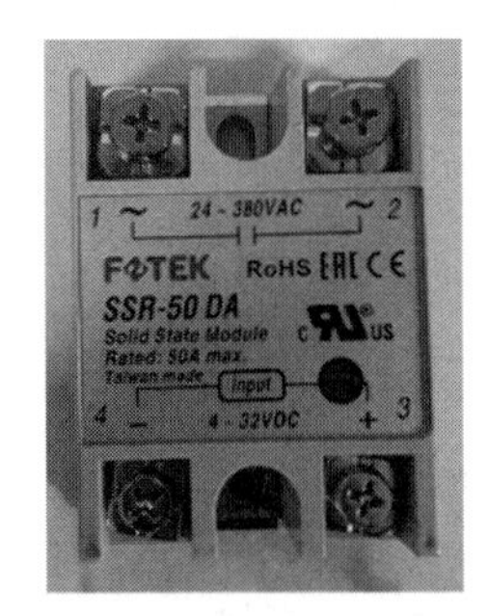

图 16-1　SSR50DA 的外观

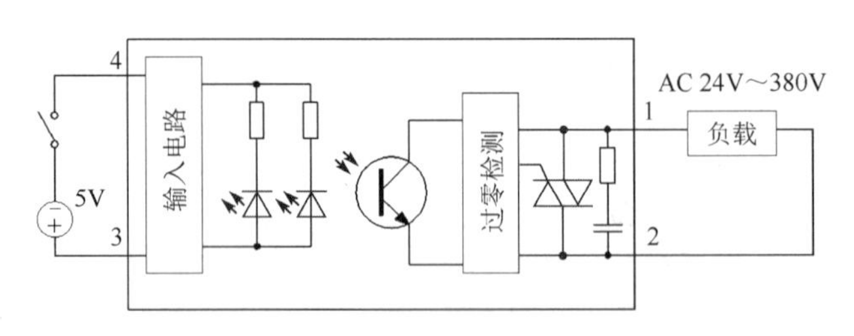

图 16-2　SSR50DA 的内部结构

SSR50DA 的主要技术参数如表 16-1 所示。

表 16-1　SSR50DA 的主要技术参数

参数名称	参数值
控制方式	直流控交流（DC-AC）
负载电流	10A、25A、40A、50A、60A、75A、90A
负载电压	L：AC 24V～AC 380V；H：AC 90V～AC 480V
控制电压	AC 3V～DC 32V
控制电流	DC：3～25mA
通态漏电流	≤2mA
通态降压	≤AC1.5V
断态时间	≤10ms
介质耐压	AC 2500V
绝缘电阻	500MΩ/DC 500V
环境温度	－30～＋75℃
安装方式	螺栓固定
工作指示	LED

硬件设计

本实例以 AT89C51 和 SSR50DA 为主要控制部件设计硬件电路来实现上述电源切换系统的要求。硬件电路主要包括 3 部分：输入电路、单片机及外围电路、继电器控制电路，硬件电路的整体框图如图 16-3 所示。

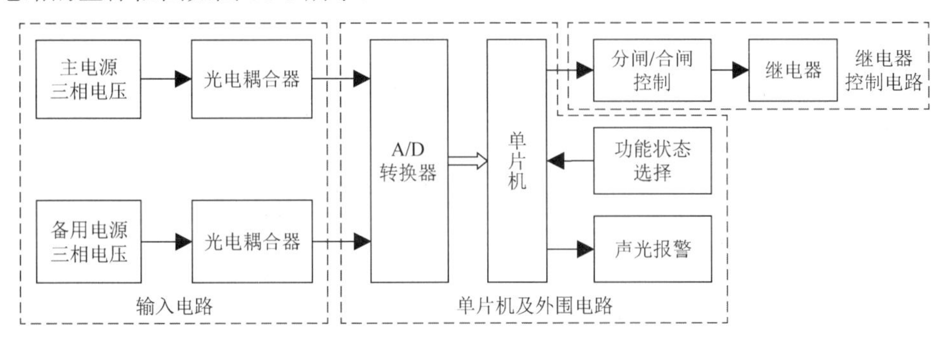

图 16-3　硬件电路的整体框图

将主电源三相电压和备用电源三相电压经过光电耦合器送入 A/D 转换器，完成转换后将结果送至单片机。系统根据用户键入的功能命令与标准设定值进行智能判断，然后将相应的分闸、合闸及声光报警等信号送入接口电路进而驱动继电器，完成相应的电源切换操作。单片机还对切换后的开关进行检测，判断是否正常分闸或正常合闸，形成闭环控制回路，以免开关本身出现故障造成系统工作不正常。

1．输入电路的设计

在图 16-4 中，CCI 端接主电源的某一相，CN 端接主电源的中线；BBI 端接备用电源的某一相，BN 端接备用电源的中线。用光电耦合器 IS604 作为强电与弱电的隔离器件（实际电路中应有 6 个 IS604，为减少电路图占用的篇幅，仅画出主电源某一相的连接情况），

IS604 内采用双向发光二极管，转换效率高，外界电压的轻微变化就可以使 IS604 有相应的输出。R1 为统调电阻，使每个光电耦合器在输入相同时有相同的直流输出，以克服光电耦合器之间的误差，避免单片机误判。ADC0809 的性价比较高，其 IN0～IN2 引脚接至主电源三相电压的取样端，IN3～IN5 引脚接至备用电源三相电压的取样端，在地址线 A2、Al、A0 的控制下，单片机依次读入每相取样值的 A/D 转换结果，单片机将这些转换结果与标准设定值相比较，做出相应的判断，并通过单片机的 P1 口、P2 口、P3 口进行输出控制并指示。继电器 K5 的作用是将主电源或备用电源的某相电压输入变压器 T1，经过降压、整流、稳压后作为控制器的工作电源。

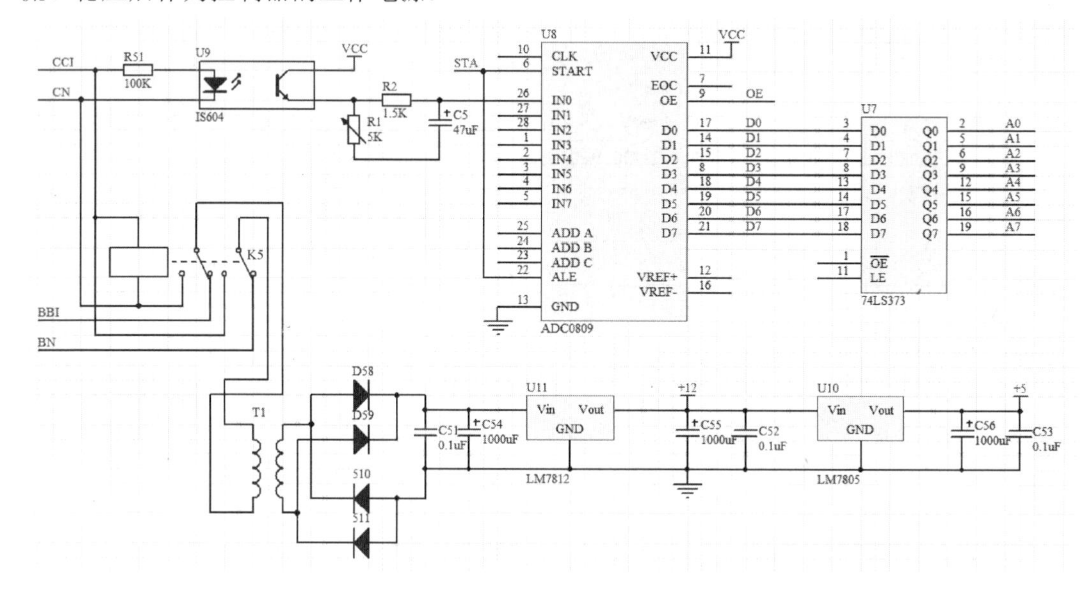

图 16-4　输入电路

2．单片机及外围电路

单片机的引脚有限，为了扩展单片机的功能脚，系统采用 8255 并行扩展芯片，如图 16-5 所示。将 8255 的 PA0～PA5 引脚用于工作模式指示（图 16-5 中未画出 LED，8255 可通过限流电阻直接驱动 LED），将 PC0～PC5 引脚用于备用电源某相的过电压或欠电压指示。由于电源切换控制器的工作环境恶劣，干扰或其他原因可能使单片机程序进入死循环或死机，因此加入看门狗芯片 MAX813L。AT89C51 的 P20～P25 引脚用于主电源某相的过电压或欠电压指示；P26～P27 引脚可以用于输出电网发电的发电指令和卸载指令；P10～P17 引脚及 P30～P35 引脚用作基本的 I/O 口，可以通过按键扫描的方式接收新的工作模式指令，以及某路电源分闸/合闸指令、声光报警指令。

3．继电器控制电路

图 16-6 只画出了主电源合闸控制及备用电源合闸控制电路。主电源合闸控制继电器的线圈 K1 与备用电源合闸控制继电器的常闭触点 S1 串接在一起，这样当 P11 引脚出现高电平，Pl3 引脚出现低电平时，继电器线圈 K1 通电，其常开触点闭合，常闭触点断开，接通 AC 220V 的主电源闸刀控制线路，同时断开备用电源合闸控制继电器线圈 K2 的电源，两个继电器接成互锁的形式，以保证任何时刻只有一路电源被合闸接通，确保供电系统安全

运行。继电器控制电路中还有分闸控制电路，其形式与图 16-6 类似，但无须接成互锁形式。

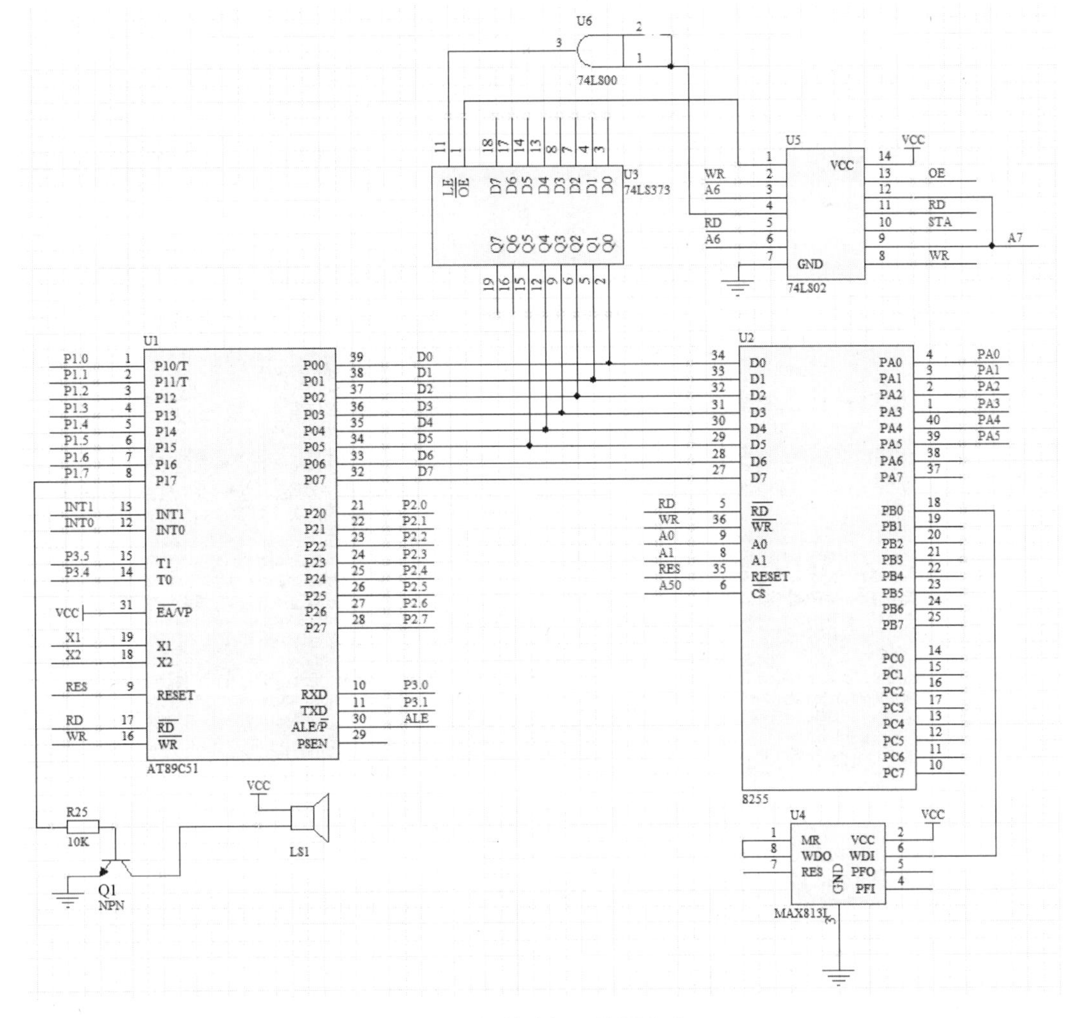

图 16-5　单片机及外围电路

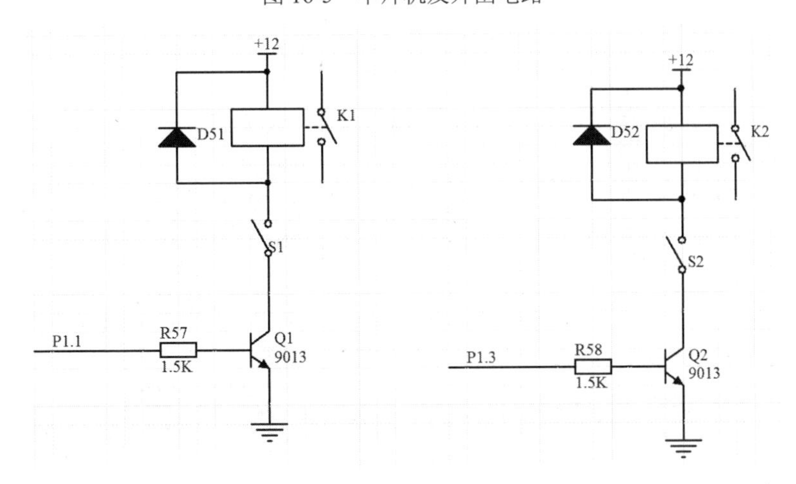

图 16-6　主电源合闸控制及备用电源合闸控制电路

程序设计

电源切换系统采用自动工作模式，电源切换系统不断检测主电源电压，当其低于设定值时，电源切换系统将系统电源自动切换到备用电源上；当主电源电压恢复正常时，电源切换系统再将系统电源自动切回主电源。整个程序分为电压检测程序、报警程序、电源切换程序及主程序。

电压检测程序主要对主电源电压进行检测。在硬件设计时，采用光电耦合器将强电与弱电隔离开。当主电源正常时，光电耦合器输出高电平；当主电源失效时，光电耦合器输出低电平。因此，程序通过不断检测 P1.×引脚的状态就可以判断主电源的状态。为了能够准确地检测主电源的状态，程序对 P1.×引脚采样 3 次，取两次以上相同状态作为本次读取的状态。电压检测程序的代码如下。

```
uchar CheckVol()
{
    uchar i,k;
    i = 0;
    VOLPIN = 1;
    for(k = 0;k<3;k++)
    {
        if(VOLPIN ==1)
            i++;
        Delay1Ms();
        }
    if(i>1)
        i = 1;
    else
        i = 0;
    return i;
    }
```

报警程序主要控制蜂鸣器发声及 LED 指示。当主电源失效时，蜂鸣器发声且 LED 点亮，代码如下。

```
void Alarm(uchar m)
{
    if (m ==1)
    {
        ALARNPIN = 1;
        LEDPIN = 0;
        }
    else
    {
        ALARNPIN = 0;
        LEDPIN = 1;
        }
}
```

电源切换程序用于切换电源。当主电源失效时，该程序控制继电器将系统电源切换至备用电源；当主电源恢复时，该程序控制继电器将系统电源切换至主电源。电源切换程序的代码如下。

```
void ChangeVol(uchar m)
{
    if(m ==1)
    {
        SPOWERPIN = 0;
        MPOWERPIN = 1;
        }
    else
    {
        MPOWERPIN = 0;
        SPOWERPIN = 1;
        }
    }
```

主程序调用相关程序，代码如下。

```
void main()
{
    uchar i;
    SPOWERPIN = 0;
    MPOWERPIN = 1;
    ALARNPIN = 0;
    LEDPIN = 1;
    while(1)
    {
        i = CheckVol();
        if(i ==1)
        {
            Alarm(0);
            ChangeVol(1);
            }
        else
        {
            Alarm(1);
            ChangeVol(0);
            }
        }
}
```

经验总结

本实例实现了电源切换系统的基本功能。进行硬件设计时，要注意强电与弱电的隔离，以及外部干扰对电源切换系统的影响，当继电器控制电路中通过大电流时，防止继电器触点火花对电路的干扰。在进行程序设计时，为了能够准确地检测主电源的状态，采用了一定的滤波算法，程序对 P1.×引脚采样 3 次，取两次以上相同的状态作为本次读取的状态。

本实例只是简单实现了一个电源切换系统，读者可以根据需要增加其他功能。例如，增加电源切换之后的开关状态检测，避免由于开关本身出现故障造成供电不正常；采用线性光电隔离器和 A/D 转换器实现在特定电源间的切换；增加按键及显示功能实现切换电压的设定及实时显示等。

知识加油站

8255 是一种可编程的并行 I/O 口芯片，8255 有 24 个 I/O 口，可分为 3 组 8 位 I/O 口 PA、PB、PC，也可分为两组 12 位 I/O 口，一组包括 PA 及 PC 高 4 位（PC4～PC7），另一组包括 PB 及 PC 低 4 位（PC0～PC3），允许分别编程，工作方式可分为方式 0、方式 1、方式 2 三种。通过控制字/状态字可以设置其工作方式。

当 8255 工作于方式 0 时，24 个 I/O 口被分为四组，PA、PB 可定义为输入或输出口，PC 分为两部分(高四位和低四位)，PC 的两部分也可分别定义为输入或输出口，提供基本的输入和输出功能。

当 8255 工作于方式 1 时，PA、PB 是两组独立的 8 位并行 I/O 口，PC 的部分 I/O 口作为 PA、PB 的控制联络信号线。

当 8255 工作于方式 2 时，PA 是带联络信号的双向 I/O 口。PA 工作于方式 2，PB 可选择工作于方式 0 或方式 1，PC 的五条信号线作为联络信号线。

实例 17　步进电机控制

设计思路

步进电机（Step Motor）又称为脉冲电动机，是将脉冲转换为相应的角位移或直线位移的电磁机械装置，也是一种输出机械位移增量与输入脉冲对应的增量驱动器件。随着微电子技术和计算机技术的发展，步进电机已广泛应用在要求定位精度高、响应性高、信赖度高等灵活控制性高的机械系统中。随着数字化技术的发展及步进电机本身技术的提高，步进电机将会在更多的领域中得到应用。本实例主要控制步进电机按指定速度正转和反转。

器件介绍

步进电机是数字控制电机，它将脉冲转变成角位移，即给一个脉冲，步进电机就转动一个角度。步进电机的总转动角度由输入脉冲数决定，而步进电机的转速由脉冲频率决定，因此非常适合用单片机控制。

步进电机的工作就是步进转动，其功能是将脉冲变换为相应的角位移或直线位移。步进电机的角位移量与脉冲数成正比，它的转速与脉冲频率（f）成正比，如在将两相步进电机设定为半步的情况下，步进电机转一圈需要 400 个脉冲，步进电机的转速为 $n = 60f/200$（转/分）。给一个脉冲，步进电机的转子就转过相应的角度，这个角度称作该步进电机的步距角。目前，常用步进电机的步距角为 1.8°（一步）或 0.9°（半步）。以步距角为 0.9° 的步进电机来说，当给步进电机一个脉冲时，步进电机就转过 0.9°；当给步进电机两个脉冲时，步进电机就转过 1.8°。以此类推，连续给出脉冲，步进电机就可以连续运转。

步进电机必须使用专用的步进电机驱动器，不能直接连接到工频交流或直流电源上工作。常见步进电机的驱动方式有全电压驱动和高低压驱动。

全电压驱动是指在步进电机移步与锁步时都加载额定电压。为了防止步进电机过电流及改善驱动特性，需加限流电阻。由于步进电机锁步时，限流电阻要消耗大量功率，所以限流电阻要有较大的功率容量，并且开关管也要有较高的负载能力。

步进电机的另一种驱动方式是高低压驱动，即在步进电机移步时，加额定电压或超过额定电压的电压，以便在较大的电流驱动下，使步进电机快速移步；而在步进电机锁步时，加低于额定电压的电压，只让步进电机绕组流过锁步所需的电流值。这样，既可以减少限流电阻的功率消耗，又可以提高步进电机的运行速度，但这种驱动方式对应的电路要复杂一些。驱动脉冲的分配可以使用硬件方法，即用脉冲分配器实现。目前，脉冲分配器已经标准化、芯片化。

86BYG350F 系列步进电机是由杭州日恒科技有限公司推出的三相步进电机，其外形如图 17-1 所示。86BYG350F 系列步进电机的技术参数如表 17-1 所示。

图 17-1　86BYG350F 系列步进电机的外形

表 17-1　86BYG350F 系列步进电机的技术参数

步进电机型号	相数	相电流/A	相电阻/Ω	相电感/mH	步距角/°	保持转矩/（N·m）	转动惯量/（kg·cm²）	质量/kg
86BYG350FA	3	3.35	4.25	12	0.6/1.2	2.0	1.32	2
86BYG350FB	3	3.35	5.4	23	0.6/1.2	4.0	2.40	3
86BYG350FC	3	3.35	9.00	41	0.6/1.2	6.0	3.48	4

硬件设计

步进电机是否转动是由步进电机绕组中输入脉冲的有无来控制的，每步转过的角度和方向是由步进电机绕组中的通电方式来决定的。也就是说，对步进电机的控制要求单片机首先产生按规律变化的脉冲，然后通过接口和驱动放大电路驱动步进电机绕组工作。下面先了解一下步进电机控制系统的硬件设计。

图 17-2 所示是 AT89C51 对三相步进电机的控制原理图。由于 AT89C51 的 P1 口只能驱动 3 个标准的 LSTTL 输入门，因此需要通过 7406 驱动器驱动达林顿管，使步进电机绕组的静态电流达到 2A。AT89C51 的 P10 引脚控制 A 相，P11 引脚控制 B 相，P12 引脚控制 C 相。当 P10 引脚输出高电平时，达林顿管导通，A 相绕组有电流通过，A 相导通；当 P10 引脚输出低电平时，达林顿管截止，A 相截止。因此，P10 引脚用于控制 A 相是否导通，输出 1 则 A 相导通，输出 0 则 A 相截止。同理，P11 引脚用于控制 B 相，P12 引脚用于控制 C 相。

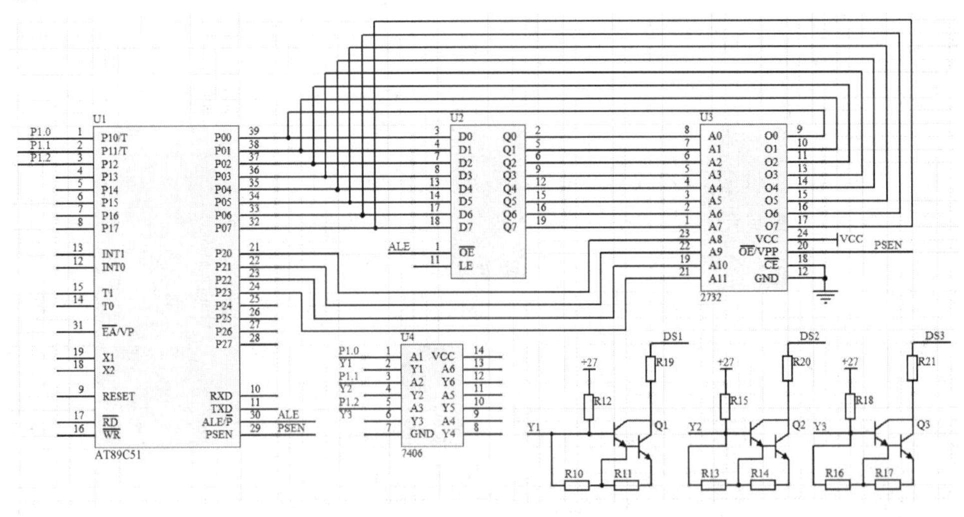

图 17-2　AT89C51 对三相步进电机的控制原理图

程序设计

我们利用延时程序编写三相六拍通电方式的控制程序。在三相六拍通电方式下，若按照 A 相→A 相、B 相→B 相→B 相、C 相→C 相→C 相、A 相顺序通电，则步进电机正转；若按照 A 相→A 相、C 相→C 相→C 相、B 相→B 相→B 相、A 相顺序通电，则步进电机反转。正反转控制模型如表 17-2 所示。

表 17-2　正反转控制模型

节拍		通电相	控制值	
正转	反转		二进制数	十六进制数
1	6	A	00000001	01
2	5	A、B	00000011	03
3	4	B	00000010	02
4	3	B、C	00000110	06
5	2	C	00000100	04
6	1	C、A	00000101	05

从表 17-2 中可以看出，正转节拍 1 是 A 相导通，B 相、C 相截止，所以 P10 引脚输出 1，P11 引脚、P12 引脚输出 0，P1 口输出值为 01H。正转节拍 2 是 A 相、B 相导通，C 相截止，所以 P10 引脚、P11 引脚输出 1，P12 引脚输出 0，P1 口输出值为 03H。读者可自行分析正转及反转其他节拍的控制值。在进行程序设计时，只需将正转或反转节拍的控制值存放在数组中，然后按顺序从数组中读取并通过 P1 口输出即可控制步进电机正转或反转。

由前面的介绍可知，步进电机的转速与节拍频率 f 成正比，与节拍周期 T 成反比。因此通过调节两节拍的间隔时间就能控制步进电机的转速。本实例的程序通过延时函数控制节拍周期 T。下面介绍程序中用到的主要函数。

1. 延时函数 DelayMs()

该函数用于控制节拍周期 T，从而控制步进电机的转速，其基本延时时间约为 1ms，总的延时时间是 dcnt×1ms，代码如下。

```
void DelayMs(uchar dcnt)                              //延时函数，延时 dcnt*1ms
{
    uint i;
    while(dcnt>0)
    {
        i = 123;
        while(i>0)
            i--;
        dcnt--;
    }
}
```

2. 正转控制函数 RotateWise()

该函数用于控制步进电机正转，参数 speed 用于控制转速，stepcnt 用于控制转动步数。其依次从数组 roundz[]中取出节拍控制值，通过 P1 口输出，同时延时 speed 指定的时间。

当步进电机转动 stepcnt 指定的步数时，程序结束。正转控制流程图如图 17-3 所示。

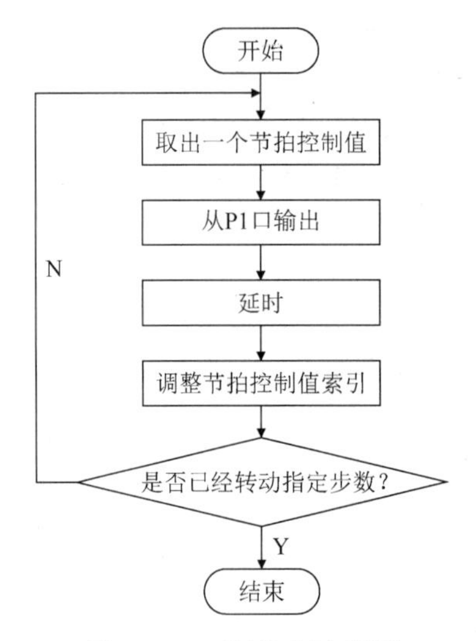

图 17-3　正转控制流程图

正转控制函数 RotateWise()的代码如下。

```
void RotateWise(uchar speed, uint stepcnt)
{
        uchar i = 0;
        while(stepcnt--)                              //判断是否转动指定步数
        {
            CONPORT = roundz[i];                      //从 P1 口输出节拍控制值
            i++;
            DelayMs(speed);                           //延时，控制节拍周期
            if(i>5)
                i = 0;
        }
}
```

3. 反转控制函数 ContraRotate()

该函数用于控制步进电机反转，实现原理与正转控制函数 RotateWise()相同，此处不再详述，代码如下。

```
void ContraRotate(uchar speed, uint stepcnt)    //反转控制函数
{
        uchar i = 0;
        while(stepcnt--)                              //判断是否转动指定步数
        {
            CONPORT = roundf[i];                      //从 P1 口输出节拍控制值
            i++;
            if(i>5)
                i = 0;
            DelayMs(speed);                           //延时，控制节拍周期
```

```
        }
}
```

4．测试程序

下面给出的是测试程序的代码，说明上述函数如何使用（要求步进电机以 10 步/秒的速度正转 10000 步，以 50 步/秒的速度反转 10000 步）。

```
#include <REGX51.H>
typedef unsigned char uchar;                    //类型定义
typedef unsigned int uint;                      //类型定义
uchar code roundz[] = {0x01, 0x03, 0x02, 0x06, 0x04, 0x05};
//正转节拍控制值数组
uchar code roundf[] = {0x01, 0x05, 0x04, 0x06, 0x02, 0x03};
//反转节拍控制值数组
#define CONPORT P1
void main()
{
    RotateWise(100, 10000);                     //1s 转 10 步，延时 100ms
    ContraRotate(20, 10000);                    //1s 转 50 步，延时 20ms
    while(1);
}
```

经验总结

在进行硬件设计的过程中，功率放大是整个硬件电路中最重要的部分。步进电机在一定转速下的转矩取决于它的动态平均电流而非静态电流，动态平均电流越大，步进电机的转矩越大。要达到动态平均电流，就需要使驱动系统尽量克服步进电机的反电势，不同的场合采取不同的驱动方式。本实例采用 7406 驱动器来驱动达林顿管，利用延时函数实现了步进电机的正转、反转、启动和停止。

采用软件延时，一般根据所需的时间常数设计一个延时子程序，该程序包含一定的指令，设计者要对这些指令的执行时间进行严密的计算或者精确的测试，以便确定延时时间是否符合要求。当延时子程序结束，可以执行下面的操作时，也可用输出指令输出一个信号作为定时输出。

采用软件定时，CPU 一直被占用，CPU 的利用率低，因此本实例的不足就是 CPU 因执行延时函数而降低了效率。为了提高 CPU 的控制效率，读者可采用 AT89C51 内部的定时器/计数器编制上述程序。单片机不仅可以用于控制步进电机的启停和转向，还可以用于变速控制和对多台步进电机进行控制。单片机对步进电机的变速控制请参考有关资料。

知识加油站

达林顿管又称为复合管，其将两个三极管串联在一起，提高了三极管的放大倍数。达林顿管有 4 种接法：NPN+NPN、PNP+PNP、NPN+PNP、PNP+NPN，前两种是同极性接法，后两种是异极性接法。

实例 18　自动门系统

设计思路

本实例设计的是自动门系统，它可以用于超级市场、银行等公共场所。当有人靠近时，门自动打开，当人离开几秒后，门自动关闭。自动门采用双速运行，动作迅速，除能实现自动开关门外，还具有防误夹等功能。

自动门系统的设计以 AT89C51 为中心，通过光电检测，将数据送入单片机进行处理，驱动电动机转动，实现对门的控制。

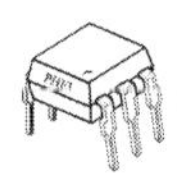

器件介绍

人是一个特定波长红外线的发射体，热释电红外传感器是一种能检测人或动物发射的红外线而输出电信号的传感器。它目前被广泛应用于各种自动化控制装置。

热释电红外传感器的输出信号幅度较小（小于 1mV），频率低（约为 0.1～0.8Hz），检测距离短，因此在热释电红外传感器前加一块半球面菲涅耳透镜，使范围扩展成 90° 圆锥形，检测距离可大于 5m。热释电红外传感器的集成电路内部含有二级运放、比较器、延时定时器、过零检测、控制、系统时钟等电路。热释电红外传感器检测由人体移动引起的红外热能的变化，并将它转换为电压输出，从而使得外部控制器能够获知有人靠近。

本实例采用的热释电红外传感器是 HZKT002，它采用红外专用芯片 BISS0001。HZKT002 的线路板尺寸为 35mm × 30mm，厚度为 20mm，体积小，容易嵌入其他设备。其正面如图 18-1 所示。图中深色方形为热释电红外传感器。为了增大感应距离，在热释电红外传感器前面加上半球面菲涅耳透镜，其直径约为 25mm，如图 18-2 所示，感应距离可达 7m。HZKT002 的反面如图 18-3 所示，图中的 16 引脚芯片是红外专用芯片 BISS0001。

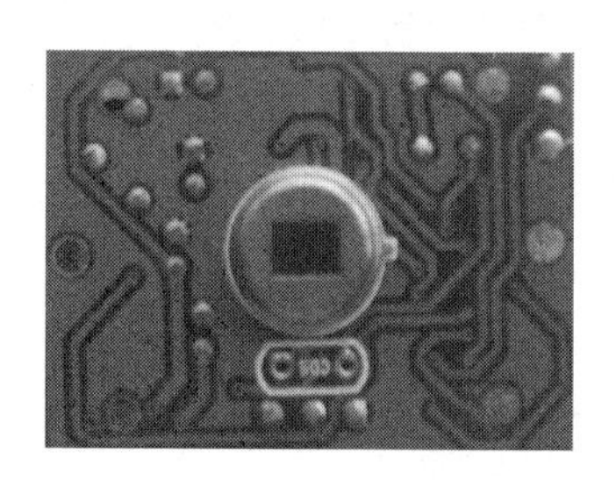

图 18-1　HZKT002 的正面

图 18-2　带菲涅耳透镜的热释电红外传感器

图 18-3　HZKT002 的反面

HZKT002 的特点如下。

① 全自动感应：人进入感应范围则输出高电平，人离开感应范围则输出低电平。

② 光敏控制：可设置光敏控制，白天或光线强时不感应。

③ 两种触发方式：不可重复触发方式是指感应输出高电平后，当延时时间结束时，输出变为低电平；可重复触发方式是指感应输出高电平后，在延时时间内，若有人在其感应范围内活动，则输出保持高电平，直到人离开后输出变为低电平。

④ 具有感应封锁时间：感应模块在每一次感应输出结束后，有一个封锁时间段，在此时间段内感应模块不接收任何感应信号。封锁时间段可设置为几百毫秒到几十秒钟。

HZKT002 的技术参数如下。

① 工作电压：DC 6V～DC 24V。

② 电平输出：有人，输出 5V 高电平；无人，输出 0V 低电平。

③ 感应角度：水平感应角度最大为 140°，垂直感应角度最大为 60°。

④ 静态电流：小于 50μA。

⑤ 感应距离：0.5～7m。

⑥ 触发时间：1～5s。

⑦ 触发方式：可重复触发方式/不可重复触发方式。

⑧ 外形尺寸：35mm × 30mm × 20mm。

硬件设计

自动门系统的硬件电路可分为四大部分：光电检测、控制操作、电动机驱动和检测，如图 18-4 所示。

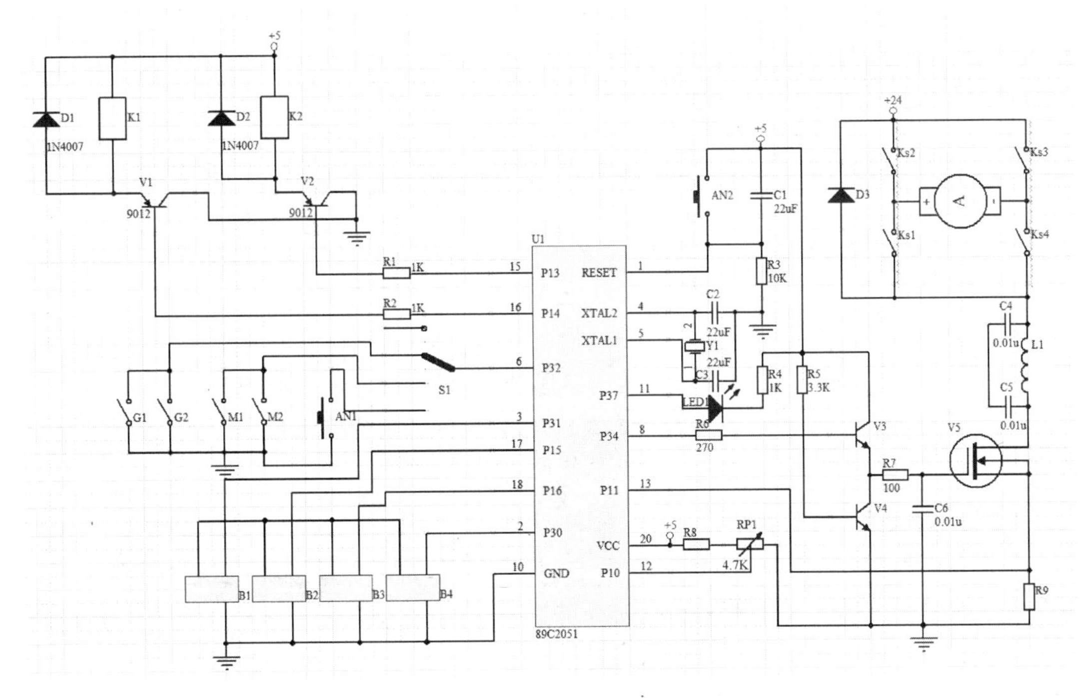

图 18-4　自动门系统的硬件电路

主控芯片采用 89C2051，B1～B4 是检测自动门所在位置的光电开关，其中 B1、B4 分别是开门限位开关、关门限位开关，B2、B3 分别是开门减速开关、关门减速开关。G1、G2 分别是自动门内、外两个开门感应器的常开输出接点。

假设门处于关闭状态，S1 置于自动状态，当有人接近开门感应器时，其常开输出接点 G1 或 G2 闭合，P32 引脚输入低电平。当单片机检测到 P32 引脚变为低电平后，使 P13 引脚输出低电平，继电器 K2 线圈通电，一对常开触点 Ks2、Ks4 闭合，同时 P34 引脚输出具有一定脉宽的 PWM 脉冲。当 P34 引脚输出高电平时，三极管 V3 导通，V4 截止，MOS 场效晶体管 V5 栅极得到高电平而导通；当 P34 引脚输出低电平时，V4 导通，V3 截止，V5 栅极的电荷被迅速放掉而截止。如此，V5 工作在开关状态，直流电动机以较快的速度正转，驱动自动门打开。

当自动门到达开门减速开关 B2 位置时，P15 引脚输入低电平，单片机检测到这一信号后，调整 P34 引脚输出脉冲的占空比，使得高电平宽度变窄，这样电动机以较慢速度运行；当自动门到达开门限位开关 B1 位置时，P31 引脚输入低电平，单片机控制 P13 引脚、P14 引脚输出高电平，继电器 K1、K2 断电，常开触点 Ks1～Ks4 断开，同时 P34 引脚输出低电平，电动机停止运行。

自动门在开门位置停留 5s 后，自动进入关门程序，单片机控制 P13 引脚输出高电平，P14 引脚输出低电平，P34 引脚输出 PWM 脉冲，这样常开触点 Ks1、Ks3 闭合，Ks2、Ks4 断开，电动机反转。当自动门到达关门减速开关 B3 位置时，电动机减速运行，到达关门限位开关 B4 位置时，电动机停止。

在关门过程中，当有人需要通过而接近开门感应器时，立即停止关门，并自动进入开门程序。在门打开后的 5s 等待时间内，若有人接近开门感应器，则单片机重新等待 5s 后，才进入关门程序，从而保证行人安全通过。

防误夹功能可防止在开门感应器失效的情况下夹伤行人，在图 18-4 中，R9 是电流取样电阻，当在关门过程中夹到行人时，阻力增加，电动机运行电流增大，这时单片机 P11 引脚的电压升高，当其大于 P10 引脚的电压时，内部输出 P36 引脚变为低电平。单片机在检测到这一信号并经过确认后，立即启动开门程序使门打开，确保行人不被夹伤。

程序设计

自动门系统的软件部分主要由主程序、PWM 发生程序、开/关门程序、各种故障处理及报警程序组成。下面主要介绍 PWM 发生程序、开/关门程序主程序的设计思路及实现方法。

1. PWM 发生程序

由前面的介绍可知，通过调节 PWM 脉冲的占空比可以实现调节电动机转动的速度，从而控制开/关门的速度。由于 89C2051 内部没有 PWM 功能模块，因此只能通过程序控制单片机某只引脚输出高电平或低电平，从而模拟 PWM 脉冲。PWM 脉冲高电平和低电平时间由定时器 T0 控制。T0 中断服务程序的代码如下。

```
void Timer0() interrupt 1
{
        cyclet = ~cyclet;
        TR0 = 0;
        if(cyclet)
        {
            TH0 = 0XFC;
            TL0 = 0XE0;
            if (smode ==0)
                PWMPIN = 0;
            else
                PWMPIN = 1;
        }
        else
        {
            TH0 = 0XFF;
            TL0 = 0X28;
            if (smode ==0)
                PWMPIN = 1;
            else
                PWMPIN = 0;
            }
        TR0 = 1;
    }
```

设置好 T0 的工作方式并启动 T0 运行，然后 T0 不断溢出，产生中断，在 T0 中断服务程序中，通过将 P34 引脚值取反并输出，产生高低交替的电平。通过重新设置 T0 的计数初值，产生不同时间的高低电平，由此可以调节 PWM 脉冲的占空比。本实例中，电动机快转时 PWM 脉冲的占空比为 80%，慢转时 PWM 脉冲的占空比为 20%，因此，T0 的计数初值为 0xFCE0、0xFFE8。

函数 StartMotol()用于启动电动机，其根据电动机转速设置 T0 计数初值并启动 T0 运行。根据电动机的转动方向，设置 P13 引脚、P14 引脚输出相应电平，代码如下。

```
void StartMotol(uchar direct, uchar speed)
//direct 为 1，正转；direct 为 0，反转；speed 为 0，慢速；speed 为 1，快速
{
        smode = (speed ==0)?0:0xff;
        TR0 = 0;
        TH0 = 0XFC;
        TL0 = 0XE0;
        TR0 = 1;
        if(direct)
        {
            MOTOLCONZ = 0;
            MOTOLCONF = 1;
            }
```

```
        else
        {
            MOTOLCONZ = 1;
            MOTOLCONF = 0;
            }
    }
```

函数 StopMotol()用于使电动机停止转动，其通过使 T0 停止运行，并使 P13 引脚、P14 引脚输出高电平，实现停机功能。读者可以自行分析得出该函数的代码。

2. 开/关门程序

开门程序用于控制自动门开门的整个过程。当有人靠近自动门或有物体被夹住时，该程序首先控制电动机快速开门；当到达开门减速开关位置时，程序控制电动机慢速开门；当达到开门限位开关位置时，程序控制电动机停止转动，并定时 5s。在定时过程中，程序不断检测是否有人靠近自动门，若有，则重新定时。开门程序的流程如图 18-5 所示。开门程序的代码如下。

```
void OpenDoor()
{
        uchar tcnt;
        if((GATESENSOR ==1)&&(COMPARATOR ==1))
            return;
        StartMotol(1, 1);
        while(SENSORB2 ==0);      //判断是否减速
        StartMotol(1, 0);
        while(SENSORB1 ==0);      //判断是否停止转动
        StopMotol();
        tcnt = 0;
        while(tcnt<101)
        {
            TR1 = 0;
            TH1 = 0X3C;
            TL1 = 0XB0;
            TF1 = 0;
            TR1 = 1;
            while(TF1 ==0);
            TF1 = 0;
            if(GATESENSOR ==1)
                tcnt = 0;
            else
                tcnt++;
        }
        flagclose = 1;
    }
```

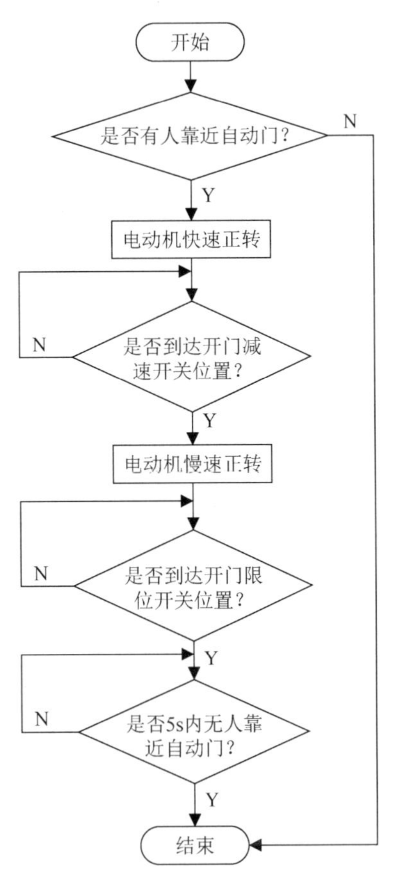

图 18-5　开门程序的流程

关门程序的实现原理与开门程序类似，此处不再叙述，关门程序的代码如下。

```
void CloseDoor()
{
        if(flagclose ==0)
            return;
        flagclose = 0;
        StartMotol(0, 1);
        while(SENSORB3 ==0)      //判断是否减速
        {
            if(GATESENSOR ==1)
                 return;
            if(COMPARATOR ==0)
                 return;
            }
        StartMotol(0, 0);
        while(SENSORB4 ==0)      //判断是否停止转动
        {
            if(GATESENSOR ==1)
                 return;
            if(COMPARATOR ==0)
```

```
                return;
            }
        StopMotol();
    }
```

3. 主程序

该程序主要调用相关程序，实现了自动门的开关及防误夹等功能，代码如下。

```
#include <REGX51.H>
typedef unsigned char uchar;
typedef unsigned int uint;
sbit PWMPIN = P3^4;
sbit MOTOLCONZ = P1^3;
sbit MOTOLCONF = P1^4;
uchar smode, cyclet;
sbit GATESENSOR = P3^2;
sbit SENSORB1 = P3^1;
sbit SENSORB2 = P1^5;
sbit SENSORB3 = P1^6;
sbit SENSORB4 = P3^0;
sbit COMPARATOR = P3^6;
bit flagclose;
void IniTimer01()
{
    TMOD = 0X11;
    ET0 = 1;
    EA = 1;
    }

    void main()
    {
        IniTimer01();
        while(1)
        {
            OpenDoor();
            CloseDoor();
            }
        }
```

经验总结

本实例将单片机、电动机、光电传感器相结合，充分发挥了单片机的性能。其优点是硬件电路简单、软件功能完善、控制系统可靠、性价比较高等，具有一定的使用和参考价值。

读者可以在本实例的基础上增加其他功能，使系统更加完善。例如，增加多种工作模式，包括自动、常开、刷卡和实验室常闭工作模式等；增加故障监测和状态显示功能，对市电、直流电源电压、系统总电流、制动电流、电动机温度、系统环境温度进行相应的监测，一旦发生掉电、欠电压、过电流、过热等情况就会报警，保证系统安全和人身安全。

知识加油站

热释电效应与压电效应类似，是指由温度变化引起的晶体表面荷电的现象。热释电传感器是对温度敏感的传感器，它由陶瓷氧化物或压电晶体元件组成，将压电晶体元件的两个表面制作成电极，当在热释电传感器的监测范围内，温度有 ΔT 的变化时，热释电效应会使两个电极上产生电荷 ΔQ，即在两个电极之间产生一个微弱的电压 ΔV。两个电极上产生的电荷 ΔQ 会与空气中的离子结合而消失，即当环境温度稳定不变时，$\Delta T=0$，热释电传感器无输出。当人体进入检测区时，因人体温度与环境温度有差别，产生 ΔT，则热释电传感器有输出；若人体进入检测区后不动，则温度没有变化，热释电传感器也就没有输出了。所以热释电传感器适用于检测人或动物的活动。

实例 19　微型打印机

设计思路

微型打印机简称微打，是针对通用打印机而言的，具有处理票据较窄、整机体积较小、操作电压较低的特点。本实例实现单片机控制微型打印机打印票据的功能。单片机采用AT89C51，微型打印机采用荣达 RD-D 针式打印机，单片机通过并口控制微型打印机。

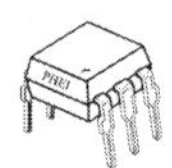

器件介绍

微型打印机的种类繁多，按不同的方式可对微型打印机进行如下分类。

① 打印原理：针式、热敏式、喷墨式、热转印、激光式。

② 通信方式：串口、并口、USB 或网口、无线接口。

③ 移动性：桌面机、手持机。

④ 电源供给：直接交流供电、外接适配器、电池。

针式打印机是微型打印机中应用最广泛的一种，当前流行的打印机的控制电路均采用微机结构，所以打印机就是一个完整的微型机。针式打印机在正常工作时有 3 种运动，即打印头的横向运动、打印纸的纵向运动和打印针的击针运动。这些运动都是由软件控制驱动系统，通过精密机械完成的。微型打印机在 ROM 中存储点阵字库和控制程序，用户自定义的字符通过接口被接收并存储在行缓存 RAM 中。

RD-D 针式打印机的性能指标如下。

① 打印方式：针式。

② 打印速度：1.0 行/秒。

③ 分辨率：8 点/mm，384 点/行。

④ 打印宽度：33mm/48mm。

⑤ 每行的字符数：16/24/40。

⑥ 打印字符：GB2312 编码一二级汉字库中的全部汉字、西文字、图符，共 8178 个。

⑦ 字符大小：西文字为 5 × 7 点阵；块图符为 6 × 8 点阵；汉字为 24 × 24 点阵、16 × 16 点阵、12 × 12 点阵。

⑧ 纸张类型：（44 ± 0.5）mm × ϕ（33 ± 0.5）mm × ϕ33mm 普通卷纸、（44 ± 0.5）mm × ϕ（57 ± 0.5）mm × ϕ33mm 普通卷纸。

⑨ 打印缓存：32KB

⑩ 外接口：标准并口、标准串口、485 接口、可选配红外无线接口。

⑪ 驱动：提供 Windows 98/2000/XP/NT 操作系统下的专用驱动。

⑫ 电源：DC 5V/2A。

⑬ 外形尺寸：114mm（长）× 70mm（宽）× 64mm（深）。

⑭ 工作环境：温度为 0～50℃，相对湿度为 0～80%。

RD-D 针式打印机的并口如图 19-1 所示，引脚功能如表 19-1 所示。

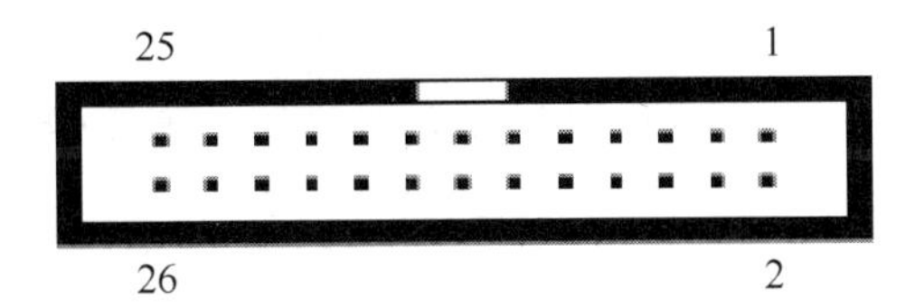

图 19-1　RD-D 针式打印机的并口

表 19-1　RD-D 针式打印机并口的引脚功能

引 脚 号	信　号	方　向	说　明
1	STB	入	数据选通信号
3	D1	入	数据线
5	D2	入	
7	D3	入	
9	D4	入	
11	D5	入	
13	D6	入	
15	D7	入	
17	D8	入	
19	−ACK	出	应答脉冲，低电平有效
21	BUSY	出	忙标志，高电平表示打印机忙
23	PE	—	接地
25	SEL	出	高电平表示打印机在线
4	−ERR	出	高电平表示无故障
2、6、8、26	NC	—	空
10、12、14、16、18、20、22、24，	GND	电源地	接地

RD-D 针式打印机的功能强大，命令繁多，常用命令如表 19-2 所示。

表 19-2　RD-D 针式打印机的常用命令

命 令 格 式	功　能
ASCII：ESC 8　n	汉字打印命令
ASCII：FS L　n	LOG 打印命令
ASCII：LF	纸进给命令
ASCII：ESC SP n	设置字间距
ASCII：ESC Q n	设置右限
ASCII：ESC l n	设置左限
ASCII：ESC n	选择字符集
ASCII：ESC K n1 n2…data…	打印点阵图形
ASCII：ESC ' m n1 n2…nk CR	打印曲线
ASCII：ESC E nq nc n1 n2 n3…nk NUL	打印条形码

硬件设计

AT89C51 与 RD-D 针式打印机并口连接的硬件电路如图 19-2 所示。

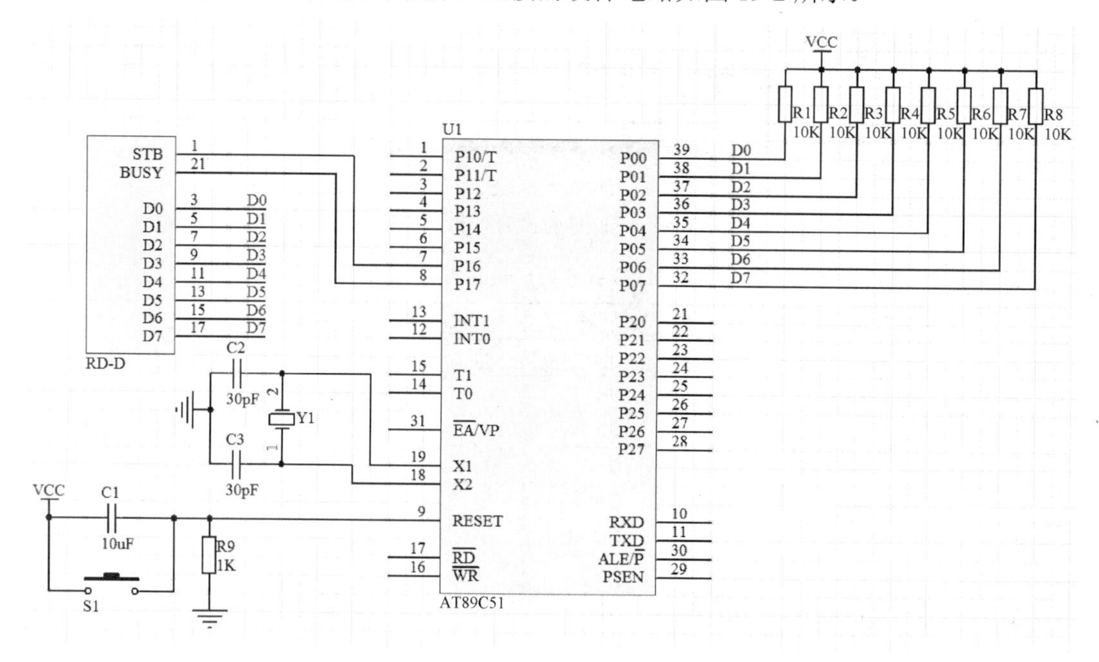

图 19-2　AT89C51 与 RD-D 针式打印机并口连接的硬件电路

AT89C51 的 P0 口直接与 RD-D 针式打印机的 8 条数据线相连接，P16 引脚与 RD-D 针式打印机的 STB 引脚相连接，P17 引脚与 RD-D 针式打印机的 BUSY 引脚相连接。STB 为数据选通信号，在上升沿写入数据，BUSY 为 RD-D 针式打印机的忙标志，高电平表示打印机正忙。单片机通过 P0 口向 RD-D 针式打印机发送数据，通过 STB 引脚发送打印允许电平，并通过 BUSY 引脚接收打印机状态，决定是否发送下一个命令。

程序设计

本实例实现了控制 RD-D 针式打印机打印汉字，相应的软件程序如下。

子程序 pprint()用于向 RD-D 针式打印机发送一个字符，其通过 P0 口向 RD-D 针式打印机送出数据，然后发送数据选通信号，代码如下。

```
/************** 并口打印子程序**************/
void pprint(unsigned char ch)
{
while(BUSY)
{};
P0 = ch;
STB = 0;                    //将 STB 置 0
_nop_();
_nop_();
```

```
STB = 1;                    //将 STB 置 1
}
```

main()是主程序，通过调用 pprint()实现打印功能。程序首先选择一种汉字字库，然后将要打印的汉字内码发送给 RD-D 针式打印机，完成汉字打印。主程序的代码如下。

```
#include<reg52.h>
#include<string.h>
#include<INTRINS.H>
sbit STB = P1^6;            //将 RD-D 针式打印机的 STB 引脚接至单片机的 P16 引脚
sbit BUSY = P1^7;           //将 RD-D 针式打印机的 BUSY 引脚接至单片机的 P17 引脚
/**************主程序***********************/
main()
{
int i;
char ch[] = "我爱单片机";
pprint(0x1b);pprint(0x38);pprint(0x00);     //调用汉字出库指令
for(i = 0;i<strlen(ch);i++)
pprint(ch[i]);
pprint(0x0d);                               //回车
while(1)
{};
```

经验总结

本实例给出了单片机与微型打印机的并口连接方案。事实上，单片机应用系统的设计往往是一个综合复杂的分析和配置过程，微型打印机的接口选择和设计仅是其中一个子部分。它必须符合系统的整体目标要求。例如，某一个单片机应用系统既要求自带面板式微型打印机，又要求能把数据上传给计算机。由于 51 单片机及大多数与其兼容的单片机只有一个 UART 串口，所以设计者会把 UART 串口专门留给计算机通信用，而选用并口类微型打印机。

某些单片机应用系统是低功耗的，由电池供电，这时必须选用低功耗微型打印机，如 EPSON MODEL-41 型轮式微型打印机。设计接口电路时还应包括对微型打印机电源的控制。

知识加油站

RD-D 系列微型打印机的体积小、操作简单，并口与 Centronics 标准兼容，可直接由计算机并口或单片机控制，接口连接器选用 26 线双排针插座；串口与 RS-232C 标准兼容或采用 TTL 电平，接口连接器选用 DB-9 孔座或 5 线单排针型插座。

实例 20　EPSON 微型针式打印头

设计思路

微型针式打印机具有体积小、质量轻、性价比高等诸多优点，最近几年在单片机应用系统中得到了广泛应用。为了节约成本及实现设计上的灵活方便，可以使用单片机直接驱动微型针式打印头以完成数据打印。本实例以 EPSON M-192 为例详细介绍了微型针式打印头和单片机的硬件连接及驱动 M-192 打印的软件实现。

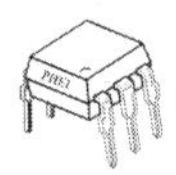

器件介绍

M-192 是 EPSON 公司生产的一种击打针式打印头。它在一个可以移动的打印座上等距地安装了 8 根打印针，当开启电动机并按照一定时序驱动 M-192 的打印针时，打印座向前移动并打印出字符或图形；当打印座返回时，打印头利用摩擦力自动进纸 0.37mm。其外形如图 20-1 所示。

图 20-1　M-192 的外形

M-192 的主要性能参数如下。

① 打印方式：水平往复式点阵。
② 字形点阵：5 × 7。
③ 字符大小：1.1mm（宽）× 2.6mm（高）。
④ 行距：3.7mm。
⑤ 字符间距：1.2mm。
⑥ 点数：240 点/行。
⑦ 打印速度：1.5 行/秒（DC 4.8V）。
⑧ 电压：DC 3.3～5.2V。
⑨ 峰值电流：约 2.5A（DC 4.8V）。
⑩ 电动机电压：DC 3.8～5.2V。
⑪ 纸张种类：滚筒纸纸卷。
⑫ 尺寸：最大为（57.5 ± 0.5）mm（宽）× ϕ83mm。
⑬ 色带种类：ERC-09/22。
⑭ 操作温度：0～50°C。

M-192 对外有 18 只引脚，引脚功能如表 20-1 所示。

表 20-1　M-192 的引脚功能

引　脚　号	引 脚 功 能
1、2	快进纸控制输入端
3、4	打印头复位检测端
5	电动机驱动正端
6	电动机驱动负端
7～13	B 打印针到 H 打印针驱动端
14、15	公共端，接地
16	A 打印针驱动端
17、18	打印时钟信号产生端

硬件设计

本实例中，主控芯片是单片机 AT89C51，打印头打印所需的字库点阵存放在 AT27C040 中，AT89C51 与 M-192 的硬件连接如图 20-2 所示。

AT27C040 低 8 位地址由 AT89C51 的 P0 口经 U6 提供，锁存信号由 AT89C51 的 ALE 引脚提供；AT27C040 高 8 位地址直接由单片机的 P2 口提供，最高 3 位地址由单片机 P0 口经 U7 提供。U7 的锁存信号由单片机 P15 引脚的输出信号和写信号经过一个或非门提供（图 20-2 中未画出）；打印数据也由 P0 口送出并且由 U5 锁存，锁存信号由单片机 P14 引脚的输出信号结合写信号来控制。AT27C040 的片选信号由单片机 P16 引脚控制。

当打印针工作、电动机开关及快走纸时，打印头需要较大电流，因此需要增加驱动芯片，本实例采用内部带有达林顿管的驱动芯片 ULN2803。

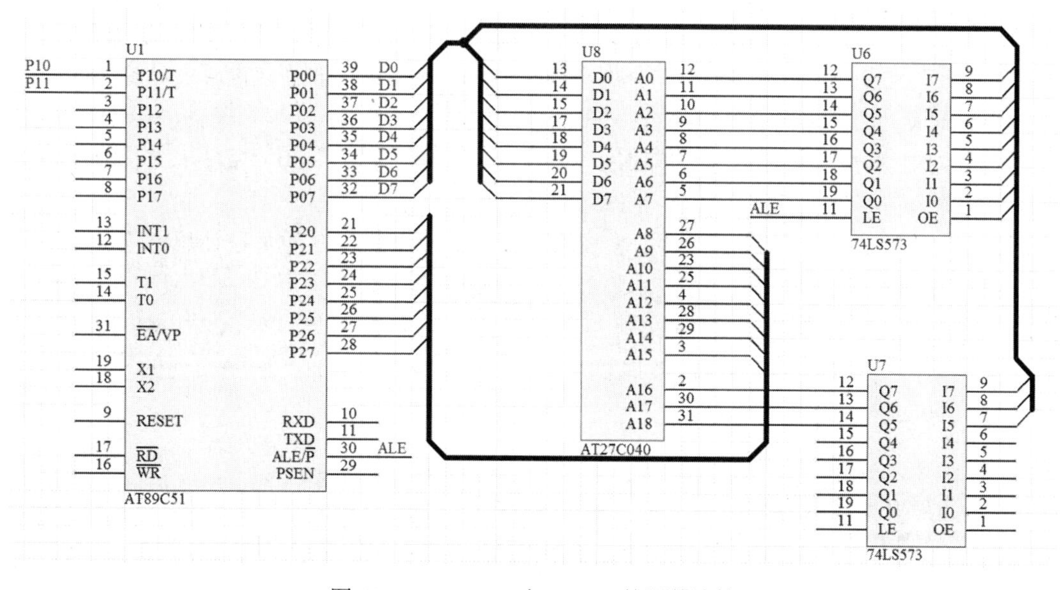

图 20-2　AT89C51 与 M-192 的硬件连接

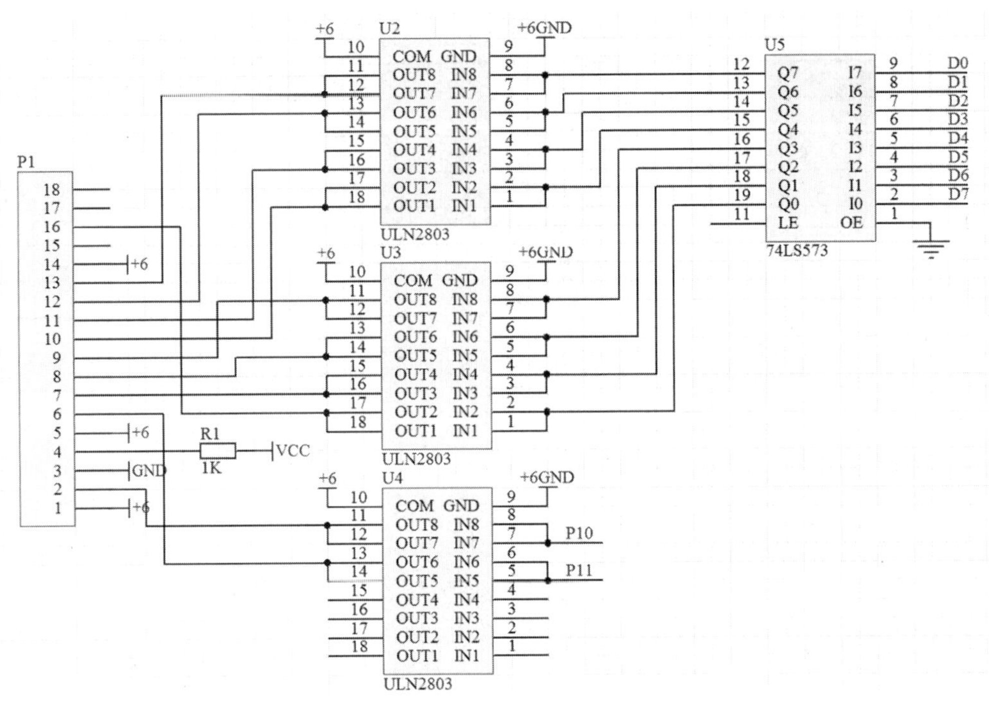

图 20-2　AT89C51 与 M-192 的硬件连接（续）

程序设计

当 M-192 打印时，打印针通过击打色带在打印纸上打印出一个点。如果按照字符或图形的点阵数据驱动打印针就可以打印出字符或图形，因此要按照一定时序且在打印时钟信号 PCLK 配合下驱动打印针。当确定第一个 PCLK 后，打印针 A、D、G 的驱动数据在距其前沿不超过 55μs 的时间内送出，并且要保持到下一个 PCLK 的前沿。打印针 B、E、H 的驱动数据及 C、F 的驱动数据都要按照上述方法送出。这样，8 根打印针的驱动数据在 3 个 PCLK 内被送出。经过 90 个 PCLK，每根打印针分别打印了 30 个数据。当打印座返回初始位置时，打印纸前进 0.37mm，打印机就打印了一行点。

结合图 20-2 及 M-192 的工作原理，驱动 M-192 工作的程序的主设计思路简述如下。

首先通过字符的区位码计算出点阵数据在字库中的地址，并从字库中取出来；然后再按照打印时序驱动打印针打印数据。在打印针打印一行点的 90 个 PCLK 内，单片机需要在送出打印数据后精确检测 PCLK 的跳变，这一点很重要。以下主程序实现的功能是打印 12×12 点阵的汉字。

```
#define xbyte[0x0000]
#define U [0x0000]
sbit P10 = P1^0;
sbit P11 = P1^1;
sbit P14 = P1^4;
int i, t;
main()
{xbyte[0x0000] = 0;
```

```
    P14 = 0;
    i = 0;
    FIRST_LD;
    LD_A_BYTE;
    P11 = 1;
    P1 = #0FFH;
    U = P1^#40H;
    DT_T1;
   if(i = 11)
   PRINT;
   else
   PRINT;
   P14 = 0;
   xbyte[0x0000] = 0;
   P11 = 0;
   }
   void PRINT()
   {P14 = 0;
    xbyte[0x0000] = 0;
    i++;
    FIRST_LD;
    LD_A_BYTE;
    if(t! = 151)
    DT_JMP;
   }
```

经验总结

本实例介绍了一种直接用单片机驱动 M-192 的硬件连接和程序设计方法。它不但可以不拘于并口或串口的打印接口协议而根据实际系统需要灵活设计软/硬件，而且最重要的是它大大降低了产品的设计成本，因此这种做法是值得借鉴的。另外，由于大多数微型针式打印头的工作原理大同小异，因此本实例所介绍的用单片机直接驱动 M-192 的软/硬件设计方法也适用于其他型号的微型针式打印头。

知识加油站

国标一二级汉字库是 GB2312 编码中提出的概念。一级汉字是常用汉字，二级汉字是非常用汉字。一二级汉字的区别在于使用频率。另外，在 GB2312 分区表中一级汉字按汉语拼音字母顺序排列，二级汉字按部首和笔画排列。GB2312 编码的每一个图形字符都用两个字节（16 个二进制位）表示。

GB2312 编码构成一个 94 行、94 列的二维表，行号称为区号，列号称为位号，每一个汉字或符号在二维表中的位置用它所在的区号和位号表示，称为区位码；汉字机内码又称为汉字 ASCII 码，简称“内码”，指计算机内部存储、处理加工和传输汉字时所用的代码。区位码的区码和位码分别转换为十六进制数后加 A0H 得到对应的汉字机内码。

实例21　简易智能电动车

简易智能电动车的基本模型是常见的电动玩具车，在本实例中，我们更换了电动玩具车内部的电动机和驱动电路，并增加了控制系统，使整个电动车智能化，能够按照既定路线行驶。

设计思路

本实例设计了一款简易智能电动车，在多种传感器的配合下，具有自动寻线、障碍物探询、前进、后退、左右转弯等功能。

简易智能电动车的行驶路线：从起跑线出发，沿着引导线途经 *B*、*C* 两点，最后到达车库，如图21-1所示。在沿着引导线到达 *B* 点的过程中，简易智能电动车不断检测铺设在白纸下的薄铁片，当检测到时发出声光指示信息，并显示薄铁片数量。简易智能电动车到达 *B* 点后进入“弯道区”，沿圆弧引导线到达 *C* 点，当检测到 *C* 点下的正方形薄铁片后，停车5s，发出断续的声光提示信息。随后继续行驶，在光源的引导下，进入停车区并到达车库。

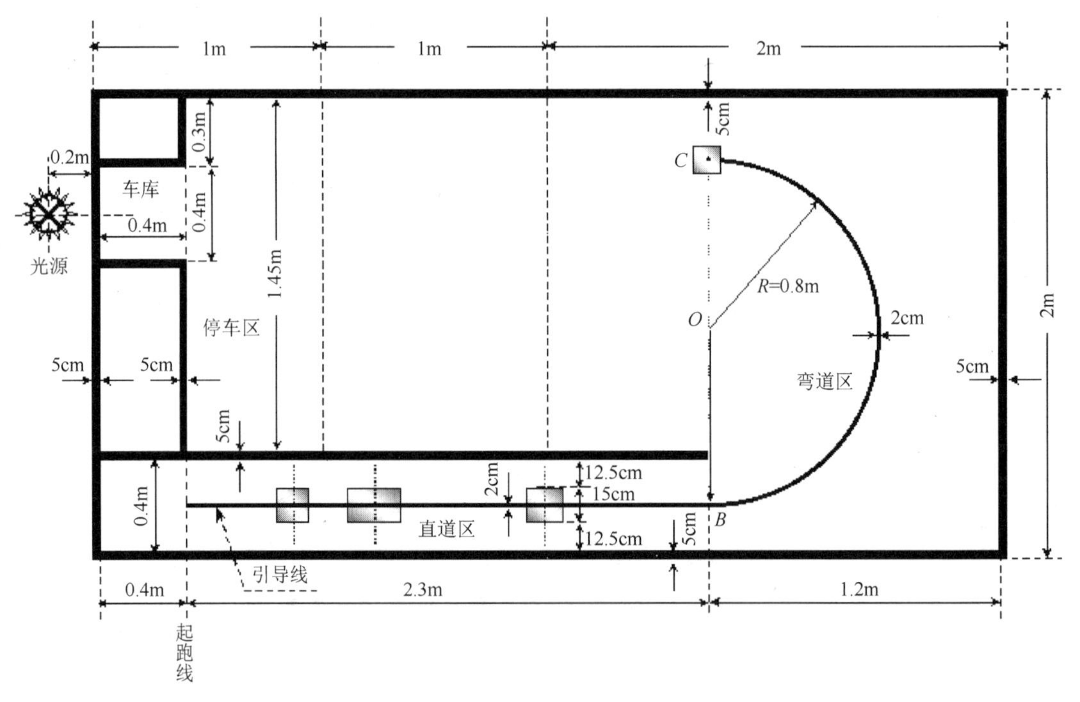

图21-1　简易智能电动车的行驶路线

器件介绍

接近开关又称为无触点接近开关，是理想的电子开关量传感器。当金属物体接近接近开关的感应区域时，接近开关就能无接触地准确反映出运动机构的位置和行程。接近开关具有使用寿命长、工作可靠、重复定位精度高、无机械磨损、无火花、无噪声、抗振能力强等优点，是一般机械式行程开关所不能相比的。它广泛地应用于机床、冶金、化工、轻纺和印刷等行业，主要用于检验距离、控制尺寸、检测物体是否存在、检测异常、控制转速与速度、计量控制、识别对象等方面。

接近开关按工作原理可以分为以下几种类型。

① 高频振荡型：用于检测各种金属物体。

② 电容型：用于检测各种导电或不导电的液体或固体。

③ 光电型：用于检测所有不透光的物质。

④ 超声波型：用于检测不能透过超声波的物质。

⑤ 电磁感应型：用于检测导磁或不导磁的金属。

电感式接近开关是一种有开关量输出的位置传感器，它由 LC 高频振荡器和放大处理电路组成，当金属物体接近能产生电磁场的振荡感应头时，金属物体内部产生涡流。这个涡流反作用于电感式接近开关，使电感式接近开关的振荡能力衰减，内部电路的参数发生变化，据此识别出有无金属物体接近，进而控制电感式接近开关的通或断。电感式接近开关所能检测的物体是金属物体。

电感式接近开关由于具有体积小、重复定位精度高、使用寿命长、抗干扰性能好、可靠性高、防尘、防油等特点，被广泛应用于各种自动化生产线、机电一体化设备，以及石油、化工、军工、科研等行业。

电感式接近开关的电气指标如下。

① 工作电压：电感式接近开关的供电电压范围，实际供电电压在此范围内可以保证其电性能及安全性。

② 工作电流：电感式接近开关连续工作时的最大负载电流。

③ 电压降：在额定电流下导通时，电感式接近开关两端或输出端所测得的电压。

④ 空载电流：在没有负载时，测得的电感式接近开关自身所消耗的电流。

⑤ 剩余电流：当电感式接近开关断开时，流过负载的电流。

⑥ 短路保护：超过极限电流时，输出会周期性地封闭或释放，直至短路故障被排除。

本实例采用电感式接近开关 XM-PO-10N，其外形如图 21-2 所示。

图 21-2　XM-PO-10N 的外观

XM-PO-10N 的技术参数如表 21-1 所示。

XM-PO-10N 对外有 3 条引线，使用起来很方便，PNP 型和 NPN 型接线如图 21-3 所示。

表 21-1　XM-PO-10N 的技术参数

参 数 名 称	代码及含义
开关类别	LJ：电感式
探测距离	10mm
工作电压	DC 5～36V
输出状态	常开（ON）
输出形式	三线直流 NPN 负逻辑输出
工作电流	10mA
滞后现象	不大于探测距离的 10%
标准探测物	尺寸为 30mm×30mm×1mm 的金属物体
应答频率	100Hz
残余电压	最大为 1.5V

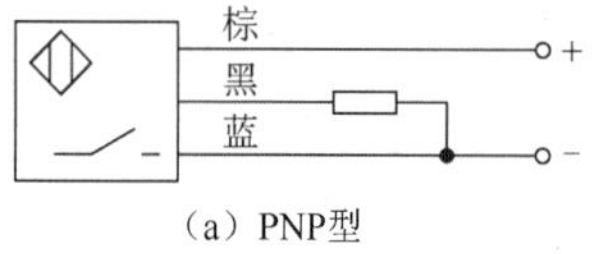

（a）PNP型

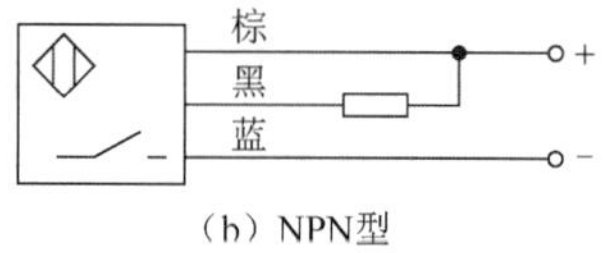

（b）NPN型

图 21-3　PNP 型和 NPN 型接线

硬件设计

根据简易智能电动车中用到的传感器不同，可以把任务分为两个区域：直道区 + 弯道区和停车区。直道区 + 弯道区主要用漫反射型光电传感器和电感式接近开关。漫反射型光电传感器主要用于循迹，按照引导线指示的路径行驶。电感式接近开关主要用于探测薄铁片的数量。由于停车区车库中放置了光源，因此选择了光敏电阻。根据简易智能电动车的功能，整个硬件电路可划分为循迹电路、薄铁片检测电路、光源检测电路、显示电路及报警电路等，如图 21-4 所示。

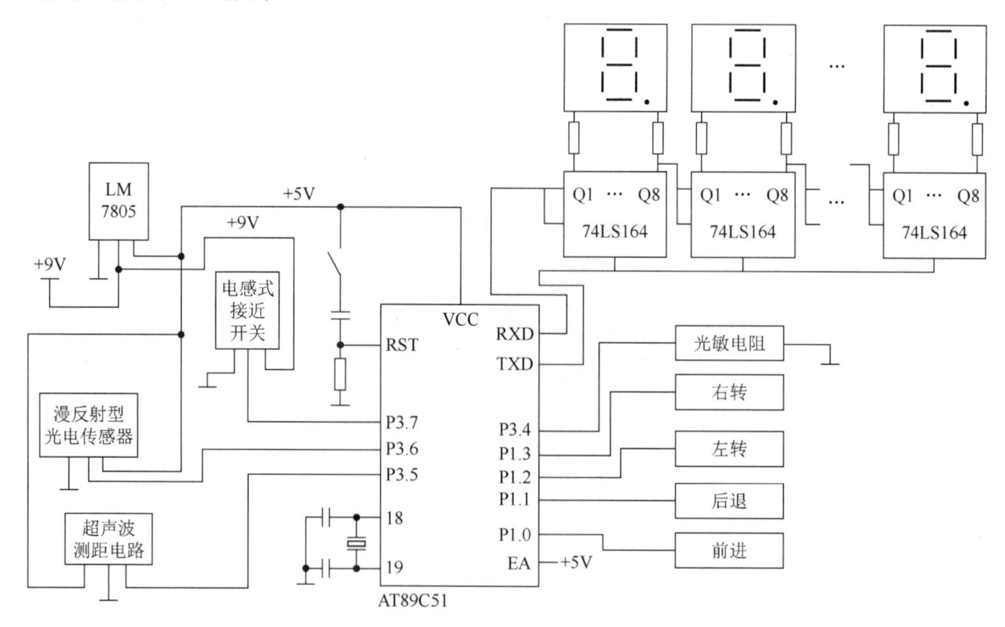

图 21-4　硬件电路

循迹电路主要使用了 3 只漫反射型光电传感器。安装时，一只对着引导线，另外两只在引导线两侧对着地面。当简易智能电动车正常行驶时，中间那只漫反射型光电传感器始终对着引导线，光线无法返回，输出低电平；另外两只漫反射型光电传感器有光线返回，输出高电平。当简易智能电动车脱离轨道时，即中间那只漫反射型光电传感器脱离轨道时，等待其他任意一只漫反射型光电传感器检测到引导线后，再做出相应的转向调整，直到中间的漫反射型光电传感器重新检测到引导线后，恢复正常行驶。

薄铁片检测电路中采用了 XM-PO-10N。当没有检测到薄铁片时，XM-PO-10N 输出高电平；当检测到薄铁片时，XM-PO-10N 输出低电平。因此，将 XM-PO-10N 直接接至 T1 计数输入端，每当检测到薄铁片时，T1 计数值便加 1。

为了检测光线的强弱，在简易智能电动车左前方、正前方、右前方安装 3 只光敏电阻。当照射在光敏电阻上的光线的强度发生改变时，其阻值发生变化，输出电压随之变化，再通过 ADC0809 进行 A/D 转换后，得到相应的数字量，从而引导简易智能电动车向光源靠近。

简易智能电动车采用专用控制模块，系统只需要发送相应信号就可以控制简易智能电动车前进、后退、左转和右转等。显示电路采用 LED 数码管，前面实例中有介绍，此处不再详述。

程序设计

系统使用简易智能电动车前端的 3 只漫反射型光电传感器识别引导线，并沿其行驶。使用电感式接近开关识别出埋藏在引导线下面的薄铁片，并用单片机计数。使用光敏电阻识别光源，并引导简易智能电动车进入车库。因此，整个程序主要包括 4 部分：路径识别程序、薄铁片计数程序、光源识别程序及主程序。

路径识别程序主要控制简易智能电动车沿着引导线行驶，当中间的漫反射型光电传感器输出高电平时，简易智能电动车直行；当中间的漫反射型光电传感器输出低电平时，简易智能电动车脱离当前引导线，左转还是右转取决于其他两只漫反射型光电传感器。当左侧的漫反射型光电传感器输出低电平时，控制简易智能电动车右转；当右侧的漫反射型光电传感器输出低电平时，控制简易智能电动车左转。路径识别程序的代码如下。

```
uchar isturning()
{
      if(MIDDLEPIN ==0)
         {
             if(LEFTPIN ==0)
                 return 1;         //右转
             if(RIGHTPIN ==0)
                 return 2;         //左转
             }
        return 0;                  //直行
    }
void turncorner(uchar i)
{
```

```
        i = isturning();
        if(i ==1)
        {
            PINLEFTTURN = 0;
            PINRIGHTTURN = 1;

            }
        else if(i ==2)
        {
            PINLEFTTURN = 1;
            PINRIGHTTURN = 0;
            }
        else
        {
            PINLEFTTURN = 0;
            PINRIGHTTURN = 0;
        }
        delay100ms();
        }
```

薄铁片计数程序 displayled()用于在 LED 数码管上显示检测到的薄铁片数量。由图 21-4 可以看出，串口工作于方式 0，先传送低位，再传送高位，代码如下。

```
    void displayled()
    {
        uchar i,num;
        if(freshled ==1)
        {
                num = iornnum;
                leddata[0] = LEDCODE[num%10];
                leddata[1] = LEDCODE[num/10];
                for(i = 0;i<2;i++)
                {
                    TI = 0;
                    SBUF = leddata[i];
                    while(TI ==0);
                    TI = 0;
                    }
                freshled = 0;
        }
    }
```

光源识别程序用于寻找光源，并引导简易智能电动车进入车库。安装在简易智能电动车前面的 3 只光敏电阻感应到光照后，阻值发生变化，光照越强，阻值越小，输出电压由 ADC0809 进行 A/D 转换，根据转换结果控制简易智能电动车转向及行驶。

函数 Read_Adc0809()控制 ADC0809 对指定通道进行 A/D 转换，并返回转换结果，代码如下。

```
uchar Read_Adc0809(uchar m)
{
  uchar i;
  ADCADDPORT = 0xf8 + m;     //发送通道地址号
  STARTADC = 1;              //发送通道锁存及启动 A/D 转换信号
  STARTADC = 0;
  while(ADCBUSY ==0);        //等待 A/D 转换结束
  i = ADCDATAPORT;           //读取 A/D 转换结果
  return i;
}
```

函数 findlight()用于控制简易智能电动车朝着光源方向前进，其调用 Read_Adc0809()读取 3 只光敏电阻的阻值，找出阻值最小的一个，采用路径识别程序中的方法控制简易智能电动车左转、右转或前行，代码如下。

```
void findlight()
{
    uchar i,j,k,m;
    i = Read_Adc0809(0);
    j = Read_Adc0809(1);
    k = Read_Adc0809(2);
    if(i>= j)
    {
        if(j>= k)
            m = 2;             //k 最小
        else
            m = 0;             //j 最小
        }
    else
    {
        if(i>= k)
            m = 2;             //k 最小
        else
            m = 1;             //i 最小
        }
  turncorner(m);
}
```

函数 stopcar()用于使简易智能电动车停止行驶。当简易智能电动车进入车库后，中间的漫反射型光敏电阻感应到的光照最强，阻值最小，该值可由实验得出。若 A/D 转换后结果比设定值小，则表明简易智能电动车已到达停车位置，可以停车。函数代码如下。

```
void stopcar()
{
    uchar i;
    i = Read_Adc0809(1);
    if(i>VALUESTOP)
    {
```

```
        PINSTOPCAR = 1;
        PINLEFTTURN = 0;
        PINRIGHTTURN = 0;
        }
    }
```

timer0()是定时器 T0 的中断服务函数。T0 用于定时，基本定时时间是 50ms。函数代码如下。

```
void timer0() interrupt 1
{
    TR0 = 0;
    TH0 = 0X3C;
    TL0 = 0XB0;
    TR1 = 1;
    mseccnt++;
    if(mseccnt>400)
      checkciron = 1;
}
```

timer1()是定时器 T1 的中断服务函数。T1 用于记录检测到的薄铁片数量，因此 T1 工作于方式 1，每记录一次要产生一次中断，因此计数初值为 0XFFFF。函数代码如下。

```
void timer1() interrupt 2
{
    TH1 = 0XFF;
    TL1 = 0XFF;
    freshled = 1;
    ironnum++;
    }
```

inisystem()用于系统初始化。T0 用于定时，工作于方式 1；T1 用于计数，工作于方式 1。系统允许 T0 及 T1 中断。函数代码如下。

```
void  inisystem()
{
    checkstop = 0;
    mseccnt = 0;
    TMOD = 0X32;
    TH0 = 0X3C;
    TL0 = 0XB0;
    TH1 = 0XFF;
    TL1 = 0XFF;
    TR0 = 1;
    TR1 = 1;
    ET0 = 1;
    ET1 = 1;
```

```
    EA = 1;
}
```

alarm()用于报警。当在 *C* 点检测到薄铁片后，简易智能电动车要报警 5s。函数代码如下。

```
void alarm()
{
    PINALARM = 0;
    delay1s(5);
    PINALARM = 1;
}
```

主程序 main()通过调用相关子程序实现系统功能。简易智能电动车在到达 *B* 点之前，主要按照直线引导线行驶，检测薄铁片数量并显示；在 *B* 点和 *C* 点之间，沿着半圆形引导线行驶，并检测 *C* 点的薄铁片；在 *C* 点之后，寻找光源和停车。主程序的代码如下。

```
void main()
{uchar i;
    inisystem();
    while(1)
    {
            if(checkstop ==0)
            {
                i = isturning();
                turncorner(i);
                if(checkiron ==1)
                {
                    if(freshled ==1)
                    {
                        displayled();
                        alarm();
                        checkstop = 1;
                        }
                    }
                displayled();
        }
        else
        {
            findlight();
            stopcar();
            }
    }
```

经验总结

在本实例中，为每个区域选择合适的传感器是至关重要的。直道区＋弯道区选择漫反射型光电传感器用于循迹，电感式接近开关主要用于检测薄铁片的数量。在停车区选择光敏电阻用于寻找光源和控制停车。由于简易智能电动车采用了专用控制模块，所以不用考虑简易智能电动车的驱动问题。在软件方面，当漫反射型光电传感器检测到某物体时，输出信号会发生变化，此时利用单片机对输出信号进行处理，加快了系统的反应速度。

整个系统只是一个智能电动车的雏形，读者可以加入其他模块以增强其功能，如加入超声波传感器电路使其具有躲避障碍物的功能；加入串行通信或红外通信，使计算机能够控制智能电动车运动。

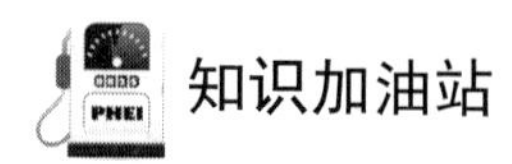

知识加油站

51 单片机的 P3 口是双功能口，当它作为第一功能口、通用 I/O 口使用时，工作原理和 P1 口、P2 口类似；当它作为第二功能口使用时，相应位的锁存器必须为 1。

实例 22　洗衣机

设计思路

洗衣机是人们日常生活中不可缺少的一种家用电器，它为人们提供了很多便利，按功能划分，洗衣机有普通型、半自动型、全自动型等。本实例设计了一款由微型计算机控制的洗衣机。洗衣机的工作流程如下。

打开洗衣机的电源开关后，洗衣机处于强洗工作模式（“强洗”指示灯被点亮），按下“增”按键可切换至弱洗工作模式（“弱洗”指示灯被点亮）；设置好工作模式后，按下“编程选择”按键，“洗涤次数”指示灯被点亮，此时按下“增”或“减”按键，就可设置洗涤次数；再次按下“编程选择”按键，“洗衣定时”指示灯被点亮，此时可设置洗衣时间；第三次按下“编程选择”按键，“脱水定时”指示灯被点亮，此时可设置脱水时间；以上设置完成后，按下“启动”按键，洗衣机开始工作。

在洗衣的过程中，“洗衣剩余时间”指示灯被点亮，此时 LED 显示器显示洗衣的剩余时间。当洗衣时间到，洗衣机将洗衣桶里面的水放掉，然后启动电动机开始脱水。在脱水过程中，“脱水剩余时间”指示灯被点亮，LED 显示器显示的数字为脱水的剩余时间。脱水完成后，洗衣机的蜂鸣器发出 5 次“嘟嘟”声，提示用户洗衣过程已经结束。

器件介绍

为了更好地理解本实例，下面介绍全自动洗衣机的工作原理。

全自动洗衣机的结构如图 22-1 所示。放入衣物后，打开进水阀，选择好正确的水位及工作程序后接通电源。闭合上盖，门安全开关闭合，此时水位开关内部的公共触点和脱水触点接通，进水电磁阀通电，开始进水。当洗衣桶内水位到达指定高度时，在气压的作用下水位开关内部的公共触点与脱水触点断开，转而接通洗涤触点，进水电磁阀断电，停止进水，电动机电源被接通。电动机启动后，周期性正转、反转，通过离合器带动波轮正转、反转，波轮的转动会带动洗衣桶内的水及衣物形成旋转水流，衣物在水流中相互摩擦，从而而达到洗衣的目的。当洗衣过程完成后，排水电磁阀通电工作，

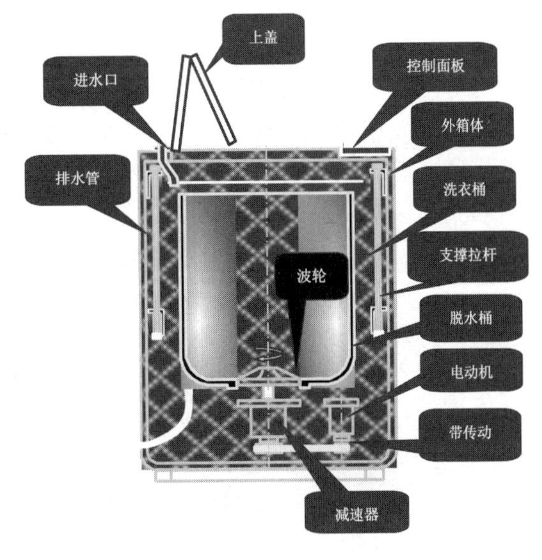

图 22-1　全自动洗衣机的结构

排水阀被打开，洗衣桶内的水向外排出，同时联动杆也把离合器从洗衣状态切换到脱水状态。当排水完成后，桶内气压下降，水位开关的公共触点复位，接通脱水触点，排水电磁阀继续保持通电状态，电动机通电运转带动脱水桶高速旋转而甩干衣物，洗衣结束后洗衣机断开水电而停机。洗涤次数及洗衣时间由程序控制。

硬件设计

洗衣机的硬件电路如图 22-2 所示。该电路主要包括水位检测模块、电动机控制模块、显示按键模块等。

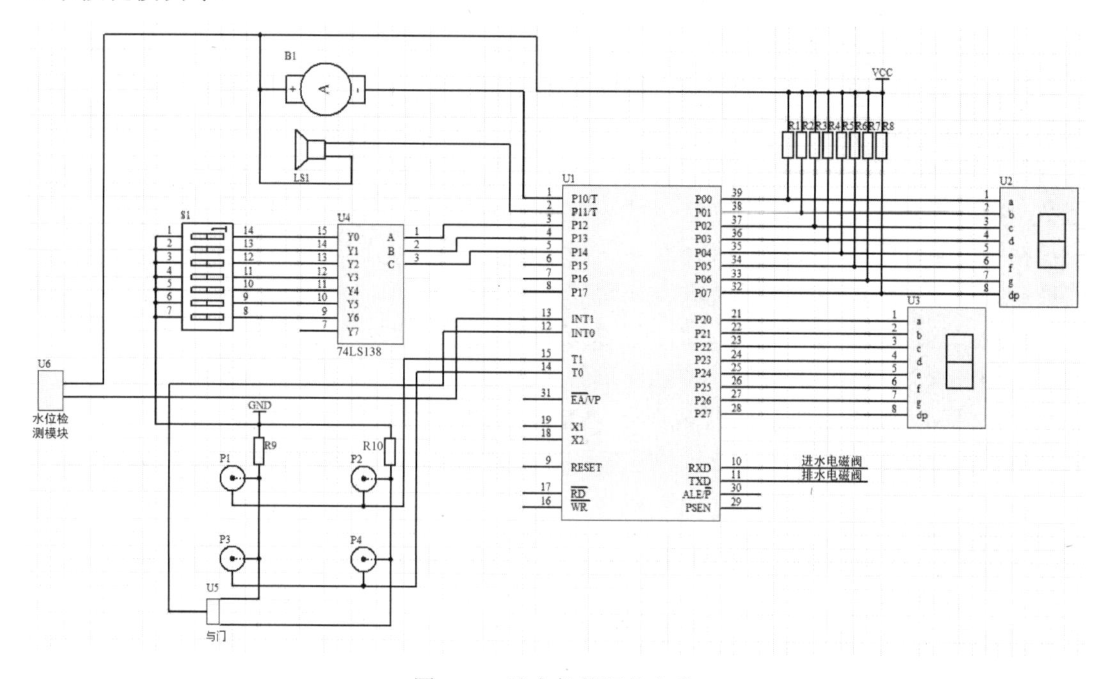

图 22-2　洗衣机的硬件电路

水位检测模块由玻璃管、浮子、金属滑杆等组成。玻璃管与洗衣桶相连，玻璃管中的水位就是洗衣桶内的水位。在排水或进水的过程中，浮子带动金属滑杆上下移动，当水位处于最高点或最低点时，金属滑杆都与金属地相连，致使单片机的 INT1 引脚处于低电平，向 CPU 申请中断，否则 INT1 引脚被上拉电阻上拉为高电平。

电动机控制模块有两个控制端，一端控制电动机正转，该端与单片机的 P10 引脚相连；另一端控制电动机反转，该端与单片机的 P11 引脚相连。电磁阀共有两只，一只为进水电磁阀，受单片机的 P30 引脚控制；另一只为排水电磁阀，受单片机的 P31 引脚控制。当进水电磁阀（排水电磁阀）的控制端为高电平时，进水阀（排水阀）打开；当进水电磁阀（排水电磁阀）的控制端为低电平时，进水阀（排水阀）关闭。

LED 显示器共有两只，单片机的 P0 口控制高位显示器，P2 口控制低位显示器。按键共有 4 只，分别为“编程选择”、“增”、“减”和“启动”按键，这 4 只按键组成 2 × 2 的矩阵式键盘，该键盘使用单片机的 INT0 引脚向 CPU 申请中断。蜂鸣器由单片机的 P12 引脚控制，当 P12 引脚输出高电平时，蜂鸣器发声。

74LS138 的输入端 C、B、A 分别接单片机的 P13 引脚、P14 引脚、P15 引脚，输出端 Y0～Y6 分别与 7 只 LED 的阴极相连，用于指示工作状态。

74LS138 的输出端 Y0 控制“洗衣剩余时间”指示灯，Y1 控制“脱水剩余时间”指示灯，Y2 控制“强洗”指示灯，Y3 控制“弱洗”指示灯，Y4 控制“洗涤次数”指示灯，Y5 控制“洗衣定时”指示灯，Y6 控制“脱水定时”指示灯。

程序设计

整个洗衣程序包含以下几个过程。

① 进水过程：由单片机控制进水阀的开/关时间来完成。

② 洗涤过程：洗衣机不断正转、反转，是通过单片机对电动机的控制来实现的。

③ 排水过程：由单片机控制排水阀的开/关时间来完成。

④ 脱水过程：洗衣机高速旋转一定时间，是通过单片机对电动机的控制来实现的。

按照上述过程设计主程序，主程序的流程如图 22-3 所示。

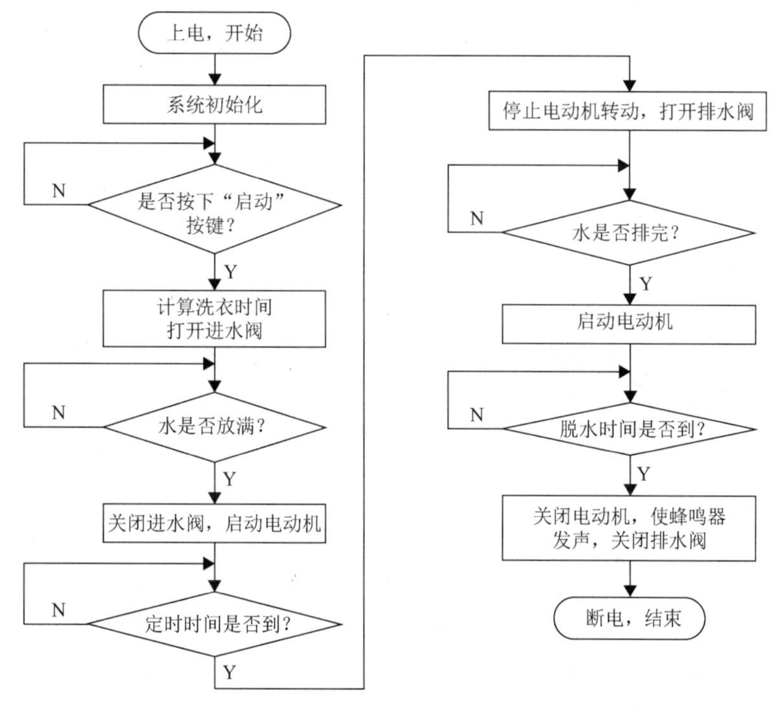

图 22-3　主程序的流程

主程序的代码如下。

```
include<at89C51.h>
#define waterin P1.3
#define waterout P1.4
#define swim P1.5
#define dehydrate P1.6
#define TIMEWATERIN  60
```

```
#define TIMEWATEROUT 60
#define TIMEWASHING  150
#define TIMESPIN  30
uint totletime;
void  inisystem()
{
    checkstop = 0;
    TMOD = 0X32;
    ET1 = 1;
    EA = 1;
    }
void main()
{
    uchar key;
    inisystem();
    while(1)
    {
        key = scankey();
        if(key ==KEYSTART)
        {
            if (PINCONVER ==0)
            {
                totletime = TIMEWATERIN + TIMEWATEROUT + TIMEWASHING + TIMESPIN;
                waterin = 1;
                delays(TIMEWATERIN);
                waterin = 0;
                swim = 1;
                delays(TIMEWASHING);
                swim = 0;
                waterout = 1;
                delays(TIMEWATEROUT);
                dehydrate = 1;
                delays(TIMESPIN);
                dehydrate = 0;
                waterout = 0;
            }
        }
    }
}
```

显示程序主要用于显示洗衣剩余时间，显示 3 位，单位是秒。硬件使用 LED 显示器，采用 74LS138 驱动，显示程序的代码如下。

```
void displayled(uint m)
{
    uchar i,j;
    for(i = 0;i<3;i++)
    {
```

```
            j = m%10;
            m/ = 10;
            leddata[i] = LEDCODE[j];
        }
        for(i = 0;i<3;i++)
        {
                    TI = 0;
                    SBUF = leddata[i];
                    while(TI ==0);
                    TI = 0;
        }
    }
```

delays()主要用于控制进水时间、洗衣时间、排水时间及脱水时间。为了方便进行程序设计，在延时函数中调用 displayled()以刷新显示。delays()的代码如下。

```
    void delays(uchar ms)
        {
            uchar i;
            for(i = 0;i<ms;i++)
            {
                initimer1();
                while(flag1s ==0);
                totletime--;
                displaylde(totletime);
                }
            }
```

timer1()是定时器 T1 的中断服务函数。T1 用于定时，基本定时时间是 50ms，通过对 mseccnt 计数，实现定时 1s 功能。initimer1()是 T1 的初始化函数。两个函数的代码如下。

```
    void timer1() interrupt 3
    {
        TR0 = 0;
        TH0 = 0X3C;
        TL0 = 0XB0;
        TR1 = 1;
        mseccnt++;
        if(mseccnt>= 20)
          flag1s = 1;
    }
    void initimer1()
    {
        flag1s = 0;
        mseccnt = 0;
        TR1 = 0;
        TH1 = 0X3C;
        TL1 = 0XB0;
```

```
        TR1 = 1;
    }
```

经验总结

本实例设计了一款由微型计算机控制的洗衣机，实现了进水、洗涤、排水及脱水整个洗衣过程。硬件电路主要包括水位检测模块、电动机控制模块、显示按键模块等，并且根据整个洗衣过程设计主程序。

本实例介绍的洗衣机成本低廉、结构简单、工作稳定，利用较少的器件，实现了洗衣机的智能控制，具有一定的实用价值。但是，整个洗衣机的功能不够完善，操作不十分灵活，读者可以自行增加或修改功能，以满足要求。

知识加油站

强洗工作模式是指电动机只向一个方向运转，弱洗工作模式是指电动机向正、反两个方向交替运转，每隔一分钟变换一次方向。

实例 23　串行 A/D 转换

设计思路

串行 A/D 转换器转换后的结果以串行方式输出，数字量以串行方式输出可简化系统的连线，缩小电路板的面积，节省系统的资源。本实例以 TLC2543 为例，介绍串行 A/D 转换的实现方案。

器件介绍

TLC2543 是 TI 公司生产的 12 位开关电容逐次逼近式 A/D 转换器。它有 3 个控制输入端（片选端 $\overline{CS}$、输入/输出时钟端 I/O CLOCK、串行数据输入端 DATA INPUT）和 1 个三态串行输出端（数据输出端 DATA OUT），通过一个四线接口与主处理器通信。

TLC2543 内部有 14 通道多路选择器，可以选择 11 个模拟量输入端中的任何 1 个或 3 个内部自测试（Self-Testing）电压中的 1 个。系统时钟由片内产生并由 I/O CLOCK 端同步。内部多路转换器具有高速（10μs 转换时间）、高精度（12 位分辨率）和低噪声等特点。

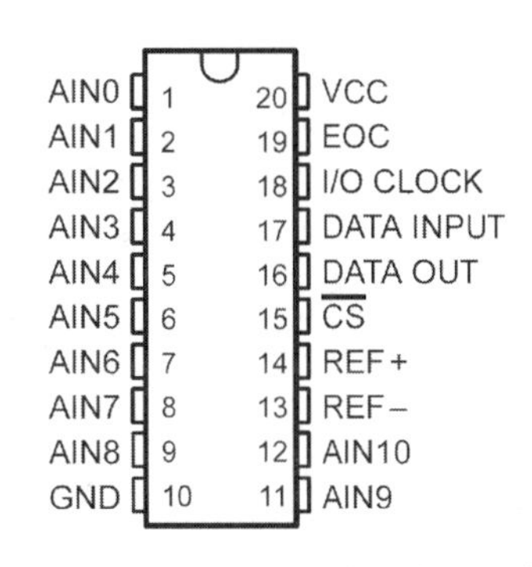

图 23-1　TLC2543 双列直插的引脚排列

TLC2543 双列直插的引脚排列如图 23-1 所示。

各引脚功能说明如下。

① AIN0～AIN10：模拟量输入端。这 11 个模拟量输入端由内部多路选择器选择。

② $\overline{CS}$：片选端。低电平有效。

③ DATA INPUT：串行数据输入端。输入数据在 I/O CLOCK 脉冲的上升沿依次移入，串行输入数据时以 MSB 为前导，即高位在前，输入数据包括 A/D 转换的模拟量输入端的选择及输出数据的格式。

④ DATA OUT：A/D 转换结果输出的三态串行输出端。输出数据的格式由串行输入的数据决定，包括输出数据的位数、输出数据的顺序、输出数据的极性格式等，输出数据在 I/O CLOCK 脉冲的下降沿依次移出。

⑤ EOC：A/D 转换结束端。在开始 A/D 转换后的第 10 个 I/O CLOCK 脉冲内，该端从高电平变为低电平并保持，A/D 转换完成后该端变为高电平。

⑥ GND：接地端。

⑦ I/O CLOCK：输入/输出时钟端。在 I/O CLOCK 脉冲的上升沿输入数据，在 I/O CLOCK 脉冲的下降沿输出数据。

⑧ REF+：正基准电压端，电压通常为电源电压。最大的输入电压范围取决于加在该端与加在 REF−端的电压差。

⑨ REF−：负基准电压端，通常接地。

⑩ VCC：电源电压输入端，典型值为+5V。

硬件设计

AT89C51 与 TLC2543 的硬件电路如图 23-2 所示。TLC2543 的 3 个控制输入端 $\overline{\text{CS}}$、I/O CLOCK、DATA INPUT 和 1 个三态串行输出端 DATA OUT 分别与 AT89C51 的 P14 引脚、P11 引脚、P12 引脚、P13 引脚相连，AT89C51 采用的晶振频率为 12MHz。

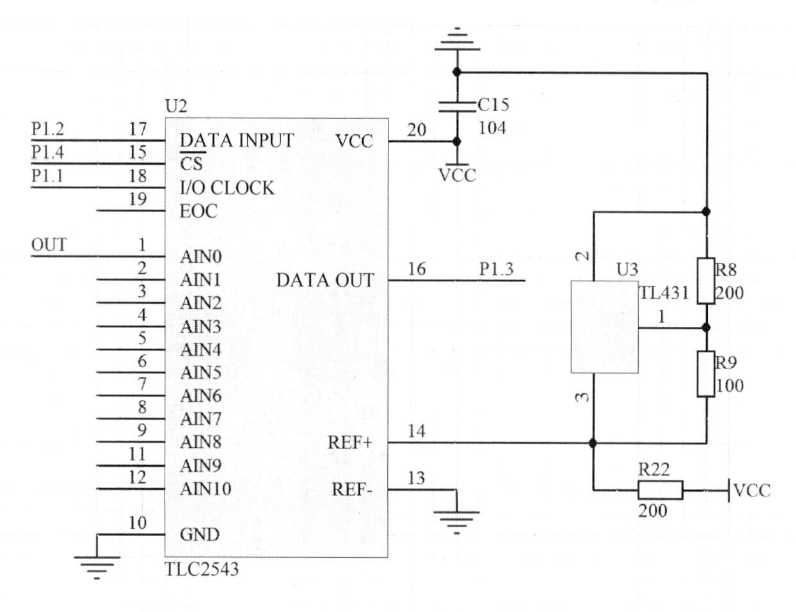

图 23-2　AT89C51 与 TLC2543 的硬件电路

进行电路设计时，我们将 TLC2543 的两个基准电压端 REF+、REF−分别与电源、地相连，这样可保证数字输出达到测量量程的最大值和零点，但在精度要求高的测量电路中，如果电源电压的质量一般，那么应专门设计高精度的电压基准电路。由于 TLC2543 的 A/D 转换速度很快，因此将 TLC2543 的 EOC 端接在 AT89C51 的 P10 引脚，采用查询方式。

程序设计

TLC2543 通过串口与 AT89C51 通信，接口程序按照 TLC2543 的工作时序要求编写，根据图 23-2 编写 AT89C51 采样外部 AIN0 通道模拟量的程序，主要包括用于读取 TLC2543 的 A/D 转换结果子程序等，代码如下。

```
/*------------------
文件名称：TLC2543_Test.C
功能：TLC2543 驱动测试程序
-------------------*/
```

```
#include <reg52.h>
sbit   CS = P1^4;
sbit   IO_CLK  = P1^1
sbit   DAT_IN  = P1^2;
sbit   DAT_OUT = P1^3;
unsigned  int  read_tlc2543( unsigned char M );
unsigned  int  result;
void main(void)
{
while(1)
  {
       read_tlc2543(0x20);
       /*第一次读出的数据不可靠，丢弃*/
       result = read_tlc2543(0x20);
  }
}
/*********************************
函数名称：read_tlc2543()
功能：读取 TLC2543 的 A/D 转换结果
入口参数：M 为 A/D 转换命令字
返回值：A/D 转换后的结果，有效位数为 12 位
*********************************/
unsigned int read_tlc2543(unsigned char M)
{
unsigned char i,ctrl_word;
    unsigned int ad_result=0;
    DAT_OUT     = 1;
    ctrl_word   = M;
    CS          = 1;
    IO_CLK      = 0;
    CS          = 0;
    for (i=0;i<8;i++)   /*将控制字符送到 TLC2543 中，并接收 TLC2543 输出的 8 位数据*/
    {
          DAT_IN = ctrl_word & 0x80;
          ctrl_word = ctrl_word<<1;
          IO_CLK=1;
          ad_result=ad_result<<1;
          if (DAT_OUT)
               ad_result=ad_result+1;
          IO_CLK=0;
    }
    for (i=8;i<12;i++) /*将剩余的 4 位数据读出*/
    {
          IO_CLK=1;
          ad_result=ad_result<<1;
          if (DAT_OUT)
               ad_result=ad_result+1;
```

```
            IO_CLK=0;
        }
        CS=1;
        return ad_result;   /*返回值为A/D转换后的数字量，有效位数为12位*/
    }
```

经验总结

（1）本实例的硬件电路是采用的查询方式实现串行 A/D 转换的，也可以将 TLC2543 的 EOC 端接反相器后再与 AT89C51 的外部中断输入端相连，在中断服务函数中启动下次 A/D 转换并读取本次 A/D 转换结果。

（2）TLC2543 输入的是本次需要进行 A/D 转换的通道地址，而输出的是上次 A/D 转换的结果，因此，启动 A/D 转换后的第一个输出数据是随机数，必须丢弃。

（3）在采集多路模拟量数据并且要求具有较高的分辨率时，本实例是一种较好的可行方案。在精度要求高的场合，对于参考电压我们还要设计专门的精密基准电源。

知识加油站

逐次逼近式 A/D 转换器的优点是速度比较快。与有同样分辨率的双积分型 A/D 转换器相比，不需要高精度的运放，成本也较低。

实例 24　并行 A/D 转换

设计思路

上一个实例介绍了具有串口的 TLC2543，与串行 A/D 转换相对应的还有并行 A/D 转换，本实例介绍应用最广泛的 8 位通用并行 A/D 转换器 ADC0809。

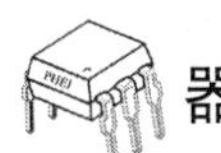

器件介绍

ADC0809 是 CMOS 单片型逐次逼近式 A/D 转换器，单电源供电，转换时间为 100μs，模拟量输入电压为 0～+5V，无须零点和满刻度校准，工作温度为−40～+85℃，低功耗，可处理 8 路模拟量输入，内部带有输出数据锁存器，既可与各种微处理器相连，又可单独工作，输出与 TTL 电平兼容。

ADC0809 的主要性能如下。

① 采用 CMOS 工艺制造。

② 单电源供电。

③ 无须进行零点和满刻度校准。

④ 完成 A/D 转换后的数据并行输出且内部带有输出数据锁存器。

⑤ 输出与 TTL 电平兼容。

⑥ 分辨率为 8 位。

⑦ 功耗为 15mW。

⑧ 转换时间（f_{CLK} = 640kHz）为 100μs。

⑨ 转换精度为 ± 0.4%。

ADC0809 的引脚如图 24-1 所示。

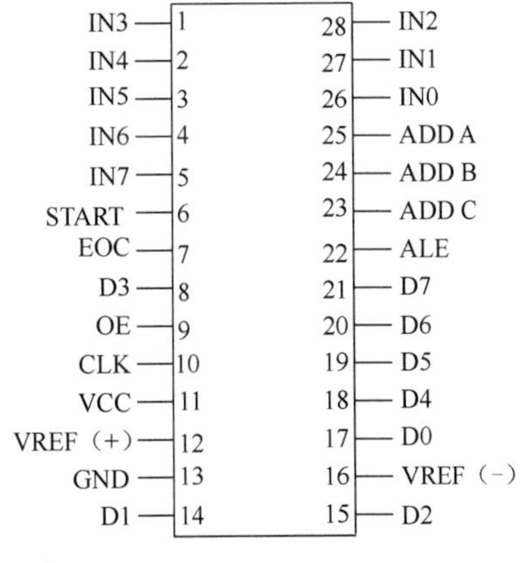

图 24-1　ADC0809 的引脚

各引脚的功能如下。

① IN0～IN7：8 路模拟量输入端。

② D0～D7：8 位数字量输出端。

③ ADD A、ADD B、ADD C：8 路模拟量输入的地址选择端。

④ ALE：地址锁存允许信号端，高电平有效。

⑤ START：A/D 转换启动端，高电平有效。

⑥ EOC：A/D 转换结束端，当 A/D 转换结束时，此端输出一个高电平（A/D 转换期间一直输出低电平）。

⑦ OE：数据输出允许信号端，高电平有效。当 A/D 转换结束后，给此端输入一个高电平，才能打开三态输出锁存器，输出数字量。

⑧ CLK：时钟脉冲输入端。使用时输入的时钟频率不高于 1.43MHz。

⑨ VREF（+）、VREF（−）：基准电压端。

⑩ VCC：电源电压输入端，+5V 电源供电。

⑪ GND：接地端。

 硬件设计

单片机读取 ADC0809 的数据有 3 种方式：查询、中断和延时。这 3 种方式在硬件连接上稍有不同，下面分别进行介绍。

（1）查询方式。

查询方式主要是指单片机查询 EOC 端的状态，若为低电平，表示 A/D 转换正在进行；若为高电平，则将 OE 端变为高电平，以便从 D0～D7 端读取 A/D 转换后的数字量。

（2）中断方式。

采用中断方式时，EOC 端作为 CPU 的中断请求输入端。CPU 响应中断后，应在中断服务函数中使 OE 端变为高电平，以读取 A/D 转换后的数字量。

（3）延时方式。

延时方式是指在启动 A/D 转换后先延时可靠的时间段，再直接读取 A/D 转换后的数字量。

本实例中，AT89C51 与 ADC0809 的硬件电路如图 24-2 所示，单片机使用的晶振频率为 12MHz。

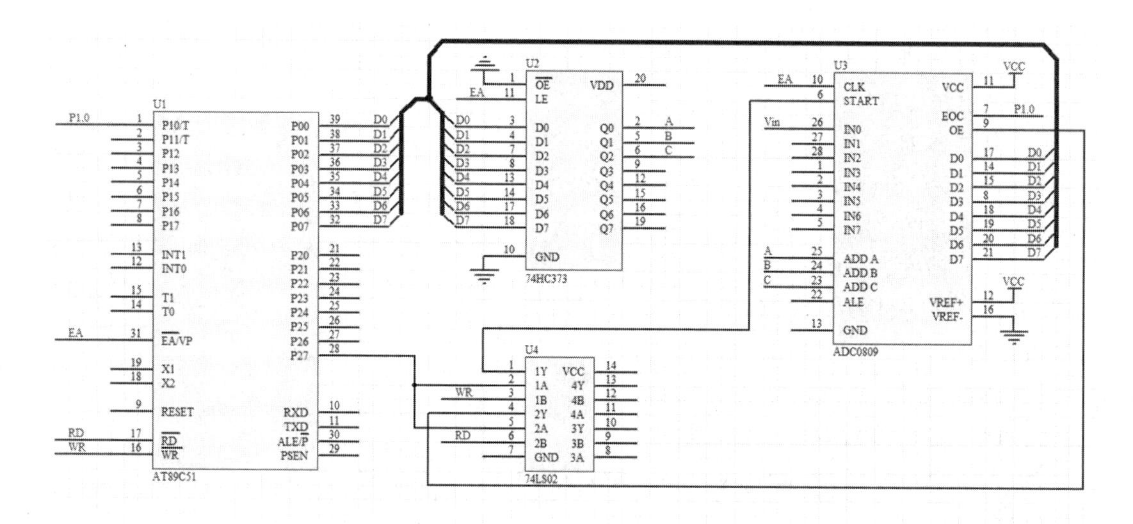

图 24-2　AT89C51 与 ADC0809 的硬件电路

由图 24-2 可知，ADC0809 的 START 启动信号由 AT89C51 的 P36（$\overline{WR}$）引脚和 P27 引脚的输出经或非门产生，START 端因 P36 引脚输出的高电平而封锁，执行写操作指令之后，START 上的正脉冲启动 ADC0809 工作；EOC 端直接与 AT89C51 的 P10 引脚相连，通过查询 P10 引脚的状态可得知 A/D 转换是否完成。AT89C51 的 P37（$\overline{RD}$）引脚和 P27 引脚经或非门与 ADC0809 的 OE 端相连。由于平时 P37 引脚为高电平，因而 OE 端处于低电

平封锁状态。在发出 A/D 转换指令后，通过执行读操作指令使 OE 端变为高电平，从而打开三态输出锁存器，让 CPU 读取 A/D 转换后的数字量。

程序设计

根据硬件电路可知，ADC0809 的地址为 0x7FFF，向 0x7FFF 地址输入数据的低 3 位被 74HC373 锁存（选择 ADC0809 的转换通道），然后启动 A/D 转换，程序等待 A/D 转换完成（查询 EOC 端是否有低电平出现），A/D 转换完成后读取 A/D 转换结果。完成一次 A/D 转换的 C51 程序代码如下。

```
/*——————————————————
文件名称：ADC0809_Test.C
功能：ADC0809 测试程序
——————————————————*/
#include<reg51.h>
#include<absacc.h>
sbit  EOC = P1^0;                    /*I/O 口伪定义*/
#define CS0809 XBYTE[0x7fff]         /*ADC0809 的地址*/
void main( void )
{
  unsigned char ad_result;           /*A/D 转换结果*/
  while( 1 )
    {
        CS0809 = 0 ;                 /*选择通道 0 并启动 A/D 转换*/
        while( !EOC ) ;              /*等待 A/D 转换完成*/
        ad_result = CS0809;
        }
}
```

经验总结

（1）通道地址：对单片机来说，外设 ADC0809 只有一个地址 0x7FFF，各个模拟量的输入通道是通过向地址 0x7FFF 输入通道号来选择的。如输入 0x00 即选择 0 通道，输入 0x01 即选择 1 通道，其他通道的选择依次类推。

（2）地址锁存：由于 ADC0809 内部已经存在地址锁存器，因此，图 24-2 中的 74HC373 可以省略，而将单片机的 P00～P02 引脚直接与 ADC0809 的 ADD A 端、ADD B 端、ADD C 端相连，此时 ADC0809 的 8 个通道地址是 0x7FF8～0x7FFF。

（3）时钟信号的频率：ADC0809 的典型时钟信号频率为 640kHz（转换时间为 100μs），但实际上 ADC0809 的时钟信号工作频率为 10～1280kHz，大于 1.43MHz 时将停止工作，因此，如果 CLK 信号采用单片机的 ALE 信号，请务必注意单片机的晶振频率。

（4）如果采用中断方式，则要先在 ADC0809 的 EOC 端外接一个反相器，再接入单片机的外部中断输入端 INT0 或 INT1；如果采用延时方式，则将 ADC0809 的 EOC 端直接悬空即可。

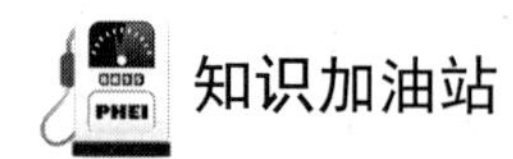

知识加油站

硬件调用中断服务函数时，把程序计数器 PC 的内容先压入堆栈，同时把响应中断服务函数的入口地址装入 PC 中。5 个中断服务函数的入口地址如表 24-1 所示。

表 24-1　5 个中断服务函数的入口地址

中　断　源	入 口 地 址
外部中断 0	0003H
定时器 0 溢出	000BH
外部中断 1	0013H
定时器 1 溢出	001BH
串口中断	0023H

实例 25　模拟比较器实现 A/D 转换

设计思路

在实际应用中，有些 A/D 转换系统对于转换时间、精度及可转换的模拟量通道等要求并不严格。在这种情况下，为了降低开发成本、减小电路板体积等，可利用模拟比较器和其他外围电路实现 A/D 转换，如采用带模拟量比较器的单片机 AT89C2051 完成单输入的 A/D 转换。

器件介绍

AT89C2051 是 Atmel 公司生产的一款 51 单片机，与 AT89C51 相比，AT89C2051 只有 P1 口和 P3 口的几只引脚，并在 P1.0 引脚、P1.1 引脚和 P3.6 引脚间加入了一个精确的模拟比较器，其他硬件资源相同。AT89C2051 具有以下特性。

① 2KB 的 FALSH 程序存储器。

② 128B 的内部 RAM。

③ 2 个 16 位定时器。

④ 5 个两级中断源结构。

⑤ 1 个精确的模拟比较器。

⑥ 15 个 I/O 口。

AT89C2051 的引脚如图 25-1 所示。

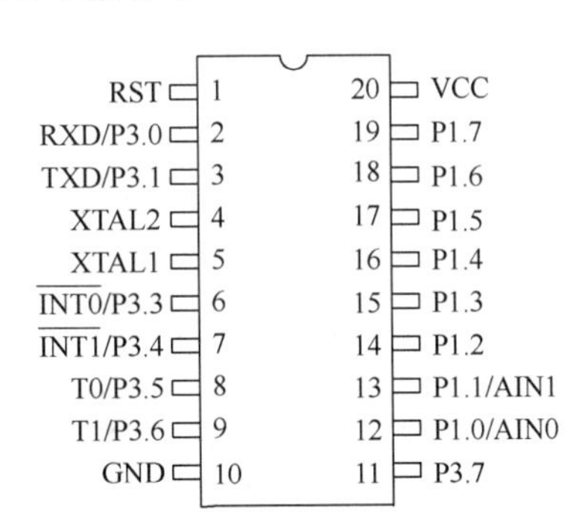

图 25-1　AT89C2051 引脚

AT89C2051 的 P1.0 引脚、P1.1 引脚除作为普通 I/O 口外，还有模拟比较器的模拟量输入功能，P3.6 引脚作为模拟比较器的比较结果输出端，通过软件查询 P3.6 引脚的电平可得知模拟比较器的比较结果。由 AT89C2051 的特性可知，利用 AT89C2051 中内置的模拟比较器，再加上少量的外围器件就可组成简易的 A/D 转换器。

硬件设计

本实例中的硬件电路由 AT89C2051 和简单的外围电路组成，被测的模拟量接入 P1.1 引脚，如图 25-2 所示。

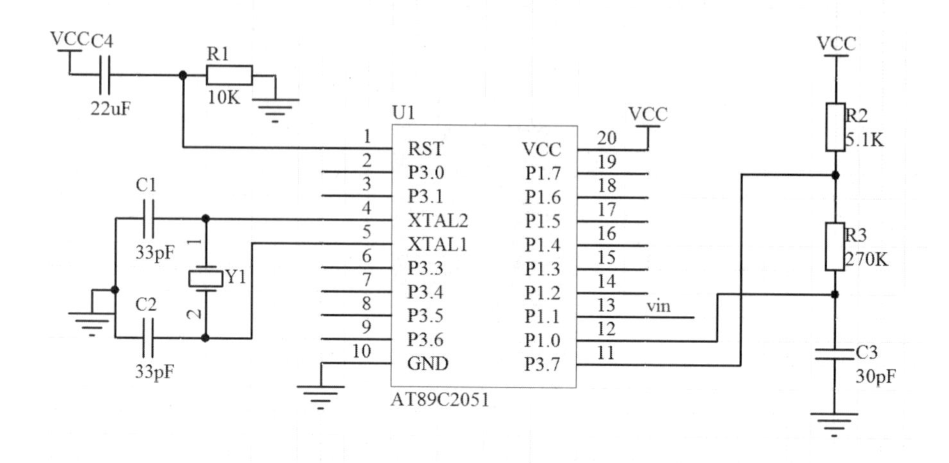

图 25-2　由 AT89C2051 组成的 A/D 转换电路

程序设计

由于没有片外的器件，因此程序编制较为简单。程序实现的功能是先初始化定时器，使电容充分放电，然后使电容充电，同时定时器计数开始，程序不断查询 AT89C2051 内部模拟比较器 P3.6 引脚的电平以判断电容上的电压与外部模拟量输入的电压是否相同，当电容上的电压刚刚超过外部模拟量输入的电压时，P3.6 引脚输出改变，此时读取定时器中的定时值，根据通过 RC 电路充电时间提前计算出的表即可得到当前模拟量输入的电压。

本实例的程序代码如下。

```
/*———————————————————
文件名称：AT89C2051_AD.C
功能：用 AT89C2051 内部的模拟比较器实现 A/D 转换
———————————————————*/
#include<reg51.h>
#include<intrins.h>
/*====================端口定义=========================*/
sbit  p10=P1^0;
sbit  p11=P1^1;
sbit  p12=P1^2;
sbit  p30=P3^0;//
sbit  p36=P3^6;
sbit  p37=P3^7;
/***********************************
函数名称：delay()
```

```
功能：延时 1.5ms
入口参数：无
返回值：无
*********************************/
void delay( void )
{
    unsigned char i;
    for(i=250;i>0;i--)
    {
        _nop_();_nop_();
        _nop_();_nop_();
    }
}
//主程序
void main( void )
{
    unsigned int ad_tmp;
    unsigned int tmp;
    TMOD = 0x01;               /*设置定时器 T0 为定时方式*/
    EA = 0;
    ET0 = 0;                   /*关掉中断*/
    while( 1 )
    {
        P1 = 0xFF;             /*使 P1.0 引脚、P1.1 引脚悬空*/
        p37 = 0;               /*使电容放电*/
        delay();
        delay();
        delay();
        delay();
        TH0 = 0;
        TL0 = 0;
        p36 = 0;               /*模拟比较器的输出初始值为 0*/
        p37 = 1;               /*电容开始充电*/
        TR0 = 1;               /*开始充电的同时打开定时器*/
        while( !p36 );         /*等待电压上升*/
        TR0 = 0;               /*关掉定时器*/
        tmp = TH0;
        ad_tmp = ( tmp<<8 )+ TL0;
        /*将得到的 ad_tmp 数据进行查表处理，得到实际数字量*/
    }
}
```

经验总结

（1）这种简易的 A/D 转换一般只用在成本要求低、精度要求不高的场合。

（2）若想在一定程度上提高测量精度及产品的一致性指标，则一定要保证 R2、R3、C3

的质量（材料、精度、稳定性指标）。

（3）测得的电压值由于是根据充电时间通过计算得来的，而充电时间是通过查询 P3.6 引脚电平的次数得来的，因此，在编写程序时，要尽量优化程序，缩短查询的周期，从而提高测量分辨率，选用频率高的晶振也能提高该指标。

（4）一定要注意对放电时间的控制，由于外部被测电压具有不确定性，充电时间的长短是不同的，因此为了保证在下次充电前 C3 的电压接近 0V，一般放电时间要大于电源电压能放完电的时间，否则可能会导致 C3 上有残余电压，进而导致测量值偏小。

知识加油站

本实例利用 AT89C2051 内部的模拟比较器实现了 A/D 转换，这个模拟比较器的输入端口分别是 P1.0 引脚和 P1.1 引脚，其中 P1.0 引脚是同相输入端，P1.1 引脚是反向输入端，P3.6 引脚是模拟比较器的输出端。

实例 26　串行 D/A 转换

设计思路

串行 D/A 转换与串行 A/D 转换一样，在与 CPU 连接时，减少了硬件连线的数量，简化了连线，节省了系统的硬件资源。

器件介绍

TLC5615 是 TI 公司推出的具有 3 根串行总线的 10 位 CMOS 电压输出型的 D/A 转换器（DAC），其具有高阻抗基准电压输入端，D/A 转换后的最大输出模拟电压是基准电压的 2 倍，输出电压具有和基准电压相同的极性。TLC5615 采用+5V 单电源供电，带有上电复位功能，即把 10 位 D/A 转换寄存器复位至全零，最大功耗仅为 1.75mW。TLC5615 的内部结构框图如图 26-1 所示。

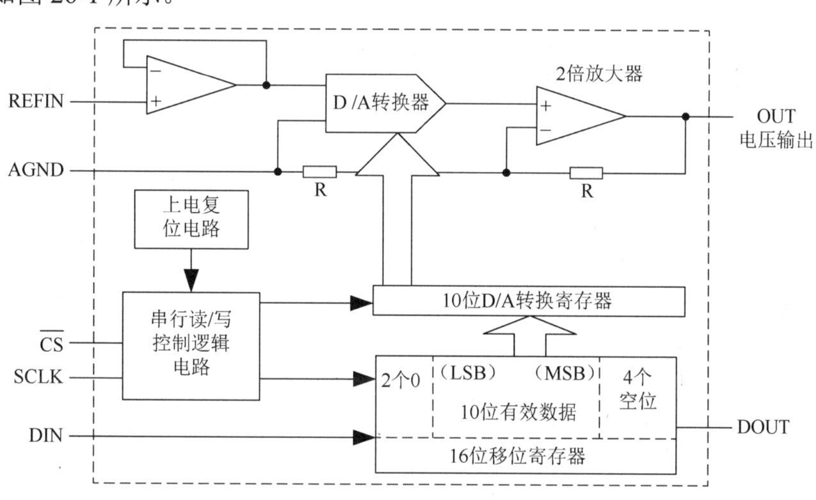

图 26-1　TLC5615 的内部结构框图

TLC5615 由 D/A 转换器、上电复位电路、串行读/写控制逻辑电路、2 倍放大器和同步串口等组成。外部基准电压 V_{REFIN} 决定了 D/A 转换器的满量程输出，V_{REFIN} 经过基准电压缓冲电路后使得 D/A 转换器的输入电阻与代码无关。串行读/写控制逻辑电路用于控制外部处理器输入数字量，逻辑输入端可使用 TTL 电平或 CMOS 电平。满电源电压时，使用 CMOS 电平可得到最小功耗，而使用 TTL 电平的功耗约增加 2 倍。10 位 D/A 转换寄存器将 16 位移位寄存器中的 10 位有效数据取出，并送入 D/A 转换器进行转换，转换后的结果通过 2 倍放大器后，由 OUT 引脚输出模拟电压。TLC5615 的引脚如图 26-2 所示。

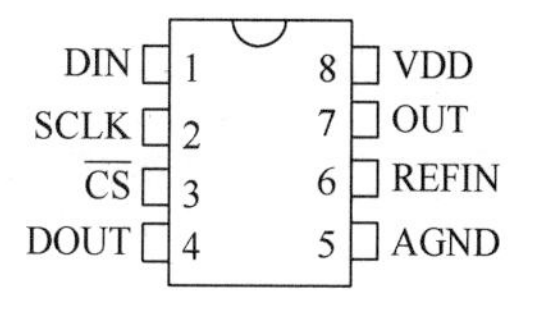

图 26-2　TLC5615 的引脚

各引脚的功能如下。

① DIN：串行数据输入端。

② SCLK：串行时钟输入端。

③ $\overline{\text{CS}}$：片选信号输入端，低电平有效。

④ DOUT：用于级联的串行数据输出端。

⑤ AGND：模拟地。

⑥ REFIN：基准电压输入端。

⑦ OUT：模拟电压输出端。

⑧ VDD：电源电压输入端，输入电压为+5V。

硬件设计

TLC5615 与单片机采用串行总线方式通信。图 26-3 所示为 TLC5615 和 AT89C51 的接口电路。在该电路中，TLC5615 的连接采用非级联方式，分别用单片机的 P10 引脚、P11 引脚输出片选信号 $\overline{\text{CS}}$ 和串行时钟 SCLK，待转换的数据从 P12 引脚输出到 TLC5615 的 DIN 端，TLC5615 的 OUT 端输出模拟电压。参考电压由 MC1403 提供。MC1403 可提供精确的 2.5V 参考电压，因此 TLC5615 输出的最大模拟电压为 5V。

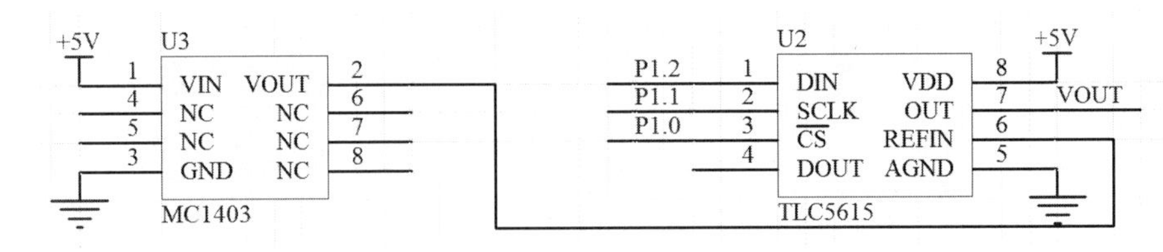

图 26-3　TLC5615 与 AT89C51 的接口电路

程序设计

根据图 26-3 设计 AT89C51 对 TLC5615 的读/写操作程序。本实例程序中 AT89C51 的晶振频率为 12MHz，由于 TLC2543 采用非级联方式连接，所以完成一次 D/A 转换的程序代码如下。

```
/*----------------
文件名称：TLC5615_Test.C
功能：驱动 TLC5615 完成 D/A 转换
-------------------*/
#include<reg51.h>
#include<intrins.h>
/*===================端口伪定义========================*/
sbit  CS = P1^0;
sbit  SCLK = P1^1;
sbit  DIN = P1^2;
/*===================延时函数声明========================*/
void delay(void);
//主程序用于完成一次 D/A 转换
```

```
void main( void )
{
    unsigned int da_dat;        /*需要转换的数据，10 位*/
    unsigned char i;
    CS = 1;
    SCLK = 0;
    CS = 0;                     /*选中 TLC5615*/
    da_dat = da_dat<<6;         /*有效数据左对齐，末两位为 0*/
    for( i=12;i>0;i--)
    {
        DIN = ( bit ) ( da_dat & 0x8000 );
        SCLK = 1;
        _nop_;
        _nop_;
        SCLK = 0;
        da_dat = da_dat<<1;
    }
    CS = 1;                     /*数据送完后CS端变为高电平，开始进行 D/A 转换*/
    SCLK = 0;
    delay();
}
/*********************************
函数名称：delay()
功能：延时
入口参数：无
返回值：无
*********************************/
void delay( void )
{
    unsigned char i,j;
    for( i=10;i>0;i--)
        for( j=100;j>0;j--);
}
```

经验总结

TLC5615 具有体积小、与单片机连接简单等优点，但数据是以串行方式输入的，导致其 D/A 转换速度不高。与电流型 D/A 转换器不同，TLC5615 输出的是模拟电压，因此不需要另外连接运放。

知识加油站

D/A 转换器是一个将用二进制数表示的数字量转换成模拟量的装置。实现这种转换的基本方法是对应于二进制数的每一位，产生一个正比于相应二进制位权的电压或者电流，如常见的加权网络 D/A 转换电路、*R*-2*R* 电阻网络 D/A 转换电路等。

实例 27　并行电压型 D/A 转换

设计思路

并行电压型 D/A 转换器的模拟量输出形式为电压，而数字量是以并行方式输入并进行 D/A 转换的。

器件介绍

AD558 是 Analog 公司推出的直接电压输出型 8 位 D/A 转换器，具有并行数据输入接口，片内含有输出放大器和精密基准电压源，与外部接口的连接无须任何元器件进行微调。其采用单电源供电（+5～+15V），转换电压的输出范围为 0～+2.56V 或 0～+10V，最大功耗为 75mW。AD558 的 DIP 封装形式引脚如图 27-1 所示。

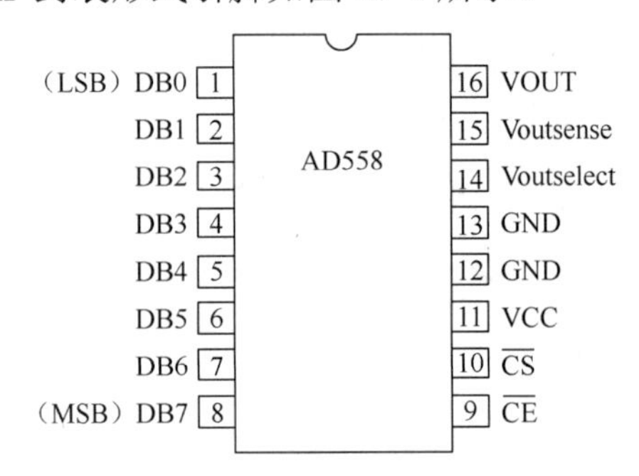

图 27-1　AD558 的 DIP 封装形式引脚

各引脚的功能如下。

① DB0～DB7：8 位数字量输入端。

② $\overline{CE}$：芯片允许输入端。

③ $\overline{CS}$：片选信号输入端。

④ VCC：电源正端。

⑤ GND：接地端。

⑥ Voutselect：输出电压范围选择端。

⑦ Voutsense：输出电压范围选择端。

⑧ VOUT：D/A 转换电压输出端。

硬件设计

AD558 采用并行方式输入数据，芯片允许输入端 $\overline{CE}$ 和片选信号输入端 $\overline{CS}$ 分别与 AT89C51 的 $\overline{WR}$ 引脚和 P27 引脚相连，AD558 与 AT89C51 的接口电路如图 27-2 所示。

图 27-2 中，AD558 的满量程输出电压为 0～+10V，电源电压为+12V。

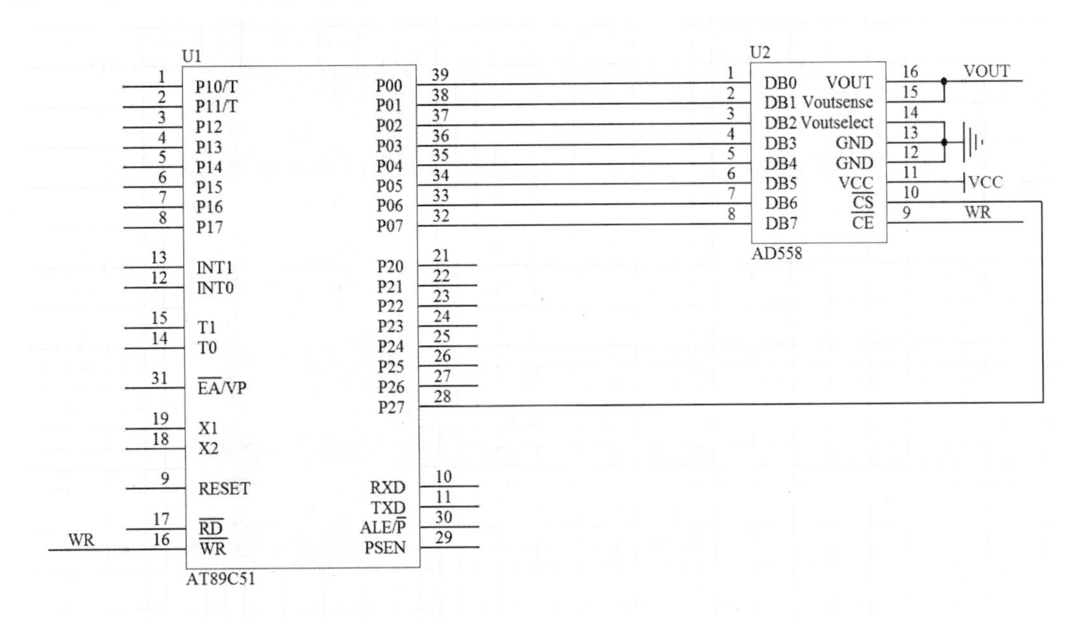

图 27-2　AD558 与 AT89C51 的接口电路

程序设计

在图 27-2 中，由于芯片允许输入端 $\overline{CE}$ 和片选信号输入端 $\overline{CS}$ 分别与 AT89C51 的 $\overline{WR}$ 引脚和 P27 引脚相连，因此 AD558 的地址为 0x7FFF。向 AD558 中传送一次数据并进行 D/A 转换的程序代码如下。

```
/*-----------------
文件名称：AD558_Test.C
功能：驱动 AD558 进行 D/A 转换
--------------------*/
#include<reg51.h>
#include<absacc.h>
#define CS_AD558 XBYTE[0X7FFF]        /*AD558 地址伪定义*/
void main( void )
{   unsigned char da_dat;
    while(1)
    {
        CS_AD558 = da_dat;            /*将要转换的数据送入 AD558 进行 D/A 转换*/
    }
}
```

经验总结

（1）AD558 具有转换速度快、外围电路简单等特点。

（2）AD558 具有可根据需要选择输出电压范围的特点，但需要注意的是，电源的电压与 CPU 的电压不是同一个等级。

（3）芯片允许输入端 $\overline{CE}$ 和片选信号输入端 $\overline{CS}$ 虽然名称不同，但是在使用时是可以互换功能的。

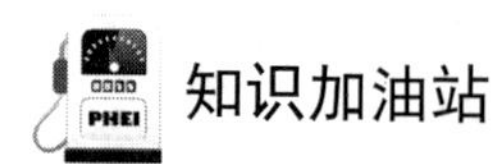

知识加油站

大多数 D/A 转换器是电压型的，输出电压一般为+5～+10V，也有高电压型的，输出电压为 24～30V，还有一些是电流型的。

实例 28　并行电流型 D/A 转换

设计思路

实例 27 中介绍的 D/A 转换的模拟量输出形式为电压，而本实例介绍一种模拟量输出形式为电流的并行电流型 D/A 转换。

器件介绍

电流型 D/A 转换器比较多，DAC0832 是这类器件中最常见的。DAC0832 是 8 位 D/A 转换器，单电源供电，在+5～+15V 范围内均可正常工作，基准电压为−10～+10V，数字量采用并行输入方式。DAC0832 的内部结构框图如图 28-1 所示。

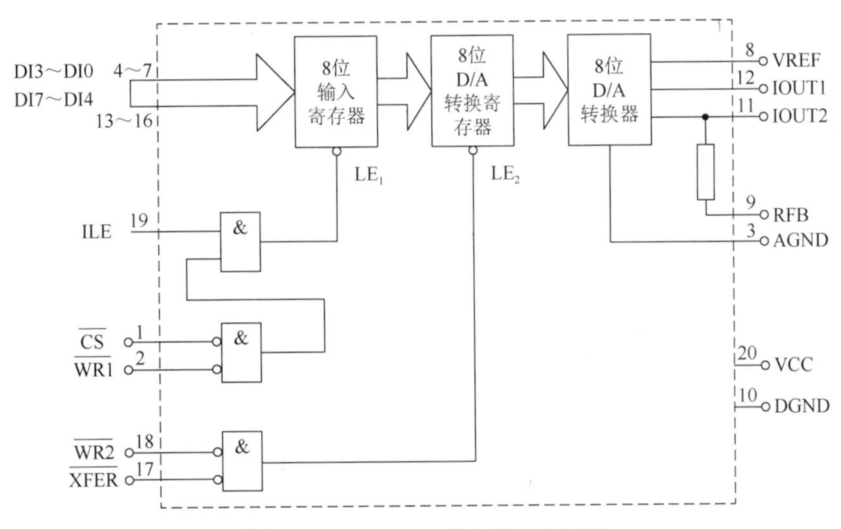

图 28-1　DAC0832 的内部结构框图

在该转换器中，8 位输入寄存器和 8 位 D/A 转换寄存器构成两级输入数据锁存器。使用时，数据输入可以采用两级锁存（双缓冲）形式或单级锁存（单缓冲）形式，也可以采用直接输入（直通）方式。

在 DAC0832 内部，3 个门电路构成寄存器输出控制电路，可直接进行输入数据锁存控制：当 ILE 端为 0 时，输入数据被锁存；当 ILE 端为 1 时，输入数据不锁存，输入数据锁存器的输出跟随输入变化。

DAC0832 为电流输出形式，其两个输出端电流的关系为 $I_{IOUT1} + I_{IOUT2} =$ 常数。

在实际应用中，为得到电压输出，可在电流输出端连接一个运放，需注意的是，DAC0832 内部带有反馈电阻。

DAC0832 为 20 引脚双列直插式封装，其引脚如图 28-2 所示。

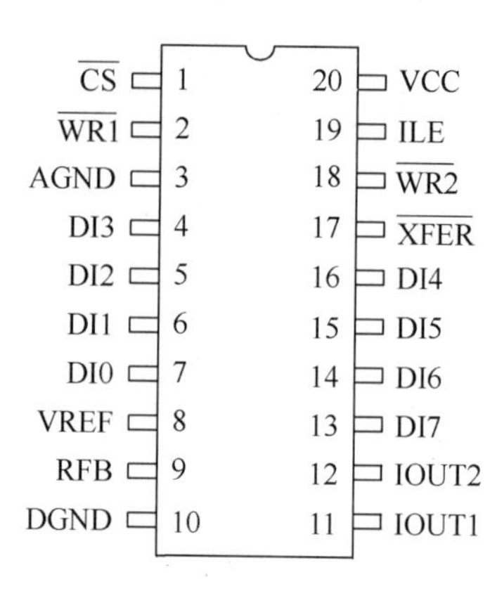

图 28-2　DAC0832 的引脚

各引脚的功能如下。

① DI7～DI0：转换数据输入端。

② $\overline{\text{CS}}$：片选信号输入端，低电平有效。

③ ILE：数据锁存允许信号输入端，高电平有效。

④ $\overline{\text{WR1}}$：写信号输入端 1，低电平有效。

⑤ $\overline{\text{WR2}}$：写信号输入端 2，低电平有效。

⑥ $\overline{\text{XFER}}$：数据传送控制信号输入端，低电平有效。

⑦ IOUT1：电流输出端 1，当 8 位 D/A 转换寄存器中各位全为 1 时，电流最大；当 8 位 D/A 转换寄存器中各位全为 0 时，电流为零。

⑧ IOUT2：电流输出端 2。

⑨ RFB：反馈电阻端。

⑩ VREF：参考电压输入端。

⑪ AGND、DGND：模拟地、数字地。

硬件设计

单片机和 DAC0832 有 3 种连接方式：直通方式、单缓冲方式和双缓冲方式。采用直通方式时，DAC0832 不能直接与数据总线相连，需另加数据锁存器，应用极少。双缓冲方式主要应用在同步输出方式中，本实例介绍单缓冲方式。单缓冲方式是指 DAC0832 内部的两个数据缓冲器中的一个处于直通方式，另一个受单片机控制的方式，或者两个数据缓冲器同时受单片机控制的方式。实际应用中，在只有一路模拟量输出或者有几路模拟量输出但不要求同步的情况下，可采用单缓冲方式。图 28-3 所示为 DAC0832 与 AT89C51 采用单缓冲方式的接口电路，由于模拟量是以电流形式输出的，因此为了得到电压输出，在电流输出端外接了运放 LM324。

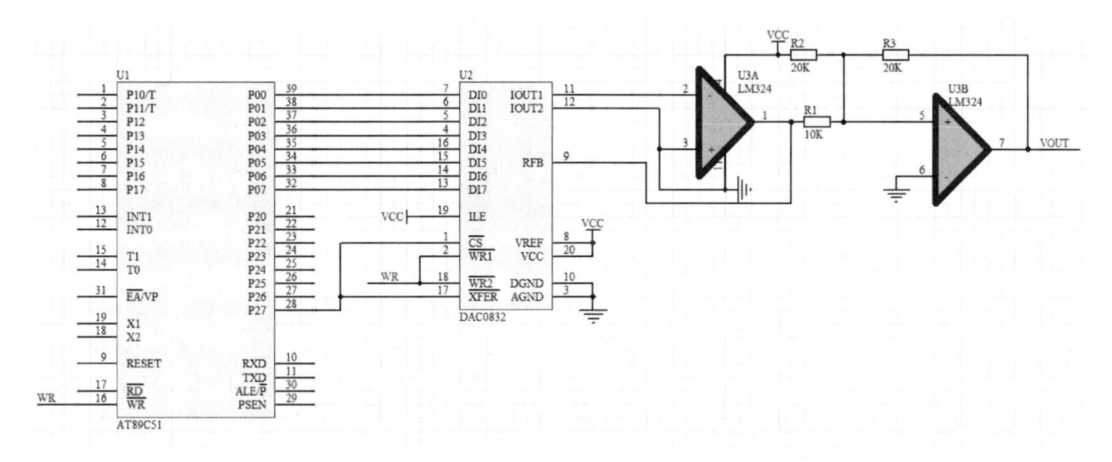

图 28-3　AT89C51 与 DAC0832 采用单缓冲方式的接口电路

程序设计

根据图 28-3 可知，DAC0832 的地址为 0x7FFF，完成一次 D/A 转换的程序代码如下。

```
/*-----------------
文件名称：DAC0832_Test.C
功能：DAC0832 驱动测试
-----------------*/
#include <reg51.h>
#include <absacc.h>
#define CS0832 XBYTE[0x7FFF]    //DAC0832 的地址
void main()
{
     while(1)
    {
      CS0832 = dac_dat;         //选中 DAC0832，并向其传送数据进行 D/A 转换
      delay();                  //延时一段时间
    }
}
```

经验总结

如果需要多个通道同步输出，在构成与 CPU 的接口电路时，一定要采用双缓冲的两级锁存方式。

知识加油站

DAC0832 采用双缓冲方式时，8 位输入寄存器的锁存信号和 8 位 D/A 转换寄存器的锁存信号分开控制，这种方式适用于多个模拟量同时输出的系统。

实例 29　I²C 接口的 A/D 转换

设计思路

具有串口的 A/D 转换器输出数据的形式可采用 SPI 和 I²C 两种协议中的定义。I²C 总线是 Philips 公司推出的芯片间的串行传输总线，它采用两线制，即串行时钟线 SCL 和串行数据线 SDA，数据输入和输出用的是一根线。采用 I²C 总线时 CPU 的接口占用少，硬件连接简单，这是这类器件的突出优点。本实例介绍 I²C 接口的 A/D 转换。

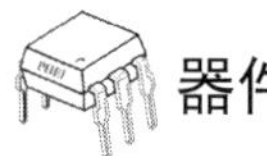

器件介绍

ADS1100 是 TI 公司生产的精密连续自校准 A/D 转换器，具有差分输入功能和高达 16 位的分辨率。A/D 转换按比例进行，以电源电压为基准电压，ADS1100 采用可兼容的 I²C 接口，在+2.7～+5.5V 单电源下工作。

ADS1100 可每秒采样 8、16、32 或 128 次模拟量以进行 A/D 转换。片内增益放大器（PGA）的放大增益可编程设置，可选择 1、2、4、8 倍放大增益，允许对更小的信号进行测量，且具有高分辨率。在单周期的转换方式中，ADS1100 在完成一次 A/D 转换之后自动掉电，在空闲期间大大降低了电流消耗。ADS1100 的主要性能如下。

① 在小型的 SOT23-6 封装上集成了完整的数据采集转换系统。

② 具有最大 16 位的数据转换精度。

③ 内部具有自校准功能。

④ 具有单周期转换功能。

⑤ 具有增益放大器，且增益放大器的放大增益可调。

⑥ 低噪声电压是电压峰峰值的 4 倍。

⑦ 可编程设置数据采样次数。

⑧ 内部带有系统时钟。

⑨ 具有 I²C 接口。

⑩ 电源电压为+2.7～+5.5V。

ADS1100 采用 SOT23-6 封装，其引脚如图 29-1 所示。

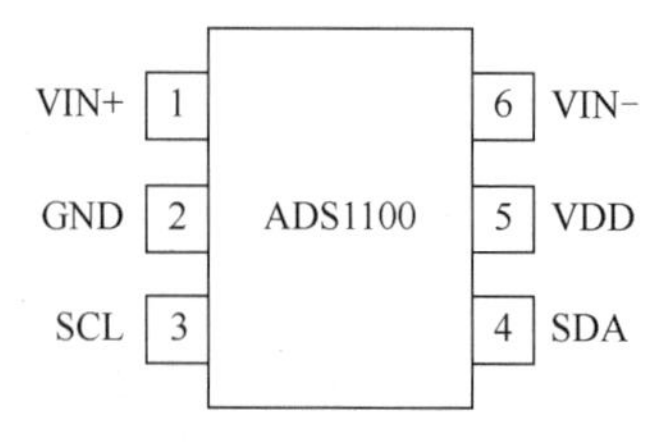

图 29-1　ADS1100 的引脚

各引脚的功能如下。

① VIN+：差分输入电压信号正端。
② VIN−：差分输入电压信号负端。
③ SCL：串行时钟线。
④ SDA：串行数据线。
⑤ VDD：电源电压输入端。
⑥ GND：接地端。

硬件设计

ADS1100 采用 I²C 接口，AT89C51 没有 I²C 控制器，但是可以通过其通用 I/O 引脚模拟产生 I²C 时序，从而与 ADS1100 通信。ADS1100 与 AT89C51 的接口电路如图 29-2 所示。ADS1100 的完全差分电压非常适合连接源极阻抗较低的差分源，如电桥传感器和电热调节器。采用惠斯通电桥的传感器可与 ADS1100 直接相连而不需要反向测量放大器，单端小型输入电容可防止高频干扰。惠斯通电桥的激励电压是电源电压，同时是 ADS1100 的基准电压。在该电路中，ADS1100 通常在 8 倍放大增益下工作，此种状态下的输入电压是−0.75～+0.75V。

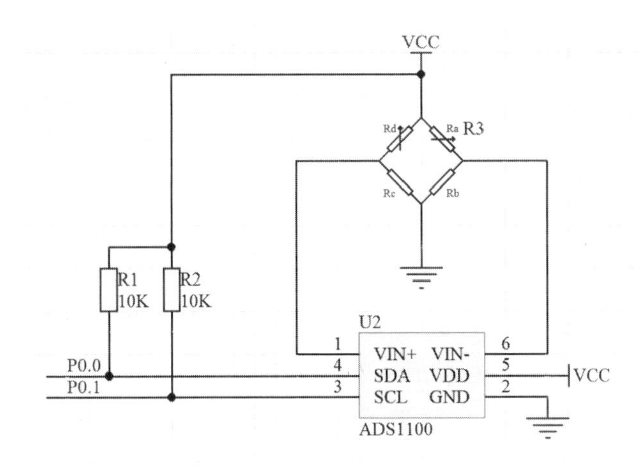

图 29-2　ADS1100 与 AT89C51 的接口电路

程序设计

ADS1100 采用 I²C 接口，在读取 A/D 转换的数据之前，先要对 ADS1100 内部的配置寄存器进行配置，本实例将其配置为连续转换模式，输出数据为 16 位格式。具体程序代码如下。

```
/*——————————————————
文件名称：ADS1100_Test.C
功能：ADS1100 驱动测试
——————————————————*/
#include <reg51.h>
#include <intrins.h>
```

```
sbit  SDA=P0^1;
sbit  SCL=P0^0;
#define delay_nop();  {_nop_();_nop_();_nop_();_nop_();};
bit  sys_err;                       //从机错误标志位
#define  READ_ADDR  0x91            //写配置寄存器时对应的器件地址
#define  WRITE_ADDR 0x90            //读 A/D 转换结果时对应的器件地址
#define  CFG_WORD   0x8F            //配置寄存器的预设值
unsigned char  AD_H;                //AD_H 用于存储高 8 位 A/D 转换结果
unsigned char  AD_L;                //AD_L 用于存储低 8 位 A/D 转换结果
/********************************
函数名称：i2c_start()
功能：启动 I2C 总线
入口参数：无
返回值：无
********************************/
void i2c_start(void)
{    EA=0;       //时钟保持高电平，当串行数据线从高电平到低电平跳变时，I2C 通信开始
     SDA = 1;
     SCL = 1;
     delay_nop();                   //延时 5μs
     SDA = 0;
     delay_nop();
     SCL = 0;
}
/********************************
函数名称：i2c_stop()
功能：停止 I2C 总线数据传送
入口参数：无
返回值：无
********************************/
void  i2c_stop(void)
{
      SDA = 0;   //时钟保持高电平，当串行数据线从低电平跳变到高电平时，I2C 通信停止
      SCL = 1;
      delay_nop();
      SDA = 1;
      delay_nop();
      SCL = 0;
}
/********************************
函数名称：slave_ACK()
功能：从机发送应答位
入口参数：无
返回值：无
********************************/
void slave_ACK(void)
{
```

```
    SDA = 0;
    SCL = 1;
    delay_nop();
    SDA = 1;
    SCL = 0;
}

/********************************
函数名称：slave_NOACK()
功能：实现从机发送非应答位，从而迫使数据传输过程结束
入口参数：无
返回值：无
********************************/
void  slave_NOACK(void)
{
    SDA = 1;
    SCL = 1;
    delay_nop();
    SDA = 0;
    SCL = 0;
}

/********************************
函数名称：check_ACK()
功能：用于检查主机应答位，从而迫使数据传输过程结束
入口参数：无
返回值：无
********************************/
void check_ACK(void)
{
    SDA = 1;              //若想将p1.0引脚设置为输入，则必须将SDA端和SCL端置1
    SCL = 1;
    F0 = 0;
    if(SDA == 1)          //若SDA=1，则表明非应答，置位非应答标志F0
     F0 = 1;
     SCL = 0;
}

/********************************
函数名称：i2c_send_byte()
功能：实现发送1字节数据
入口参数：ch为要发送的数据
返回值：无
********************************/
void  i2c_send_byte(unsigned char ch)
{
    unsigned char idata n=8;        //向SDA发送1字节数据，共8位
```

```
        while(n--)
        {
            if((ch&0x80) == 0x80)        //若要发送的数据最高位为 1，则传送位 1
            {
                SDA = 1;
                SCL = 1;
                delay_nop();
                SDA = 0;
                SCL = 0;
            }
            else                         //否则传送位 0
            {
                SDA = 0;
                SCL = 1;
                delay_nop();
                SCL = 0;
            }
            ch = ch<<1;                  //数据左移一位
        }
}

/********************************
函数名称：i2c_recv_byte()
功能：实现接收 1 字节数据
入口参数：无
返回值：接收到的数据
********************************/
unsigned char i2c_recv_byte(void)
{
    unsigned char  n=8;                  //从 SDA 线上读取 1 字节数据，共 8 位
    unsigned char tdata;
    while(n--)
    {
        SDA = 1;
        SCL = 1;
        tdata = tdata<<1;                //左移一位
        if(SDA == 1)
            tdata = tdata|0x01;          //若接收到的位为 1，则将数据的最后一位置 1
        else
            tdata = tdata&0xfe;          //否则将数据的最后一位置 0
        SCL=0;
    }
    return tdata;

}

/********************************
```

```
函数名称：ads1100_cfg()
功能：对配置寄存器进行设置
入口参数：setting_data 为要配置的参数
返回值：无
********************************/
void  ads1100_cfg(unsigned char setting_data)
{
      i2c_start();                     //开始写
      i2c_send_byte(WRITE_ADDR);       //写器件地址
      check_ACK();                     //检查应答位
      if(F0 == 1)
         {
         sys_err = 1;
         return;          //若非应答，则表明器件错误或已坏，置位错误标志位 sys_err
         }
         i2c_send_byte(setting_data);
         check_ACK();                  //检查应答位
         if (F0 == 1)
         {
               sys_err=1;
               return;  //若非应答，则表明器件错误或已坏，置位错误标志位 sys_err
         }
         i2c_stop();                   //全部写完则停止
}

/********************************
函数名称：READ_ADS100()
功能：读取 A/D 转换结果
入口参数：无
返回值：无
********************************/
void READ_ADS100(void)                 //从 ADS1100 中读出数据
{
      i2c_start();
      i2c_send_byte(READ_ADDR);
      check_ACK();
      if(F0 == 1)
      {
            sys_err = 1;
            return;
      }
      AD_H=i2c_recv_byte();
      slave_ACK();                     //收到一个字节后发送一个应答位
      AD_L=i2c_recv_byte();
      slave_NOACK();                   //收到最后一个字节后发送一个非应答位
      i2c_stop();
 }
```

```
void main()                    //主程序
{
      ads1100_cfg(CFG_WORD);
      READ_ADS100();          //读取的A/D转换结果的高8位在AD_H中，低8位在AD_L中
}
```

经验总结

（1）ADS1100 的 VIN+端、VIN−端内部有保护二极管，但是这些二极管的电流承受能力有限，若模拟输入电压高于满幅度 300mV，则会对 ADS1100 造成永久性损坏，解决办法是在输入线路上加入限流电阻，ADS1100 的 VIN+端、VIN−端可承受最大 10mA 的瞬间电流。

（2）ADS1100 采用 I^{2}C 总线驱动器，可输出 16 位 A/D 转换结果，能在 I^{2}C 总线上同时挂接多个 ADS1100，对于测量参数多的系统来说，可节省硬件资源。

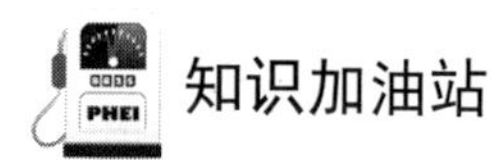

知识加油站

I^{2}C 通信属于串行通信，所有的数据以位为单位在 SDA 上串行传输，使用多主从架构，是由 Philips 公司在 20 世纪 80 年代初设计的。

I^{2}C 总线只有两根双向信号线。一根是串行数据线 SDA，另一根是串行时钟线 SCL。在 SCL 的上升沿，将数据输入 EEPROM；在 SCL 的下降沿，驱动 EEPROM 输出数据。

实例 30　I²C 接口的 D/A 转换

设计思路

为了满足系统的小型化、低功耗设计要求，具有 I²C 接口的器件有功能系列化的趋势，出现了具有 I²C 接口的 D/A 转换器。

器件介绍

MAX517 是 MAXIM 公司生产的一种带有 2 线串口的 8 位单路电压型 D/A 转换器，2 线串行通信采用 I²C 协议，允许在多个器件之间通信。MAX517 内部有精密缓冲放大器，满电源幅度 DAC 输出，使用+5V 单一电源，可设置为低功耗关断方式，待机工作电流仅为 4μA。MAX517 的引脚如图 30-1 所示。

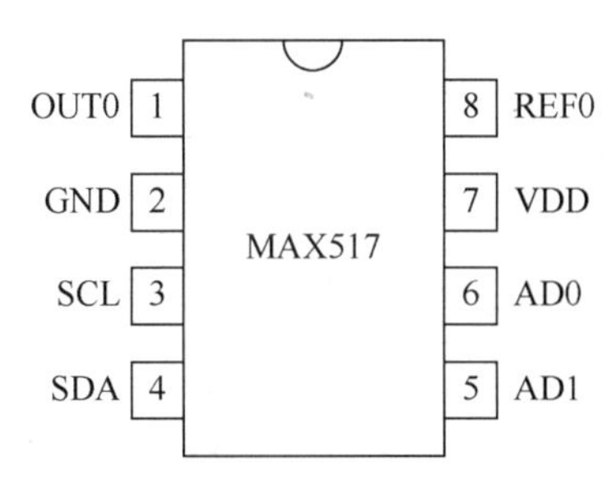

图 30-1　MAX517 的引脚

各引脚的功能如下。

① OUT0：D/A 转换电压输出端。

② REF0：参考电压输入端。

③ SCL：串行时钟输入端。

④ SDA：串行数据输入端。

⑤ AD0：地址输入端 0，用于设置 MAX517 器件地址。

⑥ AD1：地址输入端 1，用于设置 MAX517 器件地址。

⑦ VDD：电源输入端。

⑧ GND：接地端。

MAX517 主要由 I²C 接口电路部分（译码器、启动/停止检测电路、8 位移位寄存器、地址比较器）、输入锁存器、输出锁存器、D/A 转换器、运放等组成，如图 30-2 所示。

MAX517 是 8 位单路电压型 D/A 转换器，具有 I²C 接口，允许多个器件之间进行通信，只需单片机提供两根总线与之连接即可。

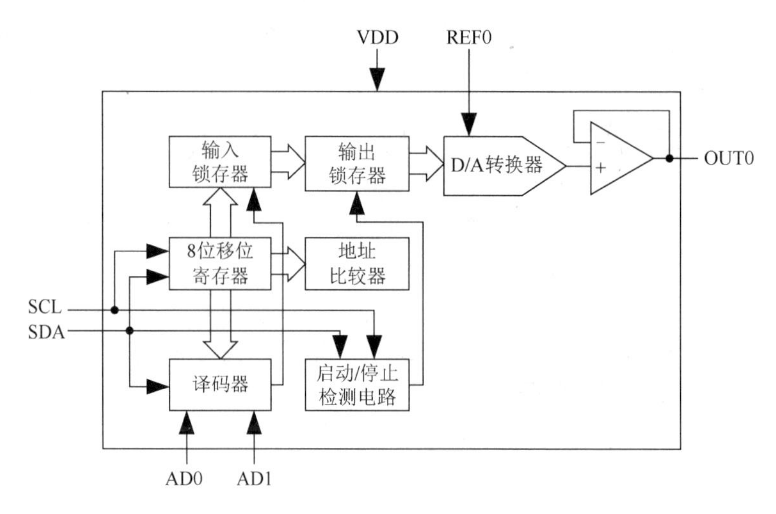

图 30-2　MAX517 的内部结构框图

硬件设计

MAX517 和 AT89C51 的接口电路如图 30-3 所示。由于 MAX517 采用 I²C 接口，因此大大简化了与 AT89C51 的接口电路，但是对时序提出了更高的要求。

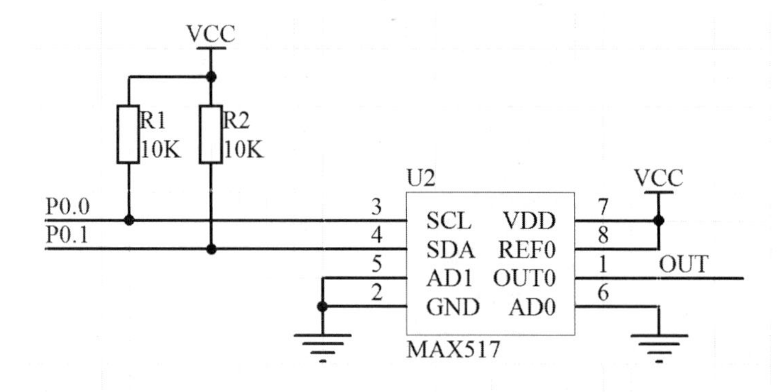

图 30-3　MAX517 和 AT89C51 的接口电路

程序设计

MAX517 采用 I²C 接口，程序按照 I²C 总线规范进行编写。按照 MAX517 的时序要求，进行 D/A 转换时，先送出 MAX517 的地址信息，然后送出命令字节，最后送出要转换的数字量。本实例程序中送出的数字量为 0x80，根据图 30-3 可知，MAX517 的输出电压为+2.5V。具体程序代码如下。

```
/*-----------------
文件名称：MAX517.C
功能：测试 MAX517
-----------------*/
#include<reg51.h>
#include<intrins.h>
```

```
sbit  I2C_SDA = P0^1;                //定义 I2C 的数据引脚
sbit  I2C_SCL = P0^0;                //定义 I2C 的时钟引脚
void i2c_start( void );
void i2c_stop( void );
void i2c_ack( void );
void i2c_write_byte( unsigned char byte );
void dac_out( unsigned char da_dat );
/********************************
函数名称：i2c_write_byte()
功能：通过 I2C 总线发送 1 字节数据
入口参数：byte 为要发送的数据
返回值：无
********************************/
void i2c_write_byte( unsigned char byte )
{
     unsigned char i;
     for( i=8 ;i>0;i-- ){
            if( byte & 0x80 )
                 I2C_SDA = 1;
            else
                 I2C_SDA = 0;
            I2C_SCL = 1;
            _nop_();_nop_();
            _nop_();_nop_();
            I2C_SCL = 0;
            byte<<= 1;
     }
}
/********************************
函数名称：i2c_ack()
功能：实现应答
入口参数：无
返回值：无
********************************/
void  i2c_ack( void )
{
    I2C_SDA = 0;
    I2C_SCL = 0;
    I2C_SCL = 1;
    _nop_();_nop_();_nop_();_nop_();
    I2C_SCL = 0;
}
/********************************
函数名称：i2c_start()
功能：启动 I2C 通信
入口参数：无
返回值：无
```

```
*******************************/
void i2c_start( void )
{
    I2C_SDA = 1;
    I2C_SCL = 1;
    _nop_();_nop_();_nop_();_nop_();
    I2C_SDA = 0;
    _nop_();_nop_();_nop_();_nop_();
    I2C_SCL = 0;
}
/********************************
函数名称：i2c_stop()
功能：结束 I²C 通信
入口参数：无
返回值：无
********************************/
void i2c_stop( void )
{
    I2C_SCL = 1;
    I2C_SDA = 0;
    _nop_();_nop_();_nop_();_nop_();
    I2C_SDA = 1;
    _nop_();_nop_();_nop_();_nop_();
    I2C_SDA = 0;
}
/********************************
函数名称：dac_out()
功能：实现串行 D/A 转换
入口参数：da_dat 为要转换的数据
返回值：无
********************************/
void dac_out( unsigned char da_dat )
{
    i2c_start();
    i2c_write_byte( 0x58 );            /*发送地址字节*/
    i2c_ack();
    i2c_write_byte( 0x00 );            /*发送命令字节*/
    i2c_ack();
    i2c_write_byte( da_dat );          /*发送数据字节*/
    i2c_ack();
    i2c_stop();
}
/*主程序用于实现将数字量 0x80 转化为模拟量*/
void main( void )
{
   unsigned char ddate;
   while( 1 )
```

```
        {
          ddate = 0x80;
          dac_out( ddate );
        }
    }
```

经验总结

（1）由于 MAX517 采用 I²C 接口，简化了与 AT89C51 的接口电路，但同时对时序有了更高的要求。

（2）对于需要 2 路输出的场合，可选用 MAX518，不过 MAX518 增加了通道的选择等功能，其使用较复杂。

（3）与所有 D/A 转换器一样，若想得到高精度的指标，则要设计专用的精密稳压电源。

知识加油站

I²C 总线的输出端是漏极开路，需要接上拉电阻。当 I²C 总线空闲时，两根线均为高电平。连接到 I²C 总线上的任一器件输出的低电平都将使 I²C 总线信号变为低电平，即各器件的 SDA 及 SCL 都是线“与”关系。

实例 31　双机通信系统

在某些单片机应用系统中，单台单片机并不能满足要求，往往需要多台单片机协同工作，本实例主要介绍双机通信系统。

设计思路

双机通信的方式通常有并行通信和串行通信两种。并行通信的优点是传输速度快，缺点是占用的数据传输线多，长距离传输成本高。双机通信系统通常采用串行通信方式。本实例实现在单片机甲（甲机）与单片机乙（乙机）之间传输数据。

通信双方约定发送方为甲机，接收方为乙机。首先，甲机向乙机发送一个联络数据（0xAA），乙机接收到后响应应答信号（0xDD）；然后，乙机接收甲机发送的数据。如果乙机接收到的数据不正确，就向甲机发送 0xFF，甲机接收到 0xFF 后重传数据。

器件介绍

在串行通信中，若两台单片机之间的距离很短（1m 以内），则可采用将单片机的串口直接相连的方法实现双机通信，连接时应将一方的 TXD 引脚与另一方的 RXD 引脚相连接，如图 31-1 所示。

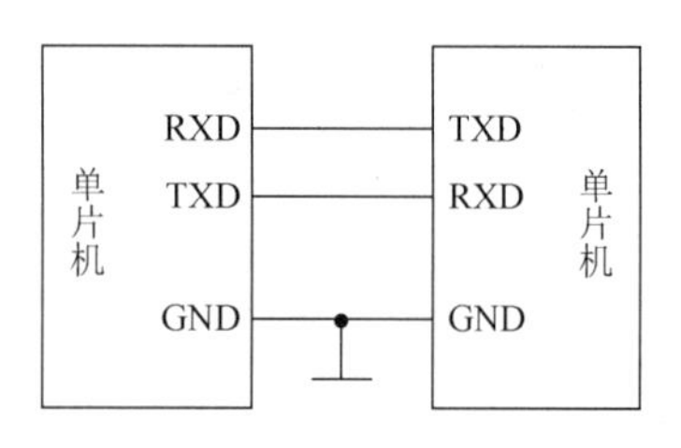

图 31-1　双机通信系统的接口框图 1

如果通信距离较远（30m 以内），可利用 RS-232 接口延长通信距离，此时必须将单片机的 TTL 电平与 RS-232 电平进行转换，因此需要在双方的接口部分增加 RS-232 电平转换芯片，常用的此类芯片有 MAX232 等。双机通信系统的接口框图如图 31-2 所示。

MAX232 是 MAXIM 公司推出的一款 RS-232 电平转换芯片，其引脚如图 31-3 所示。MAX232 是内部包含两路收发器和驱动器的单电源电平转换芯片，适用于各种 RS-232 接口。

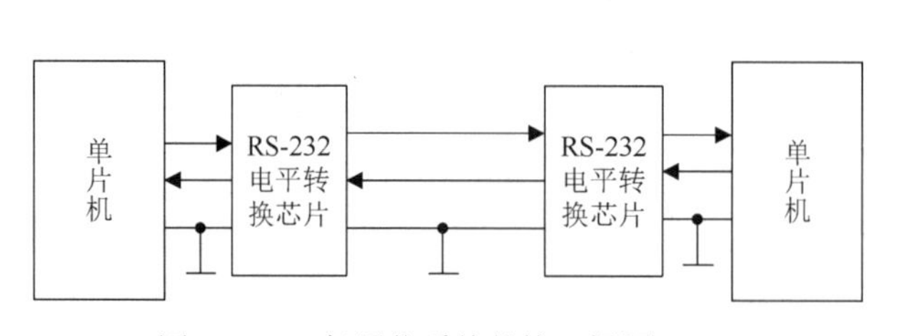

图 31-2　双机通信系统的接口框图 2

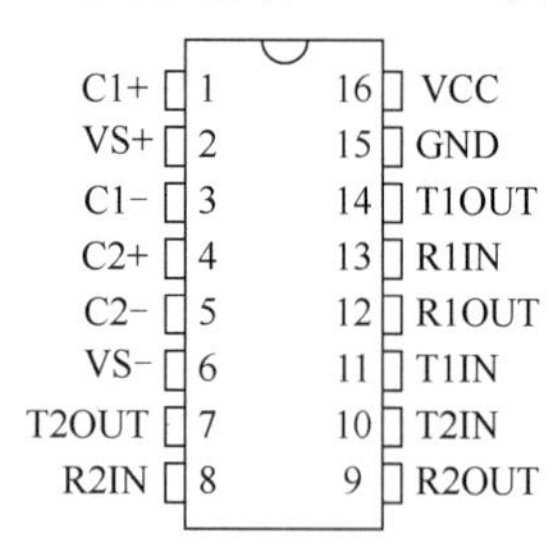

图 31-3　MAX232 的引脚

各引脚的功能如下。

① C1+、C1−：电压加倍充电泵电容的正、负端。

② VS+、VS−：充电泵产生的+8.5V、−8.5V 电压。

③ C2+、C2−：转化充电泵电容的正、负端。

④ T2OUT、T1OUT：RS-232 发送器输出。

⑤ R2IN、R1IN：RS-232 接收器输入。

⑥ R2OUT、R1OUT：TTL/CMOS 接收器输出。

⑦ T2IN、T1IN：TTL/CMOS 接收器输入。

⑧ GND：接地端。

⑨ VCC：电源端，供电电压为 4.5～5.5V。

硬件设计

本实例的硬件主要包括单片机和 RS-232 电平转换芯片。单片机选用 AT89C51，由于单片机输出 TTL 电平（0～5V），如果要利用 RS-232 标准总线接口进行较远距离的通信，就必须把单片机输出的 TTL 电平转换为 RS-232 电平。利用 MAX232 进行双机通信的电路如图 31-4 所示（图 31-4 中只画出了通信一方的单片机接口电路）。

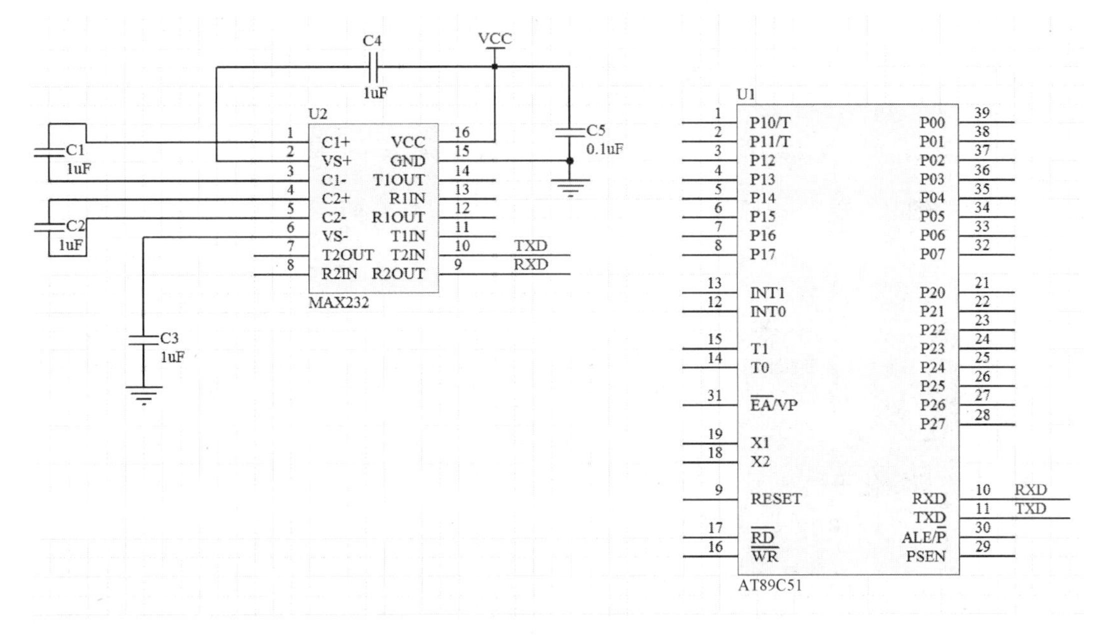

图 31-4　利用 MAX232 进行双机通信的电路

整个双机通信系统包括单片机和 MAX232 电平转换电路。MAX232 具有两路收发器，这里只使用了其中的一路。

注意：通信另一方的单片机 RXD、TXD 的连接方式与图 31-4 不同，通信双方 MAX232 的 T×OUT、R×IN 应分别与对方的 R×IN、T×OUT 相连，通信双方的地线也要连接起来。

程序设计

在本实例的程序中，单片机的晶振频率为 11.0592MHz，串口工作于方式 1，通信的波特率为 9600bit/s，发送数据和接收数据均采用查询方式。程序流程图如图 31-5 所示。

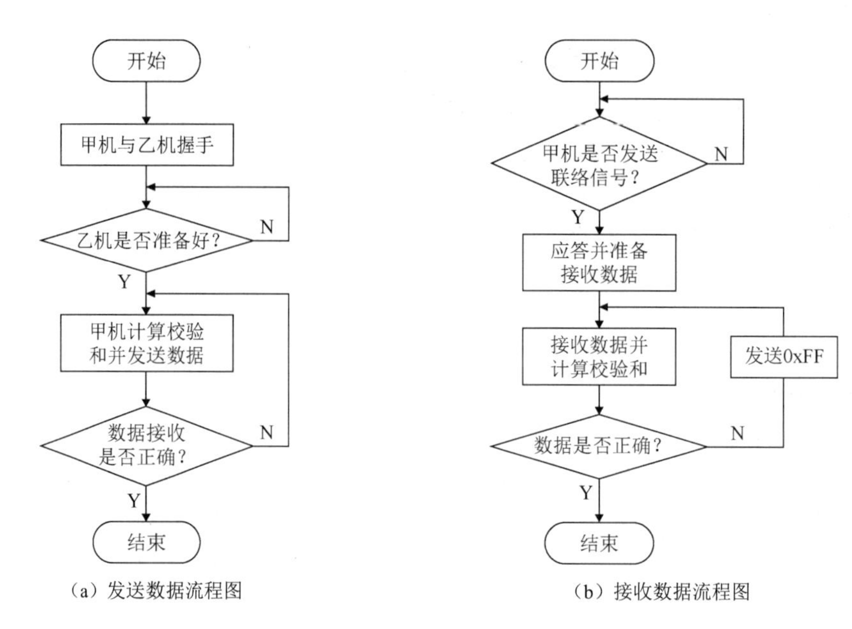

（a）发送数据流程图　　（b）接收数据流程图

图 31-5　程序流程图

本实例的程序主要由以下子程序构成。

init()：串口初始化。

send()：甲机发送数据。

recv()：乙机根据制定的联络信号接收数据。

具体程序代码如下。

```
#include<reg52.h>                    //嵌入 52 单片机头文件
#define uchar unsigned char
#define uint  unsigned int
uchar buf[16];                       //定义数组，用于发送数据和接收数据
uchar chksum;                        //定义校验和
```

1. 串口初始化子程序 init()

init()设定串口工作于方式 1，波特率为 9600bit/s，代码如下。

```
void init(void)
{
     TMOD = 0x20;
     TH1 = 0xFD;
     /*设定波特率*/
     TL1 = 0xFD;
     PCON = 0X00;
     SCON = 0X50;
     /*串口工作于方式 1，允许接收*/
}
```

2. 甲机发送数据子程序 send()

send()实现甲机发送数据功能。首先甲机发送联络信号，然后等待乙机响应。乙机准备好后响应甲机的联络，然后甲机计算校验和并发送数据，等待乙机响应，若乙机响应正确，

则返回；否则再次发送数据并等待乙机响应，程序代码如下。

```
void send( void )
{
      uchar i;
      do
      {
          SBUF = 0XAA;                     /*发送联络信号 "0xAA" */
          while( TI==0 );                  /*等待发送结束*/
          TI = 0;
          while(RI ==0 );                  /*等待乙机响应*/
          RI = 0;
      } while( ( SBUF^0XDD)!=0);           /*乙机未准备好，继续联络*/
      do
      {
         chksum = 0;
         for(i=0; i<16; i++)
         {
               SBUF = buf[i];
               chksum += buf[i];           /*计算校验和*/
               while( TI == 0);
               TI = 0;
         }
         SBUF = chksum;                    /*发送校验和*/
         while( TI == 0 );
         TI = 0;
         while( RI == 0 );                 /*等待乙机响应*/
         RI = 0;
     } while(SBUF!=0X00);                  /*若出错，则再次发送数据*/
}
```

3. 乙机接收数据程序 recv()

recv()根据制定的联络信号接收数据。若接收到的数据不是 0xAA，则发送 0xFF 表明未收到联络信号并继续等待。收到联络信号后，接收数据并计算校验和，若校验正确，则发送 0x00 表明数据接收正确，否则发送 0xFF 表明数据接收错误。程序代码如下。

```
void recv( void )
{
      uchar i;
      while(1)
      {
            while(RI==0);                  /*等待接收数据*/
            RI = 0;

            if (SBUF^0XAA!=0)              /*接收到的不是 0xAA*/
            {
                 SBUF = 0XFF;
                 while( TI == 0 );
```

```
                TI=0;
            }
            elsc                              /*接收到的是 0xAA*/
            {
                break;
            }
        }
        while(1)
        {
            chksum = 0;
            for(i=0; i<16; i++)
            {
                while(RI==0);
                RI = 0;
                buf[i] = SBUF;            /*接收一个数据*/
                chksum += buf[i];         /*计算校验和*/
            }
            while( RI==0);                /*接收校验和*/
            RI = 0;
            if( (SBUF^chksum) == 0 )      /*比较校验和*/
            {
                SBUF = 0X00;              /*若校验和相同，则发送 0x00*/
                while(TI==0);
                TI =0;
                break;
            }
            else
            {
                SBUF = 0XFF;              /*若校验和不同，则发送 0xFF，重新接收*/
                while( TI == 0);
                TI = 0;
            }
        }
    }
```

经验总结

单片机利用串口发送数据，可以采用查询方式，也可以采用中断方式，而接收数据时一般采用中断方式。本实例中发送数据和接收数据均采用查询方式。

为了保证通信的正常进行，发送方和接收方的数据帧格式、波特率要一致，通信双方的晶振频率尽量相同。

当只知道对方的波特率时，要合理选用晶振，使两个单片机间的波特率偏差小于 2.5%，如为了得到 1200bit/s、9600bit/s 的波特率可采用频率为 11.0592MHz 的晶振。当晶振的频率为 11.0592MHz 时，若要求波特率为 9600bit/s，SMOD=0，则根据公式计算得定时器 T1 的初值 TH1 正好等于 253；若采用频率为 12MHz 的晶振，则 TH1=252.74，经取整（253）

后计算得到的波特率为 10416bit/s，波特率存在着较大的偏差。

另外，通信双方还必须遵守一定的通信协议，通信协议是通信双方的一种预先约定，包括对数据格式、同步方式、传输速度、传输方法、纠错方式等做出的统一规定，通信的双方必须严格遵守通信协议。

知识加油站

51 单片机内部的串口是全双工的，能同时发送数据和接收数据。发送缓存器只能写入不能读出，接收缓存器只能读出不能写入。两个缓存器共用一个地址 99H，即特殊功能寄存器 SBUF 的地址。读 SBUF 对接收缓存器进行操作，写 SBUF 对发送缓存器进行操作。

串口有接收缓存的功能，在从接收缓存器读出前一个已收到的字节前就能开始接收第二个字节。

实例 32　多机通信系统（一）

单片机的双机通信完成的只是点对点的数据传输，但是在实际应用中，经常会出现由多台单片机构成的多机通信系统。

设计思路

多机通信系统是指由两台以上单片机组成的网络结构，可以通过串行通信方式实现对某一过程的最终控制。多机通信系统的网络拓扑形式较多，可分为星型、环型和主从式等多种，其中主从式多机通信系统的应用较广。在主从式多机通信系统中，一般有一台主机和多台从机。主机发送的数据可以传送到各从机或指定从机，从机发送的数据只能被主机接收，各从机之间不能直接通信，其结构形式如图 32-1 所示。

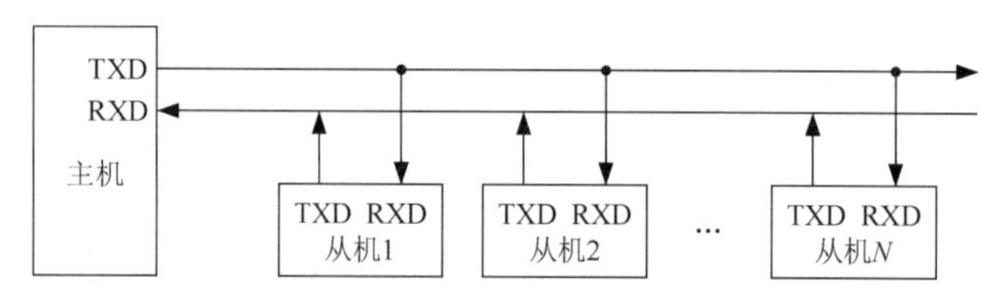

图 32-1　主从式多机通信系统的结构形式

本实例介绍的多机通信系统采用主从式网络拓扑形式，实现多台单片机之间的通信。开始传输数据时，主机先发送地址帧等待从机应答，然后发送相关数据。从机接收到地址帧后，将其中的地址与本机地址进行比较，如果与本机地址相同，则向主机发送应答信号，并开始接收数据；从机在接收完数据后，将根据最后的校验和判断接收到的数据是否正确，若正确，则向主机发送数据正确信号。

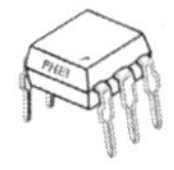

器件介绍

由图 32-1 可知，主机的 RXD 端、TXD 端与所有从机的 TXD 端、RXD 端相连接，主机发送的数据可被各从机接收，而各从机发送的数据只能被主机接收。

在多机通信系统中，首先要解决的是如何识别从机，然后是如何发送数据等。识别从机一般是通过地址来实现的，即给各从机分别设定地址信息。51 单片机寄存器 SCON 中的 SM2（多机通信控制位）专门用于识别不同的从机，本实例主要介绍这种实现方法。

51 单片机串口的方式 2、方式 3 很适合主从式网络拓扑。当串口以方式 2 或方式 3 工作时，发送和接收的每一帧数据都是 11 位（见图 32-2）：1 个起始位（0）、8 个数据位（低位在前）、1 个可设置的数据位（第 9 个数据位 RB8）和 1 个结束位。其中，第 9 个数据位可用于识别发送的前 8 位数据是地址帧还是数据帧，若第 9 个数据位为 1，则前 8 位数据为地址帧，若第 9 个数据位为 0，则前 8 位数据为数据帧，此数据位可通过对寄存器 SCON

的 TB8 位赋值来置位。当 TB8 = 1 时，51 单片机发出的一帧数据中的第 9 个数据位为 1，否则为 0。

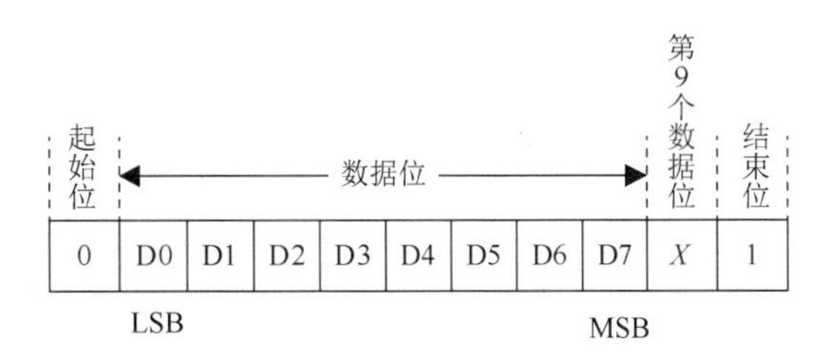

图 32-2　单片机以方式 2 或方式 3 工作时的数据格式

接收方（本实例中指各从机）的串口同样工作在方式 2 或方式 3 下，它的 SM2 和 RB8（接收到的数据的第 9 个数据位）的组合有如下特性。

（1）若从机的 SM2 是 1，则当接收到的数据的第 9 个数据位是 1，即前 8 位数据为地址帧时，将数据装入 SBUF，并置 RI 为 1，向 CPU 发出中断请求；当接收到的数据的第 9 个数据位是 0，即前 8 位数据为数据帧时，不会产生中断，数据被丢弃。

（2）若从机的 SM2 是 0，则无论接收到的数据是地址帧还是数据帧都将置 RI 为 1，8 位数据均被装入 SBUF。

在进行主从式多机通信时，系统初始化后，所有从机的 SM2 均置为 1，并使其处于允许串口中断接收状态；主机要与某一从机通信时，首先向所有从机发出地址帧，由于各从机的 SM2 均为 1，并且处于允许串口中断接收状态，因此各从机均接收该地址帧，从机接收到该地址帧后，申请中断，转向中断服务程序，各从机在中断服务程序中判断本机地址是否与主机所发送的地址相同，若相同，则该从机将 SM2 置为 0，并向主机发送应答信号。此时，只有主机和被呼叫的从机之间能交换数据。若从机的地址与主机发送的地址不同，则该从机保持 SM2 为 1，虽然主机后期发送的数据和命令的第 9 个数据位（RB8）为 0，但是由于 SM2 为 1，因此该从机不会发生中断。

硬件设计

本实例实现的是一台主机和多台从机之间的数据传输，因此硬件电路分为主机电路和从机电路。主机电路和从机电路的原理图基本一致，从机需要增加实现本机地址设置的电路，否则每个从机需要不同的程序，给实际应用带来不便。在采用不同的通信标准时，还需要进行相应的电平转换，也可以对传输信号进行光电隔离。在多机通信系统中，通常采用 RS-422 或 RS-485 串行总线进行数据传输。

主机电路的基本硬件接口电路与图 31-1 类似，本实例只给出从机电路的部分硬件接口电路，如图 32-3 所示。

在图 32-3 中，89C51 的 P1 口的低 4 位用于从机地址的设置，通过拨动开关可最多设定 16 个从机地址。例如，当 4 个开关都接通时，读取 P1 口的数据可获得低 4 位 0000，此时从机地址可设置为 0xF0，当从机复位初始化时，可读取 P1 口的数据获得从机地址，使用时从机地址可随时设置，而无须更改程序代码。

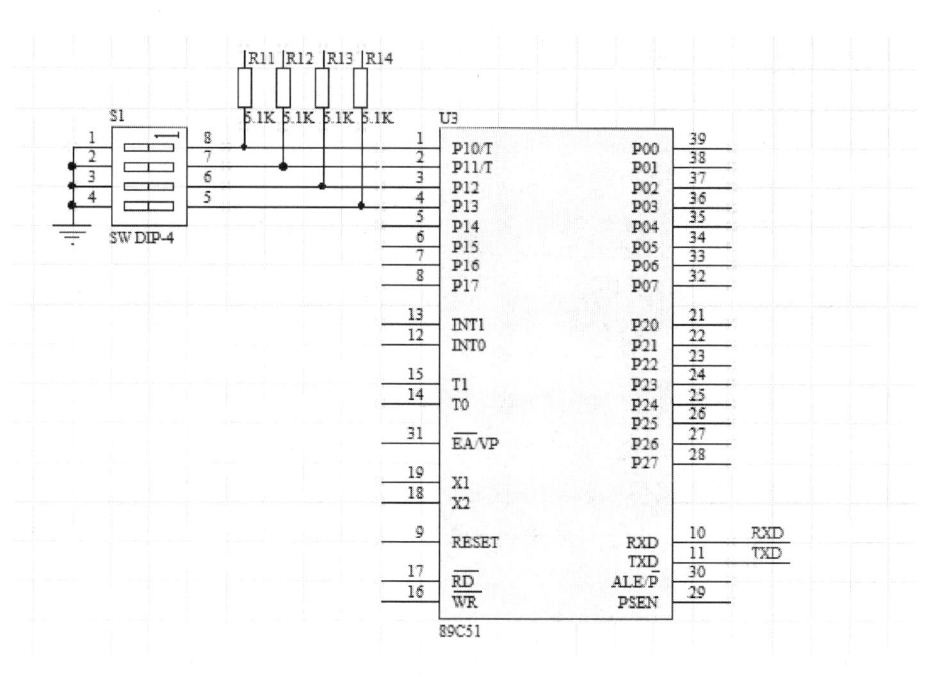

图 32-3　从机电路的部分硬件接口电路

程序设计

与双机通信系统相比，多机通信系统增加了从机的数量，发送的数据有数据帧和地址帧两种类型，实现起来比双机通信系统复杂。利用单片机串口工作于方式 2 实现多机通信的关键是区分发送的数据是数据帧还是地址帧，这主要通过寄存器 SCON 中的 SM2 实现。

本实例设计的通信协议如下。

① 通信双方使用的波特率为 9600bit/s，串口采用方式 2，接收数据和发送数据均采用查询方式，进行主从式多机通信。

② 开始传输数据时，主机先发送地址帧，然后等待从机应答。

③ 各从机初始化时都处于只接收地址帧状态。各从机接收到地址帧后，将地址帧中的地址与本机地址相比较，若相同，则向主机发送应答信号，并开始接收数据；若不同，则继续处于等待地址帧状态。

④ 从机在接收完数据后，根据最后的校验和判断接收到的数据是否正确，若正确，则向主机发送接收正确应答信号。

由以上通信协议可知，在多机通信过程中需要使用一些应答信号，如表 32-1 所示。

表 32-1　多机通信过程中的应答信号

应 答 信 号	说　　明
0x1A	地址相符应答信号
0x2A	数据传输成功应答信号
0x3A	数据校验错误应答信号

当传输数据时，规定一次固定传输 N 位数据，其中第 N 个数据位为校验位，数据传输格式如图 32-4 所示。

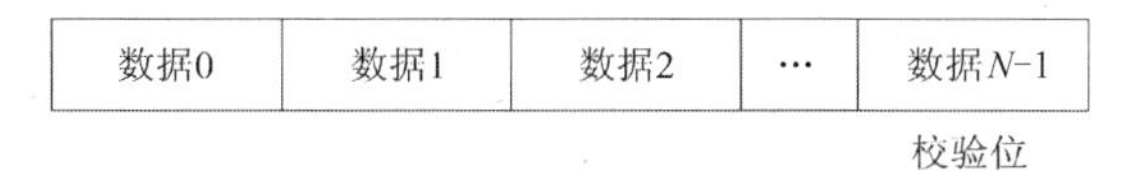

图 32-4　数据传输格式

本实例采用校验和进行数据校验，即将前 $N-1$ 个数据相加，不考虑进位，主机发送数据时生成，作为第 N 个数据发送，从机同样采用该算法生成校验和，将其与主机发送的第 N 个数据进行比较，若相同，表示通信成功，否则通信失败。

主机的程序流程图如图 32-5 所示。

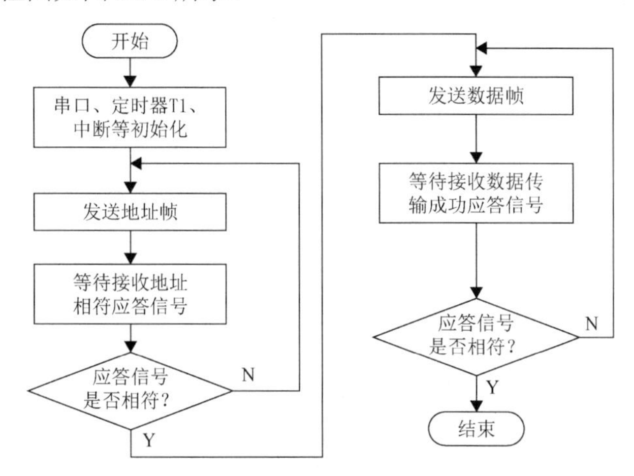

图 32-5　主机的程序流程图

主机的程序主要由以下程序构成。

① serial_init()：串口初始化。

② send_addrframe()：发送地址帧。

③ send_data_frame()：发送数据帧。

主机的相关程序代码如下。

```
#include<reg51.h>
#include<intrins.h>
#define BUF_MAX_LEN 3
#define ADDR_ACK    0x1A
#define DATA_ACK    0x2A
unsigned char send_buf[BUF_MAX_LEN];          /*发送数据缓冲区定义*/
void serial_init( void );                     /*串口初始化*/
void send_addrframe( unsigned char addr );  /*发送地址帧*/
void send_data_frame( void);                  /*发送数据帧*/
```

主程序的代码如下。

```
void main( void )
{
    unsigned char recv_tmp=0;
    send_buf[0]=1;              /*发送数据缓冲区，这里以 1、2、3 为例进行说明*/
    send_buf[1]=2;
    send_buf[2]=3;
    serial_init();
```

```
    while( recv_tmp!= ADDR_ACK )
    {
        send_addrframe( 0x05 );     /*发送从机地址 client_addr*/
        RI = 0;
        while(!RI);                 /*接收从机发送的地址相符应答信号*/
        RI = 0;
        recv_tmp = SBUF;
    }
    while( recv_tmp != DATA_ACK )
    {
         send_data_frame();
         RI =0;
         while(!RI);
         RI = 0;
         recv_tmp = SBUF;
    }
    /*其他程序等*/
}
```

1．主机串口初始化程序 serial_init()

主机串口初始化程序 serial_init()用于初始化主机串口，配置定时器 T1 工作在 8 位自动重装方式下，作为波特率发送器，串口工作于方式 2，波特率为 9600bit/s，代码如下。

```
void serial_init( void )
{
     TMOD = 0x20 ;
     TH1 = 0xFD ;
     TL1 = 0xFD ;
     EA = 0;
     ET0 = 0;
     ES = 0;
     SCON = 0xD0 ;
     PCON = 0x00 ;
     TR1 = 1;
}
```

2．发送地址帧程序 send_addrframe()

发送地址帧程序 send_addrframe()用于发送地址帧。注意发送地址帧时，将 TB8 位置 1，代码如下。

```
void send_addrframe( unsigned char addr )
{
     TB8 = 1;                      /*地址帧标志*/
     SBUF= addr;
     while( !TI );                 /*等待数据发送完成*/
     TI = 0;
     TB8 = 0;
}
```

3．发送数据帧程序 send_data_frame()

发送数据帧程序 send_data_frame()用于发送数据帧。程序首先计算校验和，然后发送数据帧（注意此时 TB8 位为 0），最后发送校验和，代码如下。

```
void send_data_frame( void )
{
    unsigned char i;
    unsigned char check_sum=0;
    for( i=0;i<BUF_MAX_LEN;i++)
    {
        check_sum += send_buf[i];          /*计算校验和*/
    }
    for( i=0 ;i< BUF_MAX_LEN;i++)          /*发送数据帧*/
    {
       TI = 0;
       TB8 =0;
       SBUF = send_buf[i];
       while( !TI );
       TI = 0;
   }
   SBUF = check_sum;                       /*发送校验和*/
   while( !TI );
   TI = 0;
}
```

各从机除地址不同外，其他都相同，从机的程序流程图如图 32-6 所示。

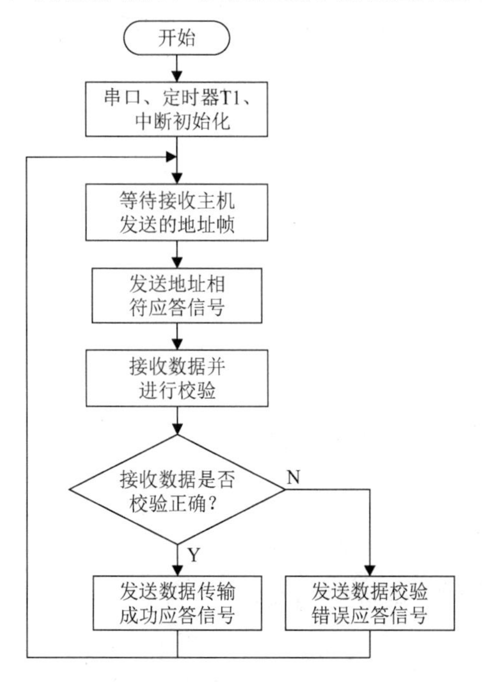

图 32-6　从机的程序流程图

从机的程序主要由以下程序构成。

① recv_data_frame()：接收数据帧并进行校验。

② send_ack()：发送数据。

③ recv_addrframe()：接收地址帧。

④ serial_init()：从机串口初始化。

从机的主要程序及代码如下。

```
#include<reg51.h>
#include<intrins.h>                              /*伪定义*/
#define BUF_MAX_LEN 10                           /*缓冲区的最大长度*/
#define ADDR_ACK    0x1A
#define DATA_ACK    0x2A
#define DATA_ERR    0x3A
unsigned char recv_buf[BUF_MAX_LEN+1]; /*函数声明*/
unsigned char recv_data_frame( void ); /*接收数据帧并进行校验*/
void send_ack( unsigned char ack );     /*发送应答信号*/
void recv_addrframe( void );            /*接收地址帧*/
void serial_init( void );               /*串口初始化*/
```

在主程序中，serial_init()完成串口初始化后，等待主机发送的地址帧，若接收到与本机地址相同的地址帧，发送地址相符应答信号，然后接收数据帧，接收完毕后对数据进行校验。若校验正确，则向主机发送数据传输成功应答信号，否则发送数据校验错误应答信号。程序代码如下。

```
void main( void )
{
     unsigned char recv_tmp=0;
     serial_init();
     while( 1 )
     {
          recv_addrframe();              /*接收主机发送的地址帧*/
          send_ack( ADDR_ACK );          /*发送地址相符应答信号*/
          if( recv_data_frame() == DATA_ACK )
          {
                send_ack( DATA_ACK );
          }
          else if (recv_data_frame == DATA_ERR )
          {
               send_ack( DATA_ERR );
          }
     }
}
```

4．接收数据帧程序 recv_data_frame()

接收数据帧程序 recv_data_frame()用于接收数据帧并进行校验。首先置 SM2 为 0，然后接收数据帧，接收完毕后，计算接收到的数据帧的校验和，并与主机发送的校验和进行比较。若相等，则说明接收数据正确，返回 DATA_ACK，否则返回 DATA_ERR。程序代码如下。

```
unsigned char recv_data_frame( void )
{
    unsigned char i;
    unsigned char check_sum=0;
    SM2= 0;
    for( i=0;i<BUF_MAX_LEN+1;i++)
    /*接收数据帧，最后一个数据为校验和*/
    {
        while( !RI );
        if( RB8 ) return 0;                  /*若接收到地址帧，则退出*/
        recv_buf[i] = SBUF;
    }
    for( i=0;i<BUF_MAX_LEN;i++)              /*根据接收到的数据计算校验和*/
    {
        check_sum += recv_buf[i];
    }
    if( recv_buf[ BUF_MAX_LEN+1]==check_sum )
    {
          return DATA_ACK;                   /*若校验和相等，则返回 DATA_ACK*/
    }
    else
    {
          return DATA_ERR;                   /*否则返回 DATA_ERR*/
    }
}
```

5．发送数据程序 send_ack()

发送数据程序 send_ack()用于发送数据，第 9 个数据位为 0，代码如下。

```
void send_ack( unsigned char ack )
{
    TI = 0;
    TB8 = 0;
    SBUF = ack;
    while( !TI );
    TI = 0;
}
```

6．接收地址帧程序 recv_addrframe()

接收地址帧程序 recv_addrframe()从 P0 口获得本机地址后，置 SM2 为 1，只接收地址帧。若接收到的地址与本机地址相同，则返回，否则继续等待。程序代码如下。

```
void recv_addrframe( void )
{
     unsigned char client_addr,recv_tmp;
     client_addr = P0&0x0f;
     recv_tmp = 0 ;
```

```
        SM2 = 1;                                /*只接收地址帧*/
        while( recv_tmp != client_addr )
        {
            RI = 0;
            while( !RI );                       /*等待接收地址帧*/
            RI = 0;
            recv_tmp = SBUF;
        }
    }
```

7. 从机串口初始化程序 serial_init()

从机串口初始化程序 serial_init()用于初始化从机串口，配置定时器 T1 工作在 8 位自动重装方式下，作为波特率发生器，串口工作于方式 2，波特率为 9600bit/s，代码如下。

```
    void serial_init( void )
    {
        TMOD = 0x20 ;
        TH1 = 0xFD ;
        TL1 = 0xFD ;
        EA = 0;
        ET0 = 0;
        ES = 0;
        SCON = 0xD0 ;
        PCON = 0x00 ;
        TR1 = 1;
    }
```

经验总结

本实例采用的通信协议比较简单，仅仅为了说明多机通信的原理，实际应用时用户可根据现场情况制定更加复杂、严格的通信协议。在数据传输过程中，还要注意对传输超时进行处理。

本实例中采用的多机通信方式，一定要使串口工作于方式 2，并一定要理解 SM2 和第 9 个数据位之间产生接收中断的条件，以及地址帧、数据帧之间的约定等。

各从机尽管在同一个网络中，但由于本实例采用的是主从式网络结构，因此，它们之间的数据交换是不能直接进行的，都要通过主机的交换来实现。实际上，从电路的连接来看，各从机之间构成 TXD-TXD 和 RXD-RXD 的关系，也决定了相互间不能直接通信。

知识加油站

RS-232 是串行数据接口标准，信号在正、负电平之间摆动，在发送数据时，发送端驱动器输出的正电平为+5～+15V，负电平为-5～-15V。RS-232C 采用负逻辑规定逻辑电平，信号电平与常用的 TTL 电平不兼容，RS-232C 将-5～-15V 规定为“1”，将+5～+15V 规定为“0”。

实例 33　多机通信系统（二）

除实例 32 中采用 SM2 和第 9 个数据位组合的方式实现多机通信外，在实际应用中，还经常利用在数据帧中包含地址来区分不同从机的方法实现单片机间的多机通信。

设计思路

本实例采用在数据帧中包含地址的方法实现单片机间的多机通信。主机发送的数据帧中包含地址，所有从机都能接收到主机发送的数据帧，每个从机将本机地址与接收到的数据帧中包含的地址相比较，如果与本机地址相同，则进行对应的处理，否则将此数据帧丢弃，串口继续等待接收数据帧。根据实际功能的需要，部分从机也可以根据数据帧中的地址来决定是否接收数据帧，实现主机向部分从机“广播”的功能。

程序设计

由于此种通信采用在数据帧中包含地址的方式来区分各从机，因此只与软件有关，硬件接口电路与实例 32 完全一样。

主机或从机发送由多个数据组成的一个数据帧，数据帧中包含起始字节、结束字节、地址、帧长度和数据等，主机或从机接收完一个数据帧后，根据数据帧中的主从标志和地址决定是否对其进行保存。数据帧的功能字节说明数据字节的意义或下一步的操作等。

根据以上原理，定义多机通信的数据帧格式如图 33-1 所示。

起始字节	主从标志	功能字节	校验字节	帧长度	地址	数据字节1	数据字节2	…	数据字节*n*	结束字节

图 33-1　多机通信的数据帧格式

在实例 32 中，主机和从机的地位区分明显，各自的任务不同，而本实例介绍的这种方法，主机和从机的界限并不是很明显，只要数据帧中的主从标志和地址变化，就可以向指定地址的主机或从机发送数据帧，接收到数据帧的主机或从机可根据需要决定是否保存这帧数据。

根据本实例介绍的多机通信原理，对图 33-1 中数据帧的各字节定义如下。

数据帧以 8 位为基本数据单位，采用十六进制数形式表示。

起始字节：0xAA。

主从标志：主从标志为 0x0F 表明这是主机发送的数据帧；主从标志为 0xF0 表明这是从机发送的数据帧。实际上也可以以地址来区分是从机还是主机发送的数据帧。

功能字节：表明数据字节的功能，若无数据字节，则功能字节为 0x00，采用压缩 BCD 数据格式。

校验字节：包括起始字节和结束字节在内的本数据帧的校验和，不包括校验字节本身。

其采用的校验算法：将不包括校验字节在内的一帧数据相加，丢弃进位，将计算得到的值作为校验和。

帧长度：数据字节的长度。

地址：如果是主机发送数据帧到从机，那么此字节是要接收数据帧的从机的地址。如果是从机发送数据帧到主机，那么此字节是发送数据帧的从机的地址，一般采用十六进制数形式表示。

结束字节：0xDD。当接收到 0xDD 时，表明数据帧传输结束。

例如，主机向地址为 0x10 的从机发送数据 0x12、0x34，功能字节为 0x55，则发送的一帧数据如图 33-2 所示。

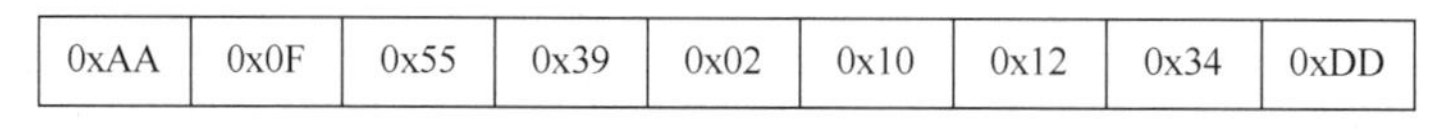

0xAA	0x0F	0x55	0x39	0x02	0x10	0x12	0x34	0xDD

图 33-2　主机向从机发送的一帧数据

下面介绍采用此种数据帧格式的从机程序，发送数据、接收数据均采用中断方式。设单片机的晶振频率为 11.0592MHz，通信的波特率为 9600bit/s，主机、从机的串口均工作于方式 1。

在发送数据部分，首先按照通信协议准备数据帧头，然后在数据帧中加入要发送的数据，计算校验和并将其添加到数据帧中，最后发送整个数据帧，流程图如图 33-3 所示。

串口接收数据帧的程序较复杂，其流程图如图 33-4 所示。

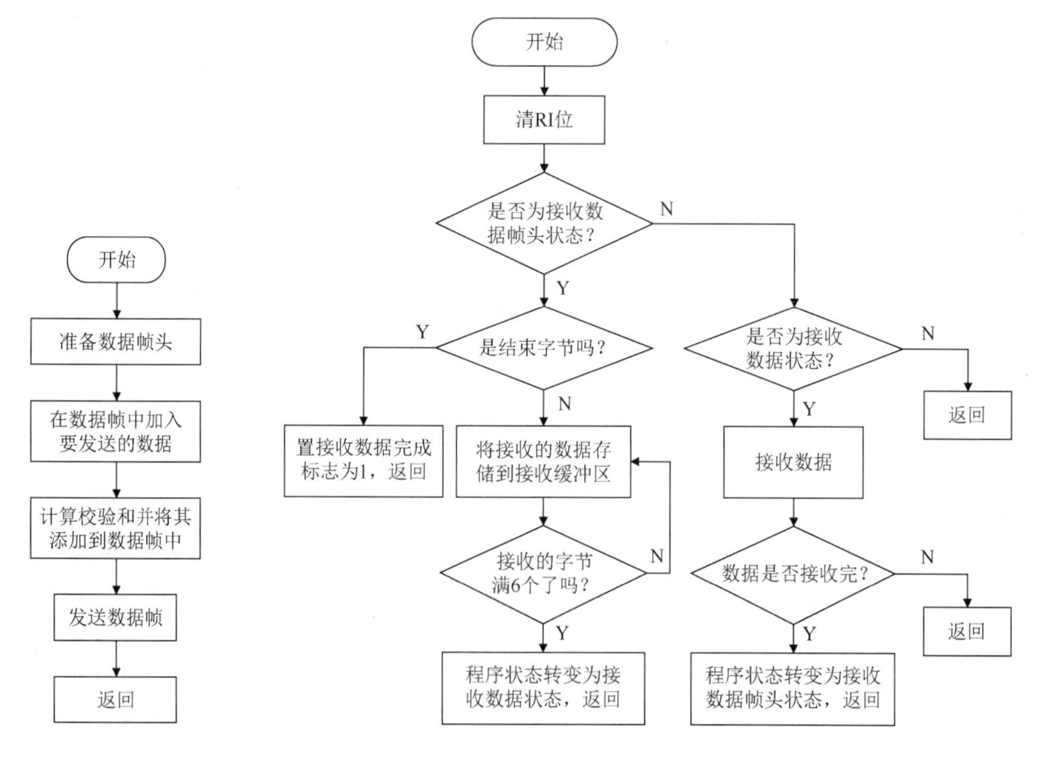

图 33-3　发送数据帧的流程图

图 33-4　串口接收数据帧的流程图

串口接收数据帧时使用了状态机，用来区分是接收数据还是接收数据帧头。接收数据帧时，当接收到起始字节和帧长度后，如果有数据存在，那么程序状态将转变为接收数据的状态，接收完指定长度的数据后，再转变为接收结束字节的状态。

主要程序及代码如下。

```
#include<string.h>
#include<reg52.h>
#define uchar unsigned char
#define uint  unsigned int
#define CHK_OK         0X01
#define CHK_ERR        0XFF
#define CLIENT         0X0F
#define HOST           0XF0
#define SYN            0XAA
#define FIN            0XDD
#define RECV_DATA_STAT 0x01
#define RECV_HDR_STAT  0X02
#define MAX_RECV_NUM   50
#define MAX_SEND_NUM   50
/*相关全局变量定义*/
uchar data  client_addr;
uchar data  recv_tmp;
uchar data  recv_status;
uchar data  recv_counter;
uchar idata recv_buf[ MAX_RECV_NUM ];
uchar idata send_buf[ MAX_SEND_NUM ];
bit   recv_frame_ok;
uchar calc_chksum( void );
void  seri_init( void );
void  seri_send( uchar *p,uchar data_len);
void  get_client_addr( void );
```

1．串口中断服务子程序 seri_isr()

串口中断服务子程序 seri_isr()用于接收指定格式的数据。其根据程序状态来区分接收的是数据帧头还是数据帧中的数据，接收完一帧数据后，计算校验和并判断接收到的数据是否正确。程序代码如下。

```
void seri_isr( void ) interrupt 4 using 1
{
   if(1==TI)
   {
      TI=0;
   }
   if(0==RI)
   {
      return;
   }
   recv_tmp = SBUF;
```

```
switch( recv_status )
{
    case RECV_DATA_STAT:
    {
        recv_buf[ recv_counter]=recv_tmp;
        recv_counter ++;
        if( recv_counter == recv_buf[4] )
        {
            recv_status = RECV_HDR_STAT;
        }
        else
        {
            return;
        }
        break;
    }
    case RECV_HDR_STAT:
    {
        if( recv_tmp == SYN )              /*如果是起始字节*/
        {
            recv_buf[ recv_counter ] = recv_tmp;
            recv_counter ++;
            if( 6 == recv_counter )
            {
                recv_status = RECV_DATA_STAT;
            }
        }
        else if( recv_tmp == FIN )         /*如果是结束字节*/
        {
            recv_buf[ recv_counter ] = recv_tmp;
            recv_counter ++;
            if( ( CHK_OK == calc_chksum()    ) &&

            ( recv_buf[5] == client_addr ) )
            {
                recv_frame_ok = 1;
            }
            else
            {
                recv_counter = 0;
                recv_status = RECV_HDR_STAT;
            }
        }
        else
        {
            recv_counter = 0;
```

```
                recv_status = RECV_HDR_STAT;
            }
            break;
        }
        default:
        {
            recv_status = RECV_HDR_STAT;
            memset(recv_buf,0x00,MAX_RECV_NUM);
            recv_counter = 0;
            break;
        }
    }
}
```

2. 主程序 main()

主程序完成了串口的初始化，取得从机地址后，发送 4 字节的数据“test”，若主机响应并且从机接收到的数据帧正确，则执行下一步操作，程序代码如下。

```
void main( void )
{
    seri_init();
    get_client_addr();
    seri_send("test",4);
    if( 1 == recv_frame_ok )    /*接收到数据*/
    {
        /*对接收到的数据进行处理*/
    }
    /*其他程序等*/
}
```

3. 计算校验和子程序 calc_chksum()

计算校验和子程序 calc_chksum()对除校验字节外的整个数据帧的数据进行计算，得到校验和，然后将其添加到数据帧中的校验字节部分，程序代码如下。

```
uchar calc_chksum( void )
{
    uchar i;
    uchar chksum2;
    if( ( recv_counter == 0          )||

    ( recv_buf[4] != recv_counter)  )
    {
        return CHK_ERR;
    }
    chksum2 = 0;
    for( i=0; i<recv_counter; i++)
    {
        if( i!= 3)
```

```
        /*跳过校验字节*/
        {
            chksum2 += recv_buf[i];
        }
    }
    if( chksum2 == recv_buf[3] )
    {
        return CHK_OK;
    }
    else
    {
        return CHK_ERR;
    }
}
```

4．串口发送子程序 seri_send()

串口发送子程序 seri_send()按照数据帧格式将数据添加到 send_buf[]发送缓冲区中。首先准备数据帧头，将 p 指针指向的长度为 data_len 的数据加入 send_buf[]发送缓冲区，然后计算校验和，将校验和也加入发送缓冲区，将发送缓冲区中的数据帧发送出去，程序代码如下。

```
void seri_send( uchar *p,uchar data_len )
{
    uchar i;
    uchar chksum=0;
    /*准备数据帧头*/
    send_buf[0] = SYN;
    send_buf[1] = CLIENT;
    send_buf[2] = 0x00;
    /*功能字节假设为 0x55*/
    send_buf[3] = 0x00;
    send_buf[4] = data_len+7;
    send_buf[5] = client_addr;
    send_buf[ data_len ] = FIN;
    for( i=0; i< data_len; i++)
    {
        send_buf[i+6] = *p;
        p++;
    }
    for( i=0;i<(data_len + 7); i++)
    {
        chksum +=send_buf[i];
    }
    send_buf[3] = chksum;
    /*数据帧准备完毕，下一步是发送数据帧*/
    for( i=0;i<(data_len + 7); i++)
    {
```

```
        SBUF = send_buf[i];
        while( TI == 0 );
        TI = 0;
    }
}
```

5．串口初始化子程序 seri_init()

串口初始化子程序 seri_init()实现初始化串口工作于方式 1，波特率为 9600bit/s，接收状态和接收缓冲区初始化等，程序代码如下。

```
void seri_init( void )
{
    recv_status = RECV_HDR_STAT;
    recv_counter = 0;
    recv_frame_ok = 0;
    memset( recv_buf,0x00,MAX_RECV_NUM);
    memset( send_buf,0x00,MAX_SEND_NUM);
    TMOD = 0X20;
    TH1 = 0XFD;        /*设置波特率为 9600bit/s*/
    TL1 = 0XFD;
    EA = 1;
    ET0 = 0;
    ES = 1;
    SCON = 0X50;       /*设置串口工作于方式 1，允许接收*/
    PCON = 0X00;
    TR1 = 1;
}
```

6．读取数据子程序 get_client_addr()

每个从机的地址不同，将 get_client_addr()从 P0 口读取的数据作为从机地址，保存在全局变量 client_addr 中，程序代码如下。

```
void  get_client_addr( void )
{
    client_addr = P1;
}
```

主机的发送数据帧程序与此类似，只需根据通信协议在数据帧中的主从标志和地址中加入相应的数据表明这是主机发送的数据帧，然后在数据字节中添加数据即可。

经验总结

在本实例设计的多机通信系统中，单片机串口一般工作于方式 1，由于有专门的校验字节，因此，将第 9 个数据位作为校验位已经没有必要了。

通信时发送数据帧需要遵循一定的次序和规则，若主机发送数据帧的同时，从机也发送数据帧，或者多个从机同时发送数据帧，则会造成数据冲突，导致通信错误，因此通信时主机和从机不仅要发送通信协议规定格式的数据帧，还要根据不同的状态来决定何时发送数据帧。如果采用 RS-485 通信方式，由于该方式是半双工的，主从双方的数据交换一般采用应答式，因此不会出现数据冲突。

各从机地址可以不用拨动开关生成，而通过现场系统的调试临时生成，并将该地址存入非易失的存储器。

知识加油站

多机通信系统是由两台以上单片机组成的网络，通过串行通信方式进行数据交互。多机通信系统的网络拓扑结构有星型、环型和主从结构。主从结构应用较多，一般包括一台主机和多台从机，主机可以将信息发送给多台从机或指定的从机，而从机发送的信息只能传送到主机，各从机之间不能直接通信。

实例 34　计算机与单片机通信

计算机与单片机通信的场合有很多，如工业现场的监控系统、有数据管理的考勤系统、各种自动抄表系统，因此研究计算机与单片机间的通信技术有重要的意义。

设计思路

本实例以一个典型的自动售电抄表系统为例，说明计算机与多台单片机通信的基本原理。在自动售电抄表系统中，计算机是上位机，各从机是分布在宿舍楼各楼层的集中式电子式电能表。计算机与各集中式电子式电能表之间采用的总线标准为 RS-485。计算机作为上位机，通过串口向单片机发送命令。单片机收到命令后，对其进行校验，并根据命令类型向计算机返回数据。

器件介绍

若接口电平不一致，一般是不能直接连接的，常用的总线标准根据通信距离、速度及网络结构等指标的要求，可分为 RS-232C、RS-485、RS-422 等。

大多数计算机都有 RS-232C 接口，采用 DB-9 连接器。RS-232C 是美国 EIA（电子工业协会）与 BELL 公司等共同开发的通信协议，适用于数据传输速率为 0～20kbit/s 的通信。RS-232C 对电气特性、逻辑电平和各种信号线功能都做了规定。逻辑“1”的电平为−15～−3V，逻辑“0”的电平+3～+15V。也就是说，当逻辑电平的绝对值大于+3V 且小于+15V 时，电路可以有效检查出来。介于−3V 和+3V 之间的逻辑电平无意义，低于−15V 或高于+15V 的逻辑电平也无意义。因此，在实际应用时，应保证逻辑电平在有效范围内。

与 RS-232C 接口相匹配的连接器有 DB-25、DB-15 和 DB-9 三种，其引脚的定义各不相同。简化的 DB-9 连接器的引脚如图 34-1 所示。

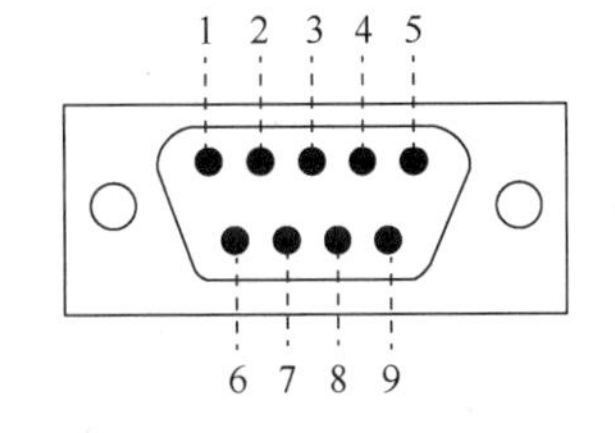

图 34-1　简化的 DB-9 连接器的引脚

DB-9 连接器引脚的信号名称及功能如表 34-1 所示。

表 34-1　DB-9 连接器引脚的信号名称及功能

引脚序号	信号名称	功　能
1	DCD	载波检测
2	RXD	接收数据（串行输入）
3	TXD	发送数据（串行输出）
4	DTR	DTE 就绪（数据终端准备就绪）
5	SGND	信号接地
6	DSR	DCE 就绪（数据准备就绪）
7	RTS	请求发送

续表

引脚序号	信号名称	功　能
8	CTS	允许发送
9	RI	振铃指示

实际应用时，一般使用 DB-9 连接器的 2 脚、3 脚和 5 脚即可满足需要。TTL 电平和 RS-232C 接口电平互不兼容，所以两者接口时，必须进行电平转换。

当应用系统的通信距离比较远或干扰比较严重时，RS-485 通信协议具有比 RS-232C 通信协议更优良的性能。目前，RS-485 收发器有很多种，常用的有 SN75176、MAX485、SN75LBC184 等，实现 RS-485 通信较为方便。RS-485 接口采用平衡式发送、差分式接收的数据收发器来驱动总线，具体技术参数如下。

① 接收器的输入电阻 $R_{IN} > 12\Omega$。

② 驱动器能输出 ± 7V 的共模电压。

③ 在网络节点数为 32 个，配置 120Ω终端电阻的情况下，驱动器至少能输出 1.5V 电压。

④ 接收器的灵敏度为 ± 200mV。

图 34-2 所示是采用 RS-485 标准的通信接口电路框图。在 RS-485 总线末端接入 120Ω 电阻是为了对通信线路进行阻抗匹配，实际应用时 RS-485 总线上可挂接多个接口转换芯片（RS-485 驱动器）。

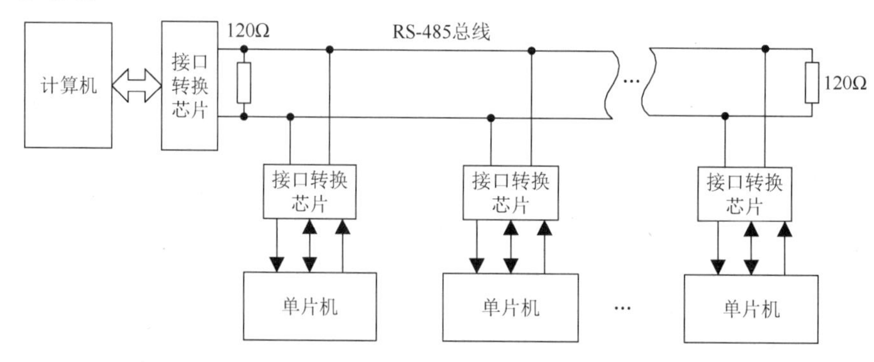

图 34-2　采用 RS-485 标准的通信接口电路框图

SN75LBC184 是用于 RS-485 通信的低功耗收发器，芯片内有 1 个驱动器和 1 个接收器。用 SN75LBC184 组成的 RS-485 网络中可连接 64 个收发器，其与普通的 RS-485 收发器相比，最大的特点是芯片内有高能量瞬变干扰保护装置，可承受峰值为十几千伏的过电压，因此可显著降低雷电等损坏器件的可能性。在一些比较恶劣的环境下，其可直接与传输线路相连而无须其他保护元件。另外，当 SN75LBC184 接收器的输入端开路时，其输出高电平，这样可保证即使接收器输入端有开路故障，也不影响系统的正常工作。

硬件设计

计算机与各集中式电子式电能表之间采用的总线标准为 RS-485，而且在从机通信的出口处采用光电隔离技术，为保证通信时波特率能达到 9600bit/s，隔离器件采用高速光电耦合器 6N137。

图 34-3 所示是利用 SN75LBC184 构成的单片机端 RS-485 接口电路。其中，单片机采用 AT89C51，选择频率为 11.0592MHz 的晶振。

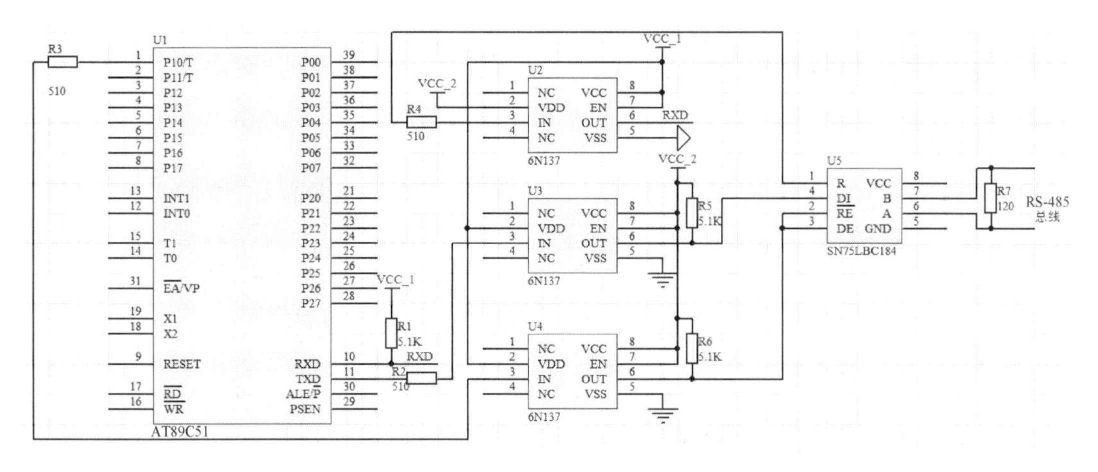

图 34-3 利用 SN75LBC184 构成的单片机端 RS-485 接口电路

信号在传输线路上传输时，若遇到阻抗不连续的情况，就会出现反射现象，从而影响信号的远距离传输。常用双绞线的特性阻抗为 110～130Ω，因此在 RS-485 总线末端接入 120Ω电阻。

与单片机端 RS-485 接口电路类似，将计算机连接到 RS-485 总线上也需要转换电路，计算机端采用的 RS-232/RS-485 转换器也有光电隔离型的，如武汉波士电子有限公司推出的 RS-232/RS-485 接口转换器。

程序设计

利用 RS-485 接口组成的多机通信网络和直接利用 TTL 接口组成的多机通信网络的最大不同是利用 RS-485 组成的多机通信网络采用半双工通信方式，在发送数据和接收数据时，必须对 SN75LBC184 的 $\overline{\text{RE}}$/DE 引脚进行设置。SN75LBC184 的工作状态只有两种：发送数据和接收数据。当 AT89C51 的 P10 引脚为高电平时，SN75LBC184 只允许接收数据，反之只允许发送数据。

计算机向各从单片机发送数据时的通信协议、各从单片机向计算机发送数据时的通信协议分别如表 34-2、表 34-3 所示。

表 34-2 计算机向各从单片机发送数据时的通信协议

功 能	起 始 符	地 址	命 令	数 据 长 度	数 据	校 验 和	结 束 符
时钟校正	CCH	XXYYH	50H	6	说明 1	说明 2	DDH
读剩余电量	CCH	XXYYH	51H	0	无数据		DDH
购电量	CCH	XXYYH	52H	2	说明 3		DDH
…	…	说明 4	…	…	…	…	…

表 34-3 各从单片机向计算机发送数据时的通信协议

功 能	起 始 符	地 址	命 令	数 据 长 度	数 据	校 验 和	结 束 符
时钟校正	CCH	XXYYH	60H	6	说明 1	说明 2	DDH
读剩余电量	CCH	XXYYH	61H	2	说明 3		DDH
购电量	CCH	XXYYH	62H	2	说明 3		DDH
…	…	…	…	…	…	…	…

表 34-2 和表 34-3 中说明 1～说明 4 的含义如下。

说明 1：按年、月、日、时、分、秒各 1 字节顺序排列，数据格式采用压缩的 BCD 码，如 2008 年 6 月 16 日 13 点 25 分，则该数据为 20 08 06 16 13 25。

说明 2：校验和的计算方法为从起始符到结束符（不包括校验和本身）的十六进制数相加的和，计算过程中丢弃进位。

说明 3：只保留整数部分，购电时最多允许买 999 度，数据格式采用压缩的 BCD 码。

说明 4：地址的前 2 字节是集中式表号，后 2 字节是各房间的代号，共 4 字节。

由于计算机为上位机，为了便于管理员操作，采用的是人性化的操作界面，语言使用 Visual C++6.0，数据库使用 SQL Server，这里不再专门进行介绍，下面主要介绍从机集中式电子式电能表接收程序的编制情况。

由于本实例采用的 RS-485 标准为半双工通信方式，而且自动售电抄表系统中从机的工作是被动的，因此从机是不会主动向主机发送信息的，只有在主机有请求时，才会有应答信息。各从机在正常情况下一直处于接收状态，只有在收到主机对本机的呼叫后，才主动将状态切换为发送状态，然后根据命令向主机发送应答信息，发送完毕后，又马上切换回接收状态。通信采用的波特率为 9600bit/s，8 个数据位，1 个结束位，无奇偶校验，单片机接收采用中断方式。

接收流程如图 34-4 所示。

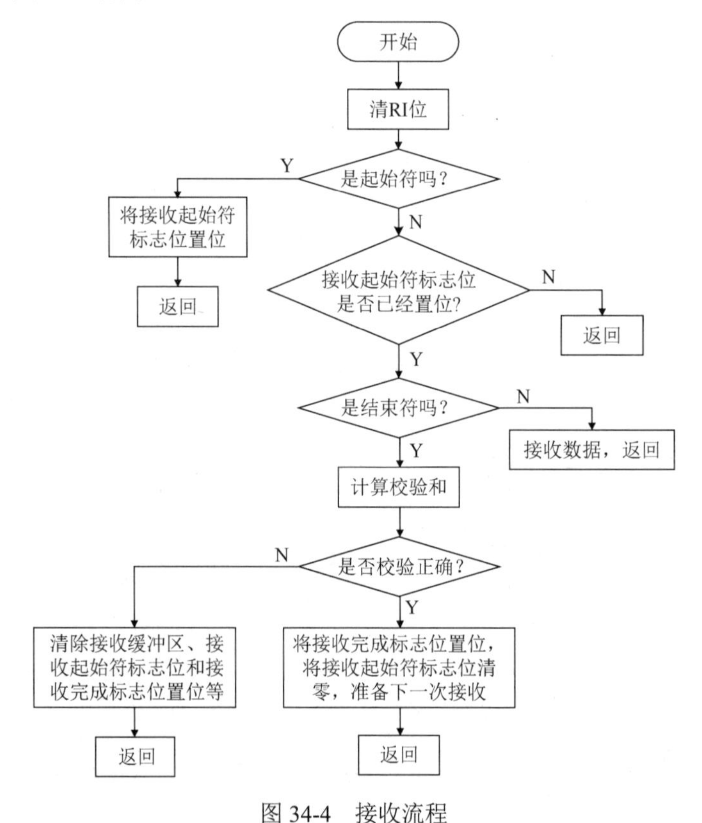

图 34-4　接收流程

以下为发送和接收数据帧的程序，不包括具体功能的实现。

1. 串口接收中断服务程序 seri_isr()

串口接收中断服务程序的功能是接收指定格式的数据帧。其首先接收起始符，再接收数据，最后接收结束符并对整个数据帧进行校验。若校验正确，则置位接收完成标志位。主程序不断查询接收完成标志位，若接收完成标志位有效，则可对接收缓冲区中的数据进行操作。串口接收中断服务程序的代码如下。

```
void seri_isr( void ) interrupt 4 using 2
{
    unsigned char tmp;
    unsigned char chksum;
    if(0==RI)                                   /*清 RI 位*/
    {
        return;
    }
    else
    {
        RI = 0;
    }
    tmp = SBUF;
    if( tmp == 0xCC )                           /*判断是否是起始符*/
    {
        haved_recv_syn = 1;
    }
    else
    {
        if( 0== haved_recv_syn )
        /*如果没有接收到起始符，说明不是数据帧的开始，返回*/
        {
            return ;
        }
        else      /*已经接收到起始符*/
        (
        if( 0xDD != tmp )
        /*若接收到的不是结束符，则接收到的是数据帧中的数据*/
        {
            recv_buf[ counter ] = tmp;    /*保存到接收缓冲区中*/
            counter ++;
        }
        else        /*接收到结束符*/
        {
            chksum = calc_chksum( &recv_buf[0], counter );
            /*计算校验和*/
            if( chksum == tmp )             /*若校验正确，则置位接收完成标志位*/
            {
                recv_frame_ok = 1;
                haved_recv_syn = 0;
```

```
            return ;
        }
        else                                    /*若校验不正确，则返回*/
        {
            counter = 0;
            recv_frame_ok = 0;
            haved_recv_syn = 0;
            return;
        }
    }
  }
}
```

2. 计算校验和子程序 calc_chksum()

calc_chksum()用于计算指定缓冲区中数据的校验和，缓冲区的首地址为 buf，要校验的数据的个数由 counter 指定，返回值为校验和。将缓冲区中 counter 个数据逐次相加，丢弃进位，最后得到的数据即为校验和，程序代码如下。

```
    unsigned char calc_chksum( unsigned char *buf,unsigned char counter )
    {
        unsigned char resu;
        unsigned char i;
        resu = 0;
        for(i=0; i<counter-1;i++)
        /*计算校验和，不包括校验和本身*/
        {
            resu +=buf[i];
        }
        return resu;
    }
```

发送流程如图 34-5 所示。

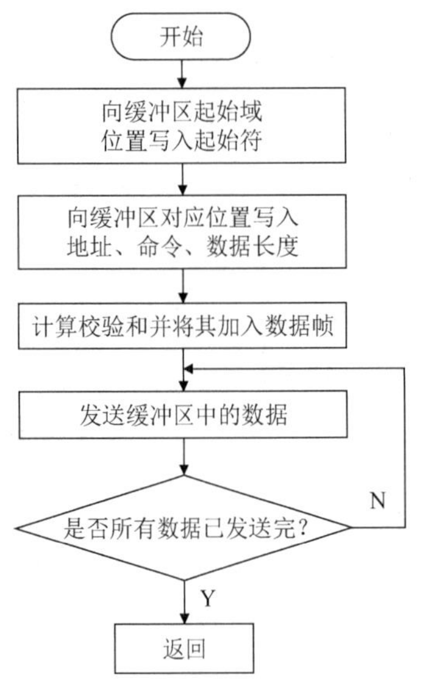

图 34-5　发送流程

3. 发送数据子程序 send_frame()

发送数据子程序先按数据帧格式添加起始符、地址、命令和数据长度，再计算校验和并发送数据，程序代码如下。

```
void send_frame( void )
{
    unsigned char i;
    unsigned char chksum;
    send_buf[0] = 0xCC;       /*起始符*/
    send_buf[1] = (unsigned char )(meter_id>>8  );  /*表号高 8 位*/
    send_buf[2] = (unsigned char )(meter_id&0xff);  /*表号低 8 位*/
    send_buf[3] = (unsigned char )(room_id >>8  );  /*房间号高 8 位*/
    send_buf[4] = (unsigned char )(room_id &0xff);  /*房间号低 8 位*/
    send_buf[5] = cmd;                              /*命令*/
```

```
    send_buf[6] = data_len;                              /*数据长度*/
    for( i=0;i<data_len;i++)
    {
        send_buf[7+i] = data_buf[i];      /*将数据帧写入发送缓冲区*/
    }
    chksum = calc_chksum( &send_buf[0],data_len+7); /*计算校验和*/
    send_buf[7+data_len] = chksum;
    send_buf[8+data_len] =0xDD;                          /*结束符*/
    for( i=0; i<8+data_len;i++)                          /*发送数据*/
    {
        SBUF = send_buf[i];
        while( 0 == TI );
        TI = 0;
    }
}
```

经验总结

在中长距离通信的诸多方案中，RS-485 芯片因硬件设计简单、控制方便、成本低廉等优点得到广泛应用。但是，RS-485 总线在抗干扰、故障保护等方面应注意以下几方面问题。

（1）总线阻抗匹配。总线的差分端口 A 与 B 之间应跨接 120Ω电阻，以减少由阻抗不匹配引起的反射、噪声，有效地抑制噪声干扰。

（2）保证系统上电后 RS-485 芯片处于接收状态。收发控制端应采用微控制器引脚通过反相器进行控制，不宜采用微控制器引脚直接进行控制，以防止微控制器上电时对 RS-485 总线产生干扰。

（3）总线隔离。RS-485 总线为并接式两线制接口，一旦有一只芯片出现故障，RS-485 总线的电压就有可能为 0V，因此其端口 A、B 与 RS-485 总线之间应加以隔离。通常在端口 A、B 与 RS-485 总线之间各串接一只 4～10Ω的 PTC 电阻。

（4）网络节点数。网络节点数与所选 RS-485 芯片的驱动能力、接收器的输入阻抗有关，如 SN75LBC184 网络节点的标称值为 64 点，SP485R 网络节点的标称值为 400 点。实际使用时，因线缆长度、线径、网络分布、数据传输速率不同，实际网络节点数均达不到标称值。当通信距离较长时，应考虑通过增加中继模块或降低数据传输速率的方法提高数据传输可靠性。

知识加油站

RS-485 有两线制和四线制两种接线方式，四线制接线方式只能实现点对点通信，目前很少采用，多采用的是两线制接线方式。

RS-485 通信网络一般采用主从式多机通信方式，即一台主机带多台从机。

实例 35 红外通信系统

设计思路

本实例实现单片机之间通过红外通信接口进行通信。约定通信双方中的发送方为甲机，接收方为乙机。甲机向乙机发送一组数据，如果乙机接收到的数据正确，就向甲机发送 0x55；如果乙机接收到的数据不正确，就向甲机发送 0xFF，甲方收到 0xFF 后重传数据。

器件介绍

红外通信技术主要是利用红外发射器和红外接收器来完成信号的无线收发工作的。在发射端，对发送的数字信号进行适当的调制后，将其送入电光变换电路，驱动红外发射器发射红外信号；在接收端，红外接收器对收到的红外信号进行光电逆变换，并进行相应的解调，恢复原信号，如图 35-1 所示。

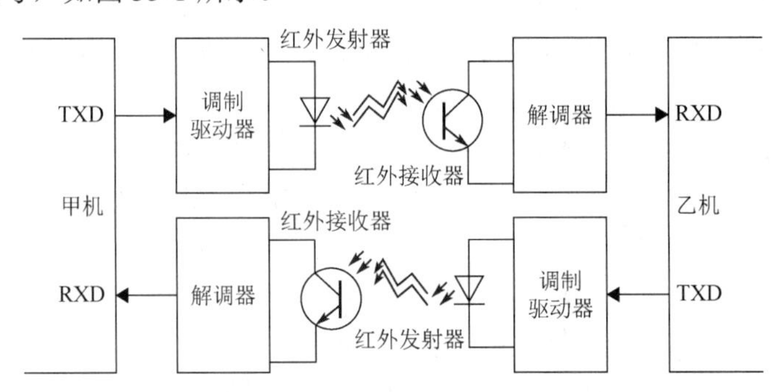

图 35-1　红外通信的接口基本原理框图

德国 VISHAY 公司生产的红外发射器 TSAL6200 和红外接收器 TSOP1838 具有功能强、电压低、功耗小等特点，应用广泛。

1. TSAL6200

TSAL6200 是一种高效率的 GaAlAs 红外 LED，采用蓝灰色塑胶封装，如图 35-2 所示。其常用的参数值如表 35-1 所示。

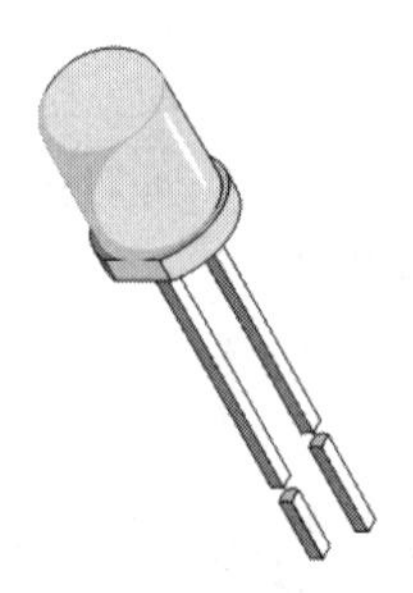

图 35-2　TSAL6200 的外形

表 35-1　TSAL6200 常用的参数值（T_{amb} = 25℃）

参数及符号	典　型　值	最　大　值	单　　位
正向工作电流 I_F		100	mA
正向压降 V_F	1.35	1.6	V
光功率 Φ_e	35		mW
峰值波长 λ_p	940		nm
光辐射半角 φ	±17		°

（1）伏安特性。TSAL6200 的伏安特性与普通二极管相似，正向工作电流 I_F 是指红外 LED 长期工作时，允许通过的最大平均正向电流。若红外 LED 长期超过 I_F 运行，则会因过热而烧坏。一般小功率红外 LED 的正向压降 V_F = 1～1.3V，中功率红外 LED 的正向压降 V_F = 1.6～1.8V，大功率红外 LED 的正向压降 $V_F \geqslant$ 2V。在设计驱动电路时应注意驱动电压需大于红外 LED 的正向压降 V_F，以克服死区电压产生正向工作电流 I_F。

（2）光功率 Φ_e。光功率是指红外 LED 的电功率转化为红外线输出功率的那一部分，光功率越大，发射距离越远。

（3）峰值波长 λ_P。峰值波长是指红外 LED 所发出的红外线中，光强最大值所对应的发光波长。在远距离红外通信中，一般选用峰值波长为 940nm 或 950nm 的红外 LED。TSAL6200 的峰值波长为 940nm，如图 35-3 所示。

（4）光辐射半角 φ。光辐射半角 φ 是指相对辐射强度为 0.5 时的角位移度数，TSAL6200 的光辐射半角 φ = ±17°，如图 35-4 所示（其中上方和右侧数据表示关系曲线对应的角位移度数），由于目前大多数红外 LED 为球面透镜封装，因此红外 LED 的发射指向角较小。为了改善发射光线的指向特性，使之在较大的偏移距离内均能正常工作，可以采用多管并发的方法。

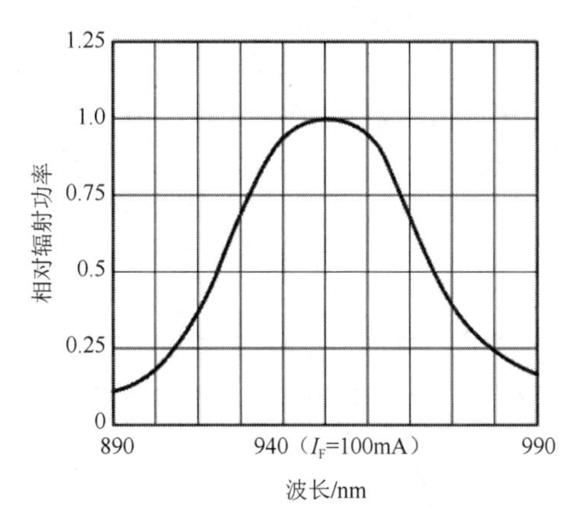

图 35-3　相对辐射功率与波长的关系曲线

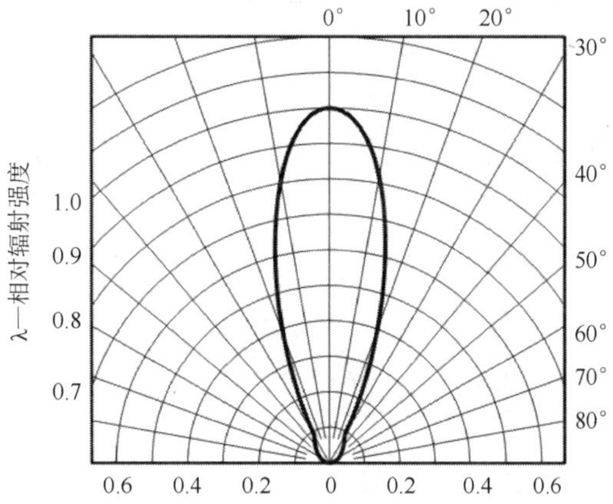

图 35-4　相对辐射强度与角位移度数的关系曲线

2．TSOP1838

TSOP1838 是一种一体化红外接收器，如图 35-5 所示，它将 PIN 光敏二极管、前置放大器和解调器用环氧树脂封装为一体，具有接收红外信号、内置信号放大、38kHz 滤波、波形检波输出的作用。TSOP1838 常用的参数值如表 35-2 所示。

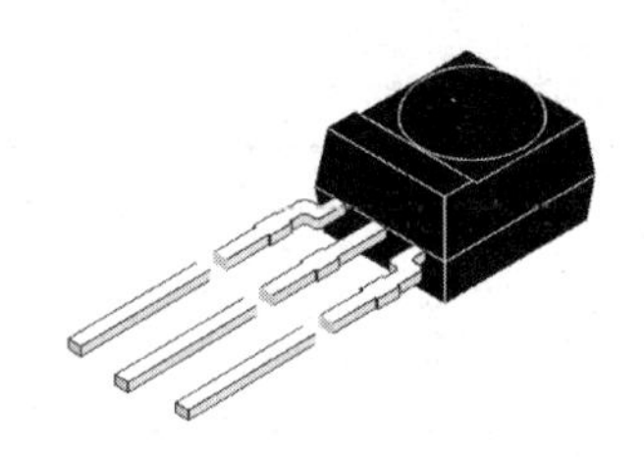

图 35-5　TSOP1838 的外形

表 35-2　TSOP1838 常用的参数值（T_{amb} = 25℃）

参数及符号	最 小 值	典 型 值	最 大 值	单 位
响应频率 f_0		38		kHz
接收距离 d		35		m
光辐照度 E_{emin}		0.3	0.5	mW/m^2
光辐照度 E_{emax}		30		W/m^2
光辐射半角		±45		°

红外通信与其他通信方式一样，都会受到环境条件的限制及干扰，红外通信的干扰源主要是白炽灯光与太阳光，使用带有滤光器的红外接收器能够减少光噪声的影响，加大红外信号的受光面积和受光强度可以提高灵敏度。因此，提高红外 LED 的发射功率及选用带有透镜的红外接收器是提高红外通信抗干扰能力的有效方法。

（1）响应频率 f_0。响应频率是指红外接收器的光响应中心的频率，此频率应与发射电路脉动光调制频率严格保持一致。如图 35-6 所示，TSOP18××系列有几种光响应频率：30kHz、33kHz、36kHz、38kHz、40kHz、56kHz 等，其中 TSOP1838 的响应频率为 38kHz。

（2）接收距离 d。接收距离是指在一定条件下，如红外发射器采用 TSAL6200（I_F= 300mA）时，TSOP1838 所能接收的距离。

（3）光透镜指红外接收器受光面的聚焦滤波透镜，此透镜对于提高可靠性、滤除光噪声至关重要，故在选型时需注意选用带光透镜的产品。TSOP1838 带有光透镜。

（4）光辐射半角。光辐射半角指相对接收距离为 0.5 时的辐射角度。此角度越大，可使红外接收器在越大的范围内工作，一般应选用光辐射半角为 30°以上的红外接收器，如图 35-7 所示（其中左侧和下方数据表示相对接收距离，上方和右侧数据表示光辐射半角）。

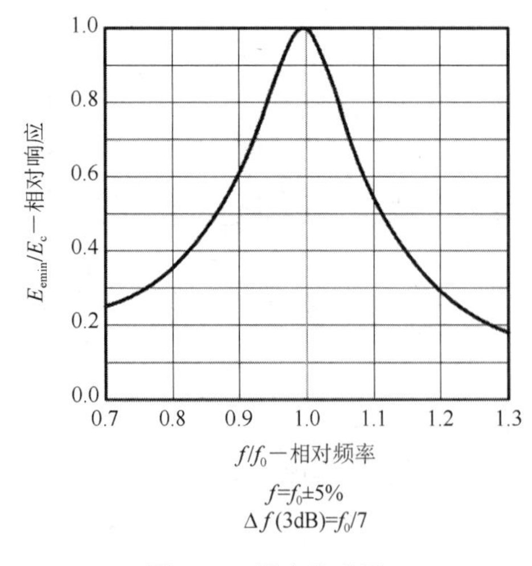

图 35-6　频率关系图

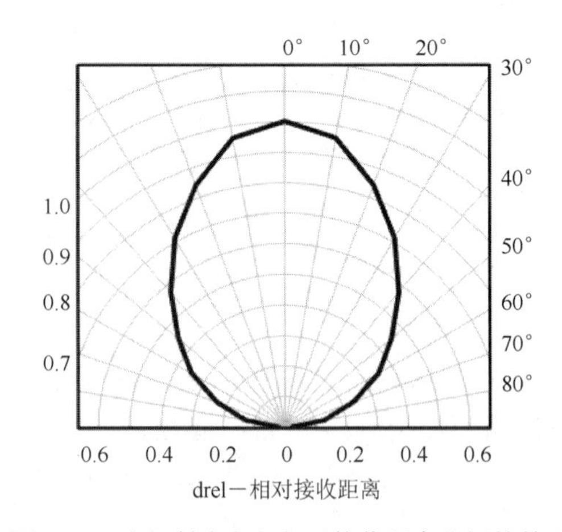

图 35-7　光辐射半角与相对接收距离之间的关系

硬件设计

红外通信的硬件电路由发射电路和接收电路两部分组成，如图 35-8 所示。其中，上半部分为发射电路，下半部分为接收电路。当然，作为通信的另一方，也有类似的一组收发电路。

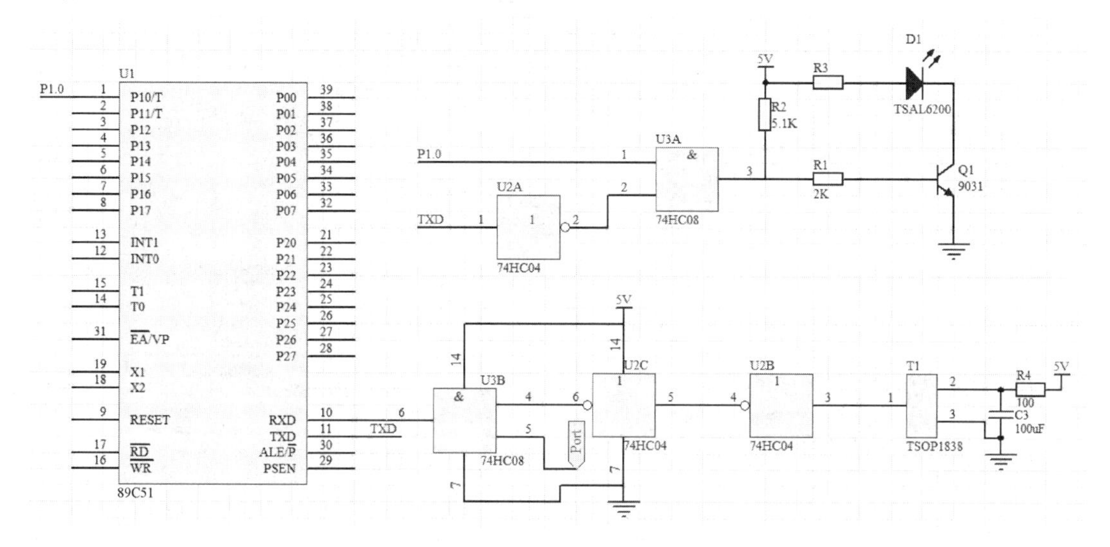

图 35-8　红外通信的硬件电路

由于系统中采用的 TSOP1838 的光响应频率为 38kHz，所以为了降低数据交换的误码率，红外线发射部分的载波信号频率也应调整为 38kHz。该载波信号由单片机 89C51 的内部定时器产生，从 P10 引脚输出，经与门 74HC08 对发送数据输出引脚 TXD 的信号进行调制后，经过三极管 Q1 放大，由 TSAL6200 发出脉动的红外线，其发射功率可通过调整其限流电阻 R3 的阻值来改变。

接收电路为了改善接收信号的波形，对其进行两级反相整形。本实例的接收电路中设置一个与门的目的是如果系统还有其他通信接口，那么该通信接口的数据接收端也可通过该与门将数据送入 RXD 引脚。当然，用户也可以不用该与门电路，而直接将第二级非门 74HC04 的输出接至 RXD 引脚。

程序设计

红外通信与常规有线通信的不同之处在于其利用了不同的传输介质，因此通信的程序与前面实例中的程序类似，不同的是红外通信还存在着载波的问题，程序包括串口初始化程序、甲机发送程序、乙机接收程序。

1. 串口初始化程序 init()

串口工作于方式 1，波特率为 9600bit/s。单片机的定时器 T0 定时中断产生 38kHz 载波信号，定时器 T1 作为波特率发生器。串口初始化程序的代码如下。

```
void init( void )
{
```

```
    TMOD = 0X22;      /*定时器 T0、T1 都工作在 8 位自动重装方式下*/
    TH1 = 0XFD;       /*串口的波特率为 9600bit/s */
    TL1 = 0XFD;
    TH0 = 244;        /*定时器 T0 定时中断产生 38kHz 载波信号*/
    TL0 = 244;
    SCON = 0X50;      /*串口工作于方式 1，允许接收*/
    EA = 1;
    ES = 1;
    ET1 = 0;          /*关掉定时器 T1 的中断*/
    ET0 = 1;
    TR1 = 1;
    TR0 = 1;
}
```

利用定时器 T0 产生一定频率的中断，在中断服务程序里控制引脚输出高、低电平，以此来产生载波信号，定时器 T0 的中断服务程序代码如下。

```
void timer0_isr( void ) interrupt 1
{
    P1_0 = !P1_0;
}
```

编写程序时，只有在发送时才打开产生载波信号的定时器中断，当发送完毕后，关掉定时器中断，置 P10 引脚为 0。

2．甲机发送程序 send()

甲机发送程序 send()完成甲机发送数据功能，其计算校验和并发送校验和，等待乙机响应。若乙机响应正确，则从程序中返回，否则再次发送数据并等待乙机响应，程序代码如下。

```
void send( void )
{
    uchar i;
    do
    {
        chksum = 0;
        for(i=0; i<16; i++)
        {
            SBUF = buf[i];
            chksum += buf[i];          /*计算校验和*/
            while( TI == 0);
            TI = 0;
        }
        SBUF = chksum;                 /*发送校验和*/
        while( TI == 0 );
        TI = 0;
        while( RI == 0 );              /*等待乙机响应*/
        RI = 0;
```

```
    } while(SBUF!=0X55);                /*若出错，则重发数据*/
}
```

3. 乙机接收程序 recv()

乙机接收程序根据制定的联络信号接收数据并计算校验和，若校验正确，则发送 0x55 表明数据接收正确，否则发送 0xFF 表明数据接收错误。程序代码如下。

```
void recv( void )
{
    uchar i;
    while(1)
    {
        chksum = 0;
        for(i=0; i<16; i++)
        {
            while(RI==0);
            RI = 0;
            buf[i] = SBUF;              /*接收一个数据*/
            chksum += buf[i];           /*计算校验和*/
        }
        while( RI==0);                  /*接收校验和*/
        RI = 0;
        if( (SBUF^chksum) == 0 )        /*比较校验和*/
        {
            SBUF = 0X55;                /*若校验正确，则发送 0x55 */
            while(TI==0);
            TI =0;
            break;
        }
        else
        {
            SBUF = 0XFF;                /*否则发送 0xFF，重新接收数据*/
            while( TI == 0);
            TI = 0;
        }
    }
}
```

经验总结

在设计、使用红外通信系统时，还应注意以下几个问题。

① 距离与功率：红外通信的距离主要取决于红外线的发射强度（电流）。

② 通信速度：由于调制的载波信号频率为 38kHz，为了很好地接收到发射信号，建议单片机设置的数据传输速率不要超过 9600bit/s。

③ 在使用时，应考虑红外发射器与红外接收器之间的角度，角度越大，接收距离越近，可能会导致接收不到。

④ 在单工通信方式下，发送方只保留发送电路，而接收方只保留接收电路。例如，不需要返回信息的主动遥控器只有发送电路，而被动接收的控制器只有接收电路。

⑤ 载波信号也可由其他可产生振荡方波信号的电路获得，如 555 电路。

⑥ 目前，市场上有专用的收发一体的红外模块、只发不收的发射模块、只收不发的接收模块等，这些模块内部大多集成了调制、驱动、解调等电路，用户只需选择型号并掌握其接口关系即可。

知识加油站

红外线是波长为 750nm～1mm 的电磁波，它的频率高于微波而低于可见光，是一种人的眼睛看不到的光线。红外通信一般采用红外波段内的近红外线，波长为 0.75～2.5μm，目前无线电波和微波已被广泛地应用在长距离无线通信之中。但由于红外线的波长较短，对障碍物的衍射能力差，所以更适合应用在短距离无线通信场合，进行点对点直线数据传输。从应用领域来看，红外通信主要应用于遥控和数据通信两方面。红外通信接口的数据传输速率为 2400bit/s～115.2kbit/s，有些可达 4Mbit/s。

实例 36　无线数传模块

设计思路

与有线数据传输相比，无线数据传输以成本低廉、适应性好、扩展性好、组网简单方便、设备维护简单等特点在工业生产、抄表系统、离散环境下的监控系统、点菜系统等众多领域得到了应用。本实例实现两台单片机之间通过无线数传模块 D21DL 进行通信。

器件介绍

在无线数传模块的使用过程中，用户通常不会涉及无线数传模块间的数据传输控制及格式，因此，对于无线数传模块的发送过程和接收过程，在此不进行详细的介绍。

无线数传模块的构成框图如图 36-1 所示。

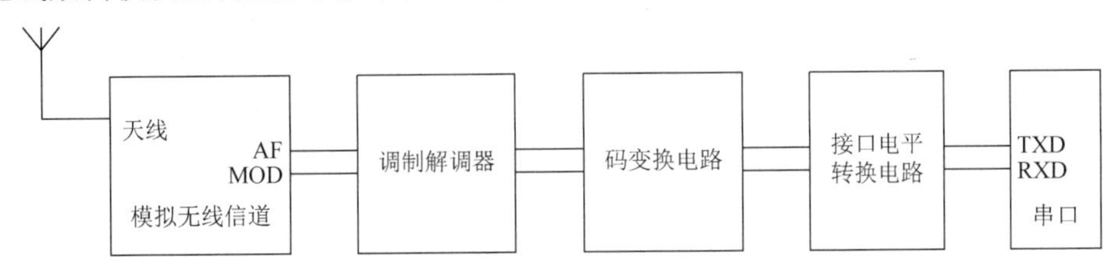

图 36-1　无线数传模块的构成框图

无线数传模块的发射功率不大，体积较小，与有线连接的串行通信程序相比有以下 3 点不同。

① 参数匹配。有线连接串行通信程序中的数据帧格式、串口数据传输速率可灵活设置，连接线本身对这两个参数无太大限制；而无线数传模块的串口帧格式、串口数据传输速率一般相对固定，如串口帧格式可设置成（1 位，8 位，1 位）或（1 位，9 位，1 位），串口数据传输速率固定为 4800bit/s 或 9600bit/s 等，使用无线数传模块的通信程序对这两个参数的设置应与无线数传模块保持一致。

② 延时时间。如果是设备 A 发送数据，设备 B 接收数据。有线连接串行通信时，设备 A 发送数据的时刻与设备 B 收到数据的时刻一般认为是无时间间隔的；而无线数传模块在发送数据时要进行收发转移及时钟同步，因此无线通信时，设备 A 发送数据的时刻与设备 B 收到数据的时刻有时间间隔，这个时间间隔叫作延时时间，记为 T。无线通信的收发时间关系图如图 36-2 所示。

③ 数据的传输方向。一般有线连接串行通信时的串口通信可以是全双工的；而无线数传模块的串口通信是半双工的，即无线数传模块发送数据的同时不能接收数据，接收数据的同时不能发送数据，因此在进行编程时应将收发时间错开。

目前，市场上无线数传模块的生产厂商很多，用户一般可根据通信距离、环境来选择无线数传模块的发射功率，根据与计算机的接口来选择无线数传模块的电平接口（TTL/RS-

232/RS-485 等）。当然，用户还要注意选择合适的载波信号频率，否则可能会受到限制。

下面对无线数传模块 D21DL 进行介绍。D21DL 的外形如图 36-3 所示。

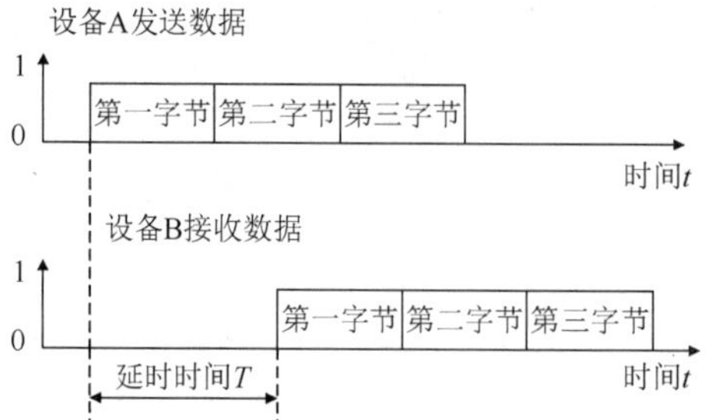

设备A发送数据
1
0
第一字节 第二字节 第三字节
时间t
设备B接收数据
1
0
第一字节 第二字节 第三字节
延时时间T
时间t

图 36-2　无线通信的收发时间关系图

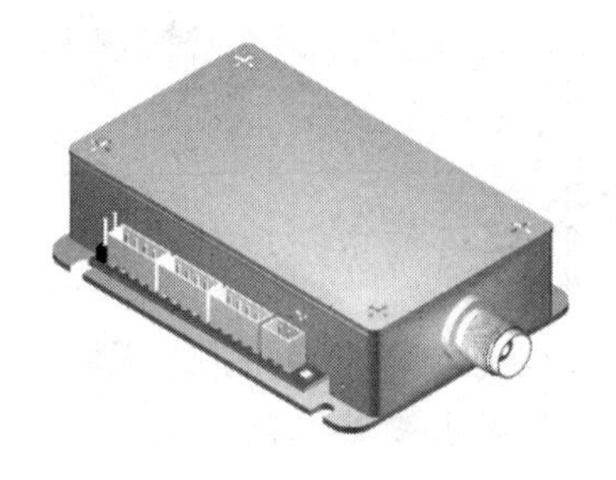

图 36-3　D21DL 的外形

D21DL 的主要特点如下。

① 具有 TTL、RS-232、RS-485 多种半双工电平接口。

② 内部装有 EEPROM 及看门狗电路，可掉电记忆设置参数。

③ 采用 CRC 检验，可验出传输中 99.99%的错误。

④ 具有组网通信模式，便于点对多点通信。

⑤ 同时具有串口通信及开关量 I/O，可直接用于遥控报警等用途。

⑥ 频率源采用 VCO/PLL 频率合成器，可方便灵活地通过串口设置频点。

⑦ 具有良好的发射匹配，辐射场强大，单位功率下的通信距离远。

⑧ 采用温补频率基准，频率的瞬时及长期稳定度高。

⑨ 具有友好的测试界面，便于二次开发及信道测试。

D21DL 的主要技术指标包括综合指标、发射指标、接收指标等。

综合指标如下。

① 工作频段：227.000～233.000MHz。

② 信道间隔：25kHz。

③ 天线阻抗：50Ω。

④ 工作电源：DC 5～6V/1A。

⑤ 无线码速率：1200bit/s。

⑥ 接口速率：可选。

⑦ 传输距离：2～3km。

⑧ 数据传输延时时间：≤100ms。

发射指标如下。

① 调制方式：FSK，1200bit/s。

② 发射功率：500mW（DC 5V）。

③ 邻道功率比值：≥65dB。

④ 调制带宽：≤16kHz。

⑤ 发射电流：≤600mA。

接收指标如下。

① 灵敏度：≤0.25。

② 邻道选择性：≥65dB。

③ 互调抗扰性：≥60dB。

④ 静候电流：≤65mA。

⑤ 失真度：≤5%。

⑥ 误码率：≤10^{-6}。

硬件设计

由于 D21DL 与 51 单片机接口，因此本实例选择 TTL 接口，它与 89C51 的接口关系图如图 36-4 所示。

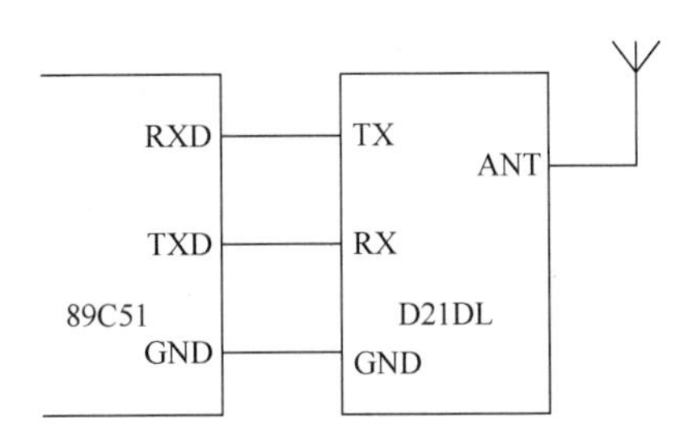

图 36-4　D21DL 与 89C51 的接口关系图

从图 36-4 中可看出，D21DL 的基本应用的接口关系比较简单。实际上，D21DL 还有 DSR、DTR 联络线，其可用于改变 D21DL 的频率、ID 地址等参数，还可直接给用户提供 8 个开关量的 I/O 口等。当然，接口关系图也会变得稍复杂些，更详细的说明请读者查阅有关资料或相关企业网站。

程序设计

使用无线数传模块时，用户通常只需要掌握接口，而无须关心其内部结构，因此其通信程序与前面实例中介绍的没什么区别，这里不再介绍。但对无线数传模块来说，构成的系统是否能正常工作，构成网络的通信质量是否能得到保证，这些因素比较重要，这里简单介绍一下无线数传模块测试软件的作用。

（1）了解无线数传模块的工作原理。

将无线数传模块正确安装完毕后，在初次使用及应用系统建立起来前，可用无线数传模块测试软件帮助用户了解无线数传模块的工作原理。

（2）测试信道的通信质量。

无线网络的设计步骤如下。

① 测试应用环境的无线电场强。

② 根据测试的无线电场强设计无线数传模块的功率、天线的类型、天线的高度、馈线的粗细等设备指标。

在实际的无线电组网中，系统集成商往往不具备组网的专业知识及专业设备，通常采取的做法是根据经验先架设总台的天线，再在车上设一分台，利用无线数传模块测试软件测试信道通信质量，检验组网的可行性。

（3）调试应用系统。

在应用系统调试过程中，用户往往在出现问题时不易分清是收发哪一方的问题，可在调试接收端时将无线数传模块测试软件作为发送端的上位机，调试发送端的时候将其作为接收端上位机。

（4）设置无线数传模块参数。

在需要修改、设置无线数传模块参数时，利用无线数传模块测试软件对无线数传模块的所有参数进行设置最方便。

经验总结

在使用无线数传模块进行通信时，应注意以下几个问题。

① 电源：请检查电源的电压、最大负载电流、脉动输出等参数是否符合要求。特别要注意，有些电源由于抗电磁干扰能力差，当无线数传模块发送数据时，上述参数不能满足要求，使无线数传模块不能正常工作。

② 串口：单片机的数据帧格式是否与无线数传模块的设置一致，通信的波特率是否一致等。

③ 频率：收、发模块的频率是否一致，所设置的频率是否超过无线数传模块的工作范围等。

④ 天线：天线馈线是否连接正确，有无开路、短路等现象。

当然，很多无线数传模块在设计时，还设计了低功耗的待机模式，用户在选用、设计时要充分考虑这些因素。

知识加油站

无线数传模块可以实现高稳定度、高可靠性、低成本的数据传输，它提供了透明的 RS-232/RS-485 接口。

实例 37　用单片机实现 PWM 信号输出

设计思路

脉宽调制（PWM）最初应用于无线通信的信号调制，是利用微处理器的数字输出对模拟电路进行控制的一种技术。随着电子技术的发展，测控等领域出现了多种 PWM 控制技术。本实例介绍用单片机实现 PWM 信号输出的方法。

器件介绍

计数芯片选用 Intel 公司生产的定时计数器 8254，其引脚如图 37-1 所示，其主要功能如下。

① 与 Intel 公司及其他大多数公司生产的微处理器的接口兼容。

② 可以处理最高 8MHz 的输入信号脉冲。

③ 具有 3 个独立的计数器。

④ 具有 6 种可编程计数器模式。

⑤ 具有二进制或 BCD 两种计数方式。

⑥ 可以实现实时时钟、事件计数、多种波形产生和复杂的电控制等。

⑦ 具有状态读回指令，+5V 电源供电。

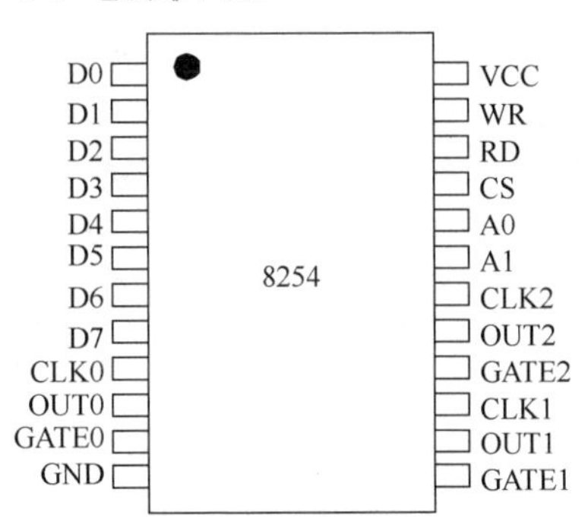

图 37-1　8254 的引脚

硬件设计

本实例设计的系统主要有两部分电路，分别是单片机及其外围电路、计数芯片电路。单片机采用 AT89C51，工作时钟频率为 11.0592MHz，其中 P0 口与 8254 的数据端 D0～D7 相连；P20 引脚提供片选功能；P21 引脚、P22 引脚分别与 8254 的 A0 端、A1 端相连，提供地址信号；$\overline{RD}$ 引脚、$\overline{WR}$ 引脚分别与 8254 的 RD 端、WR 端相连，如图 37-2 所示。

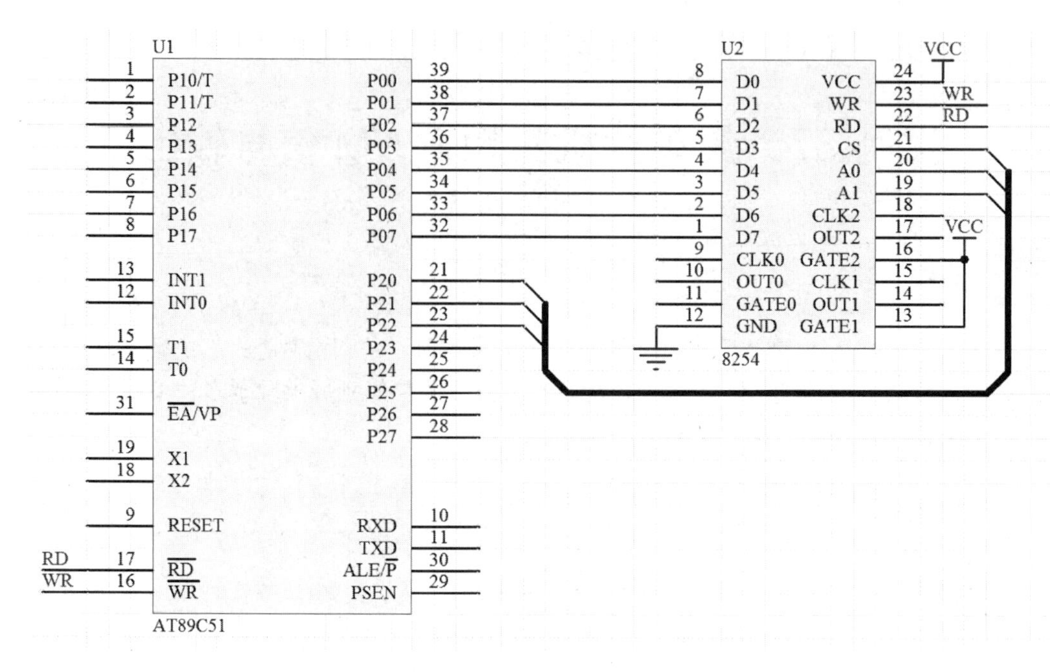

图 37-2　AT89C51 与 8254 的连接电路

程序设计

在实际应用中，PWM 是通过改变信号的脉冲宽度来实现的，即改变信号占空比。本实例应用单片机及其外围电路来实现脉冲计数，以改变信号占空比。

本实例采用脉冲计数法，实现周期为 20ms、脉宽各不相同的三路 PWM 信号的输出。由单片机和专用的可编程计数芯片组成硬件电路，计数芯片输出占空比符合要求的 PWM 信号，三路 PWM 信号的脉宽分别为 1ms、2ms、3ms，硬件电路简单，编程方便。

将单片机计数器的工作模式设置为模式 0，在此模式下，输出 PWM 信号的引脚为低电平，并且一直保持到计数器计数为 0 时变为高电平，然后一直保持高电平，直到新一轮计数开始或对控制寄存器重置模式 0。本实例中的计数器均为 16 位计数器，详细程序代码如下。

```
/*-----------------
文件名称：PWM.C
功能：单片机产生 PWM 信号
------------------*/
#include  <reg52.h>                    //引用标准库的头文件
#include  <absacc.h>
#include <stdio.h>
#define uchar unsigned char
#define uint unsigned int
#define COUNT0  XBYTE [0X0000]         //8254 计数器 0 寄存器地址
#define COUNT1  XBYTE [0X0200]         //8254 计数器 1 寄存器地址
#define COUNT2  XBYTE [0X0400]         //8254 计数器 2 寄存器地址
#define COMWORD  XBYTE [0X0600]        //8254 控制寄存器地址
```

```
/********************************
函数名称：time0_int()  interrupt 1 using 1
功能：定时器 T0 中断子程序
入口参数：无
返回值：无
********************************/
void time0_int()  interrupt 1 using 1
{
   TR0=0;                                //关闭定时器 T0
   TH0=-(20000/256);
   TL0=- (20000%256);                    //重置 20ms 计数值
/*--------------用 8254 发送第一路 PWM 信号-----------*/
   COMWORD=0x30;     //用 1MHz 时钟作为计数时钟，计数 1000 次后实现 1ms 高电平
   COUNT0=0xE0;
   COUNT1=0x03;
/*--------------用 8254 发送第二路 PWM 信号----------------*/
   COMWORD=0x70;     //用 1MHz 时钟作为计数时钟，计数 2000 次后实现 2ms 高电平
   COUNT0=0xD0;
   COUNT1=0x07;
/*-------------用 8254 发送第三路 PWM 信号----------------*/
   COMWORD=0xB0;     //用 1MHz 时钟作为计数时钟，计数 3000 次后实现 3ms 高电平
   COUNT0=0xB0;
   COUNT1=0x0B;
   TR0=1;                                //启动定时器 T0
}
//主程序
void main()
{
   EA=1;                                 //开 CPU 总中断
   ET0=1;                                //开定时器 T0 中断
   TMOD=0x01;                            //设置定时器 T0 的工作方式
   TH0=-(20000/256);                     //20ms 定时器计数初值
   TL0=-(20000%256);
   /*------使 8254 控制寄存器选择计数器 0，并对其赋值 0------*/
   COMWORD=0x30;
   COUNT0=0;                             //赋低位字节
   COUNT0=0;                             //赋高位字节
   /*------使 8254 控制寄存器选择计数器 1，并对其赋值 0------*/
   COMWORD=0x70;
   COUNT0=0;                             //赋低位字节
   COUNT0=0;                             //赋高位字节
   /*------使 8254 控制寄存器选择计数器 2，并对其赋值 0------*/
   COMWORD=0xB0;
   COUNT0=0;                             //赋低位字节
   COUNT0=0;                             //赋高位字节
   TR0=1;                                //启动定时器 T0
```

```
    While (1);                              //无限次循环
}
```

经验总结

本实例主要介绍了 PWM 原理及利用单片机产生 PWM 信号的方法。利用单片机控制外部芯片产生 PWM 信号并且将其应用在测控等领域的例子越来越多，如艺术彩灯的设计、电动机的控制等，这种方法不需要外部信号的输入，硬件电路简单，通过软件的处理可以灵活地改变 PWM 脉宽。

知识加油站

PWM 方法有相电压控制 PWM、脉宽 PWM 法、随机 PWM、SPWM、线电压控制 PWM 等，可以通过改变脉冲的周期实现调频，通过改变脉冲的宽度或占空比实现调压，采用适当的控制方法使电压与频率协调变化。可以通过调整 PWM 信号的周期、PWM 信号的占空比来达到控制电动机转动、控制充电电流等目的。

实例 38　低频信号发生器

设计思路

信号发生器（Signal Generator）是一种产生具有所需参数的测试信号的仪器，它是一种电子技术领域常用的仪器。按照产生信号的频率不同，信号发生器可以分为高频信号发生器和低频信号发生器。低频信号发生器可以产生正弦波、锯齿波、三角波、方波等信号，在科学研究实验和生产实践中有广泛应用。本实例使用 AT89C51 和滤波芯片 MAX7400 产生方波信号和正弦波信号。

器件介绍

MAX7400 是 MAXIM 公司推出的 8 阶、低通、椭圆函数、开关电容滤波器，输出频率为 1Hz～10kHz，在设计滤波器时，截止频率需要在 1Hz～10kHz 范围内，其引脚如图 38-1 所示。如果需要频率更低的正弦波信号，那么应选择其他滤波器。MAX7400 引脚的定义如下。

① COM：共模输入端。
② IN：信号输入端。
③ GND：接地端。
④ VDD：电源端。
⑤ OUT：滤波器输出端。
⑥ OS：偏置调节输入端。
⑦ $\overline{\text{SHDN}}$：禁止端。
⑧ CLK：时钟频率输入端。

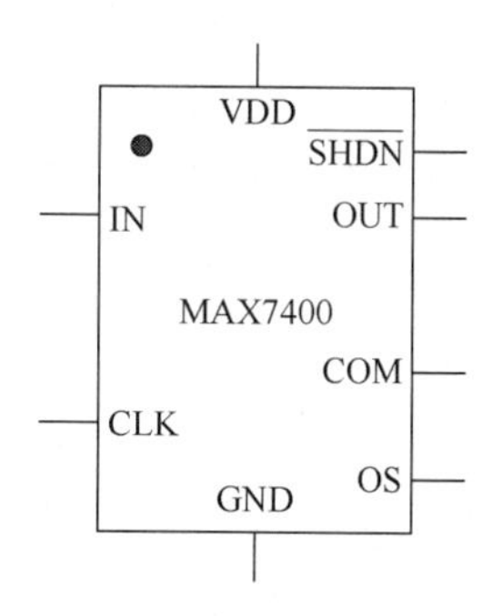

图 38-1　MAX7400 的引脚

硬件设计

本实例的硬件电路需要实现 1Hz 正弦波信号和方波信号的输出，同时将频率显示在

LED 数码管上，滤波电路如图 38-2 所示。

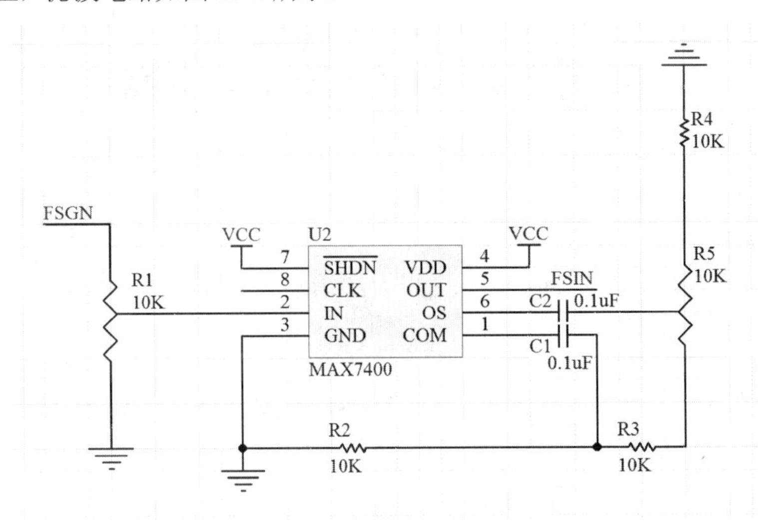

图 38-2 滤波电路

程序设计

本实例由单片机产生 1Hz 方波信号，按键 SW0 选通系统输出方波信号和正弦波信号，按键 SW1 选通系统的频率加 1（此步是针对低频信号设计的），用 LED 数码管显示当前的频率。程序中的变量和含义如表 38-1 所示。

表 38-1 程序中的变量和含义

变 量	含 义
FREQ	定时器计数变量
FREQ_out	输出频率变量
SEL0	LED 数码管低位选通
SEL1	LED 数码管高位选通
PSGN	波形输出引脚
Disp	显示程序

用于产生固定频率的方波信号的程序代码如下。

```
/*-----------------
文件名称：Signal_Generator.C
功能：用单片机产生方波信号、正弦波信号，频率可调
------------------*/
#include<reg51.h>              //引用标准库头文件
#define  unchar  unsigned char
#define  uint    unsigned int
uchar  FREQ                    //定时器计数变量
sbit   P2_1 = P2^1;            //设置 P21 引脚为信号输出引脚
```

```
/********************************
函数名称：timer 0() interrupt 1 using 1
功能：处理定时器 T0 溢出中断
入口参数：无
返回值：无
********************************/
void timer 0(void) interrupt 1 using 1
{
   TH0=1000/256;              //装入定时器计数初值
   TL0=1000%256;
   FERQ=FERQ+1;
   if(FERQ=FREQ_out)          //周期长短的判断
   {
      FERQ=0;
      PSGN=! PSGN;            //取反运算
   }
}
/********************************
函数名称：intsvr0 () interrupt 0 using 1
功能：处理外部中断 0
入口参数：无
返回值：无
********************************/
void intsvr0 (void) interrupt 0 using 1
{
   TR0=1;                     //开中断
}
/********************************
函数名称：intsvr1 () interrupt 2 using 1
功能：处理外部中断 1
入口参数：无
返回值：无
********************************/
void intsvr1 (void) interrupt 2 using 1
{
   FREQ_out=FERQ+5000;        //输出频率减 1
}
//主程序
main()
{
   EA=1;
   ET0=1;
   IT0=1;
   IT1=1;                     //开外部中断和定时器中断
   EX0=1;
   EX1=1;
   TMOD=0X01;
```

```
    TH0=1000/256;                //装入定时器计数初值
    TL0=1000%256;
    TR0=0;                       //开中断，启动定时功能
    FERQ=0;
    FERQ=5000;
    PSGN=1;
    while(1);
}
```

经验总结

本实例主要介绍了一种基于单片机的低频信号发生器的实现方式和相关参考程序，低频信号发生器在科学研究实验和生产实践中有很重要的应用，本实例用到了 MAX7400，还可以采用单片机和 D/A 转换器来完成。本实例给出的设计方案可以输出正弦波信号、方波信号、三角波信号，输出波形可以由按键来控制选择，频率范围为 1～80Hz，每隔 1Hz 可调。

知识加油站

5V 电源供电的 MAX7400 不接受 3.3V 电平标准的时钟输入，MAX7400 的 OS 引脚接电阻网络可以有效抑制噪声。

实例 39　软件滤波方法

设计思路

实时数据采集系统必须消除被测信号源、传感器通道、外界干扰中的干扰信号，才能进行准确的测量和控制。对于周期性的噪声信号，通常采用由有源或无源 RLC 网络构成的模拟滤波器实现硬件滤波；对于随机信号，因为其不是周期性信号，所以需要在单片机应用系统中通过单片机运算、控制功能等实现软件滤波。

软件滤波（数字滤波）是用程序实现的，通过一定的计算或判断来减少干扰信号在有用信号中的比重，这种方法降低了成本，不需要增加硬件设备，所以稳定性较好、可靠性较高。另外，软件滤波可以对频率很低的信号实施滤波，具有灵活性高、方便、功能性强的特点。这种方法具有模拟滤波无法比拟的优势，所以在单片机应用系统中得到了广泛应用。本实例主要介绍几种常见软件滤波方法的原理及 C 语言实现。

程序设计

下面是几种软件滤波方法的 C 语言滤波程序代码，主要实现软件滤波。此处我们假定，从 8 位 A/D 转换器中读取数据，如果 A/D 转换器的数据超过 8 位，可以定义数据类型为 int，读取数据子函数定义为 get_ad()。

（1）算术平均滤波程序，调用读取数据子函数 get_ad()。

```
#define  N  12
#define  uchar  unsigned char
/********************************
函数名称：filter()
功能：算术平均滤波
入口参数：无
返回值：sum/N
********************************/
uchar filter()
{
    int sum = 0;
    for (count=0; count<N; count++)
    {
        sum + = get_ad();
        delay(); //调用延时子程序
    }
    return (char)(sum/N);
}
```

（2）判断滤波程序，调用读取数据子函数 get_ad()。

```
#define  A  10
char  value;
/********************************
函数名称：filter()
功能：程序判断滤波
说明：A 值可根据实际情况调整，value 为有效值，new_value 为当前采样值，滤波程序返回有效
      的实际值
入口参数：无
返回值：value 或 new_value
********************************/
char filter()
{
    char new_value;
    new_value = get_ad();
    if ((new_value - value > A ) || ( value - new_value > A )
    return( value);
    return (new_value);
}
```

（3）滑动平均滤波程序，调用读取数据子函数 get_ad()。

```
#define  N  12
char  value_buf[N];
char  i=0;
/********************************
函数名称：filter()
功能：滑动平均滤波
入口参数：无
返回值：sum/N
********************************/
char filter()
{
    char count;
    int sum=0;
    value_buf[i++] = get_ad();
    if ( i == N )
          i = 0;
    for ( count=0;count<N;count++)
         sum = value_buf[count];
    return (char)(sum/N);
}
```

（4）中值平均滤波程序，调用读取数据子函数 get_ad()。

```
#define   N   12
/********************************
函数名称：filter()
```

```
功能：中值平均滤波
入口参数：无
返回值：sum/(N-2)
*********************************/
char filter()
{
    char count,i,j;
    char value_buf[N];
    int sum=0;
    for (count=0;count<N;count++)
    {
        value_buf[count] = get_ad();
        delay();
    }
    for (j=0;j<N-1;j++)
    {
         for (i=0;i<N-j;i++)
         {
              if ( value_buf>value_buf[i+1] )
              {
                   temp = value_buf;
                   value_buf = value_buf[i+1];
                   value_buf[i+1] = temp;
              }
         }
     }
     for(count=1;count<N-1;count++)
     sum += value[count];
     return (char)(sum/(N-2));
}
```

（5）中位值滤波程序，N 值可根据实际情况调整，排序采用冒泡法。

```
#define  N  11
/*********************************
函数名称：filter()
功能：中位值滤波
入口参数：无
返回值：value_buf((N-1)/2)
*********************************/
char filter()
{
    char value_buf[N];                  //定义数据类型
    char count,i,j,temp;
    for ( count=0;count<N;count++)
    {
        value_buf[count] = get_ad();
        delay();                        //调用延时子程序
```

```
    }
    for (j=0;j<N-1;j++)
    {
        for (i=0;i<N-j;i++)
        {
            if ( value_buf[i]>value_buf[i+1] )
            {
                temp = value_buf[i];
                value_buf[i] = value_buf[i+1];
                value_buf[i+1] = temp;
            }
        }
    }
    return value_buf((N-1)/2);
}
```

经验总结

本实例主要介绍的是应用单片机实现软件滤波的方法和程序，滑动平均滤波程序对周期性干扰有良好的抑制作用，平滑度高，灵敏度低，但对偶然出现的脉冲干扰的抑制能力差，不易消除由脉冲干扰引起的采样值的偏差，因此其不宜用于脉冲干扰比较严重的场合，而更适用于高频振荡系统。

知识加油站

软件滤波方法有很多，下面我们简要介绍几种常用软件滤波方法的原理和实现方式。

① 算术平均滤波法。算术平均滤波法就是对某一被测参数连续取 N 个值进行采样，然后进行算术平均。这种方法适用于对具有随机干扰的信号进行滤波。当 N 值较大时，信号的平滑度高，但是灵敏度较低；当 N 值较小时，信号的平滑度低，但是灵敏度较高，在具体应用中应该适当选取 N 值，既节约时间又使滤波效果好。对于一般的流量测量，取 N 值为 12，若为压力测量，则取 $N=4$，一般情况下取 3～5 即可。算术平均滤波法不能将明显的脉冲干扰消除，只能将其影响减弱，从而使输出值更接近真实值。

② 中值滤波法。中值滤波法就是对某一被测参数连续采样 N 次，一般取奇数，然后把 N 个采样值按照大小进行排列，取中值为本次采样值。中值滤波法能够有效地抑制由偶然因素引起的波动干扰。对温度、液位等变化缓慢的被测参数来说，采用此方法能够收到良好的滤波效果；但是对流量、速度等快速变化的参数来说，一般不宜采用中值滤波法。该方法的采样次数常为 3 次或 5 次，对于变化很慢的参数，通常可以增加次数，如取 15 次。

③ 程序判断滤波法（限幅滤波法）。程序判断滤波法首先确定两次采样可能出现的最大偏差 Δy，若偏差大于 Δy 就过滤掉，若偏差小于 Δy 就看作正常偏差，保留采样值。该方法适用于消除尖峰干扰，如电动机启动时造成的电网尖峰脉冲等。程序判断滤波法能有效抑制由偶然因素引起的脉冲干扰，但是无法抑制周期性干扰，并且平滑度低。

④ 去极值平均滤波法。去极值平均滤波法的原理是连续采样 N 次后累加求和，同时找出其中的最大值和最小值，从累加和中减去最大值和最小值，按照 $N-2$ 个采样值求平均，即可以得到有效的采样值。

⑤ 滑动平均滤波法。由于算术平均滤波法的每个被测参数需要测量 N 次，因此对测量速度较慢或要求数据计算速度较快的实时测控系统来说，该方法是无效的。滑动平均滤波法把 N 个测量数据看成一个队列，队列的长度为 N，每进行一次测量就把测量数据放入队尾，同时扔掉原来队首的一个测量数据，这样在队列中始终有 N 个最新测量数据，计算滤波值时只要把队列中的 N 个测量数据进行平均，就可以得到新的滤波值。

实例 40　FSK 信号解码接收

设计思路

FSK（频移键控）是指用数字基带信号控制载波信号的频率，即以不同频率的高频振荡信号来表示不同的数字基带信号。FSK 调制方法简单，易于实现，抗噪声和抗衰弱性能较强，并且解调不需要恢复本地载波信号，这些优点使其在现代数字通信系统的低、中速数据传输中得到了广泛应用。本实例介绍 FSK 信号解码的原理和 C 语言实现。

程序设计

为了和实际更好地衔接，本实例考虑了 3 个方面：发送 FSK 信号的形式和参数，解调器的抗干扰性能（差错率与输入信号比的关系），技术的可行性及设备成本等。从抗干扰性能的角度考虑，采用相干解调法最好，但是从 FSK 信号中提取相干波比较难，所以多采用非相干解调法。图 40-1 所示为限幅鉴频法的非相干解调器原理。

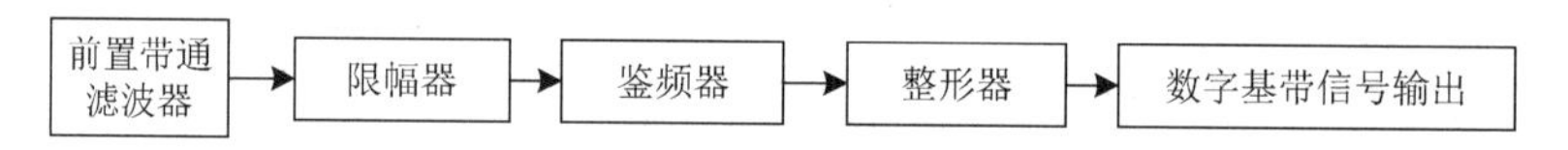

图 40-1　限幅鉴频法的非相干解调器原理

接收的信号首先要经过前置带通滤波器去除部分干扰和噪声，从减小噪声的角度考虑，前置带通滤波器的通频带应该尽量窄，但是为了保证能使信号的主要能量通过，通频带也不能太窄，其数值要根据发送信号的频谱、中心频率的误差和漂移来确定。限幅器用于消除接收信号的振幅变化，所得等幅信号的频率或零交点包含着所传输的信息。本实例采用比较器、整形电路组成限幅器，由 89C52 及其软件程序完成鉴频，输出串行数字基带信号。程序代码如下。

```
#define  FSKBUF  4
byte  g_cADCResult;          //A/D 转换器的采样值
int   currentx,currenty, lastx,last_sample;
int   g_iFSKBuf[FSKBUF];
int   g_iFSKAvg;
int   g_iFSKBuf1[FSKBUF];
int   g_iFSKAvg1;
int   g_iFSKBuf2[FSKBUF];
int   g_iFSKAvg2;
byte  g_cFSKBufPoint;
currentx = g_cADCResult;    //在滤波之前将变量初始化为 0
currenty = last_sample;
last_sample = currentx; //最后的样本保存在 currenty 中，新样本保存在 currentx 中
currenty  *= currentx;
```

```
//cos(t)*cos(t-T) = -/+sin(delta*T);算术平均滤波
g_iFSKAvg -= g_iFSKBuf[g_cFSKBufPoint];
g_iFSKBuf[g_cFSKBufPoint] = currenty;
g_iFSKAvg += currenty;
currenty = g_iFSKAvg;
//第一次滤波结束
g_iFSKAvg1 -= g_iFSKBuf1[g_cFSKBufPoint];
g_iFSKBuf1[g_cFSKBufPoint] = currenty;
g_iFSKAvg1 += currenty;
currenty = g_iFSKAvg1;
//第二次滤波结束
g_iFSKAvg2 -= g_iFSKBuf2[g_cFSKBufPoint];
g_iFSKBuf2[g_cFSKBufPoint] = currenty;
g_iFSKAvg2 += currenty;
currenty = g_iFSKAvg2;
//第三次滤波结束
g_cFSKBufPoint++;
g_cFSKBufPoint %= FSKBUF;
if(currenty>0)
{
//接收到bit 1
}
else
{
//接收到bit 0
}
```

经验总结

本实例采用的调制解调方法具有较强的抗干扰能力，节省了硬件开销，对于不同的使用要求，如数据传输速率，只需将程序代码中的有关参数加以修改即可，调制和解调的方法是相同的。该调制解调方法对拓宽单片机的应用领域，充分发挥它的软件功能具有一定意义。此方法的数据传输速率取决于判断 0 频和 1 频子程序的运行时间，即只需判断出两相邻下降沿之间是 0 还是 1，利用定时器 T2 的捕获功能可以简化程序，使程序运行时间缩短，进而提高数据传输的效率，这样既可以满足数据通信的实时性要求，又节省了单片 FSK 解调芯片，同时使电路的设计更加简单，由于改变程序中的几个参数就可以得到不同的数据传输速率，所以这种方法具有一定的通用性。

知识加油站

FSK 信号又称为数字频移键控。它的产生有两种方法：直接调频法和频移键控法。

直接调频法是指用数字基带信号直接控制载频振荡器的振荡频率。数字调频器就是直接调频法的一种应用，主要由标准频率源和可变分频器组成，标准频率源是晶振或频率合成器，它具有很高的频率稳定性，利用数字基带信号控制可变分频器的分频比，可以得到相位连续、频率高度稳定的 FSK 信号，这种方法适用于输出频率较低的场合。

频移键控法即频率选择法。它用不同频率表示二进制数 1 和 0，所以需要两个独立的振荡器，数字基带信号控制转换开关选择不同频率的高频振荡信号，实现 FSK 调制。这种方法产生的信号频率稳定性可以很高，并且没有过渡频率，其转换速度快，波形好。在转换开关发生转换的瞬间，两个高频振荡信号的输出电压通常不可能相等，在基带信息变换时，输出电压会发生跳变，这种现象称为相位不连续，这是频移键控法特有的情况。频移键控法也常常利用数字基带信号控制可变分频器的分频比来改变输出载波频率，从而实现 FSK 调制。

单片机应用系统将接收到的 FSK 信号解调成二进制数，并将其转换为用高、低电平表示的二进制语言，这是计算机能够直接识别的语言。

实例 41　单片机浮点运算

设计思路

单片机一般采用定点数进行运算，但是定点数的表示范围太小，如 unsigned char 无符号字符型数据，占用 1 字节内存单元，数值表示范围为 0～255；unsigned int 双字节整数在无符号时，只能表示 0～65535 之间的整数，在有符号时只能表示-32768～32767 之间的整数，它们都不能表示小数。定点数和浮点数是指小数在计算机中的存在形式。定点数有三种表示方法：纯小数法、纯整数法和定标法，通常单片机采用纯整数法。定标法有 Q 表示法和 S 表示法两种。在 Q 表示法中，Q 后面的数字表示该数的小数点右边的位数；在 S 表示法中，S 后面的数字分别表示小数点前、后两部分各自的位数，其中整数部分是整数位数减 1。如十六进制的定点数 2000H，若用 Q 表示法表示为 Q15，则用 S 表示法表示为 S0.15，对应的数是 0.010 0000 0000 0000。浮点数的小数点位置可以按照数值的大小自动变化。本实例介绍单片机浮点数运算的实现原理和 C 语言实现。

程序设计

一个浮点数在 Keil C51 中通常是以 4 字节形式存储的，格式严格遵循 IEEE754 标准。在单片机二进制数中，浮点数用两部分来表示，基 C 为 2，E 为阶码，M 为尾数。阶码的保存值范围为 0～255，其实际表示值等于保存值减去 127，即实际表示值的范围是-127～128；尾数是一个 24 位值，最高位通常是 1，可换算为 7 位十进制数，符号位表示浮点数的正负。

由于浮点数的尾数是 24 位，可以表达的最大整数值为 16777215，用科学记数法表示时整数部分占据 1 位，小数部分就可以有 6 位，因此将浮点数的尾数放在长整型数据 long int 中保存，阶码放在整型数据 int 中保存。下面用 C 语言程序来显示一个浮点数。

（1）浮点数显示子函数。

```
/*********************************
函数名称：DispF()
功能：用科学记数法显示浮点数，在浮点数表示范围内精确显示，若超出浮点数表示范围，则给出提示
说明：浮点数表示范围为±（1.175494E-38～3.402823E+38）
入口参数：f 为要显示的浮点数
返回值：无
*********************************/
void DispF(float f)
{
      float  tf, b;
      unsigned long w, tw;
      char i, j;
```

```
  if(f<0)
   {
    PrintChar('-');
    f=-1.0*f;
   }
 if(f<1.175494E-38)
   {
     printf("?.??????");      //太小了，超出了表示范围
     return;
   }
 if(f>1E35)                      //f>10^35
   {
    tf=f/1E35;
    b=1000.0;
    for(i=0,j=38;i<4;i++,j--)
     {
     if(tf/b<1)
        b=b/10.0;
     else
        break;
      w=f/(1E29*b);
      PrintW(w,j);
     }
   }
 else if(f>1E28)
   {
    tf=f/1E28;
    b=1E7;
    for(i=0,j=35;i<8;i++,j--)
      {
      if(tf/b<1)
         b=b/10.0;
       else
          break;
       w=f/(1E22*b);
       PrintW(w,j);
      }
    }
  else if(f>1E21)
    {
     tf=f/1E21;
     b=1E7;
     for(i=0,j=28;i<8;i++,j--)
     {
     if(tf/b<1)
        b=b/10.0;
      else
```

```
            break;
        w=f/(1E15*b);
        PrintW(w,j);
       }
      }
    else if(f>1E14)
      {
       tf=f/1E14;
       b=1E7;
       for(i=0,j=21;i<8;i++,j--)
       {
       if(tf/b<1)
           b=b/10.0;
       else
           break;
       w=f/(1E8*b);
       PrintW(w,j);
       }
      }
    else if(f>1E7)
      {
       tf=f/1E7;
       b=1E7;
       for(i=0,j=14;i<8;i++,j--)
          {
          if(tf/b<1)
              b=b/10.0;
          else
              break;
          w=f/(10.0*b);
          PrintW(w,j);
         }
      }
    else if(f>1)
      {
        tf=f;
        b=1E7;
        for(i=0,j=7;i<8;i++,j--)
        if(tf/b<1)
            b=b/10.0;
        else
            break;
        w=f/(1E-6*b);
        PrintW(w,j);
      }
    else if(f>1E-7)
      {
```

```
     tf=f*1E7;
     b=1E7;
     for(i=0,j=0;i<8;i++,j--)
       {
       if(tf/b<1)
          b=b/10.0;
       else
          break;
       w=f*(1E13/b);
       PrintW(w,j);
       }
     }
   else if(f>1E-14)
     {
       tf=f*1E14;
       b=1E7;
       for(i=0,j=-7;i<8;i++,j--)
       {
       if(tf/b<1)
          b=b/10.0;
       else
          break;
       w=f*(1E20/b);
       PrintW(w,j);
      }
     }
   else if(f>1E-21)
     {
       tf=f*1E21;
       b=1E7;
       for(i=0,j=-14;i<8;i++,j--)
         {
         if(tf/b<1)
             b=b/10.0;
         else
             break;
         w=f*(1E27/b);
         PrintW(w,j);
         }
       }
    else if(f>1E-28)
       {
         tf=f*1E28;
         b=1E7;
         for(i=0,j=-21;i<8;i++,j--)
           {
           if(tf/b<1)
```

```
                b=b/10.0;
            else
                break;
            w=f*(1E34/b);
            PrintW(w,j);
          }
        }
      else if(f>1E-35)
        {
          tf=f*1E35;
          b=1E7;
          for(i=0,j=-28;i<8;i++,j--)
            {
             if(tf/b<1)
             b=b/10.0;
          else
             break;
          w=f*(1E35/b)*1E6;
          PrintW(w,j);
          }
       }
    else
      {
        tf=f*1E38;
        b=1000.0;
        for(i=0,j=-35;i<4;i++,j--)
          {
             if(tf/b<1)
                b=b/10.0;
             else
                break;
             w=f*(1E38/b)*1E6;
             PrintW(w,j);
          }
      }
}
```

（2）显示十进制尾数和阶码的子函数。

```
/********************************
函数名称：PrintW()
功能：科学记数法，显示十进制尾数和阶码
入口参数：w 为尾数，j 为阶码
返回值：无
********************************/
void PrintW(unsigned long w,char j)
  {
     char i;
```

```
        unsigned long tw,b;
        if(j<-38)                //太小了，超出表示范围
            {
            printf("?.??????");
            return;
            }
    if(j>38)                     //如果 j>38，则执行打印输出函数并返回
        {
            printf("*.******");
            return;
        }
    tw=w/1000000;
    PrintChar(tw+'0');
    PrintChar('-');
    w=w-tw*1000000;
    b=100000;
    for(i=0;i<6;i++)
        {
        tw=w/b;
        PrintChar(tw+'0');
        w=w-tw*b;
        b=b/10;
        }
     printf("E%d",(int)j);
    }
```

经验总结

大多数单片机应用系统都离不开数值计算，最基本的数值运算为四则运算，单片机中的数都是以二进制形式表示的，二进制数的算法有很多，其中最基本的是定点制和浮点制。本实例介绍了浮点数在单片机中的表示方式和 C 语言实现，浮点数加减法比定点数加减法困难，但是解决了定点数表示范围小的问题。总之，定点数和浮点数各有各的特点，读者可以在实际应用中加以优化运用。

知识加油站

浮点数是指小数点位置不固定的数。浮点数标准（也称为 IEEE 二进制浮点数算术标准 IEEE754）被广泛采用。

浮点数通常采用 $\pm M \times CE$ 的形式来表示，其中 M 称为尾数，它一般取为小数，即 $0 \leqslant M < 1$；E 称为阶码，它为指数部分；基是 C，它可以取各种数，对于十进制数，它取值为 10，而对于二进制数，它取值为 2。十进制数可以很方便地转换成十进制浮点数。对微机系统来说，常用浮点数的基均为 2，在浮点数中，有一位专门用于表示数的符号，该位为 1 表示负，该位为 0 表示正。阶码的位数取决于数值的表示范围，一般取 1 字节，而尾数则根据计算所需的精度，取 2～4 字节。

浮点数有各种各样表示有符号数的方法，其中数的符号常和尾数放在一起，即把 $\pm M$ 作为一个有符号的小数，它可以采用原码、补码等表示方法，而阶码可采用不同的长度，并且数的符号也可以放在不同的地方。

四字节浮点数表示法是微机系统中常用的一种表示方法。浮点数总长度是 32 位，其中阶码为 8 位，尾数为 24 位。阶码和尾数均为二进制数的补码形式。阶码的最大值为 +127，最小值为 −128，这样四字节浮点数能表示的最大值为 $1\times2^{127}\approx1.70\times10^{38}$，能表示的最小值为 $0.5\times2^{-128}\approx1.47\times10^{-39}$，这时该范围内的数具有同样的精度。

四字节浮点数的精度较高，实际有效精度为 24 位二进制数，即相当于 7 位十进制数，但是由于字节较多，运算速度较慢，往往不能满足实时控制和测量的需要，并且实际使用时所需的精度一般不要求这么高，三字节浮点数就能满足要求，虽然其精度较低，但运算速度较快。浮点数总长为 24 位，其中阶码为 7 位，数符在阶码所在字节的最高位，尾数为 16 位，三字节浮点数的运算速度较快，需要的存储容量较小，并且数的表示范围和精度能满足大多数应用场合的要求。后面实例中的程序基本都采用这种表示方法。

在实际应用中，需要有一个程序完成把一个非规格化数变为规格化数的操作。在进行规格化操作时，对用原码表示的数，一般先判断尾数的最高位数值是 0 还是 1。若是 0，则把尾数左移 1 位，阶码减 1 再循环判断；若是 1，则结束操作。由于 0 无法规格化，一旦尾数为 0，则把阶码置为最小值。如果在规格化过程中，阶码减 1 变成最小值，那么就不能继续进行规格化操作，否则会发生阶码下溢出，一般称之为左规格化操作。

实例 42　神经网络在单片机中的实现

设计思路

随着科技的发展，利用单片机可以实现较为复杂的神经网络。神经网络是一种计算和优化的算法，既可以通过软件来实现，又可以通过硬件来实现，还有专门的芯片。

程序设计

神经网络在测控系统中的实现过程指的是测控系统提供输入数据，并在微处理器中完成神经网络预测的过程。神经网络一旦确定，其权值和阈值也就可以固定了，神经网络输入 $u(r)$和输出 y 之间的关系可以表示为

$$y = \text{Purelin}\left\{\sum_{i=1}^{4}\tanh\left[\sum_{j=1}^{4}\tanh\left(\sum_{r=1}^{4}u(r)\cdot w_1(j,r)+b_1(j)\right)\cdot w_2(i,j)+b_2(i)\right]\cdot w_3(1,i)+b_3\right\}$$

由于神经网络是一种较为复杂的运算，要在单片机中实现神经网络，无论是单片机硬件还是软件都会受到其复杂性的影响。由于单片机的浮点运算能力较差，所以我们除要对硬件电路进行优化外，还要对软件算法进行修改。

首先，简化复杂函数。用单片机实现神经网络时，浮点运算和复杂函数（如 tanh 函数）计算是造成计算速度减慢的两大因素。单片机的特点决定了其浮点运算能力不会得到提高，但是对于复杂函数的计算，可以利用分段多项式拟合的方法提高运算精度。例如拟合 tanh 函数时，由于多项式拟合函数不是连续的，所以在训练神经网络时，tanh 函数是不可以被其替代的，但是为了简化计算，对于训练后的神经网络，用多项式拟合其传递函数是符合实际要求的。例如，我们选择 12MHz 的 AT89C51，分别采用 tanh 函数和多项式拟合函数所得的神经网络的输出如表 42-1 所示。

表 42-1　神经网络的输出

条　　件	tanh 函数	多项式拟合函数
函数（$x=[-1,1]$）	$Y=2/(1+c(-2x))-1$	$Y=0.07051x^5-0.3014x^3+0.9976x$
运算结果（$x=-0.0107$）	$Y=-0.0106977$	$Y=-0.0106739$
单步运算时间	9844μs	4419μs
一次预测的输出时间	10577μs	60103μs
一次预测的输出结果	0.3019	0.2997

从表 42-1 中可以看出，虽然简化传递函数之后，运算时间减少了，但是实现神经网络对单片机而言仍是一个沉重的负担，在实际设计中要考虑应用条件的限制，在保证一定预测精度的前提下，神经网络模型应越简单越好。

其次，减少中间变量。神经网络模型的权值、阈值及中间变量很多，但是单片机程序区 ROM 和数据区 RAM 的存储空间都是有限的，因此要增加外部储存器，同时，因为测控系统受体积的限制，应避免增加外部存储器，所以在实现神经网络时要将权值和阈值等参数写成立即数的形式，减少资源的占用，如表 42-2 所示。

表 42-2　参数及其含义

参　数	含　义
num	计数器的溢出次数变量
s1_out1	神经网络第一级的节点 1 输出
s1_out2	神经网络第一级的节点 2 输出
s1_out3	神经网络第一级的节点 3 输出
s1_out4	神经网络第一级的节点 4 输出
s2_out1	神经网络第二级的节点 1 输出
s2_out2	神经网络第二级的节点 2 输出
s2_out3	神经网络第二级的节点 3 输出
s2_out4	神经网络第二级的节点 4 输出
yout	神经网络的输出
u1	神经网络输入 1
u2	神经网络输入 2
u3	神经网络输入 3
u4	神经网络输入 4

我们可以看出，基于单片机的测控系统能实现神经网络并满足实际测控的需要，但是神经网络也要简化，在保证一定预测精度的前提下选用简单的神经网络模型，简化传递函数。本实例的程序可以分为两部分，分别是神经网络简化前的程序和神经网络简化后用多项式拟合的程序。

基于单片机实现神经网络的 C 语言程序代码如下。

```
/*------------------
文件名称：NN.C
功能：神经网络 C 语言程序代码
-------------------*/
#include  <reg52.h>
#include  <absacc.h>
#include  <stdio.h>
#include  <math.h>
#define uchar unsigned char
uchar  num
float  s1_out1, s1_out2,s1_out3,s1_out4,s2_out1,s2_out2,s2_out3,s2_out4;
float  yout ,u1,u2,u3,u4;
//主程序
void main( )
{
    EA=1;
    ET0=1;
```

```
    TMOD=0X01;
    TL0=0X00;
    TH0=0X00;
    num=0;
    u1=0.0107;
    u2=0.3055;
    u3=0.3046;
    u4=0.3038;
    TR0=1;                    //开始计时
    //神经网络的第一级输出
    s1_out1= (-0.6133*u1+1.1958*u2+0.1451*u3-1.4079*u4+2.0969) ;
    s1_out1=2/(exp(-2*s1_out1))-1;
    s1_out2=(0.7955*u1+0.4564*u2+1.6416*u3-0.6515*u4-0.6728);
    s1_out2=2/(exp(-2*s1_out2))-1;
    s1_out3=(0.1069*u1+0.6961*u2-1.3756*u3+1.5583*u4-0.0661);
    s1_out3=2/(exp(-2*s1_out3))-1;
    s1_out4=(0.1996*u1+1.0877*u2+1.09058u3+0.34468u4+2.8265);
    s1_out4=2/(exp(-2*s1_out4))-1;
    //神经网络的第二级输出
    s2_out1=(-1.0413*s1_out1-0.8898*s1_out2-1.3195*s1_out3+0.2691*s1_out4+2.0827);
    s2_out1=2/(1+exp(-2*s2_out1))-1;
    s2_out2=(-1.3146*s1_out1-0.4266*s1_out2+1.7021*s1_out3+0.0018*s1_out4+ 0.6756);
    s2_out2=2/(1+exp(-2*s2_out2))-1;
    s2_out3=(1.6830*s1_out1-0.9289*s1_out2+0.3520*s1_out3-0.2839*s1_out4+ 0.6526);
    s2_out3=2/(1+exp(-2*s2_out3))-1;
    s2_out4=(-1.4929*s1_out1-0.1193*s1_out2-0.4037*s1_out3-1.2339*s1_out4+ 0.20409);
    s2_out4=2/(1+exp(-2*s2_out4))-1;
    //神经网络的输出
    yout=(-0.1805*s2_out1+0.9100*s2_out2+0.5065*s2_out3-0.2351*s2_out4-
0.1674);
    TR0=0;
    ET0=0;
    while(1);
}

/*********************************
函数名称：intsvr1( )
功能：定时器 T0 中断服务程序
入口参数：无
返回值：无
*********************************/
void intsvr1( ) interrupt 1 using 1
{
    num++;
    TH0=0X00;
    TL0=0X00;
}
```

经验总结

本实例介绍了基于单片机实现神经网络的原理、实现方式及 C 语言程序代码。神经网络可以用在测控等领域，如模型飞机的航向预测、模式识别、信号处理、知识工程、专家系统、优化组合、机器人控制等。随着神经网络理论本身及相关理论、相关技术的不断发展，神经网络的应用将更加广泛。

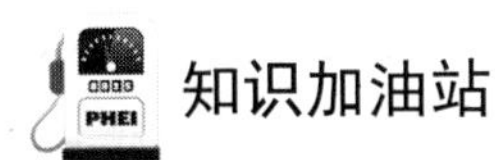

知识加油站

神经网络就是模拟人的思维方式。神经网络的研究内容非常广泛，反映了多学科交叉技术领域的特点。神经网络是对人脑或自然神经网络（Natural Neural Network）若干基本特性的抽象和模拟。人工神经网络是建立在研究人的大脑功能和机理的基础上的，它的目的在于模拟大脑的某些机理与机制，实现某方面的功能。人工神经网络是人工建立的以有向图为拓扑结构的动态系统，它通过对连续或断续的输入做相应的信息处理来实现。目前，神经网络研究方法已形成多个流派，最富有成果的研究工作包括多层网络 BP 算法、Hopfield 网络模型、自适应共振理论、自组织特征映射理论等。人工神经网络是在现代神经科学的基础上提出来的。它虽然反映了人脑功能的基本特征，但并不代表它就是自然神经网络的逼真描写，它只是某种简化抽象和模拟。

实例43　信号数据的FFT算法

设计思路

FFT（快速傅里叶变换）算法有很多种应用，尤其是在信号测量和分析方面。由于该算法的计算量大，需要高运算速度和一定容量的内存，所以一般采用DSP（数字信号处理器）来完成这方面的运算，但是随着单片机技术的发展，具有高运算速度、大容量内存的单片机相继出现，在实际的数据测量和处理中，其有很大用处，本实例用51单片机来实现FFT算法。

程序设计

按时间抽取的 FFT 算法通常将原始数据倒序存储，然后按照正常顺序输出结果 $X(0), X(1), \cdots, X(k)$。

（1）128点FFT函数。

```
/*********************************
函数名称：FFT()
功能：128点FFT函数
说明：运算前将dataI[]数组初始化为0
入口参数：dataR[]，dataI[]
返回值：无
*********************************/
#include <reg51.h>
void FFT(float dataR[],float dataI[])
{
    int x0,x1,x2,x3,x4,x5,x6;
    int L,j,k,b,p;
    float TR,TI,temp;
    for(i=0;i<128;i++)
      {
        x0=x1=x2=x3=x4=x5=x6=0;          //初始化数组，定义数组元素为0
        x0=i&0x01;
        x1=(i/2)&0x01;
        x2=(i/4)&0x01;
        x3=(i/8)&0x01;
        x4=(i/16)&0x01;
        x5=(i/32)&0x01;
        x6=(i/64)&0x01;
        xx=x0*64+x1*32+x2*16+x3*8+x4*4+x5*2+x6;
        dataI[xx]=dataR[i];
```

```
    }
for(i=0;i<128;i++)
    {
      dataR[i]=dataI[i];
      dataI[i]=0;
    }

for(L=1;L<=7;L++)
    {
      b=1;                                //第一层循环
      i=L-1;
      while(i>0)
      {
        b=b*2;
        i--;
      }
     /* b= 2^(L-1) */
  for(j=0;j<=b-1;j++)                     //第二层循环
    {
       p=1;
       i=7-L;
       while(i>0) /* p=pow(2,7-L)*j; */
        {
        p=p*2;
        i--;
       }
     p=p*j;
     for(k=j; k<128;k=k+2*b)              //第三层循环
       {
           TR=dataR[k];
           TI=dataI[k];
           temp=dataR[k+b];
           dataR[k]=dataR[k]+dataR[k+b]*cos_tab[p]+dataI[k+b]*sin_tab[p];
           dataI[k]=dataI[k]-dataR[k+b]*sin_tab[p]+dataI[k+b]*cos_tab[p];
           dataR[k+b]=TR-dataR[k+b]*cos_tab[p]-dataI[k+b]*sin_tab[p];
           dataI[k+b]=TI+temp*sin_tab[p]-dataI[k+b]*cos_tab[p];
        }

    }

 }
 /*只对 32 次以下的谐波进行分析*/
 for(i=0;i<32;i++)
 {
   w[i]=sqrt(dataR[i]*dataR[i]+dataI[i]*dataI[i]);
   w[i]=w[i]/64;
 }
```

```
    w[0]=w[0]/2;
}
/* -----128 点 FFT 函数结束-----------*/
```

（2）以下是 256 位的 Keil C51 源程序代码，其可使读者能够更好地熟悉 FFT 算法在单片机及其他嵌入式处理器中的实现方法。

```
#include <reg51.h>
#include <stdio.h>
#include <math.h>                                   //调用标准库头文件
struct compx                                        //定义一个复数结构体
{
    float real;
    float img;
};
struct compx s[ 257 ];                              //FFT 输入、输出均从 s[1]开始存取
struct compx EE(struct compx,struct compx);                 //定义复数相乘结构
void FFT(struct compx xin,int N);

/********************************
函数名称：EE()
功能：实现两复数相乘
入口参数：a1、b2 为两个要相乘的复数
返回值：两复数相乘的结果
********************************/
struct compx EE(struct compx a1,struct compx b2)   //实现两复数相乘的子函数
{
    struct compx b3;                                //b3 用于保存两复数相乘的结果
    b3.real=a1.real*b2.real-a1.imag*b2.imag;        //两复数相乘的运算
    b3.imag=a1.real*b2.imag+a1.imag*b2.real;
    return(b3);                                     //返回两复数相乘的结果
}
/********************************
函数名称：FFT()
功能：实现蝶形运算
入口参数：xin 为要进行 FFT 的样本，N 为点数
返回值：无
********************************/
void FFT(struct compx xin,int N)
{
    int f,m,nv2,nm1,i,k,j=1,l;                      //定义变量
    struct compx v,w,t;                             //定义结构变量
    nv2=N/2;                                        //最高位的权值
    int le,lei,ip;                                  //初始化变量，le 为序列长度
    float pi;
    f=N;                                            //f 为中间变量
    nm1=N-1;                                        //nm1 为数组长度
    for(i=1;i<=nm1;i++)                             //倒序运算
```

```
    {
      if(i<j)
        {
          t=xin[ j ];
          xin[j]=xin[ i ];
          xin[ i ] =t;
        }                                   //若 i<j，则换位
      k=nv2;                                //k 为倒序中相应位置的权值
      while(k<j)
      {
        j=j-k;
        k=k/2;
      }                                     //当 k<j 时，最高位变为 0
     j=j+k;                                 //j 为数组的位数，是一个十进制数
    }
  for(l=1;l<=m;l++)                         //l 用于控制级数
   {
    le=pow(2,l);                            //le 等于 2 的 l 次方
    lei=le/2;                               //蝶形两节点间的距离/
    pi=3.14159265;
    v.real=1.0;                             //v 用于复数的初始化
    v.imag=0.0;
    w.real=cos(pi/lei);
    w.imag=-sin(pi/lei);                    //旋转因子
    for(j=1;j<=lei;j++)                     //外循环控制蝶形运算的级数
      {
        for(i=j;i<=N;i=i+le)                //内循环控制每级间的运算次数
          {
            ip=i+lei;                       //蝶形运算的下一个节点
            t=EE(xin[ ip ],v);              //第一个旋转因子
            xin[ ip ].real=xin[ i ].real-t.real;      //蝶形运算
            xin[ ip ].imag=xin[ i ].imag-t.imag;
            xin[ i ].real=xin[ i ].real+t.real;
            xin[ i ].imag=xin[ i ].imag+t.imag;
            }
            v=EE(v,w);    //调用两复数相乘的子函数 EE()，并将结果赋给下次的循环
        }
      }
    }


//主程序
void main()
{
    int N,i;                                //初始化变量，N 为总点数，i 为每点数
    printf("shu ru N de ge shu N=");        //提示输入数据
```

```
        N=256;
        for(i=1;i<=N;i++)                                   //输入数据，可以通过串口输入
        {
            printf("di %d ge shu real=",i);
            getchar();
            scanf("%f",&s[ i ].real);
            getchar();
            printf("\n");
            printf("di %d ge shu imag=",i);
            scanf("%f",&s[ i ].imag);
            printf("\n");
         }
           FFT(s,N);                                        //调用 FFT 函数
         for(i=1;i<=N;i++)                                  //输出
          {
           printf("%f",s[ i ].real);
           printf(" + ");
           printf("%f",s[ i ].imag);
           printf("j");
           printf("\n");
         }
    }
```

读者在使用上述程序的时候，可以根据需要对其进行优化处理。优化处理主要是指使用直接的整数加减、移位、乘法等操作去替换程序中采用定点模拟实现的整数加减、移位、乘法等操作。

经验总结

本实例考虑到单片机的处理能力有限，先给出了定点运算的模拟程序（128 点 FFT 函数），然后给出了完整的 FFT 程序代码。通过对本实例的学习，读者可以了解 FFT 算法的原理和实现方式。由于单片机的运算速度有限，并且 FFT 算法的运算量比较大，因此对单片机应用系统来说，其只能用于非实时的应用场合。

知识加油站

傅里叶变换（FT）告诉我们，任何周期函数都可以看作不同振幅、不同相位的正弦波的叠加。采用 FFT 算法能使计算机计算离散傅里叶变换（DFT）所需要的乘法次数大大减少。

为了使问题表达方便，下面我们以基 2、8 点 FFT 为例加以说明。传统的基 2 变几何结构算法如图 43-1 表示，箭头上面的数字代表了旋转因子中的 k。图 43-1 中的输入数据是按照码位颠倒的顺序来存放的，输出数据是按照自然顺序来存放的。

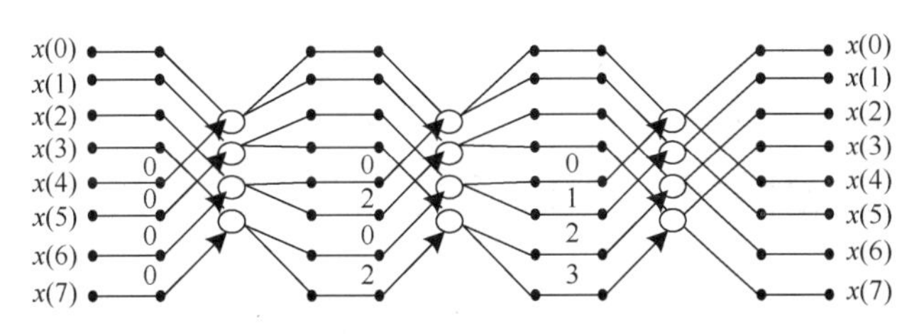

图 43-1　传统的基 2 变几何结构算法

这种结构的特点是每个蝶形的输出数据仍然放在原来的输入数据存储单元内，于是只需 2N 个存储单元（FFT 中的数据是复数形式，每一点需要用两个存储单元存储），但其缺点是不同级的同一位置蝶形的输入数据的寻址不固定，难以实现循环控制。

对此结构进行进一步的变换，不将第二级的输出数据送回原处，而是将其存储起来并按顺序存放，则第三级中间的两个蝶形跟着调换，并把输入数据按顺序排列，就变成了图 43-2 所示的固定结构的 FFT。在蝶形变换的同时，其旋转因子也跟着做了调换。

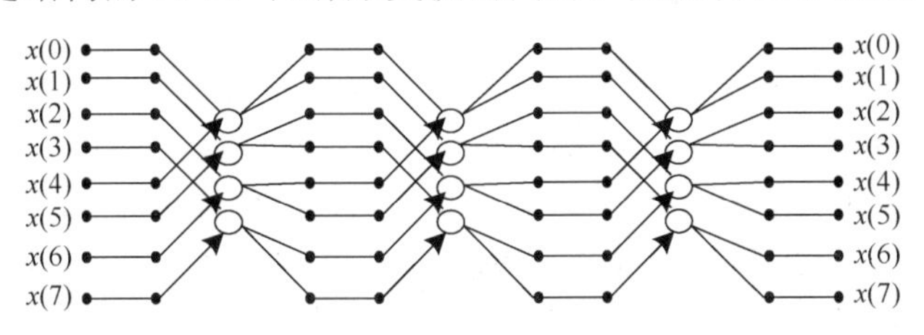

图 43-2　固定结构的 FFT

从图 43-2 中可以看出，输出数据的顺序是不变的，因此每级几何结构是固定的，明显加快了 FFT 算法的运算速度。本实例结合了现代算法研究的成果和众多单片机爱好者的经验，编辑整理了实数的 FFT 算法并给出具体的 C 语言程序，读者可以直接将其应用于自己的系统。

实例44　I^2C 接口的软件实现

设计思路

I^2C 总线是 Philips 公司推出的一种用于实现芯片间连接的二线制串行扩展总线。采用 I^2C 总线构成的系统结构紧凑、连接简单、成本低廉、使用灵活，因此广泛应用于微控制器开发领域。本实例利用单片机的接口来模拟 I^2C 总线时序，完成 I^2C 总线接口的软件实现。

程序设计

在以单片机为主要器件的系统中，单片机往往是系统的核心。当选择的单片机（如8×C552、C8051F××系列等）带有 I^2C 接口时，此单片机可直接与 I^2C 接口器件相连，各器件之间的通信十分方便。然而，在实际应用中，当选择的单片机没有 I^2C 接口时，需使用普通 I/O 口来模拟 I^2C 总线时序，实现对外围器件的读/写操作。这种模拟传送方式消除了串行扩展的局限性，扩大了各类串行总线的应用范围，在应用中具有重要的意义。

下面介绍 89C51 如何使用普通 I/O 口来模拟 I^2C 总线时序。

假设 89C51 的晶振频率是 12MHz，则一个机器周期的执行时间是 1μs。I^2C 总线的 SDA、SCL 分别与 89C51 的 P10 引脚、P11 引脚相连。I^2C 总线上产生起始信号、结束信号和应答信号等的程序如下。

① delay()：实现一段时间的延时。

② i2c_start()：I^2C 总线上产生起始信号。

③ i2c_stop()：I^2C 总线上产生结束信号。

④ i2c_ack()：I^2C 总线上产生应答信号。

⑤ i2c_send_byte()：向 I^2C 总线发送 1 字节数据。

⑥ i2c_recv_byte()：从 I^2C 总线接收 1 字节数据。

```
/*引脚定义和相关头文件包含*/
#include<intrins.h>
sbit I2C_SDA = P1^0;
sbit I2C_SCL = P1^1;
```

（1）程序 delay()。

在 89C51 中使用 nop 指令，实现一段时间的延时，程序代码如下。

```
void delay( void )
{
    _nop_();
    _nop_();
    _nop_();
    _nop_();
```

```
        _nop_();
        _nop_();
    }
```

（2）程序 i2c_start()。

利用 89C51 的 I/O 口模拟 I²C 总线时序，在 SCL 处于高电平状态时，将 SDA 由高电平向低电平跳变作为数据传输的起始信号。程序代码如下。

```
    void i2c_start( void )
    {
        I2C_SDA = 1;
        I2C_SCL = 1;
        delay();
        I2C_SDA = 0;
        delay();
        I2C_SCL = 0;
    }
```

（3）程序 i2c_stop()。

在 SCL 处于高电平状态时，将 SDA 由低电平向高电平跳变作为数据传输的结束信号。程序代码如下。

```
    void i2c_stop( void )
    {
        I2C_SDA = 0;
        I2C_SCL = 1;
        delay();
        I2C_SDA = 1;
        delay();
        I2C_SCL = 0;
    }
```

（4）程序 i2c_ack()。

i2c_ack()用于在 I²C 总线上产生应答信号，程序代码如下。

```
    void i2c_ack( void )
    {
        I2C_SDA = 0;
        I2C_SCL = 1;
        delay();
        I2C_SDA = 1;
        I2C_SCL = 0;
    }
```

（5）程序 i2c_send_byte()。

i2c_send_byte()用于向 I²C 总线发送 1 字节数据，程序代码如下。

```
    /*输入参数：c */
```

```
void i2c_send_byte( unsigned char c )
{
    unsigned char i;
    for( i=8;i>0;i--)
    {
        if( c & 0x80 ) I2C_SDA = 1;
        else           I2C_SDA = 0;
        I2C_SCL = 1;
        delay();
        I2C_SCL = 0;
        c = c<<1;
    }
    I2C_SDA = 1;                       /*释放 SDA，准备接收应答信号*/
    I2C_SCL = 1;
    delay();
    while(!(0 == I2C_SDA               /*等待应答信号*/
    && 1 == I2C_SCL) ) ;
}
```

（6）程序 i2c_recv_byte()。

i2c_recv_byte()用于从 I²C 总线接收 1 字节数据，程序代码如下。

```
/*输入参数：c */
/*返回值：从 I²C 总线上读取的数据*/
unsigned char i2c_recv_byte( void )
{
    unsigned char i;
    unsigned char r;
    I2C_SDA = 1;
    for( i=8;i>0;i--)
    {
        r = r<<1;                      /*左移补 0*/
        I2C_SCL = 1;
        delay();
        if( I2C_SDA ) r = r | 0x01 ;   /*当 SDA 为高电平时，数据位为 1*/
        I2C_SCL = 0;
    }
    return r;
}
```

经验总结

应用具有 I²C 接口的器件时注意，I²C 总线上必须有上拉电阻，上拉电阻的阻值通常为几千欧。

当多个具有 I²C 接口的器件挂接在同一总线上时，为区分器件，每个器件通常有一个唯一的地址，以便于主机寻访。

在读取 I²C 接口器件的数据时，如果对指定地址进行读操作，一定要注意有两个起始信号，第一个起始信号称为伪启动，目的是获得下一步操作的地址，第二个起始信号发生后才能真正读取数据。

知识加油站

I²C 总线通过 SDA 和 SCL 这两根信号线在连接到 I²C 总线上的器件之间传输数据，它可以十分方便地用于构成由微控制器和一些外围器件组成的微控制器应用系统。采用 I²C 总线的器件有很多，如 AT24C××系列 EEPROM、数字温度传感器 LM75A 和日历时钟芯片 PCF8563 等。I²C 总线属于串行通信，所有数据以位为单位在 SDA 上串行传输，SCL 传输 CLK 信号实现时钟同步。

当 I²C 总线的 SDA 和 SCL 两根信号线同时处于高电平状态时，规定为 I²C 总线的空闲状态。当 I²C 总线处于空闲状态时，各个器件的输出级场效应管均处于截止状态，I²C 总线被释放，由两根信号线各自的上拉电阻把电平拉高。

实例 45　SPI 的软件实现

设计思路

SPI（Serial Peripheral Interface，串行外设接口）是 Motorola 公司提出的一种同步串行外设接口，它可以使 MCU 与各种外围设备以同步串行方式进行通信，从而实现信息交换。SPI 总线大量用在 EEPROM、A/D 转换器、FRAM 和显示驱动器之类的外设器件中。

硬件设计

1．SPI 在 51 单片机中的实现

SPI 总线系统中主机单片机可以具有 SPI，也可以不具有 SPI，但从设备要具有 SPI。对不带 SPI 的 51 单片机来说，可以使用软件来模拟 SPI 的操作，包括串行时钟、数据输入和数据输出。

51 单片机 I/O 口模拟 SPI 的原理图如图 45-1 所示。对于不同的串口外围芯片，它们的时序是不同的。对在 SCK 的上升沿输入（接收）数据，在 SCK 的下降沿输出（发送）数据的器件来说，应将串行时钟输出口 SCK 的初始状态设置为 1；对在 SCK 的下降沿输入（接收）数据，在 SCK 的上升沿输出（发送）数据的器件来说，应将串行时钟输出口 SCK 的初始状态设置为 0。

2．带有可编程μP 监控器的 CMOS 串行存储器 X5045

X5045 是美国 Xicor 公司生产的带有可编程μP 监控器的 CMOS 串行存储器，它采用 SPI 方式，将复位、电压检测、看门狗定时器和块锁保护的串行 EEPROM 功能集成在一只芯片内，适用于需要现场修改数据的场合，广泛应用于仪器仪表和工业自动控制等领域。

X5045 的引脚如图 45-2 所示，各引脚的功能可参考其技术手册。

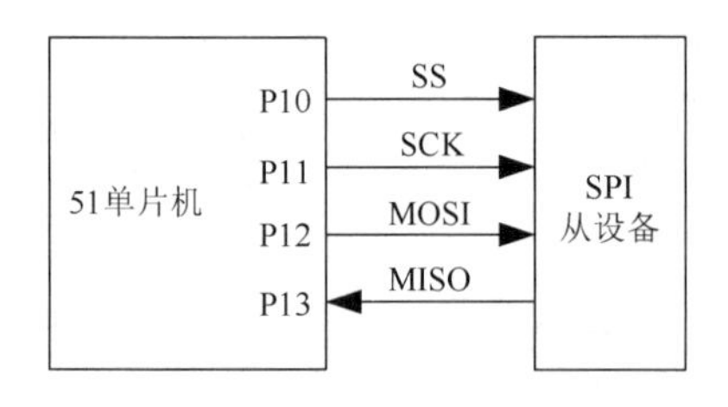

图 45-1　51 单片机 I/O 口模拟 SPI 的原理图

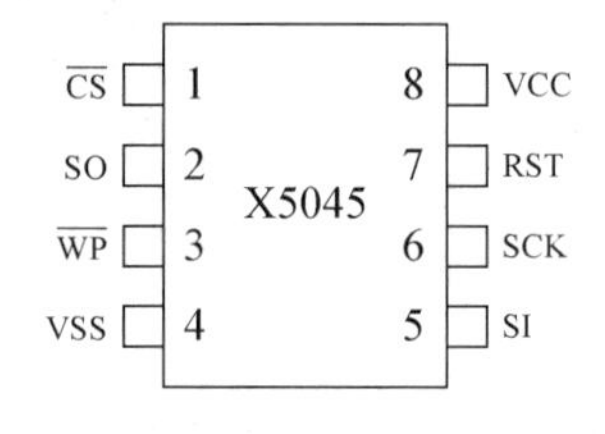

图 45-2　X5045 的引脚

X5045 与 AT89C51 的接口电路如图 45-3 所示。

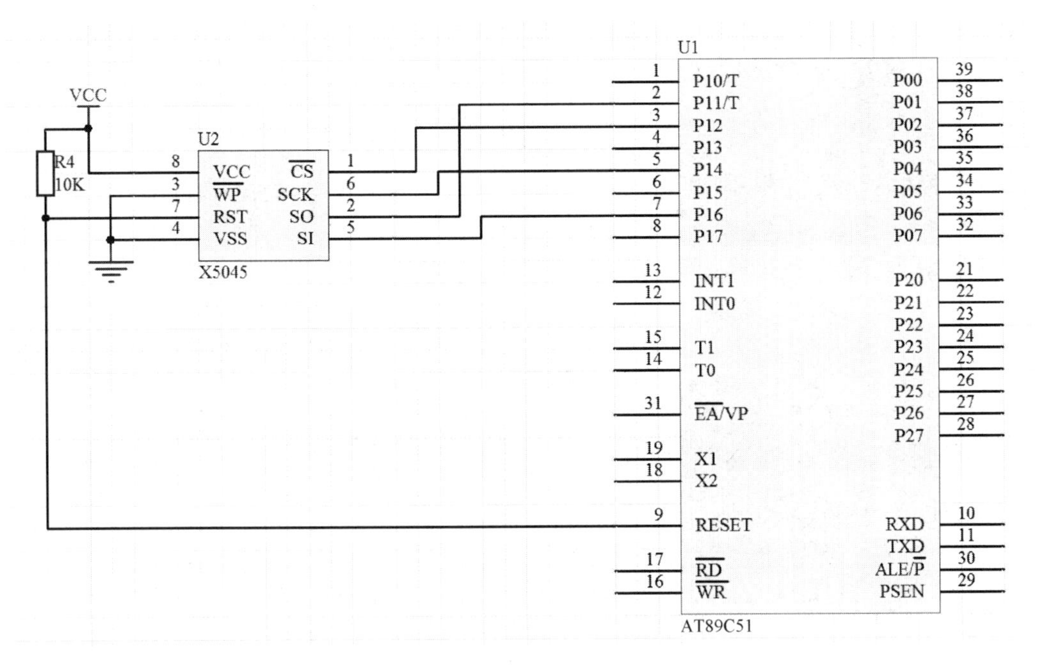

图 45-3　X5045 与 AT89C51 的接口电路

程序设计

AT89C51 与 X5045 接口的软件操作主要包括芯片初始化、内部 EEPROM 数据的读/写和复位看门狗定时器等，主要由以下函数构成。

① write_byte()：向 X5045 写入 8 位数据。

② read_byte()：从 X5045 中读取 8 位数据。

③ x5045_start()：启动 X5045 操作。

④ x5045_end()：结束 X5045 操作。

⑤ x5045_read_status()：读取 X5045 的状态寄存器。

⑥ x5045_write_status()：对状态寄存器中的 BL1、BL0、WD1、WD0 进行设置。

⑦ read_addr_data()：读取指定地址 EEPROM 中的数据。

⑧ write_addr_data()：向 X5045 指定地址的 EEPROM 中写入数据。

⑨ reset_wdt()：复位 X5045 看门狗定时器。

程序中端口宏定义如下。

```
#include <reg52.h>
#include<intrins.H>
#define WREN    0x06     /*设置写使能锁存器*/
#define WRDI    0x04     /*复位写使能锁存器*/
#define RSDR    0x05     /*读状态寄存器*/
#define WRSR    0x01     /*写状态寄存器（看门狗和块锁）*/
#define READ    0x03     /*读指令：0000 A8011*/
#define WRITE   0x02     /*写指令：0000 A8010*/
#define WIP     0x01     /*状态寄存器中写操作忙标志*/
```

```
/*各引脚定义*/
sbit X5045_SO = P1^1;
sbit X5045_SI = P1^6;
sbit X5045_SCK= P1^4;
sbit X5045_CS = P1^2;
```

（1）函数 write_byte()。

函数 write_byte()用于向 X5045 写入 8 位数据，写入顺序是高位在前，低位在后，代码如下。

```
/*入口参数：byte 为要写入的 8 位数据*/

void write_byte( unsigned char byte )
{
      unsigned char i;
      unsigned char tmp;
      for(i=0;i<8;i++)
      {
            X5045_SCK = 0;
            tmp = byte & 0x80;
            if(tmp == 0x80)    /*与 0X80 比较，判断最高数据位是否为 1*/
            {
                X5045_SI=1;
                _nop_();
            }
            else
            {
                X5045_SI=0;
                _nop_();
            }
            X5045_SCK = 1;
            byte = byte<<1;
        }
}
```

（2）函数 read_byte()。

函数 read_byte()用于从 X5045 中读取 8 位数据，需要注意的是，读取数据时先读出的是高位，代码如下。

```
/*返回值：从 X5045 中读取的 8 位数据*/
unsigned char read_byte( void )
/*读数据，一次 8 位*/
{
      unsigned char i;
      unsigned char byte=0;
      for(i=8;i>0;i--)
      {
            byte = byte<<1;    /*先读出的是高位*/
```

```
            X5045_SCK = 1;
            _nop_();
            _nop_();
            X5045_SCK = 0;
            _nop_();
            _nop_();
            byte = byte|(unsigned char) X5045_SO;
        }
        return ( byte );
    }
```

（3）函数 x5045_start()和 x5045_end()。

使用单片机的 I/O 口模拟时序，在时序开始和结束时，SPI 总线需要做好一定的准备，程序中通过函数 x5045_start()和 x5045_end()实现，代码如下。

```
void x5045_start( void )
{
    X5045_CS = 1;
    _nop_();
    _nop_();
    X5045_SCK= 0;
    _nop_();
    _nop_();
    X5045_CS = 0;
    _nop_();
    _nop_();
}

void x5045_end( void )
{
    X5045_SCK = 0;
    _nop_();
    _nop_();
    X5045_CS  = 1;
    _nop_();
    _nop_();
}
```

（4）函数 x5045_read_status()。

函数 x5045_read_status()用于读取 X5045 状态寄存器，单片机先发出读状态寄存器的指令，然后从 X5045 中读取 1 字节数据，即状态寄存器的内容（注意：读取到的数据的高两位无效），代码如下。

```
unsigned char x5045_read_status( void )
{
    unsigned char tmp ;
    x5045_start();
    write_byte( RSDR );
```

```
    tmp = read_byte( );
    x5045_end();
    return tmp;
}
```

（5）函数 x5045_write_status()。

函数 x5045_write_status()用于对状态寄存器中的 BL1、BL0、WD1、WD0 进行设置，实现向 X5045 状态寄存器中写指令的功能，注意写操作之前要先使能写操作，代码如下。

```
void x5045_write_status( unsigned char status )
{
    unsigned char tmp ;
    /*写操作之前先使能写操作*/
    x5045_start();
    write_byte( WREN );
    x5045_end();
    /*写状态寄存器*/
    x5045_start();
    write_byte(  WRSR  );
    write_byte( status );
    x5045_end();
    /*检查写操作是否完成*/
    do
    {
        x5045_start();
        write_byte( RSDR );
        /*RSDR read status regesiter*/
        tmp = read_byte();
        x5045_end();
    }
    while( tmp & WIP ) ;
}
```

（6）函数 read_addr_data()。

函数 read_addr_data()用于从指定地址的 EEPROM 中读取数据，入口地址最高为 9 位。若读取的数据超出了一页，则先将读指令中的 A8 位置 1，再执行读操作，代码如下。

```
/*入口参数：addr 为要读取数据的地址*/
unsigned char read_addr_data( unsigned int addr )
{
    unsigned char addr_tmp,tmp;
    unsigned char read_cmd ;
    if( addr > 255 ) read_cmd = READ|0X08;
    /*若读取的数据超出了一页，则将 A8 位置 1*/
    else        read_cmd = READ;
    addr_tmp = (unsigned char) (addr&0xff )    ;
    x5045_start();
    write_byte( read_cmd );
```

```
    write_byte( addr_tmp );
    tmp = read_byte();
    x5045_end();
    return tmp;
}
```

（7）函数 write_addr_data()。

函数 write_addr_data()用于向指定地址的 EEPROM 中写数据。如果待写数据超过了一页，应先将写指令中的 A8 位置 1，再执行写操作，代码如下。

```
/*入口参数：addr 为要写入数据的地址，edata 为要写入的数据*/

void write_addr_data( unsigned int addr,unsigned char edata )
{
    unsigned char tmp,addr_tmp;
    unsigned char cmd_tmp;
    /*使能写操作*/
    x5045_start();
    write_byte( WREN );
    x5045_end();
    /*地址和写指令调节*/
    if( addr >255 ) cmd_tmp = WRITE | 0x08;
    else        cmd_tmp = WRITE;
    addr_tmp = (unsigned char )( addr & 0xff );
    /*向指定地址写入数据*/
    x5045_start();
    write_byte( cmd_tmp  );
    write_byte( addr_tmp );
    write_byte(  edata   );
    x5045_end();
    /*检查写操作是否完成*/
    do
    {
       x5045_start();
       write_byte( RSDR );
       tmp = read_byte();
       x5045_end();
    }
    while( tmp & WIP ) ;
}
```

（8）函数 reset_wdt()。

函数 reset_wdt()用于复位 X5045 内部看门狗定时器（喂狗），代码如下。

```
void reset_wdt( void )
{
    X5045_CS = 0;
    _nop_();
```

```
        _nop_();
        X5045_CS = 1;
        nop_();
        _nop_();
    }
```

经验总结

各类采用 SPI 总线的器件由于生产厂商不同，时钟的频率指标也各不相同，因此用户使用时一定要仔细阅读各器件的技术手册。

X5045 内部有看门狗定时器，在系统进行调试时，应首先关闭看门狗定时器，待调试通过后再打开看门狗定时器。

注意：每一次进行写操作前，先使能写操作，即将状态寄存器中的 WEL 置 1。

知识加油站

SPI 总线经常被称为 4 线串行总线，以主从方式工作，数据传输过程中由主机进行初始化。在 SPI 总线上，某一时刻可以存在多台从机，但只能存在一台主机，主机通过片选线确定要通信的从机。这就要求从机的 MISO 引脚具有三态特性，使得该引脚在器件未被选通时表现为高阻抗。

1. SPI 总线的特点

SPI 总线一般使用 4 条线：串行时钟线 SCK、输出数据线 MISO、输入数据线 MOSI 和从机选择线 SS。由于 SPI 总线一共只需 3～4 根数据线和控制线，而扩展并行总线（8 位）需要 8 根数据线、N 根地址线、M 根控制线，因此采用 SPI 总线可以简化电路设计，提高可靠性。

2. SPI 总线系统的构成

SPI 设备既可以工作于主机方式，也可以工作于从机方式。

当 SPI 设备工作于主机方式时，MISO 是主机数据输入线，MOSI 是主机数据输出线。

当 SPI 设备工作于从机方式时，MISO 是从机数据输入线，MOSI 是从机数据输出线。系统主机为 SPI 从机提供同步时钟信号 SCK 和片选使能信号 SS。

在进行数据传输时，不论是指令还是数据，其传输格式总是高位（MSB）在前，低位（LSB）在后。

SPI 设备的典型应用是单主机系统，其一般以单片机为主机，以多个外围接口器件为从机。单片机与多个 SPI 设备的典型连接如图 45-4 所示。主机控制着数据向一个或多个从机传送，从机只能在主机发指令时才能接收数据或向主机传送数据。所有从机使用相同的时钟信号 SCK，并将所有从机的 MISO 引脚连接到主机的 MOSI 引脚，从机的 MOSI 引脚连接到主机的 MISO 引脚，但每个从机的片选使能信号分别由主机控制，使其使能。

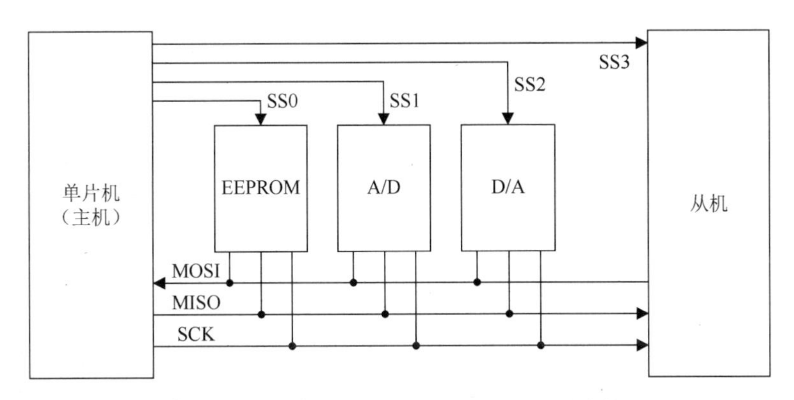

图 45-4　单片机与多个 SPI 设备的典型连接

当有多个不同的串行 I/O 器件要连接到 SPI 总线上作为从机时，必须注意两点：一是其必须有片选端；二是其 MISO 引脚必须是三态的，以便不影响其他 SPI 设备的正常工作。

目前，采用 SPI 总线的器件非常多，可以大致分为以下几大类。

（1）单片机，如 Motorola 公司推出的 M68HC08 系列、Cygnal 公司推出的 C8051F××× 系列、Philips 公司推出的 P89LPC93×系列等。

（2）A/D 转换器和 D/A 转换器，如 AD 公司推出的 AD7811、AD7812 和 TI 公司推出的 TLC1543、TLC2543、TLC5615 等。

（3）实时时钟，如 Dallas 公司推出的 DS1302/05/06 等。

（4）温度传感器，如 AD 公司推出的 AD7816/17/18、NS 公司推出的 LM74 等。

（5）其他设备，如 LED 控制驱动器 MAX7219、HD7279，集成看门狗、电压监控、EEPROM 功能的 X5045 等。

实例 46　1-Wire 总线接口的软件实现

设计思路

1-Wire 总线（单总线）是 Dallas 公司推出的一种总线技术。与其他串行通信方式不同，1-Wire 总线上数据的传输采用一根信号线来完成，并且可配置该信号线为器件提供电源。因此，采用该总线的器件具有节省引脚资源、结构简单、便于维护等优点，在便携式仪器、用电池供电的设备和现场监控系统中有着广泛的应用。

硬件设计

I^2C 总线系统或 SPI 总线系统至少需要 2 根或 3 根信号线，而 1-Wire 总线系统仅需 1 根信号线。1-Wire 总线系统包含一台主机和一台从机或多台从机，地址信号、控制信号和数据信息等都利用一根信号线传输。器件的供电可从此信号线上取得或者直接由外接电源输入。1-Wire 总线系统采用线与配置，主机为开漏输出。为了使每个器件都能被驱动，它们与 1-Wire 总线匹配的端口也必须具有开漏输出或三态输出的功能。由于主机和从机都是开漏输出的，因此 1-Wire 总线上必须有上拉电阻（阻值通常为 4.7kΩ），系统才能正常工作。1-Wire 总线器件的硬件连接如图 46-1 所示。

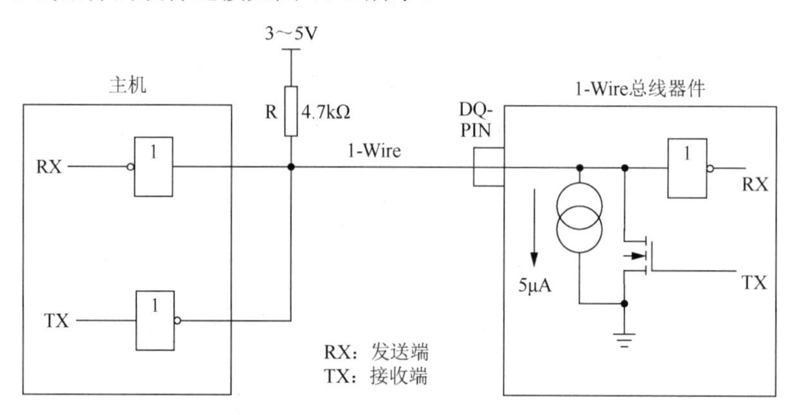

图 46-1　1-Wire 总线器件的硬件连接

程序设计

1-Wire 总线器件的硬件连接虽然简单，但是 1-Wire 总线器件接口的编程较复杂。

下面给出了 1-Wire 总线初始化、写数据位“0”、写数据位“1”、读 1 位数据等的程序代码，89C51 的晶振频率为 12MHz，1-Wire 总线器件选用 DS18B20。相关函数如下。

① 1wire_init()：初始化 1-Wire 总线。

② write_bit_1()：向 1-Wire 总线上写数据位“1”。

③ write_bit_0()：向 1-Wire 总线上写数据位“0”。

④ read_bit()：从 1-Wire 总线中读取 1 位数据。

⑤ write_byte()：向 1-Wire 总线上写 1 字节数据。

⑥ read_byte()：从 1-Wire 总线上读取 1 字节数据。

（1）函数 1wire_init()。

函数 1wire_init()用于 1-Wire 总线的初始化。初始化时，首先将 1-Wire 总线置为低电平，然后将 1-Wire 总线置为高电平，如果 1-Wire 总线上的器件响应，则会将 1-Wire 总线置为低电平，持续至少 60～240μs。1-Wire 总线初始化的代码如下。

```
/*包含头文件*/
#include<reg51.h>
#include<intrins.h>
/*引脚定义*/
sbit DQ = P1^2;
/*函数功能：1-Wire 总线初始化*/

void 1wire_init( void )
{
      unsigned char i;
      DQ = 1;
      DQ = 0;
      for( i = 200;i>0;i--) _nop_();
      /*延时约 600μs*/
      DQ = 1;
      for( i = 10;i>0;i--) _nop_();
      /*延时约 30μs */
      while( DQ==1 );
      for( i = 100;i>0;i--) _nop_();
      /*延时约 300μs*/
      DQ = 1;
}
```

（2）函数 write_bit_1()。

函数 write_bit_1()用于向 1-Wire 总线上写数据位“1”，需注意的是，此函数不能单独使用，以下 1-Wire 总线的相关函数也不能单独使用。write_bit_1()的代码如下。

```
void write_bit_1(void)
{
      unsigned char i;
      DQ = 1;
      DQ = 0;
      for( i = 25;i>0;i--) _nop_();      /*延时约 90μs */
      DQ = 1;
}
```

（3）函数 write_bit_0()。

函数 write_bit_1()用于向 1-Wire 总线上写数据位“0”，代码如下。

```
void write_bit_0(void)
{
	unsigned char i;
	DQ = 1;
	DQ = 0;
	_nop_();
	_nop_();
	_nop_();
	_nop_();
	_nop_();
	_nop_();
	DQ = 1;
	for( i = 25;i>0;i--) _nop_();
	/* 延时约 90μs */
}
```

仔细观察 1-Wire 总线的写时序图，可将写数据位“1”和写数据位“0”合为一个函数，代码如下。

```
void write_bit( bit D )
{
	unsigned char i;
	DQ = 1;
	DQ = 0;
	_nop_();
	_nop_();
	_nop_();
	_nop_();
	_nop_();
	_nop_();
	DQ = D
	for( i = 25;i>0;i--) _nop_();		/*延时约 90μs */
	DQ = 1;
}
```

（4）函数 read_bit()。

函数 read_bit()用于从 1-Wire 总线上读取 1 位数据，代码如下。

```
bit read_bit( void )
{
	unsigned char i;
	DQ = 0;
	for( i=0;i<5;i++) _nop_();
	if( DQ == 1 )
	{
		return 1;
```

```
        }
        else
        {
            return 0;
        }
    }
```

（5）函数 write_byte()。

函数 write_byte()用于向 1-Wire 总线上写 1 字节数据，本函数调用了写数据位函数 write_bit()，代码如下。

```
void write_byte( unsigend char byte)
{
    unsigned char i;
    unsigned char tmp;
    tmp = byte&0x01
    for( i=0;i<8;i++)
    {
        tmp = byte>>i;                  /*将要写入的字节数据右移 i 位*/
        tmp &= 0x01;                    /*得到字节数据的第 i 位*/
        write_bit( (bit)tmp );
    }
}
```

（6）函数 read_byte()。

函数 read_byte()用于从 1-Wire 总线上读取 1 字节数据，本函数调用了读 1 位数据的函数，代码如下。

```
unsigned char read_byte( void )
{
    unsigned char i;
    unsigned char tmp;
    .
    tmp = 0;                            /*将返回值初始化为 0*/
    for(i=0;i<8;i++)
    {
        if( read_bit() )                /*如果当前读取的数据位为 1*/
        {
            tmp = tmp | (0x01<<i);      /*将返回字节对应的数据位置 1*/
        }
    }
    for( i=0;i<20;i++) _nop_();         /*等待时序结束*/
}
```

经验总结

由于 1-Wire 总线器件没有同步时钟的支持，因此对 1-Wire 总线时序的要求特别严格，对该类器件进行操作时，为了保证操作成功，应临时关闭某些中断源。

对于 1-Wire 总线上只有一个 1-Wire 总线器件的场合，用户可以忽略对 1-Wire 总线器件的寻址操作，但初始化等操作是不能忽略的。

当多个 1-Wire 总线器件挂接在同一根信号线上时，一定要考虑驱动问题，包括 1-Wire 总线所挂接的 1-Wire 总线器件的数量及距离。

知识加油站

1-Wire 总线是一个简单的信号传输电路，可通过一根共用的信号线实现主机与一台或多台从机之间的半双工双向通信。当 1-Wire 总线的上拉电阻使 1-Wire 总线闲置时，其状态为高电平。

1．1-Wire 总线的特点

1-Wire 总线有以下几个显著特点。

① 1-Wire 总线器件通过一根信号线传输地址信息、控制信息和数据信息，且可通过信号线为 1-Wire 总线器件供电。

② 每个 1-Wire 总线器件有全球唯一的序列号，系统主机通过此序列号来区分每个 1-Wire 总线器件，1-Wire 总线上可挂接多个 1-Wire 总线器件组成一个小规模通信网络。

③ 如果有需要，1-Wire 总线器件在工作过程中，不需要提供外接电源，可通过“寄生电源”的方式从信号线上获取电源。

④ 1-Wire 总线器件由于具有引脚极少，很容易和其他器件连接等特点，被广泛应用于各种电子测量测试设备中。Dallas 公司生产的 1-Wire 总线器件有数字温度计 DS1820、DS18B20、DS1822，实时时钟芯片 DS2404，4 路 16 位 A/D 转换器 DS2450 等。

2．1-Wire 总线的数据通信协议

1-Wire 总线采用严格的 1-Wire 总线通信协议来实现数据通信，以保证数据通信的完整性。1-Wire 总线通信协议中定义了几种信号类型：复位脉冲、应答脉冲、写数据位“1”、写数据位“0”、读数据位“0”、读数据位“1”。除应答脉冲外，所有的信号都由主机初始化发出。发送的所有指令和数据都是低位在前。

1-Wire 总线的数据传输过程包括通信初始化、信号传输类型定义、执行 1-Wire 总线的 ROM 指令和 1-Wire 总线通信的功能指令等。

实例 47　单片机外挂 CAN 总线接口

设计思路

近年来，现场总线技术走向成熟并得到推广应用，其中业界比较认可的有基金会现场总线、LonWorks 总线、PROFIBUS、HART 总线、CAN 总线等，下面主要介绍 CAN 总线的原理及应用。

器件介绍

SJA1000 是一款独立的 CAN 总线控制器，它可以应用于移动目标和一般工业环境的区域网络控制。SJA1000 是为了替代 PCA8200 而推出的，因此其硬件、软件与 PCA8200 完全兼容；由于 SJA1000 具有高级功能，因此它更适用于需要系统优化、系统诊断和维护的应用场合。

主控制器通过应用程序来设定 SJA1000 的功能，因此我们将对 SJA1000 进行编程以满足不同性能的 CAN 总线系统的要求。主控制器通过寄存器（控制段）和 RAM（报文缓冲器）与 SJA1000 交换数据。控制寄存器、接收及发送缓冲区——RAM 的可寻址窗口对主控制器而言均为外设寄存器。

PCA82C250 是 CAN 总线控制器和 CAN 总线间的接口，最初为汽车高速通信（数据传输速率最高达 lMbit/s）应用设计，其可以提供对 CAN 总线的差动发送能力和对 CAN 总线控制器的差动接收能力。

PCA82C250 与 ISO 11898 标准全兼容，具有抗瞬间干扰，保护总线，降低射频干扰（RFI）的斜率控制，热防御，防止电池与地之间发生短路，低电流待机，一个节点掉线不会影响总线，可有 110 个节点相连接等特点。

CAN 总线控制器与 AT89C51 的接口电路如图 47-1 所示。

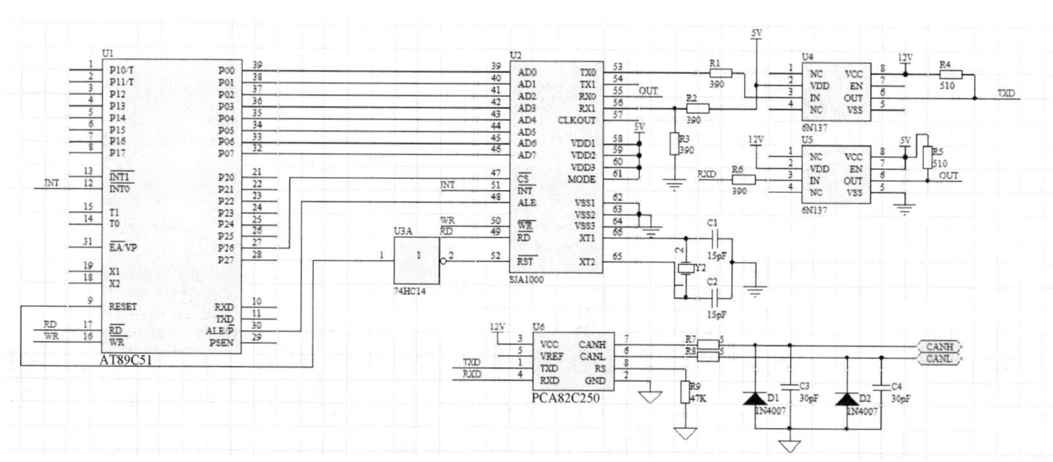

图 47-1　CAN 总线控制器与 AT89C51 的接口电路

接口电路主要由 4 部分构成：AT89C51 及其外围电路、独立 CAN 总线控制器 SJA1000、CAN 总线收发器 PCA82C250 和高速光电耦合器 6N137。AT89C51 负责 SJA1000 的初始化，通过控制 SJA1000 实现数据的接收和发送。

AT89C51 与 SJA1000 经非门共用复位电路。AT89C51 采用 12MHz 晶振，SJA1000 采用 16MHz 晶振。其中，SJA1000 采用 Intel 方式（Mode = 1），$f_{CLKOUT} = f_{XTAL}/2 = 8MHz$。

SJA1000 相当于 AT89C51 的片外存储器，AT89C51 可直接对 SJA1000 内的寄存器执行读/写操作。SJA1000 的 $\overline{INT}$ 引脚接 AT89C51 的 $\overline{INT0}$ 引脚，AT89C51 的 ALE 引脚直接接至 SJA1000 的 ALE 引脚。

为了增强 CAN 总线节点的抗干扰能力，SJA1000 的 TX0 引脚和 RX0 引脚通过高速光电耦合器 6N137 后与 PCA82C250 的 TXD 引脚和 RXD 引脚相连，这样很好地实现了 CAN 总线上各节点间的电气隔离，光电耦合器部分电路所采用的两个电源 VCC（5V）和 VDD（12V）必须隔离。

PCA82C250 与 CAN 总线的接口部分也采取了一定的安全和抗干扰措施。PCA82C250 的 CANH 和 CANL 引脚各自通过一只 5Ω 电阻与 CAN 总线相连，电阻可起到限流作用，保护 PCA82C250 免受过电流冲击。两根 CAN 总线与地之间并联了两只 30pF 小电容，可以滤除 CAN 总线上的高频干扰，并且具有一定的防电磁辐射的能力。另外，在两根 CAN 总线接入端与地之间分别反接了一只瞬变干扰二极管，当 CAN 总线有较高的负电压时，利用瞬变干扰二极管的短路实现过电压保护。

PCA82C250 的 RS 引脚与地之间的电阻 R9 称为斜率电阻。在波特率较低、CAN 总线较短时，PCA82C250 采用斜率控制方式，上升及下降的斜率取决于 R9 的阻值。实验数据表明，当用双绞线作 CAN 总线时，15～200kΩ 为 R9 较理想的阻值取值范围，本系统选用 47kΩ。

根据 CAN 通信协议可知，每个 CAN 信息帧都有唯一的地址信息，本实例采用 CPU 外挂 SW-DIP8 开关来获得该地址信息，这里不再展开介绍。

程序设计

本实例的程序设计主要包括三大部分：初始化 SJA1000、发送报文和接收报文。熟悉这三部分程序设计就能编写出利用 CAN 总线进行通信的一般应用程序。当然，要将 CAN 总线应用于通信任务比较复杂的系统还需详细了解 CAN 总线错误处理、CAN 总线脱离处理、接收滤波处理、波特率参数设置、自动检测，以及 CAN 总线通信距离和节点数的计算等方面的内容，下面仅就前面提到的三部分程序设计进行介绍。

1. 初始化 SJA1000

SJA1000 的初始化只有在复位模式下才可以进行。初始化 SJA1000 主要包括工作方式的设置、接收滤波方式的设置、接收屏蔽寄存器 AMR 和接收代码寄存器 ACR 的设置、波特率参数的设置、中断允许寄存器 IER 的设置等。首先，设置通信的波特率，确定 SJA1000 进入复位模式；然后，配置时钟分频器、模式寄存器、验收码和屏蔽寄存器、总线定时器、输出控制寄存器；最后，退出复位模式。在完成 SJA1000 的初始化以后，SJA1000 就可以回到工作状态进行正常的通信了。初始化 SJA1000 的流程如图 47-2 所示。

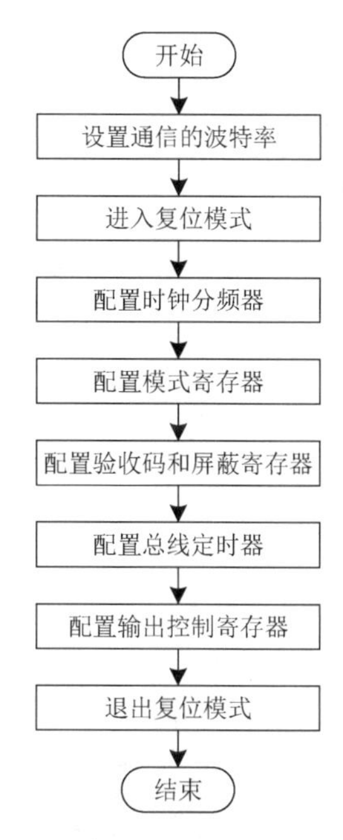

图 47-2　初始化 SJA1000 的流程

函数 SJA1000_Config_Normal()实现初始化 SJA1000 的功能。函数首先使 SJA1000 进入复位模式；然后配置时钟分频器、验收码和屏蔽寄存器、总线定时器和输出控制寄存器；最后进入运行模式。其代码如下。

```
SJA1000_Config_Normal()
{
    BTR0=0x00;
    BTR1=0x14;                                  /*设置通信的波特率为 1Mbit/s*/
    SJAEntryResetMode();                        /*进入复位模式*/
    WriteSJAReg(REG_CAN_CDR,0xc8);
    /*配置时钟分频器，选择 PeliCAN 模式*/
    WriteSJAReg(REG_CAN_MOD,0x05);
    /*设置接收滤波方式，选择双滤波、自发自收方式*/
    WriteSJARegBlock(16,Send_CAN_Filter,8); /*配置验收码和屏蔽寄存器*/
    WriteSJAReg(REG_CAN_BTR0,BTR0);             /*配置总线定时器为 0x00*/
    WriteSJAReg(REG_CAN_BTR1,BTR1);             /*配置总线定时器为 0x14*/
    WriteSJAReg(REG_CAN_OCR,0x1a);              /*配置输出引脚为推挽输出*/
    SJAQuitResetMode();                         /*退出复位模式，进入运行模式*/
}
```

2. 发送报文

发送报文是 SJA1000 依据 CAN 通信协议自动进行的，主控制器将要发送的报文写入 SJA1000 的发送缓冲区，并将命令寄存器的发送请求位 TR 置 1，发送过程既可以采用中断方式，又可以采用查询方式（读取 SJA1000 控制段的状态寄存器 SR）。

图 47-3 所示为采用查询方式的报文发送流程，在查询方式下，SJA1000 的发送中断应被屏蔽。

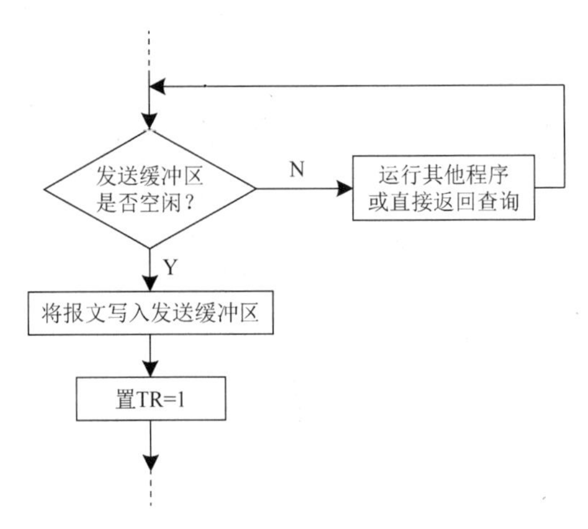

图 47-3　采用查询方式的报文发送流程

一旦报文开始发送，发送缓冲区写闭锁，因此主控制器要查询发送缓冲状态标志，以确定是否可以将一个新的报文写入发送缓冲区。

若发送缓冲区写闭锁，则循环查询状态寄存器，主控制器进入等待状态，直到发送缓冲区空闲。若发送缓冲区被释放，则主控制器将新报文写入发送缓冲区，并置命令寄存器的发送请求位 TR 为 1，实现报文的发送。

发送报文程序的代码如下。

```
/*==============================================================
函数名称：BCAN_DATA_WRITE()
参数说明：特定帧格式的数据
返回值：0 表示将数据成功地送至发送缓冲区；1 表示上一次的数据正在发送
说明：将特定帧格式的待发送数据送入 SJA1000 的发送缓冲区，然后启动 SJA1000 发送
特定帧格式指开始的两字节存放描述符，之后的字节为数据
描述符包括 11 位 ID(标志符)、1 位 RTR、4 位描述数据长度的 DLC，共 16 位
注：本函数的返回值仅提示是否将数据正确写入 SJA1000 的发送缓冲区，不提示 SJA1000 是否将
该数据正确发送到 CAN 总线上
==============================================================*/
bit  BCAN_DATA_WRITE(unsigned char *SendDataBuf)
{
     unsigned  char  TempCount;
     SJA_BCANAdr = REG_STATUS;                    /*访问地址指向状态寄存器*/
     if((*SJA_BCANAdr&0x08) == 0)                 /*判断上一次的数据发送是否完成*/
     {
        return  1;
     }
     if((*SJA_BCANAdr&0x04)==0)                   /*判断发送缓冲区是否写闭锁*/
     {
        return  1;
     }
     SJA_BCANAdr = REG_TxBuffer1;                 /*访问地址指向发送缓冲区*/
     if((SendDataBuf[1]&0x10)==0)   /*判断 RTR，从而得出是数据帧还是远程帧*/
     {
```

```
            TempCount =(SendDataBuf[1]&0x0f)+2;     /*输入数据帧*/
        }
        else
        {
            TempCount =2;                           /*输入远程帧*/
        }
        memcpy(SJA_BCANAdr,SendDataBuf,TempCount);
        return 0;
    }
```

3. 接收报文

接收报文是 SJA1000 依据 CAN 通信协议自动进行的，接收报文被放在接收缓冲区，一个报文是否可以被传送给主控制器，由状态寄存器的接收缓冲区状态标志 RBS 和接收中断决定（若中断开放），主控制器要将有效数据读入其内存，释放接收缓冲区，并对报文进行处理，传送过程既可采用中断方式，又可采用查询方式。图 47-4 所示为采用查询方式接收报文的流程，SJA1000 的接收中断应被屏蔽，主控制器通过读 SJA1000 状态寄存器（周期性的）、查询接收缓冲区状态标志（RBS）来确定接收缓冲区中是否有新报文存在。

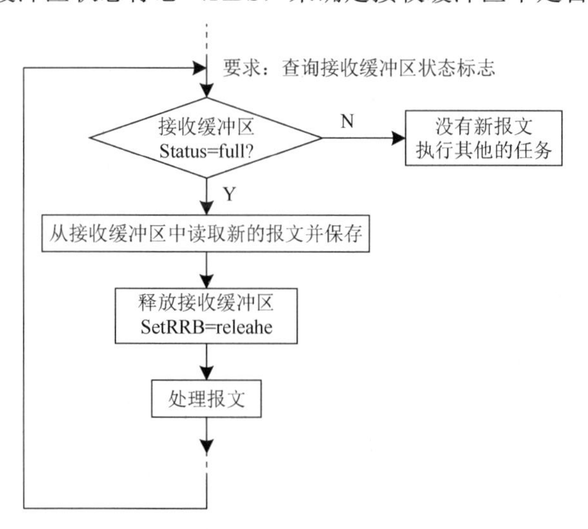

图 47-4　采用查询方式接收报文的流程

报文接收程序的代码如下。

```
    /*=================================================================
    函数名称：BCAN_DATA_READ()
    参数说明：特定帧格式的数据
    返回值：3 表示接收缓冲区无可用报文；4 表示将数据成功从接收缓冲区读出
    说明：SJA1000 自动接收数据并将其保存在接收缓冲区，读取接收缓冲区并将其释放，SJA1000 接
收完成
    特定帧格式指开始的两字节为描述符，后面的字节为数据
    描述符包括 11 位 ID(标志符)、1 位 RTR、4 位描述数据长度的 DLC，共 16 位
    注：本函数的返回值仅提示是否将数据正确写入 SJA1000 发送缓冲区
    =================================================================*/
    bit   BCAN_DATA_READ(unsigned char *ReadDataBuf, int long)
```

```
{
    unsigned  char  TempCount;
    SJA_BCANAdr = REG_STATUS;        /*访问地址指向状态寄存器*/

    if((*SJA_BCANAdr&0x03)==0)       /*判断接收缓冲区中是否有可用的报文*/
    {
        return 3;
    }
    SJA_BCANAdr = REG_RxBuffer1;     /*访问地址指向接收缓冲区*/

     memcpy(ReadDataBuf, SJA_BCANAdr,long);
   if((*SJA_BCANAdr&0x02)==1)        /*判断是否有溢出*/
    REG_CMR=0X0C;                    /*若有溢出，则将溢出标志位清零，释放接收缓冲区*/
   else
    REG_CMR=0X04;                    /*若无溢出，则释放接收缓冲区*/
    return 4;
}
```

经验总结

在单片机与 CAN 总线通信时，要注意以下事项。

（1）在设计单片机与 SJA1000 的接口电路时，不仅要根据单片机选择 SJA1000 的接口模式，还要注意 SJA1000 的片选地址应与其他外部存储器无冲突。另外，SJA1000 的复位电路应为低电平有效。

（2）单片机是以外部存储器的方式来访问 SJA1000 的内部寄存器的，所以应该正确定义单片机访问 SJA1000 时，SJA1000 内部寄存器的访问地址。

（3）单片机可以采用中断或查询方式来访问 SJA1000。

（4）单片机访问 SJA1000 时，SJA1000 有两种不同模式：运行模式和复位模式。对 SJA1000 的初始化只能在复位模式下进行。设置复位请求位后，一定要校验，以确保设置成功。

（5）向 SJA1000 的发送缓冲区写入数据时，一定要检查发送缓冲区是否处于写闭锁状态。若其处于写闭锁状态，则写入的数据会丢失。

（6）SJA1000 的操作难点在于总线定时器的配置。配置总线定时器包括设置总线波特率、同步跳转宽度、位周期的长度、采样点的位置和在每个采样点的采样数量。

知识加油站

CAN 即控制器局域网，CAN 总线是国际上应用最广泛的现场总线之一。它是一种多主方式的串行通信总线，基本设计规范要求：具有较高的位速率和抗干扰性；能够检测出产生的所有错误；当信号传输距离达 10km 时，仍然可提供高达 5kbit/s 的数据传输速率。

CAN 总线采用非破坏的逐位仲裁方式，当同时有多台设备发送信息时，CAN 总线通过监控总线对 CAN 总线上的信息和发送信息进行逐位对比，当发现有高优先级的设备在发送信息时，低优先级的设备自动停止发送信息，并且不会影响高优先级设备的信息发送。

（1）CAN 总线的特点。

CAN 总线已成为国际标准化组织 ISO 11898 标准，其具体特点如下。

① 多主通信依据优先级进行总线访问。

② 采用无破坏的依据优先级的逐位仲裁方式。

③ 借助接收滤波的多地址帧传送。

④ 远程数据请求。

⑤ 全系统数据兼容，系统灵活。

⑥ 严格的错误检测和界定。

⑦ 通信介质多样，组合方式灵活。

CAN 的通信媒介较多，有双绞线、同轴电缆、光缆、无线等，在实际应用系统中，往往灵活地混合使用。

（2）CAN 总线模型的层次结构。

现场总线本身是自动化领域的开放互连（OSI）系统。目前，几个有影响力的现场总线标准几乎都是以国际标准化组织的 OSI 模型为基本框架，并根据行业的应用需要加入某些特殊规定后形成的。如图 47-5 所示，CAN 总线模型遵从 OSI 模型，划分为 3 层：应用层、数据链路层和物理层。数据链路层又包括 LLC 层和 MAC 层。

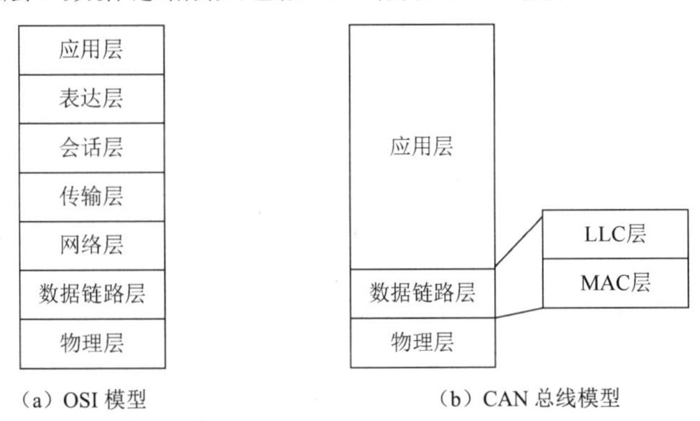

图 47-5　CAN 总线模型对应 OSI 模型

实例 48　单片机外挂 USB 接口

设计思路

USB（Universal Serial Bus，通用串行总线）是计算机体系中的一套较新的工业标准，它支持单台主机与多台外设同时进行数据交换，大大满足了现阶段计算机外设追求高速度和高通用性的要求。

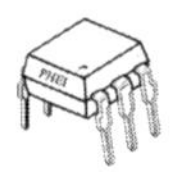

器件介绍

CH375 由南京沁恒微电子股份有限公司生产，这款芯片负责处理 USB 协议，具有 8 位数据总线和读、写、片选控制线，以及中断输出，可以方便地挂接到单片机等控制器的系统总线上，支持 USB-HOST 和 USB-DEVICE（SLAVE）两种方式。主机端点的输入缓冲区和输出缓冲区各为 64 字节，支持 USB 设备的控制传输、批量传输、中断传输，内置控制传输的协议处理器和处理海量存储设备的专用通信协议的固件。CH375 支持 5V 和 3.3V 电源电压（CH375A 为 5V 供电，CH375V 为 3.3V 供电），支持低功耗模式，采用 SOP-28 无铅封装形式。

硬件设计

CH375 与 AT89C51 的接口电路如图 48-1 所示。CH375 的 D7～D0 引脚与单片机 P0 口相连，$\overline{RD}$ 和 $\overline{WR}$ 引脚可以分别连接到单片机的读选通输出引脚（$\overline{RD}$）和写选通输出引脚（$\overline{WR}$），$\overline{CS}$ 引脚由地址译码电路驱动，用于当单片机具有多个外围设备时进行设备选择。CH375 的 $\overline{INT}$ 引脚输出的中断请求是低电平有效，可以连接到单片机的中断输入引脚或普通 I/O 引脚，单片机可以使用中断方式或者查询方式获得中断请求。

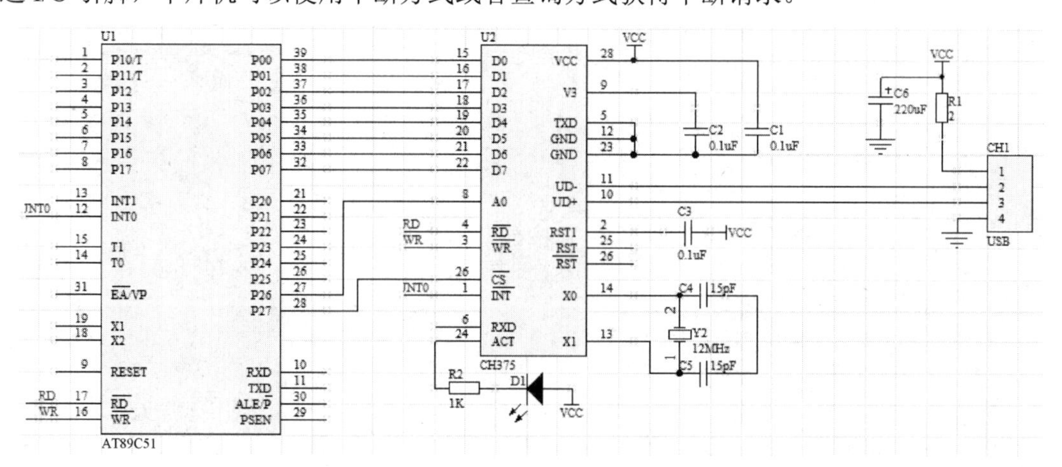

图 48-1　CH375 与 AT89C51 的接口电路

当 CH375 的 $\overline{WR}$ 引脚为高电平且 $\overline{CS}$、$\overline{RD}$ 及 A0 引脚都为低电平时，CH375 中的数据通过 D7～D0 引脚输出。

当 CH375 的 $\overline{RD}$ 引脚为高电平且 $\overline{CS}$、$\overline{WR}$ 及 A0 引脚都为低电平时，D7～D0 引脚上的数据被写入 CH375。

当 CH375 的 $\overline{RD}$ 引脚为高电平且 $\overline{CS}$、$\overline{WR}$ 引脚都为低电平，而 A0 引脚为高电平时，D7～D0 引脚上的数据被作为命令码写入 CH375。

程序设计

程序设计主要包括 USB 固件设计的实现。USB 固件分为通用枚举配置部分和类协议部分。本实例以利用 CH375 主机端协议与大容量存储设备（如 U 盘等）通信为例，介绍 USB 固件设计中重要的函数及其实现方法。

主机要想识别 USB 设备，必须获得设备的各种描述符。下面以设备描述符为例，说明 USB 描述符的一般定义方法。

```
unsigned char code DeviceDescriptor[]=
{
      18,          /*bLength，长度（18 字节）*/
      1,           /*bDescriptorType，描述符类型，1 代表设备描述符*/
      0x10,1,      /*bcdUSB，USB 规范版本 1.1，以 BCD 码表示*/
      0,           /*bDeviceClass，设备类码*/
      0,           /*bDeviceSubClass，设备子类码*/
      1,           /*bDeviceProtocol，设备协议*/
      16,          /*bMaxPacketSize0，最大封包大小*/
      0xff,0xff, /*idVendor，制造商 ID，每个制造商的 ID 不同，这里未定义*/
      0,1,         /*idProduct，产品 ID，制造商为自己生产的不同产品定义*/
      0,0,         /*bcdDevice，发行序号，以 BCD 码表示*/
      1,           /*iManufacturer，制造商的字符串描述符索引*/
      2,           /*iProduct，产品的字符串描述符索引*/
      0,           /*iSerialNumber，设备序号的字符串描述符索引*/
      1,           /*bNumConfigurations，配置描述符的个数*/
};
```

设备描述符的定义方式是固定的。主机与 USB 设备通信时，将依次获得设备描述符各字段的内容。配置描述符、接口描述符、端点描述符和类描述符等的定义方式和设备描述符基本类似。按照枚举的要求发送相应的描述符字段，就可以完成对 USB 设备的识别与配置。

特定的 USB 设备要想正常工作，就必须建立特定的设备类协议，如人机接口设备 HID 类、大容量存储设备 Mass Storage 类和音频类等。以 Mass Storage 类为例，它主要包含 Bulk-Only 传输协议和 UFI 命令集子类两方面的内容。从软件的角度讲，Bulk-Only 传输协议是通过调用 Bulk_Transfer_OUT()和 Bulk_Transfer_IN()这两个批量传输函数实现的，也就是利用批量传输函数来发送和接收 Mass Storage 类的命令块封包 CBW、命令状态封包 CSW 及数据。UFI 命令则是在 Bulk-Only 传输协议的基础上发送特定的请求命令，实现对 USB 设备内的闪存的读和写。

由于 CH375 内置了常用的 USB 固件及大容量存储设备的通信协议，因此 USB 固件设计就变得相对简单。我们所要做的就是利用 CH375 提供的库函数，正确地调用设备类命令。命令集请查阅相关资料。在 CH375 工作之前，先要进行初始化。

CH375 初始化程序的代码如下。

```
#define CH375HM_INT_EN   EX0      /*单片机 INT0 引脚的中断使能*/
#define CH375HM_INT_FLAG  IE0     /*单片机 INT0 引脚的中断标志*/
/*其他程序代码*/
/*假定 CH375 的 INT 引脚连接到单片机的 INT0 引脚*/
IT0 = 1;     /*设置 CH375 的中断信号为下降沿触发，实际上，也可以采用电平触发方式*/
CH375HM_INT_FLAG = 0;             /*清零单片机 INT0 引脚的中断标志*/
CH375HM_INT_EN = 1;               /*允许 CH375 中断*/
```

基本上，所有对 CH375 的操作都是以调用命令函数 ExecCommand()来实现的。因为接口操作比较复杂，所以直接调用 ExecCommand()就可以了。

基本操作步骤：单片机将命令码（cmd）、后续参数长度（len）和参数写给 USB 设备，USB 设备执行完成后以中断方式通知单片机，并返回状态码和操作结果。如果命令执行失败，那么只返回状态码，不返回操作结果，只有当命令执行成功时，才有可能返回操作结果，因为有些命令总是不返回操作结果。输入参数和返回参数都保存在 CMD_PARAM 结构中。

CH375 提供的开放的库函数如下。

```
#define CH375HM_INDEX_WR( Index )
{
    CH375HM_INDEX = (Index);
}
/*写索引地址*/
#define CH375HM_DATA_WR( Data )
{
    CH375HM_DATA = (Data);
}
/*写数据*/
#define CH375HM_DATA_RD( )   ( CH375HM_DATA )
/*读数据*/
/*其他程序代码*/
unsigned char ExecCommand( unsigned char cmd, unsigned char len )
/*输入命令码和后续参数长度，返回状态码，输入参数和返回参数都保存在 CMD_PARAM 结构中*/
{
    unsigned char i, j, status;
    unsigned char data *buf;
    CH375HM_INT_EN = 0;
    /*关闭中断，防止中断应答修改 CH375 的索引地址，若查询中断，则不必关闭中断*/
    CH375HM_INDEX_WR( 0 );
    CH375HM_DATA_WR( cmd );                /*向索引地址 0 写入命令码*/
    CH375HM_DATA_WR( len );                /*向索引地址 1 写入后续参数长度*/
```

```
    if ( len )
    {
        /*有参数*/
        i = len;
        buf = (unsigned char *)&mCmdParam;
        /*指向输入参数的起始地址*/
        do
        {
            CH375HM_DATA_WR( *buf );          /*从索引地址 2 开始，写入参数*/
            buf ++;
        }
        while ( -- i );
    }
    mIntStatus = 0xFF;                        /*清中断状态*/
    CH375HM_INT_EN = 1;
    while ( mIntStatus == 0xFF );
    /*等待 CH375 完成操作并返回状态码*/
    status = mIntStatus;

    if ( status == ERR_SUCCESS )
    {
        /*操作成功*/
        CH375HM_INT_EN = 0;
        /*关闭中断，防止中断应答修改 CH375 的索引地址，若查询中断，则不必关闭中断*/
        CH375HM_INDEX_WR( 1 );
        i = CH375HM_DATA_RD( );          /*从索引地址 1 开始,读取操作结果的长度*/

        if ( i )
        {
            /*有操作结果*/
            buf = (unsigned char *)&mCmdParam;
            /*指向返回参数的起始地址*/
            j = 2;
            do
            {
                CH375HM_INDEX_WR( j );
                j ++;
                *buf = CH375HM_DATA_RD( );  /*从索引地址 2 开始，读取操作结果*/
                buf ++;
            }
            while ( -- i );
        }
        CH375HM_INT_EN = 1;
    }
    else
    {
        /*操作失败*/
```

```
            if ( status == ERR_DISK_DISCON || status == ERR_USB_CONNECT )
mDelay100mS( );
            /*若USB设备刚刚连接或断开，则应该延时几十毫秒后再操作*/
        }
        return( status );
    }
```

对 USB 协议栈进行编写的关键是合理、有效地使用 USB 设备中的寄存器。USB 协议栈将设备端点的使用和管理作为基础和核心。而在端点的这些寄存器中，对中断寄存器的管理尤其重要，而且编写 USB 设备的中断服务程序是整个设备端 USB 固件设计的主要内容。

USB 设备中断服务程序的功能主要是发送和接收各种通信信息，包括从端点 0 获得主机的控制信息，向端点 0 发送设备的描述信息，以及向其他端点发送完整的数据。能够触发 USB 设备中断的条件有很多，中断服务程序的任务是分辨这些触发条件，然后转入相应的处理程序，软件流程请参阅相关资料。判断 CH375 的返回状态，进行相应操作的中断服务程序代码如下。

```
    voidCH375HMInterrupt( ) interrupt CH375HM_INT_NO using 1
    {
        unsigned char status, i;
        #define        DataCount   status  /*节约一个变量单元*/
        CH375HM_INDEX_WR( 63 );            /*写入索引地址 63 */
        status = CH375HM_DATA_RD( );       /*从索引地址 63 读取中断状态*/

        if ( status == USB_INT_DISK_READ )
        {
            /*正在从USB设备读数据块，请求数据读出*/
            DataCount = 64;                /*计数*/
            i = 0;
            do
            {
                CH375HM_INDEX_WR( i );
                i ++;
                *buffer = CH375HM_DATA_RD( );
                /*从索引地址 0～63 依次读出 64 字节数据*/
                buffer ++;                 /*将读取到的数据保存到外部缓冲区*/
            }
            while ( -- DataCount );
        }
        else if ( status == USB_INT_DISK_WRITE )
        {
            /*正在向USB设备写数据块，请求数据写入*/
            CH375HM_INDEX_WR( 0 );
            i = 64;
            do
            {
                CH375HM_DATA_WR( *buffer );
                /*向索引地址 0～63 依次写入 64 字节数据，写入的数据来自外部缓冲区*/
```

```
            }
            while ( -- i );
        }
        else if ( status == USB_INT_DISK_RETRY )
        {
            /*读/写数据块失败重试，应该向回修改外部缓冲区的指针*/
            CH375HM_INDEX_WR( 0 );
            i = CH375HM_DATA_RD( );
            /*如果是大端模式，那么接收到的是回改指针字节数的高 8 位*/
            /*如果是小端模式，那么接收到的是回改指针字节数的低 8 位*/
            CH375HM_INDEX_WR( 1 );
            DataCount = CH375HM_DATA_RD( );
            /*如果是大端模式，那么接收到的是回改指针字节数的低 8 位*/
            /*如果是小端模式，那么接收到的是回改指针字节数的高 8 位*/
            buffer -= ( (unsigned short)i << 8 ) + DataCount;
            /*这是大端模式下的回改指针；对于小端模式，应该是( (unsigned short)status
<< 8 ) + i */
        }
        else
        {
            mIntStatus = status;    /*事件通知状态或者操作完成状态，保存中断状态*/
        }
    }
```

除 USB 固件设计外，为了完善系统功能，还需要对文件系统和计算机应用软件进行编程，这里不再赘述。

经验总结

对于 USB 设备，首先要进行文件系统的格式化，将 USB 设备格式化成指定的 FAT12、FAT16 或 FAT32 文件系统。通常情况下，如果单片机的空闲 RAM 多于 1KB，那么以字节为单位读/写 USB 设备的速度比以扇区为单位慢，并且频繁地向 USB 设备中的文件写数据，会缩短 USB 设备中闪存的使用寿命。

在插拔 USB 设备时，可以采取以下两种方法：一是在主电源上并联较大的储能电源，在 USB 设备插入时提供足够的瞬时电流，减少对主电源的影响；二是单独给 USB 插座供电，如在电源与地之间并联 100μF 大电解电容，尽量减小对 CH375 和单片机的影响。否则，在其插入及读/写过程中会导致电源电压波动，甚至导致单片机复位。

当设计线路板时，在准双向 I/O 引脚接入上拉电阻，提升高电平驱动能力；对于 USB 差模信号线 D+和 D−，则使其长度尽量短且保持平行。

知识加油站

1. USB 的系统资源

计算机上的 USB 包括硬件和软件两部分。硬件主要实现物理上的接口和实体功能，软件则和操作系统配合管理硬件，完成数据流传输。计算机上的 USB 主机包括 3 部分：USB 主控制器/根 Hub、USB 系统软件和用户软件。

USB 主控制器/根 Hub 一般由 USB 主控制器芯片、USB Hub 控制器芯片、USB 端口连接件及控制器外围电路组成。

USB 系统软件主要是指计算机操作系统提供的一系列软件和驱动程序，主要由 USB 核心驱动程序和 USB 主控制器驱动程序等组成。

USB 设备类驱动程序把用户要求的 USB 命令发送给 USB 主控制器硬件，同时初始化内存缓冲区，用于存储所有 USB 通信中的数据。每一种 USB 类设备都需要指明相应的设备类型。完整的 USB 系统组成如图 48-2 所示。

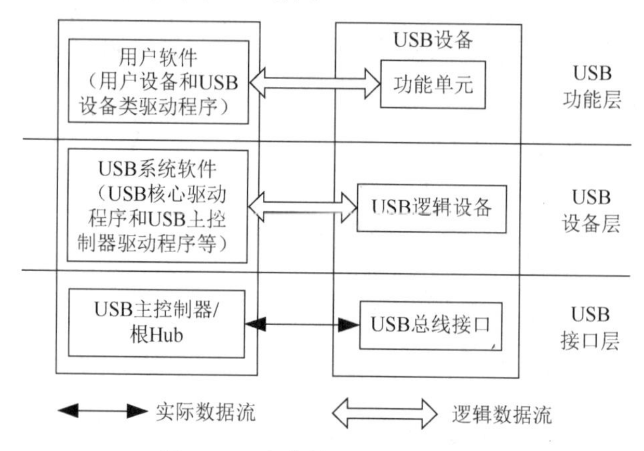

图 48-2 完整的 USB 系统组成

2. USB 的电气特性

USB 设备和 Hub 采用 2 种供电模式，即自供电（Self-Powered）和总线供电（Bus-Powered）。

USB 设备的即插即用技术包含 2 个技术层面，即热插拔和自动识别配置。

3. USB 的数据通信结构

USB 协议中最复杂的是底层数据通信结构，其包括最基本的数据传输单元、数据传输方式、数据传输机制及数据交换流程等。“域”、“包”、“事务”和“传输”都是 USB 数据通信结构中非常重要的概念。域是 USB 中一组有意义的二进制数；包由各种域组成，是 USB 最基本的数据传输单元。包主要有 3 类：令牌包、数据包、握手包。

USB 的数据传输是 USB 面向用户的、最高级的数据结构。USB 定义了 4 种数据传输方式，即控制传输、中断传输、批量传输和同步传输。在数据交换的过程中，每种数据传输都是由多个事务来完成的。任何一种数据传输都由输入事务（IN）、输出事务（OUT）和设置（SETUP）事务组合搭配而成。控制传输是最复杂的数据传输方式，也是最重要的数据传输方式，它是 USB 枚举阶段最主要的数据交换方式。当 USB 设备初次连接到主机后，就通过控制传输来交换信息、设备地址和读取设备的描述符。这样，主机才能识别该设备，并安装相应的驱动程序，该设备采用的其余 3 种数据传输方式才能够得以应用。

USB 主机与设备之间的传输过程是这样的：在计算机上，设备驱动程序通过调用 USB 驱动程序 USBD，发出输入/输出请求包 IRP；这样，在 USB 驱动程序接到请求之后，调用

USB 主控制器驱动程序 HCD，将 IRP 转换为 USB 传输。当然，一个 IRP 可以包含一个或多个 USB 传输；接着，USB 主控制器驱动程序将 USB 传输分解为总线事务，主控制器以包的形式发送给设备。

4. USB 固件的工作机制

USB 固件又称为 USB 设备软件，分为通用枚举配置部分和类协议部分。在通用枚举配置部分，实现 USB 主机对 USB 设备的枚举和配置，使 USB 主机确认 USB 设备的功能，并提供资源。而类协议部分则用于实现 USB 设备各自的数据传输功能，一般有相应的 USB 类协议和规定作为编程的规范。例如，常用的 Mass Storage 类设备，就有其独特的一套 UFI 命令来实现数据的传输。

主机枚举 USB 设备，完成对 USB 设备配置的具体过程如下。

（1）首先将 USB 设备连接到 Hub 或根 Hub 的下行端口上，然后 Hub 就通过其状态变化管道（Status Change Pipe）将该 USB 设备连接的事件通知给主机。此时，USB 设备所连接的端口上有电流供应，但是该端口的其他属性被禁止，以便主机进行其他操作。

（2）主机通过一系列命令来询问 Hub，以确定连接事件的细节情况，这样，主机便确定了 USB 设备所接入的端口。

（3）主机等待 100ms 以使 USB 设备的接入过程顺利完成并使供电稳定。紧接着，主机激活该端口，并发送复位命令。

（4）Hub 在 USB 设备接入的端口上保持复位命令 10ms 后，该端口处于被激活状态。这时，USB 设备的所有寄存器均已复位，并通过地址 0 与主机通信。

（5）主机获取设备描述符，获得默认管道的最大数据长度等一系列信息。

（6）主机给 USB 设备分配一个总线上的唯一地址。因此，在以后的各种数据传输中，该 USB 设备将使用这个新的地址。

（7）主机获取所有 USB 设备的配置描述符。

（8）在得到配置描述符等一系列信息后，主机就给 USB 设备分配配置值。这样，USB 设备就完成了配置，所有接口和端点的属性也得到了主机的确认。接下来，USB 设备就可以从端口上获取其要求的最大电流数。也就是说，这个 USB 设备已经可以开始使用了。

USB 设备类协议（USB Device Class Specification）与 USB 协议是互为补充的。USB 的每一种设备类都有一套特殊的设备类协议。正是由于 USB 采用了设备类的方式对各种 USB 设备进行分类，才使 USB 能够有效控制和管理各种 USB 设备，也使得各种 USB 设备的开发变得规范、简便。

USB 数据交换只能发生在主机和 USB 设备之间，主机和主机、USB 设备和 USB 设备之间不能直接互联和交换数据。所有的数据传输都由主机主动发起，USB 设备只是被动地应答。

实例 49　单片机实现以太网接口

设计思路

以太网是由 Xerox 公司创建，并由 Xerox 公司、Intel 公司和 DEC 公司联合开发的基带局域网规范，采用 CSMA/CD（Carrier Sense Multiple Access with Collision Detection，带冲突检测的载波监听多路访问）技术。单片机以太网接口可方便地实现单片机和单片机、单片机和计算机之间的数据通信，利用现有的局域网络，可构成传输数据量大、距离远的单片机多机通信系统。

本实例主要介绍 8051 系列单片机和以太网控制器 RTL8019AS 的接口应用，下面介绍的软/硬件说明仅仅针对发送和接收数据，不包含实际网络传输所需要的数据传输协议。

器件介绍

1．RTL8019AS 概述

RTL8019AS 是 Realtek 公司的一种高集成度以太网控制器，内嵌 16KB RAM，具有全双工的通信接口。它实现了以太网介质访问控制层和物理层的所有功能，包括 MAC 数据帧的组装/拆分与收发、地址识别、CRC 编码校验、曼彻斯特编/解码、链路完整性测试等。应用时，微处理器只需在 RTL8019AS 的外部总线上读/写数据即可。

2．引脚描述

RTL8019AS 的引脚按功能不同可分为 5 组：ISA 总线接口引脚、存储器接口引脚、网络接口引脚、LED 输出引脚和电源引脚。RTL8019AS 的引脚如图 49-1 所示。

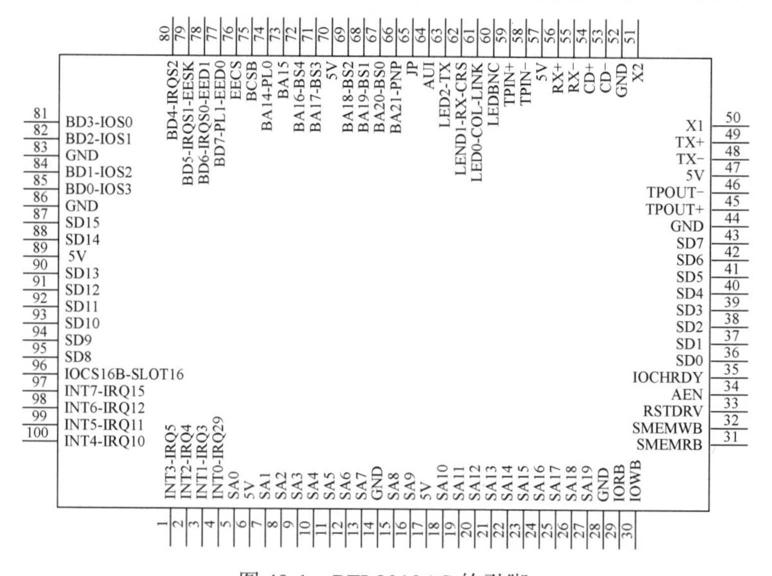

图 49-1　RTL8019AS 的引脚

由于本实例未使用外部 EEPROM 进行配置，因此不进行过多介绍，感兴趣的读者可查阅 RTL8019AS 的数据手册。

硬件设计

1．与单片机的接口及配置

本实例使用 I/O 方式与 RTL8019AS 交换数据，而 RTL8019AS 的 I/O 口地址只有 32 个（如何配置见后文），所以地址线可减至 5 根（$2^5=32$）。SMEMRB 和 SMEMWB 两根信号线不用，直接接高电平使之无效。

RTL8019AS 为了兼容，设置了 IOCS16B-SLOT16 信号线，由于 8051 系列单片机的数据宽度为 8 位，因此将其通过一个 27kΩ 电阻接地，即选择数据线宽度为 8 位。

单片机采用查询方式判断 RTL8019AS 中是否有数据，未采用中断方式，中断输出线悬空。

由于单片机的 P0 口为数据、地址分时复用，因此系统采用锁存器 74HC573 将 P0 口输出的地址锁存，如图 49-2 所示。本实例中，RTL8019AS 可被看作一个外部 RAM，对 RTL8019AS 内部寄存器的操作可看作对外部指定地址 RAM 的操作，实际操作的 RAM 地址从 0x8000 开始。

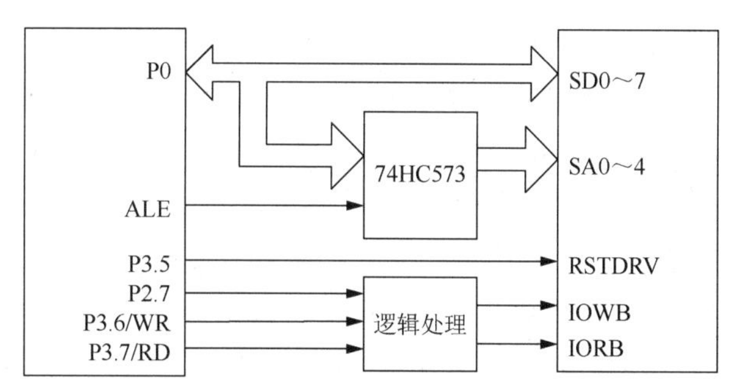

图 49-2　RTL8019AS 与单片机连接框图

RTL8019AS 提供了 3 种配置 I/O 口和中断的模式：跳线模式、即插即用模式、免跳线模式。

2．与以太网的硬件接口电路

RTL8019AS 可连接同轴电缆和双绞线，并可自动检测所连接的介质。RTL8019AS 的 AUI 引脚的状态决定了 RTL8019AS 与以太网的连接是使用 AUI 接口还是 BNC 接口或 UTP 接口。AUI 接口是粗缆网线接口，已极少使用；BNC 接口是 10Base-2 细缆网线接口，使用也不多；UTP 接口是 10Base-T 双绞线接口，目前使用非常广泛。AUI 引脚为高电平时使用 AUI 接口，为低电平时使用 BNC 接口或 UTP 接口，本实例中使用最常用的 UTP 接口，将 AUI 引脚悬空即可。

接口的具体类型由 BA14-PL0（简称 PL0）引脚、BD7-PL1-EEDO（简称 PL1）引脚决定，在此先设置 PL0、PL1 引脚均为 0，即 RTL8019AS 自动检测所连接的接口类型，然后进行工作，若检测到 10Base-T 电缆信号，则选择接口类型为 UTP，否则选择接口类型为

BNC。RTL8019AS 通过 UTP 接口与以太网相连接的电路如图 49-3 所示，其中 RJ-45 是双绞线的接插口。

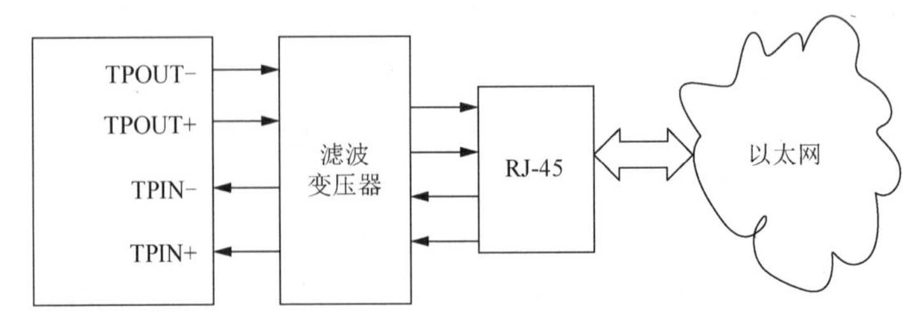

图 49-3　RTL8019AS 通过 UTP 接口与以太网相连接的电路

程序设计

RTL8019AS 是与 NE2000 兼容的以太网控制器。NE2000 是 Novel 公司生产的 16 位 ISA 总线以太网芯片，它已成为 ISA 总线以太网控制器的标准。微处理器通过 32 个 I/O 地址上的寄存器来完成对 RTL8019AS 的操作。

对于相关寄存器的说明，请查阅 RTL8019AS 的数据手册。

1．RTL8019AS 复位

RTL8019AS 的复位方式有两种：热复位和冷复位。

RTL8019AS 内部跟热复位有关的寄存器：18H～1FH 共 8 个地址，它们均为复位地址。对偶数地址的读或写，都会引起芯片的复位。本实例中未使用热复位。

冷复位引脚为 RSTDRV 引脚。RSTDRV 引脚为高电平有效，至少需要 800ns 的宽度。给该引脚施加一个 1μs 以上的高电平就可以实现 RTL8019AS 复位。施加一个高电平之后，再施加一个低电平。复位过程中将执行一些操作，如将外部配置存储器 93c46 的内容读入，将内部寄存器初始化等，这些操作至少需要 2ms。所以程序中复位信号发出后需等待 100ms，之后才进行操作，以确保完全复位。单片机采用 P35 引脚作为复位线的接口，复位程序对 RSTDRV 先置 1，延时后再置 0。

复位程序的代码如下。

```
#include<reg52.h>
sbit rst=P3^5;
/*单片机与 RTL8019AS 复位线的接口*/
/*其他程序代码*/
rst=1;                          /*当 RTL8019AS 复位线为高电平时复位*/
etherdev_delay_ms(100);         /*延时 100ms*/
rst=0;
```

2．RTL8019AS 初始化

完成 RTL8019AS 复位之后，要对 RTL8019AS 的工作参数进行设置。RTL8019AS 中 4 页寄存器的地址都映射到同一个地址空间，使用寄存器前需要先选择寄存器所在的页。CR 命令寄存器各位的名字如表 49-1 所示。

表 49-1　CR 命令寄存器各位的名字

位	7	6	5	4	3	2	1	0
名　字	PS1	PS0	RD2	RD1	RD0	TXP	STA	STP

PS1 和 PS0 用于选择寄存器页，当 PS1 PS0 = 00 时，选择寄存器页 0；当 PS1 PS0 = 01 时，选择寄存器页 1；当 PS1 PS0 = 10 时，选择寄存器页 2；当 PS1 PS0 = 11 时，选择寄存器页 3。选择寄存器页的程序代码如下。

```
#define reg00 xdata[0x0800]
/*其他程序代码*/

void page( unsigned char page_no )
{
     unsigned char temp;
     temp=reg00;
     temp=temp&0x3B ;
     /*0011 1011*/
     page_no = page_no <<6;
     temp=temp | page_no;
     reg00=temp;
}
```

要特殊说明的是 temp=temp&0x3B 这句代码，若保持低六位不变，一旦在发送数据包的过程中使用该程序，TXP 会保持 1 直到数据包发送完成，数据包还没发送完就写入 1 会导致重新向外发送数据包。而将 temp=temp&0x3B 中的 TXP 对应位清 0 再写入 CR 命令寄存器，则不会起任何作用，所以不会导致正在发送的数据包重发。

RTL8019AS 的初始化过程比较复杂，主要完成复位及相关寄存器的配置等。在初始化时，主要初始化寄存器页 0 与寄存器页 1 中的相关寄存器，寄存器页 2 中的寄存器是只读的，不可以设置，寄存器页 3 中的寄存器不与 NE2000 兼容，在本实例中未设置。以下是 RTL8019AS 初始化程序的代码，程序中包括了各寄存器的设置情况。

```
#define reg00 xdata[0x8000]
#define reg01 xdata[0x8001]
/*其他程序代码*/
#define reg1f xdata[0x801f]
bit etherdev_init(void)
{
     unsigned char tmp=0;
     rst=1;          /*复位 RTL8019AS*/
     etherdev_delay_ms(100);
     rst=0;
     reg00=0x21;     /*0010 0001 CR*/
     /*选择寄存器页 0 中的寄存器，RTL8019AS 停止运行，因为还没有初始化*/
     page(0);        /*可以不加*/
     reg01=0x4C;     /*PSTART，接收缓冲区的首地址*/
     reg02=0x50;     /*PSTOP，接收缓冲区的停止页*/
```

```
    reg03=0x4C;      /*BNRY，读页指针*/
    reg04=0x40;      /*TPSR，发送缓冲区的首地址*/
    reg0a=0x00;      /*RBCR0，远程 DMA 字节数低位*/
    reg0b=0x00;      /*RBCR1，远程 DMA 字节数高位*/
    reg0c=0xCC;      /*RCR，接收配置寄存器，1100 1100*/
    reg0d=0xE0;      /*TCR，传输配置寄存器，1110 0000*/
    reg0e=0xC8;      /*DCR，数据配置寄存器，8 位数据 DMA，1100 1000*/
    reg0f=0x00;      /*IMR，中断屏蔽寄存器*/
    page(1);         /*选择寄存器页 1*/
    reg07=0x4C;      /*CURR 与 BNRY 相等就会停止接收数据包*/
    reg08=0x00;      /*MAR0*/
    reg09=0x41;      /*MAR1*/
    reg0a=0x00;      /*MAR2*/
    reg0b=0x00;      /*MAR3*/
    reg0c=0x00;      /*MAR4*/
    reg0d=0x00;      /*MAR5*/
    reg0e=0x00;      /*MAR6*/
    reg0f=0x00;      /*MAR7*/
    /*写入 MAC 地址*/
    reg01=ETHADDR0;
    reg02=ETHADDR1;
    reg03=ETHADDR2;
    reg04=ETHADDR3;
    reg05=ETHADDR4;
    reg06=ETHADDR5;
    page(0);
    reg00=0x22;      /*输入 0010 0010，选择寄存器页 0，RTL8019AS 执行命令*/
    reg07=0xFF;      /*ISR*/
    TR0  = 0;
    /*以下为时钟脉冲初始化部分*/
    TMOD &= 0xF0;
    TMOD |= 0x01;
    TH0 = ETH_T0_RELOAD >> 8;
    TL0 = ETH_T0_RELOAD;
    TR0 = 1;
    ET0 = 1;
    EA  = 1;
    return 1;
}
```

RTL8019AS 初始化程序首先复位 RTL8019AS，设置接收缓冲区、发送缓冲区的地址和数据、传输等配置寄存器，然后向 RTL8019AS 写入 MAC 地址，最后使 RTL8019AS 工作。

RTL8019AS 含有 16KB RAM，地址为 0x4000～0x7FFF（指的是 RTL8019AS 上的存储地址，而不是 ISA 总线的地址，是 RTL8019AS 工作用的存储器），每 256 字节称为 1 页，共有 64 页。页的地址就是 RAM 地址的高 8 位，页地址为 0x40～0x7F。16KB RAM 的一部分用于存储接收的数据包，另一部分用于存储待发送的数据包。当然也可以作为 RAM 使用，但是操作 RTL8019AS 中的 RAM 比较复杂。

本程序使用 0x40～0x4B 作为 RTL8019AS 的发送缓冲区，共 12 页，刚好可以存储 2 个最大的以太网包；使用 0x4C～0x50 作为 RTL8019AS 的接收缓冲区，PSTART=0x4C，PSTOP=0x50（0x50 为停止页，即 0x4C 到 0x4F 是接收缓冲区，不包括 0x50）。初始化时，RTL8019AS 没有接收到任何数据包，所以，BNRY 设置为指向接收缓冲区的第一页 0x4C。

以下寄存器用于接收、发送的设置。

① CURR 是 RTL8019AS 写内存的指针。它指向当前正在写的页的下一页，其初始化指向 0x4C。RTL8019AS 写完接收缓冲区中的一页，就将这一页地址加 1，即 CURR=CURR+1，这是 RTL8019AS 自动加的。当加到最后的空页（这里指 0x50，PSTOP）时，使 CURR 指向接收缓冲区的第一页（这里指 0x4C，PSTART），这也是 RTL8019AS 自动完成的。当 CURR=BNRY 时，表示接收缓冲区全部被存满，数据没有被用户读取，这时 RTL8019AS 将停止向内存写数据，新收到的数据包将被丢弃，而不覆盖旧的数据，此时实际上出现了内存溢出。

② BNRY 需要由用户来操作。用户从 RTL8019AS 中读取一页数据，要先将 BNRY 加 1，然后写入 BNRY 寄存器。当 BNRY 加到最后的空页（这里指 0x50，PSTOP）时，同样要将 BNRY 变成第一个接收页（PSTART，0x4C），即 BNRY = 0x4C。

③ CURR 和 BNRY 主要用于控制缓冲区的存取过程，保证能顺次写入和读出。当 CURR = BNRY + 1 或 BNRY = 0x4F，CURR = 0x4C 时，RTL8019AS 的接收缓冲区中没有数据，即没有收到数据包，没有数据包可以被用户读取。当上述条件不成立时，表示接收到新的数据包，用户可以读取数据包，直到上述条件成立时，表示所以数据包已经读取完，此时停止读取数据包。

④ TPSR 为发送缓冲区的首地址，初始化为指向发送缓冲区的第一页 0x40。

⑤ RCR 为接收配置寄存器，设置为使用接收缓冲区，仅接收发送给自己地址的数据包（包括广播地址数据包）和多点播送地址包，小于 64B 的数据包被丢弃（这是协议的规定，设置为使用接收缓冲区的目的是进行网络分析），校验错的数据包不接收。

⑥ TCR 为传输配置寄存器，启用 CRC 自动生成和自动校验，工作于正常模式。

⑦ DCR 为数据配置寄存器，设置为使用 FIFO 缓存、普通模式、8 位数据传输模式，字节顺序为高位在前，低位在后（如果用 16 位的单片机，设置成 16 位的数据总线会使操作更快，51 单片机是 8 位的单片机）。

⑧ IMR 为中断屏蔽寄存器，设置成 0x00 时屏蔽所有中断，设置成 0xFF 时将允许中断。MAR0～MAR8 是设置多点播送的参数，程序中并未使用，只要保证 RTL8019AS 能正常工作就可以了。

⑨ 寄存器页 2 中的寄存器是只读的，所以不可以设置，寄存器页 3 中的寄存器不与 NE2000 兼容，所以也不用设置。然后向寄存器页 1 的 MAR0～MAR7 写入 MAC 地址。这几个地址是 RTL8019AS 工作时用的地址，只有符合这个地址的数据包才被接收。实际上，MAC 地址一般都是指应用了网络控制器的芯片的地址。MAC 地址为 48 位，分为一般地址、组播地址、广播地址，这些地址不是随便定义的，具体由 IEEE 国际组织统一分配。

3．RTL8019AS 内部存储器结构

RTL8019AS 内部存储器的地址空间如图 49-4 所示。

图 49-4 中的 ROM 空间可映射到 Boot ROM 或 Flash ROM，在嵌入式系统中一般不会用到。最前面的大小为 256B 的 RAM 是 9346（一个用于在非跳线模式下配置 RTL8019AS 的 EEPROM）的影像存储，存储内容的一部分跟 9346 存储的是一样的。RTL8019AS 在上电时将 9346 的一部分内容读到 256B RAM 中，以完成对 RTL8019AS 的配置。由于本实例使用跳线模式，所以对此不做处理。

4．数据收发与 DMA

RTL8019AS 是通过 DMA 来实现数据交换的，分为本地 DMA 和远程 DMA，如图 49-5 所示。

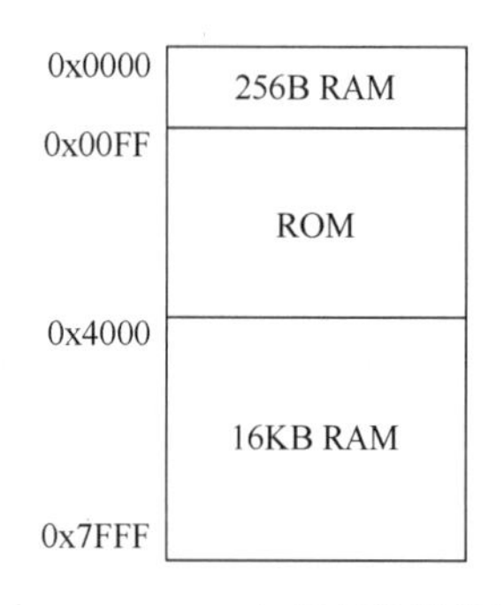

图 49-4　RTL8019AS 内部存储器的地址空间

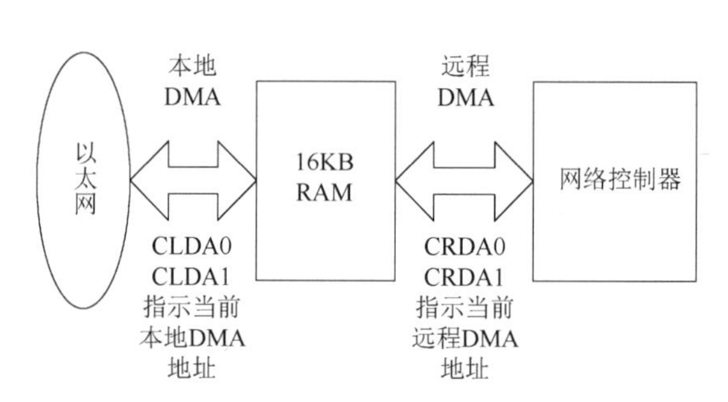

图 49-5　RTL8019AS 本地 DMA 和远程 DMA 示意图

本地 DMA 完成 RTL8019AS 与以太网的数据交换。发送时，数据包从 RTL8019AS 发送缓冲区的网络接口送出，如果发生冲突，RTL8019AS 会自动重发；接收时，RTL8019AS 从网络接口接收符合要求的数据（地址匹配，无帧错和校验错等）到接收缓冲区。

远程 DMA 完成与主控制器（单片机）的数据交换。发送时，微处理器将数据送入 RTL8019AS 内部缓冲区，并设置 RTL8019AS 待发送数据包的起始地址（TPSR）和长度（TBCR0、TBCR1），然后由 RTL8019AS 完成发送；接收时，微处理器从 RTL8019AS 的接收缓冲区中将已接收到的数据包读出，RTL8019AS 利用两个指针处理接收缓冲区中的数据。

RTL8019AS 的 DMA 与通常情况下的 DMA 有点不同。RTL8019AS 的本地 DMA 是由其本身完成的，而其远程 DMA 是在无微处理器参与的情况下，将数据自动移到微处理器的内存中的。它的操作机制：微处理器先赋值于远程 DMA 的起始地址寄存器 RSAR0、RSAR1 和字节计数器 RBCR0、RBCR1，然后在 RTL8019AS 的 DMA I/O 地址上读/写数据，每读/写一个数据，RTL8019AS 会将字节计数器减小 1，当字节计数器减到 0 时，远程 DMA 完成，微处理器不应再在 DMA I/O 地址上读/写数据。

可以通过读取 CRDA0-1 和 CLDA0-1 来获得当前 DMA 的地址。

5．RTL8019AS 发送数据包

如图 49-6 所示，发送数据包时，RTL8019AS 先将待发送的数据包存入芯片 RAM，给出发送缓冲区首地址和数据包长度（写入 TPSR、TBCR0、TBCR1），启动发送命令（CR=0x3E）即可实现 RTL8019AS 的发送功能，RTL8019AS 会自动按以太网协议完成发送并将结果写入状态寄存器。RTL8019AS 发送数据包的流程如图 49-7 所示。

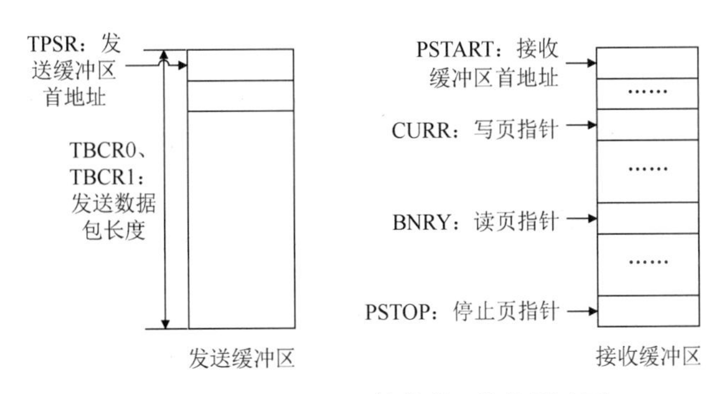

图 49-6　RTL8019AS 的发送、接收缓冲区

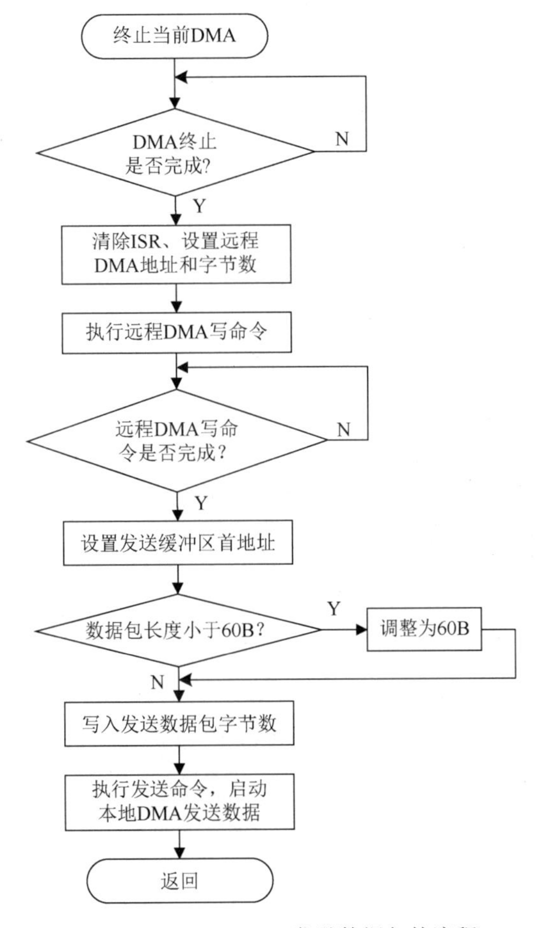

图 49-7　RTL8019AS 发送数据包的流程

RTL8019AS 发送数据包程序的代码如下。

```
void etherdev_send(void)
/*发送数据包程序部分*/
{
    unsigned int i;
    unsigned char *ptr;                                /*指针指向 RTL8019AS 的内部缓冲区*/
    ptr = _buf;
```

```
        page(0);
        reg00=RD2 | STA;                              /*终止当前 DMA*/
        while( reg00 & TXP) continue;                 /*查询数据是否已经发送完*/
        reg07|=RDC;                                   /*清除 ISR 中远程 DMA 完成标志*/
        reg08=0x00;
        reg09=ETH_TX_PAGE_START;                      /* RSAR1，远程 DMA 地址*/
        reg0a=(unsigned char)( _len & 0xFF);
        /*RBCR0，远程 DMA 字节数低位*/
        reg0b=(unsigned char)( _len >> 8 );
        /*RBCR1，远程 DMA 字节数高位*/
        reg00=RD1 | STA;                              /*执行远程 DMA 写命令*/
        for(i = 0; i <  _len; i++)
        {
            /*单片机向 RTL8019AS 远程 DMA 写数据*/
            if(i == 40 +  _LLH_LEN)
            {
                ptr = (unsigned char *) _appdata;
            }
            reg10=*ptr++;
            /*RDMA 为远程 DMA 端口，即 RTL8019AS 接收数据的端口，每写完 1 字节，自动加 1*/
        }
        while(!(reg07 & RDC)) continue;
        /*查询远程 DMA 写命令是否完成*/
        reg00= RD2 | STA;                             /*终止远程 DMA*/
        reg04=ETH_TX_PAGE_START;                      /*TPSR，发送缓冲区首地址*/
        if( _len < ETH_MIN_PACKET_LEN)
        {
            /*数据包的最小长度为 60B*/
            _len = ETH_MIN_PACKET_LEN;
        }
        reg05=(unsigned char)( _len & 0xFF);          /*TBCR0，发送数据包字节数低位*/
        reg06=(unsigned char)( _len >> 8);            /*TBCR1，发送数据包字节数高位*/
        reg00= 0x3E;
        //RD2 | TXP | STA;                            /*执行发送命令*/
        return;
    }
```

6．RTL8019AS 接收数据包

RTL8019AS 的接收缓冲区是一个环形缓冲区。接收缓冲区在内存中的位置由页起始寄存器（PSTART）和页终止寄存器（PSTOP）指出。接收缓冲区的当前读/写位置由当前页寄存器和边界页寄存器指出。

相对于发送数据包，接收数据包的过程更复杂。在函数 etherdev_read()中，设定若无数据包（返回值为 0）且超时 0.5s，则返回。

函数 etherdev_poll()的返回值为数据包的长度，若没有数据包或数据包的长度大于接收缓冲区_buf 的长度，返回长度 0，否则返回实际接收数据包的长度。另外，函数 etherdev_poll()

还对 RTL8019AS 接收缓冲区的溢出情况进行了处理。RTL8019AS 接收数据包的流程如图 49-8 所示。

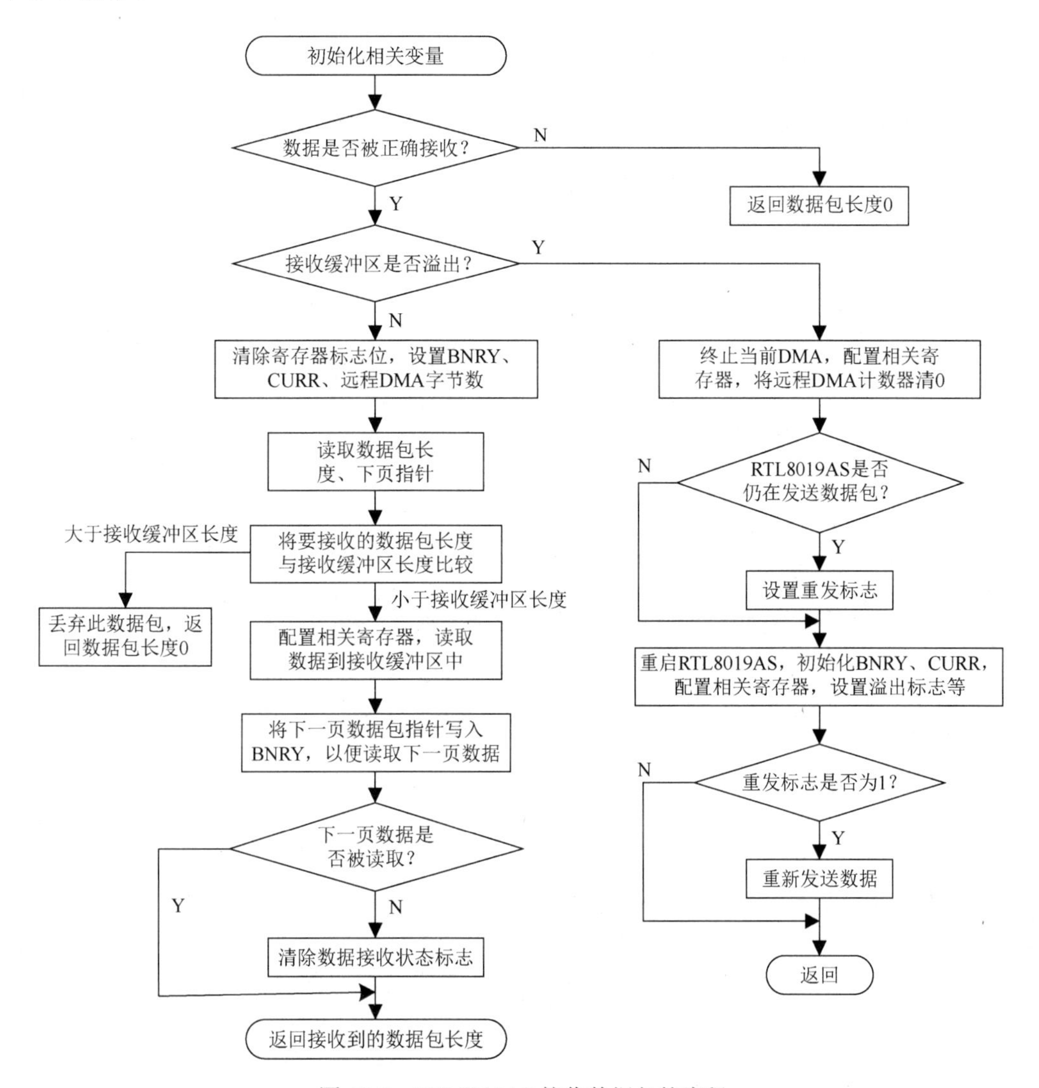

图 49-8　RTL8019AS 接收数据包的流程

（1）函数 etherdev_read()。

etherdev_read()用于 RTL8019AS 接收数据包，代码如下。

```
    unsigned int etherdev_read(void)
    {
        unsigned int bytes_read;
        /*将 tick_count 时钟设置为 0.5s，若读数据的等待时间超过 0.5s，则返回*/
        while  ((!(bytes_read  =  etherdev_poll()))  &&  (tick_count  <  12))
continue;
        tick_count = 0;
        return bytes_read;
    }
```

（2）函数 etherdev_poll()。

etherdev_poll()用于查询 RTL8019AS 是否接收到新数据包，代码如下。

```
    static unsigned int etherdev_poll(void)
    {
        unsigned int len = 0;
        unsigned char tmp;
        /*检查接收缓冲区是否有数据*/
        if(reg07 & PRX)
        {
            /*PRX 置位，表明数据包被正确接收*/
            if( reg07 & OVW)
            {
                /*检查接收缓冲区是否溢出*/
                bit retransmit = 0;
                /*若接收缓冲区溢出，则丢弃接收缓冲区中的所有数据包，因为无法确定溢出后接
收缓冲区的数据包不受影响*/
                reg00=RD2 | STP;                    /*终止当前 DMA*/
                reg0a=0x00;                         /*复位远程数据计数器低位*/
                reg0b=0x00;                         /*复位远程数据计数器高位*/
                /*当接收缓冲区溢出后，从接收缓冲区中读取一些数据而使其不再处于溢出状态时，
RST 会被置位*/
                while(!(reg07 & RST)) continue;
                if(reg00 & TXP)
                {
                    /*检测当前是否仍在传输数据包*/
                    if(!((reg07 & PTX) || (reg07 & TXE)))
                    {
                        /*若无错误，则重发数据包*/
                        retransmit = 1;
                    }
                }
                reg0d=LB0;
                /* TCR, LB0) */
                reg00= RD2 | STA;                   /*重新使 RTL8019AS 开始工作*/
                reg03=ETH_RX_PAGE_START;            /*重新初始化 BNRY*/
                page(1);
                reg07=ETH_RX_PAGE_START;            /*重新初始化 CURR*/
                page(0);
                reg07=PRX | OVW;                    /*清除接收缓冲区溢出标志*/
                reg0d=0x00;                         /*配置 TCR 为正常工作状态*/
                if(retransmit)
                {
                    reg00=0x3e;                     /*通过设置 CR 命令寄存器重发数据包*/
                }
            }
            else
```

```
        {
            /*接收缓冲区未溢出，读取数据包到 _buf 中*/
            unsigned int i;
            unsigned char next_rx_packet;
            unsigned char current;
            reg07=RDC;                      /*ISR，RDC 清除远程 DMA 完成标志位*/
            reg08=0x00;                     /*RSAR0，设置远程 DMA 开始地址*/
            reg09=reg03;                    /*RSAR1=BNRY*/
            reg0a=0x04;
            /*设置远程 DMA 字节数，注意以太网帧头的 4 字节*/
            reg0b=0x00;                     /*将 RBCR1 设置为 0x00*/
            reg00=RD0 | STA;                /*将 CR 命令寄存器设置为 RD0|STA*/
            tmp=reg10;
            /*RDMA，远程 DMA 读取第一个字节，为接收状态，不需要，注意 RTL8019AS 接收
数据包的前 4 字节并不是真正的以太网帧头，而是接收状态（8bit）、下页指针（8bit）、数据包长度
（16bit）*/
            next_rx_packet =reg10;
            /* RDMA，第 2 个字节为指向下页的指针*/
            len = reg10;                    /*RDMA，数据包长度*/
            len += (reg10<<8);              /*RDMA << 8*/
            len -= 4;                       /*减去尾部 CRC 校验 4 字节*/
            while(!(reg07 & RDC)) continue;     /*等待远程 DMA 完成*/
            reg00=RD2 | STA;                /*终止远程 DMA*/
            if(len <=  _BUFSIZE)
            {
                /*检查数据包长度*/
                reg07=RDC;                  /*清除远程 DMA 完成标志*/
                reg08=0x04;
                /*设置远程 DMA 地址，前部分程序中并没有将整个数据包读入，只是读取了接
收数据包的前 4 字节*/
                reg09=reg03;
                /*当 RSAR1=BNRY，BNRY=CURR 时，表明缓存区全部存满*/
                /*根据读取的数据包长度设置远程 DMA 字节数*/
                reg0a=(unsigned char)(len & 0xFF);
                reg0b=(unsigned char)(len >> 8);
                reg00=RD0 | STA;
                /*实现了 etherdev_reg_write(CR, RD0 | STA)的功能*/
                for(i = 0; i < len; i++)
                {
                    *( _buf + i) = reg10;
                    /*读 RDMA*/
                }
                while(!(reg07 & RDC)) continue; /*等待远程 DMA 完成*/
                reg00= RD2 | STA;           /*远程 DMA 完成后终止*/
            }
            else
            {
```

```
                len = 0; /*若数据包长度太长，则接收缓冲区将容纳不下，丢弃此数据包*/
            }
            reg03-next_rx_packet;
            /*实现了 BNRY=next_rx_packet 的功能*/
            page(1);
            current = reg07;              /*读取 CURR*/
            page(0);
            if(next_rx_packet == current)
            {
                /*检测上次接收的数据包是否已经被读取*/
                reg07=PRX;                /*清除数据包被正确接收标志位*/
            }
        }
    }
    return len;
    /*返回读取到的数据包长度，数据包已在接收缓冲区中，若 len=0，则表明无数据包*/
}
```

单片机与以太网控制器的结合使单片机与网络连接成为可能，数据的采集和传输走向网络化，但是受单片机资源的限制，单片机接入以太网传输数据的性能不可能太高，在某些应用中会受到限制。因此，实际应用中有必要提高单片机的速度或使用内部带有网络控制器的单片机。

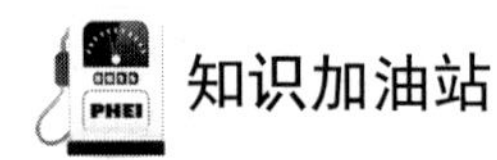

RTL8019AS 符合 Ethernet II 与 IEEE 802.3 标准，支持 8/16 位数据总线、8 个中断申请线及 16 个 I/O 基地址选择等。

实例 50　单片机控制 GPRS 数据传输

设计思路

GPRS（General Packet Radio Service，通用分组无线服务）是一种基于 GSM 系统的无线分组交换技术，能提供端到端的、广域的无线 IP 连接，允许用户在点对点分组转移模式下发送和接收数据，而不需要电路交换模式的网络资源等，从而提供了一种高效、低成本的无线分组数据业务。利用 GPRS 可以便捷地发送和接收用户数据，GPRS 具有实时性强、建设成本低、数据传输速率高、通信费用低、可远程控制等特点。目前，GPRS 已经在电力、石油、化工、门禁和自动化等领域应用。本实例重点介绍单片机和 GPRS 模块的接口，其他内容不做介绍。

器件介绍

当前市场上有多种 GPRS 模块可供选用，主要有 SIMCOM 公司的 SIM 系列、SIEMENS 公司的 TC35、BENQ 公司的 M22 等。选择 GPRS 模块时的参考因素主要有模块简单易用、稳定性好、内嵌 TCP/IP 协议等。

SIM300C 是 SIMCOM 公司推出的一种三频/四频 GSM/GPRS 模块，模块内部集成 TCP/IP 协议，可以方便地利用 AT 指令控制，主要为语音传输、短消息和数据业务提供无线接口。SIM300C 内部集成了完整的射频电路和 GSM 的基带处理器，适用于开发 GSM/GPRS 的无线应用产品。

SIM300C 支持外部 SIM 卡，其能自动检测和适应 SIM 卡类型，可直接与 3.0V 或 1.8V SIM 卡相连。

硬件设计

1. 总体硬件电路设计

单片机控制 GPRS 数据传输的系统结构框图如图 50-1 所示，本实例以单片机 C8051F340 为核心，其分别与 GPRS 模块、人机交互接口和其他接口等相连接，本实例重点介绍单片机和 GPRS 模块的接口，其他部分不做介绍。

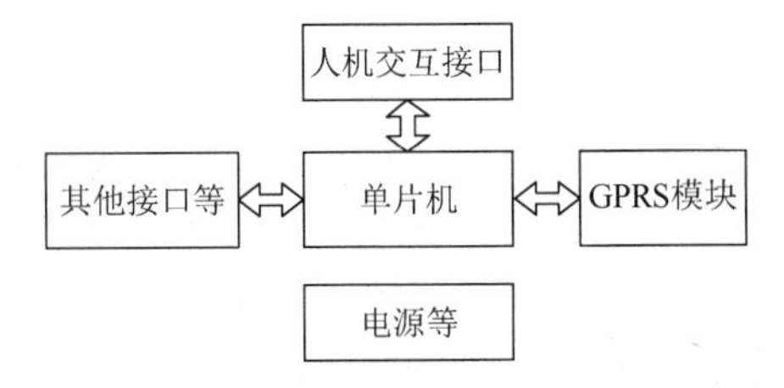

图 50-1　单片机控制 GPRS 数据传输的系统结构框图

SIM 卡与 SIM300C 的连接电路如图 50-2 所示。为了防止静电损坏 SIM 卡和 SIM300C，在 SIM 卡的引脚上接入瞬变电压抑制二极管。

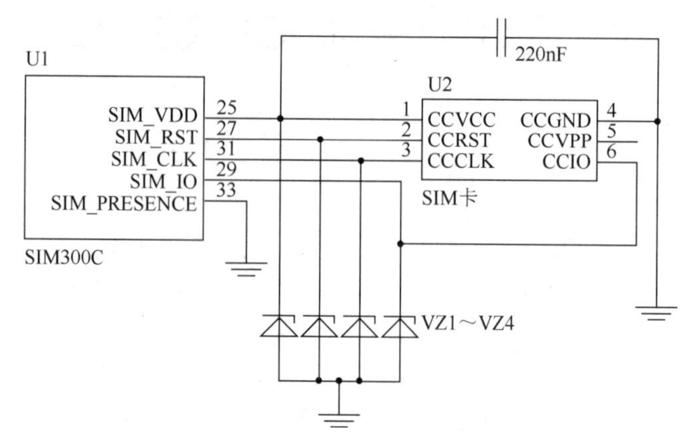

图 50-2　SIM 卡与 SIM300C 的连接电路

2. 与单片机接口设计

SIM300C 串口的特点如下。

当 SIM300C 上电后，建议先等待 3～5s 再发送 AT 指令，否则未定义的字符会被返回。SIM300C 开启自动波特率侦测功能后，原来系统自动产生的字符，如“RDY”、“+CFUN:1”和“+CPIN:READY”不会出现。自动波特率侦测的要求是串口发送的数据为 8 位，无奇偶校验，1 位停止位。

本实例选用的单片机为 C8051F340，其采用 3.3V 电源供电，C8051F340 的 I/O 口可直接与 SIM300C 的串口相连。其中，SIM300C 与单片机是通过串口进行通信的，除了串口发送（TXD）、串口接收（RXD），C8051F340 与 SIM300C 之间还有一些硬件握手信号，如 DTR、CTS、DCD 等。为了简化 C8051F340 的控制，硬件设计时不使用所有硬件握手信号。SIM300C 和 C8051F340 的串口连接如图 50-3 所示。

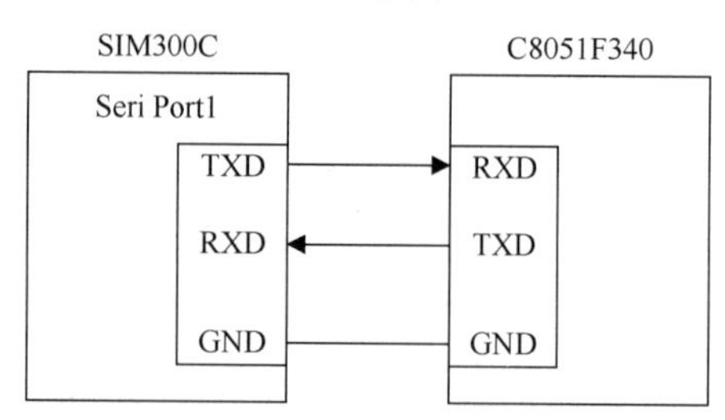

图 50-3　SIM300C 和 C8051F340 的串口连接

程序设计

SIM300C 具有标准的 AT 指令接口，C8051F340 使用 AT 指令与 SIM300C 进行通信，C8051F340 通过串口发送 AT 指令，SIM300C 接收到 AT 指令后进行相应的操作，并将操作结果通过串口返回，SIM300C 接收数据和 C8051F340 发送数据等也是通过串口来完成的。因此，C8051F340 的编程重点是使用串口发送和接收数据。

1．AT 指令简介

GSM 模块通信主要通过 AT 指令来完成。AT 指令是从终端设备（Terminal Equipment，TE）或数据终端设备（Data Terminal Equipment，DTE）向终端适配器（Terminal Adapter，TA）或数据电路端接设备（Data Circuit-terminating Equipment，DCE）发送的。TA、TE 通过发送 AT 指令来控制移动台（Mobile Station，MS）的功能，与 GSM 网络业务进行交互。用户可以通过 AT 指令进行呼叫、短信、传真等方面的控制。

AT 指令的特点如下。

（1）所有 AT 指令都以“AT”开始，以“回车”“换行”结束。

（2）命令及参数均为 ASCII 码形式。

（3）所有命令不区分大小写。

（4）应答格式为<回车><换行><响应><回车><换行>。

所有 AT 指令可大概分为基本格式、带参数的格式和其他格式。在介绍系统程序设计之前，先将主要的 AT 指令介绍如下，其他 AT 指令的功能、作用等请查阅相关模块所提供的详细资料。

① ATE0：关模块回显，返回“OK”表示关闭成功。

② AT+CMGF=1：设置消息内容为文本模式，返回“OK”表示设置成功。

③ AT+CNMI=2,1,0,0,0：设置接收格式，返回“OK”表示设置成功。

④ AT+CMGL=“ALL”：读取所有短信，通过这条指令可获取短信号。

⑤ AT+CMGD=短信号：删除某条短信，返回“OK”表示删除成功。

⑥ AT+CMGS=“手机号码”：发送短信，等返回“>（空格）”后，可写短信内容，用“Ctrl+Z”组合键（十六进制码为 1A）发送。

⑦ AT+CMGR=短信号：读取短信内容，该短信号为 SIM 卡中预读取短信的号码，短信号可从接收短信指令中获取，即“+CMTI:（空格）“SM”,（空格）短信号”中的短信号。

⑧ AT+CIPCSGP=1,“CMNET”：设置 GPRS 方式，返回“OK”表示设置成功。

⑨ AT+CLPORT=“UDP”,“端口号”：设置 UDP 端口号，返回“OK”表示设置成功。

⑩ AT+CSTT：启动 GPRS 任务，返回“OK”表示设置成功。

⑪ AT+CIICR：激活场景，返回“OK”表示设置成功。

⑫ AT+CIPFSR：获取本机的 IP 地址，通过这条指令可获取设置 UDP 端口号之后的 IP 地址。

⑬ AT+CIPSTART=“UDP”,“REMOTE IP ADDR”,“REMOTE PORT”：注册 UDP 连接，其中“REMOTE IP ADDR”和“REMOTE PORT”可以随便设置，注册成功后返回“CONNECT OK”。

⑭ AT+CIPCLOSE：注销当前 UDP 连接。

⑮ AT+CIPSEND：向 SERVER 发送数据，等返回“>”后，可写短信内容，用“Ctrl+Z”组合键（十六进制码为 1A）发送。

由上述指令不难看出，①用于关闭模块的回显，是初始化的一部分；②～⑦（共 6 条）实现短信的设置、读/写、发送等；⑧～⑭是 GPRS 模块及 UDP/IP 的设置、连接等方面的指令；⑮通过 GPRS 模块的 SERVER 功能来发送用户数据。

2．建立 GPRS 连接的方法

通过 GPRS 传送数据的双方进行数据传输之前，要先建立 GPRS 连接。建立 GPRS 连接的过程如下。

（1）首先，初始化 GPRS 模块，使其进入正常工作状态。

① 关模块回显。关闭 GPRS 模块的回显可方便单片机串口对指令和字符进行判断。关闭 GPRS 模块回显的 AT 指令为 ATE0<回车>，成功后返回“<回车><换行>OK<回车><换行>”。

② 设置消息内容为文本模式。AT 指令为 AT+CMGF=1<回车>，设置成功后返回“<回车><换行>OK<回车><换行>”。

③ 设置接收格式。AT 指令为 AT+CNMI=2,1,0,0,0<回车>，设置成功后返回“<回车><换行>OK<回车><换行>”。

④ 对 SIM 卡中的短信进行删除。首先读取 SIM 卡中的所有短信内容，获取短信号；然后删除短信。读取短信内容的 AT 指令为 AT+CMGR=“index”<回车>，返回“<回车><换行>+CMGL:（空格）短信号,“短信读取状态”,“手机号码”,“时间”,“短信内容”;……”。删除短信指令为 AT+CMGD=短信号，成功后返回“<回车><换行>OK<回车><换行>”。

（2）然后，发送相关 AT 指令，设置 SIM300C 的 SERVER 功能。

① 设置 GPRS 方式。AT 指令为 AT+CIPCSGP=1,“CMNET”<回车>，设置成功后返回“<回车><换行>OK<回车><换行>”。

② 设置 TCP 端口号。AT 指令为 AT+CLPORT=“TCP”,“0000”<回车>，设置成功后返回“<回车><换行>OK<回车><换行>”。

③ 启动 GPRS 任务。AT 指令为 AT+CSTT<回车>，启动成功后返回“<回车><换行>OK<回车><换行>”。

④ 激活场景。AT 指令为 AT+CIICR<回车>，激活成功后返回“<回车><换行>OK<回车><换行>”。

⑤ 获取 SERVER 的 IP 地址。AT 指令为 AT+GDNSGIP=“域名”<回车>，成功后返回“<回车><换行>OK<回车><换行>”。

⑥ 注册 TCP 连接。AT 指令为 AT+CIPSTART=“TCP”,“要连接的 IP 地址”,“端口号”<回车>，注册成功后返回“CONNECT OK”。

（3）接着，通过短信服务获得对方的 IP 地址和端口号。

① 发送短信，短信内容为本机 IP 地址和端口号，具体格式用户可自定义。AT 指令为 AT+CMGS=“手机号码”<回车>，等返回“> ”后开始写短信内容（本机 IP 地址和端口号），用“Ctrl+Z”组合键（十六进制码为 1A）发送，发送成功后返回“<回车><换行>+CMGS:短信号<回车><换行><回车><换行>OK<回车><换行>”。

注意：短信号为本机发送的短信号，对于本程序没有实际意义。

② 如果收到短信的话，将收到提示“<回车><换行>+CMTI:（空格）“SM”,（空格）短信号<回车><换行>”。此处的短信号为读取和删除短信的依据，如果收到短信，将及时读取其内容获取对方的 IP 地址和端口号，并对其立即删除，防止短信空间被占用，指令分别如下。

读取短信内容：AT 指令为 AT+CMGR=短信号<回车>，成功后返回“短信的相关内容<回车><换行>”。

删除短信：AT 指令为 AT+CMGD=短信号<回车>，成功后返回“<回车><换行>OK<回车><换行>”。

（4）最后，建立点对点的 TCP 连接。

① 注销当前 TCP 连接。AT 指令为 AT+CIPCLOSE<回车>，注销成功后返回“<回车><换行>OK<回车><换行>”。

② 建立当前连接。AT 指令为 AT+CIPSTART=“TCP”,“当前的 IP 地址”,“当前的端口号”<回车>，成功后返回“<回车><换行>OK<回车><换行>”。

③ 连接建立成功之后，就可以发送和接收 GPRS 数据了。

TCP 和 UDP 是 TCP/IP 协议中的两个传输层协议，它们使用 IP 路由功能把数据包发送到目的地，从而为应用程序及应用层协议（包括 HTTP、SMTP、SNMP、FTP 和 Telnet）提供网络服务。TCP 提供的是面向连接的、可靠的数据流传输，而 UDP 提供的是非面向连接的、不可靠的数据流传输。当强调的是传输性能而不是传输完整性时，UDP 是最好的选择。UDP 的数据传输时间很短，并且当发生网络阻塞时，UDP 较低的开销使其有更好的机会去传输数据。在实际应用中，可根据情况选择传输层协议。

建立 UDP 连接的过程：首先，启动 GPRS 任务——AT+CSTT<回车>；其次，激活场景——AT+CIICR<回车>；然后，获取本机 IP 地址——AT+CIPFSR<回车>；最后，与已知 IP 地址的端口建立 UDP 连接——AT+CIPSTART=“UDP”,“REMOTE IP ADDR”,“REMOTE PORT”<回车>。也可以将以上三步合并成一步完成——AT+CIPSTART=“UDP”,“REMOTE IP ADDR”,“REMOTE PORT”<回车>。

3．发送数据

通信双方建立 GPRS 连接以后，就可以发送和接收数据了，具体方法如下。

```
AT+CIPSEND=待发送数据的长度<回车>
```

等待 GPRS 模块返回“>”后，先将待发送数据送入 GPRS 模块，然后发送回车，数据即可发送出去。发送数据的流程如图 50-4 所示。

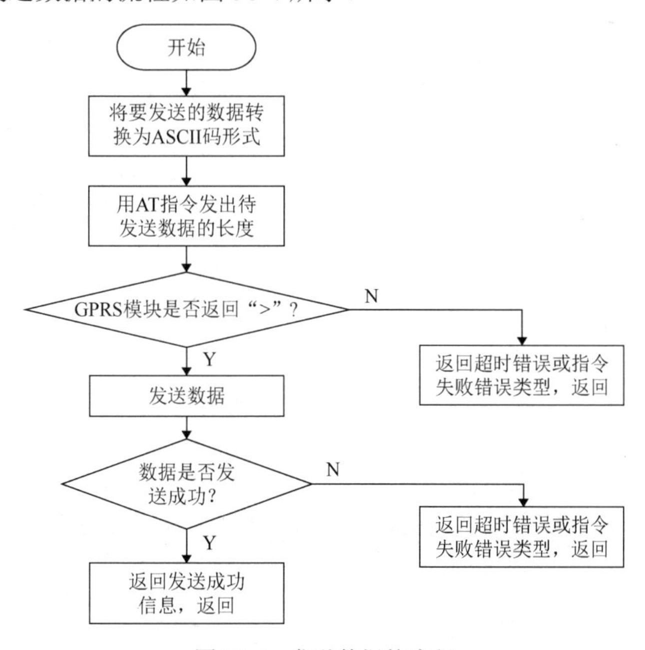

图 50-4　发送数据的流程

函数 send_gprs_data()用于发送指定长度的数据，代码如下。

```
unsigned char send_gprs_data(
unsigned char *send_data_p,         /*待发送数据的指针*/
unsigned int   send_data_len        /*待发送数据的长度*/
)
{
     /*以 ASCII 码形式存放的待发送数据的长度*/
     unsigned char sd_len_asc[4];
     /*将待发送数据的长度（十六进制码）转换为 ASCII 码形式*/
     if( send_data_len <9 )
     {
        sd_len_asc[0]=send_data_len +0x30;
        sd_len_asc_l =1;
     }
     else if( send_data_len <99 )
     {
        sd_len_asc[0] = (send_data_len%10) + 0x30 ;
        sd_len_asc[1] = (send_data_len/10) + 0x30 ;
        sd_len_asc_l = 2;
     }
     else if( send_data_len <999 )
     {
        sd_len_asc[0] = (send_data_len/100)    + 0x30;
        sd_len_asc[1] = (send_data_len%100)/10 + 0x30;
        sd_len_asc[2] = (send_data_len%10 )    + 0x30;
        sd_len_asc_l = 3;
     }
     else
     {
        sd_len_asc_l = 0;
     }
     /*用 AT 指令发送待发送数据的长度*/
     seri_send("AT+CIPSEND=",11);
     seri_send(&sd_len_asc[0],sd_len_asc_l);
     seri_send('\d',1);
     /*判断是否返回“>”*/
     if( (seri_poll('>',1)==FALSE   )||
     (seri_poll('>',1)==TIME_OUT) )
     {
        return AT_CIPSEND_ERR;
     }
     seri_send( send_data_p,send_data_len);
     /*发送数据*/
     seri_send('\d',1);
     if((seri_poll("SEND OK",7)==FALSE   )||
```

```
        (seri_poll("SEND OK",7)==TIME_OUT) )
        {
            /*检查发送是否成功*/
            return SEND_ERR;
        }
        return GPRS_DATA_SEND_OK;
}
```

程序中使用了函数 seri_poll()，其功能是在一定时间内查询有无数据返回。若有数据返回，则判断是否与指定字符串相同，同时判断返回值是否超时。若返回值超时，则报超时信息（TIME_OUT）；若有数据返回但返回的数据中没有指定字符串，则报出错信息（FALSE）；若有数据返回且返回的数据中有指定字符串，则报正确信息（OK）。

4．接收数据

GPRS 模块接收数据时，在 GPRS 传输状态下，检测串口上是否有接收的数据。接收数据的流程如图 50-5 所示。

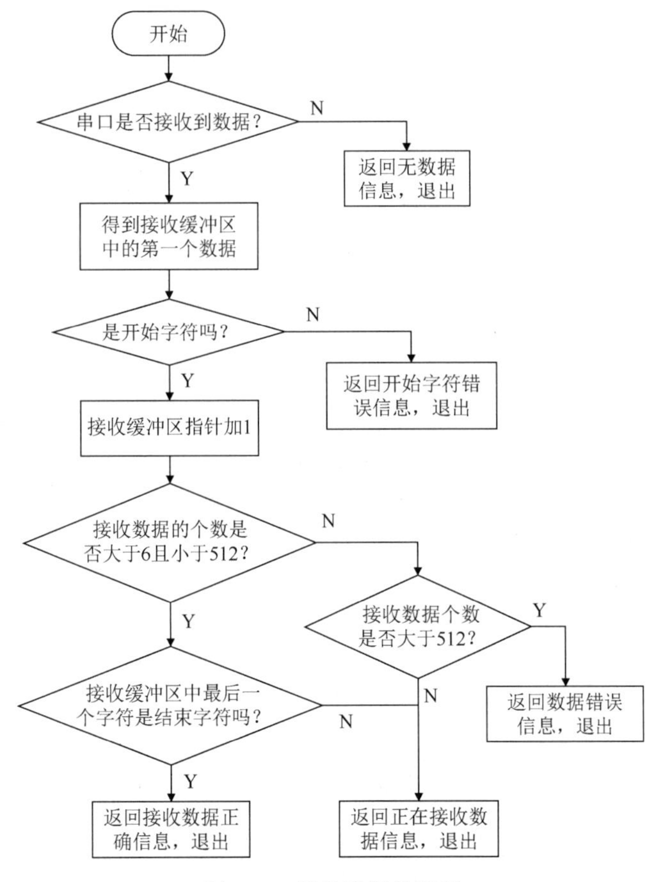

图 50-5　接收数据的流程

函数 recv_gprs_data()主要用于对串口接收到的数据进行简单处理，函数 seri_poll()的功能是在一段时间内查询串口上是否有接收的数据。recv_gprs_data()代码如下。

```
unsigned char recv_gprs_data( void )
{
     GPRS_DATA_HDR *gprs_data_p;
     if( (seri_poll(NULL,0)==0)||
      (seri_poll(NULL,0)==TIME_OUT) )             /*检查有无数据被接收*/
     {
         return NO_GPRS_DATA;
     }
     gprs_data_p = (GPRS_DATA_HDR *)&seri_recv_buf[0];
     if( gprs_data_p->mask!=GPRS_DATA_SYN)
     /*检查接收数据的开始字符是否合法*/
     {
         clr_seri_buf();
         return NO_MATCH_SYN;
     }
     gprs_recv_c ++;
     if( (gprs_recv_c> 6 )&&
     (gprs_recv_c<512)

     ( seri_recv_buf[ gprs_recv_c ] == FIN )    /*检查结束字符*/
     )
     {
         return GPRS_RECV_FRAME_OK;
         /*接收成功*/
     }
     else if( seri_recv_buf[gprs_recv_c>512]
     {
         clr_seri_buf();
         return GPRS_FRAME_ERR;
     }
     else
     {
         return GPRS_RECVING;
     }
}
```

程序中定义了数据的帧头格式，C 语言中用结构体表示如下。

```
typedef struct
{
     unsigned char  syn_chr;                     /*起始字符*/
     unsigned int   data_len;                    /*接收数据的长度*/
     unsigned int   chk_sum;                     /*校验数据*/
     unsigned char  opt;                         /*功能域等*/
     unsigned char  *data_p;                     /*接收数据的指针*/
}
GPRS_DATA_FRAME;
```

程序中调用函数 recv_gprs_data()后，如果返回值为 GPRS_RECV_FRAME_OK，则使用接收到的数据，由 GPRS_DATA_FRAME 结构中的 data_p 得到接收数据的指针，由 data_len 得到接收数据的长度。

经验总结

在使用 SIM300C 时，需要注意的是，SIM300C 在数据传输过程中的电源电流峰值可达 3A，线路阻抗造成的电压降会使 SIM300C 的 VBAT 引脚的电压不稳，因此电源必须能够提供足够的电流，同时在电源线上对地接入一只旁路电容，其电容量通常为 100μF 以上，PCB 布线时尽可能靠近 SIM300C 的 VBAT 引脚。

进行数据传输的双方建立 GPRS 连接之后，若长时间没有发送数据，建立的 GPRS 连接可能会被断开，若想继续传输数据，则必须重新建立 GPRS 连接；避免 GPRS 连接断开可采用的方法是在数据传输空闲时，发送心跳包（每隔一段时间发送一次数据），以保证建立的 GPRS 连接不断开。

为了保证数据传输的正常进行，防止射频信号干扰，在进行 PCB 线路设计时，一定要先阅读有关的布线指导，尤其是系统中用到模拟信号通道时，更应注意射频信号带来的干扰。

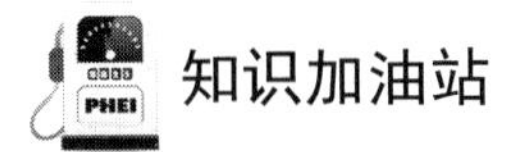

知识加油站

每个 AT 指令行中只能有一条 AT 指令，响应和上报的一行中也只能有一条指示或响应。AT 指令以“AT”开头，以<回车>结尾，响应或上报以<回车><换行>结尾。

实例 51　单片机实现 TCP/IP 协议

设计思路

uIP 是专为嵌入式应用设计的协议栈，仅仅实现了进行网络通信所必需的 TCP/IP 组件。uIP 使用事件驱动接口，当有事件发生时，相应的应用程序（UIP_APPCALL()）会被调用。

程序设计

uIP 是一个小型嵌入式 TCP/ IP 协议，不包括 TCP/ IP 协议中的所有功能，只保留网络通信所必需的协议，本实例主要对 uIP 内部实现 ARP、IP 和 TCP 的应用程序进行部分分析和说明。

由于本实例的 uIP 是运行在 51 单片机上的，选用的 C 语言编译器为 Keil C51，因此有必要对 Keil C51 的特点进行说明。

1. Keil C 和 ANSI C 的比较

Keil C51 是一个完全支持 ANSI 标准的 C 语言编译器，除少数关键地方外，Keil C 和标准 ANSI C 基本类似，但是由于 51 单片机结构的特殊性，Keil C 进行了一些扩展，本实例只对程序涉及的部分进行说明，读者若想进行更深层次的了解，可参阅相关资料。

本实例涉及的 Keil C51 的扩展类型如表 51-1 所示。

表 51-1　本实例涉及的 Keil C51 的扩展类型

数据类型	bit	位变量	bit flag
存储类型	code	程序存储区	unsigned char code table[8]
	data	直接寻址片内存储区	unsigned char data i
	idata	间接寻址片内存储区	int　idata j
	xdata	片外数据存储区	unsigned int xdata buf
指　针	一般指针	一般指针用 3 字节存储，其声明方式和标准 ANSI C 相同	
	存储器指针	这类指针在指针声明时就指定了存储类型，如 int data　*no; unsigned char xdata *p;	
中断函数	当中断发生时，Keil C51 提供了一个调用 C 函数的方法。用户只需要关心中断数和使用的寄存器组。例如： void SERI_ISR() interrupt 3 using 2		

2. C 语言中 volatile 关键字的使用

uIP 协议栈中的全局数组 uip_buf[]和其他全局变量等，以 volatile 关键字修饰，以下对此进行简单的分析说明。

volatile 的意思是易变的、可变的，volatile 关键字的作用是限制编译器优化某些变量。首先看一段 Keil C51 程序代码：

```
#include<reg52.h>
unsigned char  x,y,z;
unsigned char xdata d;

void main( void)
{
     x=0xaa;
     y=0xbb;
     z=0xcc;
     d=0xdd;
     while(1)
     {
        x=d;
        y=d;
        z=d;
     }
}
```

Keil C51 在优化级别是 8 时得到如下汇编代码（部分未列出）：

```
main:
MOV      x,#0AAH
MOV      y,#0BBH
MOV      z,#0CCH
MOV      DPTR,#d
MOV      A,#0DDH
MOVX     @DPTR,A
?C0001:
MOV      DPTR,#d
MOVX     A,@DPTR
MOV      x,A
MOV      y,A
MOV      z,A
SJMP     ?C0001
END
```

可以看到，当把变量 d 的值赋给 x、y、 z 时，只有 x 是直接读取 d 的数值，而 y=d，z=d 则是直接将寄存器中的数值赋给 y、z。若在此过程中，d 的值被改变，则 y、z 得到的数值将是错误的，因此在某些应用中，该程序存在隐患。

这类问题并不是编译器造成的。由于访问内部寄存器的速度比访问 RAM 快，因此编译器在编译类似程序时，会对程序进行优化，除第一次编译变量以外，在连续读取一个变量时，编译器为了简化程序，只要有可能就会把第一次读取的值放在 ACC 或 Rx 中，在以后读取该变量的值时，就直接使用第一次读取的值。如果该变量的值在此过程中已经被外设（如读取外设端口时，经常将外设端口看作一个外部 RAM 地址）或其他程序（如中断服务程序）所改变，那么就可能会出错。为了解决这类问题，常用的方法是降低编译器的优化级别或使用 volatile 关键字修饰相关变量。显然降低优化级别不是理想的解决方法，因此用 volatile 关键字修饰相关变量很有必要。

对上面例子中的 d 加上 volatile 关键字后，程序代码如下。

```
#include<reg52.h>
unsigned char  a,b,c;
volatile unsigned char xdata d;

void main( void)
{
      x=0xaa;
      y=0xbb;
      z=0xcc;
      d=0xdd;
      while(1)
      {
          x=d;
          y=d;
          z=d;
      }
}
```

重新编译后得到的汇编代码（部分未列出）如下。

```
main:
MOV      x,#0AAH
MOV      y,#0BBH
MOV      z,#0CCH
MOV      DPTR,#d
MOV      A,#0DDH
MOVX     @DPTR,A
?C0001:
MOV      DPTR,#d
MOVX     A,@DPTR
MOV      x,A
MOVX     A,@DPTR
MOV      y,A
MOVX     A,@DPTR
MOV      z,A
SJMP     ?C0001
END
```

可以看出，此时 y、z 的值是从 d 的存储区中读取的。用 volatile 关键字对 d 进行修饰后，编译器不再对这个变量的操作进行优化，代码的执行达到了期望的目的。

一般情况下，volatile 关键字用在以下几个地方。

（1）中断服务程序中修改的供其他程序检测的变量需要加 volatile 关键字。

（2）多任务环境下各任务间共享的标志应该加 volatile 关键字。

（3）存储器映射的硬件寄存器通常也要加 volatile 关键字，因为每次对它的读/写都可能有不同的意义。

3．各部分协议代码实现解释

uIP 是模块化设计的，头文件主要包括 uip.h、uipopt.h、uip_arp.h、uip_arch.h，核心文件主要包括 uip_arp.c、uip.c、uip_arch.c 等。另外，uIP 的源文件中给出了几个应用示例，实现了一个简单的 http 服务器，并且带有部分 CGI（公共网关接口）功能。下面主要结合 TCP/IP 协议说明各核心文件的功能，对代码进行分析。

（1）ARP（地址解析协议）的实现及 uIP 提供的相关函数。

ARP 本质上完成的是网络地址到物理地址的映射。在本实例中，物理地址指以太网类型地址（MAC 地址），网络地址特指 IP 地址。

ARP 的以太网封装格式和报文格式如图 51-1 所示。

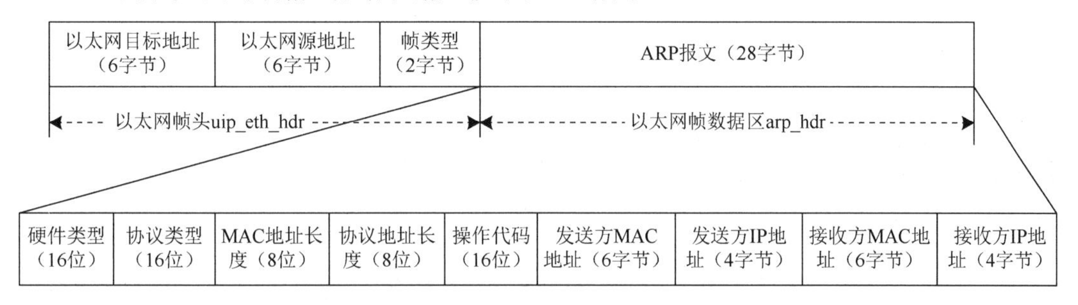

图 51-1 ARP 的以太网封装格式和报文格式

uIP 使用一个结构体 arp_hdr 来表示 ARP 报文。注意：arp_hdr 的数据结构中还包括以太网帧头、硬件地址类型和协议地址类型等，真正的 ARP 报文是从 u8_t hwlen 开始的。

```
struct arp_hdr
{
     struct uip_eth_hdr ethhdr;      /*以太网帧头*/
     u16_t  hwtype,                  /*硬件类型*/
     protocol;                       /*协议类型*/
     u8_t  hwlen,                    /*MAC 地址长度*/
     protolen;                       /*协议地址长度*/
     u16_t opcode;                   /*操作代码*/
     struct uip_eth_addr shwaddr;    /*发送方 MAC 地址*/
     u16_t sipaddr[2];               /*发送方 IP 地址*/
     struct uip_eth_addr dhwaddr;    /*接收方 MAC 地址*/
     u16_t dipaddr[2];               /*接收方 IP 地址*/
};
```

ethhdr 表示以太网帧头，定义的结构体原型如下。

```
struct uip_eth_hdr
{
     struct uip_eth_addr dest;       /*以太网目标地址*/
     struct uip_eth_addr src;        /*以太网源地址*/
```

```
        u16_t  type;                          /*帧类型*/
    };
```

① dest、src：以太网目标地址和源地址。它们都是 6 字节，目标地址为 FF FF FF FF FF FF 代表其是广播地址，以太网上的所有节点都可以收到。

② type：帧类型。其一般有两种，若 type=0x0806，则表明以太网封装的数据部分为 ARP 数据包；若 type=0x0800，则表明以太网封装的数据部分为 IP 数据包。

③ hwtype：硬件类型字段。其指明了发送方想知道的硬件地址的类型，以太网的硬件地址类型为 1。

④ protocol：协议类型字段。其指明了要映射的协议地址类型，IP 地址为 0x0800。

⑤ hwlen：硬件地址长度。其指明了硬件地址的长度。对于以太网上的 IP 地址请求来讲，值为 6。

⑥ protolen：协议地址长度。其指明了协议地址的长度，对于以太网上的 IP 地址来讲，值为 4。

⑦ opcode：操作代码字段，其用于表示该报文的类型，ARP 请求为 1，ARP 响应为 2，RARP 请求为 3，RARP 响应为 4。

⑧ shwaddr：发送方的 MAC 地址，6 字节。

⑨ sipaddr[2]：发送方的 IP 地址，4 字节。

⑩ dhwaddr：接收方的 MAC 地址，6 字节。

⑪ dipaddr[2]：接收方的 IP 地址，4 字节。

uIP 协议栈中与 ARP 有关的文件为 uip_arp.c。文件中主要包含与 ARP 实现相关的数据结构和相关函数等。

uIP 协议栈将 IP 地址和 MAC 地址的对应关系保存在一个表 arp_table[]中。

static struct arp_entry xdata arp_table[UIP_ARPTAB_SIZE];

表中的每个元素称为表项，每个表项保存的是一个 IP 地址和 MAC 地址的对应关系，另外还有一个标志时间的 8 位变量。显然，表中的每个元素都是 arp_entry 型，arp_entry 的定义如下。

```
    struct arp_entry
    {
        u16_t ipaddr[2];
        struct uip_eth_addr ethaddr;
        u8_t time;
    };
```

表 51-2 所示为 arp_table[]示例。

表 51-2　arp_table[]示例

arp_table[]	ipaddr[2]	uip_eth_addr ethaddr	time
arp_table[1]	192.168.140.2	00 4A 5B 12 12 13	2
arp_table[1]	192.168.140.5	00 0F 06 C3 D2 25	5
…	…	…	…
arp_table[UIP_ARP TAB_SIZE]	…	…	8

uip_arp.c 文件中主要函数的说明如下。

① uip_arp_init()：该函数的作用是初始化 arp_table[]，使其中的 IP 地址全部为 0。

② uip_arp_timer()：该函数应该每隔一段时间被调用一次，每调用一次该函数，arp_table[]中所有表项的老化时间增加 1，然后与最大老化时间 UIP_ARP_MAXAGE 比较，如果大于最大老化时间，说明该表项太老，于是该表项被清 0，以用来存储更新的数据。

③ uip_arp_update(u16_t *ipaddr, struct uip_eth_addr *ethaddr)：该函数只能被 uip_arp.c 文件中的其他函数调用，作用是更新 arp_table[]中的表项。首先寻找未使用的表项，若找到，则将新的 arp 对应关系加入其中；若未找到，则寻找 arp_table[]中最老的表项，并用新的数据将其代替。

④ uip_arp_ipin()：该函数的功能是对收到的 IP 数据包进行 ARP 部分的处理。若收到的 IP 数据包中的 IP 地址在 arp_table[]中存在，则相应表项中的 MAC 地址将会被收到的 IP 数据包中的 MAC 地址代替；若 arp_table[]中不存在该 IP 地址，则创建一个新的表项。实际上，该函数对收到的 IP 数据包中的 IP 地址进行其是否是本地网络的判断后，直接调用 uip_arp_update()函数更新 arp_table[]。

⑤ uip_arp_arpin()：该函数的功能是对收到的 ARP 数据包进行处理。当收到一个 ARP 数据包时，应该调用该函数处理。若收到的 ARP 数据包是一个 ARP 请求包的应答，则该函数将更新 arp_table[]；若收到的 ARP 数据包是其他主机发送的请求本机 MAC 地址的数据包，则该函数生成一个 ARP 应答包，且将其放在 uip_buf[]缓冲区中。

当函数返回时，全局变量 uip_len 的值表明网络驱动是否应该发送一个数据包。若 uip_len 不为 0，则其值是 uip_buf[]中存储的待发送的数据包的长度，数据包就存储在 uip_buf[]中。

⑥ uip_arp_out()：该函数的作用是对待发送的 IP 数据包进行预先处理，根据处理的情况决定是否发送一个 ARP 请求包，以得到 IP 数据包中 IP 地址的 MAC 地址。若待发送的 IP 数据包中的 IP 地址在本地网络中（具有相同的子网掩码），则搜索 arp_table[]寻找是否存在相应的表项，若存在，则为待发送的 IP 数据包添加以太网帧头，然后函数返回。若 arp_table[]中不存在相应的表项，则生成一个 ARP 请求包，以得到待发送的 IP 数据包中 IP 地址的 MAC 地址。新生成的 ARP 请求包存放在 uip_buf[]中代替原有的数据。IP 数据包的重发依靠上层协议（如 TCP）来完成。当函数返回时，全局变量 uip_len 的值表明网络驱动是否应该发送一个数据包。若 uip_len 不为 0，则其值是 uip_buf[]中存储的待发送的数据包的长度，数据包就存储在 uip_buf[]中。

（2）IP 和 TCP 的简单说明及 uIP 协议栈中相关接口函数的实现。

IP 是 TCP/IP 协议中最核心的协议。所有的 TCP、UDP 数据等都是以 IP 数据包格式传输的。IP 负责将数据传输到正确的目的地，同时负责路由的选择。IP 的数据传输具有以下特点。

① 传输数据不能保证到达目的地。

② 数据传输的可靠性由上层协议（如 TCP）来提供。

③ IP 传输的数据是无连接的。

TCP 用于在不可靠的网络上提供可靠的、端到端的数据流通信服务。当传输受到干扰或由于网络故障等原因使传输的数据不可靠时，就需要利用其他协议来保证数据传输的完整性与可靠性，TCP 正是完成这种功能的。TCP 采用“带重传的肯定确认”和“滑动窗口”来实现数据传输的可靠性和流量控制，详细过程请读者参考相关资料。

TCP 是面向连接的数据传输协议。双方通信之前，先建立连接，然后发送数据，发送完数据之后，关闭连接。通信双方建立连接之后，数据沿着这个连接双向传输数据，连接的双方通过序列号和确认号来对数据保持跟踪。

序列号说明当前数据块在数据流中的位置。如果初始数据块的序列号是 0，并且有 10 字节长，那么下一个数据块的序列号应该是 10。

确认号表示接收数据的总数。如果初始数据块的序列号是 0，并且收到 10 字节需要确认，则应答中的确认号是 10。因为 TCP 的数据传输是双向的，每一方都对其本身的传输保留一个序列号和确认号，并且每一方都对从对方节点接收的序列号和确认号进行跟踪。

TCP 的操作可以使用一个具有 11 种状态的有限状态机来表示，各状态的描述如表 51-3 所示。

表 51-3　各状态的描述

状　态	描　述
CLOSED	关闭状态
LISTEN	监听状态，等待连接进入
SYN RCVD	收到一个连接请求，尚未确认
SYN SENT	已经发出连接请求，等待确认
ESTABLISHED	连接已经建立，正常数据传输状态
FIN WAIT1	（主动关闭）已经发送关闭请求，等待确认
FIN WAIT2	（主动关闭）收到对方关闭确认，等待对方关闭请求
TIME WAIT	完成双向连接，等待所有分组结束
CLOSING	双方同时尝试关闭，等待对方确认
CLOSE WAIT	（被动关闭）收到对方关闭请求，已经确认
LAST ACK	（被动关闭）等待最后一个关闭确认，并等待所有分组结束

相关信号说明如下。

SYN——初始同步消息；ACK——确认；FIN——最后关闭消息；RST——强迫关闭信号。

下面主要对 IP、TCP 的数据包格式进行说明。IP 和 TCP 数据帧的以太网封装格式如图 51-2 所示。

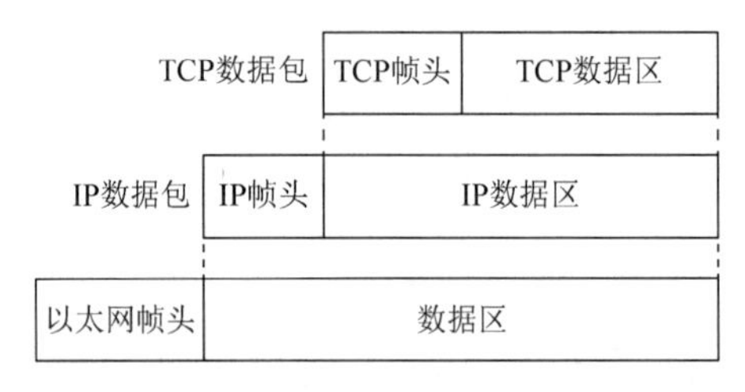

图 51-2　IP 和 TCP 数据帧的以太网封装格式

IP 帧头和 TCP 帧头的格式如图 51-3 所示。

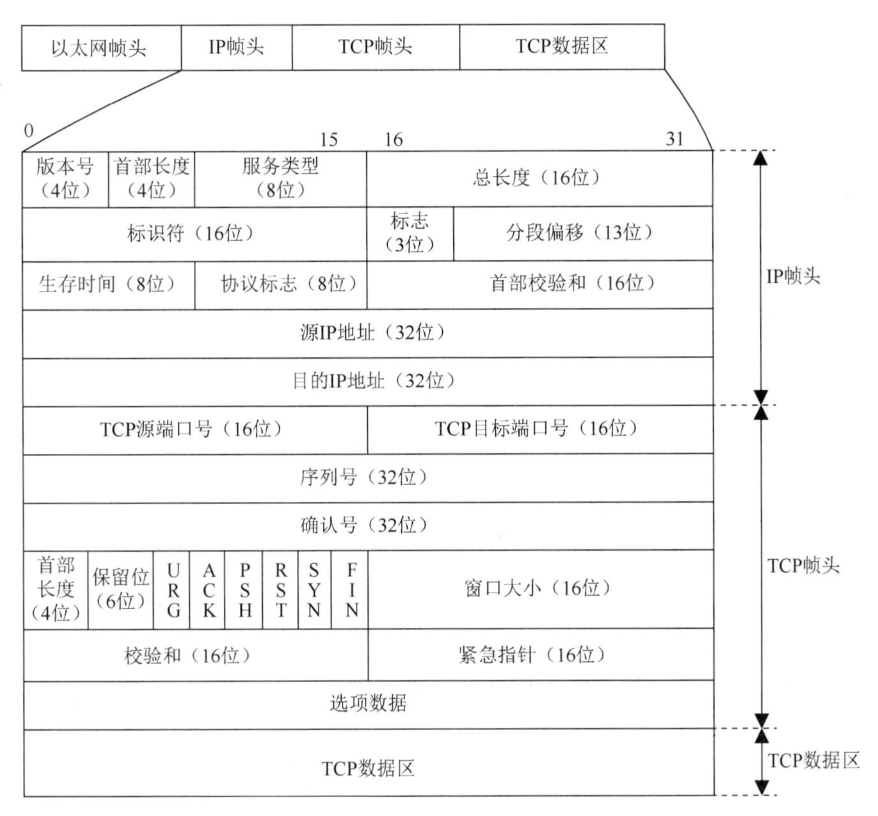

图 51-3　IP 帧头和 TCP 帧头的格式

uIP 并没有将 IP 帧头拿出来进行单独处理，定义数据结构时直接将 IP 帧头和 TCP 帧头放在一个结构体 uip_tcpip_hdr 中，代码如下。

```
typedef struct
{
    /* IP 帧头*/
    u8_t   vhl,                  /*4 位版本号和 4 位首部长度*/
    tos,                         /*8 位服务类型*/
    len[2],                      /*16 位总长度*/
    ipid[2],                     /*16 位标识符*/
    ipoffset[2],                 /*3 位标志和 13 位分段偏移*/
    ttl,                         /*8 位生存时间*/
    proto;                       /*8 位协议标志*/
    u16_t ipchksum;              /*16 位首部校验和*/
    u16_t srcipaddr[2],          /*源 IP 地址*/
    destipaddr[2];               /*目的 IP 地址*/
    /* TCP 帧头*/
    u16_t srcport,               /*16 位 TCP 源端口号*/
    destport;                    /*16 位 TCP 目的端口号*/
    u8_t  seqno[4],              /*32 位序列号*/
    ackno[4],                    /*32 位确认号*/
    tcpoffset,                   /*4 位首部长度和 6 位保留位*/
    flags,                       /*标志*/
```

```
        wnd[2];                     /*16 位窗口大小*/
        u16_t tcpchksum;            /*16 位校验和*/
        u8_t urgp[2];               /*16 位紧急指针*/
        u8_t optdata[4];            /*选项数据*/
    }
    uip_tcpip_hdr;
```

以下为 IP 帧头各部分的说明。

① vhl：4 位版本号和 4 位首部长度。本实例采用的是 IPv4，首部长度是指以 32 位为单位的 IP 帧头长度，在没有选项时，首部长度字段中的值是 5。

② tos：8 位服务类型。uIP 中未使用，数值为 0。

③ len[2]：16 位总长度。总长度指的是整个 IP 数据帧的长度（包括 IP 帧头）。

④ ipid[2]：ipid 是一个无符号数，属于同一个报文的分段具有相同的标识符。IP 每发送一个 IP 报文，就要把该标识符的值加 1，作为下一个报文的标识符。

⑤ ipoffset[2]：标志的前 3 位中只有低两位有效。

第 1 位：最终分段标志。若为 0，则表明该分段是原报文的最后一个分段。

第 2 位：禁止分段标志。当该位为 1 时，该报文不能分段。假如此时数据包的长度大于网络的 MTU 值，则根据 IP 丢弃该报文。

ipoffset[2]的后 13 位表示分段偏移，以 8 字节为单位表示当前数据包相对于初始数据包开头的置。

⑥ ttl：8 位生存时间。其表明数据在进入网络后能够在网络中存留的时间，以秒为单位，最大为 255。当其为 0 时，该数据包被丢弃，数据包每经过一个路由器，该值减 1。因此，循环传输的数据包最后总是会被丢弃。

⑦ proto：8 位协议标志。其指出 IP 数据包中数据部分属于哪一种协议（高层协议），如 0x06 为 TCP，0x01 为 ICMP，0x17 为 UDP 等。

⑧ ipchksum：首部校验和。其用于保证 IP 帧头数据的正确性。此校验只针对 IP 帧头。如果校验失败，数据包将被丢弃。计算方法：把 IP 帧头看作 16 位二进制数（首部校验和本身字段设为 0）的组合，对首部每个 16 位二进制数进行二进制反码的求和，即得到首部校验和。接收方收到数据包后，同样对首部每个 16 位二进制数进行二进制反码的求和（这次包括首部校验和），若无误，则求得的和全为 1，否则说明接收到的数据包有误。

⑨ srcipaddr[2]：源 IP 地址。

⑩ destipaddr[2]：目的 IP 地址。

以下为 TCP 帧头各部分的说明。

① srcport：16 位 TCP 源端口号。

② destport：16 位 TCP 目的端口号。

③ seqno[4]：32 位序列号。其用于标识从 TCP 源端向 TCP 目的端发送的数据块在数据流中的位置。

④ ackno[4]：32 位确认号。其用于指示下一个数据块的序列号。

⑤ tcpoffset：4 位首部长度和 6 位保留位。首部长度用于说明 TCP 帧头的长度，指由 32 位组成的字的数目。由于 TCP 选项数据字段是可选项，所以 TCP 首部长度可变。通常首部长度字段为空，默认值为 5。uIP 中首部长度的初始数值为 5，通过首部长度与 5 比较

大小来判断是否有选项数据。

⑥ flags：标志。其包括 6 位控制位标志字段，字段的值为 1 表示本字段有效，为 0 表示本字段无效。

URG：用于表示报文中的数据已经被发送端的高层软件标志为紧急数据。

ACK：用于表示确认号的值有效。若 ACK 为 1，则表示报文中的确认号有效；否则，报文中的确认号无效，接收端可以忽略。

PSH：为 1 表示接收方应该尽快将这个报文交给应用层而不用等待缓冲区满。

RST：用于复位因主机崩溃或其他原因而出现错误的连接，它还可以用于拒绝非法的报文或拒绝连接请求。RST 为 1 表示要重新建立 TCP 连接。

SYN：SYN 为 1 表示连接要与序列号同步。

FIN：用于释放连接，FIN 为 1 表示发送端数据已发送完毕。

⑦ wnd[2]：16 位窗口大小。其用于数据流量控制，字段中的值表示接收端主机可接收数据块的个数。

⑧ tcpchksum：16 位校验和。其用于校验 TCP 报文段头部、数据和伪头部的校验和。校验和的校验方法与 IP 帧头的校验方法相同。伪头部如图 51-4 所示。

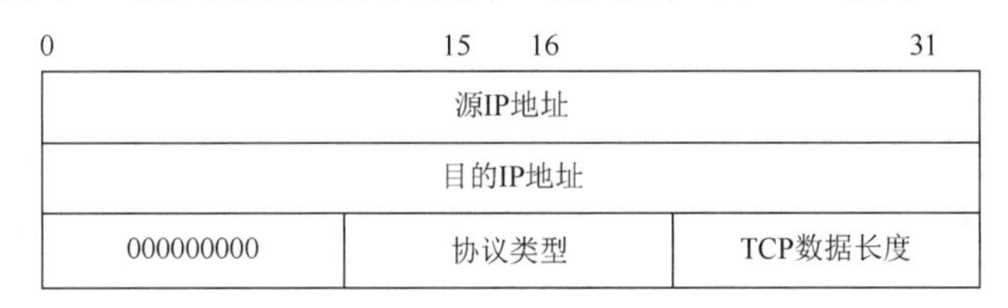

图 51-4　伪头部

⑨ urgp[2]：16 位紧急指针。只有当 URG 为 1 时，紧急指针才有效。紧急指针是一个正偏移量，和序列号字段中的值相加表示紧急数据最后一个字节的序列号。

⑩ optdata[4]：选项数据。最常见的可选字段是最长报文大小，又称为 MSS。每个连接方通常在通信的第一个报文段（为建立连接而设置 SYN 为 1 的那个字段）中指明这个选项，它指明本端所能接收的最大长度的报文段。

uIP 协议栈中使用 uip_conn 结构体来保存每一个 TCP 连接的双方 IP 地址、端口号、序列号、确认号等。在 uIP 中定义了一个数组（见 uip.c 文件中的 struct uip_conn xdata uip_conns[UIP_CONNS]），数组中的每个元素都对应一个 TCP 连接，保存了对应的 TCP 连接的状态。元素的类型为 struct uip_conn 型，uip_conn 结构体定义如下。

```
struct uip_conn
{
    u16_t ripaddr[2];        /*远程主机的 IP 地址*/
    u16_t lport;             /*本地 TCP 端口*/
    u16_t rport;             /*远程 TCP 端口*/
    u8_t rcv_nxt[4];         /*期望收到的下一个序列号*/
    u8_t snd_nxt[4];         /*上次发送的序列号*/
    u16_t len;               /*预先发送的数据长度*/
    u16_t mss;               /*本连接的最大报文大小*/
    u16_t initialmss;        /*本连接的初始最大报文大小*/
    u8_t sa;                 /*重发数据超时计算状态变量*/
```

```
        u8_t sv;                    /*重发数据超时计算状态变量*/
        u8_t rto;                   /*重发数据超时*/
        u8_t tcpstateflags;         /*TCP 状态标志*/
        u8_t timer;                 /*重发数据定时器*/
        u8_t nrtx;                  /*上次重发数据段的序列号*/
        /*应用程序数据状态 */
        u8_t appstate[UIP_APPSTATE_SIZE];
    };
```

uIP 中 IP、TCP 的相关函数大部分都在 uip.c 文件中实现。另外，uip.c 文件还包括 UDP、ICMP 的相关函数，本实例不对其进行说明。下面主要对 IP 和 TCP 的相关函数进行简单分析。

① uip_init()。

函数功能：uIP 初始化。将所有监听的端口置 0，所有连接的状态置 CLOSED。

② uip_conn *uip_connect(u16_t *ripaddr, u16_t rport)。

函数功能：使用 TCP 与远程主机相连。形参分别为 IP 地址首地址和 TCP 端口号。

入口参数：ripaddr 为要连接的远程主机的 IP 地址首地址，rport 为要连接的远程主机的 TCP 端口号。

返回值：如果连接成功，函数的返回值为一个指向建立连接的连接状态的指针，否则返回值为 NULL。

该函数首先寻找本地未使用的端口，然后在 uip_conns[UIP_CONNS]数组中搜索每一个元素，寻找当前未使用的连接，将当前建立连接的连接状态填入；若没有找到，则寻找数组中重发数据时间最多的一个连接状态元素，将当前建立连接的连接状态填入，并返回指向建立连接的连接状态的指针。

③ uip_unlisten()。

函数功能：停止监听指定的 TCP 端口。

④ uip_listen()。

函数功能：监听指定的 TCP 端口。

⑤ uip_add_rcv_nxt()。

函数功能：将当前连接的下一个要接收的序列号加 n，只在 uip.c 文件内有效。

⑥ uip_process()。

函数功能：完成 TCP 处理。该函数是 uIP 中最重要、最复杂的函数。为了节省 RAM，该函数中使用了 goto 语句。实际上，uIP 为了减少堆栈的使用，设置了大量全局变量，这样做虽然使程序的可读性差，各模块之间联系复杂，但是对 RAM 的使用大大减少，这在 8 位和 16 位系统中是我们所期盼的。

该函数只有一个形参 flag，在 uIP 中 flag 有以下取值：UIP_TIMER（值为 2）和 UIP_DATA（值为 1），uip_process()函数根据 flag 的值判断进行何种操作。

如果 flag 为 UIP_TIMER，则对初始序列号 iss（实际上用数组表示的一个 32 位数）加 1，然后判断当前连接的 TCP 状态，根据不同的状态来实现不同的操作。注意：uIP 中的应用程序函数也是在 uip_process()函数中实现的。uIP 自带的一个 http 服务器在 uip_process()函数中实现的说明如下。

```
/*其他程序代码*/
uip_flags = UIP_REXMIT;
UIP_APPCALL();
goto apprexmit;
/*其他程序代码*/
```

UIP_APPCALL()在 httpd.h 文件中定义如下。

```
#ifndef UIP_APPCALL
#define UIP_APPCALL     httpd_appcall
#endif
```

在 httpd.c 文件中，应用程序函数为

```
void httpd_appcall(void)
{
     /*应用程序处理*/
}
```

因此，程序在编译时将 UIP_APPCALL 替换为 httpd_appcall，uip_process()函数中的 UIP_APPCALL()被替换为 httpd_appcall()。之所以要这么做，是因为当使用另外一个应用程序时，直接将 UIP_APPCALL 定义为应用程序的函数名称即可。注意，uIP 的应用程序只能是一个函数，并且该函数不能有形参和返回值。

uip_process()函数的作用是检查 IP 帧头的 vhl 字段的值，该 IP 数据包是否是分段的，IP 帧头的目的 IP 地址与本机 IP 地址是否相等，首部校验和是否正确等。然后判断协议标志字段，上层协议可以是 TCP、UDP（根据需要选择了条件编译）和 ICMP 等。uip_process()函数依次判断是哪一种协议，并跳转到相应的协议处理程序去处理。下面只对 TCP 处理程序部分进行说明。

uip_process()函数跳转到 TCP 处理程序部分后，首先检查 TCP 校验和是否正确，然后寻找当前连接中的活动连接（连接的地址与数据包中的地址相同）。若找到，则跳转到找到连接程序处理部分；若没有找到，则这个数据包可能是一个重复的数据包或一个 SYN 数据包，根据结果跳转到相应的处理程序去执行。

found_listen 程序处理部分。如果数据包符合正在监听的一个连接，则跳转到该部分。首先，程序寻找 uip_conns[UIP_CONNS]数组中状态为 CLOSED 或 TIME_WAIT 的连接，并将新的状态等填入这个连接状态；然后，程序执行到 tcp_send_synack 部分，将 uip_buf[]缓冲区中的待发送的数据包的状态变为 SYN ACK；最后，跳转到 tcp_send 程序处发送数据。

found 函数如果发现一个活动连接，则跳转到这部分。首先，检查 TCP 数据包的 RST 控制位标志，以及序列号是否正确。若不正确，则跳转到 tcp_send_ack 部分请求发送正确的序列号。然后，检查当前数据包的连接响应，是否有新的数据发送，如果有，那么做好发送数据的准备。

程序接下来是一个 switch 循环判断语句，这个语句非常长，功能是判断当前连接的状态，根据各种不同的状态进行相应的处理等。

uip_process()函数的最后是 tcp_send_ack、tcp_send_nodata 等部分。

⑦ u16_t htons()。

本函数的作用是实现不同字节格式的转换。根据定义的处理器的大小端格式实现处理器字节格式与网络数据字节格式的转换。

（3）其他辅助程序。uIP 还包括一个 uip_arch.c 文件。其中的函数主要实现数据处理、校验和的计算等。

① uip_add32(u8_t *op32, u16_t op16)。

函数功能：实现 32 位数的进位加法。op32 是定义的 op32[4]数组的首指针。由于 op32[4]中每个元素为 8 位，因此 uIP 中用 4 个元素表示一个 32 位数。该函数实现的是 op32[4]数组表示的 32 位数与 op16 表示的 16 位数相加，结果存放在全局数组 uip_acc32[4]表示的 32 位数中。

② u16_t uip_chksum(u16_t *sdata, u16_t len)。

函数功能：实现数据的校验，被 uip_ipchksum()函数调用。

③ u16_t uip_ipchksum()。

函数功能：实现 IP 首部校验和的计算。

④ u16_t uip_tcpchksum()。

函数功能：计算得到 TCP 首部校验和。

（4）uIP 应用实例：一个简单的 Web 服务器。

uIP 0.9 版本中应用程序部分包括一个简单的 Web 服务器和只读文件系统，实现了简单的 CGI 功能。在此对其进行了改造，使其代码更简单、便于理解。关于 HTTP，请读者参阅相关资料，在此不做说明。程序代码如下。

```
void httpd_appcall(void)
{
    u8_t idata i;

    switch(uip_conn->lport)
    {
        case HTONS(80):     /*判断是不是请求 80 端口*/
        hs = (struct httpd_state xdata *)(uip_conn->appstate);
        /*得到当前的 HTTP 状态*/
        if(uip_connected())
        {
            hs->state = HTTP_NOGET;
            hs->count = 0;
            return;
        }
        else if(uip_poll())
        {
            if(hs->count++ >= 10)
            {
                uip_abort();
            }
            return;
        }
        else if(uip_newdata() && hs->state == HTTP_NOGET)
```

```
{
    if( uip_appdata[0] != ISO_G ||
    /*若不是get请求，则丢弃数据*/
    uip_appdata[1] != ISO_E ||
    uip_appdata[2] != ISO_T ||
    uip_appdata[3] != ISO_space)
    {
        uip_abort();
        return;
    }
    for(i = 4; i < 10; ++i)
    {
        if( uip_appdata[i] == ISO_space ||
        uip_appdata[i] == ISO_cr ||
        uip_appdata[i] == ISO_nl)
        {
            uip_appdata[i] = 0;
            break;
        }
    }
    if(uip_appdata[4] == ISO_slash && uip_appdata[5] == 0)
    {
        hs->script = NULL;
        hs->state = HTTP_FILE;
        hs->dataptr = web-12;
        hs->count = sizeof(web)+12;
    }
}
/*与else if(uip_newdata() && hs->state == HTTP_NOGET) */
if(hs->state != HTTP_FUNC)
{
    if(uip_acked())
    {
        /*若上次发送的数据已经被接收，则继续发送剩余的数据*/
        if( hs->count >= uip_conn->len)
        {
            hs->count -= uip_conn->len;
            hs->dataptr += uip_conn->len;
        }
        else
        {
            hs->count = 0;
        }
        if(hs->count == 0)
        {
            uip_close();
        }
```

```
            }
        }
        if(hs->state != HTTP_FUNC && !uip_poll())
        /*发送数据*/
        {
            uip_send(hs->dataptr, hs->count);
        }
        return;
        default:
        uip_abort();
        break;
    }
}
```

4. uIP 在 51 单片机上的移植

uIP 主要是为 8 位和 16 位系统设计的，程序在编写时就考虑到了移植问题。uIP 的主要文件包括 uip.c 文件和 uip_arp.c 文件。

（1）移植的基本过程。针对所用编译器的类型更改数据类型的定义、底层 RTL8019AS 的驱动和实现应用层代码、系统定时器接口等，下面分别予以说明。

数据类型的定义如下。

```
typedef unsigned char    u8_t;
typedef unsigned short    u16_t;
typedef unsigned short    uip_stats_t;
```

由于 Keil C51 编译器在默认情况下的编译模式为 small，变量的定义在内部 RAM 中，编译时编译模式应改为 Large，即变量的定义在 XDATA 中。

（2）RTL8019AS 的驱动主要包括以下内容。

① etherdev_init()：完成系统上电初始化，包括设定 RTL8019AS 的物理地址和 IP 地址等，设定收发缓冲区的位置和大小等。

② etherdev_send()：完成数据的发送。

③ etherdev_read()：完成数据的接收。底层网络设备驱动程序与 uIP 通过两个全局变量实现接口：变量 uip_buf 为收发缓冲区的首地址；uip_len 为收发数据的长度。etherdev_send()将 uip_buf 指向的收发缓冲区中的长度为 uip_len 的数据发送到以太网上；etherdev_read()函数将接收到数据存储到 uip_buf 指向的收发缓冲区中，同时返回 uip_len 的值。

④ etherdev_timer0_isr()：定时器 1 中断函数，为系统提供定时时钟。

51 单片机一般有 2 个或 3 个定时器，移植过程中选用定时器 1 产生定时时钟，为 uip_periodic()函数的执行提供基准，还为 arp_table[]表项、TCP 连接超时等提供时间基准。RTL8019AS 初始化、收发数据包的详细过程在实例 49 中已经详细介绍过，在此不再赘述。移植后的文件如下。

```
|  uipopt.h    : 相关配置文件
|  main.h
|--main.c      : 主程序文件
```

```
|   etherdev.h
|--etherdev.c  ：底层设备驱动程序文件
|   uip_arch.h
|--uip_arch.c
|   httpd.h
|--httpd.c       ：HTTP 应用程序文件
|   fs.h
|--fs.c
|   cgi.h
|--cgi.c
|   fsdata.h
|--fsdata.c
|   uip.h
|--uip.c          ：uIP 程序文件
|   uip_arp.h
|--uip_arp.c   ：ARP 程序文件
```

（3）uIP 的配置。

uIP 的配置在 uipopt.h 头文件中。在该文件中，用户根据实际条件设置 uIP 的 IP 地址、MAC 地址、网络掩码、网关地址，以及可建立的最大连接数、端口是否启动 UDP 功能等。在具体的应用中，可以参考 uIP 的说明文档，其中有详细的说明。

经验总结

本实例主要介绍了 TCP/IP 中的核心协议，针对 51 单片机，简单说明了 C 语言的模块化程序设计需注意的问题，介绍了一个专为 8 位和 16 位系统设计的精简的 TCP/IP 协议栈 uIP，并对其提供的函数和原理等进行了简单分析。

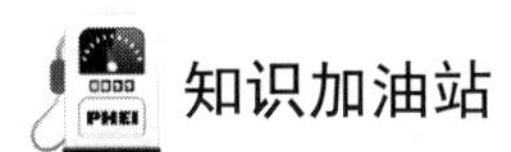

知识加油站

1．TCP/IP 结构模型和基本特点

TCP/IP 是基于 ISO（国际标准化组织）提出的 OSI 参考模型的。TCP/IP 协议通常分为 4 层，每层负责实现不同的通信功能。表 51-4 所示为 TCP/IP 协议的层次结构和部分协议。

表 51-4　TCP/IP 协议的层次结构和部分协议

层　次	协　议
应用层	HTTP、FTP、Telnet、POP3、SMTP 等
传输层	TCP、UDP
网络层	IP、ICMP、IGMP
数据链路层	以太网、令牌环网、IEEE 802.3

2．数据的传输过程与封装

为了说明网络上两台主机是如何传输数据的，下面以一个简单的示例来说明，其通信框图如图 51-5 所示。

当应用程序用 TCP 传输数据时，数据被送入协议栈，然后依次通过每一层，作为数据流被送入物理网络，其中每一层对从它的上层收到的数据都要增加一些头部信息。数据送到接收方对应层后，接收方将识别、提取和处理发送方对应层的报头。实际传输的数据封装方式如图 51-6 所示。

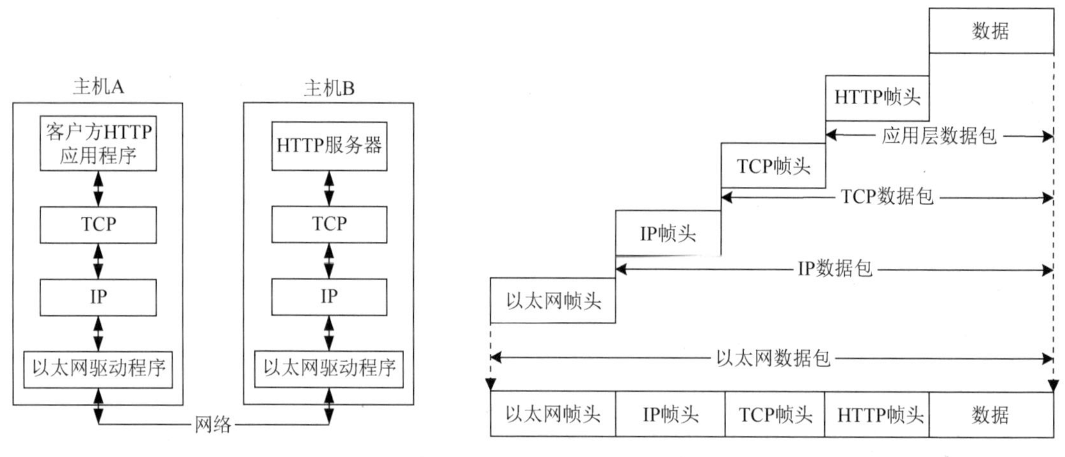

图 51-5　两台主机通信框图　　图 51-6　实际传输的数据封装方式

TCP/IP 协议可以在多种传输媒介上运行，如以太网（IEEE 802.3）、令牌环网（IEEE 802.5）、GPRS 无线网络和串行线路。除串行线路外，在其他几种传输媒介中，TCP/IP 协议都有相应的数据包格式。本实例中的 TCP/IP 协议是在以太网上运行的。以太网协议不止一种，常用的是 IEEE 802.3 标准，其数据帧结构如图 51-7 所示。

前导位PR	帧起始位SD	目的MAC地址	源MAC地址	类型TYPE/长度LEN	数据DATA	填充PAD	校验FCS
62位	2位	48位	48位	16位	<=1500字节		32位

图 51-7　IEEE 802.3 标准的数据帧结构

3．TCP/IP 部分协议简介

TCP/IP 协议只是一个协议族的统称，通常包括 ARP、RARP、IP、ICMP、IGMP、UDP、DNS、DHCP、FTP、HTTP 等协议。TCP/IP 协议中最重要的两个协议是 IP 和 TCP。TCP、IP 的基本传输单位是数据包，负责给每个数据包加上报头、地址等。如果传输过程中出现数据丢失、数据错误等情况，TCP、IP 会自动要求重新传输数据。IP 保证数据传输，TCP 确保数据传输可靠。

由于本实例的 TCP/IP 协议运行在 51 单片机上。而 51 单片机的资源往往非常紧张，不可能完全实现各项协议的全部功能，因此只简要说明了各协议的关键部分、实现了一些必要的功能。读者若想详细了解各协议，请参考相关资料。

4．精简的 TCP/IP 协议栈 uIP

uIP 是由瑞典计算机科学院 Adam Dunkels 开发的一个适用于 8 位/16 位系统的小型嵌

入式 TCP/IP 协议栈，该协议栈用 C 语言编写，任何人都可在网络上下载其源代码并对其进行修改，以适应各自不同的应用，如果以源代码方式使用 uIP，应该在源代码中保留 uIP 的版权说明。uIP 采用模块化设计，其代码量为几千字节左右，仅需要几百字节的 RAM 即可运行，适合在 8 位或者 16 位低端微控制器上运行。本实例采用的版本为 uIP 0.9。

大多数 TCP/IP 协议包括从底层到高层的所有协议。uIP 把设计的重点放在 TCP 和 IP 的实现上，其他高层协议作为“应用层”，底层协议作为“网络设备驱动”。

uIP 可看作提供给系统的许多函数库的集合，图 51-8 所示为 uIP、底层系统（网络接口、定时器）和应用程序三者之间的调用关系。其中 uIP 提供了 3 个函数给底层系统：uip_init()（初始化函数，图中未给出）、uip_input()和 uip_periodic()。应用程序向 uIP 提供一个调用函数 uip_appcall()，在有网络事件或定时事件发生时进行调用；同时，uIP 要向应用程序提供一些与协议栈的接口函数，应用程序根据接口函数提供的信息或者状态，执行相应的操作。

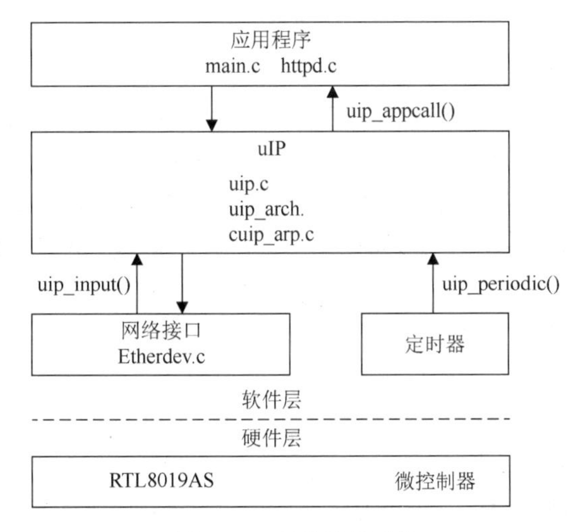

图 51-8　系统软件结构

实例 52　读/写 U 盘

设计思路

目前，U 盘是应用广泛的移动存储设备，它具有体积小、易携带、存储容量大、使用方便等特点。在现实生活中，U 盘一般应用于与计算机之间的通信，其与单片机之间的通信并不太多。本实例将主要讲述如何通过 USB 通用总线接口芯片 CH372 实现 U 盘与单片机之间的通信。

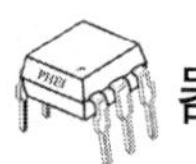

器件介绍

U 盘最大的特点是携带方便、存储容量大、价格便宜，市场上常见 U 盘的存储容量有 64MB、128MB、256MB、512MB、1GB、2GB、4GB 等。

U 盘数据的存储主要是通过 USB 芯片适配接口完成的，其具体过程：首先，计算机通过相应的指令把二进制数字信号转换为复合二进制数字信号，并将其写入 USB 芯片适配接口；然后，USB 芯片对信号进行处理并为其分配 EEPROM 数据存储器的相应地址空间，实现二进制数据的存储。EEPROM 数据存储器是存储数据的地方，它可以实现在 U 盘断电后仍然对数据进行保存。

CH372 是一款 USB 通用接口芯片，其内部集成了 PLL 倍频器、USB 接口 SIE、缓冲区、被动并口、命令解释器、通用的固件程序等主要部件。

PLL 倍频器用于将外部输入的 12MHz 时钟频率倍频到 48MHz，作为 SIE 时钟；SIE 用于完成物理的 USB 数据接收和发送、自动处理位跟踪和同步、NRZI 编码和解码、位填充、并行数据与串行数据之间的转换、CRC 数据校验、事务握手、出错重试、USB 总线状态检测等；缓冲区用于缓冲 SIE 收发的数据；被动并口用于与外部单片机/DSP/MCU 交换数据；命令解释器用于分析并执行外部单片机/DSP/MCU 提交的各种命令；通用的固件程序用于自动处理 USB 默认端点 0 的各种标准事务等。

CH372 有 20 只引脚，各引脚功能及芯片命令集可以通过查阅相关手册进行。

硬件设计

AT89C51 读/写 U 盘的硬件接口电路如图 52-1 所示。

CH372 与 AT89C51 的连接采用并口方式，这种方式下的数据传输速率快，采用 8KB 静态 RAM 芯片 6264 对外部 RAM 进行扩展。

CH372 的数据线 D0～D7、读控制线 RD、写控制线 WR、地址线 A0，片选线 CS 分别与 AT89C51 相对应的引脚相连。CS 为 0 表示对 CH372 进行操作；A0 为地址线输入信号，用以区分命令口与数据口，当 A0 = 1 时可以写命令，当 A0 = 0 时可以读/写数据。CH372

的 INT 引脚连接到 AT89C51 的 INT0 引脚，AT89C51 使用中断方式来获取中断请求。当 WR 为高电平并且 CS、RD、A0 都为低电平时，CH372 中的数据将通过 D7～D0 输出；当 RD 为高电平并且 CS、WR、A0 都为低电平时，D7～D0 上的数据将被写入 CH372。

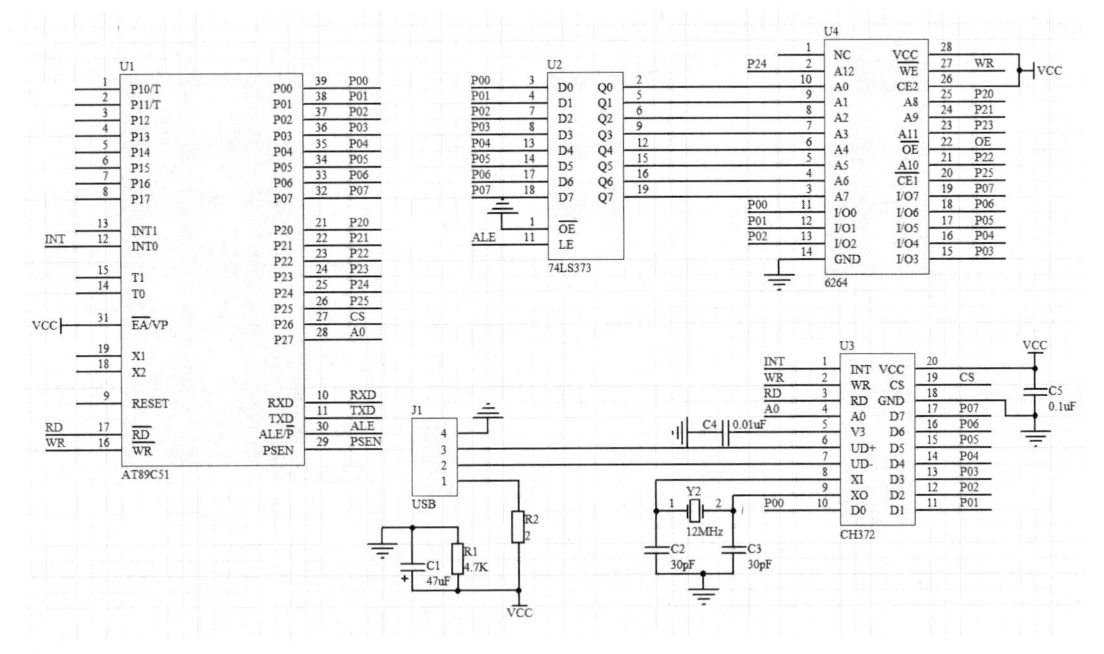

图 52-1　AT89C51 读/写 U 盘的硬件接口电路

为了提高系统的抗干扰性，USB 插座的电源是独立的，以免当 U 盘接入时进行的电容充电过程影响 CH372 和 AT89C51。电容 C4 用于 CH372 内部电源节点去耦，C1 和 C5 用于外部电源去耦，电容量分别取 47μF 和 0.1μF。

程序设计

系统的程序设计主要包括两大部分，分别是 USB 接口部分固件程序和计算机端的 CH372 驱动程序。前者主要包括 AT89C51 和 CH372 的初始化、读/写接口程序和中断服务程序；后者包括 USB 盘的驱动程序和相关应用程序。这里主要介绍 USB 接口部分固件程序。

在本实例中，CH372 工作在内部固件模式，通过 8 位并行数据总线挂接到 AT89C51 上，并通过端点 2 的上传端点和下传端点完成 USB 数据的读/写。在本地端，CH372 通过内置的固件程序自动处理 USB 通信中的基本事务；在计算机端，其提供了驱动程序的应用层调用接口，用以完成 USB 盘与计算机间的通信。

由于 CH372 工作在内部固件模式，以内置的固件程序自动处理 USB 通信中的基本事务，所以程序设计不需要考虑 USB 枚举配置过程，大大简化了程序。

1. 变量定义和基本操作函数

该部分主要包括对 CH372 命令端口和数据端口的 I/O 地址、USB 数据缓冲区、命令代码的定义，延时、CH372 的数据读/写、写命令基本操作函数等内容。

（1）变量的定义。该部分主要包括对 CH372 命令端口和数据端口的 I/O 地址、USB 数据缓冲区及命令代码的定义，其程序代码如下。

```
#include<reg51.h>
#define  uchar  unsigned  char
uchar volatile xdata   CH372_CMD_PORT _at_ 0x7DFF;//CH372 命令端口的 I/O 地址
uchar volatile xdata   CH372_DAT_PORT _at_ 0x7CFE;//CH372 数据端口的 I/O 地址
uchar   Usb_Length;                          //USB 数据缓冲区中数据的长度
uchar   Usb_Buffer[ CH372_MAX_DATA_LEN  ];            //USB 数据缓冲区
#define CH372_MAX_DATA_LEN  0x40             //最大数据包的长度，USB 数据缓冲区的长度
//命令
#define CMD_RESET_ALL       0x05             //执行硬件复位
#define CMD_CHECK_EXIST     0x06             //测试工作状态
#define CMD_SET_USB_ID      0x12             //设置 USB 厂商 VID 和产品 PID
#define CMD_SET_USB_ADDR        0x13         //设置 USB 地址
#define CMD_SET_USB_MODE        0x15         //设置 USB 工作模式
#define CMD_SET_ENDP2       0x18             //设置 USB 端点 0 的接收器
#define CMD_SET_ENDP3       0x19             //设置 USB 端点 0 的发送器
#define CMD_SET_ENDP4       0x1A             //设置 USB 端点 1 的接收器
#define CMD_SET_ENDP5       0x1B             //设置 USB 端点 1 的发送器
#define CMD_SET_ENDP6       0x1C             //设置 USB 端点 2/主机端点的接收器
#define CMD_SET_ENDP7       0x1D             //设置 USB 端点 2/主机端点的发送器
/*命令代码 CMD_SET_ENDP2～CMD_SET_ENDP7 表示工作方式，若位 7 为 1，则位 6 为同步触发
位，否则同步触发位不变，位 3～位 0 为事务响应方式：0000～1000——就绪 ACK；1101——忽略；
1110——正忙 NAK；1111——错误 STALL*/
#define CMD_GET_TOGGLE      0x0A
//获取 OUT 事务的同步状态，输入：数据 1AH；输出：同步状态
#define CMD_GET_STATUS      0x22             //获取中断状态并取消中断请求
#define CMD_UNLOCK_USB      0x23             //释放当前 USB 数据缓冲区
#define CMD_RD_USB_DATA     0x28
//从当前 USB 中断的端点接收缓冲区中读取数据，并释放接收缓冲区
#define CMD_WR_USB_DATA3        0x29         //向 USB 端点 0 的发送缓冲区写入数据
#define CMD_WR_USB_DATA5        0x2A         //向 USB 端点 1 的发送缓冲区写入数据
#define CMD_WR_USB_DATA7        0x2B         //向 USB 端点 2 的发送缓冲区写入数据
//命令操作状态
#define CMD_RET_SUCCESS     0x51             //命令操作成功
#define CMD_RET_ABORT       0x5F             //命令操作失败
```

（2）基本操作函数。该部分是对 CH372 进行读/写的基本操作程序，主要包括以下几个函数。

函数 DelayMs()：实现毫秒延时。

函数 Delayμs()：实现微秒延时。

函数 WR_CH372_CMD_PORT()：向 CH372 的命令端口写命令。

函数 WR_CH372_DAT_PORT()：向 CH372 的数据端口写数据。

函数 RD_CH372_DAT_PORT()：从 CH372 的命令端口读数据。

① 函数 DelayMs()：在对 CH372 进行读/写的过程中需要用到毫秒延时，该函数可以

实现，函数代码如下。

```
void DelayMs(uchar n)
{
    uchar i;
    unsigned int j;
    for(i=0; i<n; i++)
    for(j=0;j<1000;j++)
    j=j;
}
```

② 函数 Delayμs()：在读/写命令的过程中经常要用到微秒延时，该函数可以实现，函数代码如下。

```
void  Delayμs( uchar i)
{
    while(i)
    i -- ;
}
```

③ 函数 WR_CH372_CMD_PORT()：用于向 CH372 的命令端口写入命令，连续写入的时间间隔不小于 4μs，若写入太快，则延时，函数代码如下。

```
void  WR_CH372_CMD_PORT( uchar  cmd )
{
    Delayμs(2);
    CH372_CMD_PORT=cmd;
    Delayμs(2);    //至少延时 2μs
}
```

④ 函数 WR_CH372_DAT_PORT()：用于向 CH372 的数据端口写数据，连续写入的时间间隔不小于 1.5μs，若写入太快，则延时，函数代码如下。

```
void  WR_CH372_DAT_PORT(uchar  d )
{
    CH372_DAT_PORT=d;
    Delayμs(2);
}
```

⑤ 函数 RD_CH372_DAT_PORT()：用于从 CH372 的命令端口读数据，连续读取的时间间隔不小于 1.5μs，若读取速度太快，则延时，函数代码如下。

```
uchar  RD_CH372_DAT_PORT ( )
{
    Delayμs(2);
    return(CH372_DAT_PORT);
}
```

2．系统初始化

系统初始化包括 AT89C51 的初始化和 CH372 的初始化。AT89C51 的初始化主要是指 INT0 引脚、I/O 口等的初始化，程序较为简单，在这里不做详细介绍。CH372 的初始化主要是指在其上电复位后，将默认的工作模式（未启用模式）初始化为外部固件模式或内部固件模式，并检查 CH372 的工作状态是否正常，以便及时对错误进行处理。其流程图如图 52-2 所示。

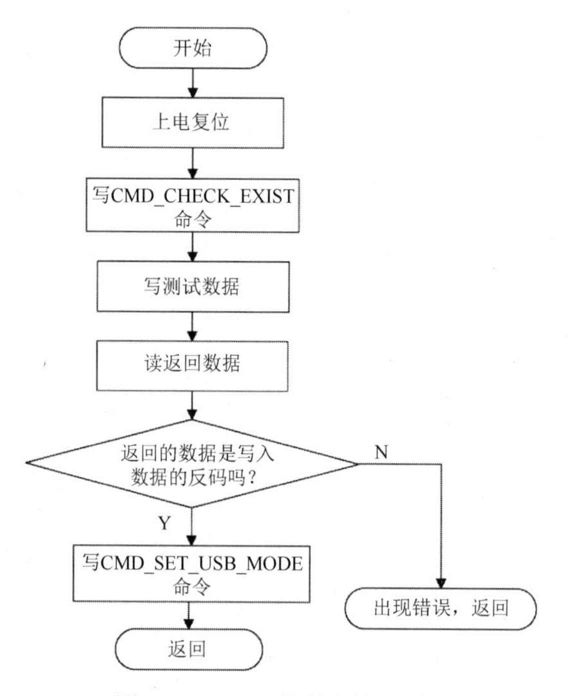

图 52-2　CH372 初始化的流程图

CH372 初始化的程序代码如下。

```
void  CH372_init()
{
    uchar  i , j;
    WR_CH372_CMD_PORT(CMD_CHECK_EXIST); //测试 CH372 是否工作正常
    WR_CH372_CMD_PORT(0x68);            //写入测试数据
    i=~0x68;                            //返回数据应该是测试数据的反码
    j= RD_CH372_CMD_PORT();
    if(j!=i)                            //CH372 工作不正常
    {
        for(i=80;i!=0;i--)
        {
            CH372_CMD_PORT=CMD_RESET_ALL; //多次重复发送命令，执行硬件复位
            Delay(2);
        }
        CH372_CMD_PORT=0;
        DelayMs(100);                   //延时 100ms
    }
```

```
    //设置 USB 工作模式
    WR_CH372_CMD_PORT (CMD_SET_USB_MODE) ;
    DELAY(2);
    WR_CH372_CMD_PORT(2);                         //将 CH372 设置为内部固件模式
    DELAY(4);
    for(i=100;i!=0;i--)                           //等待初始化成功
    {
        if(RD_CH372_CMD_PORT()==CMD_RET_SUCCESS)      //CH372 初始化成功
        break;
    }
}
```

3. 读/写数据函数及中断服务函数

在本实例中，CH372 工作在内部固件模式，使用端点 2 的上传端点和下传端点。CH372 专门用于处理 USB 通信，在检测到 USB 总线的状态变化时或命令执行完成后，CH372 以中断方式通知 AT89C51 进行处理。

该部分主要包括以下 3 个函数。

函数 CH372_RD_EP2()：CH372 的读数据函数。

函数 CH372_WR_EP2()：CH372 的写数据函数。

函数 CH372_Int0()：CH372 的中断服务函数。

（1）函数 CH372_RD_EP2()。

该函数主要用于实现从 CH372 端点 2 的上传端点读出上位机发来的数据，单次读出的数据的最大长度为 64 字节，当收到上位机发来的数据后，产生 USB_INT_EP2_OUT（02）中断。其代码如下。

```
void  CH372_RD_EP2( )
{
    uchar  length;
    uchar  buf;
    WR_CH372_CMD_PORT( CMD_RD_USB_DATA );
    //从当前 USB 中断端点的接收缓冲区中读取数据，并释放该接收缓冲区
    Usb_Length =RD_CH372_DAT_PORT( );          //读取后续数据的长度
    length =Usb_Length;
    if(length)
    {
        //接收数据并将其放到 USB 数据缓冲区中
        buf = Usb_Buffer;                      //指向 USB 数据缓冲区
        do
        {
            *buf = RD_CH372_DAT_PORT( );
            buf ++;
        }
        while ( -- length );
    }
    else;
    //长度为 0，表示没有数据
```

```
    {
        WR_CH372_CMD_PORT(CMD_SET_ENDP7);     //设置 USB 端点 2 的批量上传端点
        WR_CH372_DAT_PORT(0X0E); //同步触发位不变，设置 USB 端点 2 忙，返回 NAK
    }
}
```

（2）函数 CH372_WR_EP2()。

该函数主要实现向 CH372 端点 2 的上传端点写入 length 长度的数据，单次写入数据的最大长度为 64 字节，当上位机接收数据后产生 USB_INT_EP2_IN(0A)中断。其代码如下。

```
void  CH372_RD_EP2( )
{
    uchar  length;
    uchar  buf;
    WR_CH372_ CMD_PORT( CMD_WR_USB_DATA7 );
    //向 USB 端点 2 的发送缓冲区写入数据
    length = Usb_Length;
    WR_CH372_DAT_PORT( length );                 //写入后续数据的长度

    if (length)
    {
        //将发送缓冲区中的数据发出
        buf = Usb_Buffer;                        //指向发送缓冲区
        do
        {
            WR_CH372_DAT_PORT(*buf );            //写数据到 CH372
            buf ++;
        }
        while ( - - length );
        break;
    }
}
```

（3）函数 CH372_Int0()。

该函数为 CH372 中断服务函数，主要用于响应 CH372 的中断。其工作步骤如下。

① AT89C51 进入中断服务函数时，首先执行 CMD_GET_STATUS 命令获取中断状态。CH372 在 CMD_GET_STATUS 命令执行完成后，将 INT#引脚恢复为高电平，取消中断请求。若通过 CMD_GET_STATUS 命令获取的中断状态是下传成功，则 AT89C51 执行 CMD_RD_USB_DATA 命令从 CH372 读取接收到的数据，CH372 在 CMD_RD_USB_DATA 命令执行完成后释放当前接收缓冲区，从而可以继续进行 USB 通信，AT89C51 退出中断服务函数；若通过 CMD_GET_STATUS 命令获取的中断状态是上传成功，则 AT89C51 执行 CMD_WR_USB_DATA7 命令向 CH372 写入另一组要发送的数据。如果没有后续数据需要发送，AT89C51 就不必执行 CMD_WR_USB_DATA7 命令。

② AT89C51 执行 CMD_UNLOCK_USB 命令。CH372 在 CMD_UNLOCK_USB 命令执行完成后释放当前缓冲区，从而可以继续进行 USB 通信。

③ AT89C51 退出中断服务函数。如果 AT89C51 已经写入另一组要发送的数据，则 CH372 被动地等待 USB 主机在需要时取走数据，然后继续等待 CH372 向 AT89C51 请求中断，否则结束。

CH372 中断服务函数的代码如下。

```
void   CH372_Int0( void ) interrupt 0 using 1
{
    uchar  IntStatus;
    uchar  length;
    uchar  buf;
    WR_CH372_CMD_PORT( CMD_GET_STATUS );        //获取中断状态并取消中断请求
    IntStatus = RD_CH372_DAT_PORT( );           //获取中断状态
    IE0 = 0;                                    //清中断标志

    switch( IntStatus )                         //分析中断状态
    {
        case USB_INT_EP2_OUT:          //端点 2 下传成功，表示 CH372 接收到数据
        {
           WR_CH372_CMD_PORT( CMD_RD_USB_DATA );
           //AT89C51 从 CH372 中读取数据，读取完成后，CH372 释放当前接收缓冲区
            Usb_Length =RD_CH372_DAT_PORT( ); //读取后续数据的长度
            length= Usb_Length;
            if (length)
            {                                   //接收数据并将其放到接收缓冲区中
                buf = Usb_Buffer;               //指向接收缓冲区
                do {
                    *buf = RD_CH372_DAT_PORT( );
                    buf ++;
                  } while ( -- length );
            }
            else   break;                       //长度为 0，表示没有数据
            //下面是回传数据
            WR_CH372_ CMD_PORT( CMD_WR_USB_DATA7 );
            //向端点 2 的发送缓冲区写入数据
            length = Usb_Length;
            WR_CH372_DAT_PORT( length );        //写入后续数据的长度
            if (length)
            {                                   //将发送缓冲区中的数据发出
               buf = Usb_Buffer;                //指向发送缓冲区
               do{
               WR_CH372_DAT_PORT( *buf );       //写数据到 CH372
               buf ++;
            } while ( -- length );
             }
            break;
        case  USB_INT_EP2_IN:          //端点 2 上传成功，即数据已发送成功
```

```
            {
                  WR_CH372_CMD_PORT( CMD_UNLOCK_USB );
    //释放当前 USB 数据缓冲区，收到上传成功中断后，必须解锁 USB 数据缓冲区，以便继续收发
                 break;
            }
            case USB_INT_EP1_IN:                //中断端点 1 上传成功，中断数据发送成功
            {
               WR_CH372_CMD_PORT ( CMD_UNLOCK_USB );    //释放当前 USB 数据缓冲区
              break;
            }
            case USB_INT_EP1_OUT:
            //辅助端点下传成功，接收到辅助数据，辅助端点可以用于计算机端向单片机端发送数据包
            {
               WR_CH372_ CMD_PORT( CMD_UNLOCK_USB );    //释放当前 USB 数据缓冲区
              break;
            }
        }
    }
```

经验总结

1．硬件方面

（1）在设计 PCB 时应注意：去耦电容 C3 和 C4 尽量靠近 CH372 的相连引脚；UD+和 UD−信号线贴近平行布线，尽量在两侧提供地线或者覆铜，以减少来自外界的信号干扰；尽量缩短 XI 引脚和 XO 引脚相关信号线的长度，在相关元器件周边环绕地线或者覆铜。

（2）为进一步地保护 CH372 的 UD+和 UD−信号线，对于需要频繁带电插拔 USB 盘的应用场所或静电较强的环境，建议在电路中增加 USB 信号瞬变电压抑制器件。

（3）对于支持睡眠功能的 CH372，在其睡眠期间，应使 CH372 的各个 I/O 引脚悬空或处于高电平状态，避免产生不必要的上拉电流。

2．软件方面

在单片机程序设计中，应注意命令的延时及读取数据的时间间隔。主程序在检测到 USB 盘连接后，应先等待数百毫秒再对其进行操作。

知识加油站

CH372 是 CH375 的功能简化版。CH372 内置了 USB 通信中的底层协议，具有简单的内部固件模式和灵活的外部固件模式。在内部固件模式下，CH372 自动处理默认端点 0 的所有事务，本地端单片机只负责数据交换。

实例 53　非接触式 IC 卡读写器

设计思路

非接触式 IC 卡诞生于 20 世纪 90 年代初期，具有使用方便快捷、不易损坏的特点。与磁卡和接触式 IC 卡相比，非接触式 IC 卡与读写器无电路接触，通过射频电磁感应电路从读写器获取能量和交换数据，只需将卡片放在读写器一定距离之内就能实现数据交换。本实例将具体讲述如何利用单片机实现非接触式 IC 卡的读/写。

器件介绍

Philips 公司的 Mifare 技术是当今世界上非接触式 IC 卡中的主流技术，Mifare1 IC 卡的核心是 Philips 公司生产的 Mifare1 IC S50 系列微晶片，它采用先进的芯片制造工艺，内部有 1KB 高速 EEPROM、数字控制模块和 1 个高效率射频天线模块。Mifare1 IC 卡上无电源，工作时的电源能量由读卡器天线发送无线电载波信号耦合到 Mifare1 IC 卡上的天线而产生电能，其电压一般可达 2V 以上，足以满足 Mifare1 IC 卡的工作所需。为了保证数据交换的安全可靠性，Mifare1 IC 卡还提供了信道检测、防冲突机制、存储数据冗余检验和 3 次传递认证。

硬件设计

本实例设计的非接触式 IC 卡读写器主要由 AT89C51、MF RC500、看门狗及 RS-232 通信模块等组成，MF RC500 是应用于 13.56MHz 非接触式通信的高集成度读写器系列中的一员，本实例设计的非接触式 IC 卡读写器的工作过程是先由 AT89C51 控制 MF RC500 驱动天线对非接触式 IC 卡进行读/写操作，然后与计算机之间进行通信，并把数据传输给上位机。

图 53-1 所示是基于 MF RC500 的非接触式 IC 卡读写器的系统结构框图。

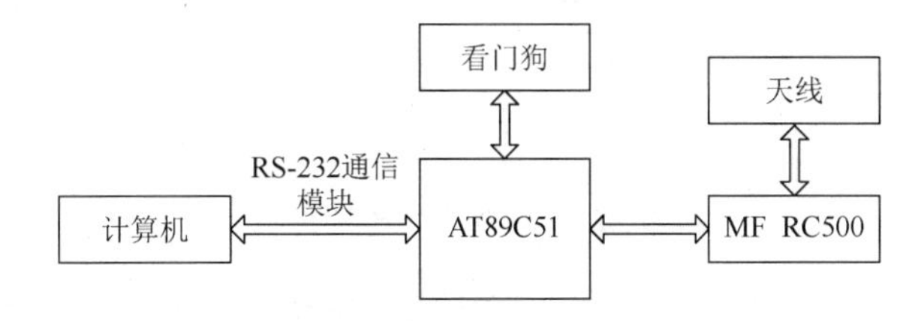

图 53-1　基于 MF RC500 的非接触式 IC 卡读写器的系统结构框图

（1）天线的设计。在本实例中，由于 MF RC500 的频率是 13.56MHz，属于短波段，因此可以采用方形天线，尺寸不能超过 50cm。

（2）MF RC500 与 AT89C51 的接口电路。图 53-2 所示为 MF RC500 与 AT89C51 的接口电路。AT89C51 的 P0 口与 MF RC500 的 D0～D7 端相连接以完成数据并行（8 位）传输。MF RC500 的选通端 NCS 与 AT89C51 的 P23 引脚相连，低电平有效。MF RC500 的地址选通端 ALE、写选通端 NWR、读选通端 NRD 分别与 AT89C51 的相应引脚 ALE、$\overline{WR}$、$\overline{RD}$ 相连。AT89C51 的 INT0 引脚与 MF RC500 的 IRQ 端相连，用于接收并处理中断请求，工作频率为 13.56MHz，由石英晶振产生。

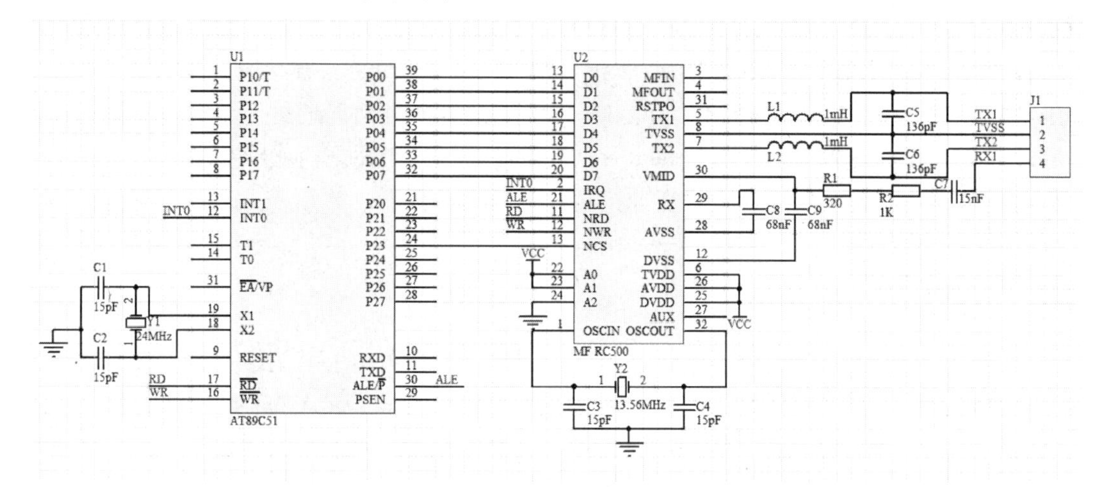

图 53-2　MF RC500 与 AT89C51 的接口电路

（3）RS-232 通信模块的串口电路。RS-232 通信模块的串口电路如图 53-3 所示，主要实现计算机和 AT89C51 的通信，本实例需要用到串口的 2、3、5 脚进行通信，它们分别对应接收数据、发送数据、接地信号，用以完成数据的发送和接收工作。同时，为了实现 AT89C51 与计算机间的连接，使用 MAX232 作为串口电平转换芯片，完成 AT89C51 的 TTL 电平与 RS-232 电平之间的转换。

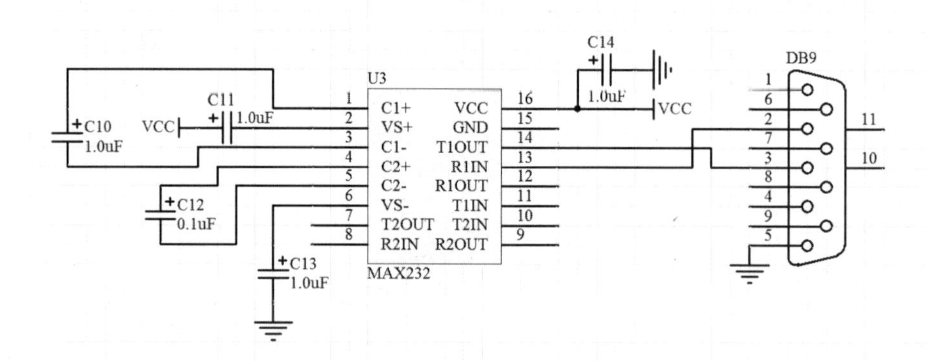

图 53-3　RS-232 通信模块的串口电路

程序设计

1．非接触式 IC 卡与读卡器的通信过程

非接触式 IC 卡与读卡器的通信过程实际上就是非接触式 IC 卡和读卡器之间的数据交

换和对非接触式 IC 卡内 EEPROM 中的数据进行处理的过程。在数据交换过程中，为了确保非接触式 IC 卡和读卡器之间数据同步及数据能被正确接收、识别，需要建立系统的通信协议。在通信过程中，非接触式 IC 卡遵守通信协议，根据接收的命令，在有限状态机的控制下执行工作过程，从而实现需要的功能。

下面分别介绍读卡器与非接触式 IC 卡之间的通信协议、MF RC500 的命令集、MF RC500 的内部寄存器及非接触式 IC 卡对命令的执行过程。

（1）读卡器与非接触式 IC 卡之间的通信协议。

读卡器与非接触式 IC 卡之间采用半双工方式进行通信，使用 13.56MHz 高频电磁波作为载波，数据以 106kbit/s 的传输速率进行传输。

非接触式 IC 卡与读卡器之间的异步通信采用了起止位同步的帧结构，主要包括以下 3 种。

① 复位请求命令的帧结构：起始位、7 个数据位和停止位（不包括奇偶校验位）。

② 标准的帧结构：起始位、*n* 个字符（每个字符为 8 个数据位和 1 个奇偶校验位）和停止位。

③ 防冲突命令的帧结构：标准的防冲突命令的帧结构包括 7 字节长度的数据，总长度为 56 位，分为两部分，读卡器传输给非接触式 IC 卡的数据为第一部分，包括 1 字节的选卡操作码（SEL），1 字节的有效位个数（NVB，确定读卡器发出的卡序列号的数据位的个数）和卡序列号（UID，在 0 位到 40 位之间），第一部分数据的最小长度为 16 位，最大长度为 55 位；非接触式 IC 卡返回给读卡器的数据为第二部分，是非接触式 IC 卡返回的卡序列号（读卡器发出）的剩余部分，第二部分数据的最大长度为 40 位，最小长度为 1 位。当这两部分以字节为单位分开时，第一部分的最后一位后加 1 个奇偶校验位。

（2）MF RC500 的命令集。

MF RC500 的状态由可执行特定功能的命令集决定，这些命令可通过将相应的命令代码写入命令寄存器来启动，处理一个命令所需要的变量和数据主要通过 FIFO 缓冲区进行交换。对 MF RC500 的命令集的介绍可参考相关手册。

MF RC500 的命令集的程序定义代码如下。

```
#define M500Pcd_IDLE            0x00     //取消当前命令
#define M500Pcd _WRITEE2        0x01     //写 EEPROM
#define M500Pcd _READE2         0x03     //读 EEPROM
#define M500Pcd _LOADCONFIG     0x07     //调 EEPROM 中保存的 MF RC500 设置
#define M500Pcd _LOADKEYE2      0x0B     //将 EEPROM 中保存的密钥调入 FIFO 缓冲器
#define M500Pcd _AUTHENT1       0x0C     //验证密钥第一步
#define M500Pcd _AUTHENT2       0x14     //验证密钥第二步
#define M500Pcd _RECEIVE        0x16     //接收数据
#define M500Pcd _LOADKEY        0x19     //传送密钥
#define M500Pcd _TRANSMIT       0x1A     //发送数据
#define M500Pcd _TRANSCEIVE     0x1E     //发送并接收数据
#define M500Pcd _Startup        0x3F     //复位
#define M500Pcd _CALCCRC        0x12     //CRC 计算
```

（3）MF RC500 的内部寄存器。

MF RC500 共有 64 个内部寄存器，8 个寄存器为一页，每页的第一个寄存器为页寄存器，其地址分别为 0x00、0x08、0x10、0x18、0x20、0x28、0x30、0x38。命令寄存器可用于启动或停止命令执行，通过将相应的命令代码写至命令寄存器来实现。FIFO 数据寄存器是内部 64 字节 FIFO 缓冲器中的数据 I/O 端口，I/O 数据流在 FIFO 缓冲器中完成转换，可以并行 I/O。IntetruptRQ 寄存器是中断请求标志寄存器，当中断产生时，需要根据该寄存器的相关标志位来判断中断的类型。

MF RC500 的 64 个内部寄存器的程序定义代码如下。

```
// PAGE 0
#define     RegPage                 0x00
#define     RegCommand              0x01
#define     RegFIFOData             0x02
#define     RegPrimaryStatus        0x03
#define     RegFIFOLength           0x04
#define     RegSecondaryStatus      0x05
#define     RegInterruptEn          0x06
#define     RegInterruptRq          0x07
// PAGE 1
#define     RegPage                 0x08
#define     RegControl              0x09
#define     RegErrorFlag            0x0A
#define     RegCollPos              0x0B
#define     RegTimerValue           0x0C
#define     RegCRCResultLSB         0x0D
#define     RegCRCResultMSB         0x0E
#define     RegBitFraming           0x0F
// PAGE 2
#define     RegPage                 0x10
#define     RegTxControl            0x11
#define     RegCwConductance        0x12
#define     RFU13                   0x13
#define     RegCoderControl         0x14
#define     RegModWidth             0x15
#define     RFU16                   0x16
#define     RFU17                   0x17
// PAGE 3
#define     RegPage                 0x18
#define     RegRxControl1           0x19
#define     RegDecoderControl       0x1A
#define     RegBitPhase             0x1B
#define     RegRxThreshold          0x1C
#define     RFU1D                   0x1D
#define     RegRxControl2           0x1E
#define     RegClockQControl        0x1F
// PAGE 4
```

```
#define      RegPage                  0x20
#define      RegRxWait                0x21
#define      RegChannelRedundancy     0x22
#define      RegCRCPresetLSB          0x23
#define      RegCRCPresetMSB          0x24
#define      RFU25                    0x25
#define      RegMfOutSelect           0x26
#define      RFU27                    0x27
// PAGE 5
#define      RegPage                  0x28
#define      RegFIFOLevel             0x29
#define      RegTimerClock            0x2A
#define      RegTimerControl          0x2B
#define      RegTimerReload           0x2C
#define      RegIRqPinConfig          0x2D
#define      RFU2E                    0x2E
#define      RFU2F                    0x2F
// PAGE 6
#define      RegPage                  0x30
#define      RFU31                    0x31
#define      RFU32                    0x32
#define      RFU33                    0x33
#define      RFU34                    0x34
#define      RFU35                    0x35
#define      RFU36                    0x36
#define      RFU37                    0x37
// PAGE 7
#define      RegPage                  0x38
#define      RFU39                    0x39
#define      RegTestAnaSelect         0x3A
#define      RFU3B                    0x3B
#define      RFU3C                    0x3C
#define      RegTestDigiSelect        0x3D
#define      RFU3E                    0x3E
#define      RegTestDigiAccess        0x3F
```

（4）非接触式 IC 卡对命令的执行过程。

非接触式 IC 卡接收到读卡器的命令后，经过命令译码，在有限状态机的控制下，进行数据处理，并返回相应的处理结果。非接触式 IC 卡与读卡器之间一个完整的通信过程如图 53-4 所示。

① 初始化。系统的初始化包括 AT89C51 的初始化、对 MF RC500 内部寄存器设初值、打开射频场及复位 X5045 等操作。

② 发送 Request 命令。Request 命令用于通知 MF RC500 在天线的有效工作范围内寻找非接触式 IC 卡，若有非接触式 IC 卡在，MF RC500 将先与非接触式 IC 卡进行通信，读取非接触式 IC 卡内的类型号（2 字节），然后由 MF RC500 传输给 AT89C51 进行识别处理，建立非接触式 IC 卡与 MF RC500 的第一步通信联络。Request 命令分为 Requeststd 和

Requestall 两个命令，前者是只读一次命令，后者是连续性的读卡命令。

③ 防冲突操作。当有多张非接触式 IC 卡在 MF RC500 天线的有效工作范围内时，必须执行防冲突操作。MF RC500 先与每一张非接触式 IC 卡进行通信，取得非接触式 IC 卡的序列号，每一张非接触式 IC 卡都具有唯一的序列号，绝不会相同，MF RC500 能够根据非接触式 IC 卡的序列号选择出一张非接触式 IC 卡。执行完该操作后，MF RC500 得到的返回值为非接触式 IC 卡的序列号。

④ 选择非接触式 IC 卡。选择被选中非接触式 IC 卡的序列号，并返回该非接触式 IC 卡的容量代码。

⑤ 认证操作。在对非接触式 IC 卡的某一扇区进行读/写操作之前，程序员必须证明他的读/写操作是被允许的。这可以通过选择存储在 MF RC500 内的 RAM 中的密码集中的一组密码进行认证来实现，密码匹配才被允许对该扇区进行读/写操作。

⑥ 对数据的操作。对非接触式 IC 卡的最后操作是读、写、加、减、存储和传送等操作。在每一个加和减操作后面都必须跟随一条 Transfer 传送命令，这样才能真正地将数据结果传送到非接触式 IC 卡上。如果没有 Transfer 传送命令，数据结果仍将保持在 FIFO 数据寄存器中。

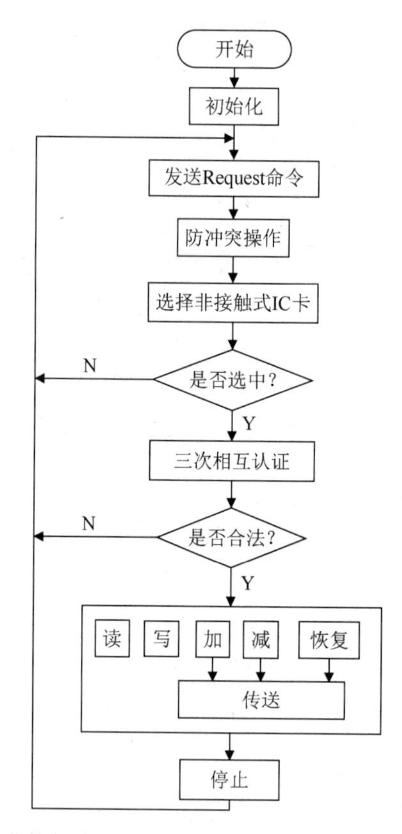

图 53-4　非接触式 IC 卡与读卡器之间一个完整的通信过程

2. 系统的主程序

主程序的流程图如图 53-5 所示。

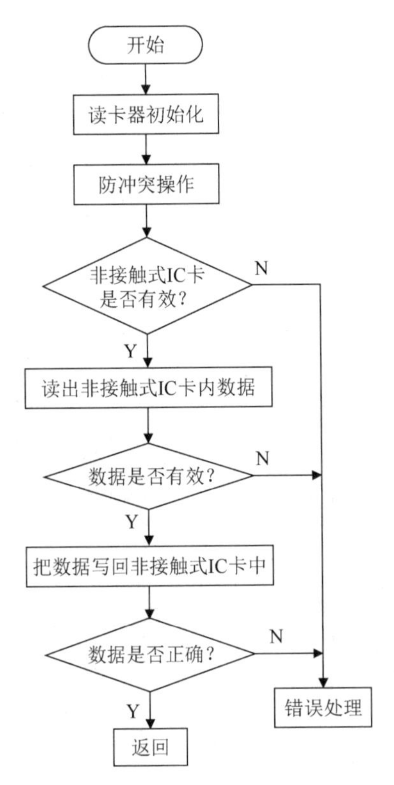

图 53-5　主程序的流程图

主程序的代码如下。

```
#define      MI_OK     0
#define uchar unsigned char
#define uint unsigned int
//操作子函数
extern char M500PcdReset();                          //复位并初始化 MF RC500
extern char M500PcdRequest(uchar req_code);//寻卡
extern char M500PcdAnticoll(uchar *snr);    //防冲突
extern char M500PcdSelect(uchar *snr);      //选定一张卡
extern char M500ChangeCodeKey(uchar *uncoded,uchar *coded);//转换密钥格式
extern char M500PcdAuthKey(uchar *coded);   //传送密钥
extern char M500PcdAuth(uchar auth_mode,uchar block,uchar *snr);//验证密钥
extern char M500PcdRead(uchar addr,uchar *readdata);    //读块
extern char M500PcdWrite(uchar addr,uchar *writedata); //写块
extern char M500PcdHalt(void);                           //卡休眠
extern char M500PcdReadE2(uint startaddr,uchar length,uchar *readdata);
//读 MF RC500 EEPROM 中的数据
extern char M500PcdWriteE2(uint startaddr,uchar length,uchar *writedat a);
//写数据到 MF RC500 EEPROM
extern char M500PcdConfigRestore();          //恢复 MF RC500 出厂设置

//Mifarel IC 卡命令字
```

```
    #define PICC_REQIDL     0x26        //寻找天线有效工作范围内未进入休眠状态的卡
    #define PICC_REQALL     0x52                //寻找天线有效工作范围内的全部卡
    #define PICC_ANTICOLL1  0x93                //防冲突
    #define PICC_AUTHENT1A  0x60                //验证 A 密钥
    #define PICC_AUTHENT1B  0x61                //验证 B 密钥
    #define PICC_READ       0x30                //读块
    #define PICC_WRITE      0xA0                //写块
    #define PICC_DECREMENT  0xC0                //减值
    #define PICC_INCREMENT  0xC1                //加值
    #define PICC_RESTORE        0xC2            //存储
    #define PICC_TRANSFER   0xB0                //传送
    #define PICC_HALT       0x50                //休眠
    void main (void)
    {  int count;
       idata  struct      TranSciveBuffer{uchar  MFCommand;   uchar MFLength;
uchar MFData[16];
                       }MFComData;
       M500PcdReset() ;                         //初始化 MF  RC500
       M500PcdReadE2(startaddr, length, readdata); //读 MF RC500 的序列号并存储它
       for  (count = 0 ;count<100 ;count++)
       {
          status = M500PcdRequest(req_code);    //向卡发送请求代码，并等待应答
          if (status= =MI_OK)
          status= M500PcdAnticoll(serialno);    //防冲突
          if (status= =MI_OK)
          status= M500PcdSelect(serialno);      //选择一个指定的卡
          if (status= =MI_OK)
          status = M500ChangeCodeKey(uncoded, coded);       //转换密钥格式
          if (status= =MI_OK)
          status =M500PcdAuthKey(coded);        //传送密钥
          if (status= =MI_OK)
          status = M500PcdAuth(auth_mode, block, serialno);//验证密钥，鉴定卡
          if (status= =MI_OK)
          status = M500PcdRead(addr, blockdata);            //读卡
          for (i=0;i<16;i++)
          *(blockdata+i) = MFComData.MFData[i];
          if (status==MI_OK)
          status= M500PcdWrite(addr, blockdata);            //写卡
       }
    }
```

经验总结

在硬件电路的设计中，要特别注意天线的选择，包括天线的形状、尺寸和磁通量。

在实际应用中，由于外界环境的干扰信号多呈毛刺状，作用时间很短，因此不能采用多次采集再取平均值等方法来有效滤除干扰，只有多次检测都一致才行。为了有效消除外

界干扰对读卡的影响，并达到非接触式 IC 卡靠近读卡器时自动读卡、处理和卡未拿走时只处理一次的目的，设置了卡同步信号连续读对次数与连续读错次数 2 个计数器，以及 3 个标志位：卡同步信号读对或读错标志位，仅读卡同步信号或同时读卡同步信号、数据信号标志位，卡已处理或未处理一次标志位。

知识加油站

在非接触通信中，为了保证读卡器与非接触式 IC 卡之间的数据传输完整可靠，可采取以下措施：一是防冲突算法；二是通过 1 位 CRC 纠错；三是检查每个字符的奇偶校验位；四是检查位数；五是用编码方式来区分 1、0 或无信息。

实例 54　SD 卡读/写

设计思路

多媒体技术的发展和推广要求单片机应用系统具备一定的多媒体处理能力，51 单片机通过传统的存储器扩展方式可以扩展的最大存储容量是 64KB，而 64KB 的存储容量用于存储多媒体信息几乎是不可能的。接入 SD 卡（Secure Digital Memory Card）等大容量的存储设备不仅可以存储多媒体信息，还可以存储单片机应用系统中用到的应用程序等，本实例将详细介绍如何利用单片机实现 SD 卡的读/写。

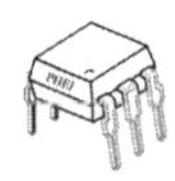

器件介绍

1．SD 卡简介

SD 卡由日本松下公司、东芝公司及美国 SanDisk 公司于 1999 年 8 月共同开发研制，它是一种基于半导体记忆器的记忆设备，具备存储容量大、数据传输速率高、移动灵活及安全性能高等优点。

SD 卡的特性如下。

① 操作模式可变：SD 模式和 SPI 模式。

② 时钟频率可变：0～25MHz。

③ 通信电压：2.0～3.6V。

④ 工作电压：2.0～3.6V。

⑤ 具有智能电源管理。

⑥ 无须外加编程电压。

⑦ 具有卡片带电插拔保护。

⑧ 具有高速串口，支持双通道闪存交叉存取，最高读写速率为 10Mbit/s。

⑨ 支持 10 万次编程/擦除。

2．SD 卡操作模式

SD 卡的接口支持两种操作模式：SD 模式和 SPI 模式。这两种操作模式都可以实现数据的传输，SD 模式是 SD 卡标准的读/写模式，使用 4 根线实现高速数据传输，数据传输速率高，但是传输协议复杂，只有少数单片机才提供此接口；而 SPI 模式使用简单通用的 SPI，只需一条数据传输线，数据传输速率较 SD 模式有所降低，但绝大多数中高档单片机都提供 SPI，易于用软件方法来模拟。通过综合比较，本实例选择 SPI 模式实现 SD 卡的读/写。

硬件设计

AT89C51 与 SD 卡的硬件接口电路如图 54-1 所示，SD 卡的操作模式选用 SPI 模式，单片机通过软件编程实现 SPI 模式的数据传输。在 SPI 模式下，单片机与 SD 卡的连接主要有 4 根线，包括 1 根时钟线、2 根数据传输线和 1 根片选线。SD 卡的 1（CS）引脚用作 SPI 片选线；2（DI）引脚用作 SPI 总线的数据输入线；7（DO）引脚用作 SPI 总线的数据输出线；5（CLK）引脚用作时钟线。除电源和地外，其余引脚可悬空。

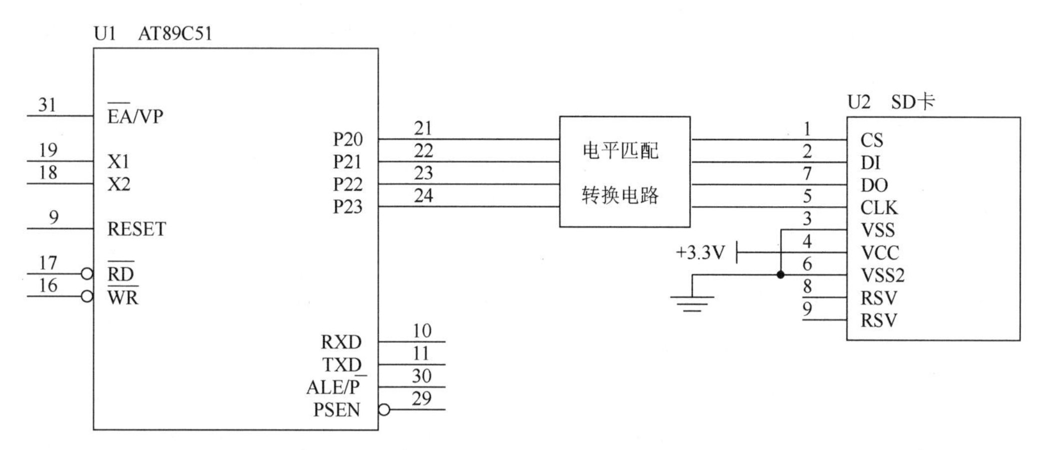

图 54-1 AT89C51 与 SD 卡的硬件接口电路

另外，还要解决 SD 卡与 AT89C51 的电平匹配问题，本实例使用图 54-2 所示的电路，将 AT89C51 的 5V CMOS 逻辑电平转换为 SD 卡的 3.3V TTL 电平，从而实现它们之间的正确连接。

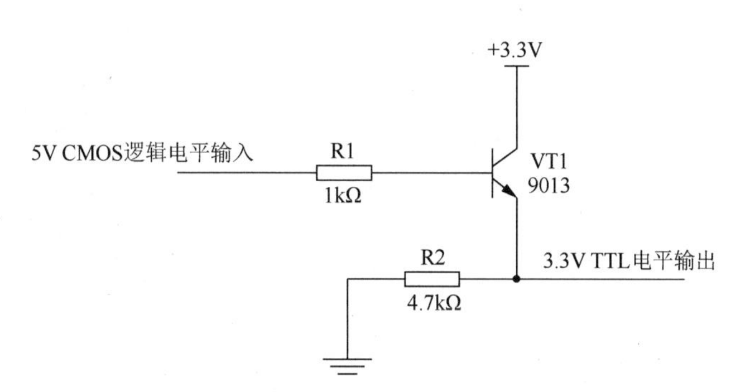

图 54-2 SD 卡与 AT89C51 的电平匹配转换电路

程序设计

SD 卡在进行通信和数据读/写时采用标准的 SPI，由于 51 单片机不具备标准的 SPI，因此在通信过程中，需要通过软件编程完成对标准 SPI 通信协议的模拟，从而实现通信。

SD 卡的程序设计主要包括两部分内容：SD 卡的上电初始化程序和 SD 卡的读/写程序。

1. SD 卡的读/写程序

SD 卡的读/写程序主要包括以下几个函数。

函数 delay()：实现微秒延时。

函数 SD_read_byte()：读取 1 字节数据。

函数 SD_write_byte()：写入 1 字节数据。

函数 SD_write_command()：向 SD 卡写入不同的命令。

（1）函数 delay()。

该函数用于实现微秒延时，其代码如下。

```
void delay(uint n)
{
    while(--n)
    {
    }
}
```

（2）函数 SD_read_byte()。

该函数的功能是从 SD 卡中读取 1 字节数据，读取数据时从高位到低位进行，其代码如下。

```
uchar SD_read_byte (void)
{
    uchar Byte = 0;
    uchar i = 0;
    DI=1;
    for (i=0; i<8; i++)
    {
       CLK=0;
       delay(4);
       Byte=Byte<<1;                //先读取最高位
       if (DO==1)
       {
          Byte |= 0x01;
       }
       CLK=1;
       delay(4);
    }
  return (Byte);
}
```

（3）函数 SD_write_byte()。

该函数的功能是向 SD 卡写入 1 字节数据，写入数据时从高位到低位进行，其代码如下。

```
void SD_write_byte(uchar Byte)
{
    uchar i ;
    CLK=1;
    for (i =0; i<8; i++)
    {
       if (Byte&0x80)               //先写入最高位
       {
```

```
        DI=1;
      }
      else
      {
        DI=0;
      }
      CLK=0;
      delay(4);
      Byte=Byte<<1;
      CLK=1;
      delay(4);
    }
  DI=1;
}
```

（4）函数 SD_write_command()。

该函数用于向 SD 卡写入不同的命令以实现不同的功能，每个命令的字节数为 6，其代码如下。

```
uchar SD_write_command (uchar  *cmd)
{
    uchar tmp = 0xff;
    uint   Timeout = 0;
    uchar a;
    SD_Disable();
    SD_write_byte(0xFF);          //发送 8 个时钟
    SD_Enable();
    for(a = 0;a<0x06;a++)         //发送 6 字节命令
    {
        SD_write_byte(cmd[a]);
    }
    while (tmp == 0xff)
    {
        tmp = SD_read_byte();   //等待回复
        if (Timeout++ > 500)
        {
            break;              //超时返回
        }
    }
        return(tmp);            //返回响应信息
}
```

2．SD 卡的上电初始化程序

从 SD 卡上电到对 SD 卡进行正确的读/写操作需要一个上电初始化的过程。上电初始化的流程图如图 54-3 所示，操作步骤如下。

（1）SD 卡上电后，主机必须先向 SD 卡发送 74 个时钟周期，以完成 SD 卡上电过程。

（2）SD 卡上电后会自动进入 SD 模式，并在 SD 模式下向 SD 卡发送复位命令 CMD0，此时应设置片选信号 CS 为低电平，使 SD 卡进入 SPI 模式，否则 SD 卡工作在 SD 模式下。

（3）SD 卡进入 SPI 模式后会发出应答信号，若主机读到的应答信号为 01，即表明 SD 卡已进入 SPI 模式，此时主机即可不断地向 SD 卡发送激活命令 CMD1 并读取 SD 卡的应答信号，直到应答信号为 00，表明 SD 卡已完成上电初始化过程，准备好接收下一条命令。

（4）上电初始化完成后，系统便可读取 SD 卡的各寄存器，并进行读/写等操作。

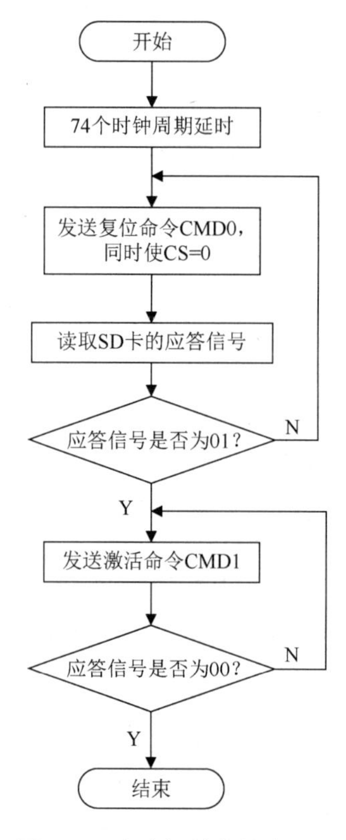

图 54-3　上电初始化的流程图

SD 卡的上电初始化程序代码如下。

```
//预定义变量
sbit    CS=P2^0;
sbit    CLK= P2^3;
sbit    DI=P2^1;
sbit    DO=P2^2;
#define SD_Disable()   CS=1                                   //关片选
#define SD_Enable()    CS=0                                   //开片选
Uchar   SD_read_byte (void)                                   //读取 1 字节数据
void        SD_write_byte(uchar Byte)                         //写入 1 字节数据
uchar   SD_write_command (uchar  *cmd)                        //向 SD 卡写入不同的命令
uchar   SD_write_sector(ulong addr,uchar *Buffer)   //单块写操作,长度为 512 字节
void        SD_read_block(uchar *cmd,uchar *Buffer,uint N-Byte)
//读取 N 字节数据，并将其存储在缓冲区内
```

```
uchar   SD_read_sector (ulong addr,uchar *Buffer)  //单块读操作,长度为512字节
uchar   SD_init()                                  //SD卡初始化
void        delay(uint n)                          //微秒延时
//SD卡初始化
uchar       SD_init()
{
    uchar Timeout = 0;
    uchar b;
    uchar idata  CMD[ ] = {0x40,0x00,0x00,0x00,0x00,0x95};//CMD0
    for (i=0;i<0x0f;i++)
    {
       SD_write_byte(0xff);                        //延时74个以上的时钟周期
    }
    SD_Enable( );                                  //开片选
    //发送复位命令CMD0
    while(SD_write_command (CMD) !=0x01)           //若为1，则表示复位成功
    {
      if (Timeout++ > 5)
      {
         return(1);
       }
     }
    //发送激活命令CMD1
    Timeout = 0;
    CMD[0] = 0x41;
    CMD[5] = 0xFF; //CMD1
    while( SD_write_command (CMD) !=0)
    {
       if (Timeout++ > 100)
       {
         return(2);
       }
    }
    SD_Disable();
    return(0);                                     //上电初始化完成
}
```

3．对 SD 卡的读/写操作

完成 SD 卡的初始化之后即可对它进行读/写操作。对 SD 卡进行读/写操作都是通过向 SD 卡写入不同的命令来完成的。

SPI 模式支持单块（CMD24）和多块（CMD25）写操作，多块写操作是指从指定位置开始写，直到 SD 卡收到一个停止命令 CMD12 才停止。单块写操作的数据块长度只能是 512 字节，当应答信号为 0 时说明可以写入数据，长度为 512 字节。SD 卡对每个发送给自己的数据块都通过一个应答信号确认，它为 1 字节，当低 5 位为 00101 时，表明数据块被正确写入 SD 卡，本实例只实现单块数据的读/写功能，其流程图如图 54-4 所示。

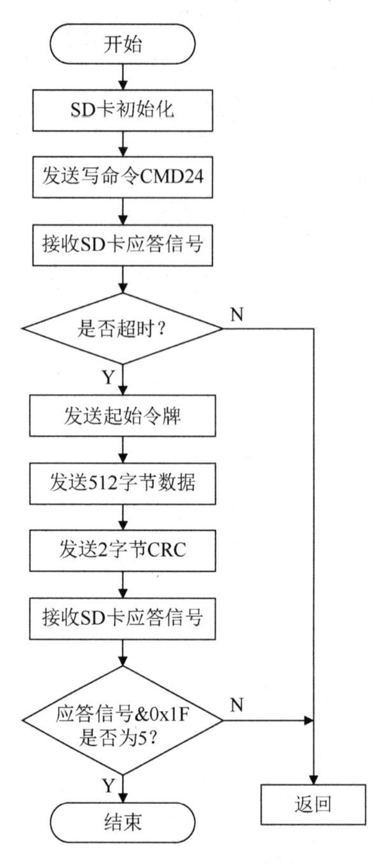

图 54-4　写 SD 卡的流程图

写 SD 卡的程序代码如下。

```
//单块写操作，长度为 512 字节
uchar SD_write_sector (ulong addr,uchar *Buffer)
//参数：写扇区的地址，数据的指针
{
      uchar  tmp;
      uint a ;
      uchar idata cmd[] = {0x58,0x00,0x00,0x00,0x00,0xFF};  //CMD24
      addr = addr << 9;                   //功能等同于 addr = addr * 512
      cmd[1] = ((addr & 0xFF000000) >>24 );
      cmd[2] = ((addr & 0x00FF0000) >>16 );
      cmd[3] = ((addr & 0x0000FF00) >>8 );
      tmp = SD_write_command (cmd);
      //发送写命令 CMD24，执行单块写操作，长度为 512 字节
      if (tmp != 0)
      {
           return(tmp);
      }
      for (a=0;a<100;a++)
      {
            SD_read_byte();
```

```
        }
        SD_write_byte(0xFE);            //发送读/写命令后都要发送起始令牌 FEH
        for ( a=0;a<512;a++)
        {
            SD_write_byte(*Buffer++);
         }
        //写入 CRC
        SD_write_byte(0xFF);
        SD_write_byte(0xFF);
        while (SD_read_byte() != 0xff)
        {
        };
        SD_Disable();
        return(0);
}
```

在读取 SD 卡中数据时，读 SD 卡的命令为 CMD17，接收正确的应答信号为 0xFE，随后是 512 字节数据，最后为 2 字节 CRC。读 SD 卡的流程图如图 54-5 所示。

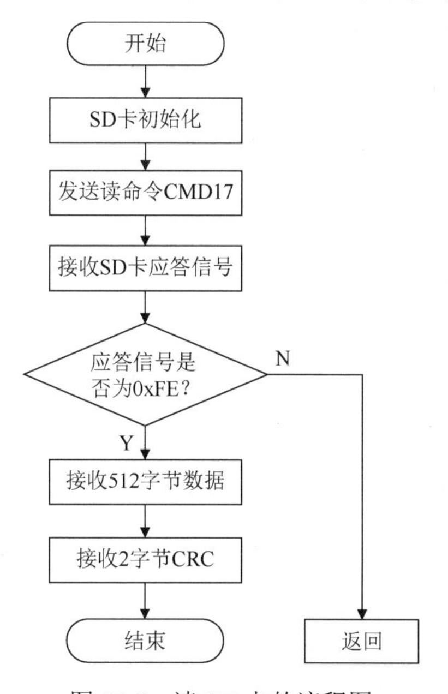

图 54-5　读 SD 卡的流程图

读 SD 卡的程序代码如下。

```
//读 N 个字节数据放在缓冲区内
void SD_read_block(uchar *cmd,uchar *Buffer,uint N_Byte)
//参数：命令、缓冲区指针、长度
{
    uint  a;
    if (SD_write_command (cmd) != 0)
    {
      return;
```

```
        }
        while (SD_read_byte( )!= 0xfe)
        {
         };
        for (a=0;a< N_Byte;a++)
        {
          *Buffer++ = SD_read_byte();
        }
       //取走 CRC
       SD_read_byte();
       SD_read_byte();
       SD_Disable();
       return;
   }
   //读一个扇区数据
   uchar SD_read_sector (ulong addr,uchar *Buffer)  //参数：扇区地址、缓冲区指针
   {
       uchar idata  cmd[] = {0x51,0x00,0x00,0x00,0x00,0xFF};   //单块读操作
      addr = addr << 9;                            //功能等同于 addr = addr * 512
      cmd[1] = ((addr & 0xFF000000) >>24 );
      cmd[2] = ((addr & 0x00FF0000) >>16 );
      cmd[3] = ((addr & 0x0000FF00) >>8 );
      SD_read_block(cmd,Buffer,512);
      return(0);
   }
```

经验总结

（1）在 SD 卡初始化时应当注意：当主机在向 SD 卡发送复位命令 CMD0 时，SD 卡是处于 SD 模式的，此时要求每一个命令都要有合法的 CRC 校验位，所以，此时的复位命令 CMD0 必须有正确的 CRC 校验位（其校验位为 95H）。而在发送激活命令 CMD1 时，SD 卡已处于 SPI 模式，而 SPI 模式默认无须 CRC 校验位，此时的 CRC 校验位可直接写入 0。

（2）读扇区：SD 卡允许以块数据进行读/写，本实例用命令 CMD16 设定每次读/写的块为 512 字节，正好是一个扇区，设置好后用读命令 CMD17 读取 512 字节，并将其存储至缓冲区即可。

知识加油站

SD 卡规范 1.0 现已不用。SD 卡规范 2.0 中对 SD 卡的速率分级方法：SD 卡的速率定义为 Class2、Class4、Class6 和 Class10 四个等级。在 Class10 卡问世之前，存在过一段时间的 Class11 卡和 Class13 卡，但它们最终没有被 SD 协会认可。SD 卡规范 3.0 被称为超高速卡，速率定义为 UHS-I 和 UHS-II 两个等级。

实例 55　高精度实时时钟芯片的应用

设计思路

在由单片机组成的控制系统中，常常需要高精度的实时时钟显示。目前，市场上能够实现该功能的实时时钟芯片有很多，典型的产品包括美国 Dallas 公司生产的 DS1302/1307/1308，深圳市兴威帆电子技术有限公司生产的 SD2000/2001/2300/2004 系列实时时钟芯片。本实例主要介绍如何通过单片机控制 SD2300A 实现高精度实时时钟显示功能。

器件介绍

SD2300 系列实时时钟芯片是一种具有内置晶振、支持两线串口的高精度实时时钟芯片。该系列芯片在（25±1）℃环境下可保证时钟精度为±5ppm，即年误差小于 2.5min；该系列芯片具有时钟精度调整功能，可以在很宽的范围内校正时钟的频率偏差，能以最小分辨率 3.052ppm 来进行校正，通过与温度传感器的结合可以设定适应温度变化的调整值，实现宽温范围内高精度的计时功能；内置一次性电池、串行 NVSRAM，其中内置的一次性电池可保证在外部电源掉电情况下时钟的使用寿命超过五年，内置的串行 NVSRAM 为非易失性 SRAM，擦写次数可达 100 亿次。该系列芯片与单片机的接口电路采用工业标准 I^2C 总线，从而简化了接口电路设计，是高精度实时时钟芯片的理想选择。

SD2300A 是一种具有 I^2C 接口的芯片，只用一根串行时钟线 SCL 和一根串行数据线 SDA 与单片机实现通信，数据传输速率可达 400kbit/s。

电源电路包括电源切换电路、电池电路和稳压电路。当电源电压 V_{DD}>3.0V 时，内置的一次性电池停止供电，改由外部电源供电。当电源电压 V_{DD} 降到 4.5V 以内时，内置的串行 NVSRAM 将停止工作，但内部时钟仍保持正常工作，在外部电源掉电的情况下，内置的一次性电池能确保时钟继续可靠工作。稳压电路可对外部电源电压进行滤波、稳压，使芯片工作稳定。

硬件设计

下面以 AT89C51 为例，给出 SD2300A 与单片机的典型接口电路，如图 55-1 所示。由于 AT89C51 没有 I^2C 接口，所以使用 AT89C51 的 P20 引脚、P21 引脚来模拟 I^2C 总线，其中 SDA 与 P20 引脚相连，SCL 与 P21 引脚相连。同时将 SD2300A 内置的串行 NVSRAM 的 I^2C 接口 SDAE 与 SDA 并联，SCLE 与 SCL 并联，R3 和 R4 分别为其上拉电阻，阻值为 10kΩ。

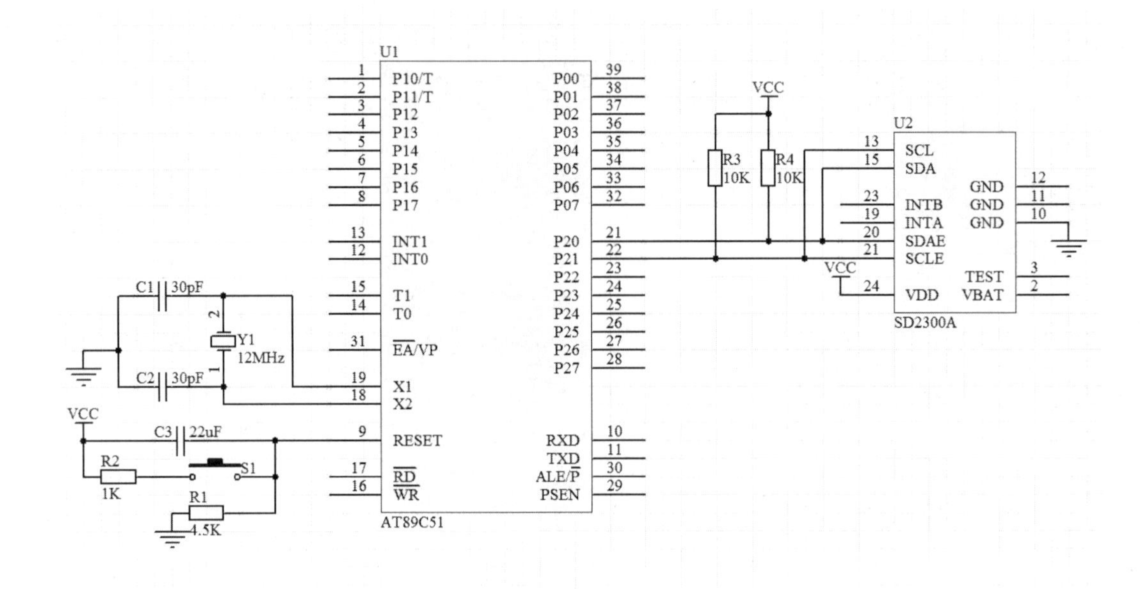

图 55-1　SD2300A 与单片机的典型接口电路

程序设计

SD2300A 通过 SCL、SDA 两线式串口方式接收各种命令并读/写数据，程序的编写主要根据 SD2300A 的工作原理进行，包括变量定义及 SD2300A 的相关定义、SD2300A 的相关函数、主程序。

1．变量定义及 SD2300A 的相关定义

该部分主要完成变量和 SD2300A 的相关定义，其代码如下。

```
//变量定义
#define  true  1
#define  false  0
//SD2300A 的相关定义
sbit  SDA=P2^0;
sbit  SCL=P2^1;
uchar      data1,data2,data3,data4;
uchar      date[7];
/*日期数组: date[6]=year, date[5]=month, date[4]=day, date[3]=week, date[2]=hour,
date[1]=minute, date[0]=second*/
void    I2C_delay(void);
bit     I2C_Start(void);
void    I2C_Stop(void);
void    I2C_Ack(void);
void    I2C_NoAck(void);
bit     I2C_Read_ACK(void);
void    I2C_Send_Byte(uchar demand);
```

```
uchar   I2C_Receive_Byte(void);
void    I2C_Read_Date(void);
void    Delay(uint nn);
void    I2C_Write_Date(void);
```

2. SD2300A 的相关函数

函数 I2C_delay()：I²C 延时。

函数 I2C_Start()：开启 SD2300A 的 I²C 总线。

函数 I2C_Stop()：关闭 SD2300A 的 I²C 总线。

函数 I2C_Ack()：发送确认信号 ACK。

函数 I2C_NoAck()：发送 No Ack。

函数 I2C_Read_ACK()：读取 ACK 信号。

函数 I2C_Send_Byte()：向 SD2300A 发送 1 字节数据。

函数 I2C_Receive_Byte()：从 SD2300A 读入 1 字节数据。

函数 I2C_Read_Date()：读 SD2300A 实时数据寄存器。

函数 I2C_Write_Date()：写 SD2300A 实时数据寄存器。

函数 Delay()：延时函数。

（1）函数 I2C_delay()的代码如下。

```
void I2C_delay(void)
{
    nop();nop();nop();nop();
}
```

（2）函数 I2C_Start()。

该函数用于开启 SD2300A 的 I²C 总线，当 SCL 为高电平时，SDA 由高电平变成低电平构成一个开始条件，对 SD2300A 进行的所有操作均必须由开始条件开始，其代码如下。

```
bit  I2C_Start(void)
{
    SDA=1;
    SCL=1;
    I2C_delay();
    if(!SDA)
    return false;          //SDA 为低电平说明 I2C 总线忙，退出
    SDA=0;
    I2C_delay();
    while(SDA)
    return false;          //SDA 为高电平说明 I2C 总线出错，退出
    SCL=0;
    I2C_delay();
    return true;           //开启 I2C 总线
}
```

（3）函数 I2C_Stop()。

该函数用于关闭 SD2300A 的 I²C 总线，当 SCL 为高电平时，SDA 由低电平变成高电

平构成一个停止条件，此时对 SD2300A 进行的所有操作均停止，系统进入待机状态，其代码如下。

```
void I2C_Stop(void)
{
    SDA=0;
    SCL=0;
    I2C_delay();
    SCL=1;
    I2C_delay();
    SDA=1;
}
```

（4）函数 I2C_Ack()。

该函数用于发送确认信号 ACK。数据传输以 8 位序列进行，SD2300A 在第 9 个时钟周期时将 SDA 置为低电平，即送出一个确认信号，表明数据已经被其收到。其代码如下。

```
void I2C_Ack(void)
{
    SDA=0;
    SCL=0;
    I2C_delay();
    SCL=1;
    I2C_delay();
    SCL=0;
}
```

（5）函数 I2C_NoAck()。

该函数用于发送 NoAck，其代码如下。

```
void I2C_NoAck(void)
{
    SDA=1;
    SCL=0;
    I2C_delay();
    SCL=1;
    I2C_delay();
    SCL=0;
}
```

（6）函数 I2C_Read_ACK()。

该函数用于读取 SD2300A 发送的确认信号，其代码如下。

```
bit  I2C_Read_ACK(void)      //当返回 true 时，有 ACK；当返回 false 时，无 ACK
{
    uchar errtime=255;
    SCL=0;
    SDA=1;
    I2C_delay();
```

```
    SCL=1;
    I2C_delay();
    while(SDA)
    {
        errtime--;
        if(!errtime)
        SCL=0;
        return false;
    }
    SCL=0;
    return true;
}
```

（7）函数 I2C_Send_Byte()和 I2C_Receive_Byte()。

这两个函数分别实现向 SD2300A 发送 1 字节数据和从 SD2300A 读取 1 字节数据，数据的发送或读取都从高位到低位进行。当 SCL 为低电平且 SDA 电平变化时，数据由 CPU 传送到 SD2300A；当 SCL 为高电平且 SDA 电平不变时，CPU 读取 SD2300A 发送的数据；当 SCL 为高电平且 SDA 电平变化时，SD2300A 收到一个开始条件或停止条件。其代码如下。

```
//向 SD2300A 发送 1 字节数据
void  I2C_Send_Byte(uchar demand)    //从高位到低位发送数据
{
    uchar i=8;
    while(i--)
    {
        SCL=0;
        nop();
        SDA=(bit)(demand&0x80);
        demand<<=1;
        I2C_delay();
        SCL=1;
        I2C_delay();
    }
    SCL=0;
}
//从 SD2300A 读取 1 字节数据
uchar I2C_Receive_Byte(void)          //从高位到低位读取数据
{
    uchar i=8;
    uchar ddata=0;
    SDA=1;
    while(i--)
    {
        ddata<<=1;                     //从高位开始读取数据
        SCL=0;
        I2C_delay();
        SCL=1;
```

```
        I2C_delay();
        if(SDA)
        {
            ddata|=0x01;
        }
    }
    SCL=0;
    return ddata;
}
```

（8）函数 I2C_Read_Date()。

该函数用于读 SD2300A 实时数据寄存器，从年开始读取数据，其代码如下。

```
void I2C_Read_Date(void)
{
    uchar  n;
    I2C_Start();
    I2C_Stop();
    I2C_Start();
    I2C_Send_Byte(0x64);                    //从年开始读取数据
    I2C_Read_ACK();
    I2C_Send_Byte(0x00);
    I2C_Read_ACK();
    I2C_Start();
    I2C_Send_Byte(0x65);
    I2C_Read_ACK();
    for(n=0;n<7;n++)
    {
        date[n]= I2C_Receive_Byte();
        if (n!=6)                           //最后一个数据不应答
        {
            I2C_Ack();
        }
    }
    I2C_NoAck();
    I2C_Stop();
}
```

（9）函数 I2C_Write_Date()。

该函数用于写 SD2300A 实时数据寄存器，从秒开始写起，其代码如下。

```
void I2C_Write_Date(void)
{
    I2C_Start();
    I2C_Stop();
    I2C_Start();
    I2C_Send_Byte(0x64);
    I2C_Read_ACK();
```

```
    I2C_Send_Byte(0xf0);                        //设置写起始地址
    I2C_Read_ACK();
    I2C_Send_Byte(0x20);                        //24 小时制
    I2C_Read_ACK();
    I2C_Send_Byte(0x01);                        //秒
    I2C_Read_ACK();
    I2C_Send_Byte(0x01);                        //分
    I2C_Read_ACK();
    I2C_Send_Byte(0x08);                        //时
    I2C_Read_ACK();
    I2C_Send_Byte(0x01);                        //日
    I2C_Read_ACK();
    I2C_Send_Byte(0x01);                        //周
    I2C_Read_ACK();
    I2C_Send_Byte(0x07);                        //月
    I2C_Read_ACK();
    I2C_Send_Byte(0x04);                        //年
    I2C_Read_ACK();
    I2C_Send_Byte(0x00);                        //清零数字调整寄存器
    I2C_Read_ACK();
    I2C_Stop();
}
```

（10）函数 Delay()。

该函数为延时函数，其代码如下。

```
void Delay(uint nn)
{
    while(nn--);
}
```

3．主程序

SD2300A 的相关函数编写完成后，主程序的编写就比较简单了。主程序实现的功能是将数据写入 SD2300A 实时数据寄存器，然后将其读出，代码如下。

```
main()
{
    P2=0xFF;
    I2C_Write_Date();
    while(1)
    {
        I2C_Read_Date();

        Delay(250);
        Delay(250);
    }
}
```

经验总结

（1）SD2300A 应用中的硬件注意事项。

① 制作 PCB 时，应在 SD2300A 和单片机数字电源、地的输入端之间分别接入 220μF 以上电解电容和 0.1μF 电容去除电源扰动。为了防止干扰，制作 PCB 时应保证芯片底部无大电流信号通过，最好能铺地。

② SD2300A 的 VDD 引脚和电源之间应串入一个 200Ω 电阻，以防干扰。

③ SD2300A 中不用的引脚要接地，VBAT 引脚和 TEST 引脚除外。

④ 电源电压必须大于或等于 3.0V。

（2）SD2300A 应用中的软件注意事项。

① 软件上电开始时应设置一个几百毫秒的延时，时钟最多每半秒才读一次。

② 开启 I^{2}C 总线时，在置 SDA 为高电平后要再次判断 SDA 是否为高电平，即判断 SDA 是否被复位。

知识加油站

I^{2}C 总线由 SDA 和 SCL 组成，因为其是漏极开路，所以需要接上拉电阻，在空闲状态下为高电平。

I^{2}C 总线上的每个设备都可以作为主设备或从设备，每个设备都有唯一的地址。

实例 56　智能手机充电器

设计思路

智能手机充电器主要用于对手机锂离子电池进行充电控制。目前，市场上常用的二次电池主要有镍氢（Ni-MH）与锂离子（Li-ion）两种类型。锂离子电池的充电器采用的是恒流充电方式，充电电流一般为电池容量的10%～150%，充电时间为2～3h。整个充电流程如下。

（1）检测电池电压，当电池电压低于一个阈值电压时，进行预充电。

（2）电池达到一定电压后，进行全电流充电。

（3）当电池电压达到预置电压时，开始恒压充电，同时充电电流降低。

（4）当电流降低到规定值时，充电过程结束。

器件介绍

本实例设计的智能手机充电器主要用于对单节锂离子电池进行充电控制，采用美国MAXIM公司推出的锂电池充电芯片MAX1898，其工作原理：当有电池插入时，智能手机充电器的LED指示灯亮，同时蜂鸣器发出提示音，智能手机充电器进入预充电状态；当电池电压升到2.5V以上时，智能手机充电器进入快充状态；当电池充满电时，LED指示灯熄灭，蜂鸣器报警；若电池无法充电，则LED指示灯以1.5Hz的频率闪烁。

典型的手机电池充电系统包括供电系统、CPU8051、充电控制电路和外部提示电路，如图56-1所示，其主要用于检测是否有电池插入、电池是否完成充电等。

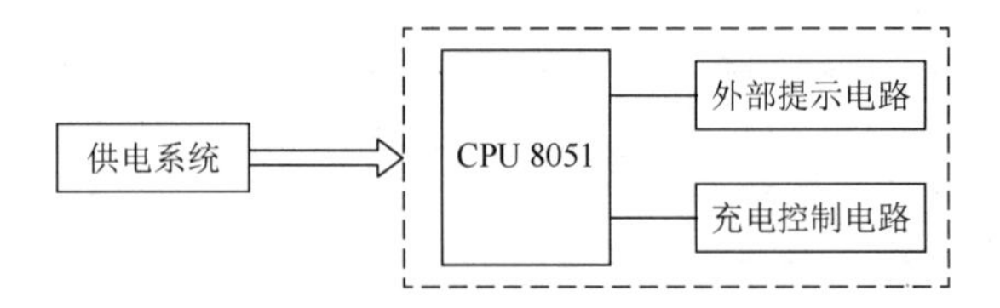

图 56-1　典型的手机电池充电系统的结构框图

硬件设计

本实例设计的智能手机充电器由单片机、LED指示灯、蜂鸣器、充电控制电路和电源电路等几部分组成。其原理框图如图56-2所示。

（1）电源电路。采用220V交流电对智能手机充电器直接供电，先使用交流变压器将220V交流电转换成12V交流电，通过桥式整流电路进行整流后，接1只1000μF/25V电解电容和一只0.1μF陶瓷电容，再将滤波后的输出直接接到7805集成稳压电路，为系统提供电源。电源电路如图 56-3 所示。

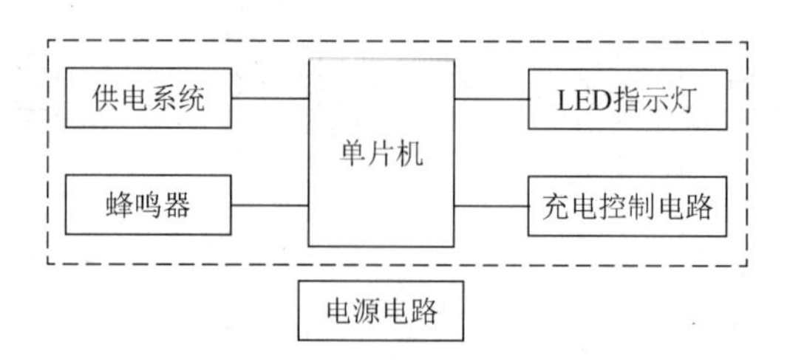

图 56-2　智能手机充电器的原理框图

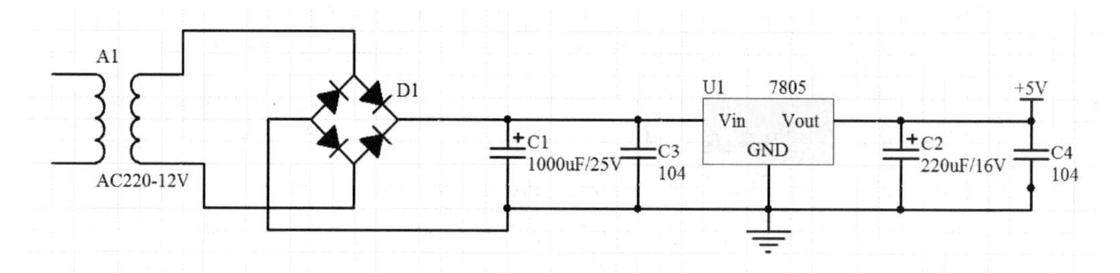

图 56-3　电源电路

（2）单片机。单片机选用 AT89C51，采用 6MHz 晶振，单片机电路如图 56-4 所示。

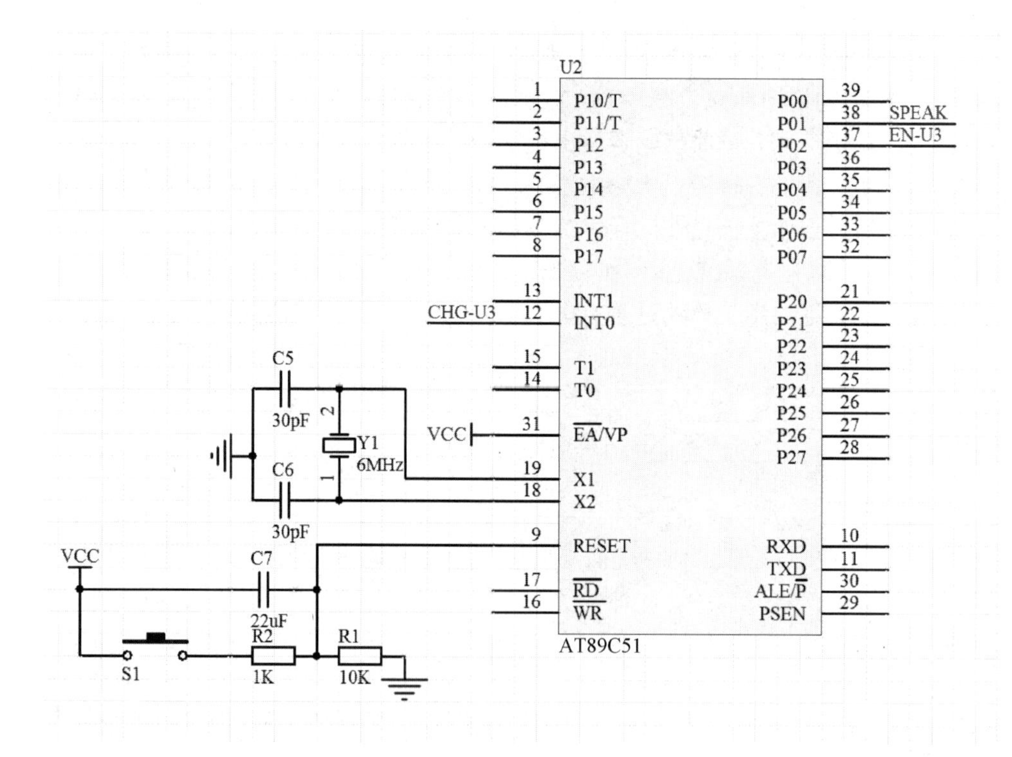

图 56-4　单片机电路

（3）充电控制电路。充电控制电路选用美国 MAXIM 公司推出的锂电池充电芯片 MAX1898（见图 56-5），其不仅能限制总输入电流，还可通过外接电容和电阻来设定充电时间和最大充电电流。MAX1898 引脚的功能如表 56-1 所示。

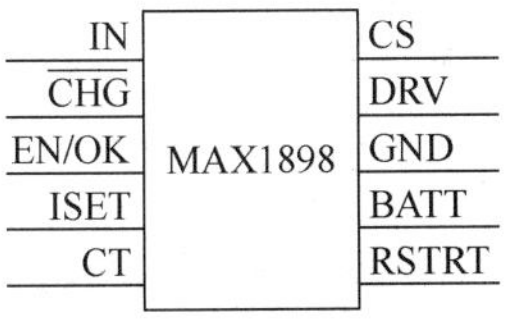

IN　CS
$\overline{\text{CHG}}$　DRV
EN/OK　MAX1898　GND
ISET　BATT
CT　RSTRT

图 56-5　MAX1898 的引脚排列

表 56-1　MAX1898 引脚的功能

引　脚	功　能
IN	芯片内部取样电阻的正端，检测输入电源
$\overline{\text{CHG}}$	开漏极 LED 驱动引脚，可接 100kΩ 电阻
EN/OK	芯片的使能输入和电源就绪输出引脚
ISET	外接限流电阻，设置芯片最大充电电流
CT	外接定时电容，设置芯片充电时间
RSTRT	重新充电控制端
BATT	锂离子电池的正极
GND	芯片地
DRV	外接三极管的驱动引脚
CS	芯片内部取样电阻负端

充电时间 t 和定时电容 C（nF）的关系：C（nF）= 34.33 × t（h）。最大充电电流 I_{max} 和限流电阻 R_{set} 的关系：I_{max}（A）= 1400（V）/R_{set}（Ω）。

充电控制电路如图 56-6 所示。

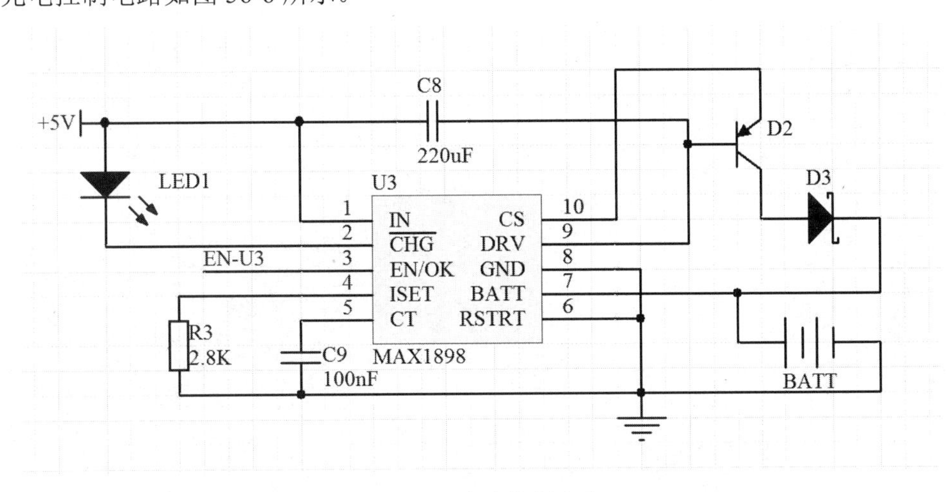

图 56-6　充电控制电路

程序设计

智能手机充电器程序的主要功能有检测是否有电池插入、预充电是否成功、电池是否充满电等，其程序流程图如图 56-7 所示。

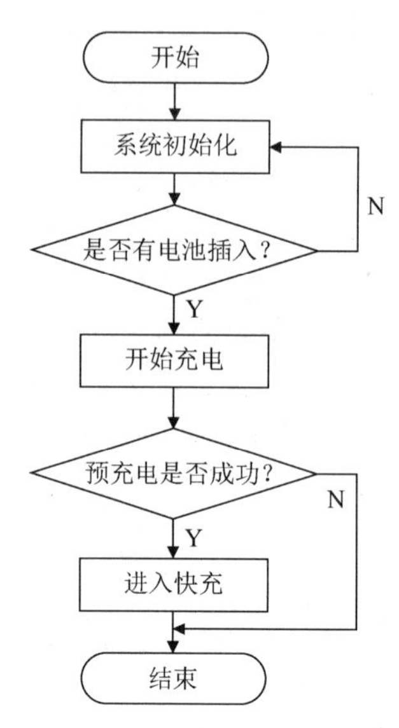

图 56-7　智能手机充电器的程序流程图

本实例采用 MAX1898 和 AT89C51，直接控制电池的充电过程。当没有电源和电池输入时，MAX1898 的 $\overline{\text{CHG}}$ 引脚为高电平，将 $\overline{\text{CHG}}$ 引脚连接到 AT89C51 的 INT0 引脚，检测 $\overline{\text{CHG}}$ 引脚的输出信号。当充电开始时，AT89C51 的 INT0 引脚接收到中断信息，产生中断并使能 AT89C51 的定时器 T1 进行计数，如果预充电出错则将 MAX1898 的 EN/OK 引脚置低电平，停止充电，并驱动蜂鸣器报警。程序代码如下。

```
#include <reg51.h>
unsigned int  T3HOUS = 3 600;
unsigned int  T1NUM = 0;
unsigned int  INTONUM = 0;
sbit SPEAK = P0 ^ 1;
sbit EN/OK = P0 ^ 2;
void  main(void)
{   system_init();                                          /*调用系统初始化函数*/
    EA = 1; EX0 = 1;                                        /*使能 INT0 中断*/
   while(1)  { EN/OK = 1; }                                 /*使能 MAX1898*/
}
void  int0_interrupt(void)
{      if(INTONUM ==0)  {TR1 = 1; SPEAK = 0;}              /*使能定时器 T1*/
        INTONUM++;
}
void  t1_interrupt(void)
{      T1NUM++; T3HOUS--;
       if((T3HOUS! = 0)&&( INTONUM == 1))
       {   if(T1NUM ==6 000)        /*3s*/
           {   T1NUM = 0; SPEAK = 0;
       }
   }
```

```
    else
    {   EN/OK = 0;                                  /*禁止 MAX1898*/
        T3HOUS =0; SPEAK = 1;
}
void  system_init(void)
{    SPEAK = 1;                                     /*禁止蜂鸣器*/
     EN/OK = 0;                                     /*禁止 MAX1898*/
     TMOD = 0X20;                                   /*设置定时器 T1*/
     TCON | = 0X01;
     TH1 = 0;TL1 = 0;
}
```

经验总结

本实例采用 MAX1898 作为智能手机充电器的充电控制器件，AT89C51 根据检测到的 MAX1898 的输出信息，完成对充电过程的控制和报警。

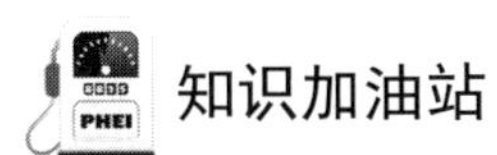

知识加油站

在 51 单片机的中断系统中，中断允许或禁止是由片内的中断允许寄存器 IE 控制的。EA 是 CPU 中断允许标志位，若 EA = 0，则 CPU 禁止中断；若 EA = 1，则 CPU 允许中断。EX0 是外部中断 0 中断允许位。当 EX0 = 1 时，允许外部中断 0 中断。

51 单片机的中断系统提供两个优先级，对于每个中断源，都可以将其编程为高优先级中断源或低优先级中断源。当所有中断源同级时，外部中断 0 的优先级最高，其次是定时器 T0 溢出中断、外部中断 1、定时器 T1 溢出中断，串口中断的优先级最低。

实例 57　单片机控制门禁系统

设计思路

近年来，电子门禁系统的发展非常迅速，按照其开门方式可以分为 3 类：密码识别、卡片识别和生物识别。

无线射频识别（RFID）技术在门禁系统中得到了广泛应用，本实例以使用工作频率为 125kHz 的 ID 卡和密码识别相结合的门禁系统为例，说明单片机控制门禁系统的原理及应用。

门禁系统主要应用于居民小区的居民楼，其工作原理如下。

当有人要进入时，可以通过以下两种方式实现开门：一是通过在门禁处主机上刷 ID 卡，当该 ID 卡为门禁系统中存在的 ID 卡时，门可以打开，否则语音提示该 ID 卡不存在；二是通过输入房间号码 + 密码的方式开门，若有访客要进入时，访客可以提前和住户联系，获得住户的房间号码和密码，当访客输入正确的房间号码和密码后，门可以打开，否则提示密码错误。门禁系统的结构框图如图 57-1 所示。

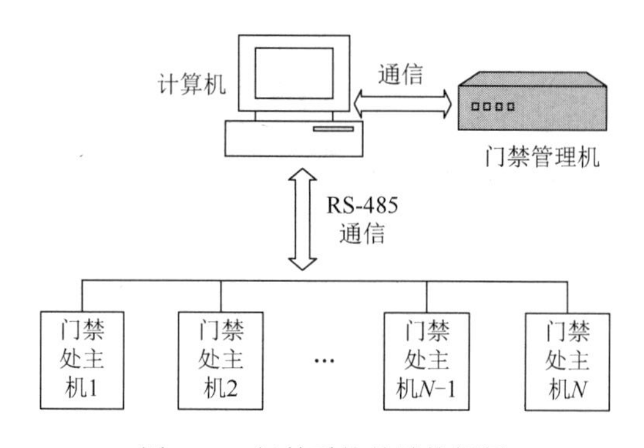

图 57-1　门禁系统的结构框图

门禁系统包括门禁管理机、门禁处主机及上位管理机（计算机）。

门禁管理机主要完成发放 ID 卡、挂失 ID 卡及与计算机通信等操作，硬件电路包括 CPU、ID 卡读卡器电路、RS-485 通信电路、电源电路等。

门禁处主机完成对进入门的控制及判断操作，另外需要与计算机通信，获得门禁系统中存在的 ID 卡号及其他信息。硬件电路包括增强型 51 单片机、电源电路、键盘显示电路、ID 卡读卡器电路、存储器电路、语音电路、电磁锁控制电路等。

硬件设计

1. 门禁处主机硬件设计

门禁处主机硬件电路的原理框图如图 57-2 所示。

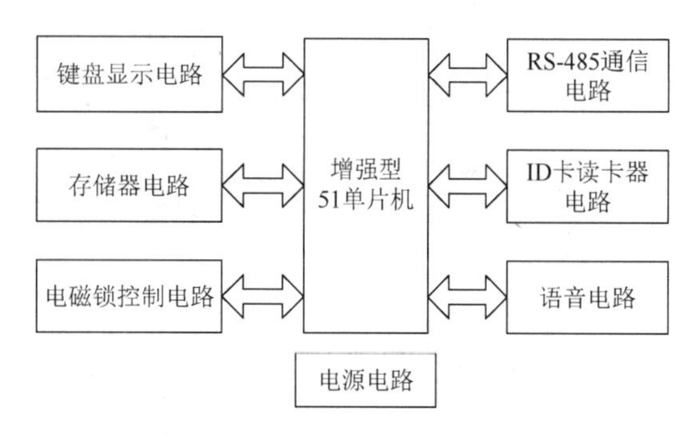

图 57-2　门禁处主机硬件电路原理框图

（1）增强型 51 单片机。本实例中的单片机选用体积小、功能强、存储容量大的 C8051F340。该单片机是一款完全集成的混合信号片上系统型 MCU，片上有 4352B RAM（256B 片内 RAM 和 4KB 片外 RAM）、64KB 片内 Flash 存储器，还有一个内部可编程的高速振荡器，可以作为系统时钟使用。片内集成了看门狗定时器功能，只需要极少的外围电路就可以构成单片机最小应用系统，电路设计简单，可以提供较多的 I/O 口，灵活配置中断引脚及 I/O 口的 I/O 方式。

（2）存储器电路。由于门禁系统中要存储一定数量的 ID 卡号、开门记录及其他信息，所需要的存储空间比较大，所以存储器选用 Flash 型 AT45DB041D 存储器，它是单一 2.7～3.6V 电源供电串口 Flash 存储器，适用于系统内重复编程，共有 4325376bit 内存，分为 2048 页，每页为 264B；除内存外，AT45DB041D 还有 2 个 SRAM 数据缓存区，每个为 264B，缓存区使得内存的一页编程的同时可以接收数据。与用多条地址线和一个并口随机访问的传统 Flash 存储器不同，其数据闪存 DataFlash 采用串口顺序访问数据，这种简单的串口简化了硬件布局，增强了系统灵活性。存储器电路如图 57-3 所示。AT45D041D 为 SPI 总线器件，系统使用单片机引脚模拟 SPI 总线，实现了对存储器的读/写操作。

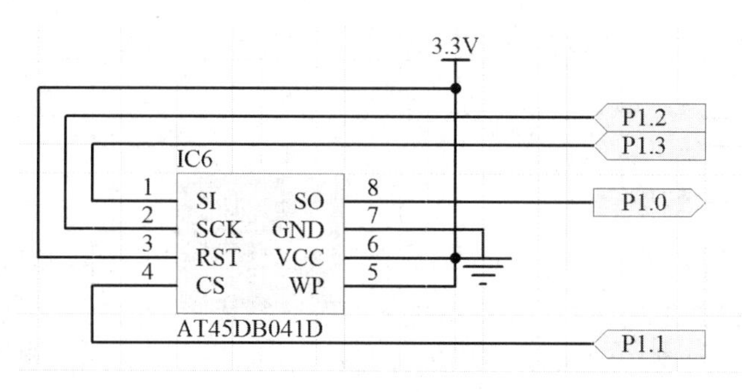

图 57-3　存储器电路

（3）键盘显示电路。键盘显示电路采用专用的控制芯片 HD7279A 来驱动，该芯片最多能驱动 8 个共阴极数码管及 64 个按键，单片即可完成 LED 显示、键盘接口的全部功能，使设计的电路更加简洁。HD7279A 是 SPI 总线器件，键盘显示电路通过用单片机引脚模拟 SPI 总线的方式实现对 HD7279A 的操作。键盘显示电路如图 57-4 所示。键盘显示电路由 8 个共阴极数码管及 13 个按键组成，其中的 12 个按键为 10 个数字键、1 个“*”键和 1 个“#”键，另外 1 个按键作为楼道内开门的按键使用。

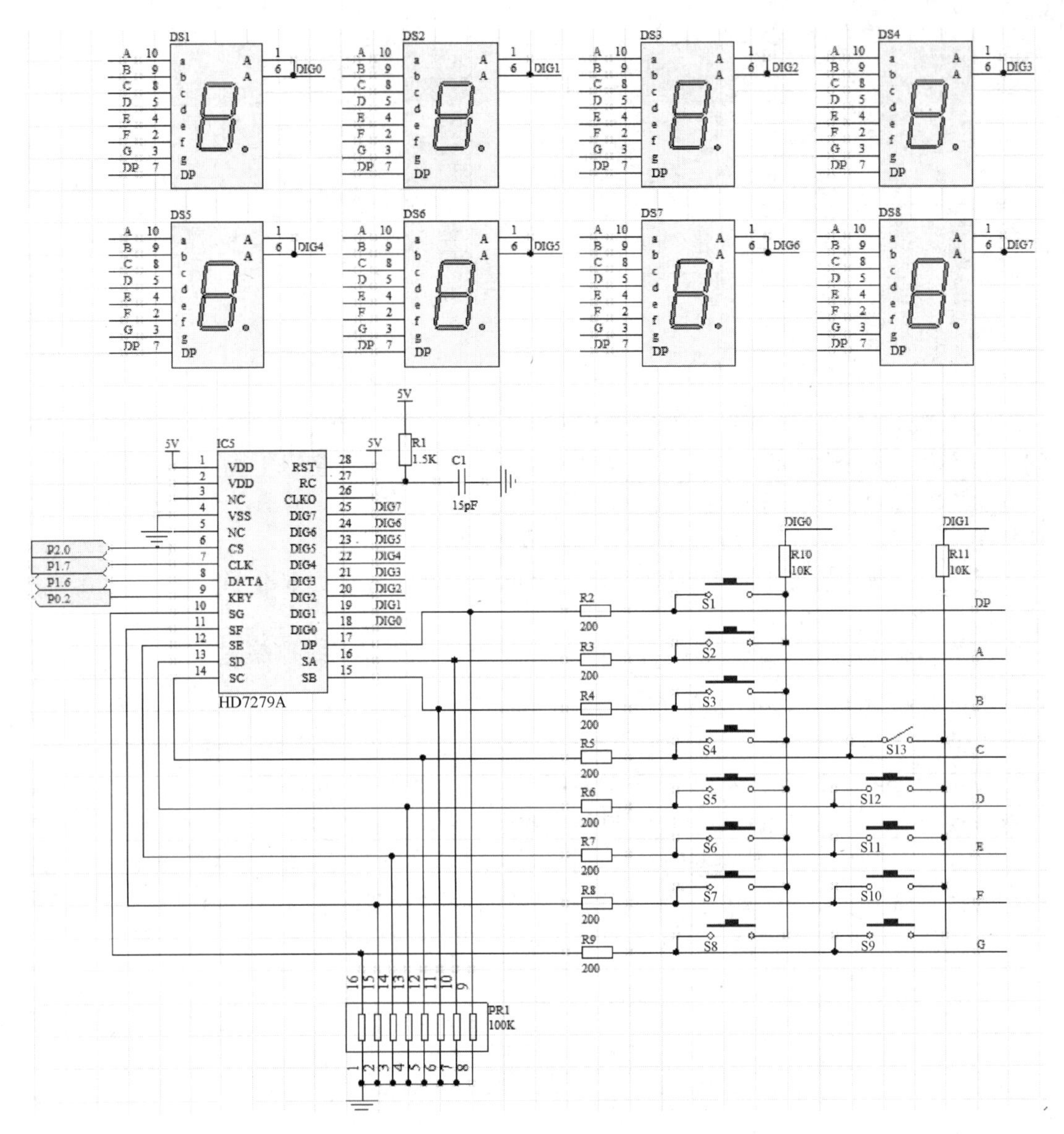

图 57-4　键盘显示电路

（4）语音电路。由于门禁系统对语音质量要求不高，而且语音提示信息不会很长，所以本实例选用了价格低廉的 APLUS 公司生产的语音芯片 AP89170，它是一款 OTP（一次性可编程）语音芯片，语音的最大存储长度可以达到 170s，芯片可以最多存储 254 个语音片段。功率放大电路采用专用的语音放大器 LM386，该放大器的增益可以调整，在使用过程中比较灵活。语音电路如图 57-5 所示。

（5）ID 卡读卡器电路。本系统使用工作频率为 125kHz 的 EM4100 卡作为系统使用的 ID 卡。ID 卡读卡器电路可以采用模拟电路和集成电路芯片两种方式实现。由于模拟电路设计复杂、调试难度大，所以本系统的 ID 卡读卡器电路选用专用的低成本读卡器芯片 U2270B 实现，它是由美国 TEMEL 公司生产的、发射频率为 125kHz 的 ID 卡基站芯片，其载波振荡器能产生 100～150kHz 的振荡频率，其典型应用频率为 125kHz，典型数据传输速率为

5kbit/s，典型读/写距离为 15cm，适用于曼彻斯特编码和双相位编码，并带有微处理器接口，可与单片机直接连接。另外，其供电方式灵活，可以采用 + 5V 直流电源供电，也可以采用汽车用 + 12V 电源供电，同时具有电压输出功能，可以给微处理器或其他外围电路供电；具有低功耗待机模式，可以极大地降低基站的耗电量。ID 卡读卡器电路如图 57-6 所示。

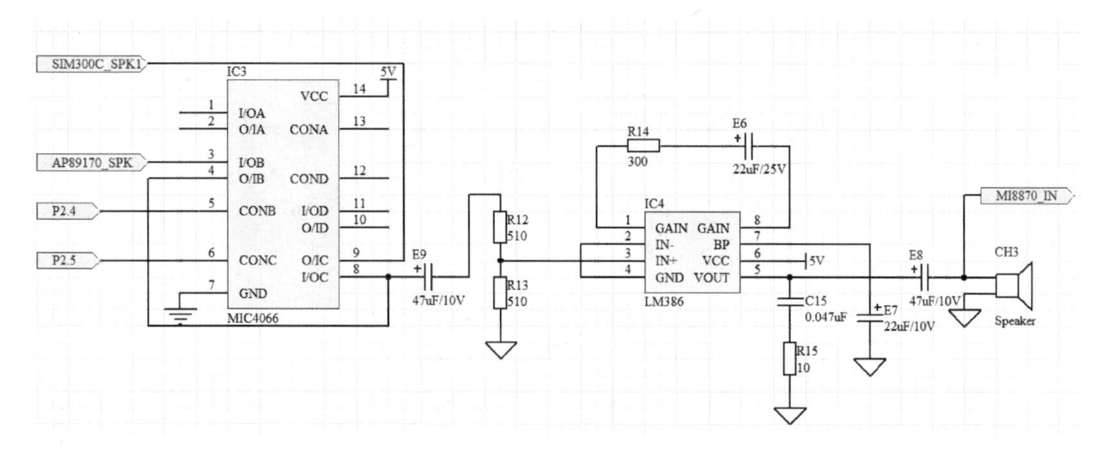

图 57-5　语音电路

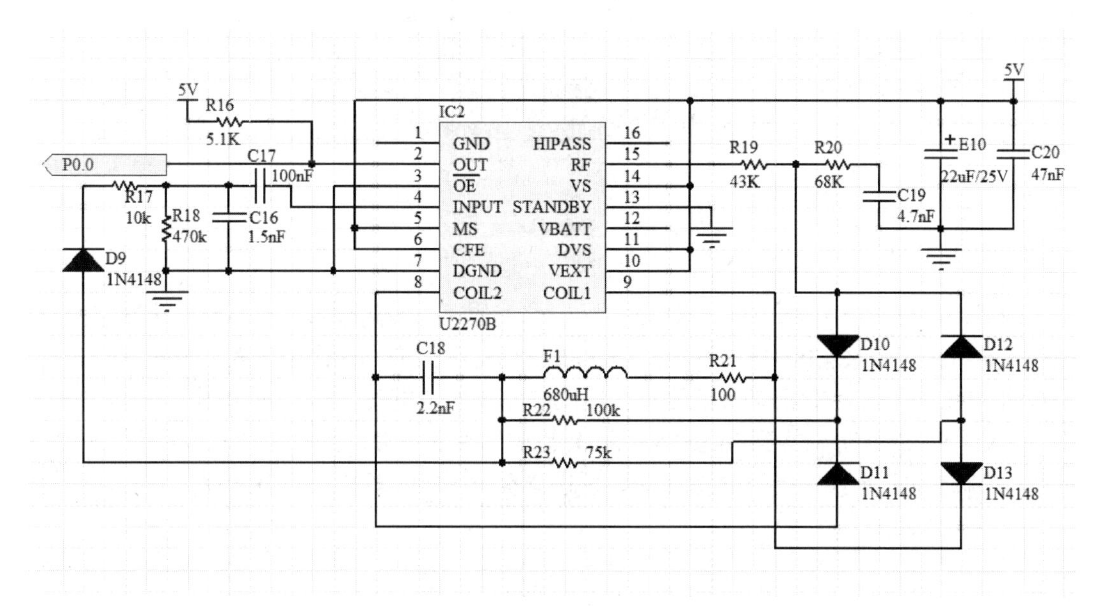

图 57-6　ID 卡读卡器电路

图 57-6 中，F1 为 ID 卡读卡器天线线圈，其电感为 680μH，使用漆包线缠绕制成，单片机通过 P00 引脚读出 U2270B 送出的 ID 卡号。

（6）电磁锁控制电路。电磁锁的开闭需要由继电器提供一个开关信号。由于楼道门需要经常打开或关闭，而机械式继电器使用寿命有限，因此可采用光电式继电器 AQV102A，它在负载电压为 60V 时，负载电流可以高达 600mA，完全满足一般电磁锁的工作要求。电磁锁控制电路如图 57-7 所示。

（7）电源电路。门禁系统由 220V 交流电经过开关电源转换后输入的+12V 电压供电。在门禁处主机硬件电路中，有需要+3.3V 和+5V 电压供电的器件，故需要把开关电源输出的+12V 电压转换为+5V 电压和+3.3V 电压。+5V 电压转换电路使用开关稳压芯片 LM2576T-5，该芯片具有较高的转换效率，能够提供较大的工作电流，+3.3V 电压通过稳压芯片 AMS1117-3.3 获得，电源电路如图 57-8 所示。

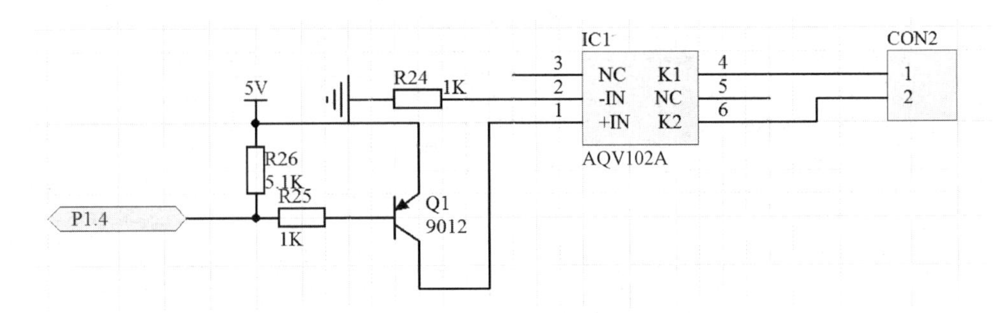

图 57-7　电磁锁控制电路

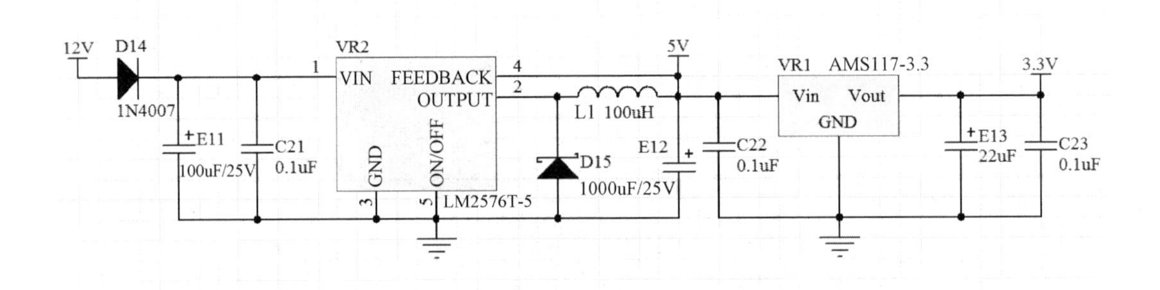

图 57-8　电源电路

（8）RS-485 通信电路。由于 RS-232 通信标准的通信距离较短，而且数据传输速率低，因此本系统采用了 RS-485 通信标准。RS-485 通信标准的最大通信距离为 1219m，最大数据传输速率为 10Mbit/s，采用双绞线进行传输。RS-485 通信电路如图 57-9 所示。单片机的标准串口 TXD 和 RXD 分别接到 MAX485 的 DI 引脚和 RO 引脚，控制信号 R/D 接到 MAX485 的 $\overline{\mathrm{RE}}$ 引脚和 DE 引脚。当 R/D 为 1 时，发送器有效，接收器禁止；当 R/D 为 0 时，接收器有效，发送器禁止。

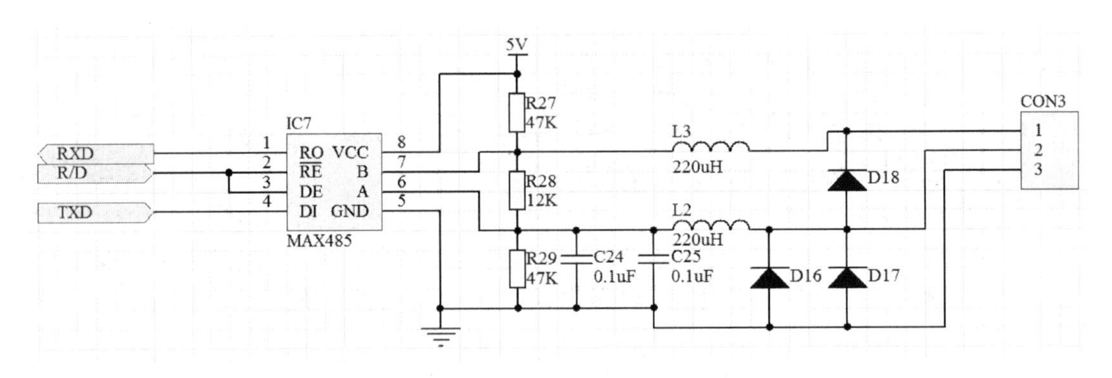

图 57-9　RS-485 通信电路

2．门禁管理机硬件设计

门禁管理机采用与门禁处主机相类似的电路设计，单片机的选型及 ID 卡读卡器电路、电源电路采用完全相同的硬件设计，只有 RS-485 通信电路采用更简单的 RS-232 通信标准，使整个系统的硬件设计尽量一致，维护更加方便。

程序设计

门禁处主机程序实现的功能有检测 ID 卡信息是否存在并进行校验、核对、存储器读/写、键盘显示控制、语音控制和通信等，本实例只对读卡部分进行详细说明。

门禁处主机程序的设计思想：当有 ID 卡进入 ID 卡读卡器线圈的工作范围时，门禁处主机通过 ID 卡读卡器电路获得该 ID 卡的卡号，并对存储器进行读操作，确认该卡号在门禁系统中是否存在，若存在，则打开电磁锁，否则给出语音提示。若有按键被按下，则语音提示“请输入房间号码”，对存储器进行读操作，判断该房间号码是否正确，若正确，则语音提示“请输入密码”，密码正确后打开电磁锁，否则有相应的错误语音提示，电磁锁拒开。门禁处主机的程序流程图如图 57-10 所示。

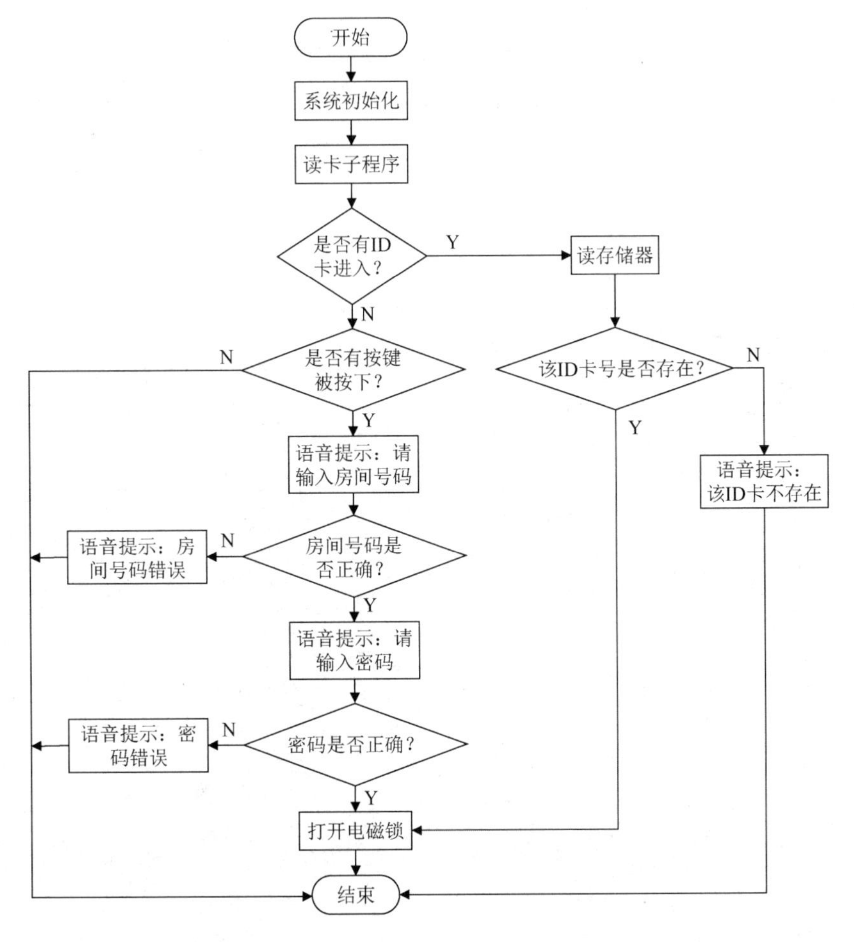

图 57-10　门禁处主机的程序流程图

在本系统的设计中，用到的芯片 C8051F340、HD7279A 及 AT45DB041D 均为比较常见的芯片，编程调试比较方便，而且有大量的实例可以参考，下面仅详细介绍 ID 卡读卡器的读卡子程序。

EM4100 卡的数据调制和传输是以常用的曼彻斯特调制格式来编码的，如图 57-11 所示。只要 EM4100 卡的外部线圈两端产生的 AC 感应电压≥3.5$V_{\text{p-p}}$，线圈时钟频率约为 125kHz，EM4100 卡即可上电启动。EM4100 卡的全部数据位有 64 个，包含 9 个开始位（其值均为 1）、40 个数据位［8 个厂商信息（或版本代码）位＋32 个数据位］、14 个行列校验位（10 个行校验位＋4 个列校验位）和 1 个结束位。EM4100 卡在向 ID 卡读卡器或计算机传输数据时，首先传输 9 个开始位，接着传输 8 个厂商信息（或版本代码）位，然后传输 32 个数据位，剩余 14 个行列校验位及 1 个结束位用于跟踪包含厂商信息在内的 40 位数据。

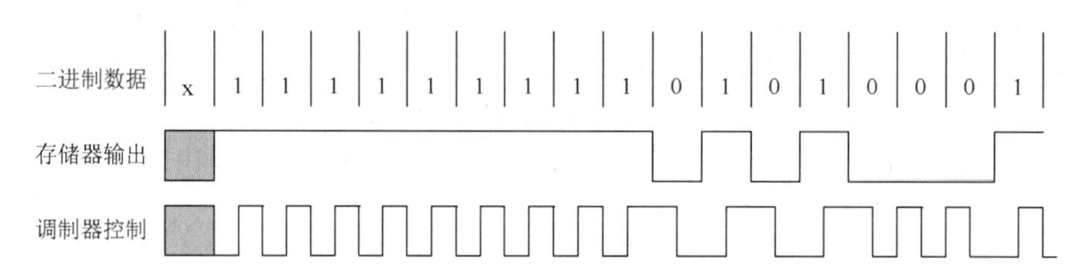

图 57-11　曼彻斯特编码图

对于曼彻斯特编码，本实例使用单片机的软件解码，先利用单片机的定时器 T0 产生精确定时，测定编码脉冲确认数据位是 0 还是 1，然后读取指定个数的数据位即可得到 ID 卡号。程序要按照曼彻斯特编码的时序编写。

readbit()函数用于读取一个数据位，代码如下。

```
unsigned char Buff[30];                             /*解码缓冲区*/
#define INPORT P0.0
#define TIME10 0x258
unsigned char readbit()                             /*读取一个数据位函数*/
{
    unsigned int mk = TIME10;                       /*装入超时值*/
    TL0 = TH0 = 0;                                  /*初始化计时器*/
    TR0 = 1;                                        /*开始计时*/
    while(--mk)                                     /*超时机制，防止死等*/
    if(bitin! = INPORT)                             /*有跳变*/
    break;
    TR0 = 0;                                        /*停止计时*/
    if(mk ==0)                                      /*超时退出*/
       return 0;
       bitin = INPORT;                              /*保存状态*/
       mk = TH0*256 + TL0;                          /*计算跳变的脉宽*/
   if((mk>TIME05)&&(mk< = TIME10))                  /*一个周期*/
       return 1;
   if((mk>= TIME00)&&(mk< = TIME05))                /*半个周期*/
       return 2;
```

```
        return 0;                                    /*出错*/
    }
```

readdata()函数用于读取一个完整的数据位，应用该函数时需要在循环中不断查询，代码如下。

```
    unsigned char readdata()                         /*读取一个完整的数据位*/
    {
          switch(readbit())
          {
              case 1:                                /*一个周期*/
                    return !bitin;
              case 2:                                /*半个周期*/
                  if(readbit()! = 2) return 2;       /*再读一次半个周期*/
                  return !bitin;
              default:
                  return 2;
          }
    }
```

CheckData()函数用于接收数据并解码，该函数调用了 readdata()函数，代码如下。

```
    bit CheckData()
    {
         unsigned char i,j;
         bitin = INPORT;                             /*保存数据位状态*/
         for(i = 0;i<9;i++)  /*连续检测 9 个数据位，当有数据位不为 1 时，退出*/
             {
                if(readdata()! = 1)
                return 0;
             }
         for(i = 0;i<11;i++)                         /*读取数据*/
         {
              Buff[i] = 0x00;
              for(j = 0;j<5;j++)
              {
                    Buff[i]<< = 1;
                   switch(readdata())
                  {
                    case 0:
                        break;
                    case 1:
                        Buff[i]| = 0x08;
                        break;
                    case 2:
                        /*err*/
                        return 0;
                  }
              }
```

```
}
/*结束位*/
if(Buff[10]&0x08! = 0x00)
   return 0;                                          /*行奇校验位*/
for(i = 0;i<10;i++)
if((((Buff[i]>>4)^(Buff[i]>>3)^(Buff[i]>>2)^(Buff[i]>>1)^Buff[i])&0x08)! = 0)
   return 0;                                          /*列奇校验位*/
j = 0;
for(i = 0;i<11;i++)
j = j ^ (Buff[i]&0x80);
if(j! = 0)
   return 0;
for(i = 0;i<11;i++)
j = j ^ (Buff[i]&0x40);
if(j! = 0)
   return 0;
for(i = 0;i<11;i++)
j = j ^ (Buff[i]&0x20);
if(j! = 0)
   return 0;
for(i = 0;i<11;i++)
j = j ^ (Buff[i]&0x10);
if(j! = 0)
   return 0;
   /*完成*/
return 1;
}
```

ReadCardNo()函数实现读取 ID 卡号的功能。该函数若检测到 ID 卡号正确，则将 ID 卡号存放在 Buff 缓冲区中，代码如下。

```
bit ReadCardNo()
{
   if(CheckData())
   /*检测 ID 卡*/
   {
         unsigned char i;
         /*编码输出*/
         Buff[0] = (Buff[2] & 0xF0) | (Buff[3]>>4 & 0x0F);
         Buff[1] = (Buff[4] & 0xF0) | (Buff[5]>>4 & 0x0F);
         Buff[2] = (Buff[6] & 0xF0) | (Buff[7]>>4 & 0x0F);
         Buff[3] = (Buff[8] & 0xF0) | (Buff[9]>>4 & 0x0F);
         /*Buff[0]到 Buff[4]存放的就是 ID 卡号*/
         return 1;
   }
   return 0;
}
```

经验总结

本系统扩展的存储器可存储几千张 ID 卡信息，很多场合使用容量小的存储器即可满足要求，甚至直接使用 C8051F340 内部存储器即可满足要求。

本系统采用 RS-485 总线构成整个控制系统，用户也可采用其他数据交换方式进行控制，如无线通信方式、手持式红外抄表方式，甚至可以直接用键盘到门禁处主机现场进行控制，各种方式在技术上均能实现，各有利弊。

本系统需注意天线的绕制形状和圈数，如果天线参数不合适，会导致寻卡距离缩短，甚至寻不到 ID 卡。

知识加油站

曼彻斯特编码是一种同步时钟编码技术，曼彻斯特编码每一个数据位的中间都有一个跳变，位中间的跳变可以作为时钟同步信号，也是数据信号。

实例 58　电动机保护器

设计思路

电动机是工业生产中最常见的电气设备之一，它直接影响着企业的生产、运行。以煤矿电气设备为例，压风机、抽风机、主辅提升机、胶带输送机等的核心部件都是大中型电动机，因此设计一个安全可靠、功能齐全的电动机保护器是十分必要的。

结合不同的用户要求设计的电动机保护器应具有以下基本功能。

1．电气基本保护功能

①漏电闭锁保护；②过电压/欠电压保护；③过载保护；④短路保护；⑤缺相保护；⑥三相不平衡保护；⑦相序保护。

2．附加保护功能

除各项电气基本保护功能外，电动机保护器还应具有电动机过热保护、环境温度过高或过低保护等。

3．其他功能

电动机保护器还应具有以下功能。

（1）故障存储功能，存储具有一定的深度要求。

（2）参数设置功能，参数的设置均有密码支持。根据参数的权重保护器设置三层密码，第一层为用户密码，用户可以进行系统时间、各外部工艺元器件的使用维护时间的设定等；第二层为出厂密码，输入此密码可设置电动机额定电压/电流、过电压/欠电压倍数等参数；第三层为专用密码，输入此密码进入故障清除界面，用户可有选择地清除报警记录。

（3）非停机保护，电动机保护器只报警不停机。

（4）强制启动模式，当电动机保护器工作在强制启动模式下时，即使检测到各类故障，电动机保护器也只报警不停机，电动机继续运转。

（5）通信功能，电动机保护器具有 RS-485 接口，具有将测量数据实时上传的功能。

结合上述功能要求，电动机保护器的结构如图 58-1 所示。

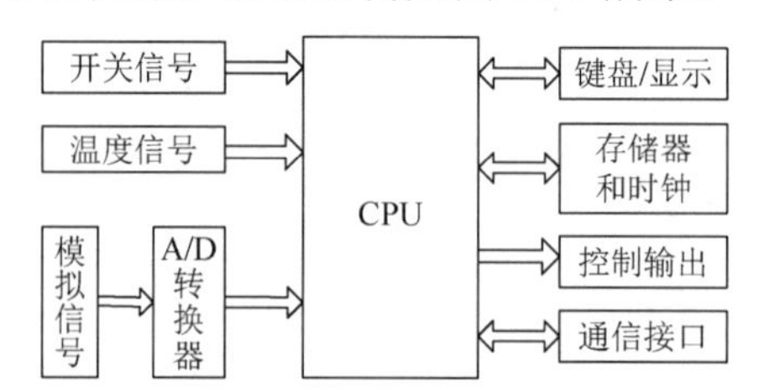

图 58-1　电动机保护器的结构

CPU 是整个电动机保护器的核心，是目前测控类仪器所必需的，它不仅完成各种信号的采集、控制、运算、处理，还负责协调其他部件的运行，包括显示、存储、通信等。

模拟信号主要采集电动机工作时的电压、电流、相序参数及漏电信号等，显然，这些量要被数字化的 CPU 接收，必须通过符合转换要求的 A/D 转换器。

温度信号主要指采集的电动机各部分的发热情况，包括电动机轴承温度、机身温度等。

开关信号主要指外部的各类开关信号，包括是否允许开机信号、各类继电器的辅助触点返回信号等，为保证信号的可靠性，这些开关信号都通过光电耦合器送入 CPU。

控制输出是指 CPU 根据参数的测量结果、状态的判断结果向用户提供只报警不停机信号、停机信号等各类保护信号。

键盘/显示是人机接口，其主要功能是实时显示电动机的工作参数，进行各类现场参数的调整等，同时在参数异常且进入保护状态后显示详细的故障信息，并可通过键盘查询历史故障信息等。

存储器不仅存储系统的参数，如额定电压、额定电流、过电压/欠电压的值等，还对发生的故障进行记录，供现场分析使用。

时钟不仅可以记录故障发生的时间，还可以记录电动机的运行时间曲线，为电气设备的定期维护提供科学的参考依据。

留有通信接口是目前智能仪器发展的趋势之一，其使电动机保护器的组网成为可能。

硬件设计

1．CPU 的选择

CPU 是电动机保护器的核心，它的性能直接决定了电气设备的性能。在本实例中，选用深圳市宏晶科技有限公司推出的新一代超强抗干扰、高速、低功耗的单片机 STC89C58RD+。选择 STC89C58RD+的原因主要有两个：一是性价比高、成本低；二是抗干扰能力强。

STC89C58RD+的 PLCC 引脚如图 58-2 所示。

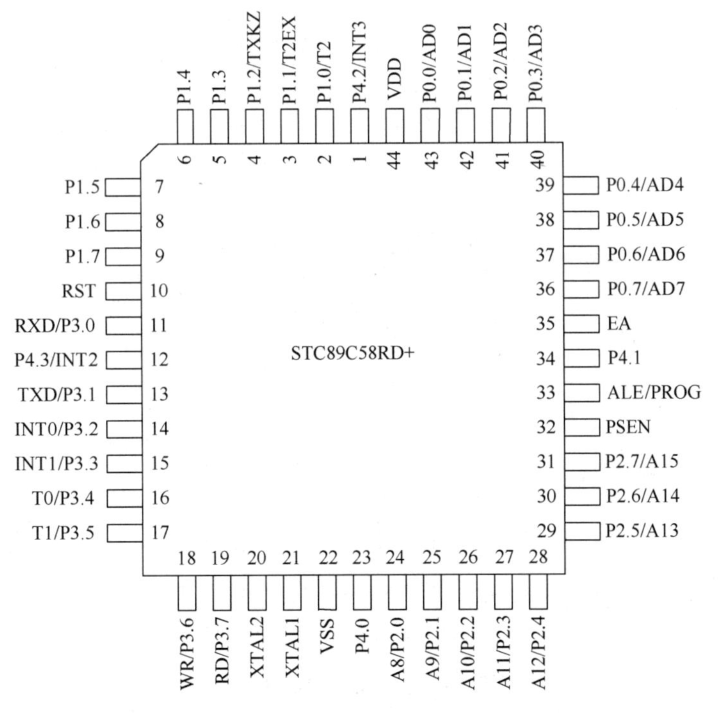

图 58-2　STC89C58RD+的 PLCC 引脚

从图 58-2 中可以看出，与 AT89S52 相比，STC89C58RD+除增加了 4 个 P4 引脚外，其余的引脚与 AT89S52 完全兼容。不仅如此，它的命令代码也完全兼容传统的 8051 单片机。当然，它还有传统 8051 单片机所没有的功能特点：超低功耗、可在系统编程、工作频率范围宽、具有片上 1280B RAM、禁止 ALE 输出等。

2．模拟信号的采样

模拟信号的采样主要包括电压信号的采样、电流信号的采样及相序信号的采样等，各采样电路分别如图 58-3～图 58-5 所示。

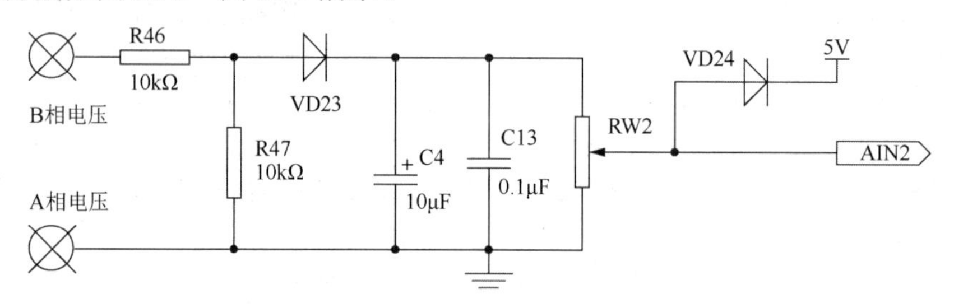

图 58-3　电压信号的采样电路

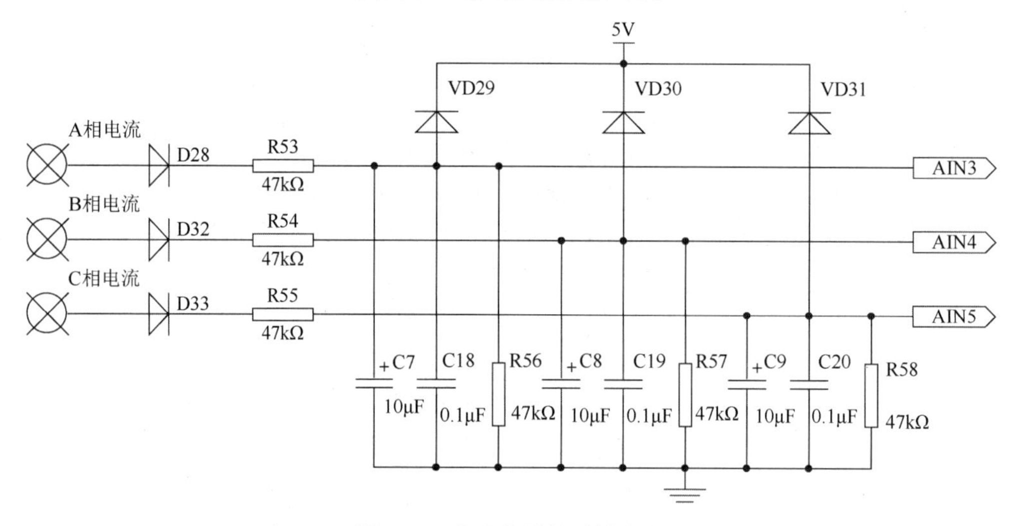

图 58-4　电流信号的采样电路

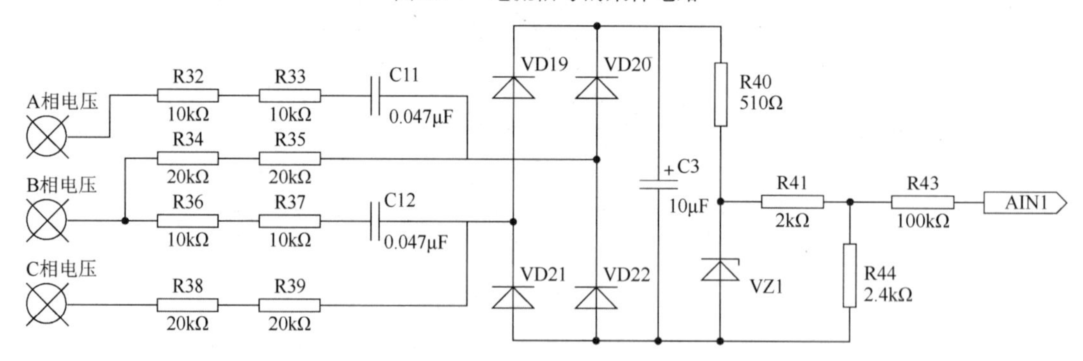

图 58-5　相序信号的采样电路

在电压信号的采样电路中，电压信号经过变压器变压之后，再经过电阻分压、半波整流和电容滤波，被送到 A/D 转换口作为输入。在电流信号的采样电路中，电流信号由互感器产生，经过半波整流和电容滤波，被送到 A/D 转换口作为输入。两者都有二极管限幅保护电路，当输入电压高于 5V 时，二极管的钳位作用保护单片机 I/O 口不被损坏。

三相电压经过三相变压器变压、移相和电压叠加后，再经过桥式整流，此时交流电压变为直流电压，然后经过电阻网络分压送给 A/D 转换器。相序信号的采样电路中的电压在三相电压相位为正序和负序时，会有明显的差别，所以在单片机程序中，可以根据送入单片机的电压来判别相序。

3. 开关信号的获取

在电动机保护器中，许多外部触点的通断状态需要输入到 STC89C58RD+中，参与控制和保护。对于从装置外部引入的触点，为了避免给电动机保护器引入干扰，采用光电耦合器实现电气隔离。开关信号的获取电路如图 58-6 所示，其中开关信号和电动机的运行状态有关，当电动机停机时，开关信号为高电平；当电动机运行时，开关信号为低电平。

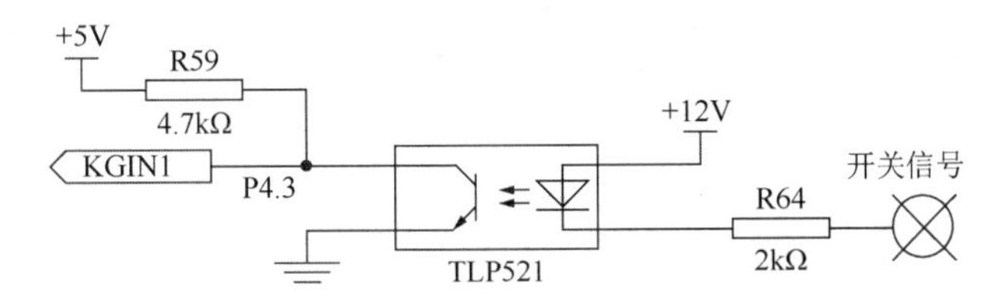

图 58-6　开关信号的获取电路

4. A/D 转换器

本系统采集的模拟信号有三相电流、电动机工作电压、绝缘电阻、相序信号等 6 个，为了满足测量精度和分辨率的要求，选用具有串口的 11 路 12 位 A/D 转换器 TLC2543 实现 A/D 转换。TLC2543 与 STC89C58RD+的连接如图 58-7 所示。

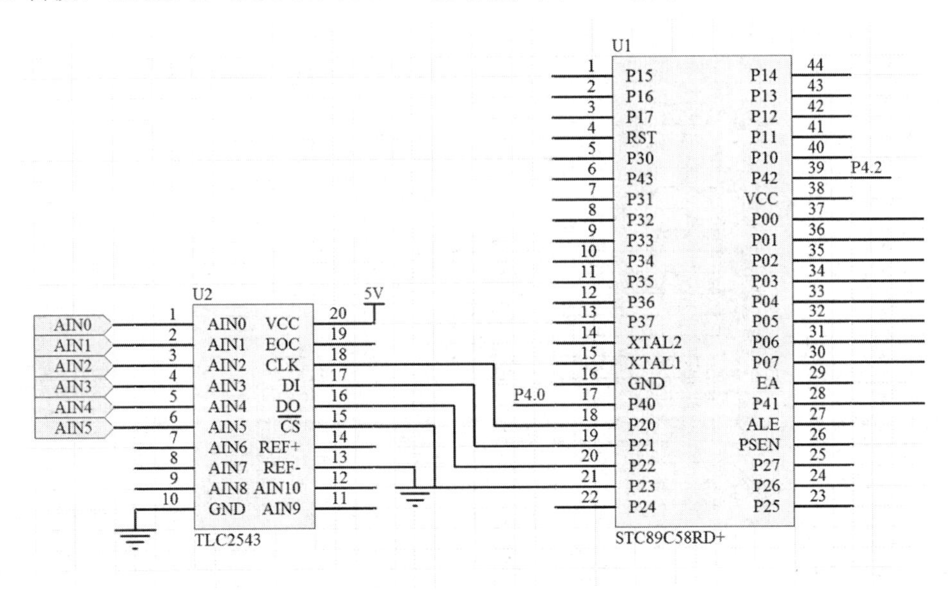

图 58-7　TLC2543 与 STC89C58RD+的连接

5. 键盘/显示

键盘主要用于设置各种参数，包括电压等级的选择、过电压/欠电压倍数的设定、环境温度过高/过低保护值的设定、电动机整定电流的设定、电动机短路倍数的设定、系统时间的设定、液晶屏幕保护（背光）延时时间的设定、系统三级菜单密码的设置，以及强制启动模式的设置等。由于工业现场涉及的键盘应尽量少，因此本实例一共设计了 4 个按键，分别为功能键、增量键、减量键和复位键，这里的复位键实际上是系统出现故障而又排除后的解除闭锁键，不按下复位键，系统仍将无法启动，从安全的角度考虑，其可以防止现场的误操作。因按键与 STC89C58RD+的接口数量较少，故本实例采用独立式键盘，其接口图此处不再给出。

显示电路包括两部分：指示工作和故障状态的 LED，显示运行数据、故障信息的 LCD。

LED 指示包括电动机运行指示、漏电闭锁指示、过电压指示、欠电压指示、短路指示、过载指示、缺相指示、逆相指示、三相不平衡指示、环境温度异常指示、环境温度传感器缺损指示、电动机过热指示等。LED 的驱动采用扩展 2 个串入并出的移位寄存器 74HC164 实现，2 个 74HC164 采用片连接方式，因此，只需占用 CPU 的 2 个 I/O 口，其中一个 I/O 口接移位时钟信号，另一个 I/O 口接第 1 个 74HC164 的数据输入端，本部分电路较简单，此处不再给出。

正常工作时，LCD 显示当前主电动机的三相工作电流、工作电压、风机工作电流、电动机连续运行时间等参数；在进入保护状态时显示各种故障信息等。为了提醒现场工作人员，在进入保护状态时，液晶屏幕保护延时时间失效，即液晶屏幕的背光灯处于常亮状态；而在正常停机和正常工作时，无人按下键盘时间超过设定时间后，LCD 将进入低功耗状态，即自动关闭背光灯，进入屏幕保护模式；只要再按下任意键，就可重新点亮背光灯。

本实例采用肇庆市金鹏实业有限公司生产的 OCMJ5 × 10B，该 LCD 含有 GB2312 编码 15 × 15 点阵一、二级汉字，以及 8 × 8 点阵和 8 × 16 点阵 ASCII 字符，可实现文本、图形显示。该 LCD 具有上/下/左/右整屏移动及整屏清除、光标显示、反白等操作，硬件接口采用 REQ/BUSY 握手通信协议，简单可靠。显示电路如图 58-8 所示。

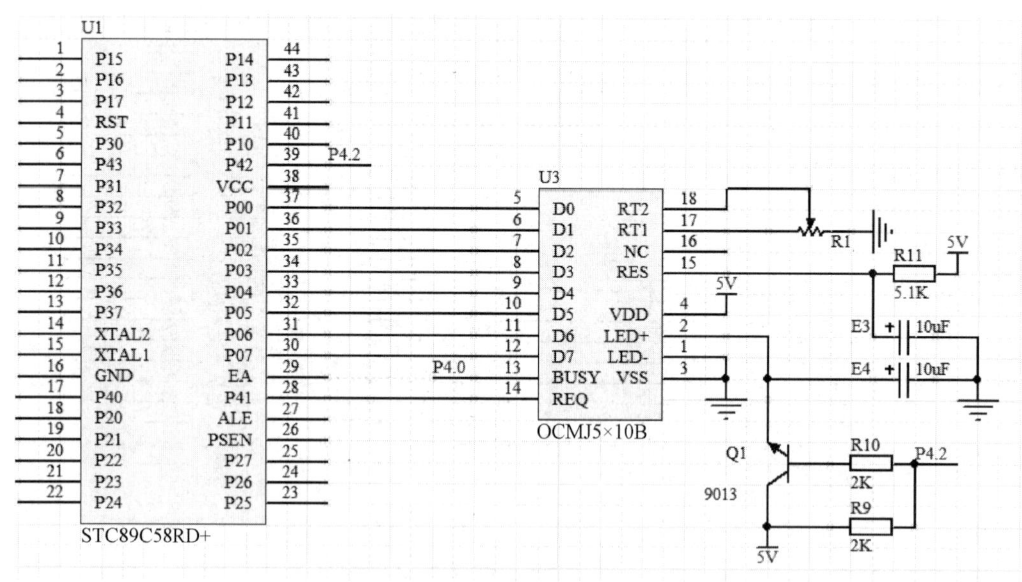

图 58-8　显示电路

6．时钟设计

由于系统要求在各参数异常时记录故障信息，该故障信息除故障类别外，还包括故障发生的时间，因此，系统还需要设计实时时钟电路。结合系统的体积、功耗、价格等因素，本系统选用了 Philips 公司生产的具有串行 I^2C 总线结构的 PCF8563 作为系统实时时钟，该实时时钟电路具有外围电路简单、操作简单、功耗低等特点，为了保证系统时间的连续性、实时性，实时时钟电路中接入了一个 3.6V/60mAh 直流充电电池并设计了简单的涓流充电回路，如图 58-9 所示。

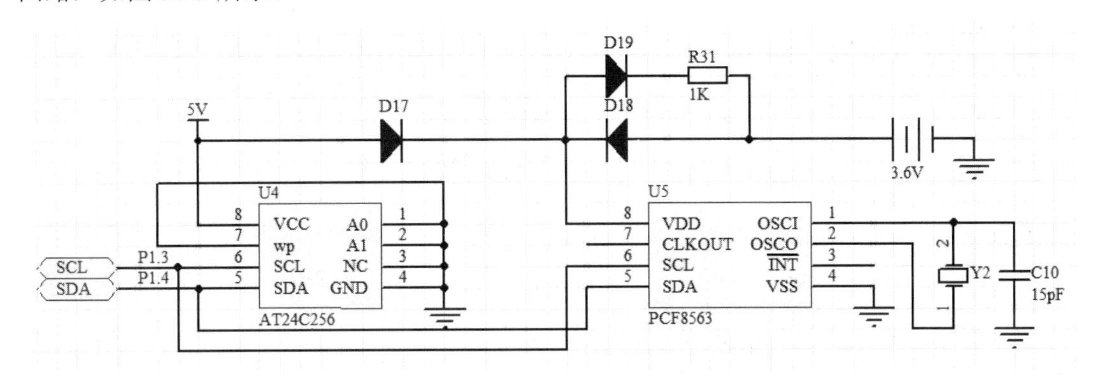

图 58-9　实时时钟电路、AT24C56 与 STC89C58RD+的接口图

7．存储器设计

因为本系统需要存储一定深度的故障信息及系统参数、保护参数等，所需存储空间较大，所以选择同样是 I^2C 总线结构的具有 32KB 存储空间的 AT24C256 作为本系统的存储器。其与 STC89C58RD+的接口图如图 58-9 所示，这样设计的优点是节省 CPU 的 I/O 口。

8．控制输出设计

控制输出原理图如图 58-10 所示。它由 STC89C58RD+的 P2.4 引脚来驱动，当电动机保护器检测到故障后，P2.4 引脚输出低电平，使光电耦合器导通，经过三极管的功率放大使继电器吸合，从而达到保护电动机的目的。

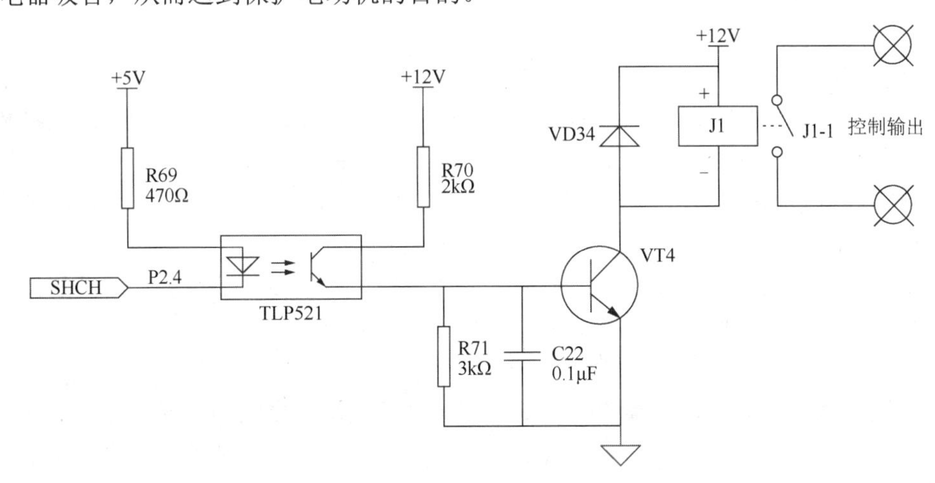

图 58-10　控制输出原理图

9. 通信电路

本系统设计了采用 RS-485 通信标准的通信电路，采用了价格低廉、结构简单、使用方便的 75LBC184 作为电平转换芯片，75LBC184 是具有瞬变电压抑制功能的差分收发器。为了保证信号传输的可靠性及防止长线传输给系统带来干扰或其他信号，对通信电路采取了光电隔离措施，为了保证至少达到 20kbit/s 的通信速度，光电耦合器选择了 PC400。需要注意的是，光电耦合器两侧不能采用同一组电源，除发送信号 TXD、接收信号 RXD 需要隔离外，控制接收/发送状态的 RE/DE 信号也需要进行光电隔离处理。带光电隔离的通信电路如图 58-11 所示。

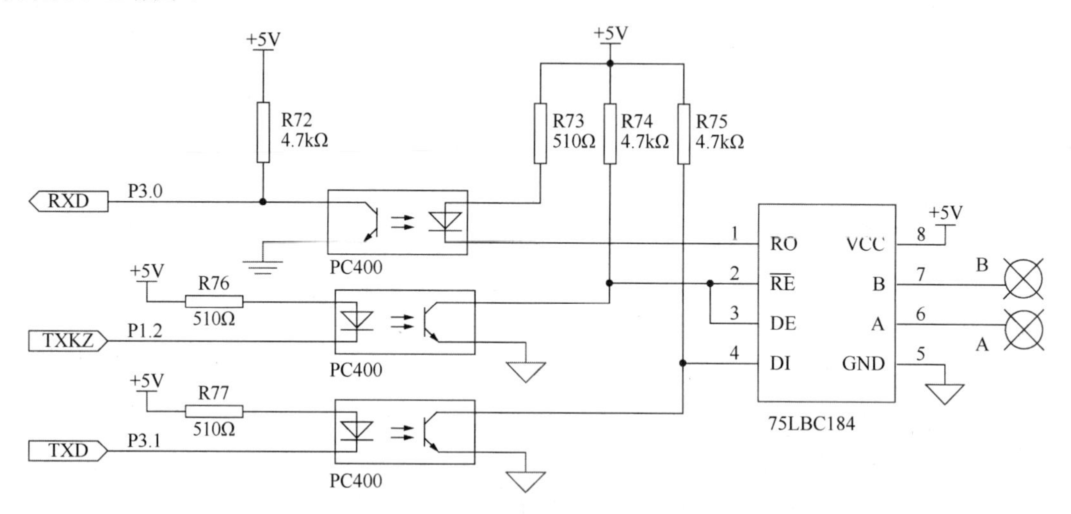

图 58-11　带光电隔离的通信电路

另外，本系统还包括电源的设计，采用了由交流电经变压、整流、滤波、稳压而形成的直流电源。本系统采用了三端固定式集成稳压器，主要有 3 组电源，其中 2 组为 + 5V 电源，1 组为 + 12V 电源，给 CPU 供电的 + 5V 电源与其他 2 组电源隔离。

程序设计

电动机保护器的主程序流程图如图 58-12 所示，系统初始化主要包括片内 RAM 的初始化、标志位的初始化，以及定时器、串口等资源的初始化。工业现场的电动机参数在调试完毕后一般很少改动，这些参数都存放在非易失性的 EEPROM 中，而外部工艺元器件运行的累计时间等数据也存放在 EEPROM 中，为了使后续数据处理方便，开机后必须将这些数据调至 RAM 中。

为防止现场工人的误操作，保证电动机安全运行，各类参数的设置和密码的修改都必须在停机状态下进行。由于启动电动机前，系统本身可能有故障，因此电动机保护器在停机时对漏电信号、相序信号、环境温度、电动机过热信号、过电压/欠电压信号等仍然进行检测，若发现故障，则根据故障的类别做出立即报警或延时报警的处理，实现拒绝开机的保护效果。启动电动机后，还要增加对电流的测量，以判断系统是否存在短路、缺相、三相不平衡、电动机过载等故障，由于电动机启动电流一般是正常工作时电流的 5～7 倍，因此启动过程中，对短路、过载故障判断进行了暂时屏蔽处理。电动机正常运转后，各种外部工艺元器件的运行时间都要计算，并与设定的维护时间进行比较，并做出是否报警的处理。这里要说明的是，无论是在停机状态下还是在运转过程中，一旦电动机发生了故障，即使现场排除了故障，为了安全起见，也必须先按下复位键后才能再次开机。

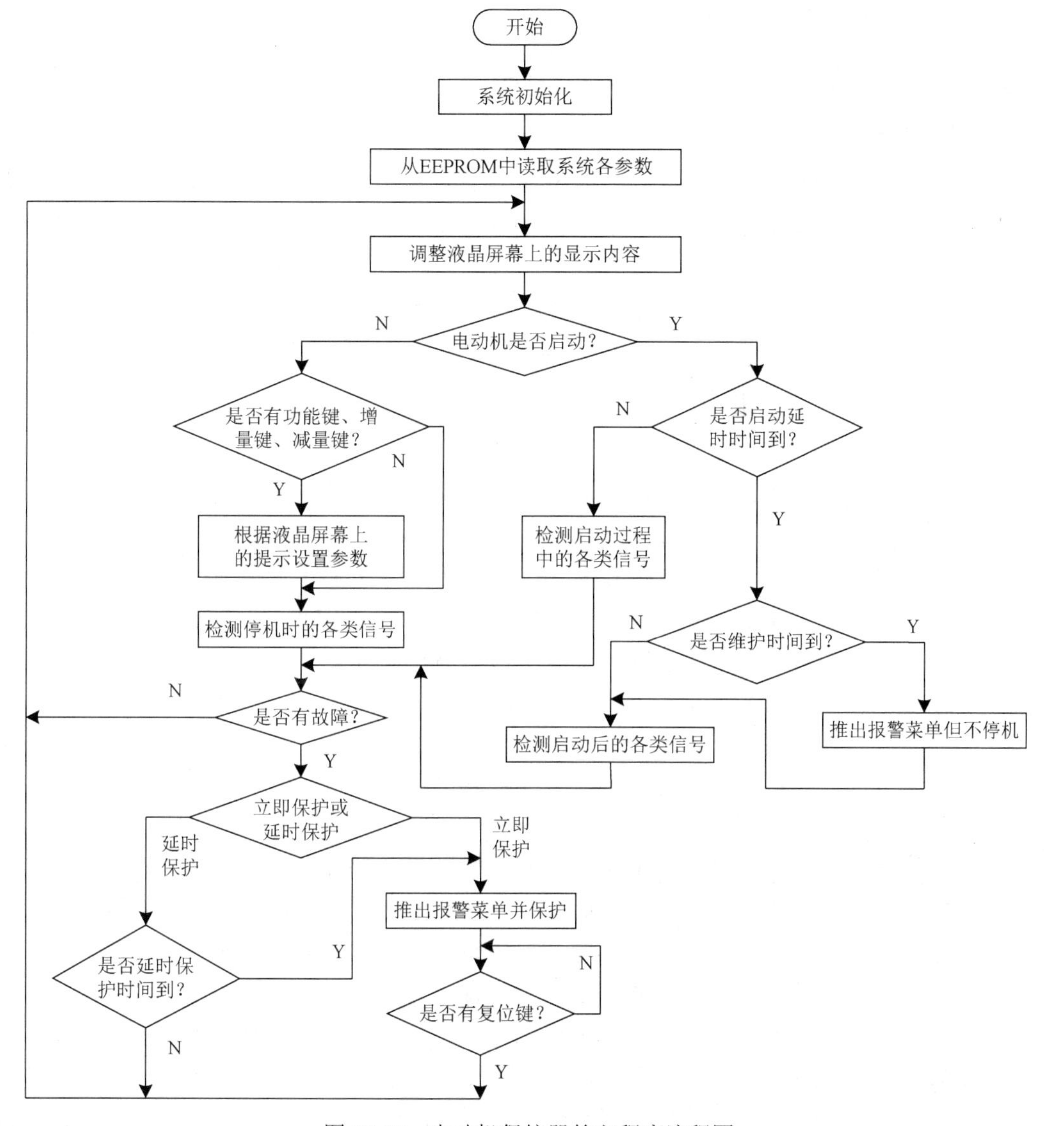

图 58-12　电动机保护器的主程序流程图

通信功能是通过定时向上位机发送采集到的最新数据实现的，因此，该部分的程序在定时中断服务子程序中，这里不再叙述。由于电动机保护器的程序太长，因此不再给出程序代码。

 经验总结

尽管前文的介绍中没有涉及看门狗，但作为工业用的产品，电动机保护器中一定有该项措施，本实例采用了 STC89C58RD+内部的 WDT。

在工业现场，由于现场环境比较复杂，为了防止电动机保护器的误操作，在各类数据采集程序中，都要考虑数字滤波问题，而且采用的滤波算法要根据现场的工业性实验结果不断地进行修正。

知识加油站

1．电动机过载反时限曲线的实现

根据电动机工作特性和行业标准，当电动机电流超过电动机额定电流一定倍数时要进行延时保护停机，过载延时动作时间采用反时限曲线，即当电流过载量小时，过载延时动作时间长；当电流过载量大时，过载延时动作时间短。为了方便计算，在程序中将过载倍数与过载延时动作时间制作成表格形式，使用查表法迅速找到过载倍数对应的过载延时动作时间。需要说明的是，过载延时动作时间是随着过载系数的变化而动态变化的。

2．数字滤波算法的运用

工业现场的电气工作环境比较恶劣，若将各个信号经过采样后直接进行比较处理，则很容易引起误动作，显然这样是不被允许的。因此，对于不同的被测参数，应采取不同的滤波措施。

对所有模拟量的测量，首先进行双重数字滤波，具体方法是连续采样 8 个数据，然后对其进行排序，将最大的 2 个和最小的 2 个数据丢弃，再对中间的 4 个数据取平均值作为本次对该模拟量的采集数据。由于进行一次 A/D 转换的时间为几微秒，并且所有模拟量在被测量之前都已经调整为直流量，因此上述滤波过程在时间上不会影响对参数的测量。尽管如此，由于 8 次连续测量和上述滤波过程仍然只有不到 1ms 的时间，因此，当现场干扰稍严重时，仍有误动作的现象存在。为此，在消除上述可能存在的尖峰干扰的基础上，根据不同的保护对象，还采取了不同的滤波措施。对于短路保护，一旦采集到异常数据，将在接下来的 60ms 内连续定时采样 6 次，如果采集到异常数据的次数大于或等于 5 次，则判定为短路故障。若过载延时过程中采集到电流恢复正常，则必须满足在连续的 6 次大循环（程序运行一周期为一次大循环）采样中全部正常后，才能清除过载的定时器值，取消过载标志。现场的测试证明这种滤波措施是非常有效的。

对数字开关信号的测量，由于一般干扰信号的时间短，并且都是无源触点信号，本身动作极不频繁，因此滤波方法比较简单，可采用做标记的方法，即采集到有可能的报警信号后，并不立即停机保护，而是迅速判断一下上次是否已经存在该可能的报警信号（标记），若原来已经存在标记，则做出报警处理的响应；若原来没有标记，则本次只做标记，待接下来的采样确认后，再做报警处理；若在接下来的采样中，报警逻辑已经恢复正常，则撤销上次所做的标记。

3．精密电压基准源的应用

A/D 转换器 TLC2543 的参考电压指标会直接影响测量的结果。为了提高 A/D 转换精度，本实例采用了可微调的精密电压基准源 LM336-5.0 为 TLC2543 提供参考电压。为了防止受 LM336-5.0 前端电压信号波动的影响，确保电路的工作稳定，在 LM336-5.0 的输出端并联 10μF 和 0.1μF 的电容各一个。

4. 硬件抗干扰措施

为了确保电动机保护器的电磁兼容性，在设计 PCB 时将模拟地、数字地分开，并在各主要元器件的电源和地之间加入耦合电容进行滤波。为了保证外部信号不给本系统串入干扰信号，在各开关信号输入部分、通信电路部分、控制输出部分均采用光电耦合器将其与 CPU 部分的电路进行光电隔离。

实例 59　电子密码锁

设计思路

本实例采用 AT89C51 设计了一款电子密码锁，它具有密码输入、提示报警、数码管显示、电子锁控制等功能，具体如下。

① 密码输入：用户通过键盘输入正确的密码后，电子密码锁自动开锁。使用确定按键结束密码输入，使用退格键返回前面某处重新输入密码，使用闭锁键使电子密码锁重新闭锁。

② 提示报警：电子密码锁使用不同的声音作为用户不同操作的提示。短叫一声表示有按键输入，长叫一声表示密码正确，长叫 5s 表示密码错误，长叫 3min 表示连续 3 次密码错误。

③ 数码管显示：电子密码锁使用 6 位字符表示有关信息。第 1 位字符表示功能：P 表示等待用户输入密码；├ 表示电子密码锁已经开锁；A 表示密码多次错误。

④ 电子锁控制：当用户输入正确的密码后，电子密码锁开锁，否则电子密码锁闭锁。当电子密码锁处于开锁状态时，可以通过按键操作，使电子密码锁闭锁。

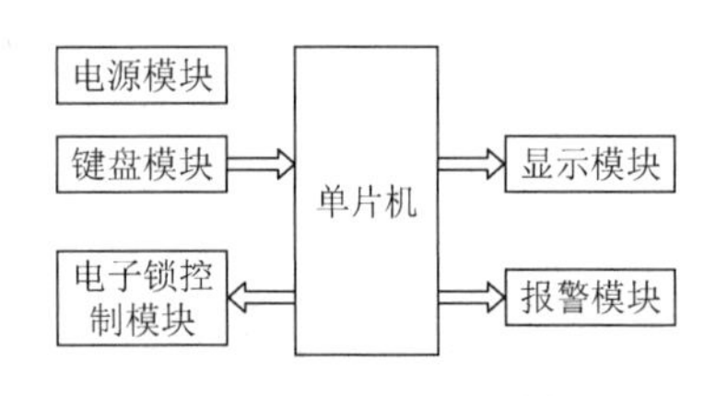

图 59-1　电子密码锁的模块图

根据以上功能介绍，电子密码锁要实现密码输入、数码管显示和提示报警、电子锁控制四大功能，因此电子密码锁可分为键盘模块、显示模块、报警模块、电子锁控制模块、电源模块和单片机。电子密码锁的模块图如图 59-1 所示。各模块的设计思路如下。

① 用户通过键盘模块输入密码和使用其他功能。密码键有 10 个，功能键有 3 个，一共需要 13 个按键。因此，电子密码锁键盘采用 4×4 行列矩阵键盘，可安装 16 个按键，能够满足需要。

② 电子密码锁只需要显示 0～9 十个数字和若干字符，不用显示汉字等信息，所以采用 6 个共阳极 LED 数码管。第 1 个 LED 数码管用于显示功能字符，其余 5 个 LED 数码管用于显示密码。为了简化电路设计，电子密码锁采用动态显示方法。

③ 报警模块用于产生报警或提示声音，可以由蜂鸣器构成。

④ 电子锁控制模块用于控制开锁或闭锁。电子密码锁通过继电器控制电子锁，方便用户使用。本实例的电子锁部分采用发光二极管代替，发光二极管亮表示电子密码锁闭锁，发光二极管灭表示电子密码锁开锁。

⑤ 单片机采用 AT89C51，用于接收键盘输入，控制显示、报警、电子锁控制等模块。

⑥ 电源模块接收外部 9V 输入，产生 5V 输出，为单片机及其他模块供电。

硬件设计

根据电子密码锁各模块的功能选择好合适的集成电路芯片后，就可以进行硬件电路的设计了。电子密码锁的硬件电路较为简单，按照模块分为电源电路、键盘电路、显示电路、报警电路、电子锁控制电路及单片机电路。

单片机电路是主控电路，接收键盘电路的按键输入，并控制显示电路的显示；根据输入的按键，控制报警电路是否报警及电子密码锁的开锁、闭锁。下面对各电路逐一加以介绍。

1. 电源电路

硬件电路中的芯片使用 5V 电压，所以电源电路将外部的 9V 输入电压稳压后形成 5V 电压，供系统使用。稳压芯片的种类较多，本实例采用线性稳压芯片 LM7805CT。

LM7805CT 是美国国家半导体公司生产的降压式三端稳压芯片，输入电压是 7.5～30V，最大输出电流为 1A，内部有过热保护电路、短路保护电路，需要较少的外接元器件，方便使用。电子密码锁需要的电流不大，因此采用 TO-220（T）封装，且不加散热片。电源电路如图 59-2 所示。

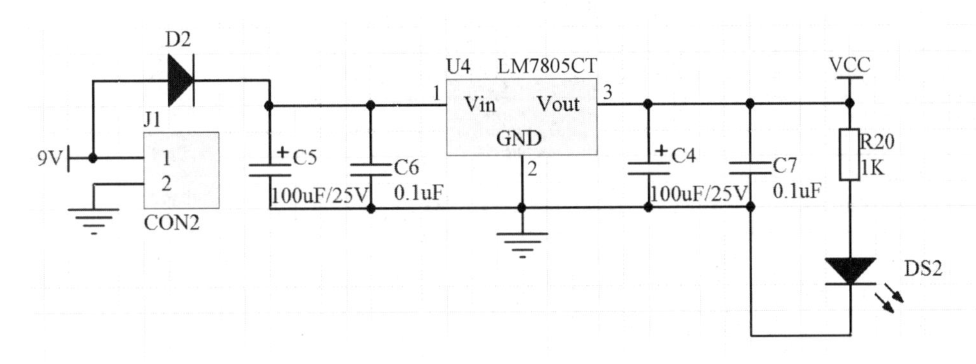

图 59-2　电源电路

外部的 9V 输入电压通过二极管 D2 接至 LM7805CT 的 1 脚，5V 电压通过 3 脚输出，2 脚是地引脚。输入端和输出端通常接两只电容：一只电容量较大，用于滤除低频杂波；另一只电容量较小，用于滤除高频杂波。本实例中，C5、C4 采用电解电容，规格是 100μF/25V。C6、C7 采用 0.1μF 的独石电容。D2 用于防止外接电源极性接反。J1 用于在制作 PCB 时预留电源接线端子。

2. 键盘电路

键盘采用 4×4 行列矩阵结构，由 4 条行线和 4 条列线构成。行线和列线共有 16 个交叉点，每个交叉点处可放置一个按键，这样可放置 16 个按键。键盘电路如图 59-3 所示。

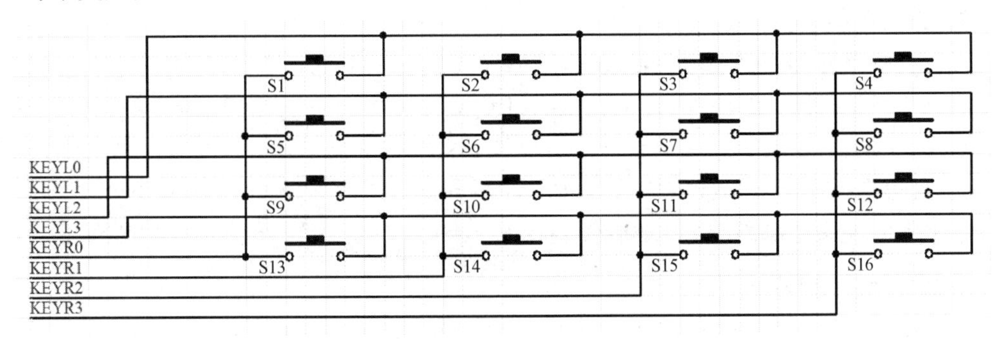

图 59-3　键盘电路

KEYL0～KEYL3 是行线，分别接 AT89C51 的 P20～P23 引脚；KEYR0～KEYR3 是列线，分别接 AT89C51 的 P24～P27 引脚。软件编程采用线反转法，该方法要求行线和列线都要有上拉电阻。由于 AT89C51 的 P2 口内部集成上拉电阻，所以电路中未额外添加。S1～S10 分别表示 0～9 密码键，S14 表示退格键，S15 表示闭锁键，S16 表示确认键。

3. 显示电路

显示电路由 6 个共阳极 LED 数码管构成。软件编程时，采用动态显示方法，显示电路如图 59-4 所示。

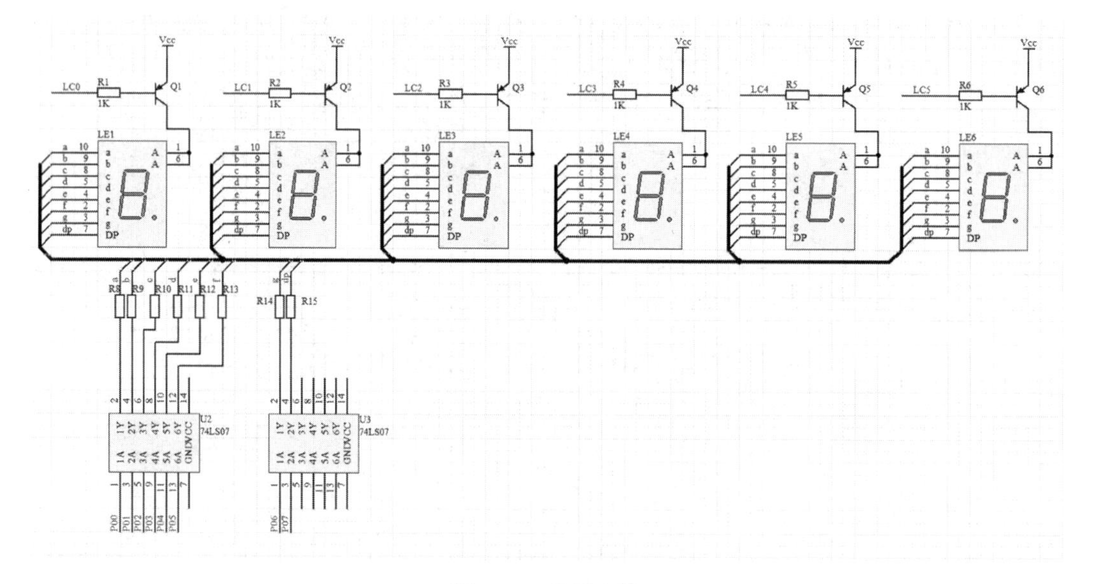

图 59-4　显示电路

电子密码锁使用 PNP 型三极管 Q1～Q6 控制 LED 数码管轮流点亮。单片机复位期间，I/O 引脚输出高电平，使用 PNP 型三极管可避免在复位时显示乱码。R1～R6 是三极管的基极电阻，阻值为 1kΩ。R8～R15 是 LED 数码管的限流电阻，阻值为 320Ω。本实例使用 74LS07 驱动 LED 数码管。由于有 8 只引脚要驱动，每片 74LS07 能驱动 6 只引脚，所以本实例需要使用 2 片 74LS07。

软件编程时，可以按照下面步骤显示数字：首先从 P0 口输出 LED 数码管段码，然后从单片机的 P10～P15 引脚输入低电平，控制 LED 数码管显示。

4. 报警电路

报警电路主要由 PNP 型三极管和蜂鸣器构成，如图 59-5 所示。

LS1 是一个 5V 压电蜂鸣器，当对其施加 5V 电压时，便会鸣叫。由图 59-5 可知，当 AT89C51 的 INT1 引脚输出低电平时，三极管 Q7 饱和导通，蜂鸣器鸣叫；当 AT89C51 的 INT1 引脚输出高电平时，Q7 截止，蜂鸣器停止鸣叫。通过控制 AT89C51 的 INT1 引脚输出低电平的时间来控制蜂鸣器长叫或短叫。

5. 电子锁控制电路

电子锁控制电路主要由继电器、三极管和 LED 组成，如图 59-6 所示。

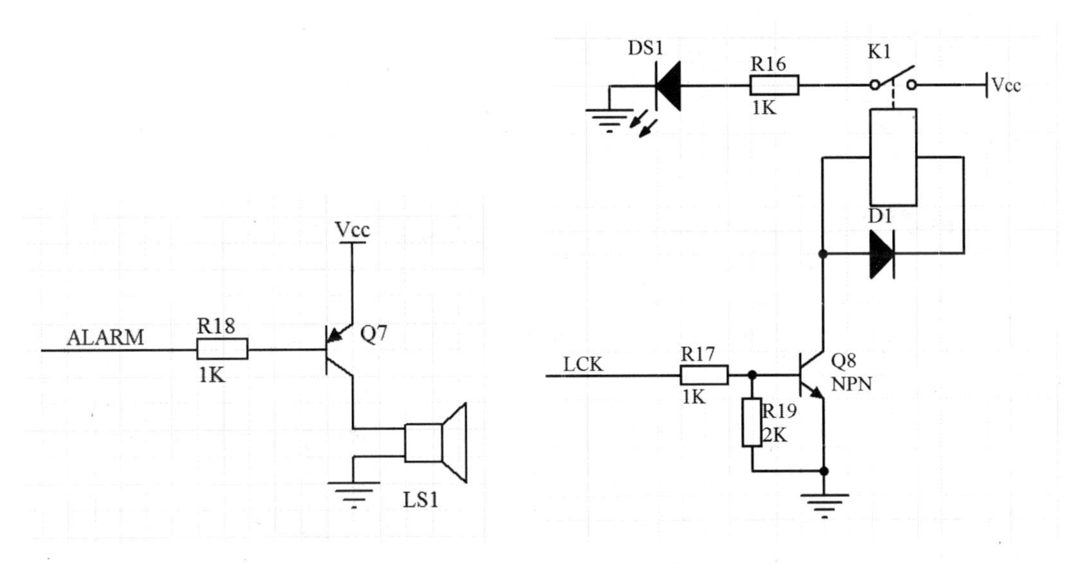

图 59-5　报警电路

图 59-6　电子锁控制电路

继电器线圈的一个接线端接电源，另一端接 NPN 型三极管 Q8 的集电极。Q8 的基极通过电阻 R17 接至 AT89C51 的 T1 引脚。当 AT89C51 的 T1 引脚输出高电平时，Q8 导通，继电器线圈得电，触点闭合，DS1 发光，相当于电子密码锁闭锁；当 AT89C51 的 T1 引脚输出低电平时，Q8 截止，继电器线圈失电，触点释放，DS1 熄灭，相当于电子密码锁开锁。D1 是继电器线圈的续流二极管，为感应电动势提供回路，以免损坏三极管。

6．单片机电路

单片机电路主要由单片机、振荡电路和复位电路组成，如图 59-7 所示。

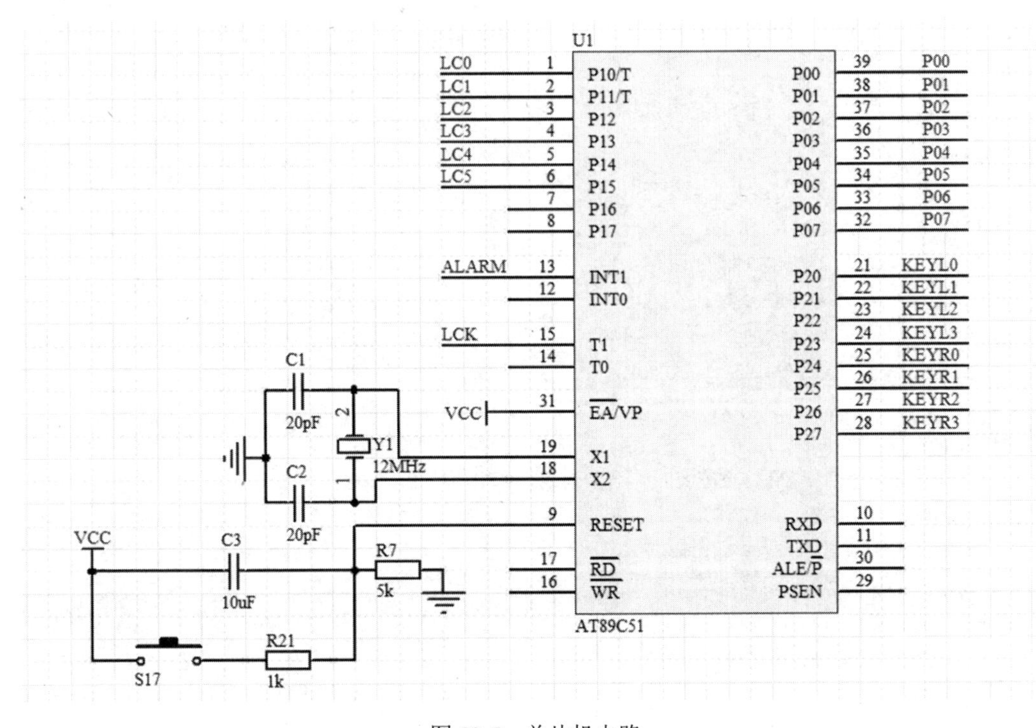

图 59-7　单片机电路

AT89C51 的 P0 口用于输出 LED 数码管段码。P1 口的 P10～P15 引脚用于控制 LE1～LE6 的亮灭；P2 口用于构成行列矩阵键盘；INT1 引脚用于控制蜂鸣器的鸣叫；T1 引脚用于控制电子密码锁的开闭；$\overline{\text{EA}}$/VP 引脚接 VCC，使得单片机执行片内程序。

程序设计

程序设计主要是对键盘进行扫描，根据按键控制报警电路、电子锁控制电路，并对结果进行显示。因此，整个程序分为显示子程序、报警子程序、键盘子程序、电子锁控制子程序及主程序等。

① 显示子程序针对硬件电路中的显示电路，实现数据的显示。

② 报警子程序针对硬件电路中的报警电路，控制蜂鸣器鸣叫。

③ 键盘子程序针对硬件电路中的键盘电路，扫描键盘并返回用户按键值。

④ 电子锁控制子程序针对硬件电路中的电子锁控制电路，通过控制继电器通断实现电子密码锁的开闭。

⑤ 主程序通过调用各个子程序，实现系统功能。

由于本实例采用动态显示方法，因此程序设计的难点在于如何保证执行其他程序时显示数据不消失。

为了便于后续程序的设计，首先介绍程序中用到的常量和变量。对于它们的作用，注释中有详细说明。

```
#include <REGX51.H>                          //51 单片机的头文件
typedef  unsigned char uchar;                //类型定义，定义 uchar 类型
typedef  unsigned int  uint;                 //类型定义，定义 uint 类型
//按键子程序相关说明
#define     BLANKCHAR   10                   //定义空白常量
#define     PCHAR   11                       //定义字符 P 常量
#define     OPENCHAR   12                    //定义开锁字符常量
#define     ALARMCHAR   13                   //定义字符 A 常量
#define     LINECHAR    14                   //定义字符一常量
#define     BACKKEY     0X0D                 //定义退格键常量
#define     ENTERKEY    0X0F                 //定义确认键常量
#define     LOCKKEY     0X0E                 //定义闭锁键常量
#define     NO_KEY  20                       //定义无按键返回值
#define     KEYPORT     P2                   //定义键盘端口
//定义扫描码数组，当扫描按键时，4 位列线值和 4 位行线值组成扫描码
Uchar code KEYCODE[]=
{0XEE,0XED,0XEB,0XE7,
0XDE,0XDD,0XDB,0XD7,
0XBE,0XBD,0XBB,0XB7,
0X7E,0X7D,0X7B,0X77};
uchar KeyPre;                                //保存上次扫描按键的按键值
```

```
uchar KeyUp;
//用于控制按键去抖动操作。1：扫描时去抖动；2：等待释放；3：释放时去抖动
#define     LEDPORT     P0          //定义 LED 数码管段码输出端口
#define     LEDCON      P1          //定义 LED 数码管位控制端口
uchar code SEGCODE[]=
{0XC0,0XF9,0XA4,0XB0,0X99,0X92,0X82,0XF8,0X80,0X90, //0～9 的 LED 数码管段码
 0xff,                              //不显示的 LED 数码管段码
 0X8C,                              //字符 P 的 LED 数码管段码
 0X8F,                              //├的 LED 数码管段码
 0X88,                              //字符 A 的 LED 数码管段码
 0XBF                               //字符一的 LED 数码管段码
 };
//定义 LED 数码管位码控制码
uchar   code BITCODE[]={0Xfe,0Xfd,0Xfb,0Xf7,0Xef,0Xdf,0Xbf,0X7f};
uchar   DispBuf[6];                 //保存显示的字符
bit     DispNormal;                 //确定显示方式，正常显示或闪烁显示
uchar   DispCnt;                    //闪烁显示时的频率
#define     SHORT_TIME      10      //蜂鸣器鸣叫 200ms
#define     LONG_TIME       100     //蜂鸣器鸣叫 2s
#define     LONGER_TIME     9000    //蜂鸣器鸣叫 3min
sbit    ALARMCON=P3^3;              //定义报警控制引脚
bit     AlarmEnable;                //确定是否报警或进行声音提示
uint    AlarmTime;                  //控制报警时间
sbit LOCKCON=P3^5;                  //定义电子密码锁控制引脚
uchar code PassWord[]={1,2,3,4,5}; //定义初始密码表
uchar PassInBuf[6];                 //保存输入的密码
ucahr PassPosi;             //定义用户输入密码存放在缓冲区 PassInBuf[]中的位置
bit TimerBit;                       //20ms 定时时间到
uchar SysMode;              //系统所处模式，0：输入密码模式；1：报警模式；2：开锁模式
uchar ErrorCnt;                     //用户连续输入密码错误次数
```

1．显示子程序

显示子程序通过控制 LED 数码管显示缓冲区 DispBuf[]的内容，主要包括填充程序和缓冲区显示程序。

（1）填充程序。

填充程序负责将显示内容写入 DispBuf[]和 PassInBuf[]，包括以下函数。

填充函数 Fill_Buf()：使用特定字符填充 DispBuf[]、PassInBuf[]。

信息填充函数 Fill_Buf_P()：将闭锁时的显示信息写入缓冲区。

信息填充函数 Fill_Buf_O()：将开锁时的显示信息写入缓冲区。

信息填充函数 Fill_Buf_A()：将报警时的显示信息写入缓冲区。

① 填充函数 Fill_Buf()。函数 Fill_Buf()用字符 FillChar 填充 DispBuf[]、PassInBuf[]，代码如下。

```
/*入口参数：FillChar 为写入缓冲区的字符
  出口参数：无*/
void Fill_Buf(uchar  FillChar)
{
   uchar i;
   for(i=0;i<6;i++)
   {
      DispBuf[i]=FillChar;              //用字符 FillChar 填充 DispBuf[]
       PassInBuf[i]=FillChar;           //用字符 FillChar 填充 PassInBuf[]
   }
}
```

② 信息填充函数 Fill_Buf_P()、Fill_Buf_O()、Fill_Buf_A()。Fill_Buf_P()、Fill_Buf_O()、Fill_Buf_A()通过调用 Fill_Buf()将电子密码锁处于不同状态时的显示信息写入缓冲区。其中，PassInBuf[]被写入的显示信息是——————，DispBuf[]被写入的显示信息分别是 P、├、A—————。

3 个函数的代码如下。

```
void Fill_Buf_P()
{
  Fill_Buf(BLANKCHAR);                  // DispBuf[1..5]=“   ”
  DispBuf[0]=PCHAR;                     // DispBuf[0]=“P”
}
void Fill_Buf_O()
{
  Fill_Buf(BLANKCHAR);                  // DispBuf[1..5]=“   ”
  DispBuf[0]=OPENCHAR;                  // DispBuf[0]=“├”
}
void Fill_Buf_A()
{
  Fill_Buf(LINECHAR);                   // DispBuf[1..5]=“——————”
  DispBuf[0]=ALARMCHAR;                 // DispBuf[0]=“A”
}
```

（2）缓冲区显示程序。

填充程序将显示信息填写好后，由缓冲区显示程序通过 LED 数码管将其显示，主要包括以下函数。

单字符显示函数 Disp_Led_Sin()：在某个 LED 数码管上显示一个字符。

关闭显示函数 Disp_Led_OFF()：关闭 LED 数码管显示。

全部显示函数 Disp_Led_All()：将 DispBuf[]缓冲区的内容显示。

模式显示函数 Disp_LED()：当电子密码锁处于不同模式时，刷新 LED 数码管。

① 单字符显示函数 Disp_Led_Sin()。函数 Disp_Led_Sin()用于在单个 LED 数码管上显示字符。通过 LEDPORT 输出显示字符的段码，通过 LEDCON 输出显示字符的位码，延时

1ms，从而实现一个字符的显示。其代码如下。

```
/*入口参数：DispPosi 为要显示字符的 LED 数码管号；DispChar 为要显示的字符
  出口参数：无*/
void Disp_Led_Sin(uchar DispChar,uchar DispPosi)
{
    LEDPORT=SEGCODE[DispChar];          //输出显示字符的段码
    LEDCON&=BITCODE[DispPosi];          //输出显示字符的位码
    Delay1Ms();                         //延时 1ms
    LEDCON|=0X3F;                       //关闭显示器
}
```

② 关闭显示函数 Disp_Led_OFF()。Disp_Led_OFF()的功能是在 LED 数码管上显示空白字符，主要用于闪烁显示。其通过 6 次调用 Disp_Led_Sin()实现所需功能，代码如下。

```
void Disp_Led_OFF()
{
   uchar i;
   LEDCON|=0X3F;                        //关闭 LED 数码管
   for(i=0;i<6;i++)
   {
     Disp_Led_Sin(BLANKCHAR,i);         //逐个显示空白字符
   }
}
```

③ 全部显示函数 Disp_Led_All()。Disp_Led_All()的功能是刷新 6 个 LED 数码管的显示内容，通过调用 Disp_Led_Sin()将 DispBuf[]中的字符显示在 LED 数码管上。其代码如下。

```
void Disp_Led_All()
{
   uchar i;
   LEDCON|=0X3F;                        //关闭 LED 数码管
   for(i=0;i<6;i++)
   {
     Disp_Led_Sin(DispBuf[i],i);        //显示 DispBuf[]中的字符
   }
}
```

④ 模式显示函数 Disp_LED()。Disp_LED()在主程序中被调用，负责不同模式下 LED 数码管的显示。

当电子密码锁处于模式 0、模式 2 时，Disp_LED()直接调用 Disp_Led_All()正常显示；当电子密码锁处于模式 1 时，则闪烁显示。Disp_LED()根据变量 DispNormal 的值决定是正常显示还是显示空白字符，从而实现闪烁功能。变量 DispNormal 每 200ms 被取反一次。Disp_LED()的代码如下。

```
void Disp_LED()
{
   DispCnt++;
   DispCnt%=10;
   if(DispCnt==0)
   {
     DispNormal=~DispNormal;          //每 200ms 将闪烁显示控制位取反一次
   }
   if(SysMode==1)
   {//报警模式，闪烁显示
      if(!DispNormal)
      {
         Disp_Led_OFF();              //显示空白字符
         return;
      }
   }
   Disp_Led_All();                    //显示 DispBuf[]中的内容
}
```

说明：电子密码锁有 3 种模式，模式 0：电子密码锁处于闭锁状态；模式 1：电子密码锁处于报警状态；模式 2：电子密码锁处于开锁状态。

2．报警子程序

报警子程序通过控制蜂鸣器鸣叫，实现按键提示及密码错误报警提示，包括以下函数。

启动报警函数 Sys_Speaker()：设置报警时间。

系统报警函数 Sys_Alarm()：控制蜂鸣器鸣叫。

① 启动报警函数 Sys_Speaker()：Sys_Speaker()用于设置报警时间，报警时间为 stime×20ms。

```
/*入口参数：stime
  出口参数：无*/
void Sys_Speaker(uint stime)
{
  AlarmEnable=1;                      //允许报警
  AlarmTime=stime;                    //报警时间
 }
```

② 系统报警函数 Sys_Alarm()：Sys_Alarm()在主程序中被调用，负责控制蜂鸣器鸣叫，包括按键提示音及密码错误报警提示音。

Sys_Alarm()每 20ms 被调用一次。当 AlarmTime 减为 0 时，ALARMCON 为高电平，蜂鸣器停止鸣叫。当停止鸣叫时，若电子密码锁处于模式 1，则调用 Fill_Buf_P()显示 P。Sys_Alarm()的代码如下。

```
void Sys_Alarm()
{
  if(AlarmEnable==1)
```

```
  {                                   //允许报警
    ALARMCON=0;                       //报警
     AlarmTime--;
     if(AlarmTime==0)
     {                                //报警时间到，停止鸣叫
        AlarmEnable=0;
         ALARMCON=1;                  //禁止报警
         if(SysMode==1)
         {                            //若电子密码锁处于模式 1，则返回模式 0
            SysMode=0;
            Fill_Buf_P();             //显示 P
         }
     }
  }
}
```

3．键盘子程序

键盘子程序负责检测是否有按键被按下，并对按键值进行处理，分为按键扫描程序和按键处理程序。

① 按键扫描程序：用于扫描键盘、生成按键值，以及完成按键去抖等操作，由函数 Find_Key()（扫描一次键盘，返回按键值）和函数 Scan_Key()（完成按键去抖等操作）构成。

Find_Key()采用线反转法扫描一次键盘，若有按键被按下，则返回按键值；若无按键被按下，则返回 NO_KEY。具体代码如下。

```
/*入口参数：无
  出口参数：按键值或 NO_KEY*/
uchar Find_Key()
{
   uchar KeyTemp,i;
   KEYPORT=0xf0;                      //行线输出 0，列线输出 1
   KeyTemp=KEYPORT;                   //读行线值和列线值
   if(KeyTemp==0xf0)
      return NO_KEY;                  //若无按键被按下，返回 NO_KEY
   KEYPORT=KeyTemp|0x0f;              //列线输出，行线输入
   KeyTemp=KEYPORT;                   //读取按键端口值
  for(i=0;i<16;i++)
   {
     if(KeyTemp==KEYCODE[i])          //根据行线值和列线值组成的扫描码查找按键值
        return i;                     //返回按键值
   }
   return NO_KEY;
}
```

在扫描键盘时，由列线值和行线值组成扫描码，列线值为 4 位，行线值为 4 位，正好

组成 1 字节数据。程序设计时，首先定义一个扫描码数组 KEYCODE[]，其包含 16 个按键的扫描码。按键的扫描码在数组中的位置定义为按键值。程序根据扫描码查找 KEYCODE[]，如果找到，则返回位置值，即按键值；如果没找到，则返回 NO_KEY。

Scan_Key()负责按键去抖工作，调用 Find_Key()得到闭合按键的按键值，并对按键进行去抖。该函数由主程序每隔 20ms 调用一次，按键去抖是通过两次调用 Scan_Key()实现的，两次调用的时间间隔是 20ms。按键去抖流程图如图 59-8 所示。

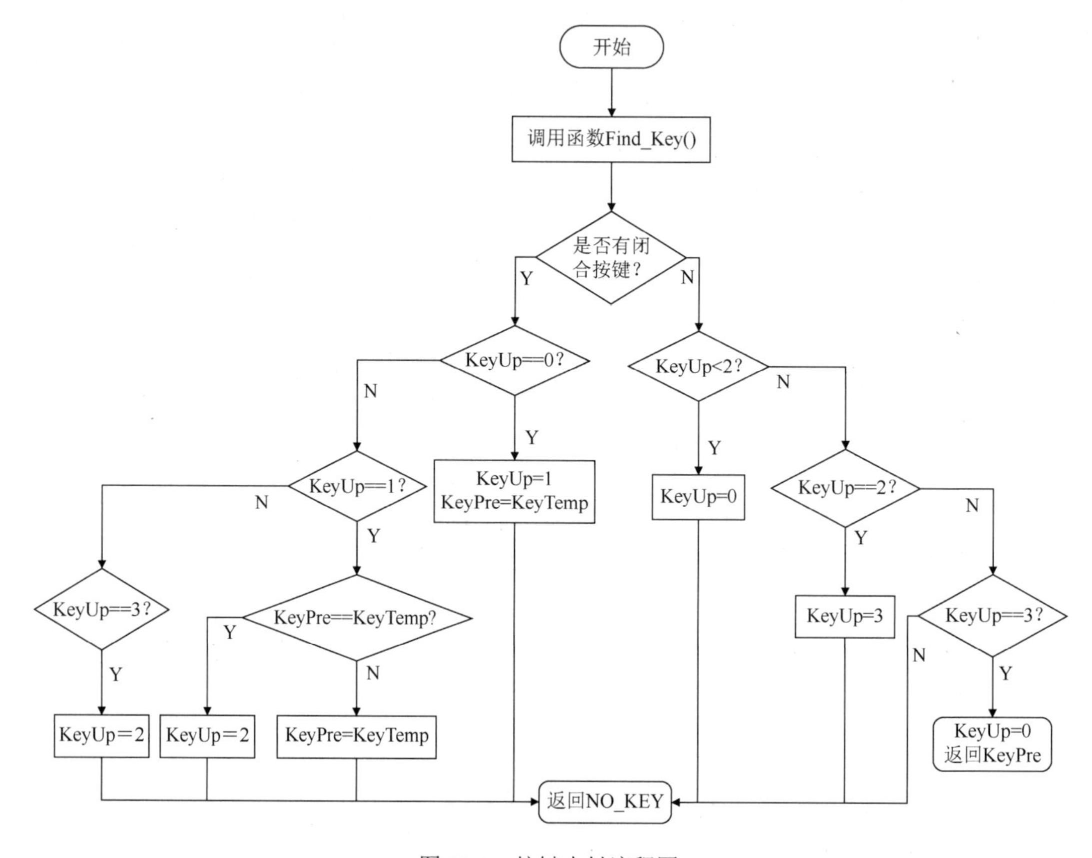

图 59-8　按键去抖流程图

Scan_Key()的代码如下。

```
/*入口参数：无
  出口参数：按键值或 NO_KEY*/
uchar Scan_Key()
{
   uchar KeyTemp;
   KeyTemp=Find_Key();         //扫描键盘，获得按键值
   if(KeyTemp==NO_KEY)
   {
      if(KeyUp<2)
      {                        //无按键被按下，返回 NO_KEY
         KeyUp=0;
```

```
            return NO_KEY;
        }
        if(KeyUp==2)
        {                               //按键要释放，延时去抖
            KeyUp=3;
            return NO_KEY;
        }
        if(KeyUp==3)
        {//按键被释放，返回按键值
            KeyUp=0;
            return KeyPre;
        }
    }
    else
    {
        if(KeyUp==0)
        {                               //有按键被按下，保存按键值
            KeyUp=1;
            KeyPre=KeyTemp;
        }
        else if(KeyUp==1)
        {                               //去抖后，再次扫描到有按键被按下
            if( KeyPre==KeyTemp)
                KeyUp=2;
            else
                KeyPre=KeyTemp;
        }
        else if(KeyUp==3)
        {                               //等待按键被释放
            KeyUp=2;
        }
    }
    return NO_KEY;
}
```

按键扫描程序是本实例中最难的程序，显示部分采用动态显示方法，因此该程序中不能有死循环，不管是否有按键被按下，程序都要能够尽快返回。

② 按键处理程序：在整个键盘子程序中，按键扫描程序识别的按键值最终由按键处理程序 Key_Process()进行处理，这是最复杂的程序。

按键处理流程图如图 59-9 所示，用户在两种情况下的输入操作有效：SysMode = 0，电子密码锁处于闭锁状态，用户可以输入密码；SysMode = 2，电子密码锁处于开锁状态，用户通过按键使电子密码锁闭锁。所以 Key_Process()需根据电子密码锁所处模式对按键值进行不同处理。

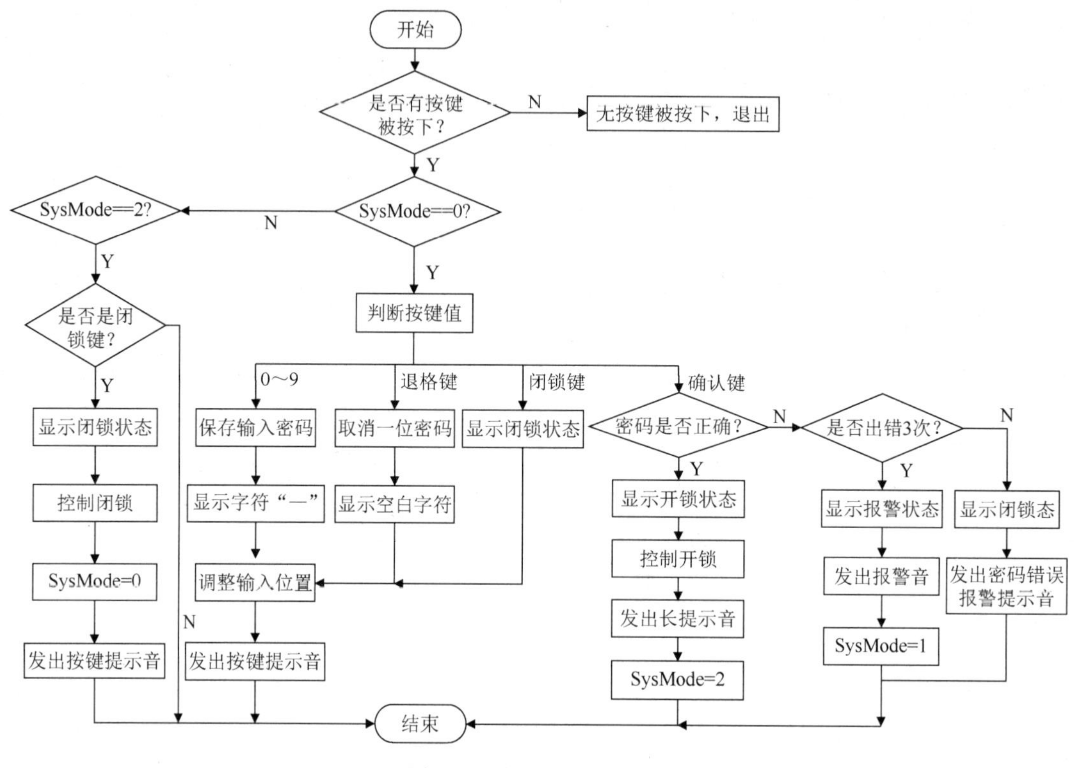

图 59-9　按键处理流程图

按键处理程序的代码如下。

```
/*入口参数：Key 为按键值
  出口参数：无*/
void Key_Process(uchar Key)
{
   uchar i;
   if(Key==NO_KEY)
      return ;                                    //无按键被按下，不处理
   switch(SysMode)
   {
      case 0:                                     //输入密码
          switch(Key)
          {
             case 0:
              case 1:
              case 2:
              case 3:
              case 4:
              case 5:
              case 6:
              case 7:
              case 8:
              case 9:
```

```
        DispBuf[PassPosi]=LINECHAR;         //显示"—"
        PassInBuf[PassPosi]=Key;            //保存用户输入的密码
        if(PassPosi<5)
          PassPosi++;                       //调整密码输入位置
        Sys_Speaker(SHORT_TIME);            //发出按键提示音
        break;
    case BACKKEY:                           //退格键
        DispBuf[PassPosi]=BLANKCHAR;        //显示空白字符
        PassInBuf[PassPosi]=BLANKCHAR;      //清除当前位置的密码
        if(PassPosi>1)
           PassPosi--;                      //调整显示位置
        Sys_Speaker(SHORT_TIME);            //发出按键提示音
        break;
    case  ENTERKEY:                         //确认键
        for(i=0;i<5;i++)
        {                       //比较用户输入的密码与系统预设密码是否一致
          if(PassInBuf[i+1]!=PassWord[i])
           break;
        }
         if(i>=5)
         {                                  //输入密码正确
           Fill_Buf_O();                    //显示开锁状态
           PassPosi=1;
           LOCKCON=1;                       //开锁
           ErrorCnt=0;
           Sys_Speaker(LONG_TIME);          //发出长提示音
           SysMode=2;                       //转为模式 2
         }
         else
         {
          ErrorCnt++;                       //密码错误次数加 1
          if(ErrorCnt>2)
          {                                 //密码错误次数超过 3 次
            ErrorCnt=0;
             Fill_Buf_A();                  //显示报警状态
             PassPosi=1;
             Sys_Speaker(LONGER_TIME);      //发出密码错误报警提示音
             SysMode=1;
          }
          else
          {                        //密码错误次数少于 3 次，用户重新输入
             Fill_Buf_P();
             PassPosi=1;
             Sys_Speaker(LONG_TIME);
          }
         }
break;
```

```
            case LOCKKEY:                           //闭锁键
                Fill_Buf_P();                       //显示 P
                PassPosi=1;
                Sys_Speaker(SHORT_TIME);
                break;
            }
        break;
        case 2:                                     //电子密码锁处于开锁状态
            if(Key==LOCKKEY)
            {                                       //用户按动闭锁键
                Fill_Buf_P();
                SysMode=0;
                LOCKCON=0;                          //闭锁
                Sys_Speaker(SHORT_TIME);
            }
            break;
    }
}
```

4. 电子锁控制子程序

电子锁控制子程序通过 lockcon 来控制继电器通断，进而实现电子密码锁的开锁和闭锁。

```
void lock_con(int data)
{
    Int tmp;
     tmp=data;
     If(tmp==1)
{
      lockcon=0;                                   //电子密码锁开锁
}
else
      lockcon=1;                                   //电子密码锁闭锁
}
```

5. 系统其他程序

系统其他程序用于实现系统初始化操作，以及控制单片机内部的一些功能模块，包括以下函数：Ini_Timer0()（初始化定时器 T0）、Timer0()（定时器 T0 的中断服务函数）、Ini_System()（系统初始化函数）。

① 函数 Ini_Timer0()：初始化定时器 T0。定时器 T0 工作于方式 1，定时时间为 20ms，采用中断方式，代码如下。

```
void Ini_Timer0()
{
    TMOD&=0XF0;
    TMOD|=0X01;                             //初始化定时器 T0，使其工作于方式 1
    TR0=0;
    TH0=(65536-20000)/256;                  //给定时器 T0 赋计数初值
```

```
    TL0=(65536-20000)%256;
    TR0=1;                                              //启动定时器 T0
    ET0=1;                                              //允许定时器 T0 中断
}
```

② 函数 Timer0()：定时器 T0 的中断服务函数，当定时器 T0 溢出时由系统自动调用。作为中断服务函数，最好短小精悍且执行速度快，因此本函数只将位变量 TimerBit 置 1，通知主程序 20ms 定时时间到，代码如下。

```
void Timer0() interrupt 1
{
    TR0=0;
    TH0=(65536-20000)/256;                              //给定时器 T0 赋计数初值
    TL0=(65536-20000)%256;
    TR0=1;
    TimerBit=1;                                         //定时时间到
}
```

为了每次都能够定时 20ms，在定时器 T0 的中断服务函数中必须重新装入计数初值。

③ 函数 Ini_System()：系统初始化函数。系统一旦运行就要闭锁，因而 LOCKCON 为低电平。该函数调用 Ini_Timer0()，初始化并启动定时器 T0 运行，调用 Fill_Buf_P()填充显示缓冲区，允许系统中断。其代码如下。

```
void Ini_System()
{
    PassPosi=1;
    LOCKCON=0;          //闭锁
    Ini_Timer0();       //初始化定时器 T0
    Fill_Buf_P();
    EA=1;               //允许系统中断
}
```

6. 主程序

主程序 main()调用其他子程序实现系统功能。主程序流程图如图 59-10 所示，主程序调用 Ini_System()对系统进行初始化，其后是一个无限循环程序。在循环体中，当 TimerBit 为 1 时，即每隔 20ms 执行一次显示、报警、键盘等子程序。其代码如下。

```
void main()
{
    uchar KeyTemp;
    Ini_System();
    while(1)
    {
        if (TimerBit==1)
        {                               //定时时间到
            Disp_LED();                 //刷新 LED 数码管
```

```
        Sys_Alarm();            //系统报警处理
        KeyTemp=Scan_Key();     //扫描按键
        Key_Process(KeyTemp);   //按键处理
        TimerBit=0;
      }
    }
}
```

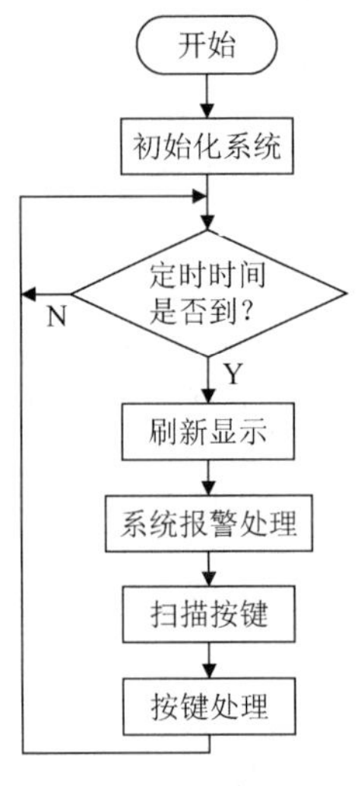

图 59-10　主程序流程图

函数 Disp_LED()用于刷新 LED 数码管，刷新频率为 50Hz，能够满足动态显示的要求。函数 Scan_Key()用于扫描按键，每隔 20ms 执行一次，既能及时响应用户的按键操作，又能有效实现按键去抖。所有函数的执行时间总和不会超过 20ms。

经验总结

本实例详细介绍了如何使用 AT89C51 和一些其他芯片设计一款电子密码锁。首先介绍了电子密码锁的具体功能，在此基础上将整个电子密码锁划分为键盘模块、显示模块、报警模块、电子锁控制模块、电源模块和单片机；然后给出了每个模块的硬件电路，并对电路原理进行了详细说明；最后给出了电子密码锁相关模块的子程序和主程序。

整个电子密码锁的硬件电路设计比较简单，难点在于软件设计，特别是显示模块与键盘模块的程序设计。显示模块采用动态显示方法，因此其他模块的子程序要能够周期性地刷新 LED 数码管，特别是识别按键的释放操作及按键去抖操作。

知识加油站

继电器采用欧姆龙公司生产的 G5V-2-Hi 5V DC 型继电器。它的吸合电压是 5V，吸合电流是 30mA，线圈的阻值约为 167Ω，具有两组常闭、常开触点，本实例使用其中一组。

实例 60　远程监控系统

设计思路

本实例介绍了一个远程监控系统，其使用 AT89C51、ADC0809、CAT24WC256 等芯片，监测水渠中水位的变化情况。整个系统由下位机子系统和上位机子系统两大子系统组成。下位机子系统主要由下位机组成，分布在各个观测点上，负责检测水位。上位机子系统由 1 台上位机组成，负责汇总各个下位机子系统采集的数据。

（1）下位机子系统的功能。

下位机子系统由 8 台下位机组成，主要负责实时检测并显示水渠中 8 个观测点的水位，具体功能如下。

① 水位检测：下位机子系统能够检测水渠中的水位。水渠的深度为 50cm，因此水位最大为 50cm。为了便于检测，将水位从 5cm 开始按照 5cm 递增，分为 10 个档位：5、10、15、20、25、30、35、40、45、50。水位检测精度至少为 5cm。

② 水位显示：下位机子系统能够实时显示水渠中的水位值。显示时，只显示整数部分。

③ 数据上传：下位机子系统能够接收上位机子系统的命令，将水位值上传给上位机子系统。

（2）上位机子系统的功能。

上位机子系统由 1 台上位机组成，定期读取下位机子系统采集的数据并进行存储和显示。上位机子系统的功能如下。

① 数据收集：上位机子系统能够每隔 30s 从 8 个下位机子系统处读取水位值。

② 水位显示：上位机子系统能够显示各个观测点的水位值，显示方式可分为定点显示和巡回显示。系统一开机，采用巡回显示方式，每个观测点的水位值显示时间为 2s，时间到，自动显示下一个观测点的水位值。显示时，除显示水位值外，还要显示观测点号。通过按键操作，可在定点显示和巡回显示间切换。

③ 数据存储：上位机子系统能够存储各观测点的水位值，每隔 30s 存储一次，可存储一天的数据。

上位机子系统和下位机子系统负责实现不同的功能，并且它们所处位置不同，因此要单独设计。

根据下位机子系统的功能，下位机子系统可划分为水位采集模块、显示模块、电源模块、通信模块和单片机。下位机子系统模块图如图 60-1 所示。

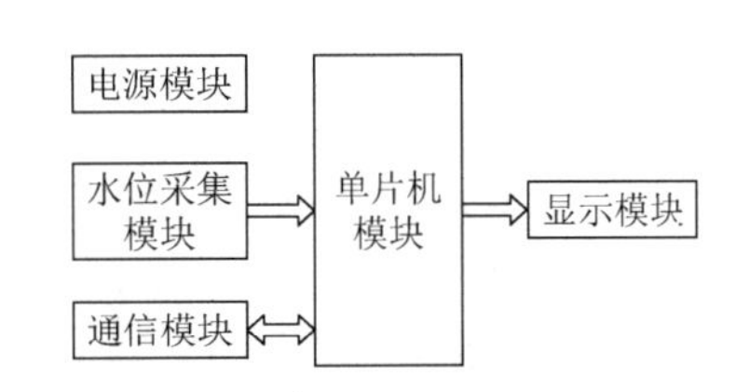

图 60-1　下位机子系统模块图

① 水位采集模块对水位进行测量，并将测量值转换成数字量。根据下位机子系统的测量精度要求，可使用干簧管来测量。

② 显示模块用于显示水位值。水位值在 5～50cm 之间，且只显示整数部分，因此使用

2 个 LED 数码管，采用静态显示方法。

③ 电源模块向下位机子系统提供 5V 电压。水渠位于野外，通常只有交流电压，所以电源模块将 220V 交流电压经过降压、整形、滤波、稳压后生成 5V 电压。

④ 通信模块通过单片机串口将水位值上传给上位机子系统。下位机子系统位于水渠附近，而上位机子系统位于水库的电机房中，两者距离较远，因此使用 RS-485 总线，采用半双工通信方式。在 RS-485 总线上，上位机是主设备，下位机是从设备，每次数据传输都在主设备的控制下完成。

⑤ 单片机定时采集水位值并显示；通过串口接收上位机子系统的命令，将数据上传，可选用 AT89C51。

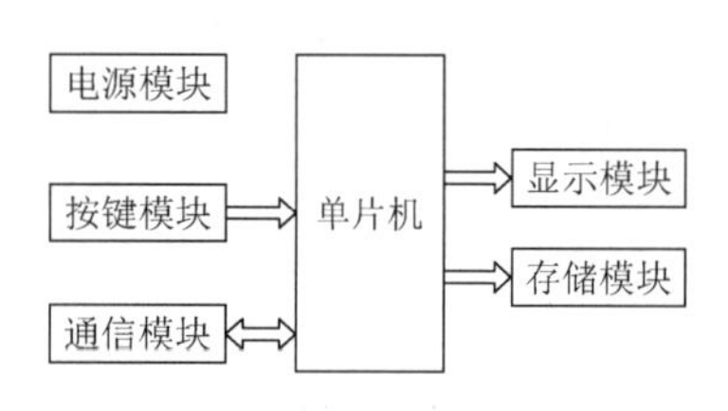

图 60-2　上位机子系统模块图

根据上位机子系统的功能，上位机子系统可划分为按键模块、显示模块、电源模块、通信模块、存储模块和单片机。上位机子系统模块图如图 60-2 所示。

① 按键模块用于切换定点显示和巡回显示，只需一个按键，可采用单线单键结构。

② 显示模块显示各个观测点的水位值，同下位机子系统一样，显示水位值采用 2 个 LED 数码管，但同时要显示观测点号，因此需要 3 个 LED 数码管，采用静态显示方式。

③ 通信模块用于接收下位机子系统上传的水位值，采用 RS-485 总线。

④ 电源模块的设计思路与下位机子系统相同。

⑤ 存储模块用于存储观测点的水位值。上位机子系统要求的存储量为 1×8×2×60×24=23040 字节。为了节省单片机资源，上位机子系统采用串行存储器 CAT24WC256。

⑥ 单片机定期从下位机子系统读取水位值，显示并存储；根据按键操作决定显示方式，故可采用 AT89C51。

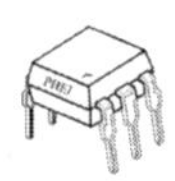

器件介绍

本实例用到的大部分芯片在前面实例中已经介绍过，下面只介绍存储器芯片 CAT24WC256、A/D 转换器 ADC0809。

上位机子系统需要存储水位值，且断电后数据不能丢失，因此需要使用非易失性存储器。为了减少存储电路对单片机引脚的占用量，上位机子系统选用串行 EEPROM CAT24WC256。

CAT24WC256 是 CATALYST 公司生产的一款 EEPROM。它采用 CMOS 技术，存储容量为 32KB，有一个 64B 页写缓冲器，通过 I^2C 接口进行操作。

（1）CAT24WC256 的特性。

① 与 1MHz I^2C 总线兼容。

② 工作电压为 1.8～6.0V。

③ 采用低功耗 CMOS 技术。

④ 具有写保护功能。

⑤ 具有 100000 编程/擦写周期。

⑥ 可保存数据 100 年。

⑦ 具有 8 脚 DIP、SOIC 封装。

（2）CAT24WC256 引脚及功能。

CAT24WC256 采用标准的 8 脚 DIP 封装，如图 60-3 所示，其引脚功能如表 60-1 所示。

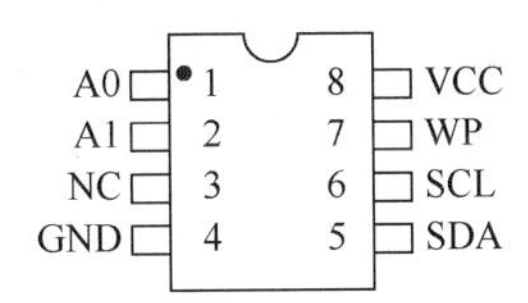

图 60-3　CAT24WC256 的引脚

表 60-1　CAT24WC256 的引脚功能

引脚名称	功　能
A0、A1	地址输入
SDA	串行数据/地址
SCL	串行时钟
WP	写保护
VCC	电源，1.8～6.0V
GND	地
NC	未连接

（3）I^2C 总线协议。

前面实例已经详细介绍了 I^2C 总线协议，此处只介绍器件地址。主器件通过发送一个起始信号启动发送过程，然后发送所要寻址的从器件地址。8 位从器件地址中的高 5 位固定为 10100，接下来的 2 位为从器件的地址位。单根总线上最多可以连接 4 个从器件，这两位必须与 A1 引脚、A0 引脚相对应。从器件地址的最低位为读/写控制位，1 表示对从器件进行读操作；0 表示对从器件进行写操作。从器件地址如图 60-4 所示。

1	0	1	0	0	A1	A0	R/W

图 60-4　从器件地址

硬件设计

根据对远程监控系统功能的分析，选择合适的芯片进行电路设计。

1. 下位机子系统电路设计

根据对下位机子系统功能的分析，下位机子系统电路可分为测量电路、显示电路、电源电路、通信电路及单片机电路。

单片机电路是整个下位机子系统的主控电路，控制测量电路对水位进行测量，并将测量值送至显示电路进行显示；通过通信电路接收上位机子系统的命令，并将水位值上传给上位机子系统。电源电路为下位机子系统提供 5V 电压，下面分析各电路的设计原理。

（1）测量电路：主要功能是测量水位，并将水位转换成数字量。下位机子系统中使用干簧管将水位值转换成电压值。干簧管的结构如图 60-5 所示。

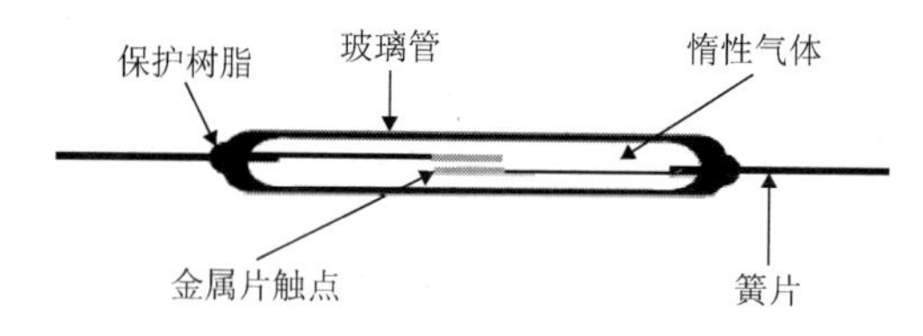

图 60-5　干簧管的结构

密封的玻璃管中有两个金属片触点，通过引线分别引出，当有磁体靠近时，触点闭合；当磁体离开时，触点断开。下位机子系统中水位有 10 个档位，在每个档位处设置一个干簧管，共需要 10 个，编号为 1～10。干簧管排列如图 60-6 所示。

图 60-6　干簧管排列

10 个干簧管及电阻被密封在一个塑料管中，塑料管外套一个浮子，浮子上竖有一条形磁体，磁体长度为 6cm，如图 60-7 所示。

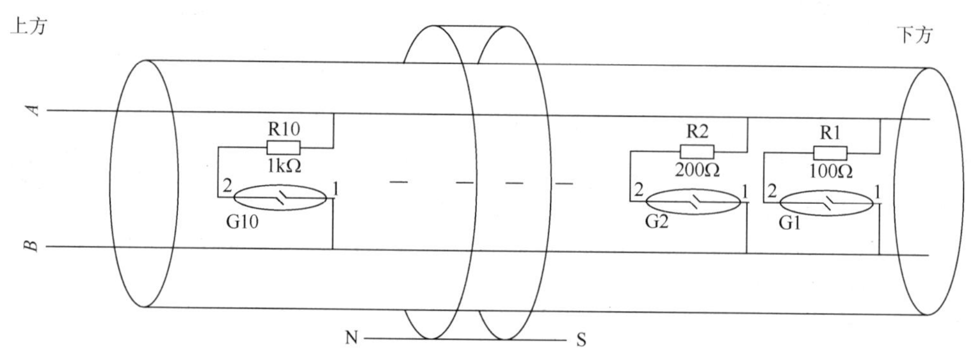

图 60-7　干簧管测量原理图

当水位上升或下降时，浮子上的磁体也随着上下移动，使得不同位置上的干簧管闭合或断开，这样 *A*、*B* 两点间的阻值会发生改变。通过测量阻值，可以得出浮子的位置，即水位。

磁体长度为 6cm，可保证浮子在移动时至少有一个干簧管闭合，至多有两个干簧管闭合。

通过以上分析可得，测量水位实际上是测量 *A*、*B* 两点间的阻值。测量阻值常用的方法是测量 *A*、*B* 两点间的电压及流过的电流，通过电压、电流的关系求得阻值。因此，下位机子系统采用一个 4mA 的电流源，电流从 *A* 点输入，从 *B* 点接地，使用 A/D 转换器可以测出 *A*、*B* 两点间的电压。根据电阻的阻值及测量精度，下位机子系统选用 A/D 转换器 ADC0809。测量电路如图 60-8 所示。

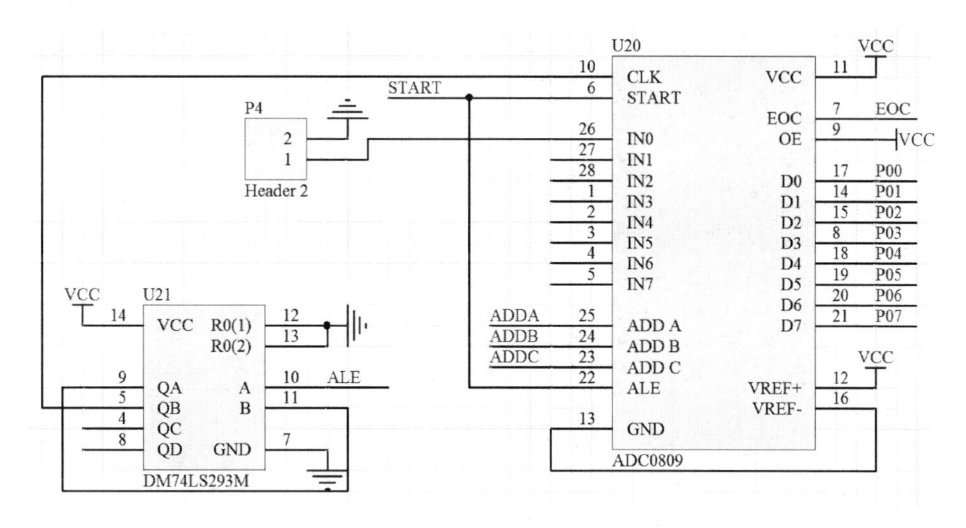

图 60-8　测量电路

ADC0809 使用通道 0 测量电压，转换后的数据由 P0 口送入 AT89C51。ADC0809 的 START 引脚、ALE 引脚接在一起，通道地址锁存信号及启动转换信号可由 AT89C51 的 P24 引脚同时控制；EOC 引脚接 AT89C51 的 P23 引脚，为 AT89C51 提供转换结束信号；OE 引脚接 VCC，这样当转换结束后，数据即可出现在 AT89C51 的 P0 口。ADC0809 的 CLK 信号由计数器 DM74LS293M 对 ALE 信号进行分频得到。在本系统中，单片机使用 12MHz 晶振，因此 ALE 信号的频率为 2MHz，经 DM74LS293M 分频后，可获得 ADC0809 需要的 500kHz 的信号。

干簧管密闭在塑料管中，然后垂直放于水中，线路板上只留出接线端子 P4。

（2）显示电路：由 2 片 74LS164 及 LED 数码管组成，如图 60-9 所示。其中，DS9 显示水位值的十位，DS10 显示水位值的个位。

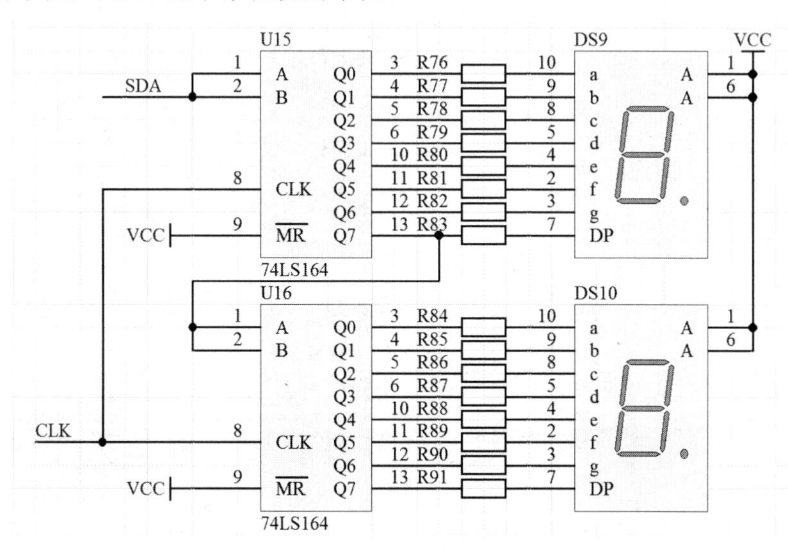

图 60-9　下位机子系统的显示电路

（3）电源电路：主要由降压电路、整流电路、滤波电路和稳压电路组成，如图 60-10 所示，前面实例中已经介绍过，此处不再详细叙述。

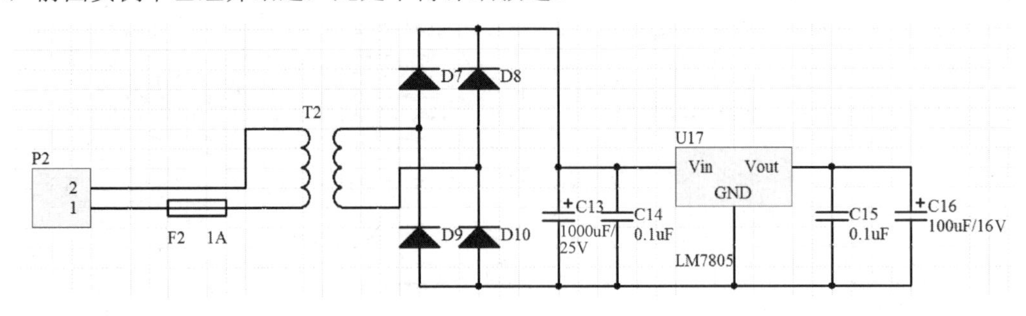

图 60-10　电源电路

（4）通信电路：主要由 MAX485 构成，如图 60-11 所示。MAX485 的 $\overline{RE}$ 引脚、DE 引脚接在一起，由 AT89C51 的 P25 引脚控制。当 $\overline{RE}$ 引脚、DE 引脚为高电平时，A、B 引脚上的差分数据由 RO 引脚输出；当 $\overline{RE}$ 引脚、DE 引脚为低电平时，DI 引脚上的数据通过 A、B 引脚发送。

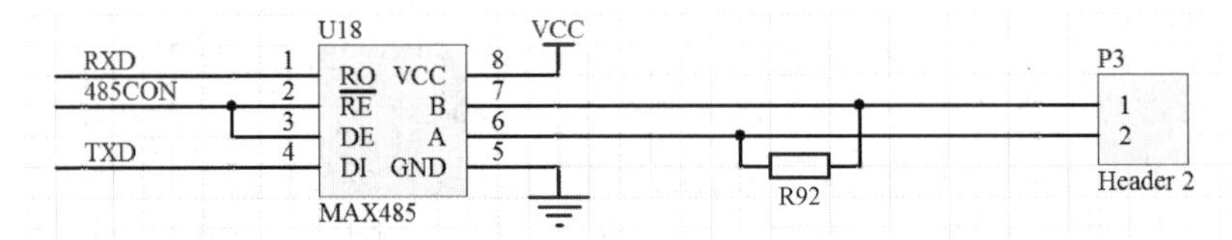

图 60-11　下位机子系统的通信电路

RS-485 总线采用差分方式传输数据，有两根信号线 485+和 485−，MAX485 的 A 引脚接 485+，B 引脚接 485−。A、B 引脚之间的电阻 R92 是匹配电阻，阻值为 120Ω。P3 用作 RS-485 总线的接线端子。

（5）单片机电路：由 AT89C51 及相关电路组成，如图 60-12 所示。

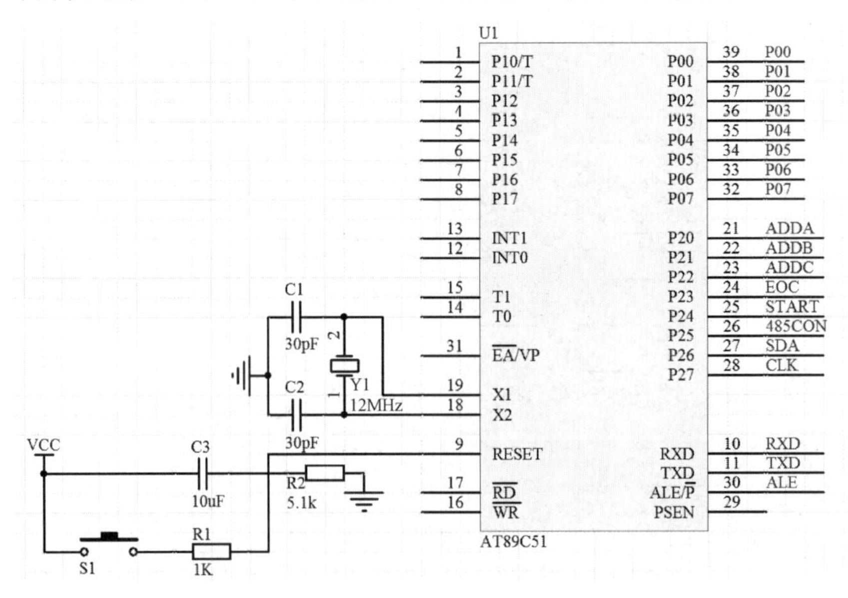

图 60-12　下位机子系统的单片机电路

AT89C51 的 P0 口用于读取 A/D 转换的结果；P20～P22 引脚提供 A/D 转换的通道号；P24 引脚用于提供通道地址锁存信号及启动转换信号；P23 引脚用于接收转换结束信号；P25 引脚提供发送、接收控制信号；P26 引脚、P27 引脚分别为显示电路提供串行数据信号及串行时钟信号。

2．上位机子系统电路设计

根据对上位机子系统功能的分析，上位机子系统电路可分为按键电路、显示电路、通信电路、电源电路、存储电路及单片机电路。

单片机电路是整个上位机子系统的主控电路，通过通信电路接收下位机子系统上传的水位值，将其送至显示电路显示并送至存储电路存储；接收按键电路的按键输入，决定水位值的显示方式；电源电路为系统提供 5V 电压。其中，通信电路、电源电路与下位机子系统相同，不再赘述。

（1）按键电路：主要由一个按键构成，采用单线单键结构，如图 60-13 所示。KEYINI 是按键输入线，当有按键被按下时，输入低电平，否则由于上拉电阻 R95 输入高电平，依此程序可以判断是否有按键被按下。

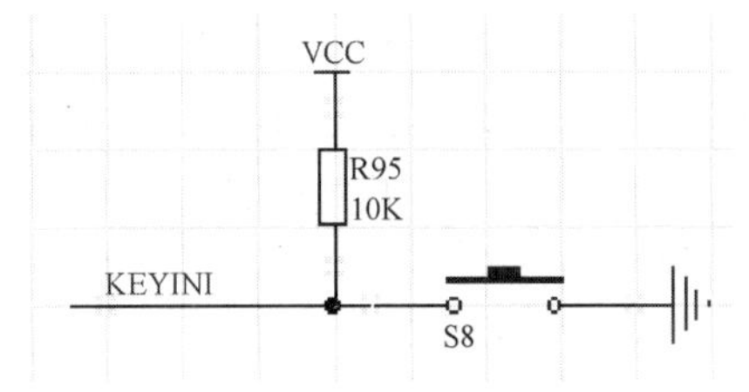

图 60-13　按键电路

（2）显示电路：与下位机子系统的显示电路基本相同，区别在于上位机子系统需要 3 个 LED 数码管，如图 60-14 所示。

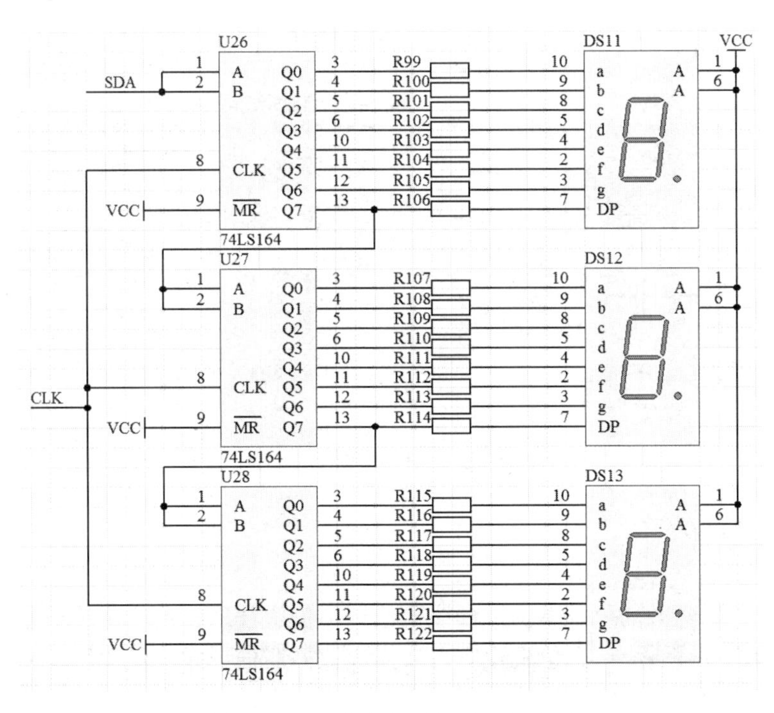

图 60-14　上位机子系统的显示电路

（3）存储电路：由 CAT24WC256 组成，如图 60-15 所示。上位机子系统为 CAT24WC256

分配的芯片地址是 00H，因此其 A0 引脚、A1 引脚接地。SDA 引脚是开漏引脚，需外接上拉电阻 R97，阻值为 1kΩ。

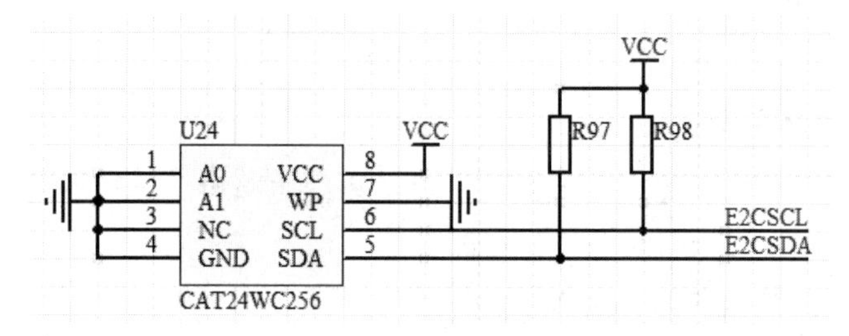

图 60-15 存储电路

（4）单片机电路：由 AT89C51 及相关电路组成，如图 60-16 所示。AT89C51 的 P20 引脚用于连接按键；P21 引脚、P22 引脚分别为 CAT24WC256 提供数据信号及时钟信号；P23 引脚提供发送、接收控制信号；P24 引脚、P25 引脚分别为显示电路提供串行数据信号及串行时钟信号。

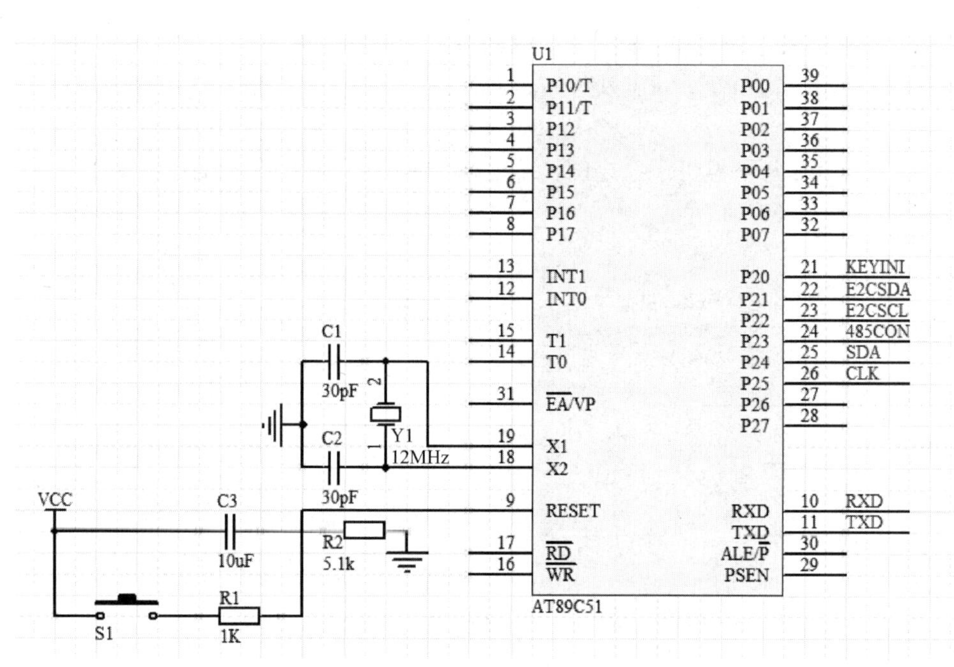

图 60-16 上位机子系统的单片机电路

程序设计

程序设计分为两大部分：下位机程序设计和上位机程序设计。下位机程序主要实现水位测量、显示及数据通信；上位机程序主要实现数据通信、显示及存储。为了保证它们之间传输数据的准确性，还应该设计一个合理的通信协议。

1. 通信协议

在远距离数据传输中，保证传输数据的准确性非常重要。除使用抗干扰能力强的总线外，还要采用较好的通信协议。发送方和接收方都应该按照通信协议的格式发送或接收数据，从而保证传输数据准确。

本实例采用的通信协议：上位机读取数据时，先发送读命令，指定的下位机向上位机返回数据；若在规定的时间内，上位机未收到数据或收到的数据有误，则重发读命令。读命令格式如图 60-17 所示。

起始符	下位机地址	读命令码	校验和	结束符

图 60-17　读命令格式

① 起始符表示读命令的开始，长度为 1 字节，值为 B0H。

② 下位机地址表示要被读取的下位机，长度为 1 字节，值为 00H～09H。

③ 读命令码表示上位机要求下位机完成的操作，长度为 1 字节，值为“R”。

④ 校验和用于对传输的数据进行校验，采用异或方式，长度为 1 字节，值为下位机地址与读命令码的异或值。

⑤ 结束符表示读命令的结束，长度为 1 字节，值为 90H。

上位机接收到的数据包格式如图 60-18 所示。

起始符	下位机地址	读命令码	数据	校验和	结束符

图 60-18　上位机接收到的数据包格式

① 数据为指定下位机采集的水位值，长度为 1 字节。

② 校验和采用异或方式，长度为 1 字节，值为下位机地址、读命令码、数据的异或值。

2．下位机程序设计

下位机主要负责实时检测并显示观测点的水位，上传数据。因此，下位机程序可分为水位采集子程序、数据传输子程序、显示子程序、其他子程序和下位机主程序。

① 水位采集子程序针对下位机子系统的测量电路，将水位转换成数字量。

② 数据传输子程序针对下位机子系统的通信电路，使用 RS-485 总线将数据传给上位机子系统。

③ 显示子程序针对下位机子系统的显示电路，负责显示水位值。

④ 下位机主程序通过调用各个子程序，实现系统功能。

下位机程序设计的难点是数据传输子程序的设计。不同的下位机实现的功能完全一样，程序相同，不同之处是下位机地址，因此在使用时应注意修改下位机地址。

（1）常量、变量说明：为了便于后续程序的设计，首先介绍下位机程序中用到的常量和变量。对于它们的作用，注释中有详细的说明。

```
#include <AT89X51.H>                //包含头文件
#include <intrins.h>                //包含调令头文件
typedef unsigned char   uchar;      //新类型定义
typedef unsigned int   uint;        //新类型定义
sbit SCL=P2^7;                      //定义显示电路时钟引脚
sbit SDA=P2^6;                      //定义显示电路数据引脚
uchar samplecnt;                    //采样次数变量
uchar samplev[6];                   //采样水位值
```

```
    uchar receb[5];                        //接收缓冲区
    uchar sendb[6];                        //发送缓冲区
    uchar receposi;                        //接收位置
    uchar timecnt;                         //定时器 T0 中断次数变量
    #define ENDCHAR 0X90                   //结束符
    #define STARTCHAR 0XB0                 //起始符
    #define SLAVEADD 1                     //下位机地址，不同下位机的地址不同，要注意修改
    #define READCOMM 'R'                   //读命令码
    uchar sendv;                           //传给上位机子系统的水位值
    uchar samplecon;                       //采样水位值的控制位
    uchar code depthv[]={7,5,12,17,10,22,27,15,32,37,20,42,25,30,35,40,45,50};
                                           //水位数组
    uchar code volvalue[]={13,20,25,35,41,46,56,61,66,76,82,87,97,102,123,143,
164,184,};                                 //电压数组
    #define ADCADDPORT P2                  //A/D 数据地址口
    #define ADCDATAPORT P0                 //A/D 数据口
    sbit STARTADC=P2^4;                    //启动转换引脚
    sbit ADCBUSY=P2^3;                     //转换结束引脚
    uchar code SEGCODE[]={0XC0,0XF9,0XA4,0XB0,0X99,0X92,0X82,0XF8,0X80,0X90};
                                           //显示段码
```

（2）水位采集子程序：通过控制 ADC0809 对输入电压进行 A/D 转换，再通过计算得到水位值，包括以下函数。

电压转水位值函数 Cov_Vol_Depth()：对数字量进行计算，从而得到水位值。

启动 A/D 转换函数 Read_Adc0809()：控制 ADC0809 进行 A/D 转换。

水位采集函数 Sample_Depth()：负责采集水位并生成水位值。

数据排序函数 Sort_Data()：对数据进行排序。

水位处理函数 Process_Dept()：对水位值进行处理。

① 电压转水位值函数 Cov_Vol_Depth()：将采样得到的电压值转换为水位值。进行程序设计时，预先根据挡位阻值计算得到 A/D 转换后各挡位对应的数值，并将其存储于数组 volvalue[]中。depthv[]用于存放数组 volvalue[]中元素对应的水位值，两者有着一对一的关系。Cov_Vol_Depth()首先查找 volvalue[]，确定采样电压 vl 的范围。若 volvalue[i]<=vl<=volvalue[i+1]，则判断 vl 与哪个值的差值小，若与 volvalue[i]的差值小，则本次的水位值为 depthv[i]。函数代码如下。

```
/*入口参数：vl 为采样电压
  出口参数：水位值*/
uchar Cov_Vol_Depth(uchar vl)
{
  uchar i,m,n;
   for(i=0;i<19;i++)
   {//确定采样电压范围
      if(vl<volvalue[i])
         break;
   }
   if(i==0)
```

```
        return depthv[i];
    if(i==19)
        return depthv[18];
    m=volvalue[i]-vl;                    //计算采样电压与其所在范围两个端点的差值
    n=vl-volvalue[i];
    if(m>n)
      return depthv[i-1];                //返回差值小的端点对应的水位值
    else
      return depthv[i];
}
```

② 启动 A/D 转换函数 Read_Adc0809()：启动一次 A/D 转换，并返回 A/D 转换结果，代码如下。

```
/*入口参数：无
  出口参数：转换结果*/
uchar Read_Adc0809()
{
    uchar i;
    ADCADDPORT&=0xf8;                    //发送通道地址号
    STARTADC=1;                          //发送通道地址锁存信号及启动转换信号
    STARTADC=0;
    while(ADCBUSY==0);                   //等待 A/D 转换结束
    i=ADCDATAPORT;                       //读取 A/D 转换结果
    return i;
}
```

③ 水位采集函数 Sample_Depth()：调用相关函数采集水位并生成水位值。

该函数先调用 Read_Adc0809()连续进行两次 A/D 转换，再取两次 A/D 转换结果的平均值作为本次采样电压，最后调用 Cov_Vol_Depth()将采样电压转换成水位值。函数代码如下。

```
/*入口参数：无
  出口参数：水位值*/
uchar Sample_Depth()
{
    uchar i,j;
    uint m;
    i=Read_Adc0809();                    //进行第一次 A/D 转换
    j=Read_Adc0809();                    //进行第二次 A/D 转换
    m=i+j;                               //求和
    i=m/2;                               //取平均值
    i=Cov_Vol_Depth(i);                  //转换成水位值
    return i;
}
```

④ 数据排序函数 Sort_Data()：对 samplev[]按从大到小的顺序进行排列，代码如下。

```
void Sort_Data()
{
```

```
    uchar i,j,m;
    for(i=0;i<5;i++)                    //循环 5 次，每次找出一个最大的数
      for(j=i+1;j<6;j++)
      {
        if (samplev[i]<samplev[j]) //若比后面的数小，则交换两数位置
        {
          m=samplev[i];
          samplev[i]=samplev[j];
          samplev[j]=m;
        }
      }
}
```

⑤ 水位处理函数 Process_Depth()：处理水位值。该函数首先每隔 5s 调用 Sample_Depth() 采集一次水位值并显示，30s 共采集 6 次，将采集的水位值存入 samplev[]；然后调用 Sort_Data() 对其进行排序，去掉最大、最小两个值，对其余 4 个值求平均值，作为最终的水位值。函数代码如下。

```
void Process_Depth()
{
    uchar i;
    uint j;
    if(samplecon==1)                                //采样时间到
    {
      samplecon=0;
      samplev[samplecnt]=Sample_Depth();       //采集一次水位值
      i=samplev[samplecnt];
      Disp_All_Led(i);                          //显示水位值
      samplecnt++;
      if(samplecnt==6)
      {//30s 时间到
        samplecnt=0;
        Sort_Data();                            //对数据进行排序
        j=0;                                    //求和，取平均值
        for(i=0;i<4;i++)
          j+=samplev[i];
        sendv=j/4;
      }
    }
}
```

（3）数据传输子程序：接收上位机的读命令，并将采样的水位值上传给上位机子系统。为了保证传输数据的准确性，发送方、接收方使用同一套通信协议。因此，数据传输子程序主要包括检验函数 Check_Data()、数据发送函数 Send_Data()、串口中断函数 Serial()。

① 校验函数 Check_Data()：用于检验接收的命令格式是否正确，正确返回 1，错误返回 0，流程图如图 60-19 所示。

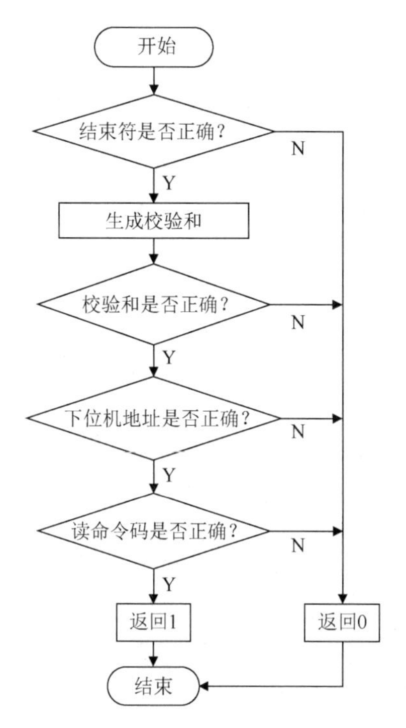

图 60-19　命令格式校验流程图

接收的命令应与读命令的格式一致，校验函数对结束符、校验和、下位机地址及读命令码进行检验。

校验函数 Check_Data()的代码如下。

```
/*入口参数：无
  出口参数：1 或 0*/
uchar Check_Data()
{
   uchar i;
   if(receb[4]!=ENDCHAR)          //检验结束符
     return 0;
   i=receb[1]^receb[2];           //生成校验和
   if(i!=receb[3])                //检验校验和
     return 0;
   if(receb[1]!=SLAVEADD)         //检验下位机地址
     return 0;
   if(receb[2]!=READCOMM)         //检验读命令码
     return 0;
    return 1;
}
```

② 数据发送函数 Send_Data()：用于将采集的水位值上传给上位机子系统。函数按照数据包格式填充发送缓冲区 sendb[]，并以查询方式发送数据，代码如下。

```
void Send_Data()
```

```
{
    uchar i;                             //按照数据包格式填充发送缓冲区
    sendb[0]=STARTCHAR;
    sendb[1]=SLAVEADD;
    sendb[2]=READCOMM;
    sendb[3]=sendv;
    sendb[4]=sendb[1]^sendb[2]^sendb[3];
    sendb[5]=ENDCHAR;
    TI=0;
    ES=0;
    for(i=0;i<6;i++)                     //发送 6 字节数据
    {
        SBUF=sendb[i];                   //发送数据
         while(TI==0);                   //等待串口发送完毕
         TI=0;
    }
    ES=1;
}
```

③ 串口中断函数 Serial()：串口的中断服务程序，主要实现向上位机子系统发送采集的水位值。

串口中断函数的流程图如图 60-20 所示，串口中断函数不断检测起始符，当接收到起始符后，开始接收后续的命令数据。接收完毕，调用校验函数 Check_Data()判断接收到的命令是否正确。若正确，调用数据发送函数 Send_Data()发送采集的数据；否则丢弃数据包。

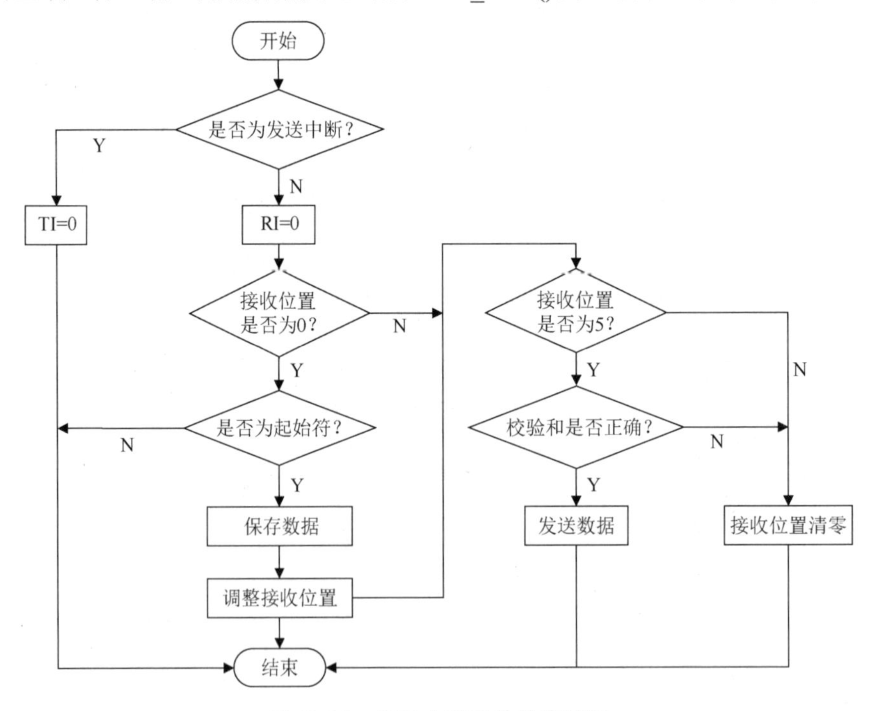

图 60-20　串口中断函数的流程图

串口中断函数 Serial()的代码如下。

```
void Serial() interrupt 4
{
   uchar i;
   if(TI==1)
     TI=0;                       //若是发送中断，清除标志位
   else
   {
     RI=0;
     i=SBUF;                     //读取接收的数据
     if(receposi==0)
     {                           //搜索起始符
        if(i!=STARTCHAR)
           return ;
     }
     receb[receposi]=i;          //保存接收的数据
     receposi++;
     if(receposi>4)
     {                           //接收完毕
        receposi=0;
        i=Check_Data();          //检验数据格式
        if(i==1)
          Send_Data();           //正确发送采集的数据
     }
   }
}
```

（4）显示子程序：在 LED 数码管上显示水位值，包括单字符显示函数 Disp_One_Led()及水位值显示函数 Disp_All_Led()。

① 单字符显示函数 Disp_One_Led()：在某个 LED 数码管上显示字符，实现原理参考前面实例，代码如下。

```
/*入口参数：num 为待显示的字符
  出口参数：无*/
void Disp_One_Led(uchar num)
{
   uchar i;
   SCL=0;                        //控制 SCL 输出低电平
   for(i=0;i<8;i++)              //需要发送 8 位二进制数
   {
      SDA=num&0x80;              //将数据最高位通过 SDA 发出
      SCL=1;                     //控制 SCL 输出高电平
      SCL=0;                     //控制 SCL 输出低电平
      num<<=1;                   //生成下次发送的最高位
   }
}
```

② 水位值显示函数 Disp_All_Led()：通过调用 Disp_One_Led()显示水位值，代码如下。

```
/*入口参数：M 为待显示的水位值
  出口参数：无*/
void Disp_All_Led(uchar m)
{
    uchar i;
     i=m%10;
     Disp_One_Led(SEGCODE[i]);   //显示个位
     i=m/10;
     Disp_One_Led(SEGCODE[i]);   //显示十位
```

（5）其他子程序：初始化下位机子系统和 AT89C51 内部的一些功能模块，包括以下函数。

定时器 T0、T1 初始化函数 Ini_Timer01()：初始化定时器 T0、T1。

定时器 T0 中断函数 Timer0()：定时器 T0 的中断服务程序。

串口初始化函数 Ini_Serial()：初始化串口。

系统初始化函数 Ini_System()：初始化系统。

① 定时器 T0、T1 初始化函数 Ini_Timer01()：初始化定时器 T0 工作于方式 1，定时 50ms；初始化定时器 T1 工作于方式 2，用于产生串行通信的波特率，代码如下。

```
void Ini_Timer01()
{
   TMOD=0X21;                         //设置工作方式
   TH0=(65536-50000)/256;             //给定时器 T0 赋计数初值
   TL0=(65536-50000)%256;
   TR0=1;                             //启动定时器 T0
   ET0=1;                             //允许定时器 T0 中断
   TH1=0xFD;                          //给定时器 T1 赋计数初值
   TL1=0XFD;
   TR1=1;                             //启动定时器 T1
}
```

② 定时器 T0 中断函数 Timer0()：每 50ms 自动执行一次，主要用于产生 5s 的定时时间，代码如下。

```
void Timer0() interrupt 1
{
   TR0=0;
   TH0=(65536-50000)/256;
   TL0=(65536-50000)%256;
   TR0=1;
   timecnt++;
   if(timecnt>=100)
   {
      timecnt=0;
       samplecon=1;
   }
}
```

③ 串口初始化函数 Ini_Serial()：初始化串口工作于方式 1，允许接收数据，代码如下。

```
void Ini_Serial()
{
  SCON=0X50;
  ES=1;
}
```

④ 系统初始化函数 Ini_System()：通过调用相关函数初始化系统，代码如下。

```
void Ini_System()
{

  Ini_Timer01();
  Ini_Serial();
  EA=1;
}
```

（6）下位机主程序：下位机主程序 main()通过调用其他子程序实现系统功能。其调用 Process_Depth()实现水位值的采集、显示功能；通过中断服务程序将水位值传输给上位机子系统，代码如下。

```
void main()
{
  Ini_System();
  while(1)
  {
     Process_Depth();
  }
}
```

3．上位机程序设计

（1）常量、变量说明：为了便于后续程序的设计，首先介绍上位机程序中用到的常量和变量。对于它们的作用，注释中有详细的说明。

```
#include <AT89X51.H>                 //包含头文件
#include <intrins.h>                 //包含调令头文件
typedef unsigned char  uchar;  //新类型定义
typedef unsigned int   uint;   //新类型定义
#define KEYPORT P2                   //定义键盘端口
#define NO_KEY 0                     //定义无按键常量
sbit E2SCL=P2^2;                     //存储器串行时钟引脚
sbit E2SDA=P2^1;                     //存储器串行数据引脚
sbit SCL=P2^4;                       //显示电路串行时钟引脚
sbit SDA=P2^5;                       //显示电路串行数据引脚
uchar disproute;                     //显示某个观测点数据
uchar dispfresh;                     //显示刷新控制位
uchar dispmode;                      //显示模式控制位
uchar samplecon;                     //读取各观测点数据控制位
```

```
uint saveposi;                   //保存数据的位置
uchar depthv[8];                 //某次各观测点数据的存储数组
uchar receb[6];                  //接收缓冲区
uchar sendb[5];                  //发送缓冲区
uchar receposi;                  //接收位置
uchar timecnt;                   //定时器中断次数
uchar samplecnt;                 //读取观测点数据的计时变量
#define ENDCHAR 0X90             //结束符
#define STARTCHAR 0XB0           //起始符
#define READCOMM 'R'             //读命令
uchar code SEGCODE[]={0XC0,0XF9,0XA4,0XB0,0X99,0X92,0X82,0XF8,0X80,0X90};
                                 //显示段码
```

（2）显示子程序：显示各观测点的水位值，可以巡回显示和定点显示，包括以下函数。

函数 Disp_One_Led()：显示 1 位字符。

函数 Disp_All_Led()：显示水位值。

函数 Disp_Depth()：巡回显示或定点显示水位值。

① Disp_One_Led()的代码与下位机程序中的代码一致，此处不再介绍。

② 函数 Disp_All_Led()的代码基本与下位机程序中的相同，不同之处在于显示数据为 3 位，代码如下。

```
/*入口参数：m 为待显示的水位值
  出口参数：无*/
void Disp_All_Led(uchar n,uchar m)
{
    uchar i;
     i=m%10;
     Disp_One_Led(SEGCODE[i]);   //显示个位
     i=m/10;
     Disp_One_Led(SEGCODE[i]);   //显示十位
     Disp_One_Led(SEGCODE[n]);   //显示观测点号
}
```

③ 函数 Disp_Depth：显示水位值，每 2s 被调用一次。其根据变量 dispmode 的值确定显示方式，调用 Disp_All_Led()显示观测点的水位值，代码如下。

```
void Disp_Depth()
{
        if(dispmode==0)
        {//巡回显示
          disproute++;                                  //显示观测点号加 1
           if(disproute>8)
            disproute=0;                                //调整观测点号
        }
        Disp_All_Led(disproute,depthv[disproute]);      //显示某观测点值
}
```

（3）按键子程序 Scan_Key()：扫描键盘，返回按键值，其流程图如图 60-21 所示。

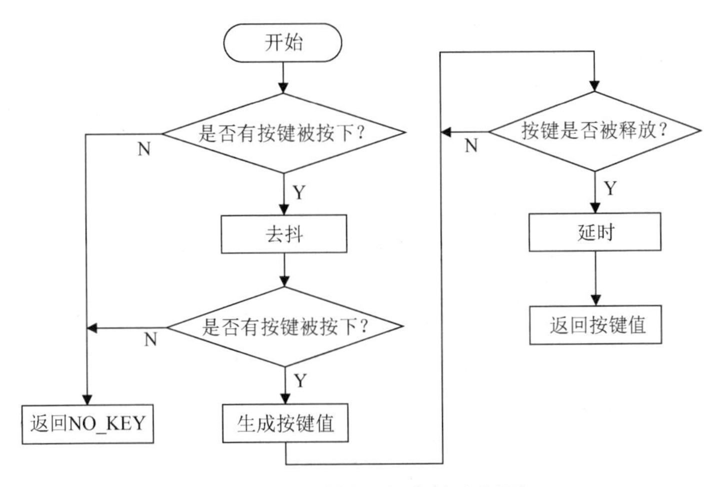

图 60-21　按键子程序的流程图

按键子程序的代码如下。

```
/*入口参数：无
  出口参数：按键值或 NO_KEY*/
uchar Scan_Key()
{
   uchar TempK;
   TempK=KEYPORT&0x01;                //读取按键值
   if(TempK==0x01)                    //判断是否有按键被按下
        return NO_KEY;
   Delay15Ms();                       //延时 15ms
   TempK=KEYPORT&0x01;
   if(TempK==0x01)                    //判断是否有按键被按下
        return NO_KEY;                //返回 NO_KEY
   while((KEYPORT&0X01)!=0x01); //等待按键被释放
   Delay15Ms();                       //延时 15ms
   return Tempk;                      //返回按键值
}
```

（4）存储子程序：将各观测点的水位值写入存储器。由于采用串行 EEPROM，因此存储子程序包括 I²C 总线函数和数据存储函数。

函数 start()：产生 I²C 总线的起始位。

函数 stop()：产生 I²C 总线的停止位。

函数 read_ack()：上位机通过 I²C 总线读取下位机产生的 ACK 信号。

函数 i2c_write_byte()：向下位机发送 1 字节数据并检测下位机发送的 ACK 信号。

函数 save_depth()：将水位值写入存储器。

① 函数 start()的代码如下。

```
void start()
{
   E2SDA=1;        //SDA 输出高电平
   E2SCL=1;        //SCL 输出高电平
```

```
    E2SDA=0;        //SDA 输出低电平
    E2SCL=0;        //SCL 输出低电平
}
```

② 函数 stop()的代码如下。

```
void stop()
{
    E2SDA=0;        //SDA 输出低电平
    E2SCL=1;        //SCL 输出高电平
    E2SDA=1;        //SDA 输出高电
    E2SCL=1;        //SCL 输出低电平

}
```

③ 函数 read_ack()的代码如下。

```
uchar read_ack()
{
  uchar status;
  E2SDA=1;        //SDA 输出高电平
  E2SCL=1;        //SCL 输出高电平
  status=E2SDA; //读取 ACK 信号
  E2SCL=0;        //SCL 输出低电平
  return(status);
}
```

④ 函数 i2c_write_byte()用于实现上位机通过 I²C 总线向下位机发送 1 字节数据，并检测下位机发送的 ACK 信号，代码如下。

```
/*入口参数：v 为写入的数据
  出口参数：0 或 1*/
uchar i2c_write_byte(unsigned char v)
{
  unsigned char i;
  for(i=0;i<8;i++)          //传输 8 位二进制数
  {
   E2SDA=v &0x80;           //SDA 输出位数据
   E2SCL=1;
    E2SCL=0;                //SCL 输出正脉冲
   v=v<<1;                  //移位，为传送下一位准备
  };
  return(read_ack());       //返回 ACK 信号
}
```

⑤ 函数 save_depth()用于将水位值写入存储器。其调用 start()启动 I²C 总线，调用 i2c_write_byte()写入芯片地址及字节地址，通过循环将 depthv[]中的 8 个水位值写入存储器，代码如下。

```
/*入口参数：无
```

```
  出口参数：0 或 1*/
uchar save_depth()
{
   uchar word_address1,word_address0;
   saveposi<<=3;
   word_address1=saveposi/256;                          //生成字节地址高字节
   word_address0=saveposi%256;                          //生成字节地址低字节
   start();                                             //产生 I2C 总线的起始位
   if(i2c_write_byte(0xA0))return(1);                   //写入芯片地址
   if(i2c_write_byte(word_address1))return(1);          //写入字节地址高字节
   if(i2c_write_byte(word_address0))return(1);          //写入字节地址低字节
   for(word_address0=0;word_address0<8;word_address0++)
     if(i2c_write_byte(depthv[word_address0]))return(1);  //写入一块数据
   stop();                                              //产生 I2C 总线的停止位
   return(0);
}
```

（5）数据传输子程序：向下位机子系统发送读命令并接收下位机子系统上传的水位值，主要包括以下函数。

函数 Send_Comm()：向指定下位机子系统发送读命令。

函数 Rece_Data()：判断接收数据是否正确。

函数 Read_All_Route()：读取 8 个下位机子系统上传的水位值。

函数 Serial()：串口中断服务程序，用于接收数据。

① 函数 Send_Comm()先按照通信协议中规定的命令格式填充发送缓冲区，然后采用查询方式发送读命令，代码如下。

```
/*入口参数：m 为下位机子系统编号
  出口参数：无*/
void Send_Comm(uchar m)
{
  uchar i;                          //按照规定的命令格式填充发送缓冲区
  sendb[0]=STARTCHAR;
  sendb[1]=m;
  sendb[2]=READCOMM;
  sendb[3]=sendb[1]^sendb[2];
  sendb[4]=ENDCHAR;
  TI=0;
  ES=0;
  for(i=0;i<5;i++)
  {
    SBUF=sendb[i];                  //发送读命令
     while(TI==0);                  //等待发送完毕
     TI=0;
  }
  ES=1;
}
```

② 函数 Rece_Data()按规定格式对接收的数据进行校验，判断其是否正确，若正确，则返回 1，否则返回 0，代码如下。

```
/*入口参数：m 为下位机子系统编号
  出口参数：1 或 0*/
uchar Rece_Data(uchar m)
{
   uchar i;
   receposi=0;
   Delay100Ms();                          //延时，等待接收完毕
   if(receb[5]!=ENDCHAR)                  //检验结束符
     return 0;
   i=receb[1]^receb[2]^receb[3];          //生成校验和
   if(i!=receb[4])                        //检验检验和
     return 0;
   if(receb[1]!=m)                        //检验下位机地址
     return 0;
   if(receb[2]!=READCOMM)                 //检验读命令
     return 0;
    return 1;
}
```

③ 函数 Read_All_Route()读取 8 个下位机子系统上传的水位值。

当采样时间到时，该函数调用 Send_Comm()向某个下位机子系统发送读命令，由串口中断服务程序接收数据，然后调用 Rece_Data()检测接收数据是否正确并存入数组。该过程循环 8 次，这样采集 8 路水位值。若在指定时间内未收到下位机子系统上传的数据或接收的数据有误，则重发读命令，最多发 3 次。其代码如下。

```
void Read_All_Route()
{
  uchar i,m,n;
  if(samplecon==1)
  {//采样时间到
    samplecon=0;
     for(m=0;m<8;m++)                     //循环 8 次
     {
        for(i=0;i<3;i++)                  //每个观测点最多重发 3 次
        {
           Send_Comm(m);                  //发送读命令
           n=Rece_Data(m);                //接收数据
           if(n==1)
           {
              depthv[m]=n;                //存储数据
               break;
           }
        }
     }
```

```
    save_depth();                           //将数据写入存储器
  }
}
```

④ 函数 Serial()的代码如下。

```
void Serial() interrupt 4
{
  if(TI==1)
    TI=0;
  else
  {
    RI=0;
    receb[receposi]=SBUF;
    receposi++;
    receposi%=4;
  }
}
```

（6）系统其他子程序：初始化系统和单片机内部的一些功能模块，包括以下函数。

函数 Ini_Timer01()：初始化定时器 T0、T1。

函数 Timer0()：定时器 T0 的中断服务程序。

函数 Ini_Serial()：初始化串口。

函数 Ini_System()：初始化系统。

① 函数 Ini_Timer01()用于初始化定时器 T0 工作于方式 1，定时 50ms；初始化定时器 T1 工作于方式 2，用于产生串行通信的波特率，代码如下。

```
void Ini_Timer01()
{
  TMOD=0X21;                               //设置工作方式
  TH0=(65536-50000)/256;                   //给定时器 T0 赋计数初值
  TL0=(65536-50000)%256;
  TR0=1;                                   //启动定时器 T0
  ET0=1;                                   //允许定时器 T0 中断
  TH1=0xFD;                                //给定时器 T1 赋计数初值
  TL1=0XFD;
  TR1=1;                                   //启动定时器 T1
}
```

② 函数 Timer0()每 50ms 自动执行 1 次，主要用于产生 2s 和 30s 的定时时间，代码如下。

```
void Timer0() interrupt 1
{
  TR0=0;
  TH0=(65536-50000)/256;                   //给定时器 T0 赋计数初值
  TL0=(65536-50000)%256;
  TR0=1;
```

```
    timecnt++;                              //定时 2s，定时器中断次数加 1
    if(timecnt>39)
    {
        timecnt=0;
        samplecnt++;                        //读取观测点数据的计时变量加 1
        dispfresh=1;                        //2s 到，将显示刷新控制位置 1
        if(samplecnt>14)
        {
            samplecnt=0;
            samplecon=1;                    //将读取各观测点数据控制位置 1
        }
    }
}
```

③ 函数 Ini_Serial()用于初始化串口工作于方式 1，允许接收数据，代码如下。

```
void Ini_Serial()
{
    SCON=0X50;
    ES=1;
}
```

④ 函数 Ini_System()通过调用 Ini_Timer01()和 Ini_Serial()初始化系统，代码如下。

```
void Ini_System()
{
    Ini_Timer01();
    Ini_Serial();
    EA=1;
}
```

（7）上位机主程序：上位机主程序 main()调用其他子程序实现系统功能。

上位机主程序的流程图如图 60-22 所示，main()调用 Ini_System()初始化系统，每 2s 调用 Disp_Depth()刷新显示 1 次，每 30s 调用 Read_All_Route()读取各个观测点的水位值并存储，通过调用 Scan_Key()扫描键盘，并根据按键值决定显示方式，其代码如下。

```
void main()
{
    Ini_System();
    while(1)
    {
        if(dispfresh==1)
        {
            dispfresh=0;
            Disp_Depth();
            Read_All_Route();
        }
        if (Scan_Key()!=NO_KEY)
            dispmode=!dispmode;
```

```
    }
}
```

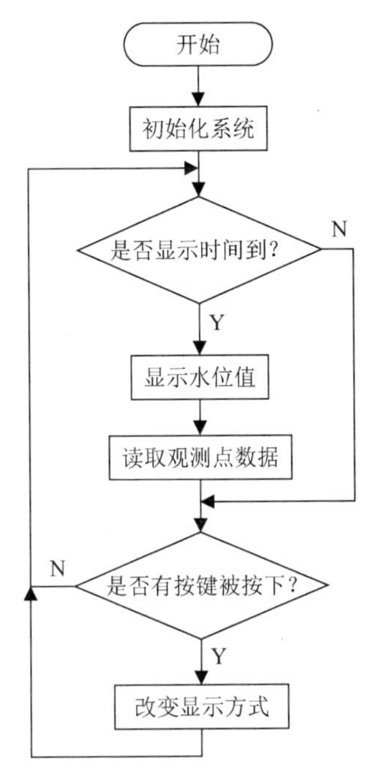

图 60-22　上位机主程序的流程图

经验总结

本实例详细介绍了一款使用 AT89C51、CAT24WC256 和 ADC0809 设计的对水渠水位进行远程监控的系统。根据远程监控系统功能，将远程监控系统分为两个子系统，给出了各子系统的硬件电路及相关的子程序和主程序。

硬件设计的关键是简单有效地测量水位，远程监控系统采用了干簧管阵列及 A/D 转换器；程序设计的难点是通信协议的制定及程序实现，这是整个远程监控系统的关键点。

本实例只是一个简单的远程监控系统，功能还有待完善。在此基础上，可以改用其他存储器芯片，以增大存储容量；上位机子系统可以增加数据上传功能，将数据上传给计算机进行其他处理。

知识加油站

每个干簧管的 1 端接在一起，通过硬导线 A 引出；2 端接电阻，电阻另一端也接在一起，通过硬导线 B 引出。两个干簧管的中心距离为 5cm，电阻 R1～R10 的阻值为 100Ω、200Ω、…、1kΩ。

实例 61　温度巡回检测系统

设计思路

本实例设计的温度巡回检测系统使用 AT89C51、数字式温度传感器 DS18B20 等芯片，对人们日常生活环境的温度进行实时检测，通过液晶显示器 LCD 显示当前温度及温度曲线，并能存储温度。其具体功能如下。

① 温度检测：系统使用数字式温度传感器 DS18B20 对 4 个监测点进行温度检测。监测点的温度范围为-10～+50℃，检测精度为 1℃。

② 温度显示：系统可以采用数字方式或图像方式显示监测点的温度，利用按键在两种方式间切换。在数字方式下，系统能够同时显示 4 个监测点的当前温度。在图像方式下，系统根据存储的温度数据显示单个监测点的温度曲线，通过按键操作可以显示下一个监测点的温度曲线。

③ 温度存储：系统能够存储 4 个监测点的温度，每分钟存储 1 次，能够存储 4 个监测点 45 天的数据量。

器件介绍

JHD12864 是一种图形点阵 LCD，它主要由行驱动器、列驱动器及 128×64 图形点阵组成，不仅可以显示字符、数字、图形、曲线及汉字，还可以实现屏幕上下/左右滚动、动画等复杂的功能。

（1）JHD12864 的特点。

① 电源：+2.7～+5V。模块内自带-10V 电源作为 LCD 驱动电压。

② 显示范围：128（列）×64（行）点阵。

③ 与 CPU 连接采用并口方式，有 8 根数据线和 8 根控制线。

④ 占空比为 1/64。

⑤ 工作温度：-10～+60℃，储存温度：-20～+70℃。

JHD12864 的典型供电电压为 5V，工作电流为 7mA，自带 LCD 驱动负电源输出。其可显示范围为 128×64 点阵，分为左、右两个半屏，每个半屏分为 8 页，每页有 64 列，每列有 8 个显示点。每列的 8 个显示点对应着显示区 RAM 中的 1 字节内容，若要显示该点，只要将它的映射字节相应位置 1 即可。

（2）JHD12864 的引脚及其功能。

JHD12864 共有 20 只引脚，其功能如表 61-1 所示。

表 61-1　JHD12864 的引脚功能

引　脚　号	引 脚 名 称	引 脚 功 能
1	VSS	电源地
2	VDD	电源：+5V
3	V0	LCD 驱动电压
4	RS	高电平：DB7～DB0 为数据；低电平：DB7～DB0 为指令
5	R/W	高电平：读数据；低电平：写命令或数据
6	E	芯片使能信号，高电平有效
7～14	DB0～DB7	数据位 0～7
15	CS1	左半屏选择信号，高电平有效
16	CS2	右半屏选择信号，高电平有效
17	RET	复位信号，低电平复位
18	VEE	LCD 驱动负电源输出
19	EL+	背光电源正极
20	EL-	背光电源负极

（3）读/写时序。

对 JHD12864 的读/写操作必须满足其读/写时序，读时序如图 61-1 所示。

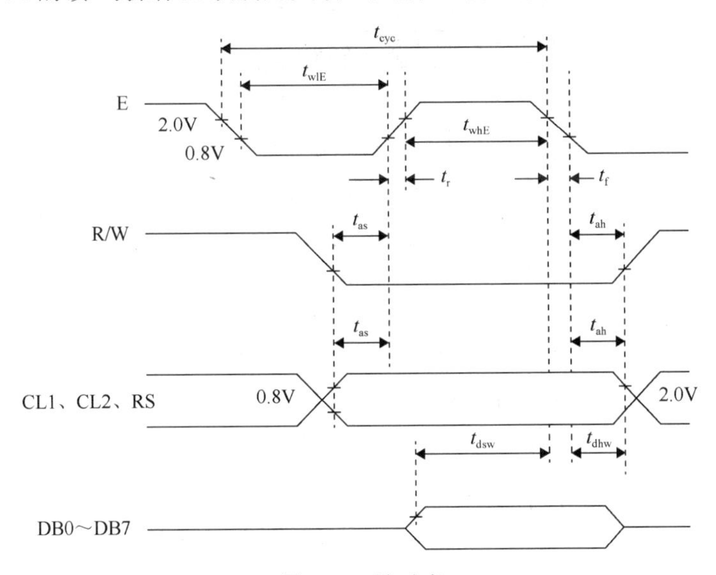

图 61-1　读时序

从读时序中可得出，当左、右半屏选择信号 CS1、CS2 及 RS 信号有效后，R/W 信号需是低电平，当芯片使能信号 E 为高电平时，LCD 中的数据从 DB0～DB7 输出。

写时序如图 61-2 所示。

从写时序中可得出，当左、右半屏选择信号 CS1、CS2 及 RS 信号有效后，R/W 信号需是高电平，当芯片使能信号 E 为高电平时，DB0～DB7 上的数据被写入 LCD。

（4）命令。

通过命令可以控制 JHD12864 在指定位置上显示数据或图像，JHD12864 命令如表 61-2 所示。

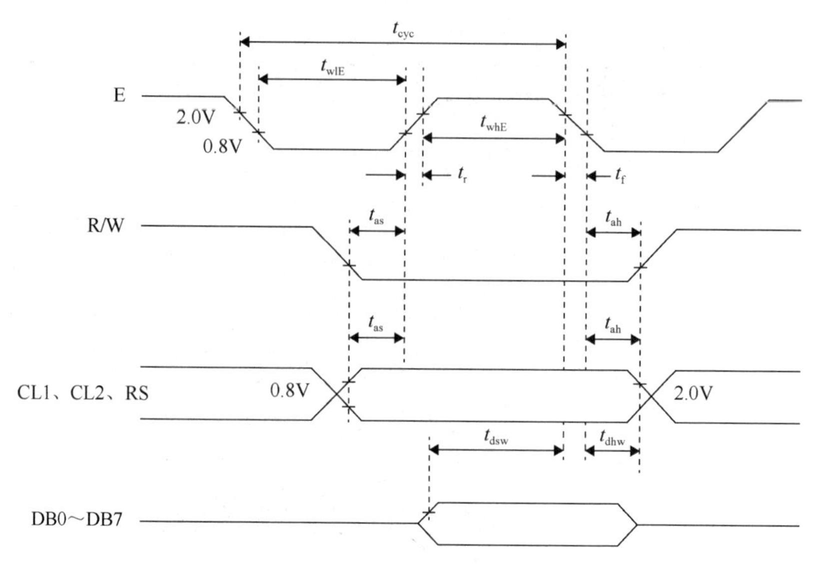

图 61-2　写时序

表 61-2　JHD12864 命令

命令名称	控制信号		控制代码								备　注
	RS	R/W	DB7	DB6	DB5	DB4	DB3	DB2	DB1	DB0	
设置显示开/关	0	0	0	0	1	1	1	1	1	D	D = 1：显示；D = 0：不显示
设置显示起始行	0	0	1	1	L5	L4	L3	L2	L1	L0	起始行范围是 0～63
设置页地址	0	0	1	0	1	1	1	P2	P1	P0	页号为 0～7
设置列地址	0	0	0	1	C5	C4	C3	C2	C1	C0	列号为 0～63
写显示数据	1	0	数据								数据长度为 8 位

硬件设计

温度巡回检测系统可分为按键电路、显示电路、温度采集电路、存储电路、复位电路及单片机电路。

单片机电路是温度巡回检测系统的主控电路，控制温度采集电路对温度进行测量，并将测量值送至显示电路进行显示，送至存储电路进行存储。通过按键电路的按键操作，可以实现显示方式的切换。下面分析各电路的设计原理。

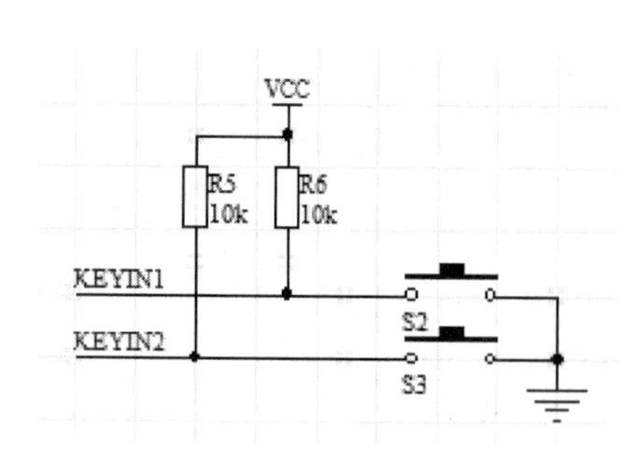

图 61-3　按键电路

1．按键电路

按键电路由 2 个按键组成，采用单线单键结构，如图 61-3 所示。

2．显示电路

显示电路由 JHD12864 构成，如图 61-4 所示。

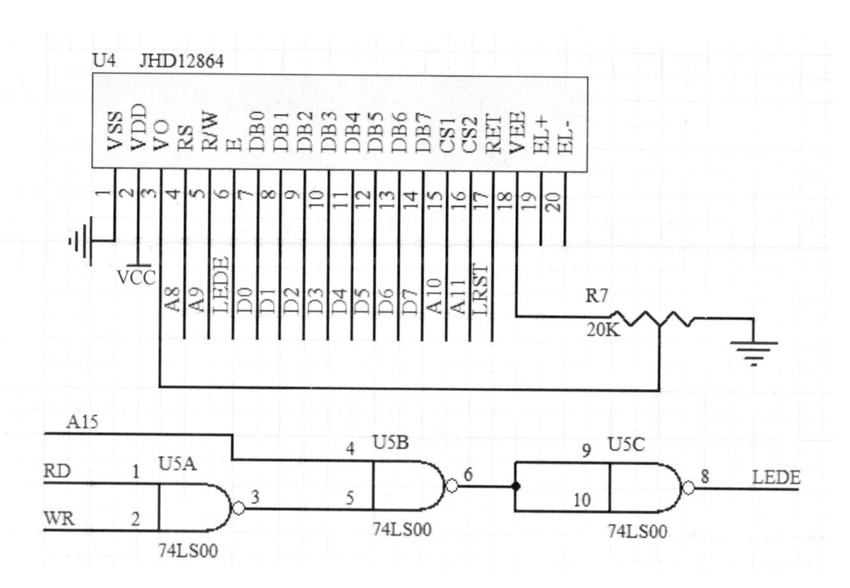

图 61-4　显示电路

从图 61-4 中可以看出，RD、WR 信号经与非门 U5A 后，与 A15 信号再经与非门 U5B、U5C 输出至 JHD12864 的 E 引脚。与非门 U5B、U5C 的作用相当于一个与门，因为一片 74LS00 有 4 个与非门，不用增加与门即可实现与门功能，减少了门电路的类型。

当单片机访问外部端口时，由 P2 口、P0 口输出端口地址，由 RD 引脚、WR 引脚输出读/写控制信号。RD 引脚和 WR 引脚中只要有一只引脚输出低电平，经与非门 U5A 后就输出高电平，此时若 P27 引脚输出高电平，则经与非门 U5B、U5C 后输出高电平，即 E 引脚输入有效电平，因此端口地址的最高位为 1。CS2 信号、CS1 信号、R/W 信号、RS 信号分别由单片机的 A11 引脚、A10 引脚、A9 引脚、A8 引脚直接给出，最终可以得出系统为 JHD12864 分配的 4 个端口地址：左半屏写数据端口地址为 F500H，左半屏写命令端口地址为 F400H，右半屏写数据端口地址为 F900H、右半屏写命令端口地址为 F800H。本实例只使用了地址信息的高 8 位，低 8 位不用考虑，因此系统并未使用地址锁存器。

3. 温度采集电路

温度采集电路主要由 4 个 DS18B20 构成，如图 61-5 所示。

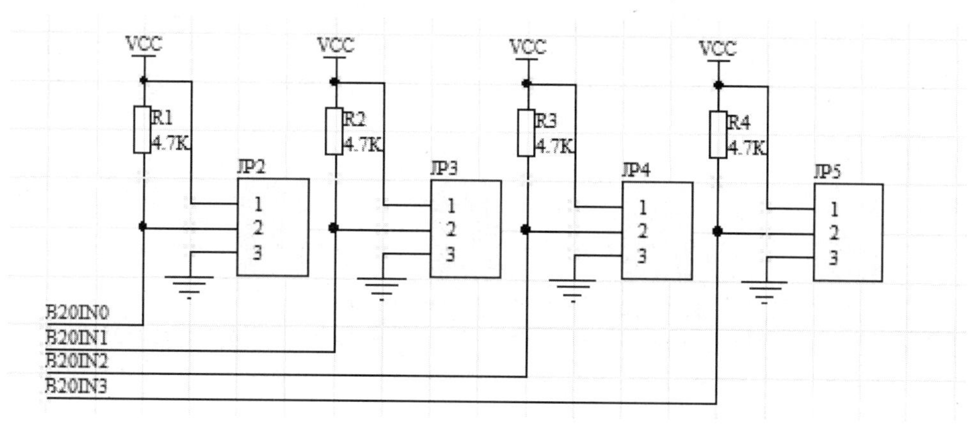

图 61-5　温度采集电路

4．存储电路

存储电路存储温度数据，主要由 AT24C512 组成，如图 61-6 所示。

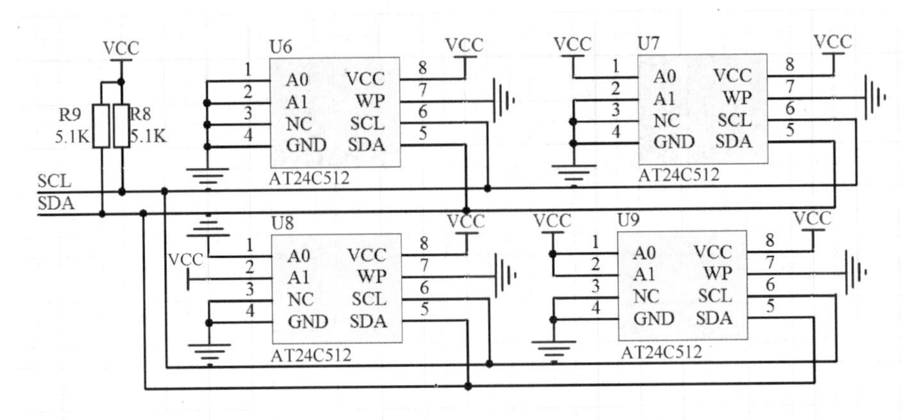

图 61-6　存储电路

AT24C512 采用 I^2C 接口，使用 SCL 引脚、SDA 引脚与系统相接。一组 I^2C 总线最多可连接 4 片 AT24C512，由芯片地址引脚 A1、A0 区分。SCL、SDA 信号线需要外接上拉电阻 R9、R8，阻值为 5.1kΩ。U6 的 A1、A0 引脚接地，故芯片地址为 00，同理，U7 的芯片地址为 01，U8 的芯片地址为 02，U9 的芯片地址为 03。

5．复位电路

复位电路由 MAX708 构成，可以实现上电复位和手动复位，如图 61-7 所示。

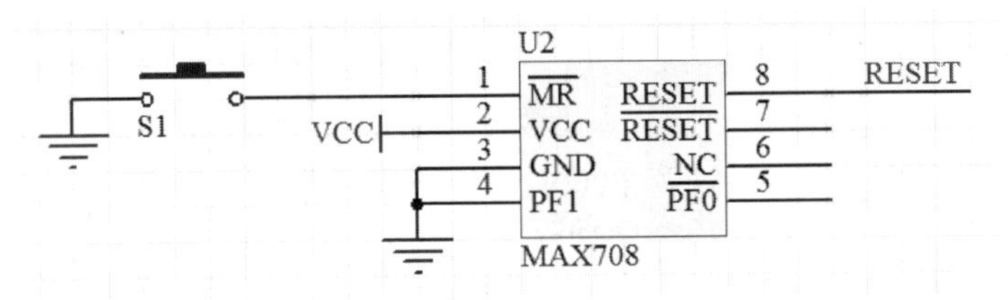

图 61-7　复位电路

MAX708 的 RESET 引脚接至 AT89C51 的 RESET 引脚。当系统接通电源或者按下 S1 时，RESET 引脚输出 200ms 的高电平信号，用作单片机的复位信号。

6．单片机电路

单片机使用 AT89C51，单片机电路如图 61-8 所示。

AT89C51 的 P0 口与 JHD12864 的数据口相接。P2 口用于提供 JHD12864 的端口地址，其中，P20～P23 引脚分别与 JHD12864 的 RS 引脚、R/W 引脚、CS1 引脚、CS2 引脚相接，P27 引脚、$\overline{WR}$ 引脚、$\overline{RD}$ 引脚用于生成 JHD12864 的 E 信号，P1 口的 P10～P13 引脚分别接 DS18B20 的数据线，P14 引脚、P15 引脚用于连接按键，INT0 引脚、INT1 引脚用于连接存储器的 SDA、SCL 引脚，$\overline{EA}$ /VP 引脚接 VCC，使得 AT89C51 执行片内程序。

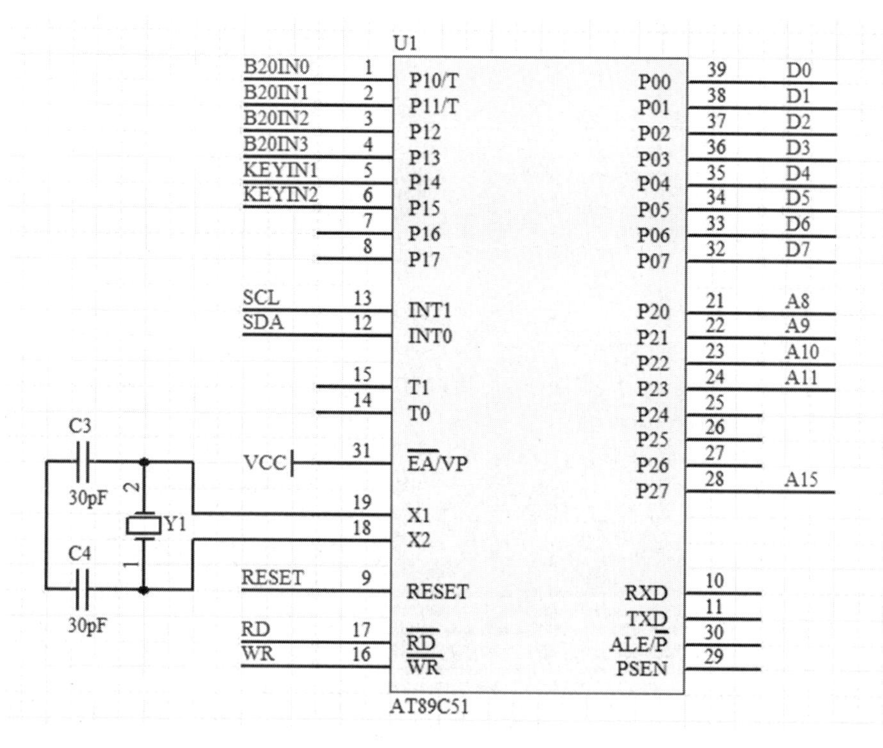

图 61-8　单片机电路

程序设计

程序设计包括读取环境温度，显示并存储温度；通过按键可以显示一段时间内的温度曲线。因此，整个程序分为温度采集子程序、显示子程序、按键子程序、存储子程序及主程序等。

温度采集子程序针对温度采集电路，转换并读取温度。

显示子程序针对显示电路，显示温度或温度曲线。

按键子程序针对按键电路，实现显示功能的切换。

存储子程序针对存储电路，存储温度。

主程序通过调用各个子程序，实现系统功能。

其中，程序设计的难点是温度采集子程序及显示子程序的设计。

1．常量、变量说明

为了便于后续程序的设计，首先介绍程序中用到的常量和变量。对于它们的作用，注释中有详细的说明。

```
#include <AT89X51.H>                  //AT89C51 头文件
#include <intrins.h>                  //调令头文件
#include <absacc.h>                   //XBYTE 宏定义
typedef unsigned char  uchar;         //类型定义
typedef unsigned int   uint;          //类型定义
#define DISPON 0x3f                   //显示开命令
```

```
#define DISPOFF 0x3e                     //显示关命令
#define FIRSTROW 0xc0                    //设置显示起始行命令
#define SETR 0xb8                        //定义页命令
#define SETL 0x40                        //定义列命令
#define LLCD_WR_CMD XBYTE[0xF400]        //左半屏写命令端口地址
#define LLCD_WR_DAT XBYTE[0xF500]        //左半屏写数据端口地址
#define RLCD_WR_CMD XBYTE[0xF800]        //右半屏写命令端口地址
#define RLCD_WR_DAT XBYTE[0xF900]        //右半屏写数据端口地址
#define CHARLINE  0X0A                   //定义“—”字符常量
#define CHARBLANK 0X0B                   //定义空白字符常量
//定义字符的 8*16 点阵字模码，字符依次是 0、1、2、3、4、5、6、7、8、9、—、空白字符
uchar code DOTLAT[12][16]=
{
  {0x00,0x07,0x08,0x10,0x10,0x08,0x07,0x00,0x00,0xF0,0x08,0x04,0x04,0x08,0xF0,0x00},
  {0x00,0x08,0x08,0x1F,0x00,0x00,0x00,0x00,0x00,0x04,0x04,0xFC,0x04,0x04,0x00,0x00},
  {0x00,0x0E,0x10,0x10,0x10,0x11,0x0E,0x00,0x00,0x0C,0x14,0x24,0x44,0x84,0x0C,0x00},
  {0x00,0x0C,0x10,0x11,0x11,0x12,0x0C,0x00,0x00,0x18,0x04,0x04,0x04,0x88,0x70,0x00},
  {0x00,0x00,0x03,0x04,0x08,0x1F,0x00,0x00,0x00,0xE0,0x20,0x24,0x24,0xFC,0x24,0x00},
  {0x00,0x1F,0x10,0x11,0x11,0x10,0x10,0x00,0x00,0x98,0x84,0x04,0x04,0x88,0x70,0x00},
  {0x00,0x07,0x08,0x11,0x11,0x18,0x00,0x00,0x00,0xF0,0x88,0x04,0x04,0x88,0x70,0x00},
  {0x00,0x1C,0x10,0x10,0x13,0x1C,0x10,0x00,0x00,0x00,0x00,0xFC,0x00,0x00,0x00,0x00},
  {0x00,0x0E,0x11,0x10,0x10,0x11,0x0E,0x00,0x00,0x38,0x44,0x84,0x84,0x44,0x38,0x00},
  {0x00,0x07,0x08,0x10,0x10,0x08,0x07,0x00,0x00,0x00,0x8C,0x44,0x44,0x88,0xF0,0x00},
  {0x00,0x00,0x00,0x00,0x00,0x00,0x00,0x00,0x80,0x80,0x80,0x80,0x80,0x80,0x80,0x80},
  {0x00,0x00,0x00,0x00,0x00,0x00,0x00,0x00,0x00,0x00,0x00,0x00,0x00,0x00,0x00,0x00}
} ;
uchar DOTCODE[]={0X01,0X02,0X04,0X08,0X10,0X20,0X40,0X80};
//定义“.”的图像显示码
sbit  E2SDA=P3^2;                        //定义 I2C 总线的 SDA 信号
sbit  E2SCL=P3^3;                        //定义 I2C 总线的 SCL 信号
uchar B20Temp[4][3];                     //定义温度变量，4 路，每路 3 次
uchar B20AddTemp[4];                     //定义温度累积变量
//系统每 5s 采集一次 4 路温度，存放于 B20Temp[0][i]～B20Temp[3][i]中。每 15s 取 3 次
采集温度 B20Temp[i][0]～B20Temp[i][2]的中间值，并将其累加至温度累积变量 B20AddTemp[i]
中。每 1min 对 4 路温度累积变量 B20AddTemp[i]求平均值一次，将结果作为温度
uchar SampleCnt,SampleAddCnt;            //定义采集次数、累积采集次数变量
uint saveposi;                           //定义存储器存储位置变量，每次存储 4 字节
uchar pictureposi;                       //定义显示温度曲线的 DS18B20 号
uchar DispTemp[4];                       //定义显示缓冲区
uchar SysMode;                           //定义系统模式变量
uchar TimeCnt;                           //定义定时变量
uchar SampleCon,DispNextPic;             //定义温度采集控制位、显示温度曲线控制位
#define KEYPORT P1                       //定义键盘接口
#define NO_KEY 3                         //定义无按键常量
#define KEY1   1                         //定义数字显示与图像显示的切换键
#define KEY2   2                         //定义显示下一路温度曲线的切换键
#define B20PORT  P1                      //定义 DS18B20 端口
```

```
#define SKIP_ROM 0XCC                    //定义跳过 ROM 命令
#define CONVERT_T 0X44                   //定义温度转换命令
#define READ_SCRATCHPAD 0XBE             //定义读取温度命令
uchar code MASKCODE[]={0X01,0X02,0X04,0X08};            //定义屏蔽码
#define Delay5us _nop_();_nop_();_nop_();_nop_();_nop_ //延时 5μs
```

2. 温度采集子程序

① 函数 Pre_Convert()用于向指定的 DS18B20 发送温度转换命令。温度转换命令属于存储器操作命令，因此函数先发送复位时序，再发送跳过 ROM 命令，最后发送温度转换命令，代码如下。

```
/*入口参数：tnum 为 DS18B20 号
  出口参数：1 或 0*/
uchar Pre_Convert(uchar tnum)
{
    uchar vl;
   if(Reset_B20(tnum)!=0)                //发送复位时序
     {
       vl=SKIP_ROM;
       Write_Byte(vl,tnum);              //发送跳过 ROM 命令
      vl=CONVERT_T;
       Write_Byte(vl,tnum);              //发送温度转换命令
       return 1;
     }
     else
      return 0;
}
```

② 函数 Cal_Temp()用于计算读取的温度。从 DS18B20 中读取的温度采用 16 位补码表示，范围是-55～+125℃，Cal_Temp()将其转换成 8 位补码表示，范围是-10～+50℃。若实际温度低于-10℃，则其被当作-10℃处理；若实际温度高于 50℃，则其被当作 50℃处理。转换后的温度再进行加 10 处理，目的是使温度中不出现负数，便于后续的计算，代码如下。

```
/*入口参数：ls 为 DS18B20 生成的数字量
  出口参数：实际温度*/
uchar Cal_Temp(uint ls)
{
      uchar j;
      ls>>=4;                           //右移 4 位，去掉小数部分
      j=ls%256;                         //取整数部分
      j+=10;                            //加 10 处理
      if(j>137)
        j=0;                            //实际温度低于-10°C，被当作-10°C
      else if(j>60)
         j=60;                          //实际温度高于 50°C，被当作 50°C
      return j;
}
```

③ 函数 Read_Temp()从指定的 DS18B20 中读取温度，并进行温度计算。

由于读取温度命令属于存储器操作命令，因此函数先发送复位时序，再发送跳过 ROM 命令，最后发送读取温度命令，调用 Cal_Temp()将读取的温度转换成实际温度，代码如下。

```
/*入口参数：b20num 为 DS18B20 号
  出口参数：实际温度*/
uchar Read_Temp(uchar b20num)
{
   uchar vh,vl;
   uint i;
   if(Reset_B20(b20num)!=0)        //发送复位时序
   {
         vl=SKIP_ROM;
         Write_Byte(vl,b20num); //发送跳过 ROM 命令
          vl=READ_SCRATCHPAD;
          Write_Byte(vl,b20num); //发送读取温度命令
          vl=Read_Byte(b20num);  //读取温度低字节
        vh=Read_Byte(b20num);    //读取温度高字节
        i=vh*256+vl;
          vl=Cal_Temp(i);        //计算读取的温度
     }
     else
         vl=60;
    return vl;                   //返回实际温度
}
```

④ 函数 Middle_Tem()返回 3 个温度的中间值，方法是先对 3 个温度进行排序，再取中间一个值，代码如下。

```
/*入口参数：*p：温度首地址
  出口参数：3 个温度的中间值*/
uchar Middle_Temp(uchar *p)
 {
    uchar i,j,m;
//采用冒泡法进行排序
     for(i=0;i<2;i++)
       for(j=i+1;j<3;j++)
       {
          if (p[i]<p[j])
           {                     //如果前一个数比后一个数小，那么交换两者位置
               m=p[i];
               p[i]=p[j];
               p[j]=m;
           }
       }
     return p[1];                //返回中间值
}
```

⑤ 函数 Process_Temp()对采集的温度进行处理。

系统每 5s 对 4 路温度采集一次，并存放于数组 B20Temp[0][i]～B20Temp[3][i]中，经过 15s，每路温度都采集了 3 次。随后调用 Middle_Temp()对每路温度取中间值，即取 B20Temp[i][0]～B20Temp[i][2]的中间值，并将其累加至温度累积变量 B20AddTemp[i]中。经过 1min，变量 B20AddTemp[i]累加了 4 次温度，最后对温度累积变量 B20AddTemp[]除 4 求平均值，将结果作为温度。其代码如下。

```
void Process_Temp()
{
  uchar i,j;
   for(i=0;i<4;i++)
   {
      j=Middle_Temp(B20Temp[i]);     //取 3 次温度的中间值
      B20AddTemp[i]+=j;              //累加温度
   }
   SampleAddCnt++;                   //累积采集次数变量加 1
   if(SampleAddCnt>3)
   {                                 //每经过 1min，累加 4 次
      SampleAddCnt=0;
      for(i=0;i<4;i++)
         B20AddTemp[i]/=4;           //对累加的温度取平均值
      save_temp();                   //保存温度
      saveposi++;                    //存储器存储位置变量加 1
      for(i=0;i<4;i++)
      {
         B20AddTemp[i]=0;            //将温度累积变量清零
      }
    }
}
```

⑥ 函数 Sample_Temp()用于定期采集温度。该函数每 5s 调用 Read_Temp()对 4 路温度采集一次，并将采集结果存入 B20Temp[0][SampleCnt]～B20Temp[3][SampleCnt]；每 15s 调用 Process_Temp()对采集的温度进行处理，代码如下。

```
void Sample_Temp()
{
  uchar i,j;
   for(i=0;i<4;i++)
   {
      j=Read_Temp(i);                //采集某路温度
      B20Temp[i][SampleCnt]=j;       //保存温度
      DispTemp[i]=j;                 //存入显示缓冲区
   }
   SampleCnt++;                      //采集次数加 1
   if(SampleCnt>2)
   {                                 //采集 3 次
      SampleCnt=0;
```

```
        Process_Temp();                //对采集的温度进行处理
    }
}
```

3. 显示子程序

① 函数 Lcd_Wr_Cmd()用于向 LCD 左半屏或右半屏写入命令，包括设置起始行、设置页地址、设置列地址、显示开、显示关等命令，代码如下。

```
/*入口参数：cmdcode 为显示命令；right 为左半屏或右半屏
  出口参数：无*/
void Lcd_Wr_Cmd(uchar cmdcode, uchar right)
{
  if(right)
     RLCD_WR_CMD = cmdcode;          //右半屏写命令
  else
     LLCD_WR_CMD = cmdcode;          //左半屏写命令
}
```

② 函数 Lcd_Wr_Data()用于向左半屏或右半屏写入数据，数据包括显示字符的字模码或图像的点阵码，代码如下。

```
/*入口参数：dispdata 为显示数据；right 为左半屏或右半屏
  出口参数：无*/
void Lcd_Wr_Data(uchar dispdata, uchar right)
{
  if(right)
    RLCD_WR_DAT = dispdata;          //向右半屏写入数据
  else
    LLCD_WR_DAT = dispdata;          //向左半屏写入数据
}
```

③ 函数 Lcd_Wr_Char()用于在 LCD 指定位置上显示一个字符。

该函数首先发送命令，设置 LCD 的页地址和列地址；然后发送字符的 8×16 字模码，代码如下。

```
/*入口参数：page 为显示字符的页号；column 为显示字符的列号；*po：字符字模码的首地址
  出口参数：无*/
void Lcd_Wr_Char(uchar page,uchar column,uchar  *po)
{
    unsigned char i,j;
    page+=0xb8;                      //生成页命令
     if(column<8)
     {
       j=0;                          //字符位于左半屏
     }
     else
     {
       column-=8;
       j=1;                          //字符位于右半屏
```

```
    }
    column = column*8+0x40;            //生成列号
    Lcd_Wr_Cmd(page,j);                //写入页地址
    Lcd_Wr_Cmd(column,j);              //写入列地址
   for (i = 0; i < 16;i++)             //16 字节的字模码
   {
       if(i==8)
       {                               //写入 8 个字模码
         Lcd_Wr_Cmd(page+1,j);         //重新设置页地址
         Lcd_Wr_Cmd(column,j);         //重新设置列地址
       }
       Lcd_Wr_Data(*po++,j);           //写入 1 字节字模码
    }
}
```

④ 函数 Lcd_Wr_Dot()用于在指定行、列的位置上显示一个像素点。该函数根据像素点的行号 row 得出页号及在该页的偏移行号，然后设置 LCD 的显示页号、列号，写入像素点的字模码，代码如下。

```
/*入口参数：row：像素点的行号；column：像素点的列号
  出口参数：无*/
void Lcd_Wr_Dot(uchar row,uchar column)
{
    unsigned char i,j;
     i=row/8;                           //页号
     row=row%8;                         //页内偏移行号
    i+=0xb8;                            //页地址
     if(column<64)
     {
       j=0;                             //左半屏
     }
     else
     {
       column-=64;
       j=1;                             //右半屏
     }
     column += 0x40;                    //列地址
     Lcd_Wr_Cmd(i,j);                   //写入页号
     Lcd_Wr_Cmd(column,j);              //写入列号
    Lcd_Wr_Data(DOTCODE[row],j);        //写入像素点的字模码
}
```

⑤ 函数 Lcd_Clr()用于将 LCD 显示清屏，代码如下。

```
void Lcd_Clr()
{
  uchar i,j;
  for(i=0;i<8;i++)                      //共 8 页
```

```
    {
      Lcd_Wr_Cmd(SETR+i,0);              //设置左半屏页地址
      Lcd_Wr_Cmd(SETL,0);                //设置左半屏列地址
      Lcd_Wr_Cmd(SETR+i,1);              //设置右半屏页地址
      Lcd_Wr_Cmd(SETL,1);                //设置右半屏列地址
      for(j=0;j<64;j++)                  //每页 64 列
      {
        Lcd_Wr_Data(0,0);                //写入左半屏数据
        Lcd_Wr_Data(0,1);                //写入右半屏数据
      }
    }
}
```

⑥ 函数 Lcd_Init()用于初始化 LCD，代码如下。

```
void Lcd_Init()
{
  Lcd_Wr_Cmd(DISPON,0);                  //设置左半屏显示开
  Lcd_Wr_Cmd(FIRSTROW,0);                //设置左半屏显示首列
  Lcd_Wr_Cmd(DISPON,1);                  //设置右半屏显示开
  Lcd_Wr_Cmd(FIRSTROW,1);                //设置右半屏显示首列
  Lcd_Clr();                             //清屏
}
```

⑦ 函数 Disp_One_Temp()用于在指定页的指定列位置显示温度。温度采用 3 位数据表示，第一位是符号位，第二、三位是数值。显示单路温度的流程图如图 61-9 所示，代码如下。

```
/*入口参数：page 为显示字符的页号；col 为显示字符的列号；temp 为温度
  出口参数：无*/
void Disp_One_Temp(uchar page,uchar col,uchar temp)
{
  uchar i;
  if(temp<10)
  {
    Lcd_Wr_Char(page,col,DOTLAT[CHARLINE]);    //显示符号
     temp=10-temp;                             //生成负温度
  }
  else
  {
     Lcd_Wr_Char(page,col,DOTLAT[CHARBLANK]); //显示空白字符
     temp-=10;                                 //生成正温度
  }
  col++;
  i=temp/10;                                   //取温度十位
  Lcd_Wr_Char(page,col,DOTLAT[i]);             //显示
  col++;
```

```
    i=temp%10;                                  //取温度个位
    Lcd_Wr_Char(page,col,DOTLAT[i]);            //显示
}
```

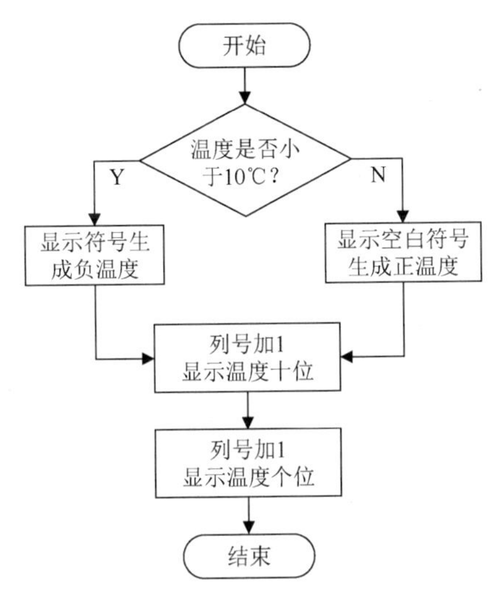

图 61-9　显示单路温度的流程图

⑧ 函数 Disp_Temp()用于显示 4 路温度。该函数通过调用 Disp_One_Temp()在指定位置上显示某次采样的 4 路温度。第 1 路温度在 LCD 的 0、1 页显示，第 2 路温度在 2、3 页显示，第 3 路温度在 4、5 页显示，第 4 路温度在 6、7 页显示，代码如下。

```
void Disp_Temp()
{
   uchar i;
   for(i=0;i<4;i++)                               //显示 4 路温度
      Disp_One_Temp(i*2,4,B20Temp[i][SampleCnt]);
      //在指定位置上显示某次采样的温度
}
```

⑨ 函数 Disp_Pic()用于显示某路温度曲线。

1 条温度曲线包含 128 个温度点，因此 Disp_Pic()采用循环结构，共循环 128 次。每次循环，先调用 read_saveedtemp()从存储器中读取一个温度，然后调用 Lcd_Wr_Dot()显示一个温度点。其代码如下。

```
void Disp_Pic()
{
    uchar mm,i;
    uint readposi;
    readposi=0;
    for(i=0;i<128;i++)
    {//1 屏显示 128 个温度点
       read_saveedtemp(&mm,readposi);   //从存储器中读出温度
       readposi++;                      //调整指针，指向下一个温度
       mm=61-mm;                        //生成温度在 LCD 上对应的行号
       Lcd_Wr_Dot(mm,i);                //在 LCD 的 mm 行 i 列位置显示温度点
```

```
        }
    }
```

4．按键子程序

① 函数 Scan_Key()用于扫描按键，返回按键值，流程图如图 61-10 所示。

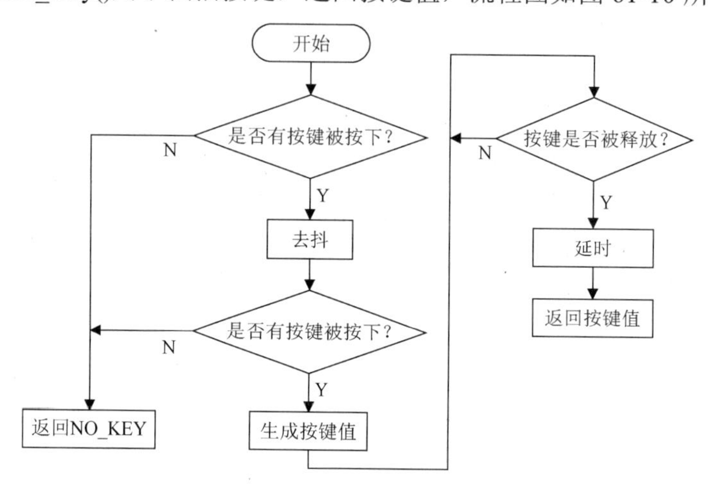

图 61-10　扫描按键流程图

函数 Scan_Key()的代码如下。

```
/*入口参数：无
  出口参数：按键值或 NO_KEY*/
uchar Scan_Key()
{
   uchar TempK;
   TempK=KEYPORT&0x30;                //读取按键值
   if(TempK==0x30)                    //判断是否有按键被按下
        return NO_KEY;                //无，返回 NO_KEY
   Delay15Ms();                       //延时 15ms
   TempK=KEYPORT&0x30;                //读取按键值
   if(TempK==0x30)                    //判断是否有按键被按下
        return NO_KEY;                //无，返回 NO_KEY
   if((TempK&0x10)==0)                //生成按键值
        TempK=KEY1;
   else
        TempK=KEY2;
   while((KEYPORT&0X30)!=0x30); //等待按键被释放
   Delay15Ms();                       //延时
   return TempK;                      //返回按键值
}
```

② 函数 Process_Key_Ms0()是模式 0 的按键处理程序。模式 0 为数字显示方式，当按下数字显示/图像显示切换键时，系统进入模式 1，即图像显示方式。函数代码如下。

```
/*入口参数：key 为按键值
  出口参数：无*/
```

```
void Process_Key_Ms0(uchar key)
{
    if (key!=NO_KEY)
     {                                    //有按键被按下，处理
        if(key==KEY1)
         {                                //数字显示/图像显示切换键被按下
           Ini_Ms1();                     //切换为图像显示方式
         }
     }
}
```

③ 函数 Process_Key_Ms1()是模式 1 的按键处理程序。模式 1 采用图像显示温度，当按下数字显示/图像显示切换键时，系统进入模式 0，即数字显示方式；当按下 NEXT 按键时，显示下一路温度曲线。函数代码如下。

```
/*入口参数：key 为按键值
  出口参数：无*/
void Process_Key_Ms1(uchar key)
{
    if (key!=NO_KEY)
     {                                    //有按键被按下，处理
        if(key==KEY1)
         {                                //数字显示/图像显示切换键被按下
           Ini_Ms0();                     //切换为数字显示方式
         }
         else
         {
           DispNextPic=1;                 //设置显示温度曲线控制位
           pictureposi++;                 //调整显示温度曲线的 DS18B20 号
           if(pictureposi>3)
             pictureposi=0;
         }
     }
}
```

5．存储子程序

① 函数 save_temp()用于存储温度，每分钟存储 1 次。

该函数每次存储一块数据，即 4 字节的温度。其使用变量 saveposi 记录存储的块号，根据 saveposi 生成存储器地址及存储器内部单元地址，调用 I^2C 总线函数完成启动 I^2C 总线、写入存储器地址、写入存储器内部单元地址等操作，随后将 B20AddTemp[0]～B20AddTemp[3]中的数据写入存储器。函数代码如下。

```
/*入口参数：无
  出口参数：1 或 0*/
uchar save_temp()
{
   uint i;
```

```
    uchar word_address1,word_address0;
    uchar slave_address;
    slave_address=saveposi/256;                          //生成存储器地址
    slave_address>>=5;
    i=saveposi<<2;                                       //生成存储器内部单元地址
    word_address1=i/256;                                 //生成存储器内部单元地址高字节
    word_address0=i%256;                                 //生成存储器内部单元地址低字节
    slave_address|=0xA0;                                 //生成存储器地址
    slave_address=slave_address&0xfe;
    start();                                             //启动 I2C 总线
    if(i2c_write_byte(slave_address))return(1); //写入存储器地址
    if(i2c_write_byte(word_address1))return(1); //写入存储器内部单元地址高字节
    if(i2c_write_byte(word_address0))return(1); //写入存储器内部单元地址低字节
    for(word_address0=0;word_address0<4;word_address0++)
      if(i2c_write_byte(B20AddTemp[word_address0]))return(1);
      //写入一块数据
    stop();                                              //产生 I2C 总线的停止位
    return(0);
}
```

② 函数 read_saveedtemp()用于从指定位置读取温度。

该函数一次从存储器中读取一块数据，即 4 字节的温度。其使用变量 readposi 记录读取的块号，根据 readposi 生成存储器地址及存储器内部单元地址，调用 I^2C 总线函数完成启动 I^2C 总线、写入存储器地址、写入存储器内部单元地址、重启 I^2C 总线、写入读命令、将指定块号的数据读出等操作，并返回其中第 pictureposi 路的温度。函数代码如下。

```
/*入口参数：p 用于存放返回值；readposi 为读取的块号
  出口参数：1 或 0*/
uchar read_saveedtemp(uchar *p,uint readposi)
{
   uint i;
   uchar word_address1,word_address0;
   uchar slave_address;
   uchar temp[4];
   slave_address=readposi/256;
   slave_address>>=5;                                  //生成存储器地址
   i=readposi<<2;                                      //生成存储器内部单元地址
   word_address1=i/256;
   word_address0=i%256;
   slave_address|=0xA0;
   start();                                            //启动 I2C 总线
   slave_address=slave_address&0xfe;
   if(i2c_write_byte(slave_address)) return(1); //写入存储器地址
   if(i2c_write_byte(word_address1)) return(1); //写入存储器内部单元地址高字节
   if(i2c_write_byte(word_address0)) return(1); //写入存储器内部单元地址低字节
   start();                                            //重启 I2C 总线
   slave_address=slave_address|0x01;
```

```
    if(i2c_write_byte(slave_address))return(1); //写入存储器地址，读命令
    for(word_address1=0;word_address1<3;word_address1++)
    {
       temp[word_address1]=read_byte_with_ack();
       //读取前 3 字节数据，并发送 ACK 信号
    };
    temp[word_address1]=read_byte_without_ack();
    //读取最后 1 字节数据，不发送 ACK 信号
    stop();                                          //产生 I²C 总线的停止位
    *p=temp[pictureposi];
    return(0);
}
```

经验总结

在硬件设计中，显示电路及存储电路较复杂。温度巡回检测系统采用访问 I/O 口方式读/写 LCD，因此难点在于生成 LCD 的各种控制信号。存储电路由 4 片 AT24C512 构成，其关键在于 AT24C512 地址的分配及 AT24C512 地址引脚的接法。

知识加油站

LCD 分为左、右两个半屏，因此写入时要注意写入哪个半屏。由于 LCD 不带字库，因此显示字符时比较复杂。

实例 62　跑步机控制系统

设计思路

跑步机通过电动机带动跑带使人以不同的速度被动地走动或跑步，由于跑步机使人被动地走动或跑步，所以从动作外形上看，几乎与在地面上普通走动或跑步一样，但从人体用力方式上看，在跑步机上走动或跑步比普通走动或跑步省去了一个蹬伸动作。正是因为这一点，每个在跑步机上走动或跑步的人都能感到十分轻松自如，也使人比普通走动或跑步多 1/3 左右的路程，能量消耗也比普通走动或跑步更大。另外，跑步机上电子辅助装备的功能非常多，可以体验不同的跑步环境，如平地跑步、上坡跑步、丘陵跑步、变速跑步等。

跑步机控制系统需要具有以下功能。

① 启动：启动跑步机，开始跑步。

② 暂停：在跑步过程中暂停跑步机，以便用户进行一些其他操作，如喝水、休息等。

③ 继续：从暂停状态启动，继续跑步。

④ 复位：复位当前的跑步机记录。

⑤ 速度增加：增加跑步机的速度，开始增加得比较慢，然后快速上升。

⑥ 速度降低：降低跑步机的速度，开始降低得比较慢，然后快速下降。

硬件设计

跑步机控制系统的硬件包括 51 单片机、按键输入模块和显示模块，如图 62-1 所示。各部分的详细说明如下。

① 51 单片机：跑步机控制系统的核心控制器。

② 按键输入模块：提供给用户的输入通道。

③ 显示模块：显示跑步机当前的工作状态，包括速度和启停状态等。

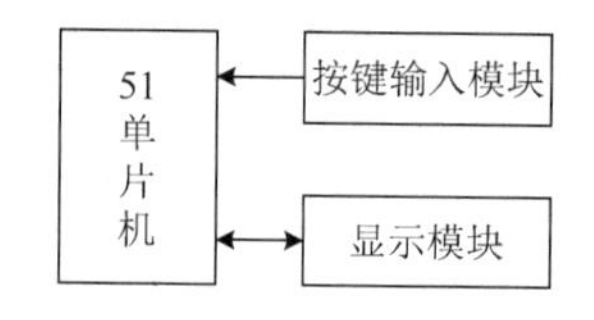

图 62-1　跑步机控制系统的硬件

跑步机控制系统的应用电路如图 62-2 所示，51 单片机（AT89C52）使用 P10 引脚扩展了一个独立按键 K1 作为跑步机的启停控制按键，使用 P14 引脚和 P17 引脚分别扩展了 K2 和 K3 作为速度增加和速度降低的控制按键；使用 P2 口和 P0 口扩展了两个独立数码管用于速度显示，使用 RXD 引脚和 $\overline{RD}$ 引脚扩展了 2 只 LED 作为工作状态指示灯。

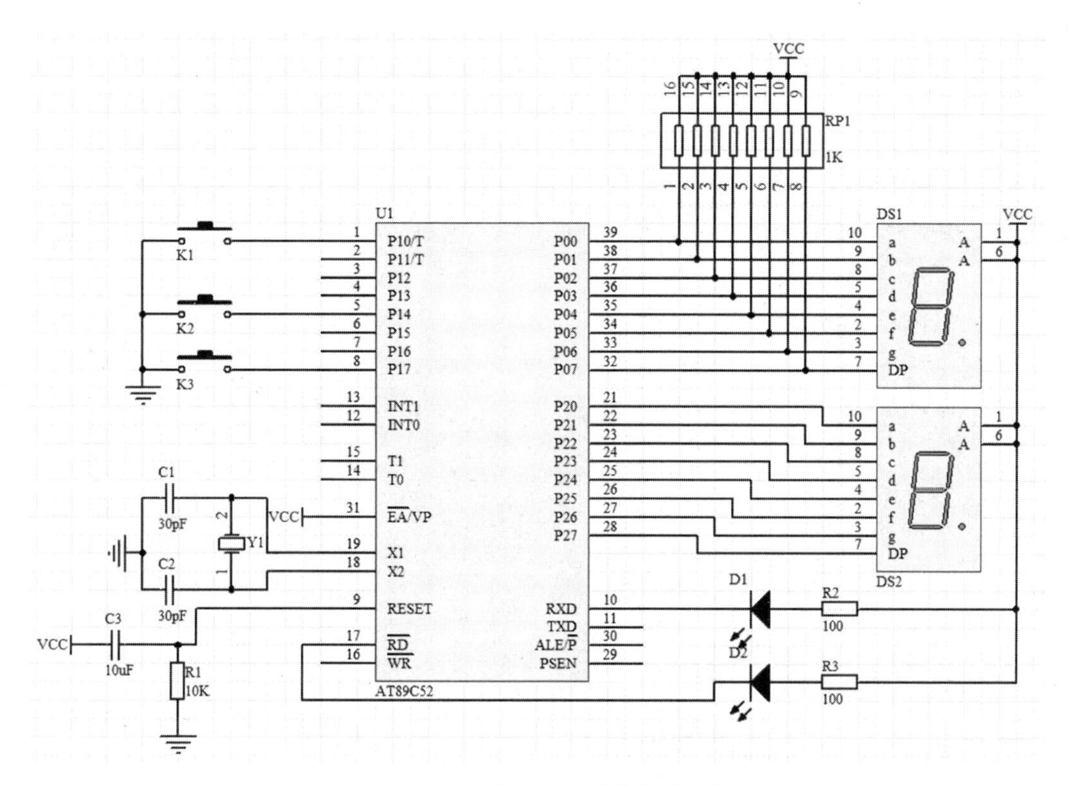

图 62-2　跑步机控制系统的应用电路

程序设计

跑步机控制系统的程序可以分为启停控制模块程序和速度控制模块程序两部分，其流程如图 62-3 所示。

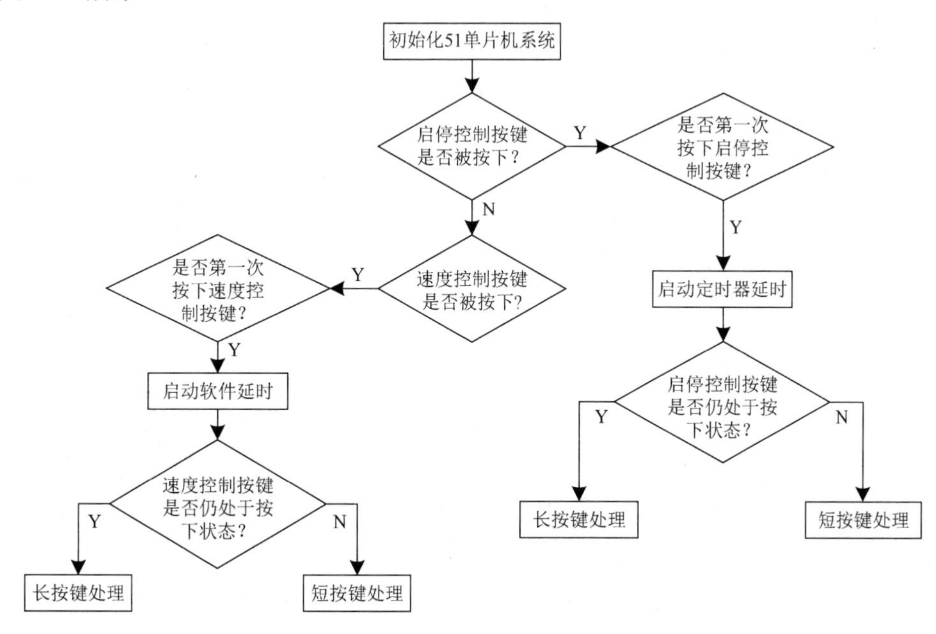

图 62-3　跑步机控制系统的流程

在 51 单片机应用系统中，常常需要判别按键是长时间被按下还是短时间被按下，其有两种检测方法：第一种检测方法是使用一个硬件定时器；第二种检测方法是使用一个软件定时器。

启停控制模块程序包括用于单按键状态判别函数 StartAndStopKeyScan()和定时器 T0 的中断处理函数 Timer0Interrupt()。使用定时器 T0 作为长、短按键判别的延时计数器，采用第一种检测方法对按键的状态进行判别。程序代码如下。

```
//扫描启停控制按键
void StartAndStopKeyScan()
{
  if(SEKey == 0)                                  //启停控制按键被按下
    {
      KeyDownFlg = 1;                             //置按键按下标志位为 1
      TR0 = 1;                                    //启动定时器
    }
    if((SEKey == 1) && (KeyDownFlg == 1))         //判断设置键是否松开
    {
   KeyDownFlg = 0;                                //清除按键按下标志位
        if(keyFlg == 0)                           //如果是短按键
        {
          stopLED = 1;
          pauseLED =~pauseLED;
      }
      TR0 = 0;                                    //关闭定时器
    TimeCounter = 0;                              //计数器清零
      keyFlg = 0;                                 //清除长按键/短按键标志位
    }
}
void Timer0Interrupt(void) interrupt 1
{
    TimeCounter++;
    if(TimeCounter==250)                          //定时时间到
    {
        keyFlg = 1;                               //置长按键/短按键标志位为 1
        pauseLED = 1;
        stopLED = ~stopLED;                       //取反
        TR0=0;                                    //关闭定时器
    }
  TH0 = 0xd8;
  TL0 = 0xf0;                                     //给定时器重新赋初值
}
```

速度控制模块程序包括 1 个用于对速度控制按键进行扫描的函数 keyscan1()，其使用软件延时的方法分别对速度增加按键和速度降低按键进行处理。程序代码如下。

```
void keyscan1()                                   //具有快加功能的按键扫描程序
{
```

```
    if(INCKey==0)                              //判断速度增加按键是否被按下
        {
            SegDisplay(tensdData,unitsdData);  //延时去抖
            if(INCKey==0)
            //如果速度增加按键被按下，就执行按键扫描程序
            {
                if(keybz==0)                   //判断是否是第一次被按下
                    {
                        num++;                 //跑步机的指示数值加 1
                        if(num==100)      //判断跑步机的指示数据是否加到 100
                            {num=0;}           //若已经加到 100，则清 0
                        keybz=1;               //若第一次被按下,则置标志位为 1
                        key--;                 //按键次数计数器
                        keynum=5;              //快加按键次数计数器
                        tensdData=num/10;      //将 BCD 码转为十进制数
                        unitsdData=num%10;
                        return;                //不用检测，松手直接返回

                    }
                else                      //若是第二次被按下，则执行下面的语句
                {
                    if(key==0)                 //判断按键次数是否达到 100
                        {
                        if(keynum==0)
    //检测按下时间是否超过连续按下 5 次速度增加按键的时间
                            {
                                key=10;
    /*若按下时间超过连续按下 5 次速度增加按键的时间，则以后超过连续按下 10 次速度增加按键的
时间后，才执行速度快加操作*/
                                num++;
                                if(num==99)
                                    {
                                        num=0;
                                    }
                                tensdData=num/10;
                                unitsdData=num%10;
                                return;
                            }
                        else
    //若按下时间没有超过连续按下 5 次速度增加按键的时间，则执行下面的语句
                            keynum--;          //快加按键次数计数器减 1
                            key=100;
                            num++;
                        if(num==99)
                            {
```

```
                                num=0;
                                }
                            tensdData=num/10;
                            unitsdData=num%10;
                            return;

                        }
                    else                //按键次数没有到 100 次，下次再来判断
                        key--;
                        return;

                }


            }

            if(INCKey!=0)                   //松手后，所有的计数器清零并置默认值
                {
                    keynum=5;
                      key=30;
                    keybz=0;
                    return;             //返回
                }
        }
    if(DECKey==0)
        {
            SegDisplay(tensdData,unitsdData);
            if(DECKey==0)
            {
                if(keybz==0)
                    {
                        num--;
                        if(num==-1)
                            {num=99;}
                        keybz=1;
                        key--;
                        keynum=5;
                        tensdData=num/10;
                        unitsdData=num%10;
                        return;

                    }
                else
                    {
                        if(key==0)
                            {
```

```
                                    if(keynum==0)
                                        {
                                        key=10;
                                        num--;
                                        if(num==0)
                                            {
                                                num=99;
                                            }
                                        tensdData=num/10;
                                        unitsdData=num%10;
                                        return;
                                        }
                                      else
                                      keynum--;
                                      key=100;
                                      num--;
                                      if(num==0)
                                          {
                                          num=99;
                                          }
                                      tensdData=num/10;
                                      unitsdData=num%10;
                                      return;

                                    }
                               else
                                   key--;
                                   return;
                          }
                  }
          }
      if(DECKey!=0)
          {
              keynum=5;
                 key=30;
              keybz=0;
              return;
          }
```

跑步机控制系统的程序使用一个数组 SEGtable[]来存放数码管对应的编码，然后通过 I/O 引脚送出，驱动数码管显示，代码如下。

```
#include <AT89X52.h>
unsigned char code SEGtable[ ]={0xc0,0xf9,0xa4,0xb0,0x99,0x92,0x82,0xf8,0x80,0x90};
//字符编码
sbit SEKey =  P1 ^ 0;                //启停控制按键
sbit INCKey = P1 ^ 4;                //速度增加按键
```

```
sbit DECKey = P1 ^ 7;           //速度降低按键
sbit pauseLED = P3 ^ 0;         //暂停指示灯
sbit stopLED = P3 ^ 7;          //停止指示灯
bit keyFlg;                     //长按键/短按键标志位，0 表示短按键，1 表示长按键
unsigned char TimeCounter;      //计数专用
unsigned char KeyDownFlg,set;   //按键专用
unsigned char yansi,key,send,unitsdData,tensdData,num,keynum;
bit keybz;
//延时函数
void delay(unsigned char time)
{
    unsigned char x,y;
    for(x=time;x>0;x--)
  {
            for(y=110;y>0;y--);
  }
}
//扫描启停控制按键
void SegDisplay(unsigned char tensdData,unsigned char unitsdData)
{
  P0 = SEGtable[tensdData];
    delay(10);
    P2 = SEGtable[unitsdData];
    delay(10);
}
//主程序
void main(void)
{
    EA = 1;
    TMOD = 0x01;
  TH0 = 0xd8;                   //定时 10ms
  TL0 = 0xf0;
    ET0 = 1;                    //设置定时器 T1
    unitsdData=0;
    tensdData=0;
    P1=0xff;
    P2=0;
    key=100;
  SegDisplay(0,9);
    while(1)
    {
      StartAndStopKeyScan();    //调用单按键状态判别函数
   keyscan1();
    SegDisplay(tensdData,unitsdData);
    }
}
```

经验总结

本实例的重点是对于按键的长、短按下状态进行处理，这也是与键盘输入法类似的输入方式设计中的基础。此外，读者还可以自行研究组合按键的实现方法。

知识加油站

判别一个按键是长时间被按下还是短时间被按下的两种检测方法原理如下。

① 使用一个硬件定时器，在第一次检测到按键被按下时，启动该定时器，当定时器计数值溢出之后检查按键的状态，若此时按键仍处于被按下的状态，则表明按键被长时间按下。需要注意的是，在启动定时器之前要先判断按键是否已经被释放。这种检测方法的关键是选择一个合适的定时器溢出时间间隔，缺点是要占用一个硬件定时器资源，优点是可以在进行按键定时的同时进行其他操作。

② 使用一个软件定时器，在第一次检测到按键被按下时，使该定时器的计数值增加，在多次检查这个计数值的状态之后判断按键是否仍然被按下，若仍被按下，则判断按键为长时间被按下，否则为短时间被按下。这种检测方法的关键是选择一个合适的定时器延时时间，缺点是在进行按键定时的同时不能进行其他操作，优点是不占用硬件定时器资源。

实例 63　电子抽奖系统

设计思路

在各种常见的庆典、宴会等活动中，为了活跃现场气氛，通常会穿插一些抽奖过程，如抽取获奖的号码，此时可以使用电子抽奖系统。电子抽奖系统摆脱了传统人工收集名片或抽奖券而进行人工抽奖的繁杂程序，采用了智能电子抽奖的方式。

由 51 单片机构成的电子抽奖系统是一个可以在操控者的控制下选择一个随机 5 位整数作为中奖号码并且显示出来的应用系统。

设计电子抽奖系统时，需要考虑以下几方面的内容：产生用于抽奖的伪随机数的方法、启动和停止抽奖的方法、显示抽奖结果的方法、设计合适的单片机软件。

硬件设计

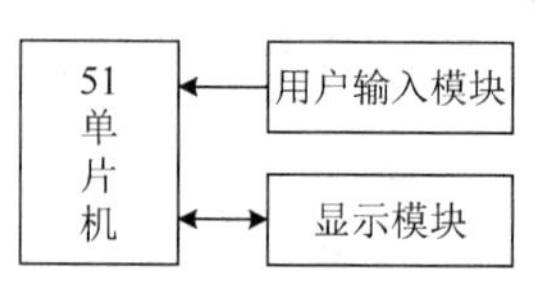

图 63-1　电子抽奖系统的硬件模块

电子抽奖系统的硬件模块如图 63-1 所示，由 51 单片机、显示模块和用户输入模块组成，各部分的详细说明如下。

① 51 单片机：电子抽奖系统的核心控制器。

② 用户输入模块：实现启动和停止抽奖，并且给抽奖系统提供相关伪随机数种子。

③ 显示模块：显示抽奖结果。

电子抽奖系统的应用电路如图 63-2 所示，51 单片机使用 P2 口和 P3 口扩展了 5 片 74HC595 用于显示抽奖结果，使用一个独立按键连接到 INT0 引脚上作为启动和停止抽奖的控制按键，使用 P1 口扩展了一个拨码开关输出电子抽奖系统的相应控制参数（提供伪随机数种子）。

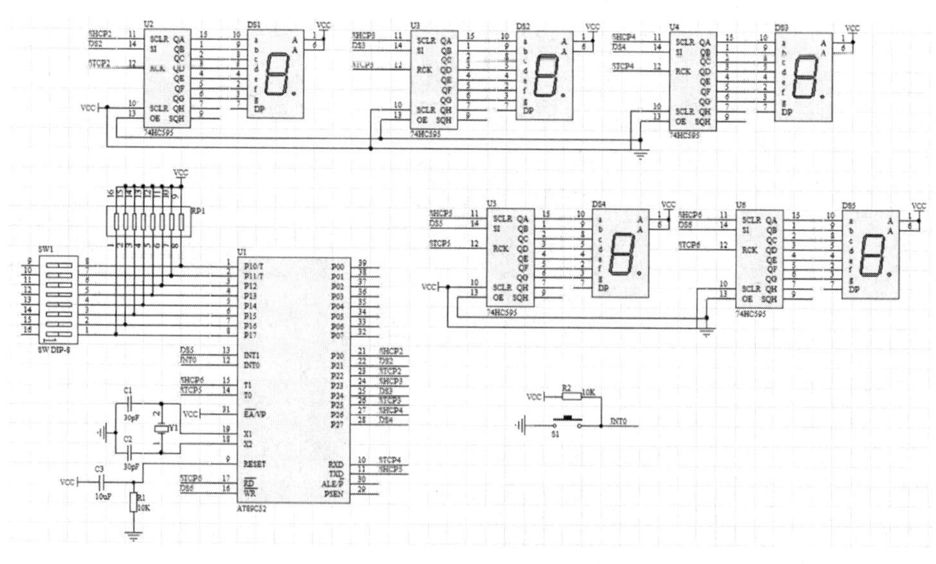

图 63-2　电子抽奖系统的应用电路

程序设计

电子抽奖系统的程序可以划分为 74HC595 驱动函数模块和抽奖两部分，其流程如图 63-3 所示。

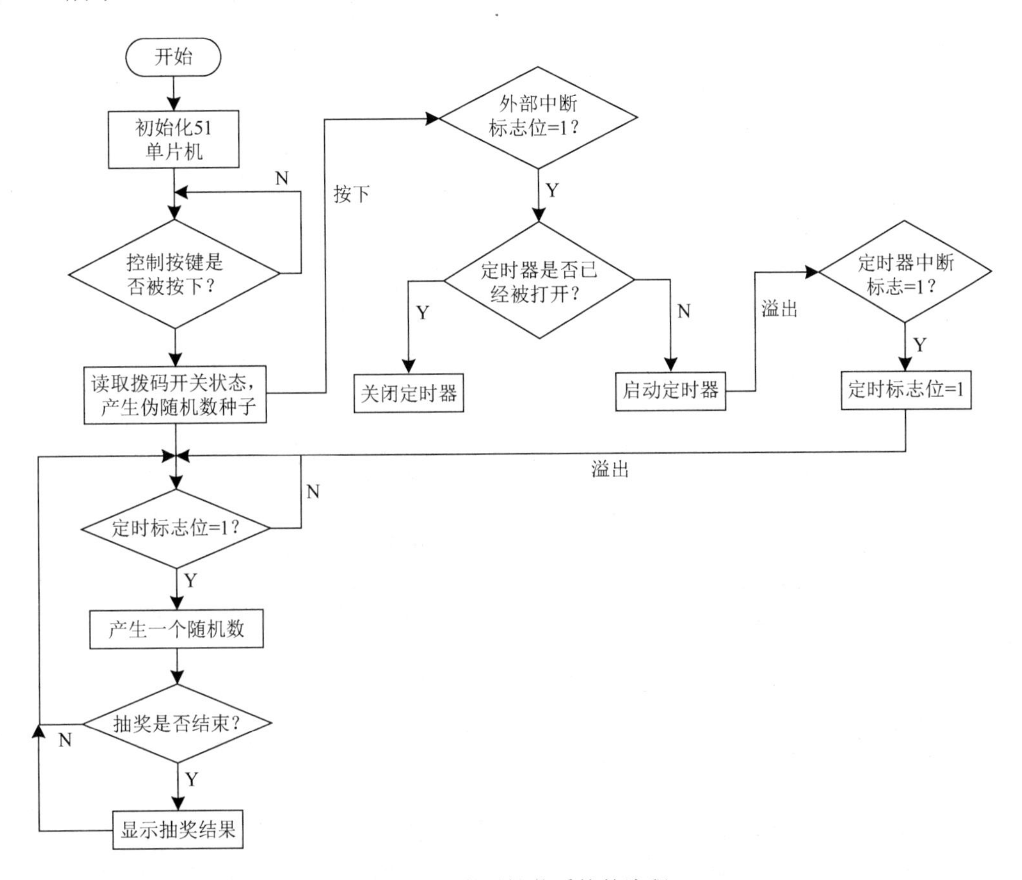

图 63-3　电子抽奖系统的流程

电子抽奖系统程序调用外部中断 0 服务函数启动或停止抽奖，当启动抽奖时，首先根据拨码开关的状态获得伪随机数，同时启动定时器 T0，在 T0 定时溢出时候获得一个当前的抽奖值，循环这个过程，直到接收到停止抽奖的外部中断请求为止。电子抽奖系统的程序代码如下。

```
#include <AT89X52.h>
#include <intrins.h>
#include <stdlib.h>
#define TRUE  1
#define FALSE 0
bit  bT0Flg = FALSE;
//U2 的驱动引脚定义
sbit sbSHCP2 = P2^0;
sbit sbDS2 = P2^1;
sbit sbSTCP2 = P2^2;
```

```
//U3 的驱动引脚定义
sbit sbSHCP3 = P2^3;
sbit sbDS3 = P2^4;
sbit sbSTCP3 = P2^5;
//U4 的驱动引脚定义
sbit sbSHCP4 = P2^6;
sbit sbDS4 = P2^7;
sbit sbSTCP4 = P3^0;
//U5 的驱动引脚定义
sbit sbSHCP5 = P3^1;
sbit sbDS5 = P3^3;
sbit sbSTCP5 = P3^4;
//U6 的驱动引脚定义
sbit sbSHCP6 = P3^5;
sbit sbDS6 = P3^6;
sbit sbSTCP6 = P3^7;
unsigned char temp2,temp3,temp4,temp5,temp6;
bdata unsigned char sw;                         //位定义
sbit sw0 = sw ^ 0;
sbit sw1 = sw ^ 1;
sbit sw2 = sw ^ 2;
sbit sw3 = sw ^ 3;
sbit sw4 = sw ^ 4;
sbit sw5 = sw ^ 5;
sbit sw6 = sw ^ 6;
sbit sw7 = sw ^ 7;
unsigned char code SEGtable[]=
{
    0xc0,0xf9,0xa4,0xb0,0x99,0x97,0x82,0xf8,0x80,0x90,
};
void initrand(void)
{
    unsigned char counter=0;
   P1 = 0xff;
   sw = P1;
   counter = 0;                                 //统计拨码开关闭合的数码
   if(sw0 == 1)
   {
     counter++;
   }
   if(sw1 == 1)
   {
     counter++;
   }
   if(sw2 == 1)
   {
```

```
        counter++;
      }
      if(sw3 == 1)
      {
        counter++;
      }
      if(sw4 == 1)
      {
        counter++;
      }
      if(sw5 == 1)
      {
        counter++;
      }
      if(sw6 == 1)
      {
        counter++;
      }
      if(sw7 == 1)
      {
        counter++;
      }
      srand(counter);                              //初始化伪随机数种子
  }
  void Timer0Init(void)                            //定时器 T0 初始化函数
  {
    TMOD = 0x01;                                   //设置定时器 T0 的工作方式
      TH0 = 0x00;
      TL0 = 0x0C;                                  //定时 100ms
    ET0 = 1;                                       //开启定时器 T0 中断
    TR0 = 1;                                       //启动定时器 T0
  }
  void Timer0Deal(void) interrupt 1 using 1        //定时器 T0 中断处理函数
  {
      ET0 = 0;                                     //关闭中断
      TH0 = 0x00;                                  //重新装入预置值
      TL0 = 0x0C;
    ET0 = 1;                                       //开启定时器 T0 中断
    bT0Flg = TRUE;                                 //定时器中断标志位
  }
  EX_INT0() interrupt 0 using 1                    //外部中断 0 服务函数
  {
    if(TR0 == 1)                                   //判断当前定时器 T0 的状态
    {
     TR0 = 0;
    }
```

```
    else
    {
      TR0 = 1;
      initrand();                                   //初始化随机数种子
    }
  }
  void main()
  {
    unsigned int randdata = 0;
    unsigned char wdata,qdata,baidata,sdata,gdata;
    Timer0Init();                                   //初始化时钟
    IT0 = 1;                                        //设置外部中断0触发方式为低电平触发
    EX0 = 1;                                        //使能外部中断0
    EA = 1;                                         //开启串口中断
      while(1)
      {
      whilc(bT0Flg==FALSE);                         //等待定时器T0中断标志位变为0
      bT0Flg=FALSE;
      randdata = 2 * rand();                        //获得伪随机数
      wdata = randdata/10000;                       //输出万位
      temp2 = SEGtable[wdata];
        Input5952();
          Output5952();
      qdata = randdata%10000/1000;                  //输出千位
      temp3 =  SEGtable[qdata];
        Input5953();
          Output5953();
      baidata = randdata%1000/100;                  //输出百位
      temp4 =  SEGtable[baidata];
        Input5954();
          Output5954();
      sdata = randdata%100/10;                      //输出十位
      temp5 =  SEGtable[sdata];
        Input5955();
          Output5955();
      gdata = randdata%10;                          //输出个位
      temp6 =  SEGtable[gdata];
        Input5956();
          Output5956();
      }
  }
```

经验总结

在实际应用中，电子抽奖系统还需要实现更多功能，如设置抽奖值的区间（0～1000、0～500）等。

知识加油站

在统计学的不同技术中需要使用随机数，如在从统计总体中抽取有代表性的样本时，在将实验动物分配到不同试验组的过程中，在进行蒙特卡洛模拟法计算时等。

产生随机数的方法有很多种，这些方法被称为随机数发生器。随机数最重要的特性是它所产生的后面的数与前面的数毫无关系。

真正的随机数是由物理现象产生的，如掷钱币、掷骰子、转转轮、电子元件的噪声、核裂变等。这样的随机数发生器叫作物理性随机数发生器，它们的缺点是技术要求比较高。

在实际应用中，往往使用伪随机数就足够了。这些数是“似乎”随机的数，实际上，它们是通过一个固定的、可以重复的计算方法产生的。计算机或计算器产生的伪随机数有很长的周期性，它们不真正地随机，因为它们实际上是可以计算出来的，但是它们具有类似于随机数的统计特征，这样的发生器叫作伪随机数发生器。

一般地，伪随机数的生成方法主要有以下 3 种。

① 直接法（Direct Method）：根据分布函数的物理意义生成。其缺点是仅适用于生成某些具有特殊分布的伪随机数，如二项式分布、泊松分布。

② 逆转法（Inversion Method）：假设 U 服从[0,1]区间上的均匀分布，令 $X=F-1(U)$，则 X 的累计分布函数（CDF）为 F，该方法原理简单、编程方便、适用性强。

③ 接受拒绝法（Acceptance-Rejection Method）：假设希望生成的伪随机数的概率密度函数（PDF）为 f，则首先找到一个 PDF 为 g 的随机数发生器与常数 c，使得 $f(x)\leqslant cg(x)$，然后根据接受拒绝法求解，由于算法平均运算 c 次才能得到一个希望生成的伪随机数，因此 c 的取值必须尽可能小，显然，该方法的缺点是较难确定 g 与 c。

在 51 单片机应用系统中，常常使用如下方法来产生一个伪随机数。

① 启动定时器，在某一个时刻从定时器的计数寄存器 TH 或 TL 中读出当前值，把该值作为该时刻的伪随机数，这种方法的优点是简单，从大规模重复实验来看，该值近似于一个随机数。这种方法的缺点是占用一个定时器资源，并且从短时间来看，这些伪随机数的取值是逐步增大的，是有规律可循的。

② 使用“stdlib.h”库中的 rand()函数，产生一个伪随机数。这种方法的优点是不占用硬件资源，而且从短时间来看，这些伪随机数的取值是近似随机的；缺点是从长时间来看，这些伪随机数的取值是有规律可循的。

1．rand()函数说明

用 rand()函数得到的随机数是一个伪随机数，其表现为每一段 51 单片机程序代码在每次重新运行后，取出的随机数是完全相同的，表 63-1 所示为 rand()函数的说明。

表 63-1　rand()函数的说明

函数原型	int　rand();
函数参数	无
函数功能	随机返回一个 0～32767 之间的整型数据
函数返回值	一个整型随机数

2．srand()函数说明

从前文可以看到，rand()函数产生的是一个伪随机数，为了避免这种情况，可以使用 srand()函数对 rand()函数进行初始化。srand()函数的输入值是一个整数，这个整数作为 rand()函数的“种子”存在，当种子不同时，rand()函数产生的伪随机数也是不同的，表 63-2 所示为 srand()函数的说明。

表 63-2　srand()函数的说明

函 数 原 型	void　srand(int c);
函 数 参 数	整型数据 c
函 数 功 能	初始化随机数种子
函数返回值	无

rand()函数可以看作被种子“0”初始化过。如果像本实例一样，使用固定数对 rand()函数进行初始化，其得到的也并不是一个真正的随机数，如果想要得到真正的随机数，可以读取单片机的外部时钟，用该时钟作为种子来对 rand()函数进行初始化，此时可以得到真正的随机数。如果没有外部时钟，则可以启动一个内部定时器，读取该定时器中数据寄存器的值来初始化 rand()函数，从而可以得到比较“随机”的伪随机数。

实例 64　密码保险箱

设计思路

保险箱是一种特殊的容器，通常用于保存各种重要的物品。根据其功能可以分为防火保险箱、防盗保险箱、防磁保险箱、防火防磁保险箱等；根据其密码工作原理可以分为机械保险箱和电子保险箱两种，机械保险箱的特点是价格比较便宜、性能比较可靠，早期的保险箱大部分都是机械保险箱；电子保险箱将采用密码、IC 卡等智能控制方式的电子锁应用到保险箱中，其特点是使用方便，特别是在宾馆中使用时，其需经常更换密码，因此使用电子保险箱比较方便。

密码保险箱是一个可以让用户通过输入预先设定好的密码来驱动直流电动机打开箱门的设备，其详细功能说明如下。

① 用户可以通过输入 6 位数字密码来打开密码保险箱。

② 当输入密码正确时，箱门打开，有开门提示声；当输入密码不正确时，箱门不打开，并且发声报警。

③ 用户可以自行修改密码，有相应的密码输入显示窗口，输入数字用相应符号替代，以避免被偷窥。

硬件设计

密码保险箱的硬件模块如图 64-1 所示，各部分详细说明如下。

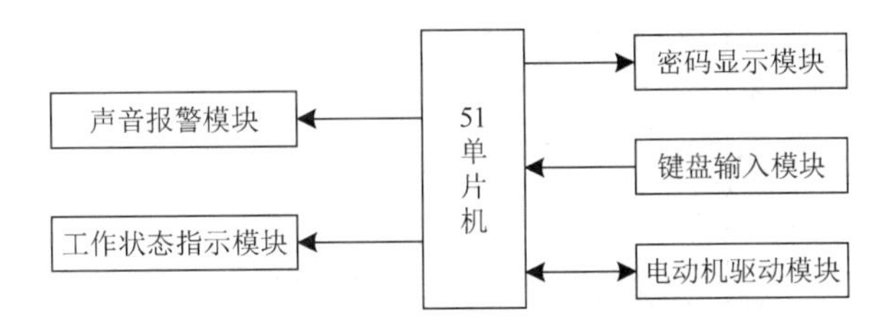

图 64-1　密码保险箱的硬件模块

① 51 单片机：密码保险箱的核心控制器。

② 密码显示模块：显示当前的密码输入状态。

③ 键盘输入模块：支持用户的输入密码、修改密码等操作。

④ 电动机驱动模块：驱动一个直流电动机，以完成开启箱门操作。

⑤ 工作状态指示模块：指示密码保险箱当前的工作状态。

⑥ 声音报警模块：根据密码保险箱当前的工作状态进行发声提示。

密码保险箱的电路如图 64-2 所示，AT89C52 使用 P0 口和 P2 口扩展了一个 6 位 8 段数码管；使用 P3 口驱动了一个数字小键盘；使用 P1 口的部分引脚分别驱动了两只 LED，用于指示密码保险箱的工作状态，驱动了一个蜂鸣器用于发声提示，驱动了一个 H 桥电路作为直流电动机的驱动模块 MOTOO。

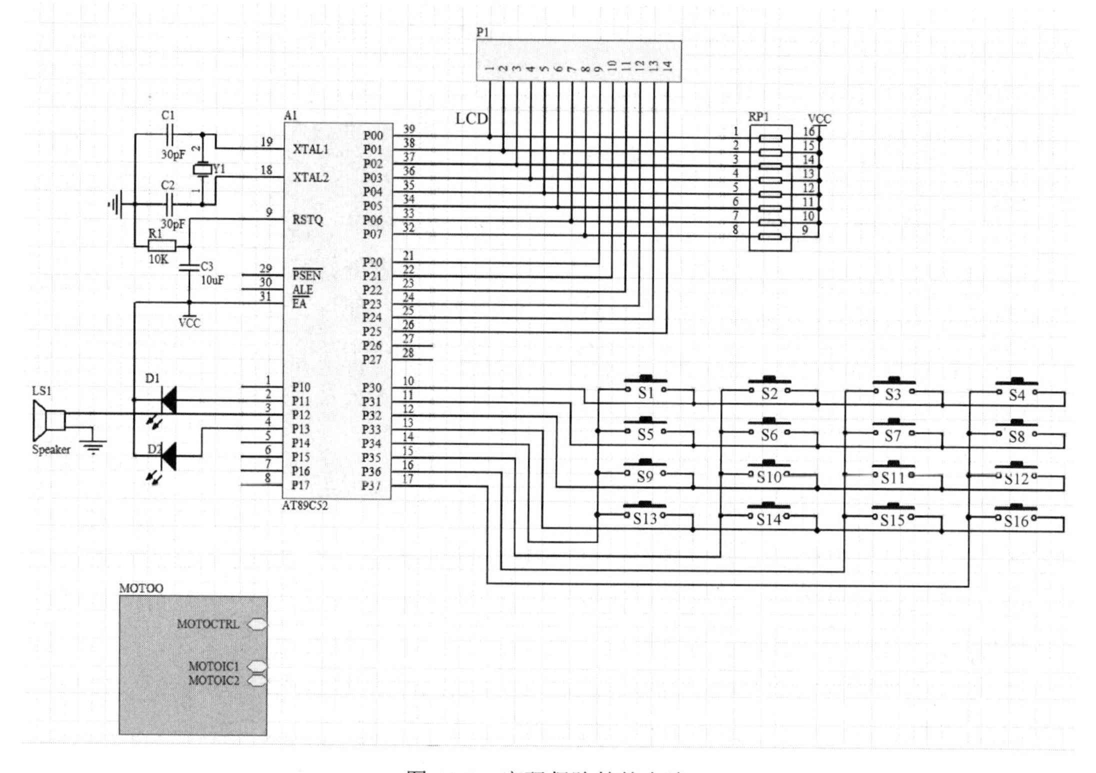

图 64-2　密码保险箱的电路

密码保险箱的直流电动机驱动模块如图 64-3 所示，由于箱门的打开动作比较简单，需要的精度也不高，所以可以使用一个简单的 H 桥电路作为直流电动机驱动模块。

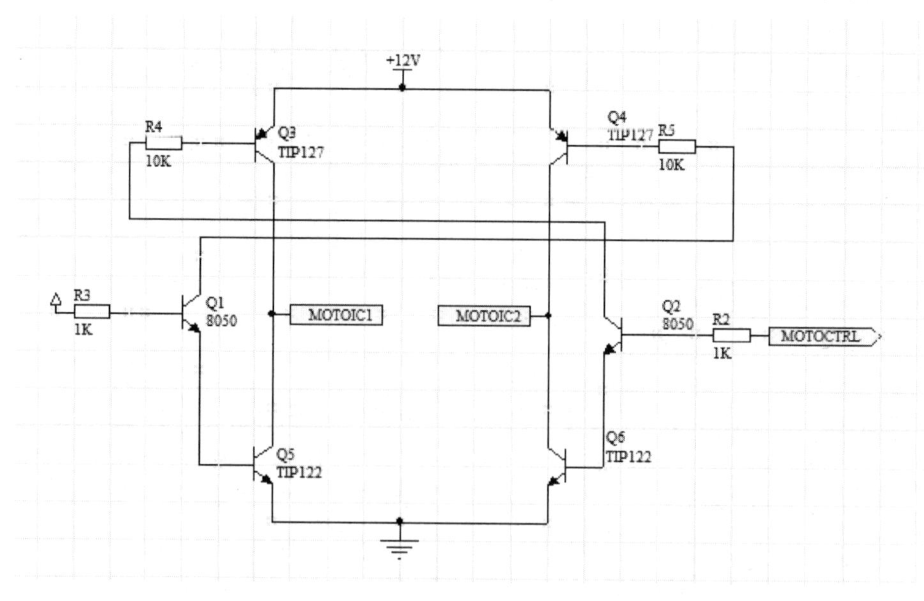

图 64-3　密码保险箱的直流电动机驱动模块

程序设计

密码保险箱的程序设计可以分为键盘扫描函数（同时完成状态驱动）、显示驱动函数、报警声驱动函数和主程序（完成直流电动机驱动）4 部分，其流程如图 64-4 所示。

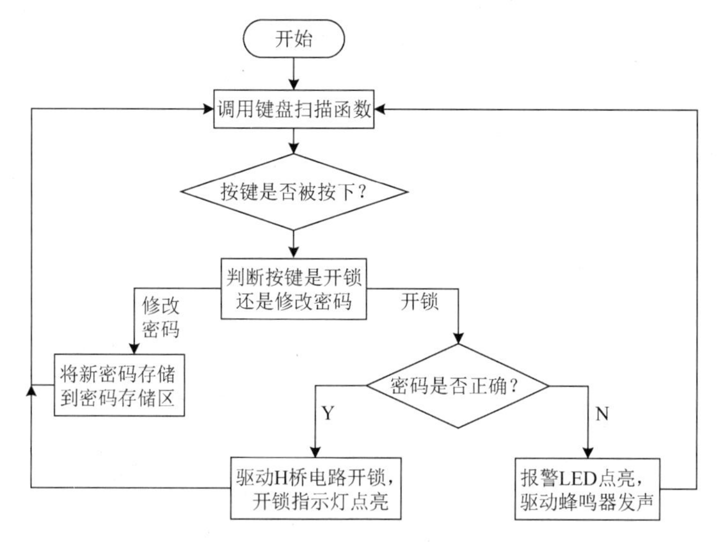

图 64-4　密码保险箱的流程

键盘扫描函数的关键在于对相应的按键返回值进行处理，其中键盘各个按键的定义如下。

“0～9”：0～9 数字键。

“ON/C”：确定密码输入和修改密码输入键。

“÷”：进入修改密码状态。

“+”：进入关闭密码保险箱状态。

键盘扫描函数使用 case 语句对各种按键返回值进行相应的判断，返回对应的状态，代码如下。

```
unsigned int keyscan()                    //键盘扫描函数
{
    P3=0xfe;
    temp=P3;
    temp=temp&0xf0;
    if(temp!=0xf0)
    {
        delay(5);                         //键盘去抖，此处设置延时时间为 5ms
        temp=P3;
        temp=temp&0xf0;
        if(temp!=0xf0)
        {
            count++;                      //按键计数加 1
            temp=P3;
            switch(temp)
```

```
        {
            case 0xee:
            {
                num=7;
                if(count<6)             //六位密码，所以 count<6
                {
                    if(set==0)          //当“ON/C”键没有被按下时
                    pwx[count]=num; //存储按下的数字
                    else
                    pws[count]=num; //当“ON/C”键被按下时，设置新密码
                    workbuf[count]=tabledu[11];
            //相应位的数码管显示"——"，不显示相应的数字，密码是保密的
                }
            }
            break;
            case 0xde:
            {
                num=8;
                if(count<6)             //以下键盘扫描的原理与上面代码类似
                {
                    if(set==0)
                    pwx[count]=num;
                    else
                    pws[count]=num;
                    workbuf[count]=tabledu[11];
                }
            }
            break;
            case 0xbe:
            {
                num=9;
                {
                    if(count<6)
                    {
                        if(set==0)
                        pwx[count]=num;
                        else
                        pws[count]=num;
                        workbuf[count]=tabledu[11];
                    }
                }
            }
            break;
            case 0x7e:                  //“ON/C”键被按下
            {
                set=1;                  //将设置密码标志位置 1
                P1_3=0;                 //密码设置指示灯亮
```

```
                    workbuf[0]=0x00;     //数码管第一位不显示
                    workbuf[1]=0x00;     //数码管第二位不显示
                    workbuf[2]=0x00;     //数码管第三位不显示
                    workbuf[3]=0x00;     //数码管第四位不显示
                    workbuf[4]=0x00;     //数码管第五位不显示
                    workbuf[5]=0x00;     //数码管第六位不显示
                    count=-1;            //按键计数复位为-1
                    if(count<6)          //密码没有设置完，继续设置密码
                    {
                        setpw();         //设置密码
                    }
                }
                break;
            }
            while(temp!=0xf0)            //按键抬起检测
            {
                temp=P3;
                temp=temp&0xf0;
            }
        }
    }
    P3=0xfd;
    temp=P3;
    temp=temp&0xf0;
    if(temp!=0xf0)
    {
        delay(5);
        temp=P3;
        temp=temp&0xf0;
        if(temp!=0xf0)
        {
            count++;
            temp=P3;
            switch(temp)
            {
                case 0xed:
                {
                    num=4;
                    if(count<6)
                    {
                        if(set==0)
                        pwx[count]=num;
                        else
                        pws[count]=num;
                        workbuf[count]=tabledu[11];
                    }
                }
```

```
                break;
                case 0xdd:
                {
                    num=5;
                    if(count<6)
                    {
                        if(set==0)
                        pwx[count]=num;
                        else
                        pws[count]=num;
                        workbuf[count]=tabledu[11];
                    }
                }
                break;
                case 0xbd:
                {
                    num=6;
                    if(count<6)
                    {
                        if(set==0)
                        pwx[count]=num;
                        else
                        pws[count]=num;
                        workbuf[count]=tabledu[11];
                    }
                }
                break;
            }
            while(temp!=0xf0)
            {
                temp=P3;
                temp=temp&0xf0;
            }
        }
    }
    P3=0xfb;
    temp=P3;
    temp=temp&0xf0;
    if(temp!=0xf0)
    {
        delay(5);
        temp=P3;
        temp=temp&0xf0;
        if(temp!=0xf0)
        {
            count++;
            temp=P3;
```

```
        switch(temp)
        {
            case 0xeb:
            {
                num=1;
                if(count<6)
                {
                    if(set==0)
                    pwx[count]=num;
                    else
                    pws[count]=num;
                    workbuf[count]=tabledu[11];
                }
            }
            break;
            case 0xdb:
            {
                num=2;
                if(count<6)
                {
                    if(set==0)
                    pwx[count]=num;
                    else
                    pws[count]=num;
                    workbuf[count]=tabledu[11];
                }
            }
            break;
            case 0xbb:
            {
                num=3;
                if(count<6)
                {
                    if(set==0)
                    pwx[count]=num;
                    else
                    pws[count]=num;
                    workbuf[count]=tabledu[11];
                }
            }
            break;
        }
        while(temp!=0xf0)
        {
            temp=P3;
            temp=temp&0xf0;
        }
```

```
        }
    }
    P3=0xf7;
    temp=P3;
    temp=temp&0xf0;
    if(temp!=0xf0)
    {
        delay(5);
        temp=P3;
        temp=temp&0xf0;
        if(temp!=0xf0)
        {
            count++;
            temp=P3;
            switch(temp)
            {
                case 0xd7:
                {
                    num=0;
                    if(count<6)
                    {
                        if(set==0)
                        pwx[count]=num;
                        else
                        pws[count]=num;
                        workbuf[count]=tabledu[11];
                    }
                }
                break;
                case 0xe7:
                    num=101;
                break;                          //“ON/C”键按下检测
                case 0x77:                      //复位或者输入密码全部一次性删除
                {
                    P1_0=0;                     //电子锁关
                    P1_3=1;                     //密码设置指示灯灭
                    set=0;                      //不设置密码
                    num=10;                     //num 复位
                    count=-1;                   //count 复位
                    workbuf[0]=tabledu[10]; //数码管第一位不显示
                    workbuf[1]=tabledu[10]; //数码管第二位不显示
                    workbuf[2]=tabledu[10]; //数码管第三位不显示
                    workbuf[3]=tabledu[10]; //数码管第四位不显示
                    workbuf[4]=tabledu[10]; //数码管第五位不显示
                    workbuf[5]=tabledu[10]; //数码管第六位不显示
                    P1_0=1;                     //电子锁开
                }
```

```
                    break;
                    case 0xb7:                          //删除输入密码（一位一位删除）
                    {
                         count--;
                         workbuf[count]=0x00;
       /*因“ON/C”键被按下时，count 也会加 1，而“ON/C”键不是密码，所以这里是 count，
而不是 count+1*/
                         count--;
       //因“ON/C”键被按下时，count 也会加 1，而“ON/C”键不是密码，所以 count 自减 1
                         if(count<=-1)
                         count=-1;
                    }
                    break;
               }
               while(temp!=0xf0)
               {
                    temp=P3;
                    temp=temp&0xf0;
               }
          }
     }
     return(num);
}
```

显示驱动函数的主要功能是将需要显示的数据送至数码管并对数码管进行刷新，其使用定时器 T0 提供扫描驱动，在定时器 T0 的中断服务子程序中对数码管进行扫描。显示驱动函数的代码如下。

```
void timer0() interrupt 1                               //显示驱动函数
{
     unsigned char i;
     TH0=(65536-500)/1010;
     TL0=(65536-500)%1010;
     for(i=0;i<6;i++)
     {
          P0=workbuf[i];                                //送出显示内容
          P2=tablewe[i];                                //选中显示的行
          delay(5);
          P0=0;
     }
}
```

报警声驱动函数用于在密码输入错误时进行报警，在 51 单片机对蜂鸣器进行控制的引脚上输出一串脉冲信号，即可实现驱动蜂鸣器发声报警，代码如下。

```
for(i=0;i<1000;i++)
{
for(j=0;j<80;j++);
```

```
Beep=~Beep;
}
```

密码保险箱的程序中涉及的相关代码可以参考以上代码，本实例使用“123456”作为密码保险箱的初始密码，代码如下。

```
#include<AT89x52.h>
unsigned int num=10;                          //数码管显示任意字符
bit set=0;                                    //定义设置密码的位
char count=-1;                          //初始时，使 count=-1，方便后面数码管显示
sbit Beep=P1^2;                               //蜂鸣器
unsigned char temp;
unsigned char pws[6]={1,2,3,4,5,6};           //初始密码
unsigned char pwx[6];                         //按键的数字存储区
bit rightflag;                                //密码正确标志位
unsigned char workbuf[6];
unsigned char code tabledu[]={
0x3f,0x06,0x5b,0x4f,0x66,0x6d,0x7d,0x07,0x7f,0x6f,0x00,0x40
};                                            //段选码，共阴极
unsigned char code tablewe[]={
0xfe,0xfd,0xfb,0xf7,0xef,0xdf
};                                            //位选码
unsigned int keyscan();
void delay(unsigned char z)                   //延时，毫秒级
{
    unsigned char y;
    for(;z>0;z--)
        for(y=1101;y>0;y--);
}
void setpw()                                  //设置密码函数
{
    keyscan();
}
void init()                                   //设置定时器
{
    TMOD=0x01;
    TH0=(65536-500)/1010;
    TL0=(65536-500)%1010;
    ET0=1;
    EA=1;
    TR0=1;
}
bit compare()                                 //密码比较函数
{
    if((pwx[0]==pws[0])&(pwx[1]==pws[1])&(pwx[2]==pws[2])&(pwx[3]==pws[3
])&(pwx[4]==pws[4])&(pwx[5]==pws[5]))
    rightflag=1;
    else
```

```
    rightflag=0;
    return(rightflag);
}
void main()
{
    unsigned int i,j;
    init();
    P0=0;
    P1_0=0;                                         //电子锁关
    while(1)
    {
        keyscan();
        if(num==101)                                //如果“ON/C”键被按下
        {
            if(count==6)
            {
                if(set==1)                          //修改密码输入
                {
                    P1_3=1;
                    workbuf[0]=0;
                    workbuf[1]=0;
                    workbuf[2]=0;
                    workbuf[3]=0;
                    workbuf[4]=0;
                    workbuf[5]=0;
                }
                else                                //密码输入
                {
                    set=0;
                    compare();
                    if(rightflag==1)                //如果密码正确
                    {
                        P1_0=1;                     //电子锁开
                        P1_1=1;
                        workbuf[0]=tabledu[8];      //数码管第一位显示“8”
                        workbuf[1]=tabledu[8];      //数码管第二位显示“8”
                        workbuf[2]=tabledu[8];      //数码管第三位显示“8”
                        workbuf[3]=tabledu[8];      //数码管第四位显示“8”
                        workbuf[4]=tabledu[8];      //数码管第五位显示“8”
                        workbuf[5]=tabledu[8];      //数码管第六位显示“8”
                    }
                    else
                    {
                        P1_0=0;                     //电子锁仍然关
                        workbuf[0]=0X71;            //数码管第一位显示“F”
                        workbuf[1]=0X71;            //数码管第二位显示“F”
                        workbuf[2]=0X71;            //数码管第三位显示“F”
```

```
                              workbuf[3]=0X71;          //数码管第四位显示“F”
                              workbuf[4]=0X71;          //数码管第五位显示“F”
                              workbuf[5]=0X71;          //数码管第六位显示“F”
                              for(i=0;i<1000;i++)       //密码错误报警
                              {
                                  for(j=0;j<80;j++);
                                  Beep=~Beep;
                              }
                              break;
                          }
                      }
                  }
                  else                                  //若输入的密码不是 6 位
                  {
                      P1_0=0;                           //电子锁仍然关
                      workbuf[0]=0X71;                  //数码管第一位显示“F”
                      workbuf[1]=0X71;                  //数码管第二位显示“F”
                      workbuf[2]=0X71;                  //数码管第三位显示“F”
                      workbuf[3]=0X71;                  //数码管第四位显示“F”
                      workbuf[4]=0X71;                  //数码管第五位显示“F”
                      workbuf[5]=0X71;                  //数码管第六位显示“F”
                      for(i=0;i<1000;i++)
                      {
                          for(j=0;j<80;j++);
                          Beep=~Beep;
                      }
                      break;
                  }
              }
          }
      }
```

经验总结

本实例将对按键的处理都放在了键盘扫描函数中，使得该函数比较复杂，读者可以自行拆分该函数，使代码结构更加清晰。

知识加油站

对于直流电动机驱动，可以用大功率三极管、场效应管或继电器来实现。

实例 65　天车控制系统

设计思路

天车又称为桥式起重机，是桥架在高架轨道上运行的一种桥架型起重机，桥架可以沿着铺设在两侧高架上的轨道纵向运行，而内置的起重小车则可以沿着铺设在桥架上的轨道横向运行，构成一个矩形的工作空间，充分利用桥架下面的空间吊运物料，不受地面设备的阻碍。因此，天车被广泛地应用于室内/外仓库、厂房、码头和露天贮料场等工作环境中。

天车可分为普通天车、简易梁天车和冶金专用天车三种，图 65-1 所示为应用于工厂车间的普通天车。

图 65-1　应用于工厂车间的普通天车

普通天车一般由起重小车、桥架运行机构、桥架金属结构组成，而起重小车由起升机构、小车运行机构和小车架三部分组成。起升机构包括电动机、制动器、减速器、卷筒和滑轮组等，电动机通过减速器带动卷筒转动，使钢丝绳绕上卷筒或从卷筒放下，以升降物料。小车架是支撑和安装起升机构和小车运行机构等部件的机架，通常为焊接结构。

天车控制系统是对天车的起重小车进行控制的应用系统，主要对起重小车的小车运行机构及起升机构进行控制。

天车控制系统对小车运行机构的控制精度要求不高，只需要能控制起重小车在桥架上进行前后运动即可，而对起重小车的起升机构的控制要求较为严格，需要让起重小车的吊钩悬停在一个指定的位置，以便操作人员进行下一步工作。

天车控制系统的工作可以分为两部分：控制起重小车在桥架上进行前后运动和控制起升机构带动吊钩升降，天车控制系统的工作原理非常简单，51 单片机首先通过扫描用户输入得到用户的操作，然后根据不同的操作驱动对应的电动机进行动作即可。

设计天车控制系统时需要考虑以下几方面的内容。

① 需要向用户提供对天车进行操作的输入通道。

② 需要一个能控制起重小车前后运动的机构。

③ 需要一个能控制起重小车的起升机构做精确起降的机构。

④ 需要设计合适的单片机软件。

硬件设计

天车控制系统的硬件模块如图 65-2 所示，各部分的详细说明如下。

① 51 单片机：天车控制系统的核心控制器，主要功能是根据用户的输入对起重小车的运动进行控制。

② 升降执行机构：控制起重小车的吊钩上升或者下降。

③ 运动执行机构：控制起重小车前后运动。

④ 用户输入模块：控制当前的运行状态。

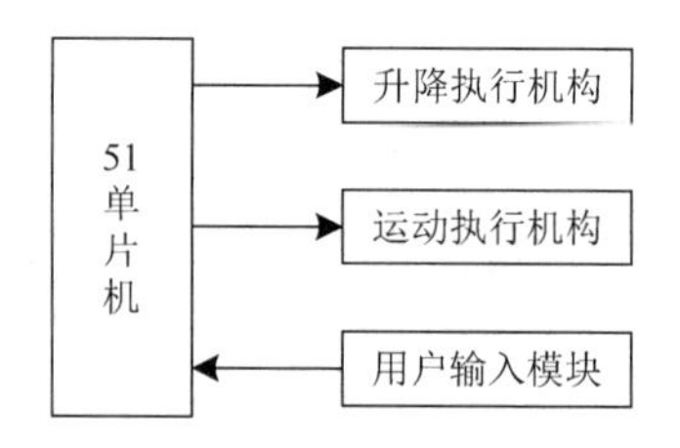

图 65-2　天车控制系统的硬件模块

天车控制系统的电路如图 65-3 所示，AT89C52 使用 P10～P13 引脚扩展了 4 个独立按键作为用户的输入通道，使用 P20～P21 引脚通过 H 桥电路扩展了一个直流电动机作为起重小车的运动执行机构，使用 P30～P33 引脚通过一片 ULN2003 扩展了一个步进电机作为起重小车的升降执行机构。

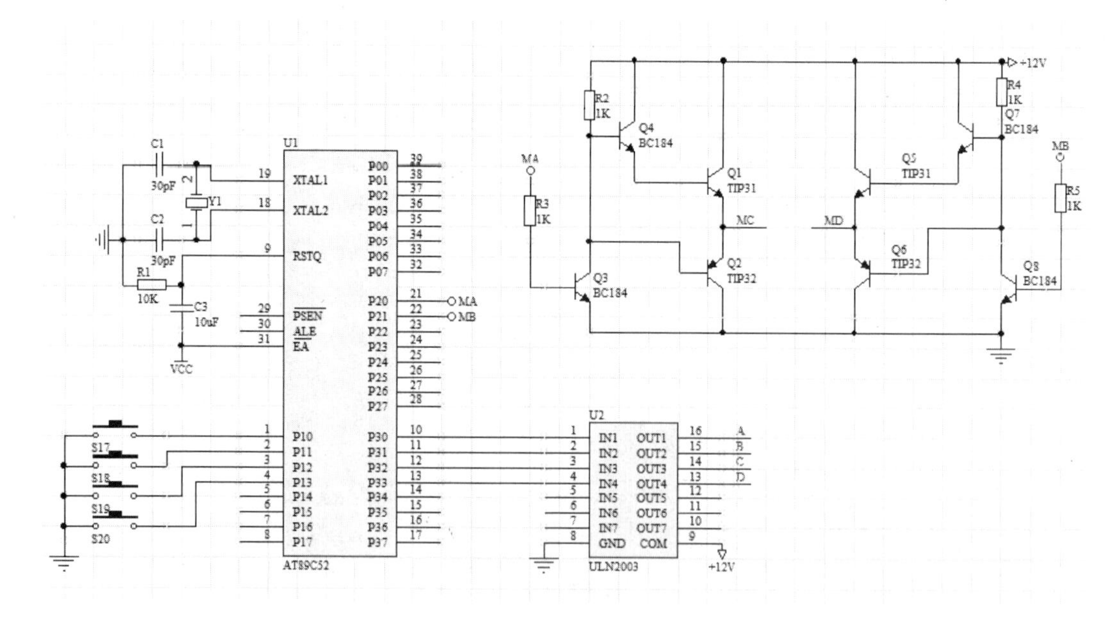

图 65-3　天车控制系统的电路

程序设计

天车控制系统的程序可以分为直流电动机驱动程序和步进电机驱动程序两部分，其流程如图 65-4 所示。

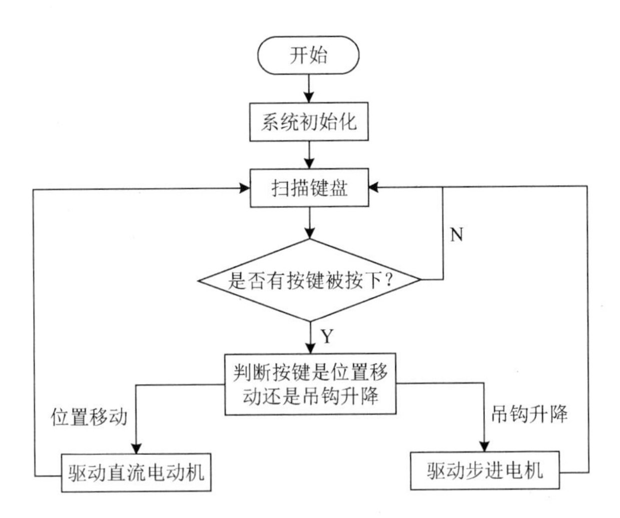

图 65-4　天车控制系统的流程

直流电动机驱动程序包括一个对直流电动机进行控制的函数 DCMotoDeal()，其首先对按键状态进行判断，然后根据判断结果进行相应的动作，代码如下。

```
void DCMotoDeal(void)
{
      if(!Inc)
      {
         speed = speed > 0 ? speed - 1 : 0;
      }
      if(!Dec)
      {
         speed = speed < 500 ? speed + 1 : 500;
       }
      PWM=1;
      delay(speed);
      PWM=0;
      delay(500-speed);
}
```

步进电机驱动程序包括一个对步进电机进行控制的函数 StepMotoDeal()，其使用数组 sequence[]存储一个步进电机的驱动序列，根据相应的状态送出驱动序列，代码如下。

```
void StepMotoDeal(void)
{
    unsigned char i;
    if (!key_for)
    {
```

```
        i = i<8 ? i+1 : 0;
         out_port = sequence[i];
         delayms(50);
    }
    else if (!key_rev)
    {
        i = i>0 ? i-1 : 7;
        out_port = sequence[i];
        delayms(50);
    }
}
```

天车控制系统的主程序在主循环中扫描当前的按键状态，根据扫描结果调用相应的控制函数，代码如下。

```
#include "AT89X52.h"
#include "intrins.h"
#define out_port  P3
unsigned char const sequence[8] = {0x02,0x06,0x04,0x0c,0x08,0x09,0x01,0x03};
sbit key_for = P1 ^ 2;
sbit key_rev = P1 ^ 3;
sbit Inc = P1 ^ 0;
sbit Dec = P1 ^ 1;
sbit Dir = P2 ^ 0;
sbit PWM = P2 ^ 1;
int speed;
void delay(unsigned int j)
{
  for(; j>0; j--);
}
void delayms(unsigned int j)
{
  unsigned char i;
  for(; j>0; j--)
  {
    i = 120;
    while (i--);
  }
 }
void main(void)
{
   //选择方向和时间
   Dir = 1;
   if (Dir)
   {
      speed = 400;
    }
   else
```

```
    {
      speed = 100;
    }
    out_port = 0x03;
    while(1)
     {
       DCMotoDeal();
       StepMotoDeal();
     }
}
```

经验总结

直流电动机只能驱动起重小车进行相对简单的运动，而步进电机可以驱动起重小车进行相对精确的运动。

知识加油站

天车控制系统的程序设计重点是步进电机驱动程序的设计，其需要按照一定步骤对步进电机的各只引脚进行控制。

实例66　远程湿度监测系统

设计思路

远程湿度监测系统可以实时地监测远方仓库当前的湿度，其既可以在仓库现场显示当前的湿度数据，又可以将该湿度数据通过相应的传输通道送到远端的监控中心。

远程湿度监测系统使用一个湿度传感器采集当前的湿度数据，然后使用串口通过相应的串行通信网络将湿度数据送出。

设计远程湿度监测系统时需要考虑以下几方面的内容。

① 51单片机如何获得当前的湿度数据？

② 使用何种显示模块来显示当前的湿度数据？

③ 使用何种通信介质和通信协议来进行数据传输？

④ 需要设计合适的单片机软件。

器件介绍

SHT11是瑞士Scnsirion公司推出的一款数字温/湿度传感器芯片，其主要特点如下。

① 高度集成，将温度感测、湿度感测、信号变换、A/D转换和加热等功能集成到一只芯片上。

② 提供二线数字串口SCK和DATA，接口简单，支持CRC传输校验，传输可靠性高。

③ 测量精度可编程调节，内置A/D转换器（分辨率为8～12位，可以通过对芯片内部寄存器进行编程来选择）。

④ 测量精确度高，由于同时集成温度传感器和湿度传感器，因此可以提供温度补偿的湿度测量值，具有高精度的露点计算功能。

⑤ 封装尺寸（7.62mm×5.08mm×2.5mm）极小，测量和通信结束后，自动转入低功耗模式。

⑥ 可靠性高，采用CMOSens工艺，测量时可将感测头完全浸于水中。

硬件设计

远程湿度监测系统的硬件模块如图66-1所示，其详细说明如下。

① 51单片机：远程湿度监测系统的核心控制器。

② 湿度传感器：将当前的湿度数据转换为数字量。

③ 显示模块：显示当前的湿度数据。

④ 串口通信模块：远程传输数据。

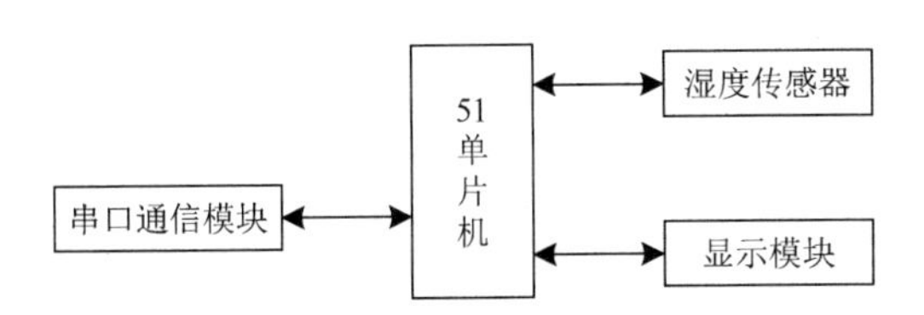

图 66-1　远程湿度监测系统的硬件模块

远程湿度监测系统的电路如图 66-2 所示，AT89C52 将 P0 口作为 1602LCD 的数据端口，P20 引脚和 P21 引脚作为相应的控制引脚；使用 P24 引脚和 P25 引脚扩展了 1 片 SHT11，用于测量当前的湿度数据；将 MAX487 作为 RS-485 通信协议芯片连接在串口来传输相应的数据。

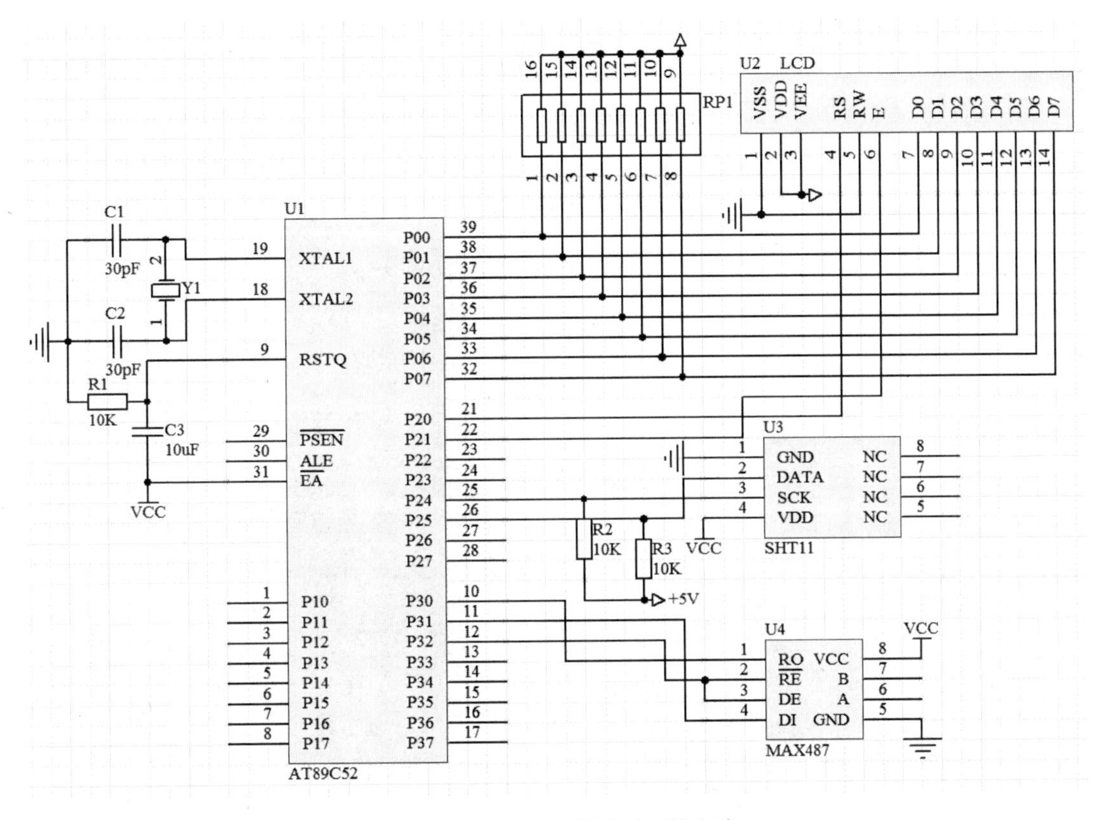

图 66-2　远程湿度监测系统的电路

程序设计

远程湿度监测系统的程序可以分为湿度采集程序、1602 驱动程序和软件综合 3 部分，其流程如图 66-3 所示。

湿度采集程序主要用于对 SHT11 进行相应的操作，以获取当前的湿度数据，其包括如下函数。

① nSCKPulse()：发送 *N* 个时钟脉冲。

② STARTSHT11()：启动 SHT11。
③ GETRH()：获得当前的湿度数据。
④ READSHT11()：读 SHT11。

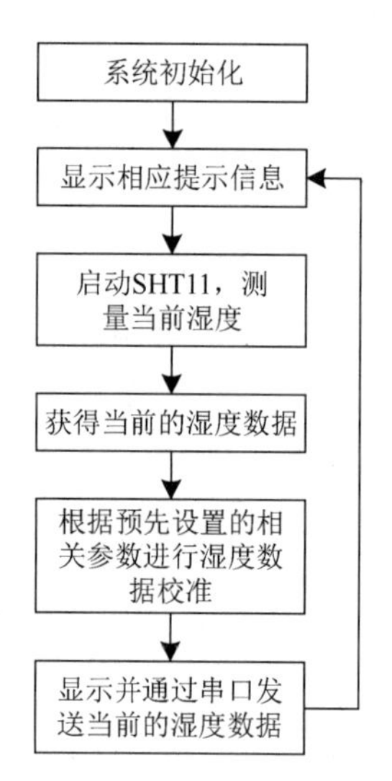

图 66-3　远程湿度监测系统的流程

湿度采集模块使用 AT89C52 的普通 I/O 口模拟对应的时序，来完成对 SHT11 的相应操作，代码如下。

```
#include<AT89X52.h>
#include<intrins.h>

sbit SCK=P2^4;
sbit DATA=P2^5;
sbit LCD_RS=P2^0;
sbit LCD_EN=P2^2;

unsigned char RH_H,RH_L;
//湿度数据的高位和低位
unsigned int i,j;

void delay(unsigned int z)
{
    unsigned int x,y;
    for(x=z;x>0;x--)
        for(y=110;y>0;y--);
}
void write_GETRH(unsigned char GETRH)
{
    LCD_RS=0;
    P0=GETRH;
    delay(1);
```

```
    LCD_EN=1;
    delay(1);
    LCD_EN=0;
}
void write_DATA(unsigned char *date)
{
    unsigned char n;
    for(n=0;n<0x40;n++)
    {
        if(date[n]=='*')break;
        LCD_RS=1;
        P0=date[n];
        delay(5);
        LCD_EN=1;
        delay(5);
        LCD_EN=0;
    }
}

void init()
{
    LCD_EN=0;
    write_GETRH(0x38);
    write_GETRH(0x0c);
    write_GETRH(0x06);
    write_GETRH(0x01);
}

void nSCKPulse(unsigned int n)
{
    for(i=n;i>0;i--)
    {
        SCK=0;
        SCK=1;
    }
}
void STARTSHT11()
{
    SCK=1;
    DATA=0;
    SCK=0;
    SCK=1;
    DATA=1;
    SCK=0;
}
void GETRH(unsigned char GETRH)
{
```

```
    unsigned char bei=0x80;
    DATA=1;
    SCK=0;
    for(i=8;i>0;i--)
    {
        if(GETRH&bei)
        {
            DATA=1;
            SCK=1;
            SCK=0;
        }
        else
        {
            DATA=0;
            SCK=1;
            SCK=0;
        }
        bei=bei/2;
    }
}
void READSHT11()
{
    unsigned char temp;
    RH_H=0;
    RH_L=0;
    for(i=0;i<4;i++)
    {
        SCK=1;
        SCK=0;
    }
    for(i=4;i>0;i--)
    {
        SCK=1;
        temp=0x01;
        if(DATA==1)
        {
            temp=(temp<<(i-1));

            RH_H=RH_H+temp;
        }
        SCK=0;
    }
    DATA=0;
    SCK=1;
    SCK=0;
    DATA=1;
    for(i=8;i>0;i--)
```

```
        {
            SCK=1;
            temp=0x01;
            if(DATA==1)
            {
                temp=(temp<<(i-1));
                RH_L=RH_L+temp;
            }
            SCK=0;
        }
        P1=RH_H;
        P3=RH_L;
        DATA=0;
        SCK=1;
        SCK=0;
        DATA=1;              )
    }
    long FACTORIAL(int n)
    {
        long nn=1;
        for(;n>0;n--)
        {
            nn=10*nn;
        }
        return(nn);
    }
    void COMPENSATIONSHT()
    {
        unsigned long ii;
        char m;
        ii=((((RH_H*256+RH_L)-221)*318878)/100000);

        if(ii>5000)
        {
            ii=ii+((10000-ii)*620/5000);
        }
        else
        {
            ii=ii+ii*620/5000;
        }
        for(m=4;m>=0;m--)
        {
            if(m==1)
            {
                write_DATA(".*");
            }
            LCD_RS=1;
```

```
        P0=(int)(ii/FACTORIAL(m))+0x30;
        if(m==4&P0==0x30)
        {
            P0=0x20;
        }
        if(m==4&P0==0x31)
        {
            write_DATA("100.00*");
            break;
        }
        if(m==3&P0==0x30)
        {
            P0=0x20;
        }
        delay(5);
        LCD_EN=1;
        delay(5);
        LCD_EN=0;
        ii=ii-((int)(ii/FACTORIAL(m)))*FACTORIAL(m);
    }
    write_DATA("%*");
}


int main(void)
{
    init();
    write_GETRH(0x80+0x03);
    write_DATA("SHT11 TEST*");
    write_GETRH(0x80+0x42);
    write_DATA("%RH*");
    while(1)
    {
        nSCKPulse(10);
        STARTSHT11();
        GETRH(0x05);
        SCK=1;
        while(DATA);
        SCK=0;
        DATA=1;
        while(DATA);
        READSHT11();
        write_GETRH(0x80+0x47);
        COMPENSATIONSHT();
    }
}
```

经验总结

本实例由于没有利用完整的湿度修正公式，所以其测量值和实际值有一定误差，读者可以自行修改对应的修正公式来获得更加准确的值。

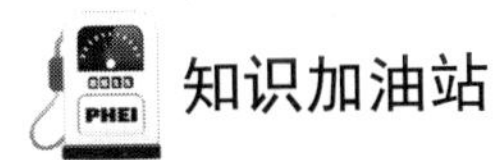

知识加油站

SHT11 是一款复合的温/湿度传感器芯片，串行数据线 DATA 在串行时钟线 SCK 的下降沿之后改变，在 SCK 的上升沿有效。当 SCK 为高电平时，数据保持稳定。DATA 和 SCK 均需外接上拉电阻。

举报电话：（010）88254396；（010）88258888
传　　真：（010）88254397
E-mail：dbqq@phei.com.cn
通信地址：北京市万寿路173信箱
　　　　　电子工业出版社总编办公室
邮　　编：100036